Die Verbrennungskraftmaschine

Herausgegeben von

Prof. Dr. **Hans List**
Graz

Band 4

Der Ladungswechsel der Verbrennungskraftmaschine

Zweiter Teil

Der Zweitakt

Wien
Springer-Verlag
1950

Der Ladungswechsel der Verbrennungskraftmaschine

Zweiter Teil

Der Zweitakt

Von

Prof. Dr. **Hans List**

Graz

Mit 384 Abbildungen im Text

Springer-Verlag
Geschäftsbibliothek

Wien

Springer-Verlag

1950

ISBN-13:978-3-211-80177-2 e-ISBN-13:978-3-7091-7998-7
DOI: 10.1007/978-3-7091-7998-7

Vorwort.

Der Ladungswechsel des Zweitaktes nimmt den Arbeitsvorgängen Zeit und Hubraum weg und beansprucht einen Teil der erzeugten mechanischen Arbeit. Er wirkt sich daher sowohl im günstigen wie auch im ungünstigen Sinn auf Leistung und Verbrauch der Maschine aus. Die Zahl der Variationsmöglichkeiten der aufeinander abzustimmenden Größen ist wesentlich größer als beim Viertakt, die Auswirkung von Mängeln in der Steuerungsauslegung im allgemeinen merkbarer als bei diesem.

Es ist aus diesen Gründen beim Zweitakt schwieriger als beim Viertakt, zu einer Steuerung zu gelangen, die optimale Betriebseigenschaften der Maschine gibt. In den meisten Fällen lohnt es sich daher, bei der Ermittlung von Zweitaktsteuerungen Verfahren anzuwenden, die zwar Rechnungsaufwand und systematische Versuche erfordern, aber dafür zwangsläufig in die Nähe der günstigsten Auslegung führen. Die Ermittlung der Steuerung ist dadurch der Sphäre langwierigen und daher kostspieligen Probierens entrückt und nur die letzte Abstimmung dem Versuch vorbehalten.

Bei der Entwicklung der im vorliegenden Band dargestellten Verfahren zur Ermittlung von Zweitaktsteuerungen wurde auf den im I. Teil enthaltenen Grundlagen aufgebaut, und diese nur hinsichtlich der Erfassung der spezifischen Vorgänge des Zweitaktes ergänzt. Es konnte gezeigt werden, daß Zweitaktsteuerungen mit guter Annäherung ohne Versuch ausgelegt werden können, wenn die Durchflußzahlen der Steuerungsquerschnitte, die Spülkurve, die Abhängigkeit des Innenverbrauches von der Luftüberschußzahl der Verbrennung und der Reibungsdruck der Maschine vorliegen. Diese Größen bzw. Zusammenhänge lassen sich durch systematische Versuche bestimmen oder auf Grund vorliegender Erfahrungswerte für den Einzelfall schätzen.

Die Wirklichkeitstreue der rechnerischen Abbildung der Vorgänge konnte vor allem mit den Ergebnissen sorgfältiger, mit erheblichem Meßaufwand durchgeführter Versuche geprüft werden, die E. Niedermayer vor einiger Zeit in Graz durchführte. Durch andere Versuchsreihen wurde für die Anwendung des Verfahrens nützliches Erfahrungsmaterial gesammelt.

Die gute Übereinstimmung, die im allgemeinen zwischen Rechnung und Versuch besteht, läßt es erwarten, daß die Verfahren auch auf Gebieten angewendet werden können, die außerhalb des durch die bisherigen Versuche überdeckten Bereiches liegen. Es werden daher im allgemeinen auch extreme (z. B. der Schnellauf, Hochaufladung) und neuartige Steuerungsverhältnisse von Zweitaktmotoren mit dem entwickelten Verfahren behandelt werden können.

Eine Reihe von Beispielen und Auswertungen von Versuchsergebnissen, welche die Motorenindustrie zur Verfügung stellte, zeigen die Auslegung von Steuerungen und Ermittlung der Betriebseigenschaften von Zweitaktmotoren mit dem dargestellten Verfahren.

Den Lesern, die sich nicht die Mühe nehmen können oder wollen, in die etwas umfangreichen theoretischen Zusammenhänge einzudringen, werden die zahlreichen zeitlupenartigen Darstellungen des Verlaufs der maßgebenden Größen während des Ladungswechsels und die textlichen Erläuterungen, die der Band enthält, Einblicke in die Vorgänge vermitteln und ihnen dadurch die Erfassung und Beurteilung des Geschehens in der Maschine erleichtern.

Der Abschnitt über spül- und auslaßseitige Leitungssysteme mit eingeschalteten Rohren wurde von Dr. G. Reyl verfaßt.

Meinem Mitarbeiter, Dr. S. Pachernegg, danke ich für die Bearbeitung des Textes, Dipl.-Ing. H. Schmid für die Überprüfung der Rechnungen und das Lesen der Korrektur.

Weiters habe ich den Firmen, welche mich durch Überlassung von Versuchsergebnissen und Abbildungsmaterial unterstützt haben, zu danken.

Graz, im April 1950

H. List.

Inhaltsverzeichnis.

A. Zusammenhänge zwischen Steuerungsausführung und Erfolg des Ladungswechsels.

I. Einleitung.

Die Zusammenhänge zwischen den Abmessungen und Kenngrößen der Steuerungsorgane, dem Zustand der Ladung vor dem Einströmen in den Zylinder und dem Erfolg des Ladungswechsels, gekennzeichnet durch Menge und Reinheit der Ladung im Zylinder, sind beim Zweitakt verwickelt. Sie werden durch eine Kette von Abhängigkeiten bestimmt, welche zum Teil rechnungsmäßig erfaßbar sind, zum Teil aber nur durch den Versuch ermittelt werden können.

Zur Untersuchung des Ladungswechsels zergliedert man den Gesamtvorgang und trennt die einzelnen Abhängigkeiten.

Das Wesen der Abgrenzung der einzelnen Teilvorgänge wird zunächst an der einfachsten und gebräuchlichsten Zweitaktsteuerung, der Schlitzsteuerung mit symmetrischen Steuerzeiten, gezeigt.

Der Kolben in Abb. 1 gibt nach dem Arbeitshub zuerst die Auslaßschlitze a frei. Die Gase strömen infolge des Überdruckes durch die Auslaßschlitze und das anschließende Auslaßkanalsystem ins Freie, der Druck im Zylinder sinkt ab. Wenn er annähernd den Druck der im Behälter S befindlichen, vorverdichteten Frischladung erreicht hat, vielfach auch etwas früher, werden die Einlaßschlitze e freigegeben. Bei weiter sinkendem Zylinderdruck infolge des noch andauernden Ausströmens und der Kolbenbewegung, strömt Frischladung durch die Einlaßschlitze e in den Zylinder und verdrängt die Abgase mehr oder minder vollständig aus demselben. Die Spülung wird durch den nach der Totlage wieder aufwärtsgehenden Kolben durch Abschluß der Einlaßschlitze e beendet. Der Kolben verdrängt dann durch die Auslaßschlitze noch einen Teil der Ladung aus dem Zylinder. Die Verdichtung beginnt mit dem Abschluß der Auslaßschlitze.

Eröffnung und Abschluß der Schlitze erfolgt bei axialem Kurbeltrieb bei gleichem Kurbelwinkel vor und nach der Totlage. Die Steuerzeiten sind symmetrisch.

Zwanglos sind folgende Abschnitte des geschilderten Vorgangs zu unterscheiden:

1. Der Vorauspuff vom Öffnen der Auslaßschlitze bis zum Beginn des Einströmens der Frischladung in den Zylinder.

2. Die Spülung mit gleichzeitigem Ein- und Ausströmen.

3. Das Nachausströmen, das Verdrängen von Ladung durch die Auslaßschlitze.

Das Nachausströmen ist infolge des Verlustes an Zylinderladung unerwünscht. Es wird daher bei manchen Steuerungen durch besondere Konstruktion der Steuerorgane der Abschluß des Auslasses vorverlegt, so daß unsymmetrische Steuerzeiten entstehen. Infolge der Drosselung durch den früher abschließenden Auslaß steigt der Druck im Zylinder gegen Ende der Spülung und kann beim Abschluß des

Zylinders den Spüldruck erreichen oder überschreiten. Der Zweitaktmotor arbeitet dann mit Aufladung. Drosselt man den Auspuff während oder nur am Ende der Spülung, so läßt sich auch bei symmetrischen Steuerzeiten, also mit einfacher Schlitzspülung, Aufladung erzielen.

Bei Motoren mit innerer Gemischbildung (Dieselmotoren, Ottomotoren mit Kraftstoffeinspritzung in den Zylinder) besteht die Frischladung aus Luft, bei Motoren mit äußerer Gemischbildung (Gasmotoren, Vergasermotoren) aus einem Gemisch von Kraftgas oder Kraftstoffdampf und Luft. Eine getrennte Behandlung beider Motorarten ist erforderlich, da ein Verlust an Frischladung während der Spülung bei Maschinen mit innerer Gemischbildung einen geringen, bei Maschinen mit äußerer Gemischbildung einen großen Einfluß auf den Wirkungsgrad hat. Dadurch sind auch die Problemstellungen und Forderungen bei der Auslegung der Steuerung für die beiden Motorarten etwas verschieden.

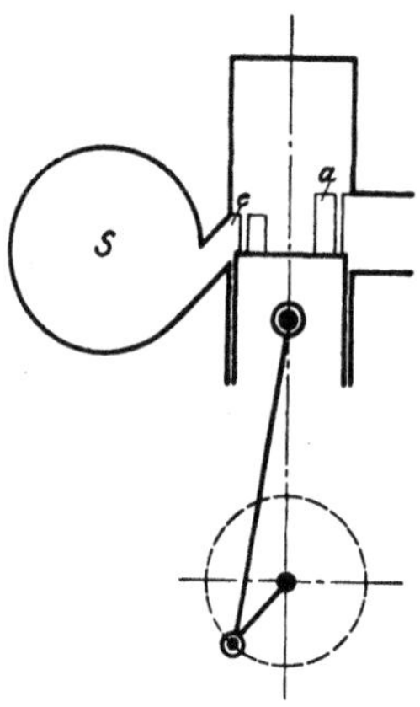

Abb. 1. Schema einer einfachen Schlitzsteuerung.

Bei der Untersuchung von Zweitaktsteuerungen sind die während des Ladungswechsels ein- und ausströmenden Gasmengen zu bestimmen und der Erfolg des Ladungswechsels, gekennzeichnet durch die später definierten Größen des Spülgrades λ_s und der Gesamtladung λ_g oder des Liefergrades λ_l zu ermitteln.

In vielen Fällen ist auch die Kühlwirkung der Spülluft auf die Wände des Zylinderraumes, vor allem auf den Kolbenboden, von Einfluß auf die Grenze der Hubraumleistung, daher in die Untersuchung der Zweitaktsteuerung einzubeziehen.

Bei der Vorausberechnung von Zweitaktsteuerungen müssen die dem Zylinder zu- und die aus ihm abfließenden Gasmengen aus dem zur Verfügung stehenden Druckgefälle unter Berücksichtigung der veränderlichen Steuerquerschnitte, des veränderlichen Zylinderraumes und der Ausbildung des vor- und nachgeschalteten Kanalsystems berechnet werden.

Die Berechnung ist grundsätzlich mittels der im Teil I angegebenen Verfahren auch bei verwickelter Ausbildung des Kanalsystems möglich. Einfache Zusammenhänge erhält man jedoch nur, wenn an den Zylinder größere Räume anschließen, deren Druck sich bei Entnahme der Ladung, bzw. bei Zufuhr der Abgase, nur wenig ändert. Die Zusammenhänge lassen sich dann nach einigen Vereinfachungen durch geschlossene Ausdrücke erfassen und in Schaubildern darstellen. Bei verwickelter gestalteten Kanalsystemen mit eingeschalteten, verhältnismäßig kleinen Behältern und Rohrstücken ist die Rechnung für jeden Einzelfall gesondert durchzuführen.

Im folgenden wird vom einfachsten Fall der Ausführung des Motors mit sehr großem Spülbehälter und mit Auspuff unmittelbar ins Freie, bzw. in einen sehr großen Auspufftopf, ausgegangen.

Die Größen, welche den Erfolg des Ladungswechsels unter diesen Voraussetzungen, also bei gleichbleibendem Spül- und Gegendruck, kennzeichnen, sind Grundwerte des Motors. Sie können durch das vor- und nachgeschaltete Kanalsystem, je nach seiner Auslegung, im günstigen oder ungünstigen Sinne verändert werden.

Bei der Vorausberechnung der Steuerung normaler Zweitaktmotoren geht man von diesen Grundwerten aus. Auch bei der überprüfenden Untersuchung von Motoren ist es zweckmäßig, wenn möglich die Grundwerte zu bestimmen und den Einfluß des

Kanalsystems auf den Ladungswechsel anschließend gesondert zu ermitteln. In den meisten Fällen wird man sich mit der Auslegung desselben dann zufrieden geben, wenn die Grundwerte durch das bestehende Einlaß- und Auspuffsystem nicht zum Schlechteren verändert werden. Ein günstiger Einfluß des vor- und nachgeschalteten Kanalsystems auf den Ladungswechsel kann zwar in vielen Fällen erreicht werden, man pflegt jedoch in den meisten Fällen nicht damit zu rechnen.

II. Großer Spül- und großer Auspuffbehälter unmittelbar vor und nach dem Zylinder.

1. Motoren mit innerer Gemischbildung (Einspritz- oder Einblasemotoren) und symmetrischen Steuerzeiten.

Abb. 2 zeigt ein Schema dieser Anordnung. Durch eine Spülpumpe wird Luft gegen den Druck p_s in den Spülbehälter S gefördert, der so groß ist, daß trotz des pulsierenden Abflusses die Schwankungen des Spüldruckes p_s vernachlässigbar klein sind. Das gleiche gilt für den Auspufftopf T. Dieser steht mit der Außenluft durch eine so reichlich bemessene Öffnung in Verbindung, daß der Druck im Auspufftopf gleich dem Außendruck p_0 gesetzt werden kann.

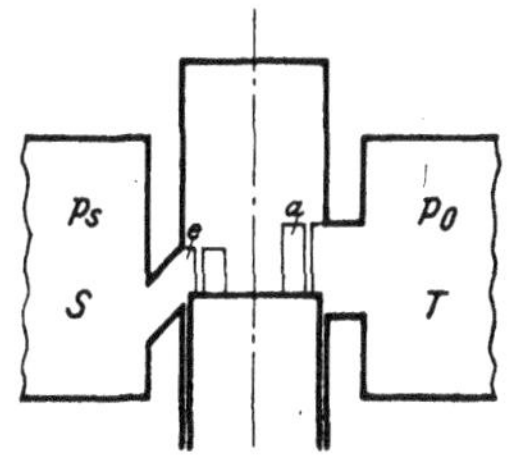

Abb. 2. Schema einer einfachen Schlitzsteuerung mit großem Spülbehälter S und großem Auspuffbehälter T.

a) Der Vorauspuff.

Während des Arbeitshubes, nach beendeter Verbrennung, sinkt der Druck im Zylinder, wenn vom Wärmeübergang an die Wand vorerst abgesehen wird, nach der Beziehung

$$p\, V_z^{\varkappa} = \text{konst.}$$

Mit dem Beginn des Eröffnens der Auslaßschlitze tritt zur Druckverminderung infolge der Kolbenbewegung noch eine Druckverminderung infolge Abströmens von Ladung aus den Auslaßschlitzen.

Für die Bemessung der Auslaßschlitze sind folgende Gesichtspunkte maßgebend:

1. Die Verdichtung beginnt erst mit dem Abschluß der Auslaßschlitze, der wirksame Hubraum nimmt daher mit zunehmender Schlitzlänge ab, soll aber im Hinblick auf den Arbeitsprozeß so groß als möglich gemacht werden.

2. Um ein Rückschlagen der Auspuffgase in den Spülbehälter gänzlich zu vermeiden, müssen die Auslaßschlitze so lang ausgeführt werden, daß der Druck im Zylinder beim Öffnen der Einlaßschlitze auf den Spüldruck abgesunken ist.

Strebt man beste Hubraumausnützung an, so ist ein Kompromiß zwischen den beiden sich widerstrebenden Forderungen so zu schließen, daß der Nutzdruck p_e bei den gegebenen sonstigen Verhältnissen seinen Höchstwert erreicht. Dazu sind die Auslaßschlitze kürzer als nach 2. erforderlich auszuführen und ein mäßiges Rückschlagen in das Spülsystem zuzulassen. Wird mit Rücksicht auf Lebensdauer und Betriebssicherheit nicht unbedingt die höchstmögliche Hubraumausnützung angestrebt, so werden die Schlitze besser nach der zweiten Forderung bemessen.

Im folgenden wird zunächst die Schlitzberechnung für rückschlagfreien Betrieb besprochen und anschließend das Rückschlagen bei verkürzten Auslaßschlitzen behandelt.

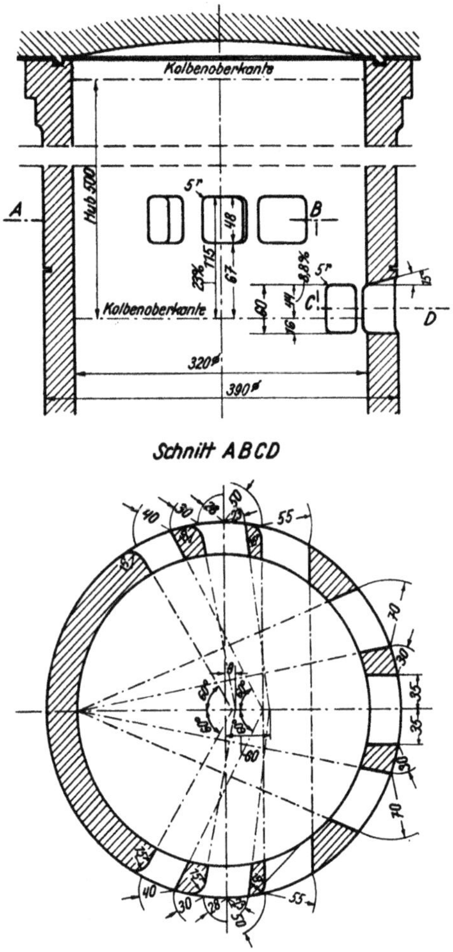

Abb. 3. Schlitzanordnung der Versuchsmaschine der Technischen Hochschule Graz. (D = 320 mm, s = 500 mm.)

Bei **rückschlagfreiem Betrieb** ist ausschließlich der Druckverlauf im Zylinder für die Schlitzbemessung maßgebend.

Die rechnerische Bestimmung des Druckverlaufes im Zylinder ist mit den im Teil I, Abschnitt B, II, 2, entwickelten Ansätzen möglich.

Bei beliebig geformten Schlitzen führt man in die Ausdrücke statt $\frac{\sigma}{180\, w_m}$ die Gruppe $\frac{f}{6\, n\, V_h}$ ein, worin f in m² und V_h in m³, oder, um bei kleineren Motoren unbequeme, sehr kleine Zahlen für f und V_h zu vermeiden, $\frac{f}{60\, n\, V_h}$, worin f in cm² und V_h in l einzusetzen sind.

Beispiel:

Der Druckverlauf während des Vorauspuffs einer Zweitaktmaschine ist zu berechnen:

Zugrundegelegt werden die Daten einer Versuchsmaschine des Instituts für Verbrennungskraftmaschinen der Technischen Hochschule Graz: D = 320 mm, s = 500 mm, n = 120 U/min. Schubstangenverhältnis 1/6. Abb. 3 zeigt die Schlitzanordnung mit $\sigma_a = 0{,}23$, $\beta_a = 0{,}29$, $\gamma_a = 90^0$ (Abb. 4). Der Verdichtungsraum hat einen Inhalt von 2,58 l. Es ist $z = 0{,}835 + \sigma'$ mit σ' als freie Schlitzlänge.

Aus Messungen des Druckverlaufes beim Vorauspuff ähnlicher Maschinen wurde $\mu_a = 0{,}65$ als Mittelwert gefunden.

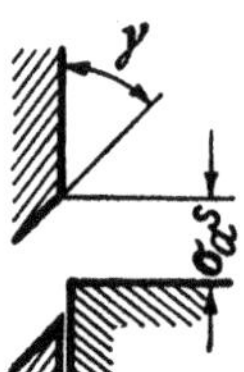

Abb. 4.

Bei der Berechnung wird von folgendem Zustand im Zylinder am Beginn des Vorauspuffs ausgegangen: $p_{za} = 2{,}58$ kg/cm², $T_{za} = 860^0$ K. Der Außendruck ist $p_0 = 1{,}0$ kg/cm². Es wird mit $\varkappa = 1{,}33$ und mit einer Gaskonstanten R = 29,7 gerechnet. Der Wert $\varkappa$ ist der Abgaszusammensetzung und der mittleren Temperatur, die Gaskonstante ersterer anzupassen.

Da das Ausströmen überkritisch beginnt, wird mit Ausdruck (80/I) gerechnet. Für das erste Intervall wurde $\Delta\alpha = 5^0$ KW gewählt, es beginnt nach Abb. 5 bei 119^0 KW.

Mit den Werten $\Delta z = 0{,}034$, $\sigma''_a = 0{,}017$, $z'' = 0{,}852$, $w_{mu} = 1{,}1$ m/sec nach 67 a/I, $\psi = 2{,}1$ nach Abb. 6 erhält man nach (80/I)

$$p_z''' = 2{,}58 \cdot \frac{1 - \frac{1{,}33}{1{,}704}\left[\frac{2{,}10}{180 \,.\, 1{,}1} \cdot \sqrt{29{,}7 \,.\, 860} \,.\, (0{,}65 \,.\, 0{,}017) \,.\, 5 + 0{,}034\right]}{1 + \frac{1{,}33}{1{,}704}\left[\frac{2{,}10}{180 \,.\, 1{,}1} \cdot \sqrt{29{,}7 \,.\, 860} \,.\, (0{,}65 \,.\, 0{,}017) \,.\, 5 + 0{,}034\right]} = 2{,}11 \text{ kg/cm}^2$$

und die Temperatur am Ende des Intervalls durch Rechnung oder aus Abb. 7.

$$T_z''' = \left(\frac{2{,}11}{2{,}58}\right)^{0{,}248} \cdot 860 = 818^0 \text{ K}.$$

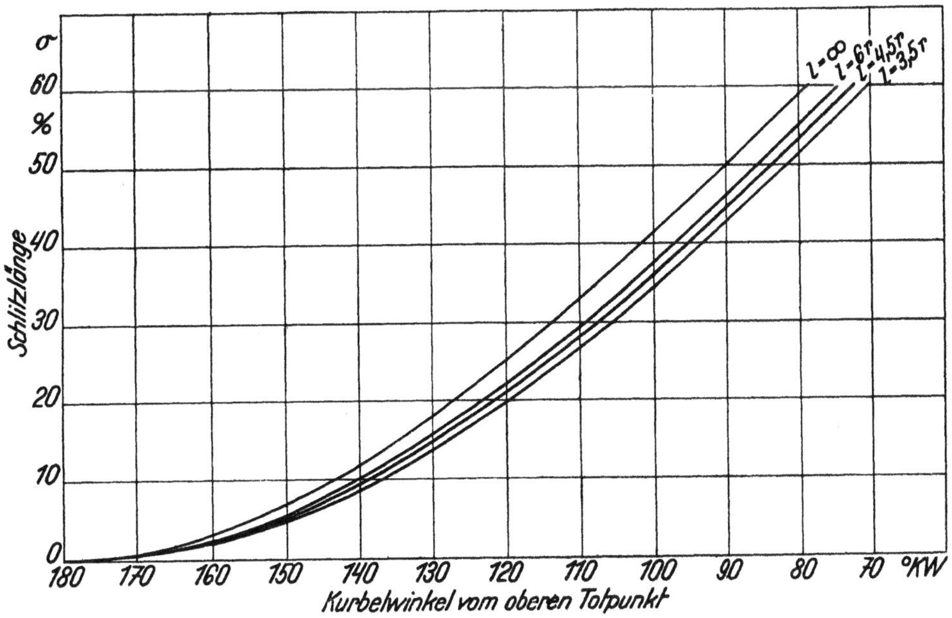

Abb. 5. Zusammenhang zwischen Schlitzlänge und Öffnungswinkel.

Die Rechnung wird zunächst im überkritischen Bereich in gleicher Weise in Intervallen fortgesetzt. Um im unterkritischen Bereich die Ausdrücke nicht wechseln zu müssen, kann (80/I) weiter benützt werden, wenn ψ für einen geschätzten Druck p_z in Mitte des nächsten Intervalls aus Abb. 6 entnommen wird, wobei die Rechnung bei stärkeren Abweichungen des errechneten vom vorgeschätzten p_z'' zu wiederholen ist. Wenn eine größere Zahl von Rechnungsschritten im unterkritischen Bereich liegt, so ist es zweckmäßig, auf Ausdruck (82/I) überzugehen.

Abb. 8 zeigt den berechneten Druckverlauf.

Die Druckabhängigkeit der Durchflußzahl μ_a kann nach den Ausführungen im Teil I (S. 48) berücksichtigt werden. In die schrittweise Berechnung kann ohne Schwierigkeit die Druck- und Formabhängigkeit der Durchflußzahl eingeführt werden, wenn die Versuchsergebnisse vorliegen.

Der Druckverlauf während des Vorauspuffs ist schrittweise zu berechnen, wenn gegebene Verhältnisse überprüft werden sollen, z. B. als Nachprüfung entworfener Schlitzabmessungen.

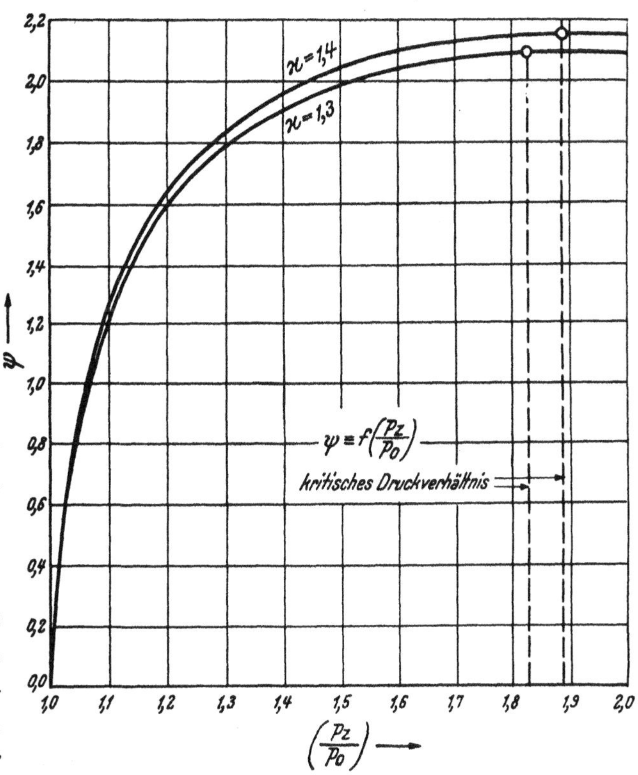

Abb. 6. Funktion ψ.

Zur Vorausberechnung der Auslaßschlitze ist das punktweise Verfahren nicht geeignet, da es die umgekehrte Schlußfolgerung vom Druckverlauf auf die Schlitzabmessungen nicht zuläßt.

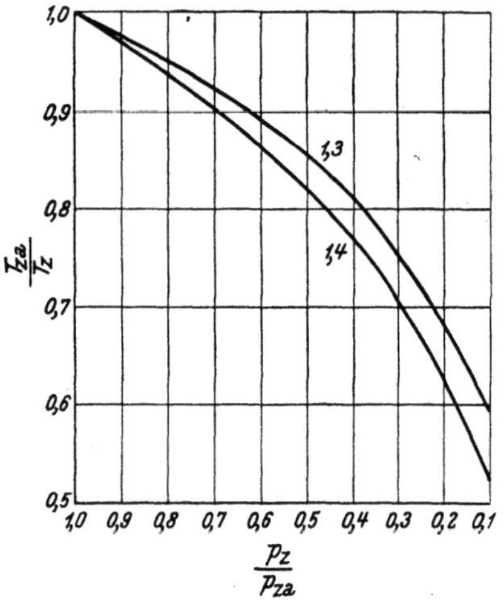

Abb. 7. Temperatur- und Druckverhältnisse für $\varkappa = 1{,}3$ und $1{,}4$.

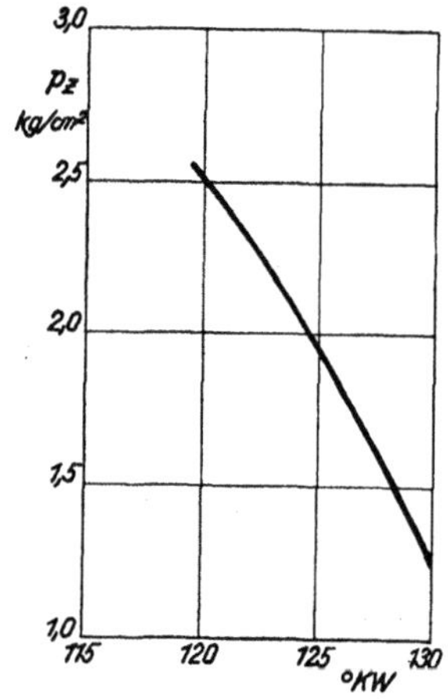

Abb. 8. Berechneter Druckverlauf während des Vorauspuffs nach Beispiel.

Die für die Schlitzbemessung maßgebenden Zusammenhänge zwischen Schlitzlängen und dem Druck am Ende des Vorauspuffs lassen sich einfach darstellen, wenn man der Berechnung vereinfachte Annahmen zugrunde legt.

Der Einfluß der Vergrößerung des Zylindervolumens durch die Kolbenbewegung während des Vorauspuffs auf den Druckverlauf ist im allgemeinen nicht sehr groß. Es ist daher zulässig, ihn nur näherungsweise zu erfassen.

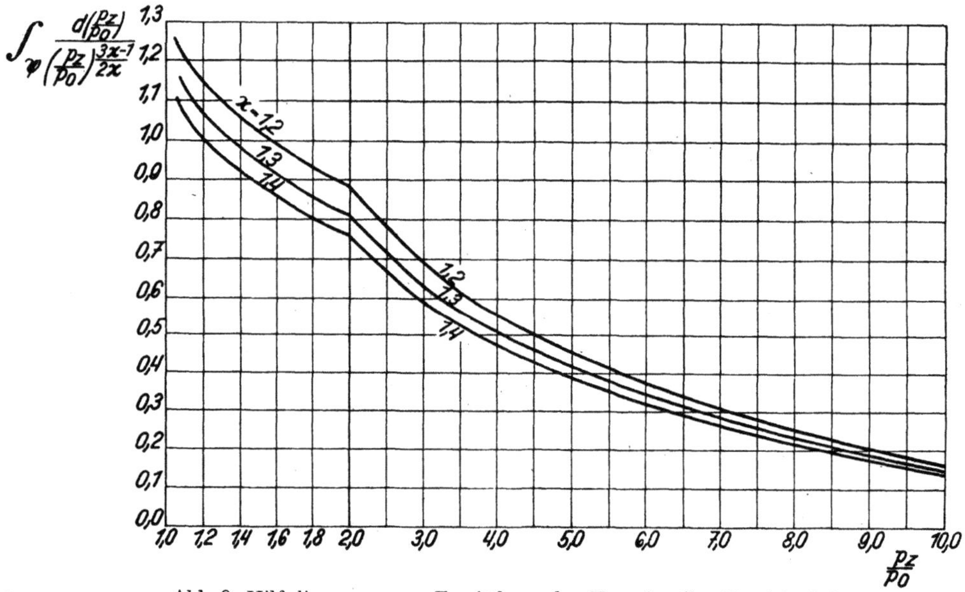

Abb. 9. Hilfsdiagramm zur Ermittlung des Vorauspuffs: Druckfunktion.

Aus Gl. (79/I) erhält man durch Integration

$$\int_{\alpha_a}^{\alpha_e} \sigma\, d\alpha = -\frac{180\, w_{ma}\, z_m}{\mu_a \varkappa \sqrt{RT_{za}}} \cdot \left(\frac{p_{za}}{p_o}\right)^{\frac{\varkappa-1}{2\varkappa}} \int_{\frac{p_{za}}{p_o}}^{\frac{p_{ze}}{p_o}} \frac{d\left(\frac{p_z}{p_o}\right)}{\psi\cdot\left(\frac{p_z}{p_o}\right)^{\frac{3\varkappa-1}{2\varkappa}}} - \frac{180\, w_{ma}}{\mu_a\sqrt{R}} \int_{z_a}^{z_e}\frac{d z}{\psi\sqrt{T_z}}$$

Das zweite Glied auf der rechten Seite erfaßt den Einfluß der Volumsänderung infolge der Kolbenbewegung. Um es integrieren zu können, setzt man an Stelle der veränderlichen Werte ψ und T_z die Anfangswerte ψ_{max} und T_{za}, somit angenähert:

$$\int_{\alpha_a}^{\alpha_e} \sigma\, d\alpha = -\frac{180\, w_{ma}\, z_m}{\mu_a\, \varkappa \sqrt{RT_{za}}} \cdot \left(\frac{p_{za}}{p_o}\right)^{\frac{\varkappa-1}{2\varkappa}} \int_{\frac{p_{za}}{p_o}}^{\frac{p_{ze}}{p_o}} \frac{d\left(\frac{p_z}{p_o}\right)}{\psi \cdot \left(\frac{p_z}{p_o}\right)^{\frac{3\varkappa-1}{2\varkappa}}} + \frac{180\, w_{ma}}{\mu_a\, \psi_{max} \sqrt{RT_{za}}} (\sigma_a - \sigma_e) \qquad (1)$$

Für Schlitze, deren Breite längs des Umfanges nicht gleich bleibt, ist im Ausdruck (1) links $\int f\, d\alpha$, rechts an Stelle von $180\, w_{ma}$ die Gruppe $6\, V_h\, n$ ($V_h\, m^3$, $f\, m^2$) oder $60\, V_h\, n$ (V_h l, $f\, cm^2$) einzusetzen. Das Integral im ersten Glied der rechten Seite läßt sich graphisch ermitteln und ist in Abb. 9 dargestellt.

Der Winkelöffnungswert Abb. 10 auf der linken Seite kann rechnerisch oder bei Schlitzen mit veränderlicher Breite graphisch ermittelt werden.

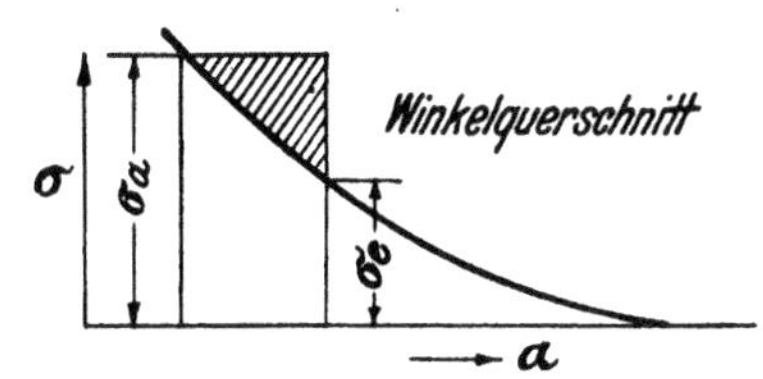

Abb. 10.

Der verhältnismäßige Kolbenweg vom unteren (inneren) Totpunkt ist mit λ als Schubstangenverhältnis:

$$x = \frac{1}{2}(1 - \cos\alpha) - \frac{\lambda}{4} \cdot \sin^2 \alpha.$$

Damit erhält man mit σ' als freie Schlitzlänge, α im Bogenmaß:

$$\int_{\alpha_e}^{\alpha_a} \sigma'\, d\alpha = x_a(\alpha_a - \alpha_e) - \int_{\alpha_e}^{\alpha_a} x\, d\alpha$$

und durch Integration:

$$\int_{\alpha_e}^{\alpha_a} \sigma'\, d\alpha = \frac{1}{2}[\sin\alpha_a - \sin\alpha_e - (\alpha_a - \alpha_e)\cos\alpha_a] -$$

$$-\frac{\lambda}{16}[\sin 2\alpha_a - \sin 2\alpha_e - (2\alpha_a - 2\alpha_e) \cdot \cos 2\alpha_a] \qquad (2)$$

Das zweite Glied zeigt den Einfluß der endlichen Stangenlänge und entspricht dem mit $\frac{\lambda}{8}$ multiplizierten Winkelöffnungswert zwischen den doppelten Winkeln. In Abb. 11 und 12 ist der Winkelöffnungswert in Abhängigkeit von σ_e und $\sigma_a - \sigma_e$ (α im Gradmaß) dargestellt. Der Einfluß der endlichen Stangenlänge ist nicht sehr groß.

Nach Zusammenfassung der konstanten Glieder erhält man für Schlitze mit gleichbleibender Breite aus Gl. (1):

$$\int_{\alpha_e}^{\alpha_a} \sigma'\, d\alpha + B(\sigma_a - \sigma_e) = C \int_{\frac{p_{za}}{p_o}}^{\frac{p_{ze}}{p_o}} \frac{d\left(\frac{p_z}{p_o}\right)}{\psi \cdot \left(\frac{p_z}{p_o}\right)^{\frac{3\varkappa-1}{2\varkappa}}} \qquad (3)$$

$$\text{mit } C = 1{,}5\, A_a \frac{z_m}{\varkappa\sqrt{RT_{za}}} \left(\frac{p_{za}}{p_o}\right)^{\frac{\varkappa-1}{2\varkappa}} \text{ und } B = 1{,}5 \,.\, A_a \frac{1}{\psi_{max}\sqrt{RT_{za}}}$$

Die Größe $A_a = \frac{D\, n}{\beta_a \sin\gamma\, \mu_a}$ m/min ist eine Kennzahl, die für den Vorauspuff maßgebend ist. Je größer A_a ist, desto längere Schlitze sind unter gleichen sonstigen Verhältnissen erforderlich, um eine bestimmte Druckabsenkung im Zylinder zu erreichen, desto mehr Hubvolumen geht für die Arbeitsvorgänge verloren.

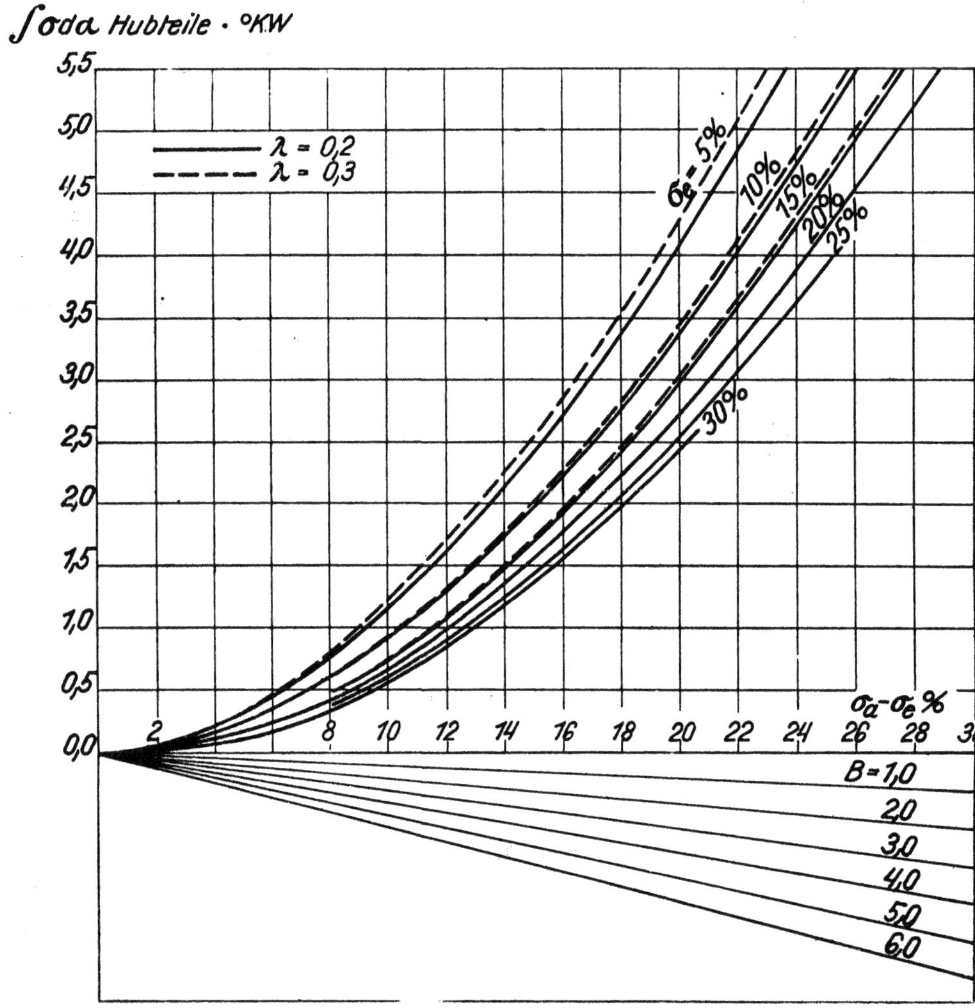

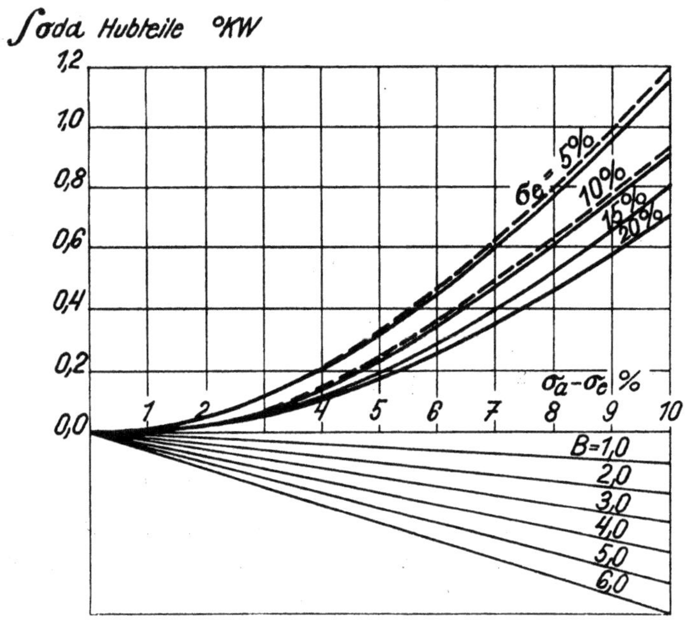

Abb. 11 und 12. Hilfsdiagramm zur Ermittlung des Vorauspuffs: Winkelquerschnitt und Schlitzlängen.

z_m entspricht dem mittleren Zylindervolumen während des Vorauspuffs. Mit ε als wirksamem Verdichtungsverhältnis, bezogen auf das Volumen beim Abschluß der Auslaßschlitze, ist

$$z_m = (1 - \sigma_a) \frac{\varepsilon}{\varepsilon - 1} + \frac{\sigma_a - \sigma_e}{2} \tag{4}$$

σ_a ist zunächst zu schätzen, bei größeren Abweichungen vom berechneten Wert ist die Schlitzrechnung mit dem berichtigten Wert zu wiederholen.

Die rechte Seite der Gleichung (3) läßt sich aus den gegebenen Zustands- und Konstruktionsgrößen der Maschine ermitteln. Trägt man den Wert des Ausdruckes auf der rechten Seite von Gleichung (3) in Abb. 11 oder 12 auf der Ordinatenachse auf und zieht durch den Endpunkt die Parallele zur Linie des zugehörigen B, so wird die Kurve σ_e im Punkt mit der Abszisse $\sigma_a - \sigma_e$ geschnitten.

Zwischen T_{za}, p_{za} und den Größen zu Beginn der Verdichtung, also beim Abschluß der Auslaßschlitze T'_{za}, p'_{za}, besteht bei symmetrischen Steuerzeiten die Beziehung

$$\frac{T_{za}}{T'_{za}} = \frac{p_{za}}{p'_{za}} \frac{1}{\delta'} \tag{5}$$

Das Molverhältnis von Abgas und Ladung δ' ist mit λ_s als Spülgrad

$$\delta' = 1 + \lambda_s (\delta - 1) \tag{6}$$

δ kann bei bekannter Luftüberschußzahl oder aus der Analyse des Zylinderinhalts nach der Verbrennung nach den in Band 2 entwickelten Beziehungen bestimmt werden.

Der Expansionsdruck p_{za} ist aus Erfahrungswerten für den Innenwirkungsgrad ohne Ladungswechselarbeit η_{i-l} und den verhältnismäßigen Wärmeübergang φ_w während der Arbeitsvorgänge bestimmbar.

Nach Band 2 besteht mit $u_5 = u_{za}$ für das Diagramm Abb. 13 die Beziehung

$$\eta_{i-l} = \eta_u - \frac{\delta' u_{za} - u_1'}{B H_u} - \varphi_w \eta_u.$$

Wie im Band 2 ausgeführt, bedeutet u_1' die innere Energie von 1 Mol Ladung vor der Verbrennung, η_u den Umsetzungsgrad, d. i. die durch die Verbrennung umgesetzte chemische Energie im Verhältnis zur zugeführten chemischen Energie, B die je Mol zugeführte Brennstoffmenge in kg und H_u den unteren Heizwert je kg.

Man erhält

$$u_{za} = \frac{BH_u (\eta_u - \eta_{i-l} - \eta_u \varphi_w) + u_1'}{\delta'}$$

und aus

$$\delta' u_{za} - u_1' = \delta' C_{vm} \Big/_0^{t_{za}} . t_{za} - C_{vm} \Big/_0^{t_1} . t_1$$

die Temperatur am Ende der Expansion

$$T_{za} = \frac{B H_u (\eta_u - \eta_{i-l} - \eta_u \varphi_w)}{\delta' . C_{vm} \Big/_0^{t_{za}}} + \frac{t_1 . C_{vm} \Big/_0^{t_1}}{C_{vm} \Big/_0^{t_{za}}} + 273$$

t_1 ist im allgemeinen verhältnismäßig klein. Es kann daher annähernd für das zweite Glied auf der rechten Seite t_1 gesetzt werden.

Nun ist mit dem Hubvolumen gleich dem Molvolumen V_h

$$T_{za} = \frac{p_{za} \cdot V_h\,(1 - \sigma_a)}{\delta' \cdot 848} \cdot \frac{\varepsilon}{\varepsilon - 1}$$

und

$$T_1 = \frac{p_1 \cdot V_h\,(1 - \sigma_a)}{848} \cdot \frac{\varepsilon}{\varepsilon - 1}$$

Führt man weiter den Innendruck ohne Ladungswechselarbeit p_{i-l} durch die Beziehung

$$V_h\, p_{i-l} = 427 \quad B H_u \cdot \eta_{i-l}$$

ein, so wird

$$p_{za} = \delta' p_1 + \frac{1{,}986}{C_{vm} \Big/_{0}^{t_{za}}} \cdot \frac{\varepsilon - 1}{\varepsilon} \cdot \frac{1}{1 - {}_{a}} \cdot \frac{\eta_u - \eta_{i-l} - \varphi_w \cdot \eta_u}{\eta_{i-l}} \cdot p_{i-l} \qquad (7)$$

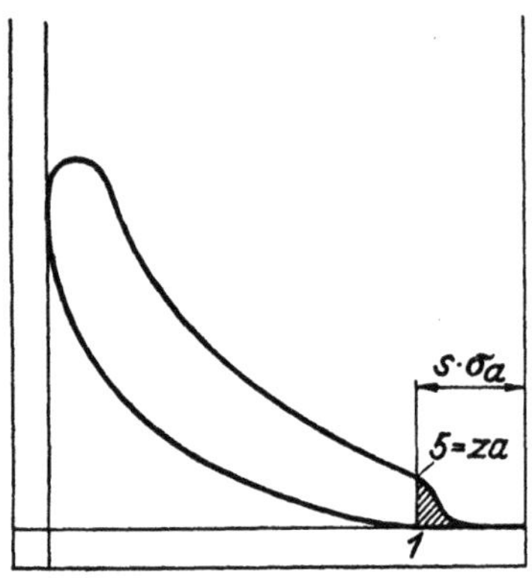

Abb. 13. Diagramm bei einfacher Schlitzsteuerung. 1 und 5: Kolbenstellung beim Öffnen, bzw. Abschließen der Auslaßschlitze. Schraffiert: Ladungswechselarbeit (positiv).

Darin ist die Raumgröße $\frac{\varepsilon}{\varepsilon - 1}(1 - \sigma_a) = z_a$ das Verhältnis des Zylindervolumens beim Öffnen der Auslaßschlitze zum Hubvolumen.

η_{i-l} entspricht dem Wirkungsgrad des Arbeitsprozesses nach Diagramm Abb. 13 mit dem Anfangspunkt 1 und dem Expansionsendpunkt 5. Die schraffierte Fläche in Abb. 13 entspricht der Ladungswechselarbeit im Zylinder L_l, die bei dieser Wahl des Bezugsvolumens positiv wird. Man bestimmt η_{i-l} aus Erfahrungswerten für den Gütegrad η_{g-l} der Arbeitsvorgänge.

Es ist $\eta_{i-l} = \eta_{v-l} \cdot \eta_{g-l}$

η_{v-l} ist der Wirkungsgrad der vollkommenen Maschine mit dem Verdichtungsverhältnis ε, das auf den wirksamen Hub s $(1 - \sigma_a)$ bezogen wird. Erfahrungswerte für φ_w sind in [1] und Band 2 zu finden.

Wenn die Luftüberschußzahl λ und der Liefergrad λ_l gegeben ist, so kann an Stelle von $\frac{p_{i-l}}{\eta_{i-l}}$ der Ausdruck $\frac{427 \cdot \lambda_l \cdot H_u}{10.000\, \lambda \cdot L_0}$ in (7) eingesetzt werden. (L_0 m³/kg = theoretische Luftmenge je 1 kg Brennstoff im Außenzustand).

Für grob angenäherte Berechnungen kann das Glied mit B auf der linken Seite von Gl. (3) vernachlässigt werden. Gl. (3) erhält dann die einfache Form:

$$\int_{\alpha_a}^{\alpha_e} \frac{\sigma\, d\alpha}{180\, w_{ma}} = \frac{\int f \cdot d\alpha}{6n \cdot V_h} = \frac{z_m}{\varkappa \sqrt{R T_{za}}} \cdot \left(\frac{p_{za}}{p_o}\right)^{\frac{\varkappa - 1}{2\varkappa}} \int_{\frac{p_{za}}{p_o}}^{\frac{p_{ze}}{p_o}} \frac{d\left(\frac{p_z}{p_o}\right)}{\psi \cdot \left(\frac{p_z}{p_o}\right)^{\frac{3\varkappa - 1}{2\varkappa}}} \qquad (8)$$

Da der rechtsstehende Ausdruck unabhängig von der Motorgröße ist, müssen auch die linksstehenden Ausdrücke für gleiche Vorauspuffverhältnisse für Motoren verschiedener Größe gleich sein. Da $d\alpha = 6\,n\,dt$ ist, sind die linksstehenden Ausdrücke

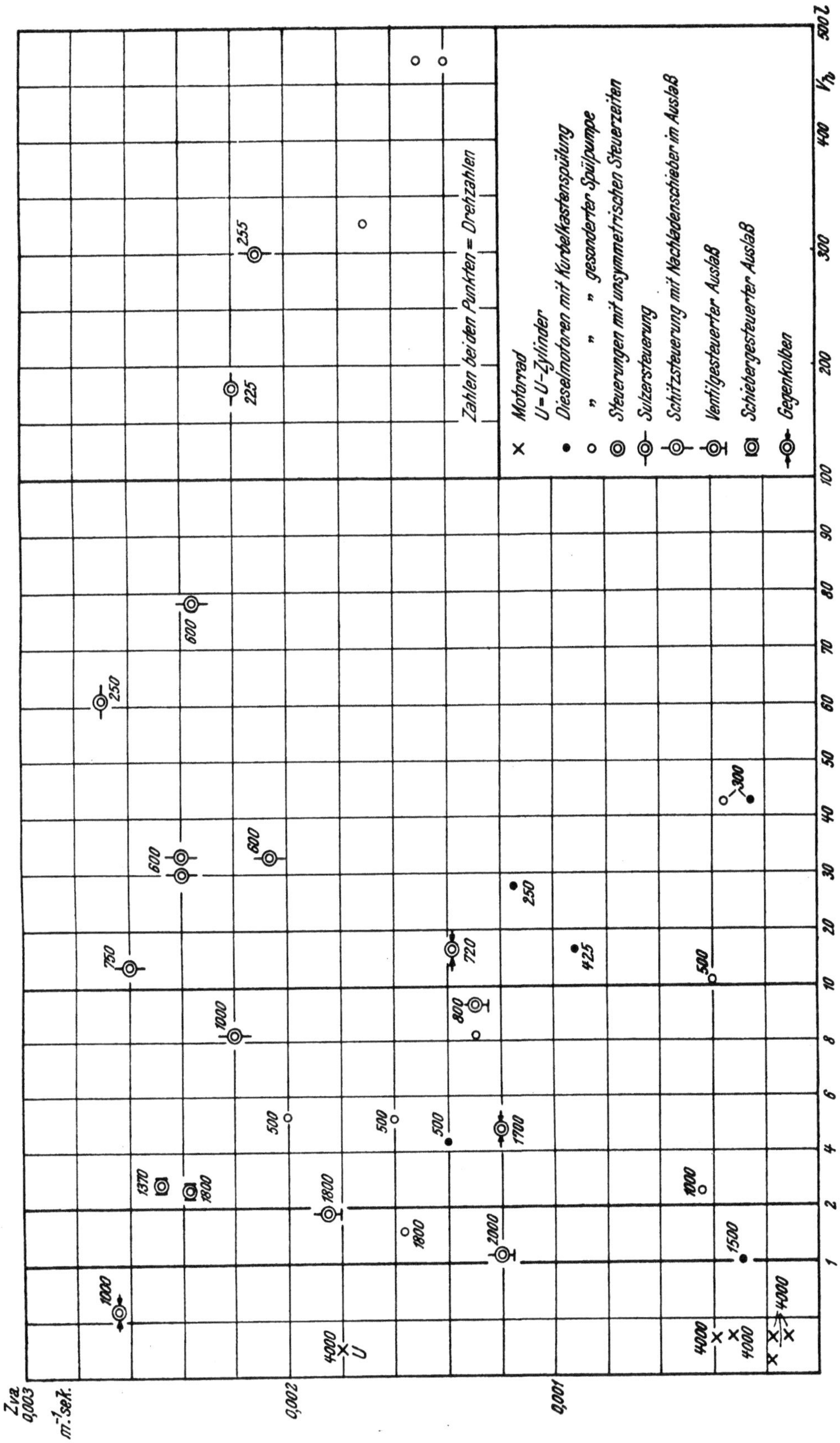

Abb. 14. Erfahrungswerte des spezifischen Zeitquerschnittes für den Vorauspuff.

gleich dem auf die Einheit des Hubraumes bezogenen Zeitquerschnitt, der als **spezifischer Zeitquerschnitt** Z bezeichnet wird. Es ist

$$Z = \frac{\int f\, d\alpha}{6\, n\, V_h}\, m^{-1}\, sek$$

Vielfach wird f in cm^2, V_h in l angegeben, dann ist

$$Z = \frac{\int f\, d\alpha}{60\, n\, V_h}\, m^{-1}\, sek$$

Abb. 14 enthält Erfahrungswerte des spezifischen Zeitquerschnittes für den Vorauspuff.

Bei kurzen Auslaßschlitzen und daher **Rückschlagen** der Abgase in das Spülsystem ist der Druckverlauf im Zylinder nach dem Öffnen der Einlaßschlitze punktweise zu ermitteln, um die rückgeschlagene Abgasmenge und damit die Auswirkung des Rückschlagens auf die Spülung bestimmen zu können.

Man setzt sinngemäß nach (80/I)

$$\frac{p_z'' - p_z'}{p_z''} = -\frac{\varkappa}{z''}\left[\frac{\psi_e''}{180\, w_{me}} \cdot \sqrt{R\, T_z} \cdot (\mu_e\, \sigma_e)'' \cdot \frac{\triangle \alpha}{2} + \frac{\psi_a''}{180\, w_{ma}} \cdot \right.$$
$$\left. \cdot \sqrt{R\, T_z} \cdot (\mu_a\, \sigma_a)'' \cdot \frac{\triangle \alpha}{2} + \frac{\triangle z}{2}\right] \qquad (9)$$

Aus Abb. 6 ist ψ_e'' entsprechend $\frac{p_z''}{p_s}$ und ψ_a'' entsprechend $\frac{p_z''}{p_o}$ zu entnehmen.

Die Berechnung wird bis $p_z = p_s$ fortgesetzt, dann kehrt die Strömungsrichtung um, die Spülung beginnt.

Die während des Rückschlagens in das Spülsystem eingedrungene Abgasmenge ist bezogen auf den Außenzustand in Bruchteilen des Hubvolumens:

$$\Lambda_r = \Sigma\left(\frac{\psi_e''}{180\, w_{me}} \cdot \sqrt{R\, T_z} \cdot (\mu_e\, \sigma_e)'' \cdot \frac{T_o}{T_z} \cdot \frac{p_z}{p_o} \cdot \triangle \alpha\right) \qquad (10)$$

Die Berechnung des Rückschlagens mit einem linearisierten Verfahren ist in Teil I, S. 48 u. f. gezeigt.

Der Einfluß des Rückschlagens auf den Spülvorgang und den Spülerfolg wird im folgenden Abschnitt behandelt.

Beim Abströmen der Auspuffgase durch die Schlitze entsteht im Zylinder ein Strömungsfeld, da die Gase sich im Zylinderraum gegen die Auspuffschlitze hin bewegen.

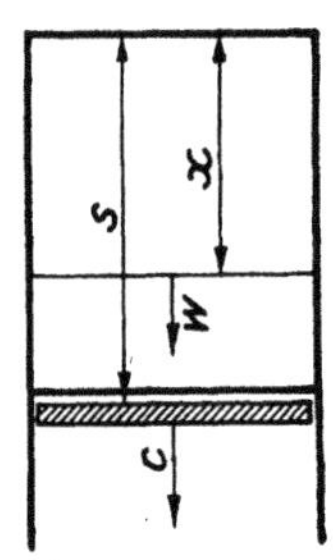

Abb. 15.

Dieses Strömungsfeld ist in zweifacher Hinsicht von Bedeutung: Es beeinflußt die Durchflußzahl μ_a und bewirkt erhöhten Wärmeübergang an die Zylinderwände und den Kolben.

Eine Bestimmung der Größenordnung der Geschwindigkeiten, die im Zylinder durch den Vorauspuff entstehen, ist für die Abschätzung der Wärmeübergangszahl von Interesse. Sie wird durch die Annahme ermöglicht, daß die Gase nicht durch die Auslaßschlitze, sondern durch eine siebartige Wand abströmen, die den Zylinder nach unten an Stelle des Kolbenbodens begrenzt.

Nimmt man weiter an, daß ein Kolben unterhalb dieser Wand das gleiche Volumen (Innenzustand p_z, v_z) jeweils freigibt, das durch die Auslaßschlitze abfließt, so ist mit c als Geschwindigkeit dieses Kolbens nach Abb. 15 $w = c \cdot \frac{x}{s}$ die

Gasgeschwindigkeit im Abstand x vom Zylinderdeckel. Dabei wird die Bildung von Druckwellen und die Trägheit der Gasmenge im Zylinder vernachlässigt.

Für die Geschwindigkeit des gedachten Kolbens erhält man:

$$c = \frac{v_z}{F} \cdot \frac{dG}{dt}$$

mit der Kolbenfläche F und dem abströmenden Gasgewicht G.

Bei Annahme eines konstanten Zylindervolumens von annähernd V_h erhält man wegen $G = \frac{V_h}{v_z}$, wenn polytropische Zustandsänderung $p\, v^m = \text{konst.}$ im Zylinder vorausgesetzt wird:

$$\frac{dG}{dt} = -\frac{V_h}{v_z^2} \cdot \frac{dv_z}{dt} \quad \text{und} \quad c = \frac{6\,n\,s}{m} \cdot \frac{1}{p_z} \cdot \frac{dp_z}{d\alpha}.$$

Der zeitliche Mittelwert der Geschwindigkeit, für $x = s$, der ein Maß für die Intensität der Bewegung im Zylinder während des Vorauspuffs ist, wird dann

$$\overline{w} = \frac{1}{\alpha_a - \alpha_e} \int c\, d\alpha$$

Mit $m = 1{,}4$ ist die Geschwindigkeit

$$\overline{w} = \frac{4{,}3\,.\,n\,.\,s}{(\alpha_a - \alpha_e)} \ln \left(\frac{p_{za}}{p_{ze}}\right) \text{ m/sek} \tag{11}$$

Die zeitlich und örtlich mittlere Geschwindigkeit der Gase im Zylinder ist damit $w_m = 0{,}5\ \overline{w}$. Man findet mittlere Geschwindigkeiten w_m im Zylinder, die im weiten Bereich um 25 m/sek. liegen.

Die Wärmeübergangszahl im Zylinder α_w kann für $w > 5$ m/sek nach N u s s e l t [2] annähernd

$$\alpha_w = C\,.\,w_m^{0{,}78} \cdot \sqrt[3]{p^2 T} \tag{12}$$

gesetzt werden. N i e d e r m a y e r fand C-Werte von 1 bis 1,7.

Durch die Gasströmungen, die während des Vorauspuffs im Zylinder entstehen, ist daher eine bedeutende Zunahme des Wärmeüberganges zu Beginn des Vorauspuffs zu erwarten.

N i e d e r m a y e r [3] hat den Wärmeübergang aus umfangreichen Messungen an der Einzylinderversuchsmaschine, Abb. 4, bei $n = 120$ und 200 U/min, mit Hilfe der Energiebilanz nach Teil I festgestellt. Abb. 16 zeigt den starken Wärmefluß $\frac{dQ}{dt}$ an der Zylinderwand während des Vorauspuffs. Die notwendigen, trägheitsarmen Temperaturmessungen erforderten einen bedeutenden meßtechnischen Aufwand.

Die grundsätzliche Feststellung s t a r k e r h ö h t e n W ä r m e ü b e r g a n g e s i m Z y l i n d e r w ä h r e n d d e s V o r a u s p u f f s ist von allgemeiner Bedeutung. N i e d e r m a y e r fand bei den Auswertungen seiner Versuche, daß während des Vorauspuffs ungefähr 10% der im Kraftstoff zugeführten Wärme an die Zylinderwände übergehen. Der Wärmeübergang hängt natürlich in starkem Ausmaß von der Schlitzanordnung ab. Die angeführte Zahl soll nur zeigen, daß der Wärmefluß während des Vorauspuffs wesentlich zur Wärmebelastung der Maschine beiträgt.

S c h u l t z - G r u n o w und K. W i e g h a r d t [4] haben die ebene Auspuffströmung theoretisch untersucht und dabei für das Hubverhältnis = 1 längs der Wände die in Abb. 17 schematisch dargestellten Geschwindigkeitsverläufe errechnet. Die Auspuffschlitze wurden dabei in ihrer Wirkung durch eine punktförmige Senke in A ersetzt. Aus der Geschwindigkeitsverteilung läßt sich sehen, an welchen Stellen die Geschwindigkeit und damit der Wärmeübergang höhere Werte erreicht.

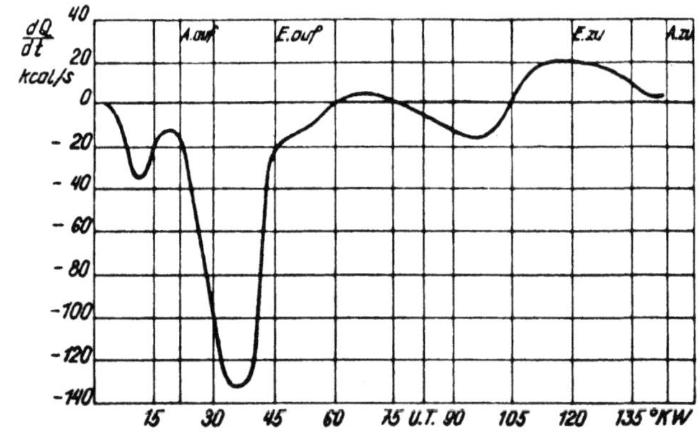

Abb. 16. Wärmeübergang an die Wand während des Vorauspuffs. Nach Messungen von E. Niedermayer.

Vor allem ist die Zylinderwand in der Nähe der Auslaßschlitze und der Kolbenboden auf der dem Auslaß zugekehrten Seite stark durch Wärme beaufschlagt und daher bei Hochleistungsmotoren thermisch gefährdet. Die Verlegung der Auslaßströmung gegen die Kolbenseite des Zylinderraumes und die dadurch bedingt starke Beheizung der unteren Teile des Zylinders, vor allem der Schlitzwände und der benachbarten Zylinderwände und des Kolbenbodens, ist zweifellos ein Nachteil der vom Kolben gesteuerten Auslaßschlitze, der besonders bei hoch belasteten Maschinen eingehender Berücksichtigung bedarf.

Hinsichtlich der Wärmebelastung der Maschine sind jene Steuerungssysteme günstiger, bei welchen die hohen Gasgeschwindigkeiten während des Vorauspuffs nicht in der Nähe des Kolbens und in der Nähe der Zylindergleitflächen auftreten. Zur zahlenmäßigen Wertung der einzelnen Steuerungssysteme in dieser Hinsicht wären vergleichende Untersuchungen des Wärmeüberganges beim Ladungswechsel, vor allem durch Temperaturmessungen am Kolben und an der Zylinderwand, erforderlich.

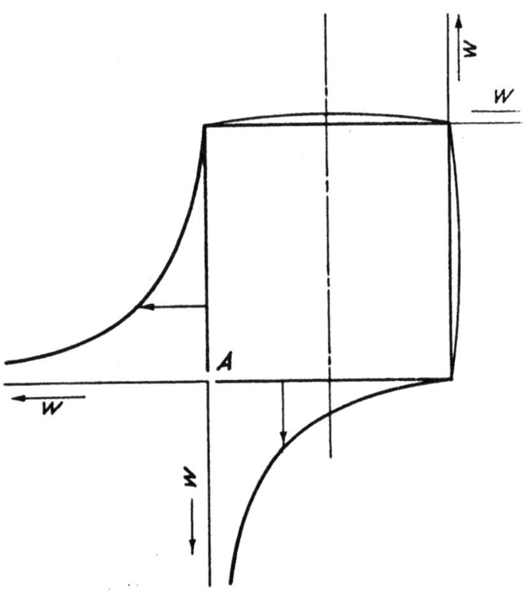

Abb. 17. Strömung längs der Wand bei einem Raum mit quadratischem Querschnitt und punktförmigem Abfluß (Senke) bei A. Nach Schultz-Grunow und K. Wieghardt.

Das Strömungsfeld im Zylinder während des Vorauspuffs beeinflußt die **Durchflußzahl** der Schlitze. Es ist leicht einzusehen, daß die Einschnürung und damit die Durchflußzahl von der Richtung und Größe der Zuströmgeschwindigkeit an den Schlitzen abhängt. Je größer die zur Zylinderachse parallele Geschwindigkeitskomponente ist, desto stärker wird die Einschnürung, desto kleiner wird die Durchflußzahl μ_a. In Abb. 18 ist der ungefähre Verlauf der Strömungen in den Schlitzen für unterkritische Verhältnisse und die starke Zusammenziehung des Strahles nach den Schlitzen angedeutet. Die Strömungsverhältnisse liegen nach Abb. 18 ähnlich wie beim Ausfluß aus einer Mündung. Durch Abrunden der Kanten wird die Einschnürung des Strahles vermindert, die Durchflußzahl erhöht.

Die Durchflußzahl μ_a kann durch Messungen am Motor bestimmt werden.

Bei bekanntem Druck- und Temperaturverlauf im Zylinder ist die jeweils im Zylinder befindliche Gasmenge

$$G_z = \frac{p_z \cdot V_z}{R \cdot T_z}$$

Aus Mittelwerten für die Zustandsgrößen während eines kleinen Zeitintervalls und der während desselben ausströmenden Menge $\triangle G_z$ erhält man mit $\triangle\alpha$ in Kurbelgraden:

$$\mu_a = \frac{6 \cdot n \cdot \triangle G_z}{f \cdot \psi \sqrt{\frac{p_z}{v_z}} \cdot \triangle\alpha} \tag{13}$$

Die zur Auswertung dieses Ausdruckes erforderliche trägheitsarme Temperaturmessung ist in jedem Fall schwierig, bei raschlaufenden Maschinen derzeit überhaupt nicht ausführbar. Selbst bei genauer Bestimmung des Temperaturverlaufs an einer Meßstelle ist es überdies keineswegs sicher, daß man damit den erforderlichen örtlichen Mittelwert der Temperatur erfaßt, denn infolge des Wärmeüberganges an die Wand und der ungleichmäßigen Verbrennung in der Ladung sind starke örtliche Temperaturunterschiede möglich. Mit dieser Unsicherheit sind auch die vorerwähnten Versuche von Niedermayer behaftet.

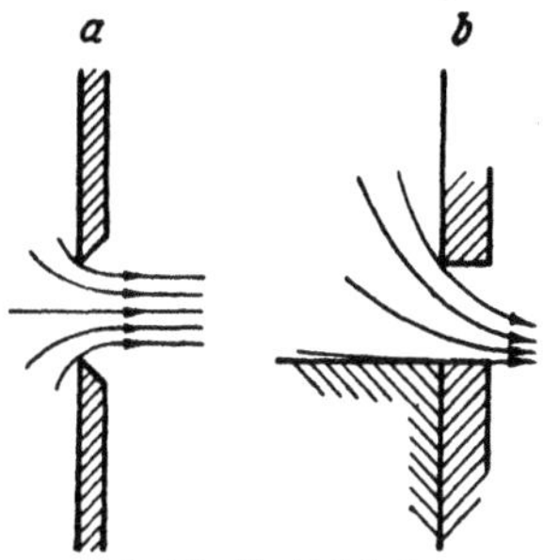

Abb. 18. Ähnlichkeit zwischen Abfluß aus einer scharfkantigen Mündung und Abfluß aus den Auslaßschlitzen.

Man wird sich daher in den meisten Fällen damit begnügen müssen, μ_a allein aus dem gemessenen Druckverlauf bei Annahme adiabatischer Dehnung im Zylinder zu berechnen. Die durch den Wärmeübergang verursachten Abweichungen von der adiabatischen Dehnung werden dann bewirken, daß das so errechnete μ_a nicht der tatsächlichen Durchflußzahl entspricht, sondern eine Ähnlichkeitszahl darstellt, mit der in den Fällen mit gleichem Einfluß des Wärmeüberganges die Druckabsenkung während des Vorauspuffs berechnet werden kann. Dieser Weg zur Ermittlung des μ_a ist durchaus berechtigt, da im allgemeinen die Druckabsenkung und nicht das durchtretende Gasgewicht Ziel der Rechnung ist.

Zwischen dem Gasgewicht G_z beim Druck p_z, dem Zylindervolumen V_z und den Werten zu Beginn der Schlitzöffnung (za) besteht bei adiabatischer Dehnung die Beziehung

$$G_z = G_{za} \cdot \frac{V_z}{V_{za}} \cdot \left(\frac{p_z}{p_{za}}\right)^{\frac{1}{\varkappa}}$$

Aus dem gemessenen Druckverlauf ist daher $G_z = f(\alpha)$ ermittelbar und damit

$$\mu_a = \frac{6 \cdot n \cdot \triangle G_z}{\psi \cdot f \cdot \left(\frac{p_z}{p_{ze}}\right)^{\frac{\varkappa - 1}{2\varkappa}} \cdot \sqrt{\frac{p_{za}}{v_{za}}} \cdot \triangle\alpha} \tag{14}$$

μ_a hängt damit von der Kolbenstellung und vom Druckverhältnis ab. Für die Vorausberechnung der Auslaßschlitze benützt man meist einen Mittelwert, kann aber nach Teil I, Seite 48 auch die Druckabhängigkeit der Durchflußzahl in die Rechnung einführen.

Für Modellversuche zur Ermittlung der Durchflußzahl gelten folgende allgemeine Zusammenhänge:

Der Vorauspuff kann als Ausfluß aus einem Gefäß durch eine Blende aufgefaßt werden. Es lassen sich daher die dafür theoretisch und versuchsmäßig gewonnenen Erkenntnisse mit meist brauchbarer Annäherung auch auf den Vorauspuff anwenden.

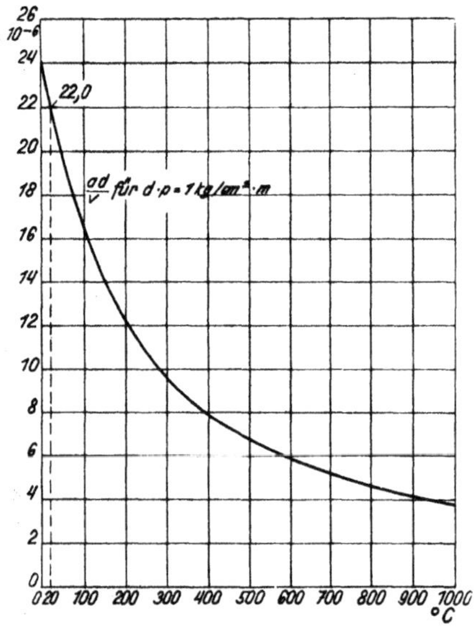

Abb. 19. Kennzahl $\frac{a\,d}{\nu}$ für Luft in Abhängigkeit von der Temperatur.

Nusselt [5] hat die Ähnlichkeitsbeziehungen beim Ausströmen von Gasen aus Mündungen unter hohem Druckgefälle untersucht und gefunden, daß außer der geometrischen Ähnlichkeit die Werte

$$\frac{p_2}{p_1},\quad \frac{a_1\,d_1}{\nu_1},\quad \varkappa,\ \varepsilon,\ n,$$

für gleiche Durchflußzahl gleich sein müssen. Ziffer 1 entspricht dem Innenzustand, Ziffer 2 dem Außenzustand, a ist die Schallgeschwindigkeit, d_1 der Mündungsdurchmesser, ν die kinematische Zähigkeit, $\varkappa$ der Adiabatenexponent, ε ein von der Atomzahl im Molekül abhängiger Beiwert und n eine Größe, welche von der Temperaturabhängigkeit der Zähigkeit und der Wärmeleitung beeinflußt wird. ν, $\varkappa$, ε und n hängen von der Art des Gases ab.

Die Abgase von Dieselmotoren bestehen nach Band 2 zu mehr als 80% aus den gleichen Bestandteilen wie die Luft. Es können daher die Ergebnisse von Ausströmversuchen mit Luft, ohne wesentlichen Fehler, auch auf das Ausströmen von solchen Abgasen angewendet werden. Wenn man demnach von der Verschiedenheit der Gaszusammensetzung absehen kann, so vermindert sich die Zahl der Ähnlichkeitsbedingungen auf drei:

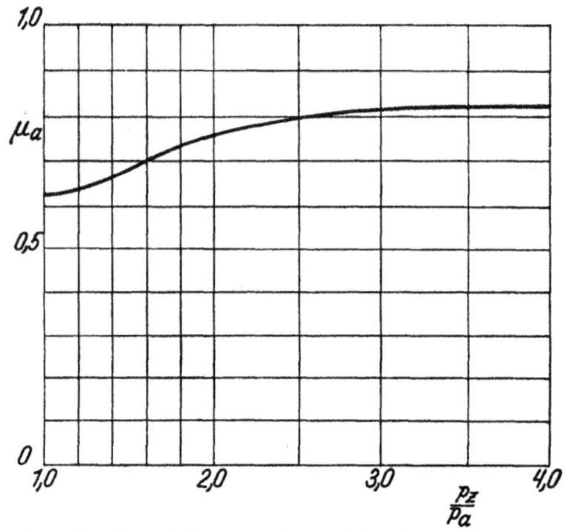

Abb. 20. Durchflußzahl durch Blenden in Abhängigkeit vom Druckverhältnis. Nach Nusselt.

Geometrische Ähnlichkeit der Mündung, $\frac{p_2}{p_1}$, $\frac{a_1\,.\,d_1}{\nu_1}$. Die Kennzahl $\frac{a_1\,.\,d_1}{\nu_1}$ ist wie die Reynoldsche Zahl aufgebaut, enthält jedoch statt der Strömungsgeschwindigkeit die Schallgeschwindigkeit. Es ist

$$\nu_1 = \nu_0 \cdot \frac{1{,}033}{p_1} \cdot \frac{273 + C}{T_1 + C} \cdot \left(\frac{T_1}{273}\right)^{\frac{5}{2}}$$

Setzt man für ν_0 und für die Sutherlandsche Konstante C die Werte nach Rammler, E. und K. Breitling [6] für Luft, $\nu_0 = 13{,}3\,.\,10^{-6}$ und $C = 122$ ein, so wird mit

$$a_1 = 332\,.\sqrt{\frac{T_1}{273}}\ \text{m/sek}$$

$$\frac{a_1\,d_1}{\nu_1} = 4550\,.\,10^6\,.\,\frac{T_1 + 122}{T_1^2}\,.\,p_1\,.\,d_1 \tag{15}$$

Darin ist p_1 in kg/cm² und d_1 in m einzusetzen. Abb. 19 zeigt den Verlauf der Kennzahl für $p_1\,.\,d_1 = 1$ kg/cm².m, abhängig von der Temperatur. Um Strömungsversuche bei normaler Temperatur daher auf heiße Gase ähnlich übertragen zu können, müssen die Versuche an Modellen mit verkleinerten Dimensionen oder mit verkleinerten Drücken (jedoch unter Beibehaltung des Druckverhältnisses) durchgeführt werden.

Der Einfluß von $\frac{a_1 d_1}{\nu_1}$ ist jedoch im allgemeinen nicht sehr groß, so daß auch bei normaler Außentemperatur an den Schlitzen in Originalgröße vorgenommene Messungen annähernd richtige Durchflußzahlen geben.

Zahlentafel 1.

Werte von $\mu \psi$ in Abhängigkeit von $\frac{p_1}{p_2}$ (Nach Zeman).

$\frac{p_1}{p_2}$	$\mu \psi$	$\frac{p_1}{p_2}$	$\mu \psi$	$\frac{p_1}{p_2}$	$\mu \psi$	$\frac{p_1}{p_2}$	$\mu \psi$
1,005	0,126						
1,01	0,216	1,26	1,142	1,51	1,4045	1,76	1,5330
1,015	0,286						
1,02	0,342	1,27	1,158	1,52	1,4125	1,77	1,5365
1,025	0,391						
1,03	0,435	1,28	1,173	1,53	1,4195	1,78	1,5395
1,035	0,475						
1,04	0,511	1,29	1,188	1,54	1,4265	1,79	1,5440
1,045	0,544						
1,05	0,575	1,30	1,203	1,55	1,4335	1,80	1,5470
1,06	0,631	1,31	1,217	1,56	1,4405	1,81	1,5500
1,07	0,679	1,32	1,230	1,57	1,4475	1,82	1,5525
1,08	0,719	1,33	1,243	1,58	1,4540	1,83	1,5550
1,09	0,754	1,34	1,254	1,59	1,4605	1,84	1,5580
1,10	0,786	1,35	1,264	1,60	1,4665	1,85	1,5595
1,11	0,815	1,36	1,274	1,61	1,4720	1,86	1,5620
1,12	0,845	1,37	1,284	1,62	1,4775	1,87	1,5650
1,13	0,873	1,38	1,294	1,63	1,4826	1,88	1,5675
1,14	0,899	1,39	1,304	1,64	1,4870	1,89	1,5700
1,15	0,924	1,40	1,313	1,65	1,4925	1,90	1,5725
1,16	0,948	1,41	1,322	1,66	1,4970	1,91	1,5755
1,17	0,970	1,42	1,331	1,67	1,5015	1,92	1,5780
1,18	0,992	1,43	1,340	1,68	1,5055	1,93	1,5800
1,19	1,013	1,44	1,349	1,69	1,5095	1,94	1,5830
1,20	1,035	1,45	1,358	1,70	1,5135	1,95	1,5860
1,21	1,053	1,46	1,367	1,71	1,5165	1,96	1,5880
1,22	1,072	1,47	1,375	1,72	1,5195	1,97	1,5905
1,23	1,091	1,48	1,383	1,73	1,5235	1,98	1,5925
1,24	1,108	1,49	1,390	1,74	1,5265	1,99	1,5945
1,25	1,125	1,50	1,397	1,75	1,5300	2,00	1,5965

In vielen Fällen liegen bei der Vorausberechnung von Zweitaktsteuerungen gemessene Durchflußzahlen nicht vor. Nach Zeman [7] kann man dann mit guter Annäherung die Durchflußzahlen für Blenden von Nusselt benützen.

Nusselt [5] hat durch Auswertung von Versuchen für einen großen Bereich von Druckverhältnissen die Durchflußzahlen rechnerisch bestimmt. Die in Abb. 20 dargestellten Durchflußzahlen wurden aus den Nusseltschen Werten berechnet. Sie gelten für große Reynoldsche Zahlen, wie sie im allgemeinen der Ausströmung während des Vorauspuffs entsprechen. Für den überkritischen Bereich, in welchem die Strömung beim Vorauspuff zum größten Teil liegt, ist die Kennziffer $\frac{a_1 d_1}{\nu_1}$ fast gleich der Reynoldschen Zahl, da die Geschwindigkeit im Mündungsquerschnitt nur wenig kleiner ist als die Schallgeschwindigkeit im Gefäß. Zieht man die vom Druckverhältnis abhängigen Werte ψ und μ in ein Produkt zusammen, so erhält man $\mu\,\psi$ (bei Zeman nur mit ψ bezeichnet) nach Zahlentafel 1 in Abhängigkeit vom Druckverhältnis.

Niedermayer fand an der von ihm untersuchten Versuchsmaschine nach Abb. 21 verhältnismäßig kleine Durchflußzahlen. Dieses Ergebnis ist auf die ungünstige Ausbildung der Schlitze zurückzuführen. Die obere Begrenzung des Schlitzkanals durch eine Ebene senkrecht zur Zylinderachse ($\delta_a = 90^0$) und die scharfen Schlitzkanten nach Abb. 18 verursachten eine starke Einschnürung des Vorauspuffstromes.

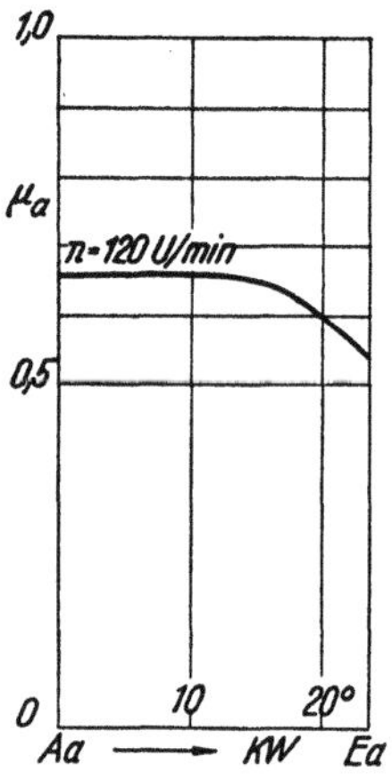

Abb. 21. Durchflußzahlen während des Vorauspuffs nach Messungen von Niedermayer an der Versuchsmaschine Abb. 3.

Jede Vergrößerung der Durchflußzahl verkleinert die erforderliche Auslaßschlitzlänge, vergrößert daher den wirksamen Hubraum. Bei der Ausbildung der Auslaßschlitze ist daher eine große Durchflußzahl anzustreben.

Man erhält widerstandsarme Schlitzkanäle, wenn man die Zuströmrichtung der Gase zu den Schlitzen bei der Formgebung berücksichtigt. Durch eine Abrundung der oberen Schlitzkante und der Kolbenkante wird die Durchflußzahl verbessert. Damit ist jedoch schleichender Abschluß der Schlitze und dadurch wieder eine Verkleinerung des wirksamen Hubes verbunden. Der günstigste Abrundungshalbmesser muß durch Versuche bestimmt werden.

Der Wärmeübergang könnte bei der Berechnung des Druck- und Temperaturverlaufs durch Ausdrücke mit Wärmeübergangsglied sinngemäß nach (59/I) berücksichtigt werden. Die unsicheren Grundlagen rechtfertigen diese umständliche Erfassung des Wärmeübergangs heute noch nicht. Im folgenden wird der Wärmeübergang daher vereinfacht in die Rechnung eingeführt.

Dabei wird entweder von Erfahrungswerten für die mittlere Wärmeübergangszahl α_{wv} während des Vorauspuffs, die auch mit (11) und (12) annähernd bestimmt werden kann, ausgegangen, oder es werden Erfahrungswerte für den Bruchteil φ_{wv} der durch die Verbrennung erzeugten Wärme $BH_u \cdot \eta_u$, der während des Vorauspuffs an die Wände übergeht, benützt.

Man erhält für die während eines Vorauspuffvorganges je 1 m³ Hubraum an die Wände abgegebene Wärme:

$$Q_{wv} = \frac{\alpha_{wv}\,.\,(T_{zm} - T_w)\,.\,(\alpha_a - \alpha')\,.\,\beta_{vm}}{3600\,.\,180\,.\,c_m}\ \mathrm{kcal/m^3} \qquad (16)$$

Darin ist T_{zm} die mittlere Gas-, T_w die mittlere Wandtemperatur. $\beta_{vm} \cdot \dfrac{D^2\,\pi}{4}$ ist die mittlere Wandoberfläche, c_m die mittlere Kolbengeschwindigkeit. Für α' ist der Kurbelwinkel einzusetzen, bei dem die Spülung beginnt, also $p_z = p_s$ wird. Bei reichlich bemessenem Vorauspuff ist $\alpha' = \alpha_e$, bei knapp bemessenen Werten ist $\alpha' < \alpha_e$ und zunächst durch Schätzung (siehe Beispiel auf Seite 115) zu ermitteln.

Mit φ_{wv} wird

$$Q_{wv} = \frac{H_u}{\lambda\,.\,L_o} \cdot \lambda_1 \cdot \eta_u \cdot \varphi_{wv}\ \mathrm{kcal/m^3} \qquad (17)$$

Bei einer Zustandsänderung nach einer Polytrope $p\,.\,v^m$ stehen abgeführte Wärme Q_w und gleichzeitig geleistete Expansionsarbeit L in einem konstanten Verhältnis:

$$\frac{427\,.\,Q_{wv}}{L} = \frac{m - \varkappa}{\varkappa - 1}$$

Nun ist
$$L = \frac{p_1 \, . \, V_1 \, . \, 10^4}{m-1} \cdot \left[1 - \left(\frac{p_2}{p_1}\right)^{\frac{m-1}{m}}\right]$$

Wendet man diese Beziehung auf den Vorauspuff an, so wird

$$\frac{0{,}0427 \, . \, Q_{wv}}{p_{za} \, z_a} = \frac{m-\varkappa}{\varkappa - 1} \cdot \frac{1}{m-1} \left[1 - \left(\frac{p_s}{p_{za}}\right)^{\frac{m-1}{m}}\right] = A \tag{18}$$

Abb. 22 zeigt die Zusammenhänge und ermöglicht die rasche Ermittlung von m bei gegebenen A und $\frac{p_{za}}{p_s}$ · (p_{za} ist in kg/cm² einzusetzen.)

Der Wärmeübergang kann demnach bei den Berechnungen annähernd dadurch berücksichtigt werden, daß man an Stelle des Adiabatenexponenten $\varkappa$ den Polytropenexponenten m für die Zustandsänderung im Zylinder während des Vorauspuffs benützt. Es ist jedoch zu beachten, daß die Zustandsänderung in der Strömung durch die Schlitze voraussichtlich besser durch eine Adiabate erfaßt wird. Daher ist in den Ausdrücken (78/I, 80/I und 82/I) nur die Gruppe $\frac{\varkappa}{z}$ durch $\frac{m}{z}$ zu ersetzen.

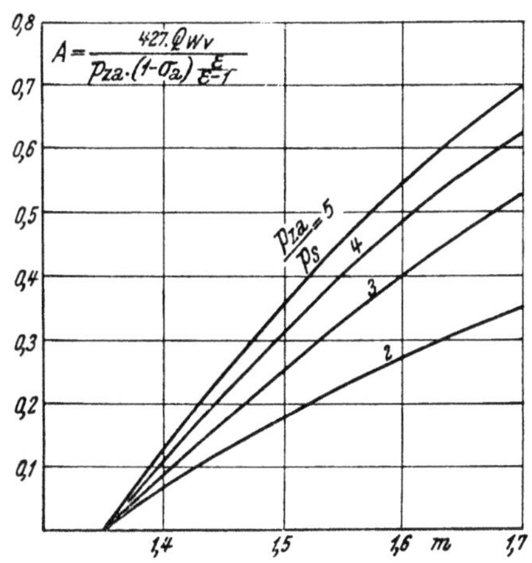

Abb. 22. Hilfsdiagramm zur angenäherten Ermittlung des Polytropenkoeffizienten m (Zustandsänderung im Zylinder) bei Berücksichtigung des Wärmeüberganges im Zylinder während des Vorauspuffs.

Im Ausdruck (1) bzw. (3) ist zur Berücksichtigung des Wärmeüberganges überall an Stelle von $\varkappa$ der Polytropenexponent m einzuführen, jedoch ψ mit $\varkappa$ zu berechnen. Um in diesem Ausdruck auch die Druckabhängigkeit der Durchflußzahl μ_a annähernd zu berücksichtigen, bringt man im ersten Glied auf der rechten Seite in (1) μ_a in das dann graphisch auszuwertende Integral und setzt darin für $\mu_a \, . \, \psi$ die Werte nach Zahlentafel 1 oder nach Abb. 6 und Abb. 20. In das zweite Glied auf der rechten Seite wird ein Mittelwert von μ_a eingesetzt.

b) Die Spülung.

Durch die Spülung werden die nach dem Vorauspuff noch im Zylinder verbleibenden Abgase zum größten Teil verdrängt und der Zylinderraum mit frischer Ladung gefüllt.

Der Erfolg der Spülung wird durch zwei Größen gekennzeichnet: Durch den Gehalt der Ladung an Frischluft und durch die Ladungsmenge am Ende der Spülung.

Ist a der volumetrische Abgasgehalt der Ladung, so ist 1 — a der Frischluftgehalt. Man nennt

$$\lambda_s = 1 - a$$

den Spülgrad.

Die Ladungsmenge kennzeichnet man am besten, indem man sie auf den Außenzustand reduziert und ins Verhältnis zum Hubvolumen der Maschine setzt. Man erhält dadurch die Gesamtladung λ_g. Diese läßt sich aus Druck, Temperatur und Volumen der Ladung am Beginn der Verdichtung bestimmen.

Das Frischluftvolumen, das für die Verbrennung zur Verfügung steht, wird, im Außenzustand auf den Hubraum bezogen, mit Liefergrad λ_l bezeichnet. Es ist

$$\lambda_l = \lambda_s \cdot \lambda_g$$

Ein Überblick über die Vorgänge während der Spülung läßt folgende wesentliche Zusammenhänge erkennen:

Die Menge der einströmenden Spülluft hängt ab vom Zustand im Spülbehälter, vom Gegendruck nach den Auslaßschlitzen und von der Form und den Abmessungen des bei der Spülung durchströmten Kanalsystems, bestehend aus Einlaßschlitzen, Zylinder und Auslaßschlitzen.

Der mit einer gegebenen Spülluftmenge erreichbare Spülgrad wird vor allem von der Gestalt des Strömungsfeldes, also von Schlitzanordnung, Form des Zylinderraumes, in geringerem Maß auch vom Spüldruck und dem Strömungszustand im Zylinder zu Beginn der Spülung beeinflußt.

Die Ladungstemperatur am Beginn der Verdichtung wird in erster Linie vom erreichten Spülgrad und der Abgastemperatur, in zweiter Linie auch vom Wärmeübergang an die Zylinderwände bestimmt.

Der Ladungsdruck am Beginn der Verdichtung hängt vom Spüldruck, von den Strömungsverhältnissen im durchflossenen System, vor allem von der Drosselung in den Schlitzen, und von der Kolbenbewegung ab.

Der Aufwand für die Spülung und ihr Erfolg liegen demnach fest, wenn die Spülluftmenge, der Spülgrad λ_s und der Zustand der Ladung am Beginn der Verdichtung und damit λ_g oder λ_l bekannt sind.

a) Die Ermittlung der Spülluftmenge.

Nachdem der Kolben die Einlaßschlitze geöffnet hat und der Druck im Zylinder unter den Druck der Spülluft abgesunken ist, beginnt das Einströmen der Spülluft in den Zylinder. Das Druckgefälle zwischen Spülbehälter und dem Raum nach den Auslaßschlitzen treibt die Spülluft und gegebenenfalls die in den Spülbehälter zurückgeschlagenen Abgase durch den veränderlichen Querschnitt der Einlaßschlitze in den Zylinder, überwindet die Strömungswiderstände in diesem und die Drosselwiderstände im Auslaßquerschnitt.

Während des ersten Teiles der Spülung wird der Spülstrom beschleunigt, ein Strömungsfeld im Zylinder aufgebaut. Nach dem unteren Totpunkt nimmt der Zufluß an Spülluft annähernd in dem Maße ab, als sich die Schlitze schließen. Der Ausfluß aus den Auslaßschlitzen dauert infolge der Verdrängung durch den aufwärtsgehenden Kolben über die Spülung hinaus an, bis auch die Auslaßschlitze geschlossen werden. Beim Abklingen der Spülung schließen sich die Stromlinien in zunehmendem Maß im Zylinder. Die Bewegung der Ladung bleibt zum Teil bis zum Ende der Verdichtung erhalten und hat meist wesentlichen Einfluß auf die Vorgänge bei der Gemischbildung und Verbrennung.

Durch die schrittweise Berechnung des Spülvorganges mit den im Teil I angegebenen Ausdrücken kann der Druckverlauf im Zylinder, die Spülluftmenge und nach einem später angegebenen Verfahren auch der Spülgrad und der Gesamtinhalt mit im allgemeinen guter Annäherung an die Wirklichkeit ermittelt werden. Die schrittweise Berechnung ist jedoch nur zur eingehenden Nachprüfung gegebener Verhältnisse geeignet.

Zur ersten Festlegung der Kenngrößen der Schlitzsteuerung kann das im folgenden beschriebene Näherungsverfahren benützt werden.

α, 1. Näherungsverfahren zur Ermittlung der Spülluftmenge.

α, 1, 1. Rechnerische Beziehungen.

Zunächst wird rückschlagfreier Betrieb vorausgesetzt, daher angenommen, daß der Zylinderdruck bis zum Öffnen der Einlaßschlitze angenähert auf den Spüldruck abgesunken ist.

Ein geschlossener Ausdruck für die Spülluftmenge läßt sich nur ableiten, wenn der Vorgang vereinfacht wird. Dazu wird die Änderung des Zylindervolumens während der Spülung vernachlässigt und an Stelle des veränderlichen Druckes im Zylinder mit dem zeitlichen Mittelwert p_{zm} gerechnet. Weiters wird angenommen, daß die Zustandsänderung in den Schlitzen adiabatisch ist und daß die kinetische Energie des eintretenden Luftstromes im Zylinder durch die Strömungswiderstände in diesem gänzlich vernichtet wird, der Gasstrom daher beim Durchströmen der Auslaßschlitze wieder von der Geschwindigkeit Null aus beschleunigt werden muß. Damit ergeben sich die in Abb. 23 dargestellten Zusammenhänge. Die Spülluft expandiert in den Einlaßschlitzen adiabatisch auf p_{zm}. Durch die Umsetzung der kinetischen Energie in Wärme dehnt sich das einströmende Volumen von a nach b aus und verdrängt im Zylinder ein annähernd gleiches Volumen des Zylinderinhaltes.

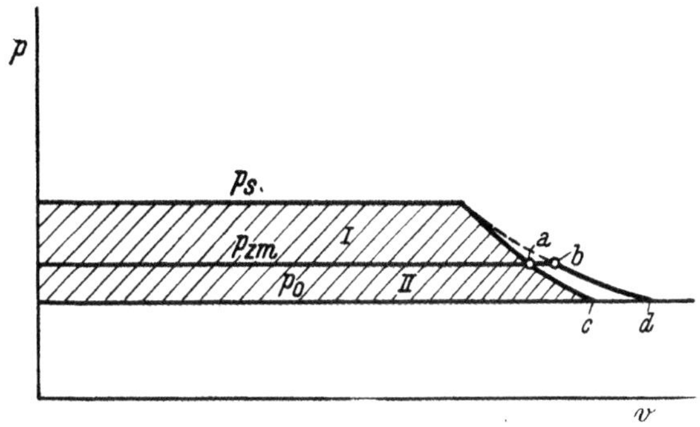

Abb. 23.

Der austretende Strom fließt durch die Auslaßschlitze unter Expansion von p_{zm} auf p_o ab. Vernachlässigt man die im allgemeinen sehr kleine Fläche a b c d in Abb. 23, so entspricht die Fläche I der kinetischen Energie des eintretenden, die Fläche II der kinetischen Energie des austretenden Gasstromes. Da die eintretende Spülluft kälter ist als das austretende Spülluft-Abgasgemisch, ist das eintretende Luftgewicht G^e größer als das Gewicht G_a des verdrängten Gases. Wegen der Gleichheit der sich verdrängenden Volumen schließen jedoch die Adiabaten zu den Flächen I und II annähernd aneinander an. Die Summe der Flächen I und II entspricht der kinetischen Energie, die durch Expansion von 1 kg Luft von p_s auf p_o im stationären Gasstrom erzeugt werden kann.

Die Trägheit der Gassäulen in dem bei der Spülung durchflossenen Kanalsystem wird bei der folgenden Entwicklung vernachlässigt.

Mit L_{ad} als Arbeit je 1 kg Spülluft wird

$$L_{ad} \cdot G_e = G_e \frac{w_e^2}{2g} + G_a \cdot \frac{w_a^2}{2g}.$$

Vernachlässigt man die Verschiedenheit der Gaskonstanten des eintretenden und austretenden Gasstromes, so wird mit T_s als Temperatur der Spülluft im Zylinder, T_{zm} als mittlere Temperatur des im Zylinder von der Spülluft verdrängten Gasinhaltes $\frac{G_e}{G_a} = \frac{T_{zm}}{T_s}$ und für unterkritisches Ein- und Ausströmen

$$w_e \cdot \mu_e \cdot f_e \cdot \left(\frac{p_s}{p_{zm}}\right)^{\frac{\varkappa - 1}{\varkappa}} = w_a \cdot \mu_a \cdot f_a \cdot \left(\frac{p_o}{p_{zm}}\right)^{\frac{1}{\varkappa}},$$

da die Volumen, die in den Zylinder ein- und austreten, annahmegemäß gleich sind. Nach Eliminieren von w_a erhält man

$$L_{ad} = \int_{p_o}^{p_s} v \cdot d\,p = \frac{w_e^2}{2g}\left[1 + \frac{T_s}{T_{zm}} \cdot \left(\frac{f_e\,\mu_e}{f_a\,\mu_a}\right)^2 \cdot \left(\frac{p_s}{p_{zm}}\right)^{\frac{2(\varkappa-1)}{\varkappa}} \cdot \left(\frac{p_{zm}}{p_o}\right)^{\frac{2}{\varkappa}}\right]. \quad (19)$$

Es ist

$$\int_{p_o}^{p_s} v \cdot d\,p = \frac{\varkappa}{\varkappa - 1} \cdot R\,T_s \left[1 - \left(\frac{p_o}{p_s}\right)^{\frac{\varkappa-1}{\varkappa}}\right]$$

und daher

$$w_e = \frac{\sqrt{\frac{2\,g\,.\,\varkappa}{\varkappa-1} \cdot R\,T_s\left[1 - \left(\frac{p_o}{p_s}\right)^{\frac{\varkappa-1}{\varkappa}}\right]}}{\sqrt{1 + \frac{T_s}{T_{zm}} \cdot \left(\frac{p_s}{p_{zm}}\right)^{\frac{2(\varkappa-1)}{\varkappa}} \cdot \left(\frac{p_{zm}}{p_o}\right)^{\frac{2}{\varkappa}} \cdot \left(\frac{f_e\,\mu_e}{f_a\,\mu_a}\right)^2}} \quad (20)$$

Das Volumen im Außenzustand, das im Zeitdifferential dt einströmt, ist

$$d\,V_o = w_e \,.\, \mu_e \,.\, f_e \,.\left(\frac{p_{zm}}{p_s}\right)^{\frac{1}{\varkappa}} . \,\frac{p_s}{p_o} \cdot \frac{T_o}{T_s} \cdot d\,t.$$

Es ist zweckmäßig, für die Luftmenge eine dimensionslose Verhältniszahl einzuführen. Man bezeichnet mit Luftaufwand Λ_0 das Verhältnis von Spülluftvolumen im Außenzustand zum Hubvolumen. Setzt man weiters den Kurbelwinkel in Grad als relatives Zeitmaß ein, so wird mit f_e in m^2, V_h in m^3 und u nach Gl (64 a/I):

$$\Lambda_o = \frac{1}{6 \cdot n \cdot V_h} \cdot \left(\frac{p_s}{p_o}\right)^{\frac{\varkappa-1}{\varkappa}} \cdot \frac{T_o}{\sqrt{T_s}} \,.\, u \,. \int_{-\alpha_e}^{+\alpha_e} \frac{\mu_e \,.\, f_e \,.\, d\,\alpha}{\sqrt{\left(\frac{p_o}{p_{zm}}\right)^{\frac{2}{\varkappa}} + \frac{T_s}{T_{zm}} \cdot \left(\frac{p_s}{p_{zm}}\right)^{\frac{2(\varkappa-1)}{\varkappa}} \cdot \left(\frac{f_e\,\mu_e}{f_a\,\mu_a}\right)^2}} \quad (21)$$

$+\alpha_e$ entspricht dem Abschluß, $-\alpha_e$ dem Öffnen der Einlaßschlitze. u ist aus Tabelle II, Teil I, zu entnehmen.

Für die Anwendung dieses Ausdruckes müssen entweder die Durchflußzahlen der Schlitze μ_e, μ_a gemessen oder auf Grund von Messungen an ähnlichen Spülsystemen geschätzt werden.

Zur Übertragung der an einer Maschine gewonnenen Erfahrungswerte auf eine andere genügt es in manchen Fällen, nach Hold [8] mit dem reduzierten Querschnitt

$$f_r = \frac{f_e}{\sqrt{1 + \left(\frac{f_e}{f_a}\right)^2}} \quad (22)$$

zu rechnen. Man setzt dann den reduzierten Winkelquerschnitt $\int f_r d\alpha$ multipliziert mit der darauf bezogenen Durchflußzahl μ_r an Stelle des Integrals auf der rechten Seite von (21). f_r kann aus der geometrischen Form der Querschnitte berechnet werden. Erfahrungswerte von μ_r erhält man aus Messungen an Maschinen. Die Gleichheit der Werte μ_r für zwei Maschinen setzt ähnliche Spülsysteme (gleiche Durchflußzahlen μ_e und μ_a) und gleiche Auswirkung des in dem Ausdruck (22) vernachlässigten Einflusses der Zustandsgrößen des Zylinderinhaltes auf die Spülströmung voraus. Sind diese Bedingungen nicht erfüllt, so werden die Durchflußzahlen μ_r voneinander abweichen.

Bei vielen Schlitzsteuerungen sind die Auslaßquerschnitte infolge des für den Vorauspuff erforderlichen Zeitquerschnittes während der Spülung wesentlich größer als die Einlaßquerschnitte, der Druckabfall im Auslaß daher verhältnismäßig klein, so daß der Spülstrom im wesentlichen nur im Einlaßquerschnitt gedrosselt wird. In solchen Fällen ist auch eine nur auf den Einlaßwinkelquerschnitt bezogene Durchflußziffer μ_m ein brauchbarer Ähnlichkeitswert, mit dem die an einer Maschine gewonnenen Meßergebnisse auf eine andere, ähnliche Maschine übertragen werden können. Man hat in diesem Fall in (21) rechts

$$\mu_m \int f_e \, d\alpha$$

einzusetzen. Definitionsgemäß gelten die Zusammenhänge:

$$\mu_m \int f_e \, d\alpha = \mu_r \int f_r \, d\alpha = \int \frac{\mu_e \, . \, f_e \, . \, d\alpha}{\sqrt{\left(\frac{p_o}{p_{zm}}\right)^{\frac{2}{\varkappa}} + \frac{T_s}{T_{zm}} \cdot \left(\frac{p_s}{p_{zm}}\right)^{\frac{2(\varkappa-1)}{\varkappa}} \cdot \left(\frac{f_e \, \mu_e}{f_a \, \mu_a}\right)^2}} \tag{23}$$

Infolge dieser Beziehungen zwischen μ_m, μ_r und dem korrigierten reduzierten Zeitquerschnitt genügt es im folgenden, nur mit μ_m weiter zu rechnen.

Bei gleichem Spüldruck, gleichen Zustandswerten und gleichen Durchflußzahlen μ_m muß für gleichen Luftaufwand $\frac{\int f_e \, d\alpha}{6 n V_h}$ unabhängig von der Motorgröße sein. Dieser Ausdruck, der spezifische Zeitquerschnitt (s. S. 12) kann demnach zum Vergleich der Spülverhältnisse bei ähnlichen Motoren verschiedener Größe benützt werden.

Für die meist verwendeten rechteckigen Schlitze kann man in den Ausdruck für Λ_o die verhältnismäßige Schlitzlänge und die Schlitzbreite im Verhältnis zum Zylinderumfang einführen. Berücksichtigt man auch schräges Einströmen sinngemäß nach Abb. 4, so wird mit der Kennzahl

$$A_e = \frac{D \, n}{\beta_e \, . \, \sin \gamma_e \, . \, \mu_m} \tag{24}$$

der Ausdruck für den Luftaufwand:

$$\Lambda_o = 0{,}67 \cdot \frac{1}{A_e} \cdot \left(\frac{p_s}{p_o}\right)^{\frac{\varkappa-1}{\varkappa}} \cdot \frac{T_o}{\sqrt{T_s}} \, . \, u \, . \int_{-\alpha_e}^{+\alpha_e} \sigma \, d\alpha \tag{25}$$

Das Integral auf der rechten Seite ist sinngemäß nach (2)

$$\int_{-\alpha_e}^{+\alpha_e} \sigma \, d\alpha = [\sin \alpha_e - \alpha_e \cos \alpha_e] - \frac{\lambda}{8} [\sin 2\alpha_e - 2\alpha_e \cos 2\alpha_e] \tag{26}$$

Zahlenwerte können aus Abb. 24 entnommen werden.

Für angenäherte Berechnungen ist nach Föppl [9] die Beziehung

$$\int_{-\alpha_e}^{+\alpha_e} \sigma \, d\alpha = 155 \cdot \frac{1}{1 - \frac{\lambda}{2}} \cdot \sigma_e^{\frac{3}{2}} \text{ (Grad . Hubteile)} \tag{27}$$

verwendbar, welche für $\sigma_e < 0{,}35$ mit einer Genauigkeit von $\pm$ 1,5% gilt und daher in den meisten Fällen ausreicht. Mit $\varkappa = 1{,}4$, $R = 29{,}27$ wird damit

$$\Lambda_o = 4632 \frac{1}{A_e'} \cdot \left(\frac{p_s}{p_o}\right)^{0{,}286} \cdot \frac{T_o}{\sqrt{T_s}} \cdot \sqrt{1 - \left(\frac{p_o}{p_s}\right)^{0{,}286}} \cdot \sigma_e^{\frac{3}{2}} \tag{28}$$

oder
$$\Lambda_o = 103{,}3 \cdot \frac{1}{A_e'} \cdot \left(\frac{p_s}{p_o}\right)^{0{,}286} \cdot \frac{T_o}{\sqrt{T_s}} \cdot u \cdot \sigma_e^{\frac{3}{2}} \tag{29}$$

oder
$$\Lambda_o = 559 \cdot \frac{1}{A_e'} \cdot \left(\frac{p_s}{p_o}\right) \cdot \frac{T_o}{\sqrt{T_s}} \cdot \psi \,.\, \sigma_e^{\frac{3}{2}}. \tag{30}$$

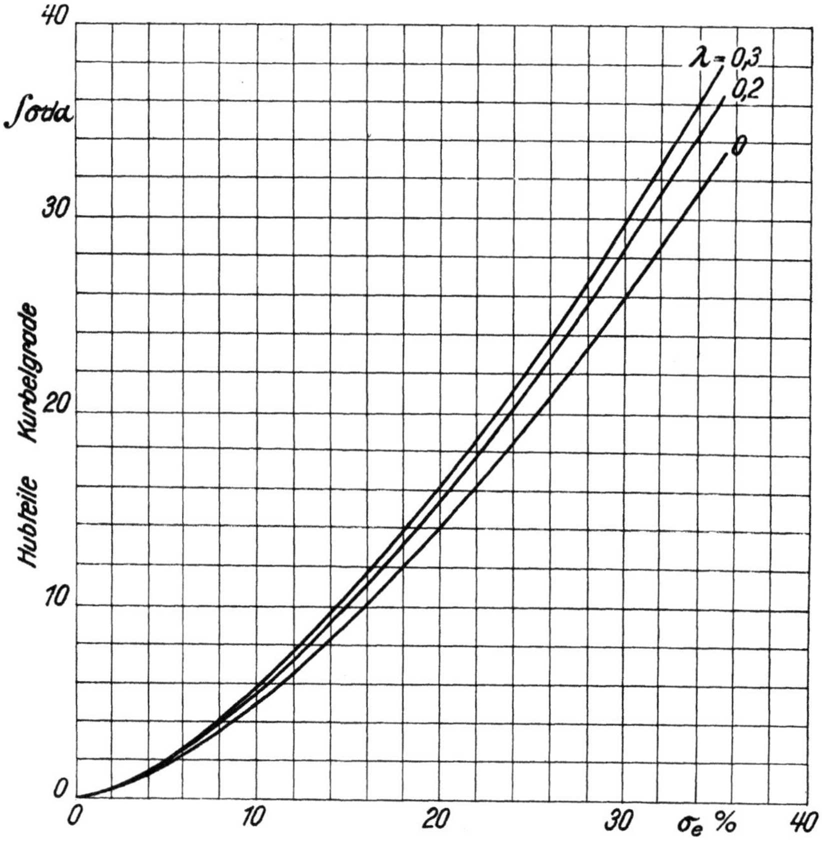

Abb. 24. Winkelquerschnitt des Einlasses in Abhängigkeit von der Schlitzlänge. λ = Schubstangenverhältnis.

In diesen Ausdrücken ist $\quad A_e' = A_e \,.\, \left(1 - \frac{\lambda}{2}\right).$

Bei überkritischem Druckverhältnis $\frac{p_s}{p_o}$ ist (30) anzuwenden.

Die allgemeine Entwicklung der für den Luftaufwand maßgebenden Zusammenhänge ist damit abgeschlossen. Im folgenden werden noch einige Sonderformen der Ausdrücke für Λ_o angegeben. Wenn die Spüllufttemperatur der Endtemperatur bei adiabatischer Verdichtung entspricht, vereinfacht sich (28) und wird

$$\Lambda_o = 4632 \cdot \frac{1}{A_e'} \cdot \sqrt{T_o} \cdot \sqrt{\left(\frac{p_s}{p_o}\right)^{0{,}286} - 1} \,.\, \sigma_e^{\frac{3}{2}}, \tag{31}$$

oder nach der Schlitzlänge aufgelöst:

$$\sigma_e = \left[0{,}216 \cdot \frac{\Lambda_o \,.\, A_e'}{\sqrt{T_o} \cdot \sqrt{\left(\frac{p_s}{p_o}\right)^{0{,}286} - 1}}\right]^{\frac{2}{3}} \cdot 10^{-2}.$$

Die Zusammenhänge sind in Abb. 25 dargestellt.

Bei gegebenem adiabatischem Wirkungsgrad der Spülpumpe η_{ad} ist die Temperatur der Spülluft, wenn die gesamte Verdichtungswärme durch sie abgeführt werden muß:

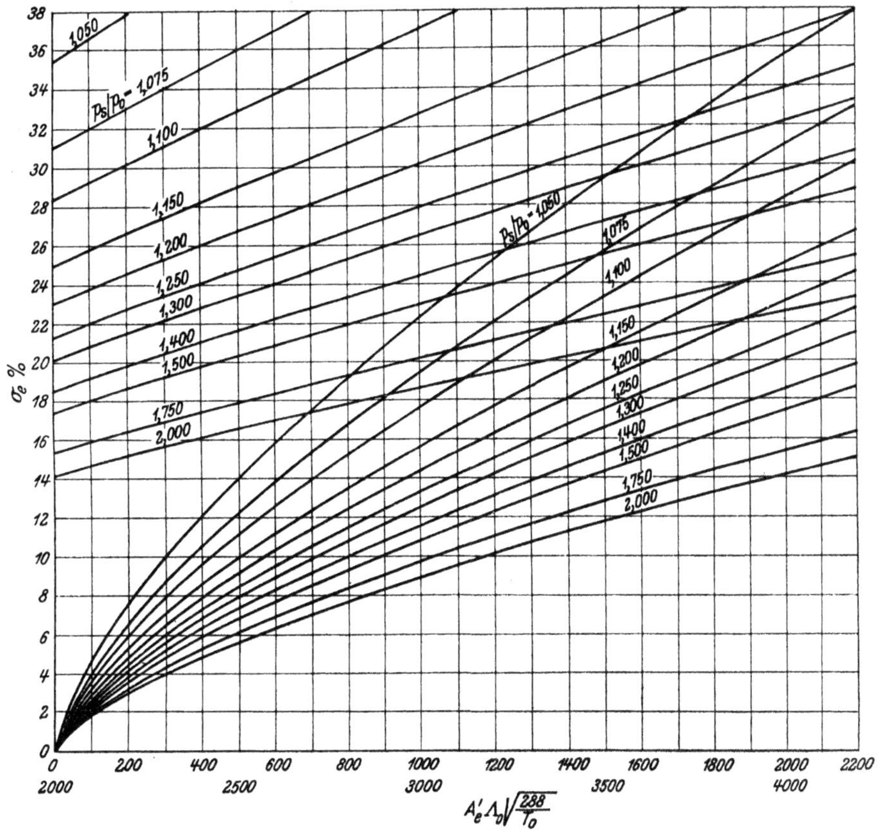

Abb. 25. Zusammenhang zwischen Λ_o, T_o, p_s und σ_e, für eine Spültemperatur T_s gleich der Temperatur bei adiabatischer Verdichtung in der Spülpumpe.

$$T_s = T_o \left\{ 1 + \frac{1}{\eta_{ad}} \cdot \left[\left(\frac{p_s}{p_o} \right)^{\frac{\varkappa - 1}{\varkappa}} - 1 \right] \right\} \tag{32}$$

$\frac{T_s}{T_o}$ ist in Abb. 26 abhängig vom Druckverhältnis für verschiedene η_{ad} dargestellt. Damit wird der Luftaufwand nach (28):

$$\Lambda_o = 4632 \cdot \frac{1}{A_e'} \cdot \sqrt{T_o} \cdot \frac{\sqrt{\left(\frac{p_s}{p_o} \right)^{\frac{\varkappa - 1}{\varkappa}}}}{\sqrt{1 + \frac{1}{\eta_{ad}} \cdot \left[\left(\frac{p_s}{p_o} \right)^{\frac{\varkappa - 1}{\varkappa}} - 1 \right]}} \cdot \sqrt{\left(\frac{p_s}{p_o} \right)^{\frac{\varkappa - 1}{\varkappa}} - 1} \,.\, \sigma_e^{\frac{3}{2}} \tag{33}$$

wozu der von $\left(\frac{p_s}{p_o} \right)$ abhängige Teil Abb. 27 entnommen werden kann.

Der Einfluß von η_{ad} auf Λ_o ist bei kleinen Spüldrücken gering, so daß bei diesen ohne merkbaren Fehler auch mit $\eta_{ad} = 1{,}0$, d. i. mit (31), gerechnet werden kann.

Führt man in die Entwicklung der Ausdrücke für den Luftaufwand für w nach Teil I den Ausdruck (60 b/I) ein, so erhält man die für Zahlenrechnungen bequeme Form

$$\Lambda_o = 458 \cdot \frac{1}{A_e'} \cdot \frac{T_o}{T_s} \cdot \left(\frac{p_s}{p_o}\right)^{0,455} \sqrt{v_s \cdot (p_s - p_o) \cdot 10^4} \cdot \sigma_e^{\frac{3}{2}} \quad (34)$$

Wenn der Druck nach den Auslaßschlitzen infolge eines Aufstaues im Auslaßsystem merkbar größer als p_o ist, muß mit einem Gegendruck p_g nach dem Auslaß gerechnet werden.

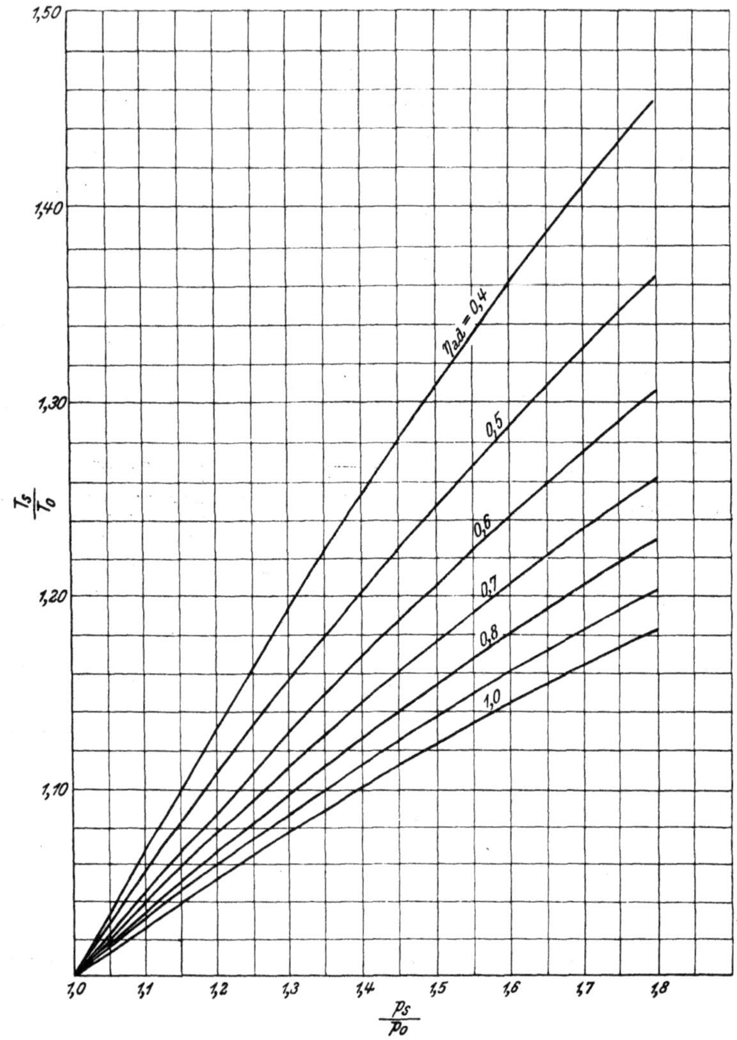

Abb. 26. Spültemperatur in Abhängigkeit vom adiabetischen Wirkungsgrad der Spülpumpe. (Wärmeabfuhr nur durch die Spülluft.)

Der Luftaufwand ist in diesem Fall entsprechend (28):

$$\Lambda_o = 4632 \cdot \frac{1}{A_e'} \cdot \left(\frac{p_s}{p_o}\right)^{0,286} \cdot \left(\frac{p_g}{p_o}\right)^{0,714} \cdot \frac{T_o}{\sqrt{T_s}} \cdot \sqrt{1 - \left(\frac{p_g}{p_s}\right)^{0,286}} \cdot \sigma_e^{\frac{3}{2}} \quad (35)$$

bzw. entsprechend (34):

$$\Lambda_o = 458 \cdot \frac{1}{A_e'} \cdot \left(\frac{p_s}{p_g}\right)^{0,455} \cdot \left(\frac{p_g}{p_o}\right) \cdot \frac{T_o}{T_s} \cdot \sqrt{v_s \cdot (p_s - p_g)\, 10^4} \cdot \sigma_e^{\frac{3}{2}} \quad (36)$$

Die Ausdrücke (24) bis (36) sind unmittelbar nur auf rechteckige Schlitze anwendbar.

Für Schlitze mit beliebiger Form sind die Ausdrücke (21), (22) und (23) zu benützen und entweder der Einlaßwinkelquerschnitt $\int f_e \, d\alpha$, oder der reduzierte Winkelquerschnitt $\int f_r \, d\alpha$, oder

$$\int \frac{\mu_e \, f_e \, d\alpha}{\sqrt{\left(\frac{p_0}{p_{zm}}\right)^{\frac{2}{\varkappa}} + \frac{T_s}{T_{zm}} \cdot \left(\frac{p_s}{p_{zm}}\right)^{\frac{2(\varkappa-1)}{\varkappa}} \cdot \left(\frac{f_e \, \mu_e}{f_a \, \mu_a}\right)^2}} \tag{23a}$$

graphisch zu ermitteln.

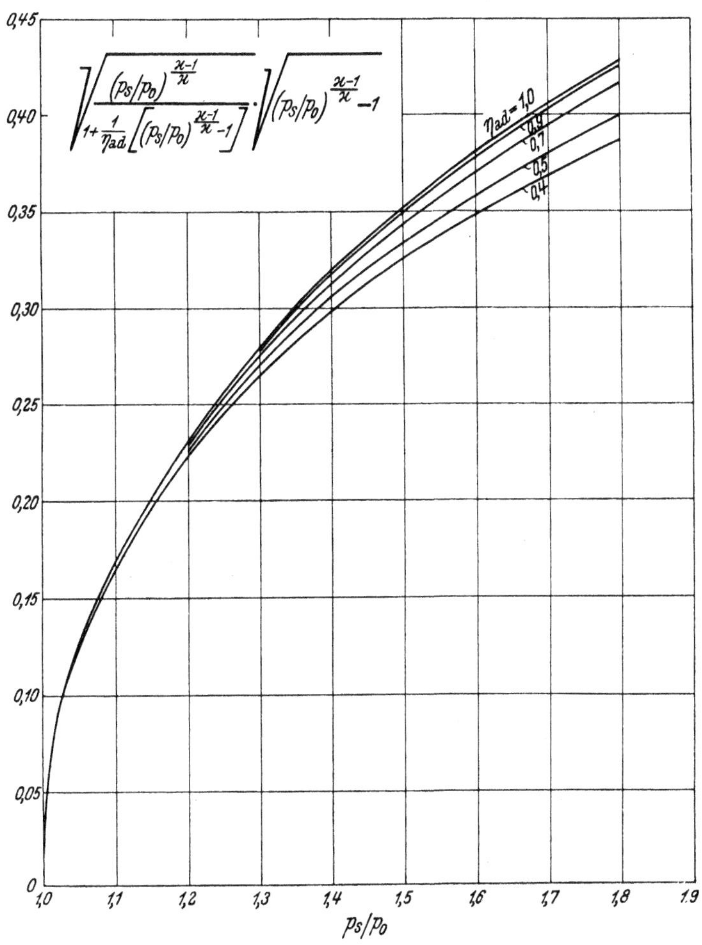

Abb. 27. Hilfsdiagramm zur Ermittlung des Luftaufwandes nach Gl. (33).

Dazu bestimmt man zunächst f_e bzw. f_r oder, wenn Schätz- oder Erfahrungswerte der Durchflußzahlen μ_e und μ_a vorliegen, mit geschätzten mittleren Zustandsgrößen T_{zm}, p_{zm} den korrigierten, reduzierten Querschnitt in (21) in Abhängigkeit vom Kolbenweg.

Ist b die veränderliche Schlitzbreite, so wird für Einlaß und Auslaß

$$\sin \gamma \int b \, s \, d\sigma = f.$$

Aus dem Zusammenhang zwischen Kolbenweg und Kurbelwinkel wird nun der Verlauf der Querschnitte über α gezeichnet und der Winkelquerschnitt graphisch integriert.

Unter der Voraussetzung, daß μ_m gleich bleibt, können Einlaßschlitze beliebiger Form hinsichtlich des Luftaufwandes Λ_o stets durch Rechteckschlitze gleicher Länge ersetzt werden, wenn deren relative Breite

$$\beta_e = \frac{\left(1-\frac{\lambda}{2}\right) \cdot \int f_e \, d\alpha}{155 \,.\, D \,.\, \pi \,.\, s \,.\, \sin\gamma \,.\, \sigma_e^{\frac{3}{2}}} \qquad (37)$$

gemacht wird. Damit lassen sich die für Rechteckschlitze entwickelten Ausdrücke auch für Schlitze beliebiger Form verwenden.

Die entsprechende Kennzahl A_e' ist:

$$A_e' = 620 \cdot \frac{V_h \,.\, n}{\mu_m \,.\, \int f_e \, d\alpha} \cdot \sigma_e^{\frac{3}{2}}. \qquad (38)$$

Bei geneigten Schlitzen, deren Kanalachse nach Abb. 28 in einer Ebene parallel zur Zylinderachse liegt, die von dieser den Abstand a hat, erhält man den freien Öffnungsquerschnitt am einfachsten, wenn man die Begrenzung des Schlitzkanals und die kreisförmige Steuerkante am Kolbenbodenrand auf eine Ebene

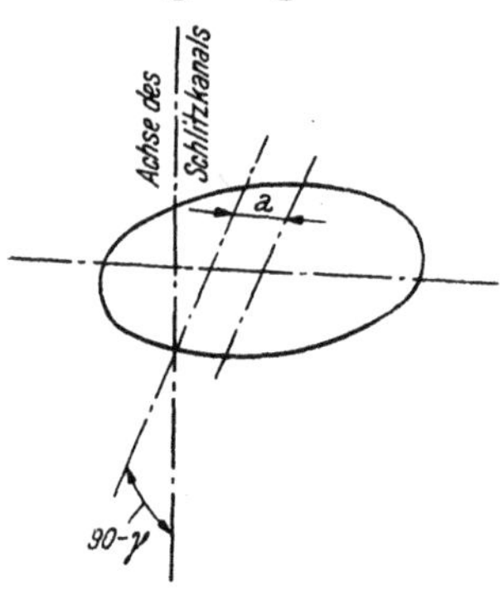

Abb. 28. Schema eines Schlitzkanals mit windschiefer Lage zur Zylinderachse.

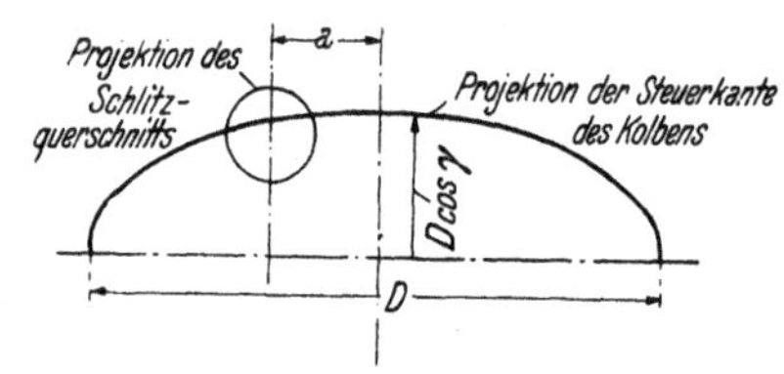

Abb. 29. Ermittlung des freien Querschnittes bei kreisförmigen, windschief zur Zylinderachse gebohrten Schlitzkanälen.

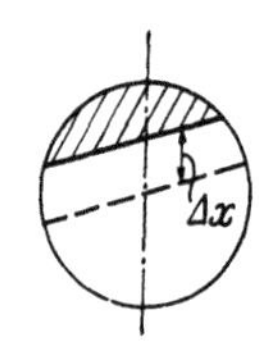

Abb. 30.

senkrecht zur Kanalachse projiziert. Die Projektion der Steuerkante des Kolbens ist eine Ellipse mit D als großer und D cos γ als kleiner Achse. Bei kreisförmigem Schlitzkanalquerschnitt, also z. B. gebohrten Kanälen, erhält man die in Abb. 29 dargestellten Zusammenhänge. Bei einer Kolbenbewegung um $s\,\triangle\,\sigma$ verschiebt sich die Kolbenoberkante in der Querschnittsprojektion des Schlitzes um

$$\triangle x = s \triangle \sigma \cdot \sin\gamma$$

in Abb. 30. Durch Planimetrieren läßt sich der zu jedem x und damit zu jeder freien Schlitzlänge σ gehörige freie Querschnitt f bestimmen.

Bei der Vorausberechnung ist es zweckmäßig, zunächst die Schlitze rechteckig anzunehmen und dann die Abmessungen der davon abweichend geformten Schlitze so zu bestimmen, daß die Schlitze gleiche Länge und gleichen Zeitquerschnitt haben.

Die vorstehend abgeleiteten Ausdrücke gelten für rückschlagfreien Betrieb, bei dem durch genügend bemessenen Zeitquerschnitt während des Vorauspuffs der Druck im Zylinder bis zum Öffnen der Einlaßschlitze auf Spüldruck absinkt.

Bei Betrieb mit R ü c k s c h l a g e n der Auspuffgase in den Spülbehälter wird der Luftaufwand aus zwei Gründen gegenüber dem rückschlagfreien Betrieb verkleinert: Erstens wird der Zeitquerschnitt für die Spülung um die in Abb. 31 schraffierte Fläche kleiner. σ' und α' sind dem Punkt zugeordnet, bei dem der Zylinderdruck gleich dem Spüldruck wird, die Spülung daher beginnt. Zweitens muß außer dem Luftaufwand noch die rückgeschlagene Abgasmenge durch das Kanalsystem abfließen.

Je nach der Gestaltung des den Einlaßschlitzen vorgelagerten Raumes werden sich die rückgeschlagenen Abgase mehr oder minder vollständig mit der Spülluft mischen. Die praktisch vorkommenden Fälle werden offenbar zwischen zwei Grenzen liegen: a) Vorlagerung der Abgase ohne Mischung mit der Spülluft, und b) vollständige Mischung von Abgasen und Spülluft. Im ersteren Fall werden nach dem Umkehren der Strömung zuerst die Abgase wieder einströmen und dann die Spülung einsetzen. Ist T_r die mittlere Temperatur der Abgase, so wird in die Ausdrücke (21), (28) bis (30), (34) bis (36) auf der linken Seite $\Lambda_o + \Lambda_r \sqrt{\frac{T_r}{T_s}}$ an Stelle von Λ_o einzusetzen sein.

Ferner ist in diesen Ausdrücken an Stelle von σ_e nach Abb. 31 die ideelle, verkürzte Schlitzlänge σ'_e einzusetzen, um die Verkleinerung des für die Spülung zur Verfügung stehenden Zeitquerschnittes zu berücksichtigen.

Nach (26) wird

$$\sigma'_e = \left[\sigma_e^{\frac{3}{2}} - \frac{1 - \frac{\lambda}{2}}{155} \cdot \int_{\alpha_e}^{\alpha'} \sigma \, d\alpha \right]^{\frac{2}{3}} \tag{39}$$

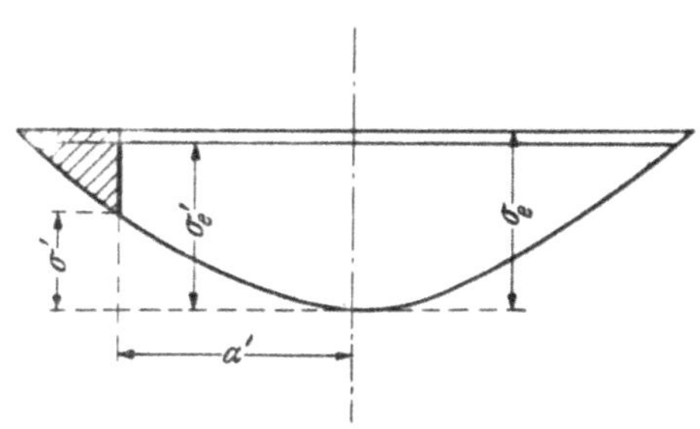

Abb. 31. Verkleinerung des Zeitquerschnittes durch Rückschlagen der Abgase in den Spülbehälter.

Das Integral auf der rechten Seite ist Abb. 11 oder 12 als Ordinate des der Abszisse $\sigma_e - \sigma'$ zugeordneten, auf der Kurve σ' liegenden Punktes zu entnehmen.

Im Fall b) erhöht sich infolge der Mischung die Temperatur T_s des Spülmittels auf T_s^*. Es wird in diesem Fall mit einem homogenen Gemisch von Luft und Abgas gespült.

Bei Vernachlässigung der Verschiedenheit der spezifischen Wärmen von Abgas und Luft wird

$$T_s^* = \frac{\Lambda_o T_s + \Lambda_r T_r}{\Lambda_o + \Lambda_r} \tag{40}$$

In die Ausdrücke (21), (28) und (34) bis (36) für den Luftaufwand ist in diesem Fall auf der linken Seite $\Lambda_o + \Lambda_r$ an Stelle von Λ_o, auf der rechten Seite σ'_e an Stelle von σ_e und T_s^* an Stelle von T_s einzusetzen.

Schließt an den Zylinder unmittelbar ein größerer Spülraum an, so wird nach b) gerechnet werden müssen; führen Kanäle zu den Schlitzen, so kann eine Annäherung an den Fall a) angenommen werden.

Wie später an einem Beispiel gezeigt wird, verursacht starkes Rückschlagen eine beträchtliche Abnahme von Λ_o.

a, 1, 2. Die Durchflußzahl μ_m.

Der Einfluß der Kanalform einer Schlitzsteuerung auf die Durchflußzahl μ_m muß durch Versuche bestimmt werden. Von den so ermittelten Werten ausgehend kann durch die im folgenden entwickelten Zusammenhänge annähernd ermittelt werden, wie Änderungen in den Beschleunigungsverhältnissen der Spülströmung (welche bisher vernachlässigt wurden), Änderungen der Reynoldschen Zahl und der Vorauspuff die Spülströmung hinsichtlich ihres Mengendurchsatzes beeinflussen.

Die Beschleunigungsvorgänge in der Spülströmung lassen sich rechnerisch unter der Voraussetzung einfach behandeln, daß

1. Die Längsausdehnung des bei der Spülung durchflossenen Kanalsystems zwischen sehr großen Einlaß- und Auslaßbehältern klein ist.

2. Die Änderung des spezifischen Volumens des beschleunigten Stromes vernachlässigt werden kann.

Der Druckunterschied $p_s - p_o$ in dem schematisch dargestellten Spülsystem Abb. 32 dient zur Überwindung der Strömungswiderstände (einschließlich der Erzeugung der Geschwindigkeit im stationären Strom) und zur Beschleunigung des Gasstromes im System. Mit den in Abb. 32 eingetragenen Bezeichnungen wird:

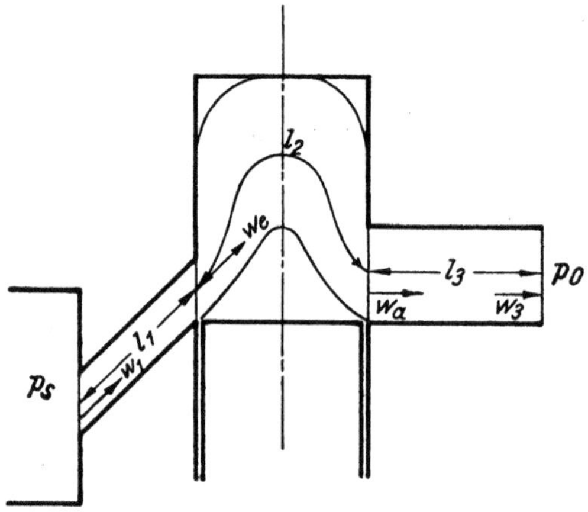

Abb. 32. Schema des vom Spülstrom durchflossenen Kanalsystems.

$$p_s - p_o = \frac{\gamma}{2g}\Big[w_1^2 + c_1 . w_1^2 + (w_e^2 - w_1^2) + + c_2 . w_2^2 + (w_a^2 - w_2^2) + c_3 w_3^2\Big] + + \frac{\gamma}{g}\Big[l_1 \frac{dw_1}{dt} + l_2 \frac{dw_2}{dt} + l_3 \frac{dw_3}{dt}\Big].$$

c_1, c_2, c_3 sind Reibungskoeffizienten. Eine Rückumsetzung von Geschwindigkeit in Druck wird infolge der dafür meist ungeeigneten Kanalform, wie aus oben angeschriebener Formel ersichtlich, nicht angenommen. Nach dem Kontinuitätsgesetz gilt unter der Voraussetzung unveränderlichen spezifischen Volumens $w_1 . f_1 = w_e . f_e$ usw. Daher wird, wenn man alle Geschwindigkeiten durch w_e und w_1 ausdrückt

$$p_s - p_o = \frac{\gamma}{g} \cdot \frac{w_e^2}{2}\left[\left(\frac{f_e}{f_1}\right)^2 + c_1\left(\frac{f_e}{f_1}\right)^2 + 1 - \left(\frac{f_e}{f_1}\right)^2 + c_2\left(\frac{f_e}{f_2}\right)^2 + + \left(\frac{f_e}{f_a}\right)^2 - \left(\frac{f_e}{f_2}\right)^2 + c_3\left(\frac{f_e}{f_3}\right)^2\right] + \frac{\gamma}{g} \cdot \frac{dw_1}{dt}\left[l_1 + l_2 \frac{f_1}{f_2} + l_3 \frac{f_1}{f_3}\right]$$

Ersetzt man den veränderlichen Klammerausdruck im ersten Glied auf der rechten Seite angenähert durch eine konstante mittlere Durchflußzahl der stationären Strömung μ_{mst}, so wird der durch die Widerstände bei stationärem Durchfluß aufgezehrte Teil des Druckgefälles:

$$p_{st} = \frac{\gamma}{g} \cdot \frac{w_e^2}{2} \cdot \frac{1}{\mu_{mst}^2}$$

Führt man weiter die Ersatzlänge l_{r1} eines Kanals mit der Strömungsgeschwindigkeit w_1 ein,

$$l_{r1} = l_1 + l_2 \frac{f_1}{f_2} + l_3 \frac{f_1}{f_3}$$

und setzt

$$\frac{2g(p_s - p_o)}{\gamma} = w_o^2.$$

so erhält man die Beziehung

$$w_o^2 - w_1^2 \cdot \left(\frac{f_1}{\mu_{mst} . f_e}\right)^2 = 2\, l_{r1} \frac{dw_1}{dt}.$$

Das Schlitzöffnungsgesetz läßt sich in der Nähe des unteren Totpunktes annähernd durch eine Parabel ersetzen. Die freie Schlitzlänge ist für unendliche Schubstangenlänge

$$\sigma = 0{,}000076\ (\alpha_e{}^2 - \alpha^2) = C\,(\alpha_e{}^2 - \alpha^2);\ (\alpha_e = \text{Kurbelwinkel in Graden}).$$

Mit $f_e = D\,\pi\,s \sin\gamma\,.\,\beta_e\,.\,C\,(\alpha_e{}^2 - \alpha^2)$, $n' = n\left(1 - \frac{\lambda}{2}\right)$ und $w_1 = u w_o$ wird

$$\frac{du}{d\alpha} = \frac{w_o}{12\,l_{r1}\,.\,n'}\left[1 - \left(\frac{f_1}{\mu_{mst}\,.\,D\,\pi\,s \sin\gamma\,.\,\beta_e\,.\,C}\right)^2 \cdot \frac{u^2}{(\alpha_e{}^2 - \alpha^2)^2}\right]$$

Führt man $x = \frac{\alpha}{\alpha_e}$ und $y = \frac{f_1\,.\,u}{\mu_{mst}\,D\,\pi\,s \sin\gamma\,\beta_e\,C\,\alpha_e{}^2}$ ein,

so erhält die Gleichung die Form

$$\frac{dy}{dx} = b \cdot \left(1 - \frac{y^2}{(1 - x^2)^2}\right). \tag{41}$$

Der Beschleunigungsverlauf hängt daher von einer Kennzahl b ab. Mit dem Schlitzquerschnitt bei voll geöffneten Schlitzen f_{eo} und der darauf bezogenen Länge des Schlitzkanals $\quad l_{reo} = l_{r1}\,\frac{f_{eo}}{f_1}$

wird

$$b = \frac{w_o\,\alpha_e}{12\,\mu_{mst}\,.\,l_{reo}\,.\,n\left(1 - \frac{\lambda}{2}\right)}. \tag{42}$$

Nun ist bei Ersatz des Schlitzöffnungsgesetzes durch eine Parabel:

$$\int \sigma\,d\alpha = 0{,}000096\,.\,\alpha_e{}^3\,\frac{1}{1 - \frac{\lambda}{2}}, \tag{43}$$

womit mit den abgeleiteten Beziehungen für den Luftaufwand und mit $\mu_m\,.\,w_o = w_e$:

$$\Lambda_o\,n = 0{,}000064\,w_o\,\mu_m\,\sin\gamma\,\frac{\beta_e}{D}\,\alpha_e{}^3 \cdot \frac{1}{1 - \frac{\lambda}{2}} \tag{44}$$

erhalten wird. Eliminiert man w_o aus (42) und (44), so wird mit $\delta = \frac{\mu_m}{\mu_{mst}}$ als dynamischer Faktor der Durchflußzahl

$$B = b\,\delta = 0{,}375 \cdot \frac{\Lambda_o}{\mu_{mst}{}^2} \cdot \frac{V_h}{f_{eo}\,l_{reo}} \tag{45}$$

Wie leicht abgeleitet werden kann, ist

$$V_{reo} = l_{reo} \cdot f_{eo} = V_1 \cdot \left(\frac{f_{eo}}{f_1}\right)^2 + V_2\left(\frac{f_{eo}}{f_2}\right)^2 + V_3\left(\frac{f_{eo}}{f_3}\right)^2 \tag{46}$$

mit V_1, V_2 und V_3 als Volumen der einzelnen Teile des durchströmten Systems.

Der kinetische Beiwert $z_k = \frac{f_{eo}\,.\,l_{reo}}{V_h}$ entspricht dem Bruchteil des Hubraumes, der mit Luft von der Geschwindigkeit in den voll geöffneten Einlaßschlitzen gefüllt, die gleiche kinetische Energie beinhaltet wie das gesamte durchflossene Kanalsystem.

Damit wird schließlich:

$$B = 0{,}375 \cdot \frac{\Lambda_o}{\mu_{mst}{}^2\,.\,z_k} \tag{47}$$

Die Gleichung (41) läßt sich nur punktweise integrieren. Abb. 33 zeigt y über x für verschiedene Werte von b. Die Flächen unter den Kurven sind den eingeströmten

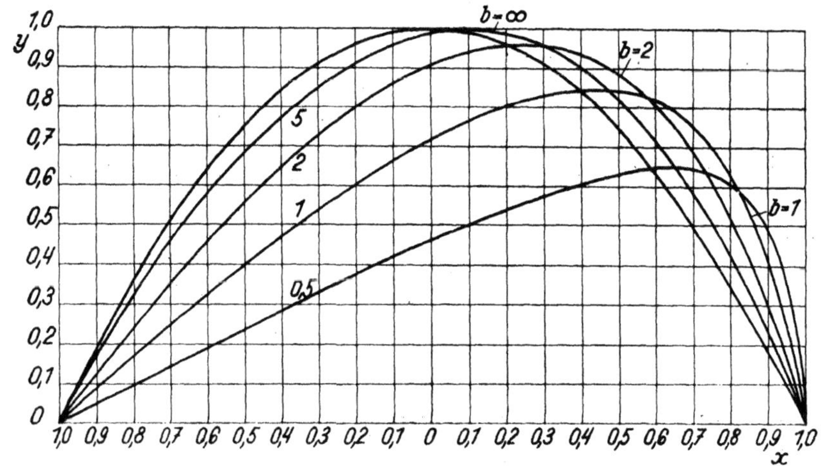

Abb. 33.

Mengen verhältig, daher ist δ das Verhältnis dieser Flächen zu der Fläche, die der Kurve für $b = \infty$, das ist $l_{reo} = 0$ bzw. trägheitsloser Strömung zugeordnet ist.

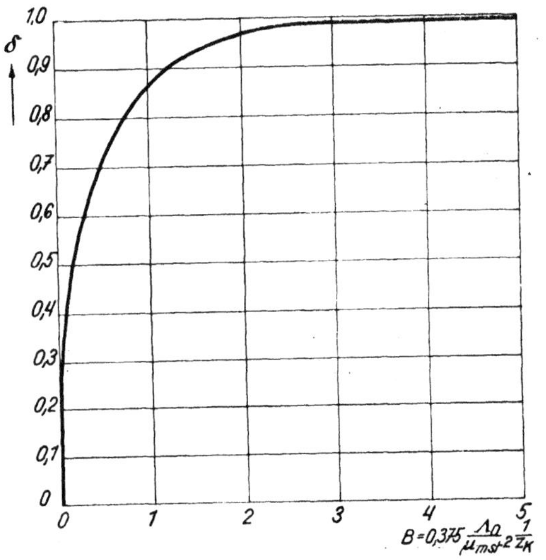

Abb. 34. Dynamischer Faktor der Durchflußzahl $\delta = \frac{\mu_m}{\mu_{mst}}$ des Spülsystems.

δ in Abhängigkeit von B aufgetragen, gibt nach Abb. 34 eine Kurve, die von 0 ausgeht und mit zunehmendem B asymptotisch nach 1 ansteigt.

Das Ergebnis der Untersuchung läßt sich qualitativ folgendermaßen zusammenfassen: Die Massenträgheit des Spülstromes setzt die Durchflußzahl herab. Der dynamische Faktor δ der Durchflußzahl wird um so kleiner, je kleiner der Luftaufwand, je größer die stationäre Durchflußzahl und der kinetische Beiwert des Spülsystems z_k wird.

z_k kann mittels Ausdruck (46) annähernd bestimmt werden, unsicher bleibt nur die Erfassung des im Zylinder befindlichen Teils des Stromes. Hier helfen Versuche von Lutz [10] zu Grundlagen für Schätzungen.

Wertet man diese Versuche, die an ebenen Spülmodellen Abb. 35 bei stationärer Strömung durchgeführt wurden, hinsichtlich des Wertes z_k der Strömung im Zylinder aus, so erhält man

Kanalform	s/D	σ_e	μ_{mst}	z_k
K 16	1,8	8,3	0,65	0,3
K 17	2,4	8,3	0,69	0,24
K 22			0,71	0,25

Es ist anzunehmen, daß z_k auch für die instationäre räumliche Spülströmung ungefähr von gleicher Größe ist.

Die kinetische Energie der außerhalb des Zylinders in den Kanälen liegenden Teile des Spülstromes ist durch z_k nicht berücksichtigt, kann jedoch aus der Konstruktionszeichnung der Kanäle ermittelt werden.

Die vorstehend abgeleiteten Beziehungen können nur auf Systeme mit kurzen Gassäulen in den Schlitzen angewendet werden, wie sie z. B. durch die Wandstärke von Büchse und Kühlmantel auch bei unmittelbar anschließendem Spül- und Auspuffbehälter bestehen.

Wenn längere Kanäle an die Schlitze anschließen, entstehen Massenwirkungen, die den Spülvorgang in wesentlich stärkerem Maß beeinflussen. Sie können mit den im Teil I angegebenen Verfahren behandelt werden.

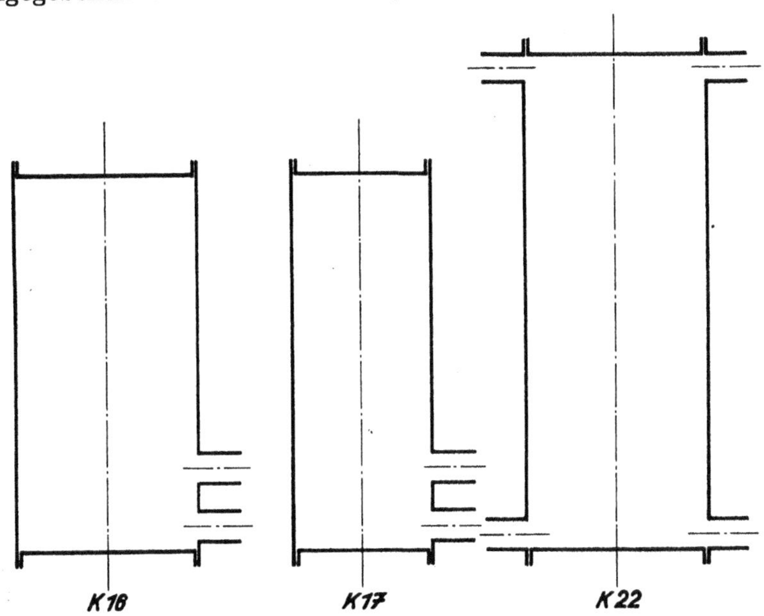

Abb. 35. Umrisse der ebenen Spülmodelle bei den Versuchen von Lutz.

Der Einfluß der Reynoldschen Zahl auf die Spülströmung läßt sich nach Lutz [11] durch das von Blasius [12] für glatte Rohre ermittelte Widerstandsgesetz annähernd erfassen. Damit wird:

$$\mu_{mst} = K_1 \cdot R_e^{\frac{1}{8}}. \tag{48}$$

Die Durchflußzahl nimmt demnach mit $R_e = \frac{w \cdot d}{\nu}$ zu. Die Geschwindigkeit des Spülstromes ist bei gleichbleibenden Abmessungen des Spülsystems und annähernd gleicher Spüllufttemperatur $w = K_2 \cdot \Lambda_o \cdot n$. Daher gilt für ein Spülsystem:

$$\mu_{mst} = K (\Lambda_o \cdot n)^{\frac{1}{8}} \tag{49}$$

Die später erwähnten Versuche lassen erkennen, daß diese Beziehung die Abhängigkeit der Durchflußzahl von Λ_o dem Sinn und in grober Annäherung auch der Größe nach wiedergibt. K muß durch Messungen an der Maschine bestimmt werden.

Bei der vorstehenden Ermittlung des Beschleunigungseinflusses wurde mit einem homogenen Spülstrom unveränderlicher Temperatur, der in allen seinen Teilen zu Beginn der Spülung erst in Bewegung gesetzt werden muß, gerechnet. Diese Verhältnisse finden sich z. B. bei einem fremd angetriebenen Motor. Bei der zündenden Maschine besteht der Spülstrom aus kalter Luft, heißem Abgas und einem Gemisch aus beiden. Sieht man von dem Wärmeübergang zwischen dem Spülstrom und den Wänden ab, der in diesem Zusammenhang nicht wesentlich ist, so ist zunächst festzustellen, daß durch die Mischung, also durch den Wärmeaustausch innerhalb des Spülstromes (worunter die ganze, bewegte Gassäule gemeint ist) sich dessen Volumen nur sehr wenig ändert. Wenn die spezifischen Wärmen von Abgas und Luft gleich wären, so bliebe das Gesamtvolumen unverändert. Infolge der Temperaturabhängigkeit der spezifischen Wärme und des Gehaltes von CO_2, H_2O im Abgasstrom entsteht eine geringfügige Volumsänderung, die hier vernachlässigt werden kann. Darnach muß in Abb. 36, abgesehen von der Volumsänderung durch die Expansion von p_s auf p_o, das Volumen $V_e + V_z$ (vor der Spülung, jedoch nach dem Vorauspuff) annähernd gleich dem Volumen $V_a + V_z$ (nach Spülung) sein. Daher ist $V_e = V_a$. Die Geschwindigkeiten im Spülstrom der zündenden Maschine sind daher annähernd gleich der im Spülstrom der angetriebenen Maschine. Unterschiede des Strömungswiderstandes ergeben sich daher nur durch die Verschiedenheiten der spezifischen Gewichte des kalten und des warmen Gasstromes, die in Ausdruck (21) berücksichtigt werden.

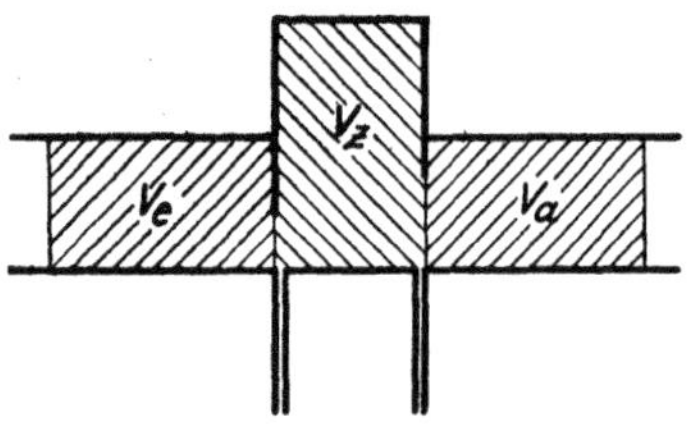

Abb. 36. Volumsverschiebung bei der Spülung.

Während des Vorauspuffs entsteht ein Strömungsfeld im Zylinder. Es muß daher nicht die gesamte kinetische Energie in diesem und im Auslaßkanal vom Spüldruck erzeugt werden. Dies wirkt sich im Sinn einer Vergrößerung der Durchflußzahl aus.

Anderseits sind aber auch Vorgänge wirksam, welche die Durchflußzahl herabsetzen. Der wichtigste ist das Rückschlagen der Abgase in den Spülbehälter bei knapp bemessenem Vorauspuff. Wird das Rückschlagen nicht gesondert berücksichtigt, so ist mit verkleinerten Werten von μ_m zu rechnen.

Von den wenigen Versuchen, die über diese Zusammenhänge veröffentlicht wurden, zeigen nach Abb. 37 Messungen von Lindner [13], daß die Durchflußzahl mit zunehmender Belastung etwas abnimmt, die zuletzt besprochenen Einflüsse bei dem untersuchten Motor demnach überwiegen.

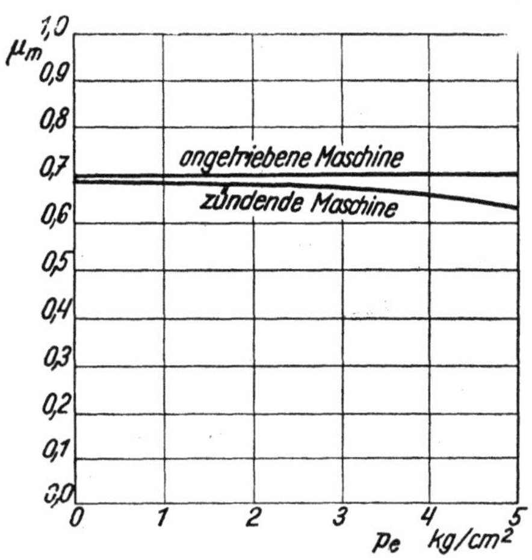

Abb. 37. Durchflußzahl μ_m bei zündender und bei angetriebener Maschine. Nach Lindner.

Der Einfluß der Beschleunigungsverhältnisse und die Erfassung der Strömungswiderstände durch das Gesetz von Blasius wurde durch einen Versuch bei angetriebener Maschine nachgeprüft. Die Einzylinder-Zweitaktmaschine ($D = 120$ mm, $s = 150$ mm) hatte eine Umkehrspülung nach Schnürle, und Schlitze mit $\sigma_e = 18{,}7\,\%$, $\beta_e = 0{,}25$, $\gamma_e = 60^0$ und $\sigma_a = 33{,}3\,\%$, $\beta_a = 0{,}193$. Die Einlaßschlitze waren durch ein kurzes Rohr mit dem Spülbehälter verbunden, der Auslaßschlitzkanal mündete unmittelbar nach dem Zylinder ins Freie. Luftaufwand und Durchflußzahl wurden für verschiedene Drehzahlen gemessen. Durch Probieren wurde für ein angenommenes z_k für einen Versuchspunkt ($n = 700$, $\Lambda_o = 2{,}89$) das zugehörige μ_{mst} bestimmt. Daraus wurden nun entsprechend Gl. (49) mit der Beziehung

$$\frac{\mu_{mst\,1}}{\mu_{mst\,2}} = \left(\frac{\Lambda_1\, n_1}{\Lambda_2\, n_2}\right)^{\frac{1}{8}} \tag{50}$$

für die übrigen Versuchspunkte die statische Durchflußzahl ermittelt und nun B und damit δ und μ_m aus Abb. 34 bestimmt.

Die Zahlentafel 2 zeigt die berechneten und die gemessenen Werte der Durchflußzahl:

Zahlentafel 2.

Durchflußzahlen μ_m eines angetriebenen Motors, D = 120 mm, s = 150 mm.

n	Λ_0	μ_{mst}	B	δ	μ_m gerechnet	μ_m gemessen
700 U/min	0,31	0,48	0,7	0,78	0,37	0,40
	0,87	0,54	1,5	0,93	0,50	0,51
	1,37	0,57	2,1	0,97	0,55	0,56
	2,09	0,60	2,9	0,99	0,59	0,58
	2,89	0,63	3,6	0,99	0,62	0,62
1000	0,42	0,51	0,8	0,82	0,42	0,42
	1,03	0,58	1,5	0,93	0,54	0,52
	1,64	0,61	2,2	0,98	0,60	0,57
	2,39	0,64	2,9	0,99	0,64	0,63
1500	0,67	0,58	1,0	0,86	0,50	0,44
	1,75	0,66	2,0	0,97	0,64	0,62
1930	0,56	0,58	0,8	0,82	0,47	0,51
	1,28	0,65	1,5	0,93	0,60	0,63

Die gute allgemeine Übereinstimmung zeigt, daß der Verlauf von μ_m durch die aufgestellten Beziehungen grundsätzlich richtig erfaßt wird. Die gemessenen Werte sind in Abb. 38 dargestellt.

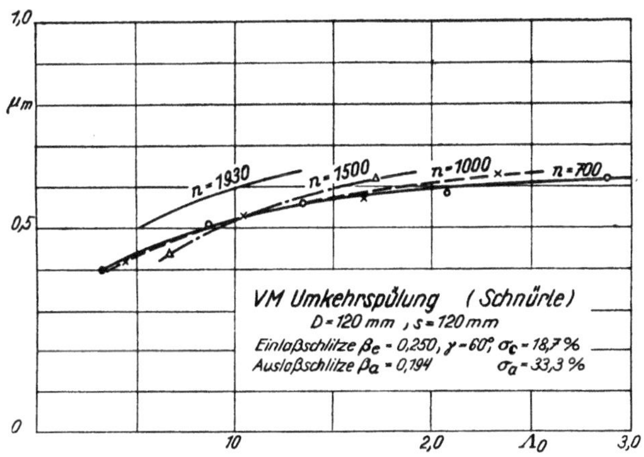

Abb. 38. Durchflußzahlen μ_m bei angetriebener Maschine. Abhängigkeit von Drehzahl und Luftaufwand Λ_0.

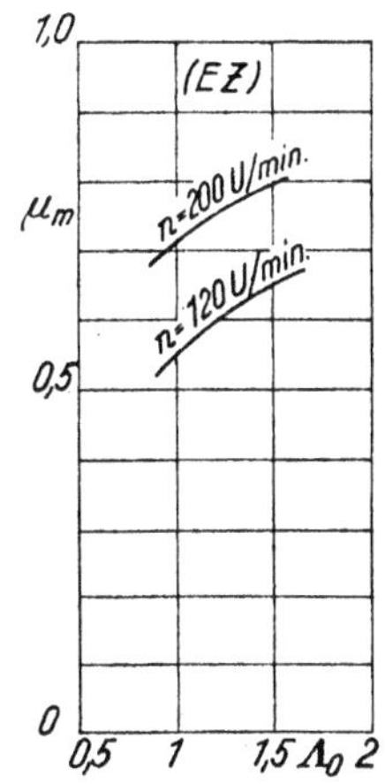

Abb. 39. Durchflußzahlen μ_m bei der zündenden Maschine. (Motor nach Abb. 4.)

Nach Abb. 39 bis 41 ist auch für die zündende Maschine die grundsätzliche Abhängigkeit der Durchflußzahl von Luftüberschuß und Drehzahl dem Sinn nach gleich wie bei den Versuchen zur Zahlentafel 2.

In Abb. 42 wurden die dem Verfasser zugänglichen Durchflußzahlen in Abhängigkeit von der Zylindergröße aufgetragen. Die Spülungen wurden in drei Systemgruppen (siehe auch Abschnitt B, 1.) eingeteilt und die Zuordnung kenntlich gemacht.

Die Werte der Durchflußzahlen μ_m liegen zwischen 0,42 und 0,84, also innerhalb eines großen Bereiches. Die erhebliche Streuung hat ihre Ursache in den großen

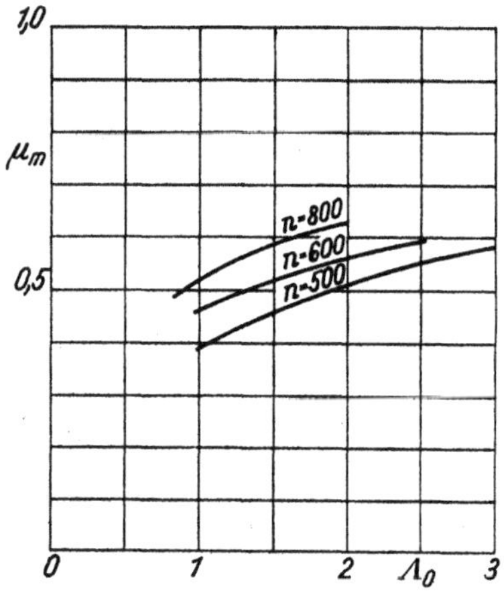

Abb. 40. Durchflußzahlen μ_m.

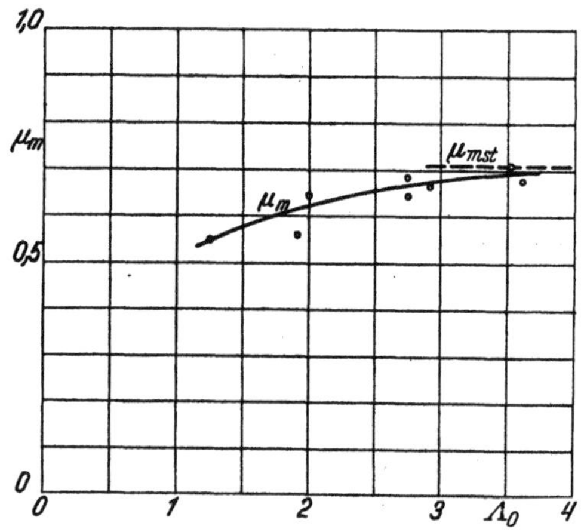

Abb. 41. Durchflußzahlen μ_m bei zündender Maschine. Durchflußzahl aus stationärem Durchfluß ermittelt. Nach Lindner.

Unterschieden der Strömungswiderstände von Spülsystemen und in den verschiedenen Auswirkungen von Schwingungen, vor allem im Auspuffsystem. Zudem wirkt sich

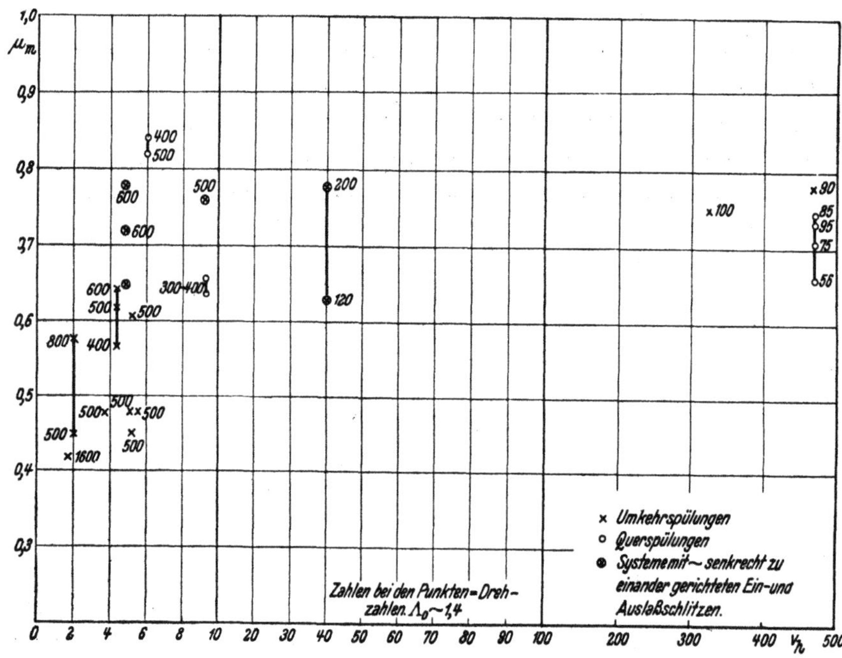

Abb. 42. Übersicht über die Durchflußzahlen μ_m in Abhängigkeit von der Zylindergröße.

auch mehr oder minder starkes Rückschlagen auf μ_m aus, wenn dieser Wert ohne genaue Analyse der Vorgänge während der Spülung etwa mit Ausdrücken ähnlich (31) berechnet wird. Die bei Schnelläufern oft beobachteten, kleinen Durchflußzahlen sind voraussichtlich weit mehr auf starkes Rückschlagen als auf besonders hohe Strömungswiderstände zurückzuführen.

An allgemeinen Gesetzmäßigkeiten zeichnet sich in Abb. 42 ziemlich undeutlich ab:

1. Umkehrspülungen haben im allgemeinen niederere Durchflußzahlen als Querspülungen.

2. Die Durchflußzahlen nehmen im allgemeinen mit dem Hubraum zu.

Im übrigen lassen sich allgemein gültige Regeln nicht finden, welche die Vorausbestimmung von Durchflußzahlen ohne Versuche mit größerer Treffsicherheit ermöglichen würden.

Die Vorausberechnung von Zweitaktmotoren ist daher hinsichtlich der Zusammenhänge zwischen Schlitzabmessungen, Spüldruck und durchgesetzten Luftmengen mit einer erheblichen Unsicherheit belastet, sofern nicht Meßwerte von Durchflußzahlen an ähnlichen Spülsystemen bekannt sind. Fehler von 10 bis 20 Prozent sind bei neu entworfenen Spülsystemen leicht möglich, darüber liegende keineswegs ausgeschlossen, wenn man auf Schätzung ohne Versuch angewiesen ist.

Für die Vorausbestimmung von Durchflußzahlen μ_m bei Neuentwürfen bestehen folgende Möglichkeiten:

Wenn Werte von μ_m an Motoren mit ähnlichem Spülsystem und annähernd gleichem Verhältnis von Auslaßschlitzquerschnitt zu Einlaßschlitzquerschnitt durch Messung bestimmt wurden, können diese Werte ohne weiteres übernommen werden.

Bei grundsätzlich gleicher Schlitzanordnung, aber geänderten Querschnittsverhältnissen zwischen Einlaß- und Auslaßschlitzen von Bezugsmotor und Neuentwurf, ist aus der Beziehung (22) der Wert μ_r des Bezugsmotors zu bestimmen und der Neuentwurf mit dem gleichen μ_r zu berechnen.

Sind Beziehungen zu Meßwerten an Motoren mit ähnlichem Spülsystem nicht herstellbar, so sind gut angenäherte Werte von μ_m mit einiger Sicherheit nur durch Modellversuche zu erhalten. Man bestimmt dabei μ_e und μ_a nach S. 173 für stationäre Strömung und rechnet daraus den reduzierten, korrigierten Winkelquerschnitt (S. 23). Die Druck- und Temperaturglieder in diesem können nach den Ergebnissen einer schrittweisen Berechnung des Druck- und Temperaturverlaufes an Motoren mit ähnlichen Verhältnissen ermittelt werden. Das Beispiel im vorliegenden Abschnitt zeigt, wie dabei vorzugehen ist. In erster Annäherung kann $p_{zm} = \frac{p_s + p_o}{2}$ und aus später abgeleiteten Zusammenhängen $\frac{T_{zm}}{T_s} = 1 + \frac{1}{\varkappa} \cdot \frac{T_o}{T_s} \cdot \frac{1}{\Lambda_o} \cdot \ln\,(1 + K p_i)$ mit

$$K = \frac{\frac{1{,}986}{t_{za}}}{C_{vm}\,/\,o} \cdot \frac{\varepsilon - 1}{\varepsilon} \cdot \frac{1}{1 - \sigma_a} \cdot \frac{\eta_u - \eta_{i-1} - \eta_u \cdot \varphi_w}{\eta_{i-1}} \tag{51}$$

nach Seite 9 gesetzt werden.

Werden die Durchflußzahlen μ_e, μ_a für einen Spüldruck gemessen, bei welchem an der laufenden Maschine mit der Drehzahl n sich der Luftaufwand Λ_o ergeben würde, so ist für die Drehzahl n' und dem Luftaufwand Λ_o'

$$\mu_m' = \frac{1}{\int f_e \,.\, d\alpha} \cdot \left(\frac{\Lambda_o' n'}{\Lambda_o n}\right)^{\frac{1}{8}} \cdot \frac{\delta'}{\delta} \cdot \int \frac{\mu_e\, f_e\, d\alpha}{\sqrt{\left(\frac{p_o}{p_{zm}}\right)^{\frac{2}{\varkappa}} + \frac{T_s}{T_{zm}} \cdot \left(\frac{p_s}{p_{zm}}\right)^{\frac{2(\varkappa-1)}{\varkappa}} \left(\frac{f_e\, \mu_e}{f_a\, \mu_a}\right)^2}} \tag{52}$$

Ist ein Modellversuch nicht ausführbar, so sind für μ_e und μ_a entweder Meßwerte an ähnlichen Spülsystemen zu verwenden, oder wenn auch diese fehlen, die Durchflußzahlen aus Abb. 20 zu benützen, die Nusselt an Blenden ermittelt hat.

Die scheinbare Verkleinerung von μ_m durch das Rückschlagen ist gegebenenfalls nach S. 29 durch Rechnung oder Schätzung zu berücksichtigen.

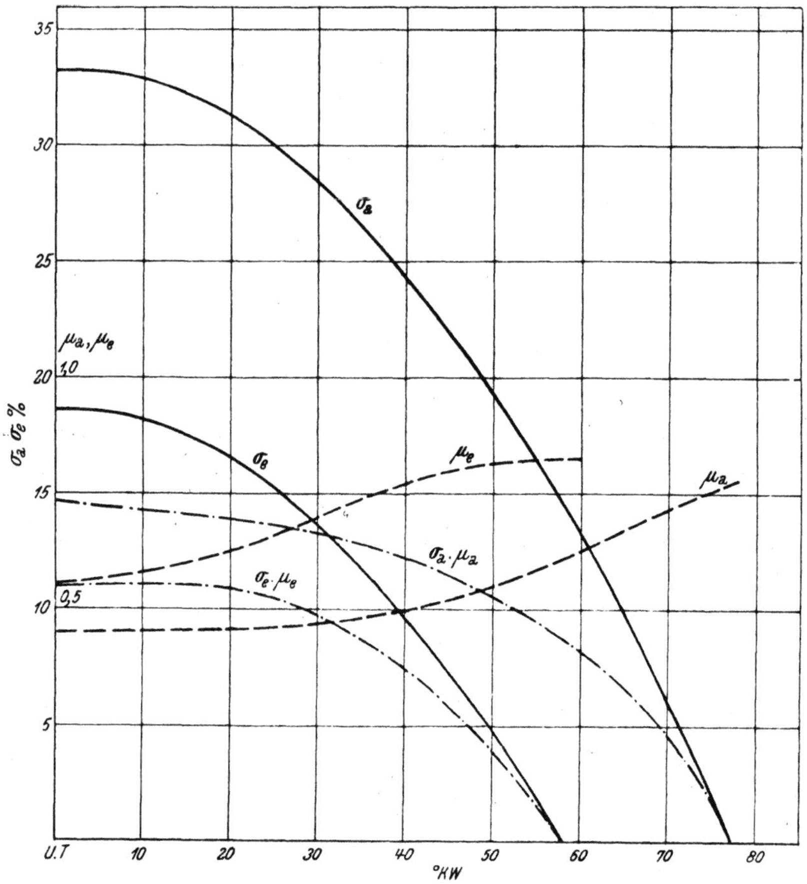

Abb. 43. Durchflußzahlen der Ein- und Auslaßschlitze für eine Schnürle-Umkehrspülung.

a, 2. Ermittlung des Luftaufwandes und des Druckverlaufes während der Spülung durch schrittweise Berechnung.

Mit den im Teil I angegebenen Ausdrücken läßt sich der Druckverlauf im Zylinder und die einströmende Spülluftmenge schrittweise berechnen. Die Genauigkeit des Verfahrens hängt von der Genauigkeit der Ermittlung der Durchflußzahlen der Schlitze ab. Bei höheren Ansprüchen an die Wirklichkeitstreue der Rechnung ist die Abhängigkeit der Durchflußzahlen von Kolbenstellung und dem Verhältnis der Drücke vor und nach den Schlitzen an einem Modell zu ermitteln, soferne nicht Werte von ähnlichen Spülsystemen für die Rechnung zur Verfügung stehen.

Das im Teil I Abschnitt B, II, 3 entwickelte Verfahren behandelt den Spülvorgang quasistationär, der Einfluß der Beschleunigungsvorgänge wird nicht berücksichtigt. Die dadurch verursachten Fehler sind gering, wenn der im vorhergehenden Abschnitt eingeführte dynamische Faktor δ nahe an 1 liegt. Im allgemeinen kann der dynamische Einfluß der Strömung im Zylinder vernachlässigt werden, so daß die Berücksichtigung der Beschleunigungsverhältnisse nur dann erforderlich wird, wenn Kanäle von nicht zu vernachlässigender Länge an die Schlitze anschließen. Bei hohen Motordrehzahlen können allerdings auch verhältnismäßig kurze Kanäle spürbare Massenträgheitswirkungen verursachen, die dann mit den in Teil I Abschnitt B, III dafür angegebenen Verfahren zu berechnen sind.

Die Durchflußzahlen durch die Ein- und Auslaßschlitze werden entweder als Mittelwerte geschätzt oder besser in Abhängigkeit von Kolbenstellung und Druckverhältnis an einem Spülmodell nach Seite 173 bestimmt.

In Abb. 43 ist z. B. für eine Umkehrspülung nach Schnürle der Verlauf der Durchflußzahlen in Abhängigkeit von α dargestellt. In erster Annäherung können die Durchflußzahlen μ_e, μ_a unabhängig vom Druckverhältnis angenommen werden.

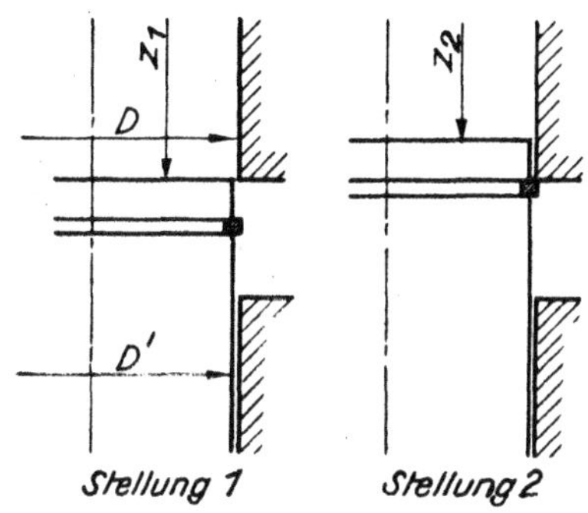

Abb. 44. Abschluß des Zylinders durch den Kolben.

Der Druckverlauf kann bei Schlitzen mit gleichbleibender Breite nach Teil I mit Gl. (89/I) bis Gl. (100/I) schrittweise berechnet werden.

Nach Abschluß der Einlaßschlitze vereinfacht sich die Rechnung, da das erste Glied in der Klammer der Gl. (89/I) wegfällt. Man erhält schließlich den Ladungsdruck beim Abschluß der Auslaßschlitze (Schließdruck). Im allgemeinen wird angenommen, daß die Schlitze dann abschließen, wenn die Kolbenkante nach Abb. 44 (Stellung 1) die Schlitzoberkanten überschleift. Vollständiger Abschluß wird infolge des Kolbenspiels $\frac{D-D'}{2}$ jedoch erst dann erreicht, wenn der erste Kolbenring die Schlitzkante überschleift (Stellung 2). Um den dadurch entstehenden Ladungsverlust zu berücksichtigen, kann man die Rechnung nach dem Überschleifen des Schlitzes durch die Kolbenoberkante mit

$$\sigma = \frac{D - D'}{2 \,.\, s} \tag{53}$$

und einer am besten am Modell zu bestimmenden, auf σ bezogenen Ausflußzahl bis zum Abschluß des Schlitzes durch den Kolbenring fortsetzen. Der Ladungsverlust zwischen den Kolbenstellungen 1 und 2 in Abb. 44 ist im allgemeinen klein, so daß er in den meisten Fällen vernachlässigt werden kann.

Wenn Messungen über die Durchflußzahlen durch die Schlitze nicht vorliegen, so können nach Zeman [7], im allgemeinen in guter Übereinstimmung mit der Wirklichkeit, die Durchflußzahlen durch Blenden von Nusselt [5] verwendet werden. Bei längs der Zylinderachse gleichbleibender Schlitzbreite erhält man an Stelle von Gl. (89/I)

$$\begin{aligned}\frac{p_z'' - p_z'}{p_z''} = \frac{\varkappa}{z''}\Bigg[&\frac{\tau_e \,.\, \sqrt{RT_s}}{180 \,.\, w_{me}} \cdot \left(\frac{p_s}{p_z'}\right) \cdot (\mu\,\psi)_e'' \,.\, \sigma_e'' \frac{\triangle\alpha}{2} - \\ &- \frac{\sqrt{RT_z}}{180 \,.\, w_{ma}} \cdot (\mu\,\psi)_a'' \,.\, \sigma_a'' \cdot \frac{\triangle\alpha}{2} - \frac{\triangle z}{2}\Bigg]\end{aligned} \tag{54}$$

oder bei Schlitzen mit beliebiger Form mit f_e und f_a als Öffnungsquerschnitt in cm^2 und V_h in m^3

$$\frac{p_z'' - p_z'}{p_z''} = \frac{\varkappa}{z''}\left[\frac{\tau_e \sqrt{RT_s}}{6 V_h \cdot n}\cdot\left(\frac{p_s}{p_z'}\right)\cdot(\mu\,\psi)_e''\cdot f_e''\cdot\frac{\triangle\alpha}{2} - \frac{\sqrt{RT_z}}{6 V_h \cdot n}\cdot(\mu\,\psi)_a''\cdot f_a''\cdot\frac{\triangle\alpha}{2} - \frac{\triangle z}{2}\right] \quad (55)$$

Bei schrägem Einströmen (sinngemäß nach Abb. 4) ist das in der Fläche des Zylindermantels gemessene f_e mit sin γ zu multiplizieren. $(\mu\psi)$ kann der Zahlentafel 1 entnommen werden.

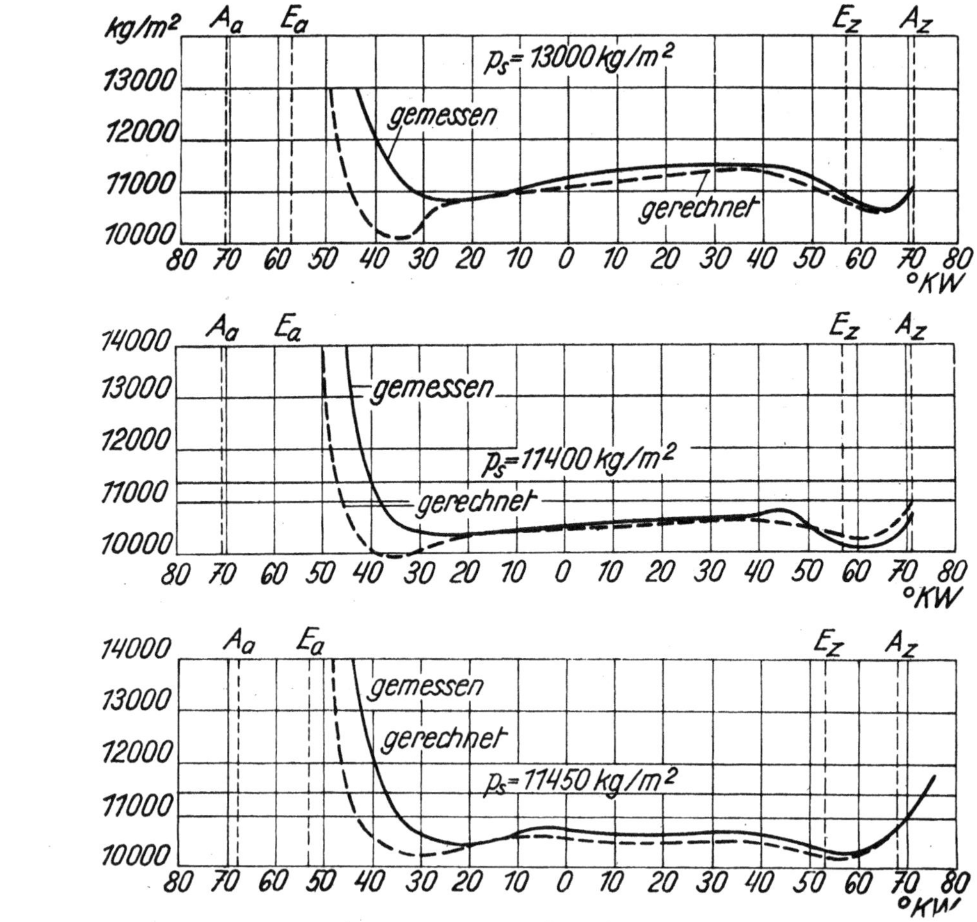

Abb. 45—47. Gemessene und gerechnete Druckverläufe im Zylinder während der Spülung. Durchflußzahlen nach Abb. 48.

Auch der Temperaturverlauf im Zylinder kann bei Annahme gleichmäßiger Mischung von Spülluft und Abgas mit Gl. (102/I) oder (103/I) schrittweise berechnet werden. Die Berücksichtigung der dem untersuchten Spülsystem zugeordneten Spülkurve auch bei der Temperaturberechnung nach dem später auf S. 74 dargestellten Verfahren gibt im allgemeinen nur wenig davon abweichende Werte.

Der Luftaufwand ist aus Gl. (101c/I) oder mit

$$\Lambda_o = \frac{T_o}{T_s}\cdot\frac{p_s}{p_o}\cdot\sum\left[\frac{\sqrt{RT_s}}{180\, w_{me}}\cdot(\mu\,\psi)_e''\cdot\sigma_e''\cdot\triangle\alpha\right] \quad (56)$$

bzw.

$$\Lambda_o = \frac{T_o}{T_s}\cdot\frac{p_s}{p_o}\cdot\sum\left[\frac{\sqrt{RT_s}}{6\, V_h\, n}\cdot(\mu\,\psi)_e''\cdot f_e''\cdot\triangle\alpha\right] \quad (57)$$

zu berechnen.

Die Wirklichkeitstreue schrittweise berechneter Druckverläufe und Luftaufwände wurde durch eine große Zahl von Untersuchungen nachgeprüft.

Die Abb. 45 bis 47 zeigen die Ergebnisse von Rechnungen des Druckverlaufes während der Spülung für eine Versuchsmaschine mit D = 120 mm, s = 180 mm, n = 700 U/min, mit den in Abb. 48 dargestellten Durchflußzahlen und Schlitzlängen. Die Übereinstimmung des berechneten und des gemessenen Druckverlaufs ist befriedigend.

Der Druck ändert sich während der Spülung nur wenig, beim Abschluß der Einlaßschlitze sinkt er infolge des Abströmens von Ladung durch die Auslaßschlitze und steigt vor dem Abschluß der letzteren infolge der Verdrängerwirkung des Kolbens.

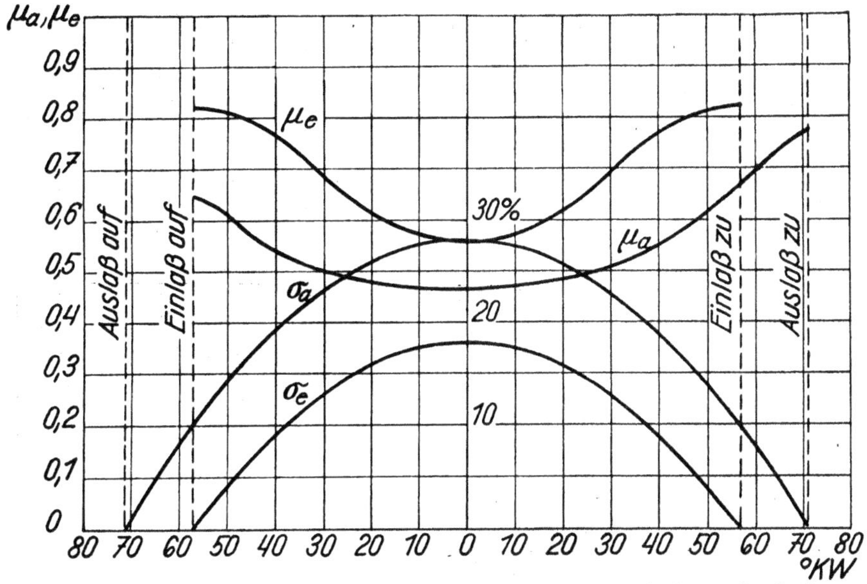

Abb. 48. Durchflußzahlen und freie Schlitzlängen für eine Schnürle-Spülung. Motor D = 120 mm, s = 180 mm.

Für die gleiche Versuchsmaschine mit Umkehrspülung nach Schnürle, jedoch mit einer etwas anderen Anordnung der Schlitze und anderen Schlitzlängen, wurde der Druckverlauf schrittweise, der Luftaufwand sowohl schrittweise als auch mit dem Näherungsverfahren berechnet.

Die Schlitzabmessungen waren: $\sigma_e = 0{,}187$, $\beta_e = 0{,}250$, $\gamma_e = 60^0$, $\sigma_a = 0{,}333$, $\beta_a = 0{,}19$, das Schubstangenverhältnis $\lambda = \frac{1}{4}$, die Drehzahl n = 1500 U/min. Die Durchflußzahlen durch die Schlitze zeigt Abb. 43. Der Zustand im Zylinder beim Öffnen der Einlaßschlitze wurde $p_{ze} = 1{,}68$ kg/cm², $T_{ze} = 950^0$ K, der Spüldruck $p_s = 1{,}325$ kg/cm² und $T_s = 333^0$ K angenommen. Die Aufheizzahl beim Einströmen τ_e kann in den meisten Fällen ohne wesentlichen Fehler 1 gesetzt werden. $\varkappa$ wurde mit Rücksicht auf die zunehmende Verdünnung der Abgase während der Spülung kontinuierlich von 1,35 auf 1,40 verändert. Der Druckverlauf wurde mit Gl. (89/I), die Temperatur im Zylinder nach S. 126, der Spülgrad nach dem auf S. 125 beschriebenen Verfahren ermittelt.

Man erhält die in Abb. 49 dargestellten Kurven und mit (101 c/I) einen Luftaufwand $\Lambda_0 = 1{,}39$.

Um die Übereinstimmung zwischen Näherungsverfahren und schrittweisem

Verfahren zu prüfen, wurde der Luftaufwand auch nach dem Näherungsverfahren ermittelt. Dazu muß zunächst μ_m bestimmt werden. Da der Temperatur- und Druckverlauf im Zylinder durch die Berechnung nach dem punktweisen Verfahren vorliegt, kann in (21) an Stelle von geschätzten Werten T_{zm} und p_{zm}, deren zeitlicher Mittelwert eingesetzt werden. Man erhält $T_{zm} = 481^0$ und $p_{zm} = 1{,}10$ kg/cm².

In (23) wurden an Stelle der Flächen die verhältigen Werte $\mu\,\beta\,\sigma\,.\sin\gamma$ gesetzt.

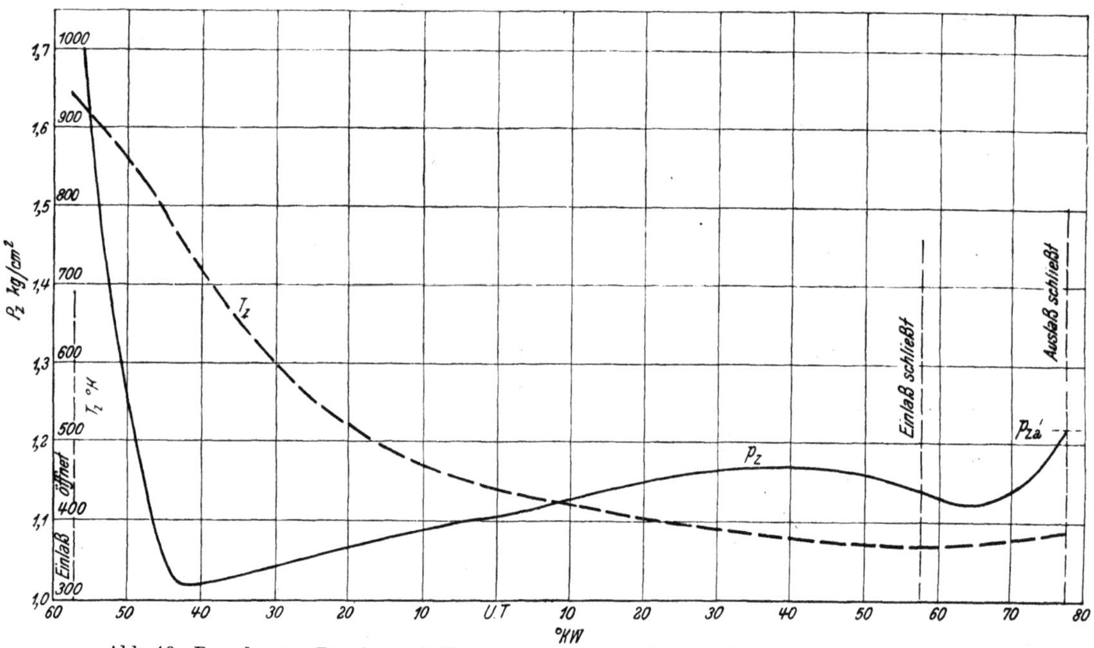

Abb. 49. Berechneter Druck- und Temperaturverlauf während der Spülung. n = 1500 U/min.

Man erhält im vorliegenden Fall $\mu_m = 0{,}58$, damit

$$A'_e = \frac{1500\,.\,0{,}120}{0{,}25\,.\,0{,}866\,.\,0{,}58} \cdot 0{,}875 = 1254 \text{ m/min und weiter aus (28)}$$

$$\Lambda_o = \frac{4632}{1254} \cdot 1{,}325^{0{,}286} \cdot \frac{288}{\sqrt{333}} \sqrt{1 - \left(\frac{1}{1{,}325}\right)^{0{,}286}} \cdot 0{,}187^{\frac{3}{2}} = 1{,}41$$

in guter Übereinstimmung mit dem Ergebnis der schrittweisen Berechnung.

Für den gleichen Motor wurde weiter erhalten: $n = 2500$ U/min, $p_s = 1{,}8$ kg/cm², $T_s = 380^0$ K:

Näherungsverfahren: $\Lambda_o = 1{,}26$, schrittweise Berechnung: $\Lambda_o = 1{,}23$.

$n = 1000$ U/min, $p_s = 1{,}16$ kg/cm², $T_s = 311^0$ K:

Näherungsverfahren: $\Lambda_o = 1{,}43$, schrittweise Berechnung: $\Lambda_o = 1{,}44$.

α, 3. Richtlinien für die Formgebung der Einlaßschlitze.

Bei der Formgebung des Spülsystems sind hohe Durchflußzahlen, also möglichst geringe Kontraktion anzustreben. Abrundungen der Kanten und im Verhältnis zum Querschnitt lange Führung des Stromes in den Schlitzkanälen sind dafür Voraussetzung.

Für die Ausbildung der Strömung im Zylinder selbst ist die Forderung nach einem möglichst geringen Durchgangswiderstand erst in zweiter Linie zu berücksichtigen. In erster Linie ist, wie später ausgeführt, gute Spülwirkung anzustreben.

In der Regel ist eine Stromführung, welche eine gute Spülung ergibt, mit verhältnismäßig großen Widerständen behaftet, da im allgemeinen die Güte der Ausspülung, jedoch auch der Strömungswiderstand mit der Länge des Strömungsweges im Zylinder zunimmt.

Zur Entwicklung widerstandsarmer Schlitzanordnungen sind grundlegende Versuche mit stationärer Strömung sehr aufschlußreich. Die entsprechenden Modelle sind einfach auszuführen und während der Versuche leicht zu ändern. Man bestimmt für jede Kolbenstellung die Durchflußzahl μ_{mst} möglichst bei der Strömungsgeschwindigkeit, die an der laufenden Maschine auftritt, trägt $\mu_{mst} \cdot f_e$ in Abhängigkeit vom Kurbelwinkel auf und erhält die mittlere Durchflußzahl annähernd aus

$$\mu_{mst} = \frac{\int \mu_{mst} \cdot f_e \cdot d\,\alpha}{\int f_e \cdot d\,\alpha} \tag{58}$$

Diese Durchflußzahl stimmt nach Versuchen von Lindner [13] und Untersuchungen im Institut des Verfassers meist gut mit der an der Maschine gemessenen Durchflußzahl überein. Zumindest verlaufen die Auswirkungen von Veränderungen in der Strömung im Modell und in der Maschine gleichsinnig.

Wenn die Durchflußzahl an Modellen mit unveränderlicher Kolbenstellung bestimmt werden soll, ist die Kolbenstellung entsprechend dem zeitlich mittleren Querschnitt des Einlasses

$$f_m = \frac{1}{2\,\alpha_e} \cdot \int_{-\alpha_e}^{+\alpha_e} f . d\alpha \tag{59}$$

zu wählen.

Eine verfeinerte strömungstechnische Durchbildung der Spülsysteme ist nur durch Versuche an der angetriebenen Maschine zu erreichen. Die dabei gemessenen Durchflußzahlen weichen im allgemeinen nur wenig von denen der zündenden Maschine ab. Daher sind bei der angetriebenen Maschine erzielte Veränderungen der Durchflußzahl im gleichem Sinne und in annähernd gleicher Größe auch bei der zündenden Maschine zu erwarten. Voraussetzung dafür ist jedoch ein Kanalsystem, das Schwingungen ausschließt. Andernfalls sind stärkere, nicht allgemein vorausbestimmbare Beeinflussungen der Durchflußzahl durch die Schwingungen der Gassäulen in den Leitungen zu erwarten, die je nach ihrer Phase durchflußhemmend oder -fördernd wirken können. Diese Verhältnisse werden später ausführlich besprochen.

β) Spülsystem und Spülgrad.

β, 1. Allgemeines.

Die Spülwirkung hängt von der Menge der eintretenden Spülluft, damit vom Luftaufwand sowie vom Verlauf der Strömung im Zylinder ab.

Die Spülluft wirkt durch ihr Volumen, mit dem sie die Abgase aus dem Zylinder verdrängt. Maßgebend für die Spülwirkung ist demnach nicht das eintretende Luftgewicht, sondern das Verhältnis des Spülluftvolumens im Zustand während der Spülung zum Volumen des zu spülenden Raumes, das im weiteren als spülender Luftaufwand bezeichnet wird.

Der Strömungsverlauf während der Spülung wird beeinflußt:

1. Von der Form des durchströmten Raumes, demnach von Lage und Form der Ein- und Auslaßschlitze, dem Hubverhältnis, der deckel- und kolbenseitigen Begrenzung des Zylinderraumes und von der zeitlichen Veränderung von Strömungsquerschnitt und Zylinderraum.

2. Von der Reynoldschen Zahl, demnach vor allem von den Gasgeschwindigkeiten und der Größe des Zylinders.

3. Von den Wärmeverhältnissen der Strömung, vor allem von dem wechselseitigen Wärmeaustausch zwischen Abgasen, Zylinderwand und Spülluft.

Der Erfolg der Spülung wird durch den Spülgrad λ_s, das Verhältnis des Volumens der Frischladung zum Zylindervolumen, erfaßt. Entsprechend den späteren Ausführungen über den Temperatureinfluß ist es zweckmäßig, neben dem Spülgrad λ_s der Ladung nach dem Temperaturausgleich zwischen Abgasen und Frischluft, den Spülgrad vor dem Temperaturausgleich λ_s' einzuführen. λ_s' ist der Bruchteil des jeweiligen Zylinderraumes, der vor Wärmeübergang zwischen Spülluft und Abgasen mit Frischladung erfüllt ist. Der entsprechende spülende Luftaufwand ist Λ_z'. Neben Λ_z' wird später auch der spülende Luftaufwand nach Temperaturausgleich Λ_z benützt werden.

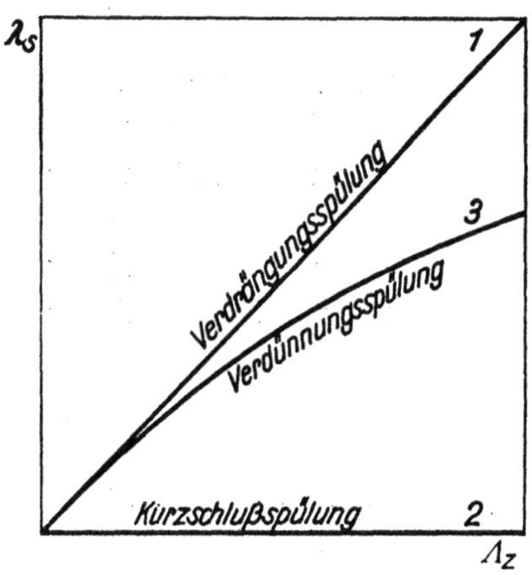

Abb. 50. Spülkurven für die drei Sonderfälle der Spülung.

Die Spülwirkung einer bestimmten Steuerungsanordnung wird durch die Spülkurve gekennzeichnet. Man erhält diese Kennlinie, indem man λ_s oder λ_s' in Abhängigkeit von Λ_z bzw. Λ_z' aufträgt. Wie Versuche gezeigt haben, liegen die Punkte (Λ_z', λ_s') und (Λ_z, λ_s) annähernd auf gleicher Spülkurve.

Drei Sonderfälle des Spülverlaufes lassen sich zunächst klar unterscheiden:

1. Bei der Verdrängungsspülung schiebt die eintretende Spülluft die Abgase vor sich her und gelangt erst dann zu den Auslaßschlitzen, wenn die Abgase restlos aus dem Zylinder entfernt sind. Bei diesem Idealfall ist das einströmende Volumen gleich dem verdrängenden Volumen. Die Spülkurve ist nach Abb. 50 eine unter 45^0 geneigte Gerade.

Der spülende Luftaufwand $\Lambda_z = 1{,}0$ verdrängt die Abgase vollständig.

2. Der zweite Grenzfall ist das sofortige Abströmen der eintretenden Spülluft durch die Auslaßschlitze ohne Spülwirkung. Bei dieser Kurzschlußspülung entartet die Spülkurve zu einer Geraden in der Abszissenachse.

3. Im dritten Sonderfall mischt sich die eintretende Spülluft vollständig mit dem Zylinderinhalt und verdrängt ein gleiches Volumen dieser Gasmischung durch die Auslaßschlitze. Die Spülwirkung besteht hier in einem allmählichen Vermindern der Abgaskonzentration des Zylinderinhaltes. Dieser Spülverlauf wird als Verdünnungsspülung bezeichnet.

Der Verlauf der Spülkurve läßt sich für diesen Fall berechnen. Die Veränderung des Frischluftgehaltes in dem zu spülenden Raum, dessen Volumen wieder gleich dem Hubvolumen gesetzt wird, durch das Einströmen der verdrängenden Luftmenge $V_h \, d\Lambda_z$ ist

$$V_h \, d\lambda_s = V_h \, d\Lambda_z - V_h \lambda_s \, . \, d\Lambda_z .$$

Daraus wird

$$d\Lambda_z = \frac{d\lambda_s}{1 - \lambda_s} \tag{60}$$

und

$$\lambda_s = 1 - e^{-\Lambda_z} \tag{61}$$

Eine weitgehende Entfernung der Abgase aus dem Zylinder erfordert bei Verdünnungsspülung einen großen Luftaufwand.

Die Erforschung der Spülvorgänge ist derzeit nur durch Versuche möglich. Dabei werden entweder die Spülgrade bestimmter Spülanordnungen an Modellen, Spülmaschinen oder arbeitenden Motoren durch Messungen bestimmt, oder es wird der Strömungsverlauf im Zylinder ermittelt und von diesem auf die Spülwirkung geschlossen.

Die Modellversuche der ersten Gruppe, die zunächst besprochen werden, sind verhältnismäßig einfach auszuführen. Die wesentlichsten Abhängigkeiten können damit empirisch bestimmt werden. Es wird später gezeigt werden, daß die dabei gewonnenen Zahlenwerte sich mit guter Annäherung auf die arbeitende Maschine übertragen lassen. Für die Entwicklung von Schlitzanordnungen haben diese Untersuchungen daher besondere Bedeutung.

Die Versuchsdurchführung ist im wesentlichen folgende: Ein Zylindermodell wird mit einem geeigneten Gas angefüllt und mit Luft ausgespült. Der im Zylinder verbleibende Rest des Füllgases wird gasanalytisch bestimmt. Versuche dieser Art wurden von Wintterlin [14], Lutz und Noeggerath [15], dem Verfasser [16] und anderen ausgeführt.

Wintterlin und der Verfasser benützten CO_2 als Füllgas, Lutz verwendete Ammoniak, das der Luft des Zylinderinhaltes vor der Spülung zugesetzt wurde.

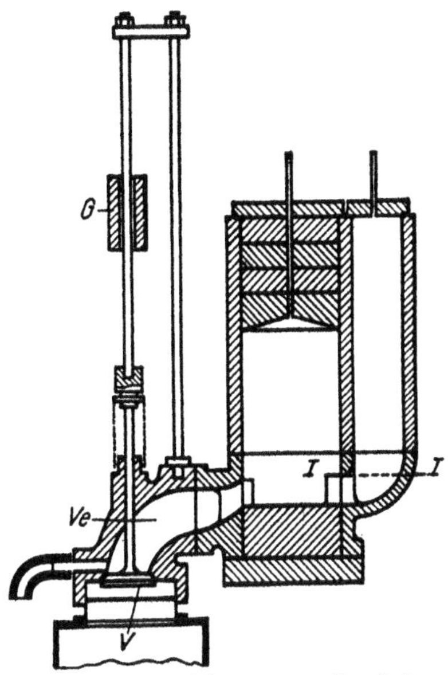

Abb. 51. Einrichtung zur Ermittlung der Spülkurven an einem Modell. V = Ventil, V_e = Einlaßkanal, G = Fallgewicht. Nach List.

β, 2. Spülgradbestimmung am Modell.

β 2, 1. *Untersuchungen des Verfassers.* Bei den Untersuchungen des Verfassers wurde die in Abb. 51 dargestellte Einrichtung benützt. Von einer Nachahmung der Kolbenbewegung im Modell wurde abgesehen. Die Luftzufuhr wurde durch ein Ventil V gesteuert, dieses durch ein Fallgewicht G aufgeschlagen. Die Einströmquerschnitte werden bei dieser Anordnung nach ungefähr der gleichen Gesetzmäßigkeit geöffnet, nach der die Schlitzquerschnitte vom Kolben freigegeben werden.

Das Modell wird zu Beginn mit CO_2 gefüllt, dann gespült und der Luftgehalt des Zylinderinhaltes nach der Spülung durch Absorption des CO_2 in Kalilauge festgestellt. Der Luftgehalt nach der Spülung gibt den Spülgrad. Die Wirkungen der zusätzlichen Räume zwischen Ventil und Einlaßschlitzen V_e und im Auslaßkanal V_a wurden bei der Auswertung der Messungen berücksichtigt. Im Raum V_e kann mit guter Annäherung Verdrängungsspülung angenommen werden, die Ausschaltung des Einflusses des Raumes V_a bis zur Ebene I—I ist dadurch möglich, daß die Spülkurve, welche durch Verbindung der Punkte für verschiedene Luftaufwände erhalten wurde, nach Versuchen von Niedermayer [3] auch mit guter Annäherung die zeitliche Aufeinanderfolge der Spülzustände im Zylinder bei einem Spülvorgang wiedergibt. Aus dem Spülkurvenverlauf läßt sich demnach auf die Zusammensetzung der im Raume V_a befindlichen Gasmenge schließen und damit diese berücksichtigen.

Abweichungen gegenüber der Spülung an der arbeitenden Maschine ergeben sich bei diesem Modellversuch aus folgenden Ursachen:

1. Vernachlässigung der Kolbenbewegung. Diese wirkt hauptsächlich durch die

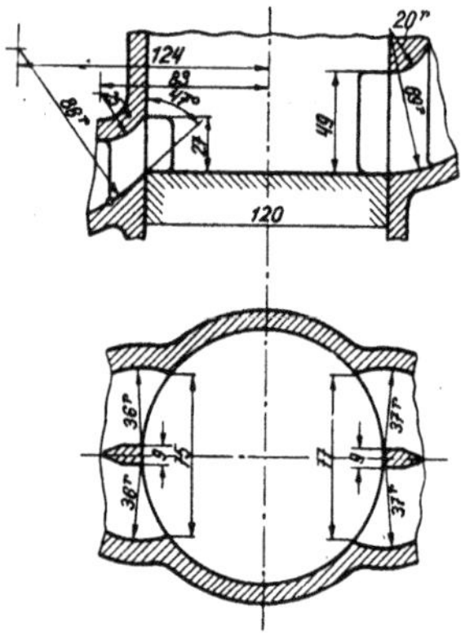

Abb. 52. Querspülung.

Veränderung der Schlitzlänge während der Spülung auf den Spülerfolg. Da die kurzen Schlitzlängen nur kurze Zeit wirksam sind und nur eine kleine Luftmenge während dieser Zeit einströmt, ist dieser Einfluß verhältnismäßig gering.

2. Verschiedenheiten in der Reynoldschen Zahl der Strömung des Abgas-Spülluftstromes in der Maschine und des kalten CO_2-Luftstromes im Modell. Dieser Fehler kann durch Berücksichtigung des Einflusses der Reynoldschen Zahl abgeschätzt werden; auch er ist verhältnismäßig klein, zumal sich die Abweichungen bei allen zu vergleichenden Spülsystemen gleichsinnig ergeben.

3. Der Einfluß des Wärmeaustausches zwischen Frisch-

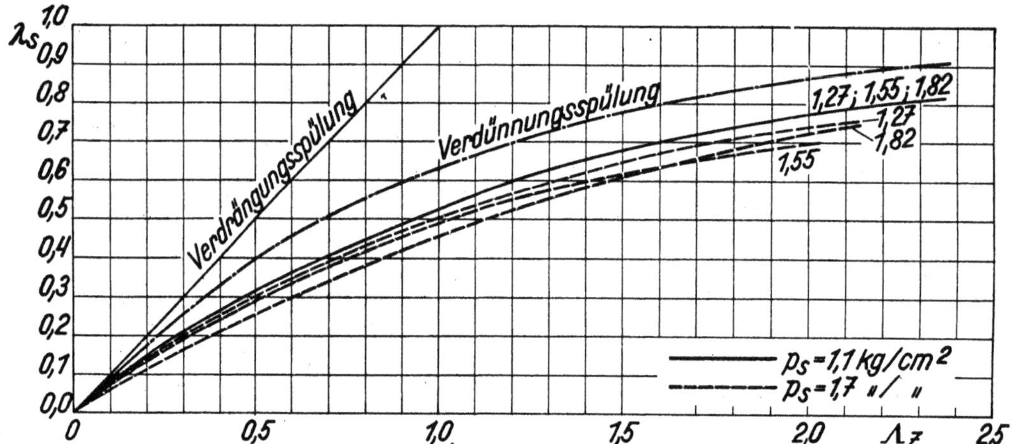

Abb. 53. Spülkurven für Querspülung Abb. 52 bei gleichbleibendem Spüldruck. Zahlen bei den Kurven sind Hubverhältnisse s/D.

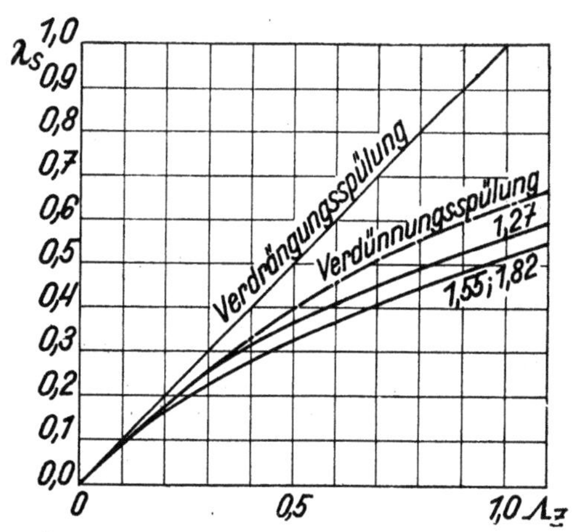

Abb. 54. Spülkurven für Querspülung, Abbildung 52 bei fallendem Spülüberdruck. (Kurbelkastenspülung.)

ladung, Abgas und den Wänden der Maschine. Durch den Wärmeaustausch wird das Abgasvolumen verkleinert, das Spülluftvolumen vergrößert. Diese Abweichung läßt sich, wie später gezeigt wird, annähernd berücksichtigen, so daß eine Verbindung zwischen den am Modell bei Außentemperatur gemessenen und an der arbeitenden Maschine auftretenden Spülgraden hergestellt werden kann.

4. In der arbeitenden Maschine besteht zu Beginn des Spülens im Zylinder bereits eine gegen die Auslaßschlitze gerichtete Strömung des Vorauspuffs. Der Einfluß dieser Anfangsströmung im Zylinder auf die Spülwirkung ist nach Untersuchungen von Lutz [15] nicht bedeutend und bei allen Spülsystemen annähernd gleichsinnig.

Nach diesen Überlegungen ermöglicht die durch den Modellversuch gewonnene Spülkurve den Vergleich einzelner Spülsysteme und eine grundsätzliche Abschätzung verschiedener Einflüsse. Darüber hinaus ist auch eine zahlenmäßige Übertragung der Ergebnisse auf die arbeitende Maschine möglich.

Bei den Versuchen wurde angenommen, daß der Kolben im Totpunkt steht und der Inhalt des Verdichtungsraumes 5 % des Hubraumes beträgt. Der Luftaufwand wurde in Bruchteilen des gespülten Raumes angegeben. Die Spülgrade wurden in allen Fällen für die konstanten Spüldrücke p_s = 1,1 und 1,7 kg/cm² und zur Nachahmung einer Kurbelkastenspülung auch mit während der Spülung sinkendem Spüldruck bestimmt. Im letzten Fall war der Anfangsdruck p_s = 1,17 kg/cm², was ungefähr den Verhältnissen eines Kurbelkasteninhalts während der Spülung gleich dem achtfachen Hubvolumen entspricht.

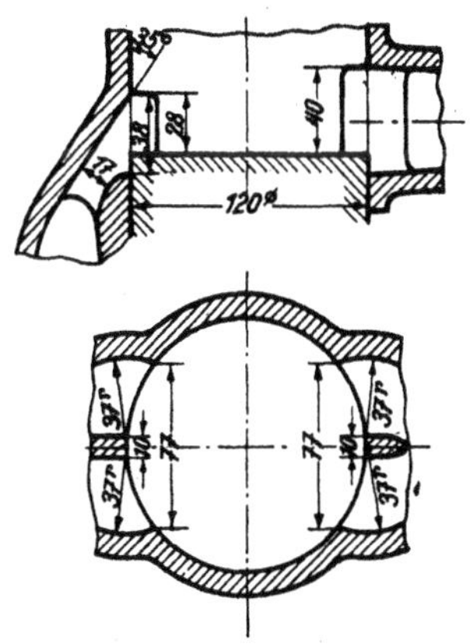

Abb. 55. Querspülung mit starker Neigung der Einlaßschlitze.

β, 2, 1, 1. Der Einfluß der Schlitzanordnung, des Hubverhältnisses und des Spüldruckes auf die Spülkurve. Querspülungen. Man bezeichnet als

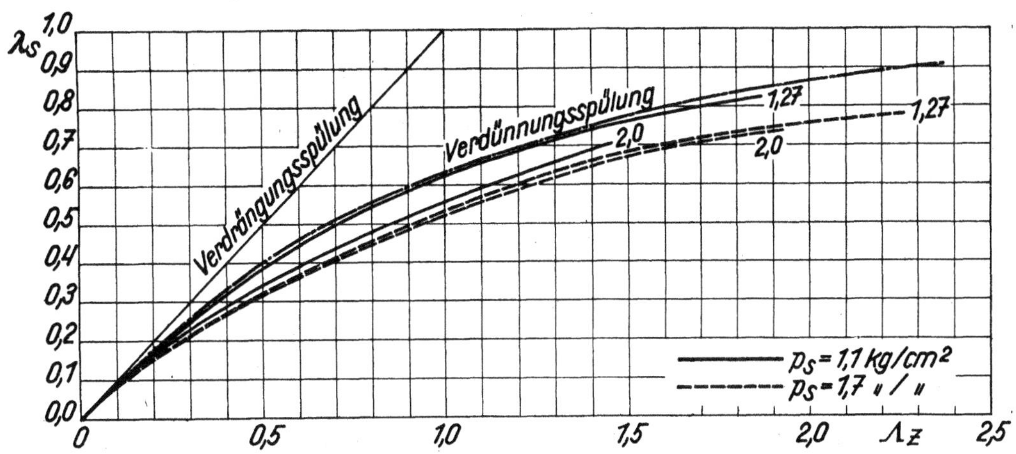

Abb. 56. Spülkurven für Querspülung, Abb. 55 bei gleichbleibendem Spüldruck.

Querspülungen einen Strömungsverlauf, der durch einander gegenüberliegende Ein- und Auslaßschlitze entsteht. Bei dieser Schlitzlage besteht eine Neigung zur Kurzschlußströmung quer über den Kolbenboden hinweg, die man durch Aufrichten des Spülstromes gegen den Zylinderdeckel bekämpft. Dazu können entweder die Einlaßschlitze nach Abb. 52 schräg gestellt werden, oder der Strahl am besonders geformten Kolbenboden (Ablenker) geführt werden. Letztere Ausführung kommt heute wegen der dadurch bedingten Form des Brennraumes im allgemeinen nur für Ottomotoren, nicht für Dieselmotoren in Betracht. Weitere Mittel zur Aufrichtung des Spülstromes werden später bei der Besprechung einzelner Ausführungen von Spülungen erwähnt.

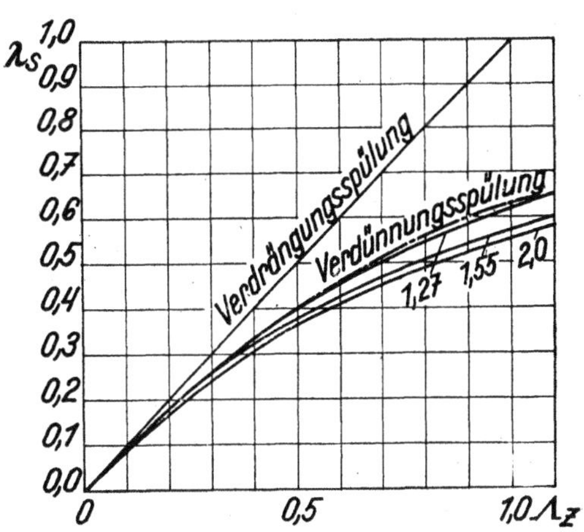

Abb. 57. Spülkurven für Querspülung, Abb. 55 bei fallendem Spülüberdruck (Kurbelkastenspülung).

Bei der Schlitzanordnung nach Abb. 52 sind die Einlaßkanäle unter 47° gegen die

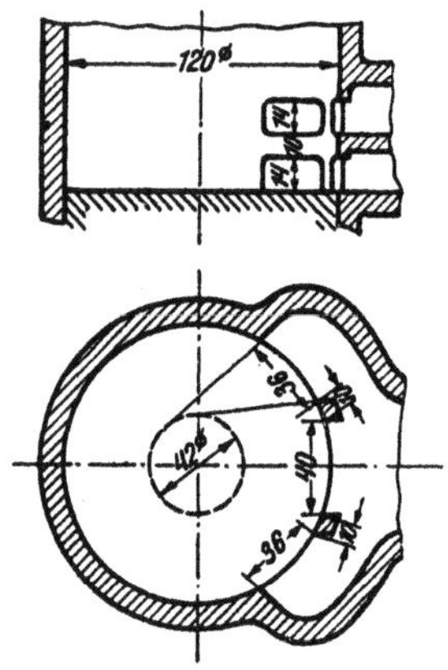

Abb. 58. Umkehrspülung mit übereinanderliegenden Ein- und Auslaßschlitzen (MAN).

Zylinderachse geneigt. Abb. 53 zeigt die dafür gemessenen Spülkurven für drei Hubverhältnisse. Bei dem höheren Spüldruck nimmt λ_s mit zunehmendem Hubverhältnis ab. Gleiches Verhalten zeigen auch die Kurven für Kurbelkastenspülung Abb. 54, welche durchwegs höher liegen als die entsprechenden Kurven nach Abb. 53. Alle Spülkurven liegen erheblich unter der Spülkurve der Verdünnungsspülung.

Die Schlitzanordnung Abb. 55 mit stärkerer Neigung der Einlaßschlitze gibt nach Abb. 56 und 57 günstiger liegende Spülkurven als die Anordnung nach Abb. 52. Die früher festgestellten Abhängigkeiten der Spülkurve vom Hubverhältnis und vom Spüldruck zeigen sich auch hier. Auch diese Spülkurven liegen noch unter der Spülkurve der Verdünnungsspülung.

U m k e h r s p ü l u n g e n. Bei den Umkehrspülungen liegen Ein- und Auslaßschlitze auf der gleichen Seite des Zylinders.

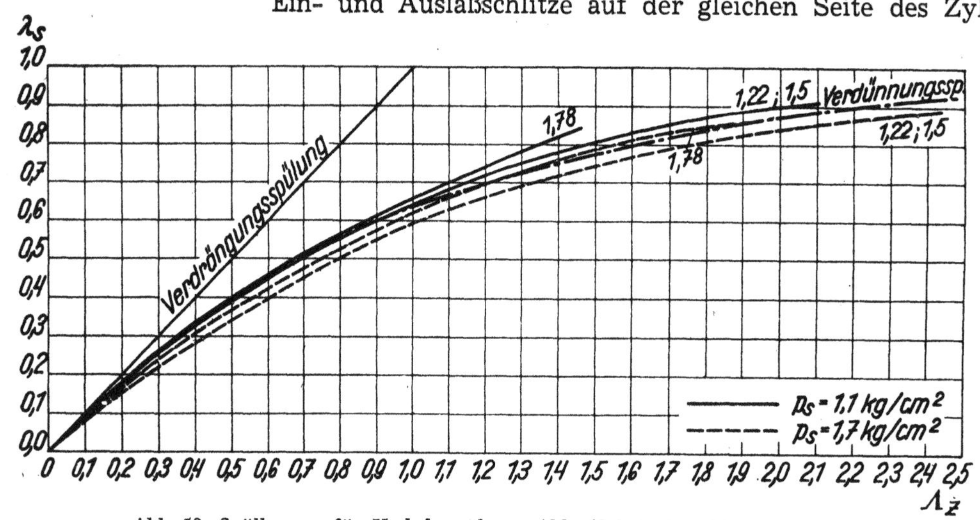

Abb. 59. Spülkurven für Umkehrspülung, Abb. 58 bei gleichbleibendem Spüldruck.

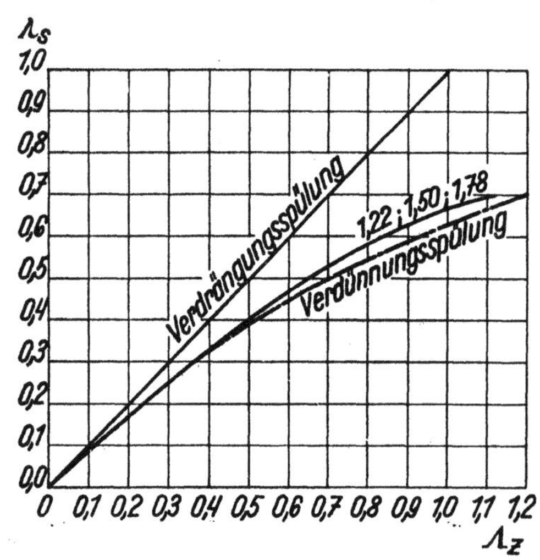

Abb. 60. Spülkurven für Umkehrspülung, Abb. 58 bei fallendem Spülüberdruck.

Dadurch strömt die eintretende Spülluft gegen die der Schlitzgruppe gegenüberliegende Zylinderwand und wird von dieser nach oben abgelenkt. Am Zylinderdeckel kehrt der Strom seine Bewegungsrichtung um und fließt längs der schlitzseitigen Zylinderwände nach abwärts den Auslaßschlitzen zu. Die Spülung des oberen Zylinderteils (Hochspülung), welche bei der Querspülung Schwierigkeiten macht, wird bei der Umkehrspülung im allgemeinen gut erreicht. Es sind drei grundsätzlich verschiedene Schlitzanordnungen und Verbindungen derselben möglich.

1. Auslaßschlitze über den Einlaßschlitzen. Diese Spülung nach Abb. 58 wird von der Maschinenfabrik Augsburg-Nürnberg AG. (MAN) ausgeführt.

Die Spülkurven Abb. 59 und 60 liegen in der Nähe der Verdünnungsspülkurve. Der Einfluß des Hubverhältnisses ist gering und wirkt bei dieser besonderen Anordnung entgegengesetzt wie bei der Querspülung. Bei größeren Werten des Hubverhältnisses steigt λ_s mit diesem. Mit zunehmendem Spüldruck nimmt λ_s bei gleichbleibendem Luftaufwand ab.

2. Einlaßschlitze beiderseits der Auslaßschlitze. Diese Schlitzanordnung nach Abb. 61 wurde von Schnürle angegeben.

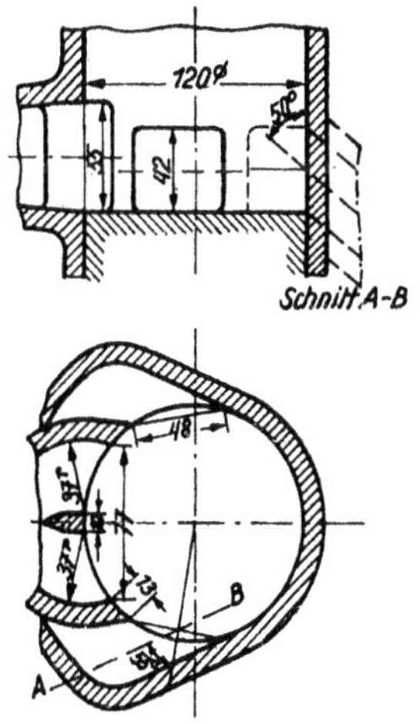

Abb. 61. Umkehrspülung. Nach Schnürle.

Die Einlaßkanäle waren bei dem untersuchten Modell um 50° gegen die Zylinderachse geneigt. Die beiden Einlaßströme vereinigen sich an der den Auslaßschlitzen gegenüberliegenden Zylinderwand und strömen dem Zylinderdeckel zu. Die Spülkurven Abb. 62 und 63 liegen fast durchwegs über der Verdünnungsspülkurve. Mit zunehmendem Hubverhältnis nimmt λ_s etwas ab. Mit zunehmendem Spüldruck fällt λ_s bei kleinem Hubverhältnis wenig, bei großem stärker. Fallender Spüldruck (Kurbelkastenspülung) ist wieder günstiger als gleichbleibender Spüldruck.

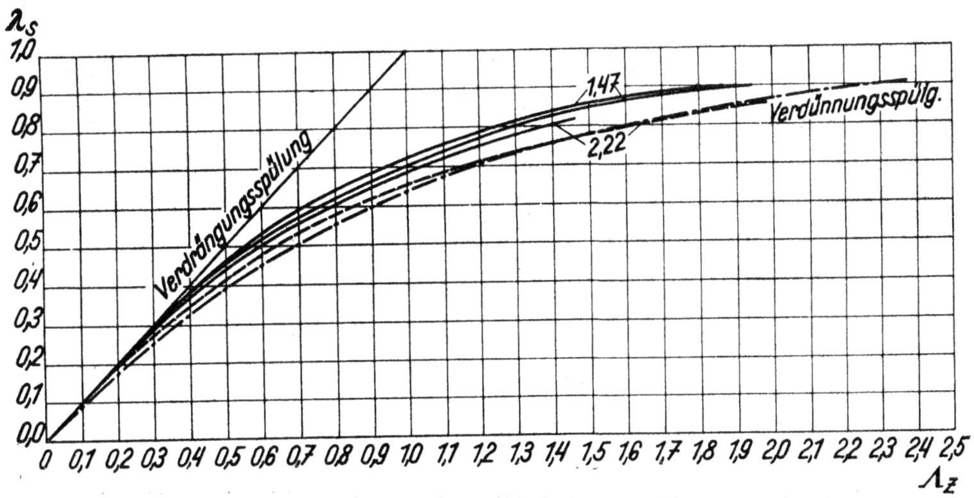

Abb. 62. Spülkurven für Umkehrspülung Abb. 61 bei gleichbleibendem Spüldruck.

Versuche mit einer ähnlichen Schlitzanordnung, bei der jedoch die Einlaßkanäle unter 90° (horizontal) gegen die Zylinderachse gerichtet waren, ergaben wesentlich (bis 8%) niedere Werte von λ_s.

Um die für manche Verbrennungsverfahren erwünschte Rotation der Ladung um die Zylinderachse zu erzielen, wurde bei dieser Schlitzanordnung eine Unsymmetrie in der Strömung durch vollständiges oder teilweises Abdecken des Einlaßschlitzes auf einer Seite erzeugt. Die Stärke der Rotation wurde durch den Ausschlag eines federnden Flügels

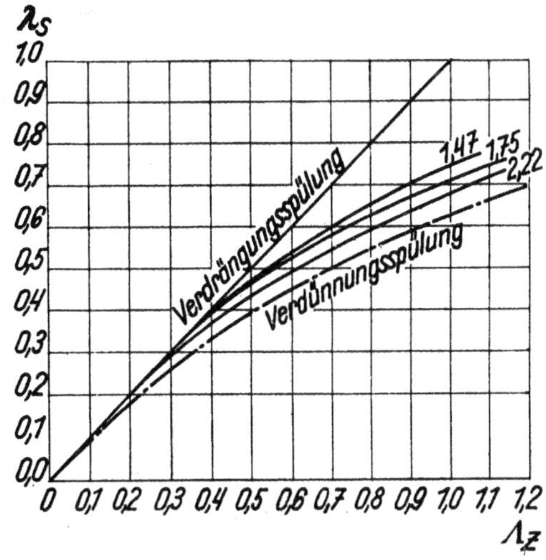

Abb. 63. Spülkurven für Umkehrspülung, Abbildung 61, bei fallendem Spülüberdruck.

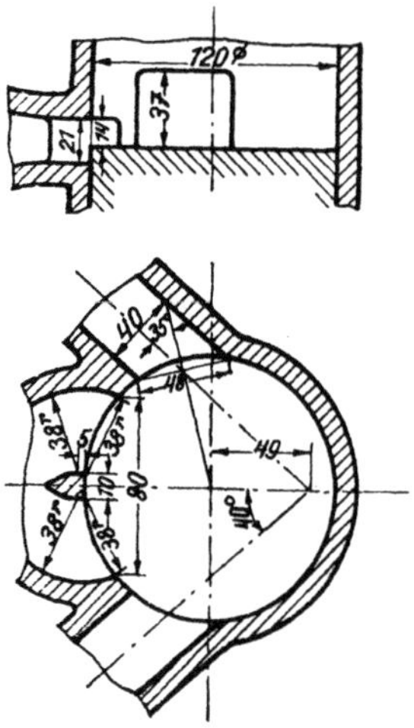

Abb. 64. Umkehrspülung. Nach List.

gemessen, der sich am oberen Teil des Zylinders befand. Bei den Versuchen wurden folgende Werte für Rotation und Spülgrad erhalten:

Einlaßschlitz	Flügelausschlag	λ_s bei $\Lambda_o = 1{,}1$
offen	0^0	0,77
$^1/_3$ offen	11^0	0,72
$^2/_3$ offen	64^0	0,68
geschlossen	110^0	0,66

Bei der später beschriebenen Junkersspülung ergab gleicher Luftaufwand und Spüldruck einen Ausschlag von 80^0. Um gleich starke Rotation zu erzielen, mußte bei der vorliegenden Schlitzanordnung der Einlaßschlitz auf einer Seite nahezu vollständig geschlossen werden, wodurch λ_s um 0,11 auf 0,66 abfallen würde. Die Erzwingung einer Rotation der Ladung ist

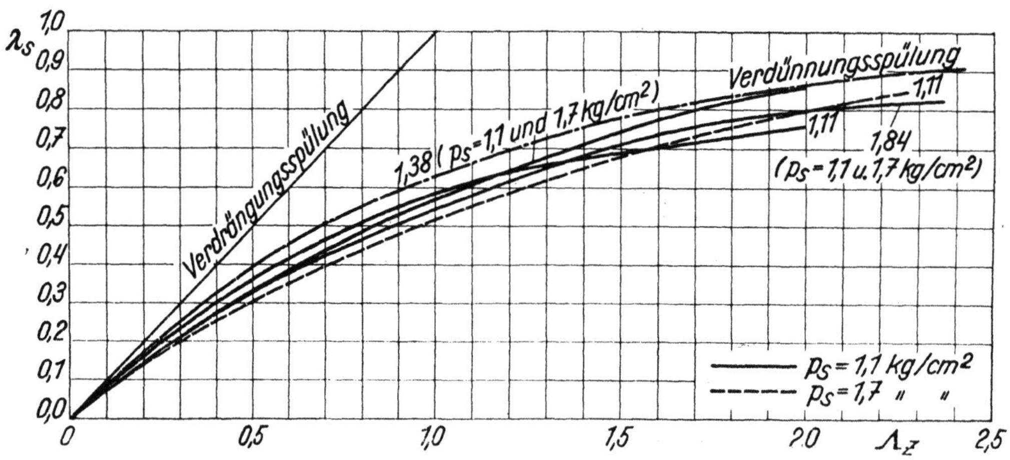

Abb. 65. Spülkurven für Umkehrspülung, Abb. 64, bei gleichbleibendem Spüldruck.

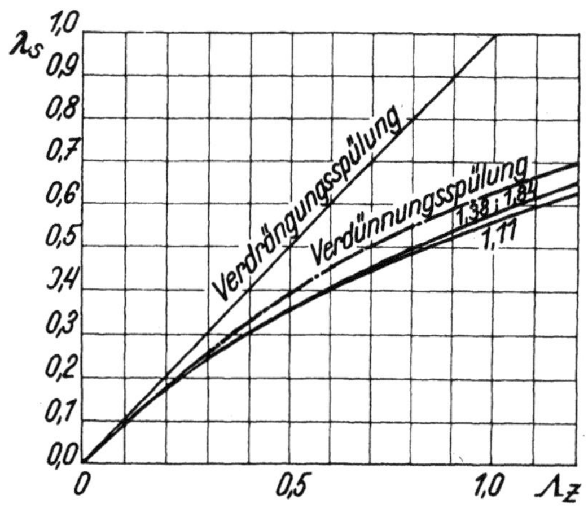

Abb. 66. Spülkurven für Umkehrspülung, Abb. 64, bei fallendem Spülüberdruck.

daher bei dieser Schlitzanordnung mit einer erheblichen Verminderung des Spülgrades verbunden.

3. Auslaßschlitze beiderseits der Einlaßschlitze. Abb. 64 zeigt diese Schlitzanordnung. Die Spülkurven Abb. 65 und Abb. 66 liegen tiefer wie bei den anderen Umkehrspülungen. Die Abhängigkeit der Spülkurve vom Hubverhältnis ist im allgemeinen gering. Auch der Einfluß des Spüldruckes auf λ_s ist klein.

Verbindung von Umkehr- und Querspülung. Eine Anordnung mit einem Einlaßschlitz gegenüber und zwei Einlaßschlitzen beiderseits der Auslaßschlitze nach Abb. 67 gibt vergrößerten Einströmquerschnitt gegenüber der entsprechenden Umkehrspülung. Die Spülkurve wird jedoch nach Abb. 68 ungünstiger als bei der reinen Umkehrspülung und deckt sich annähernd mit der Spülkurve der entsprechenden Querspülung. Durch bessere

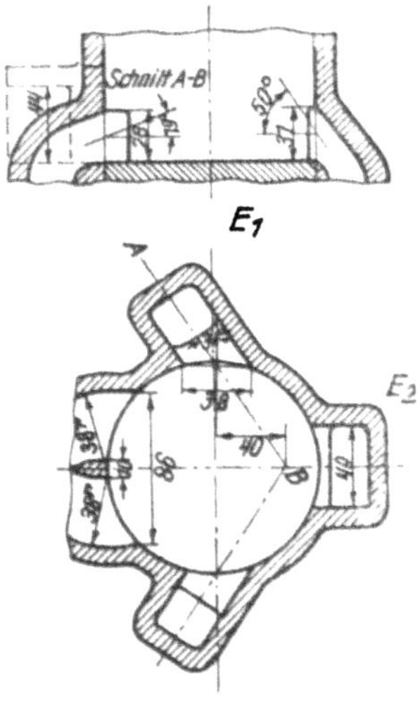

Abb. 67. Kombinierte Umkehr- und Querspülung.

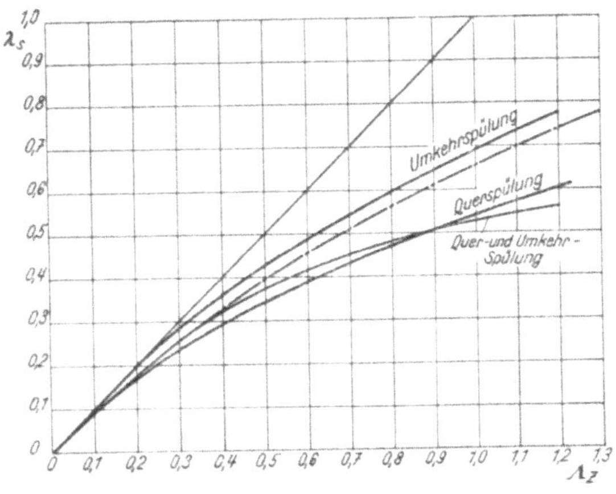

Abb. 68. Spülkurven für Schlitzanordnung, Abb. 67, bei fallendem Spülüberdruck. Reine Umkehr- und Querspülung wurden durch Abdecken der entsprechenden Einlaßschlitze hergestellt.

Abstimmung der Schlitze aufeinander dürften jedoch bei grundsätzlich gleicher Anordnung auch bessere Ergebnisse erzielt werden können.

A u s l a ß s c h l i t z e ü b e r d e n E i n l a ß s c h l i t z e n l ä n g s d e s g a n z e n

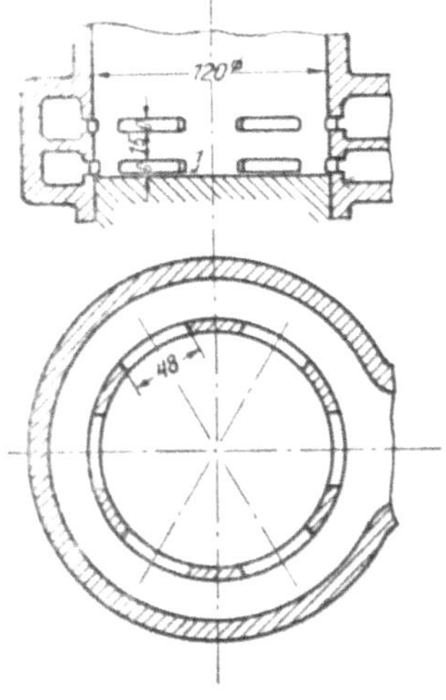

Abb. 69. Schlitzanordnung mit längs des ganzen Zylinderumfanges angeordneten, übereinander liegenden Ein- und Auslaßschlitzen.

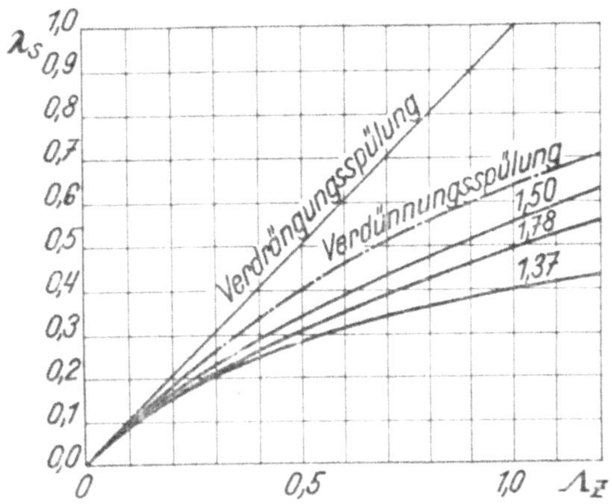

Abb. 70. Spülkurve für Schlitzanordnung, Abb. 69, bei fallendem Spülüberdruck.

Z y l i n d e r u m f a n g e s. Man erzielt mit dieser Schlitzanordnung nach Abb. 69 sehr große Einlaß- und Auslaßschlitzbreiten, demnach sehr günstige Kennzahlen A, und A.. Die Spülkurven Abb. 70 liegen jedoch so nieder, daß diese Schlitzanordnung in der vorliegenden Form nicht in Betracht kommt.

G l e i c h s t r o m s p ü l u n g. Bei den Gleichstromspülungen wird die Umlenkung des Spülstromes im Zylinder vermieden, da Einlaß- und Auslaßschlitze an verschiedenen Enden des Zylinders angebracht sind. Das erfordert ihre Steuerung durch getrennte Organe. Meist benützt man die dadurch gegebene Freiheit in den Steuerzeiten zur Aufladung.

Abb. 71 zeigt eine Gleichstromspülung für eine Junkers-Gegenkolbenmaschine. Durch die tangentiell gerichteten Einlaßschlitze wird überdies eine Luftrotation erzeugt, die zur Gemischbildung beiträgt.

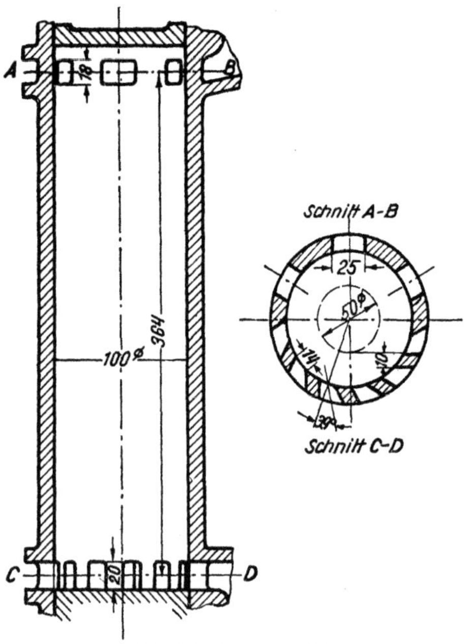

Abb. 71. Gleichstromspülung. Nach Junkers.

Abb. 72 zeigt den außerordentlich günstigen Verlauf der Spülkurve, die weit über der Verdünnungsspülkurve liegt und von keiner Spülung mit an einem Ende des Zylinders liegenden Ein- und Auslaßschlitzen erreicht wird.

Versuche mit Gleichstromspülung mit Ventilen wurden im Rahmen dieser Untersuchung nicht durchgeführt, so daß darüber Angaben nicht gemacht werden können. Es ist jedoch anzunehmen, daß die Spülkurve bei ventilgesteuertem Auslaß und tangentiellem Lufteintritt durch Schlitze längs des ganzen Zylinderumfanges ungefähr der Spülkurve der Junkersspülung entspricht.

β, 2, 1, 2. Der Einfluß der unteren und oberen Begrenzung des Zylinderraumes und der Schlitzlänge auf die Spülkurve. Kolbenboden. Bei keiner der untersuchten Spülungen wurde der eintretende Spülstrom über den Kolbenboden geführt. Daher war bei allen in Abb. 73 dargestellten Kolbenboden-

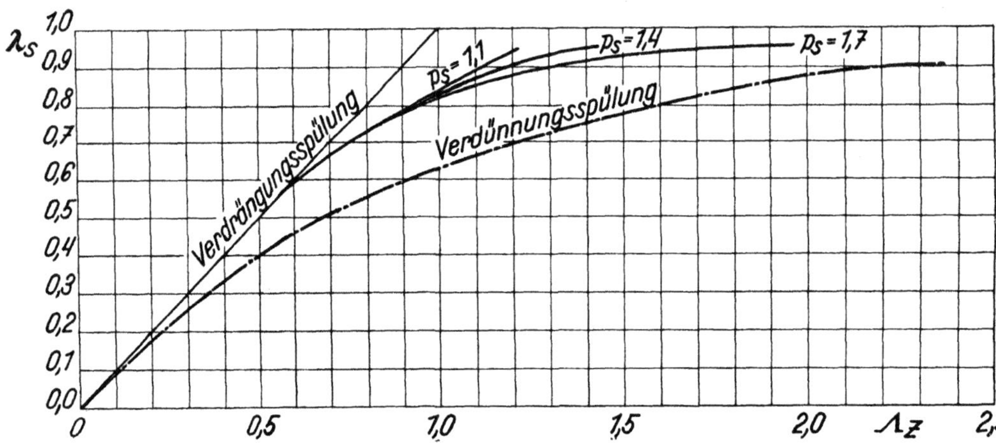

Abb. 72. Spülkurve für Gleichstromspülung Abb. 71 bei gleichbleibendem Spülüberdruck.

formen, wie Versuche gezeigt haben, der Einfluß der Form des Kolbenbodens auf die Spülkurve vernachlässigbar klein.

Zylinderdeckel. Der Einfluß der in Abb. 74 dargestellten Deckelformen wurde in Verbindung mit einer Quer- und einer Umkehrspülung untersucht. Es konnte keine merkbare Abhängigkeit der Spülkurve von der Deckelform festgestellt werden.

S c h l i t z l ä n g e. Abb. 75 und 76 zeigen den Einfluß der Länge der Einlaßschlitze auf λ_s bei Quer- und Umkehrspülung und $\Lambda_z = 1{,}4$.

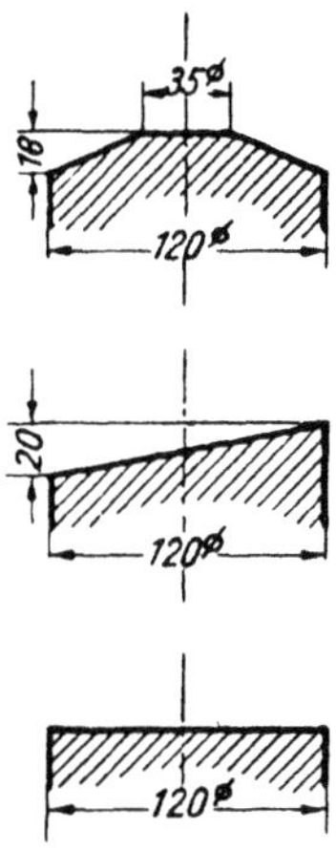

Abb. 73. Kolbenbodenformen des Spülmodells von L i s t.

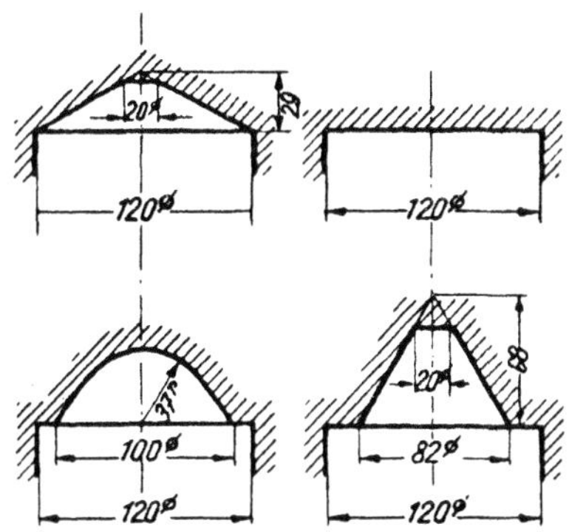

Abb. 74. Zylinderdeckelformen des Spülmodells von L i s t.

Die Länge der Auslaßschlitze war bei der untersuchten Querspülung nach Abb. 77 nur von geringem Einfluß auf die Spülkurve. Bei einer Umkehrspülung nach S c h n ü r l e ($\Lambda_z = 1{,}4$) konnte eine Vergrößerung von λ_s mit der Schlitzlänge festgestellt werden. Durch Verlegung der unteren Kante der Auslaßschlitze nach oben konnte nach Abb. 78 ($\Lambda_z = 0{,}95$, Hubverhältnis 1,5) eine wesentliche Verbesserung von λ_s erzielt werden.

β, 2, 1, 3. D e r E i n f l u ß d e s Ö f f n u n g s g e s e t z e s a u f d i e S p ü l k u r v e. Spülungen mit verschiedenen Öffnungsgesetzen (einmaliges und zweimaliges Aufschlagen des Ventils) ergaben stets annähernd den gleichen Spülgrad. Es könnte daher angenommen werden, daß das Öffnungsgesetz im allgemeinen nur kleinen Einfluß auf λ_s hat. Das scheint jedoch nicht in allen Fällen zuzutreffen. Vor allem lassen Beobachtungen an der Maschine darauf schließen, daß durch Schwingungen in den Spülleitungen, die den Druckverlauf vor den Schlitzen stark beeinflussen, bei langen Leitungen sogar Unterbrechung der Spülung bewirken können, der Spülgrad unter Umständen stark und ungünstig beeinflußt werden kann.

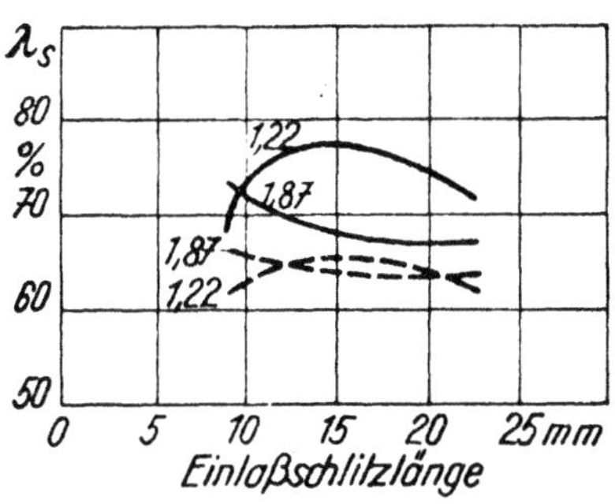

Abb. 75. Einfluß der Länge der Einlaßschlitze bei Querspülung.

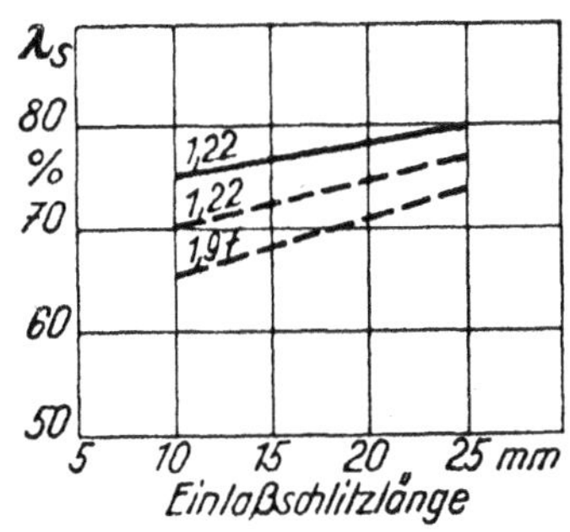

Abb. 76. Einfluß der Länge der Einlaßschlitze bei Schnürle-Umkehrspülung.

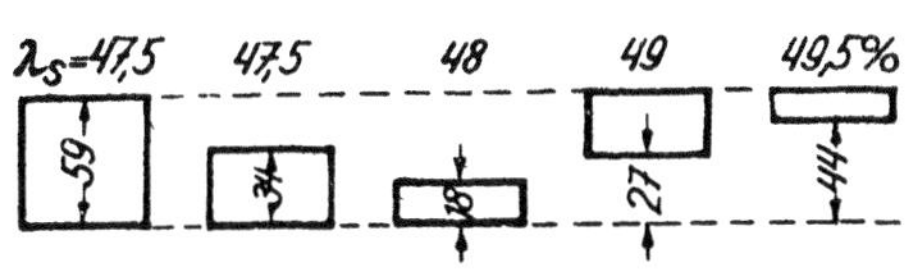

Abb. 77. Einfluß der Länge der Auslaßschlitze bei Querspülung.

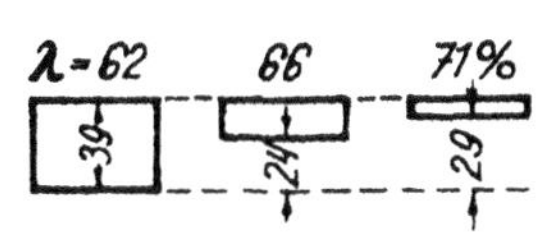

Abb. 78. Einfluß der Länge der Auslaßschlitze bei Schnürle-Umkehrspülung.

β, 2, 1, 4. Der Einfluß der absoluten Abmessungen des Zylindermodells. Es kann angenommen werden, daß geometrisch ähnliche Spülsysteme mit gleicher Reynoldscher Zahl $R_e = \frac{wd}{\nu}$ gleichen Strömungsverlauf und daher gleiches λ_s haben.

Es ist bei adiabatischer Expansion

$$C \cdot \frac{w_e^2}{2g} = \frac{\varkappa}{\varkappa - 1} p_o v_o \left[\left(\frac{p_s}{p_o}\right)^{\frac{\varkappa - 1}{\varkappa}} - 1 \right] \text{ daher}$$

$$w_e = C_1 \cdot \sqrt{\left(\frac{p_s}{p_o}\right)^{\frac{\varkappa - 1}{\varkappa}} - 1} \text{ und}$$

$$R_e = C_2 \cdot D \sqrt{\left(\frac{p_s}{p_o}\right)^{\frac{\varkappa - 1}{\varkappa}} - 1} \qquad (62)$$

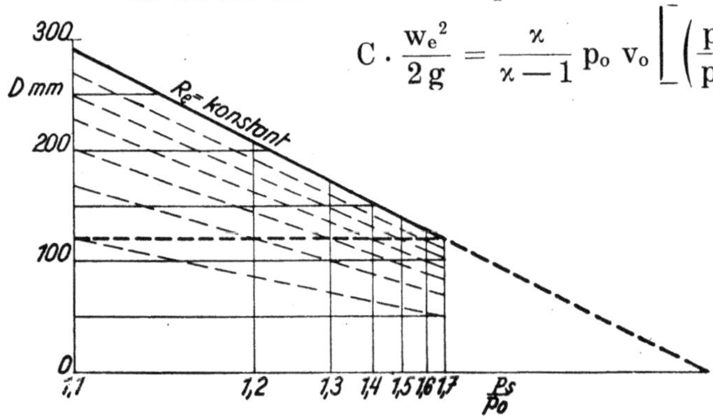

Abb. 79. Ähnlichkeitsbeziehungen der Spülströmung. Auf gleichen strichlierten Linien liegende Punkte sind gleichen Reynoldschen Zahlen zugeordnet, die bei geometrisch ähnlicher Ausführung gleichen Spülerfolg geben.

In Abb. 79 sind die Linien konstanten R_e aufgetragen. Damit ist der Schluß von den Spülgeraden der untersuchten Modelle mit D = 120 mm auf die Spülgerade geometrisch ähnlicher Modelle mit anderen Abmessungen annähernd möglich. Eine Vergrößerung der Abmessungen ergibt größere Reynold-Zahlen, der Spülgrad entspricht nach Abb. 79 höheren Ladedrücken des Vergleichsmodells und liegt demnach im allgemeinen tiefer.

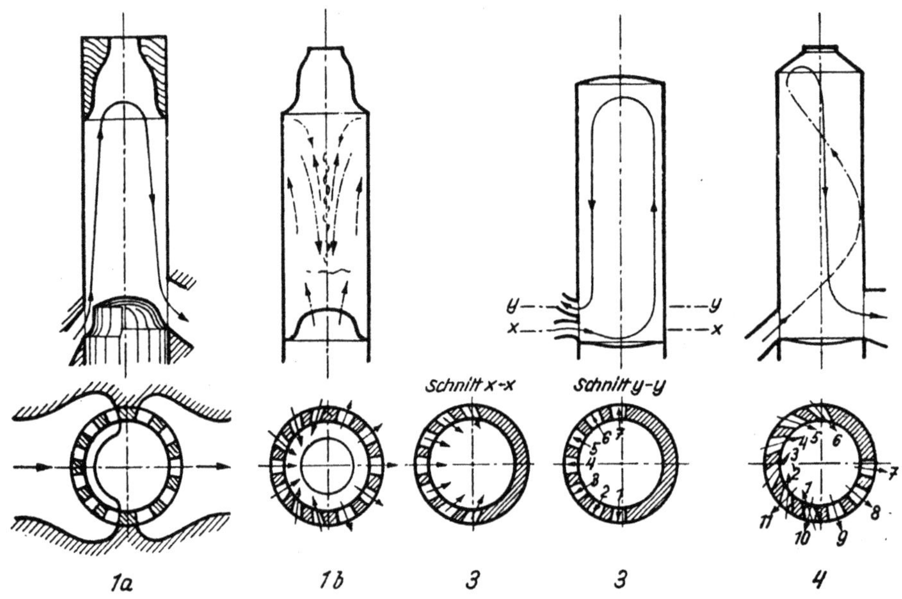

Abb. 80. Spülmodelle. Nach Wintterlin.

β, 2, 1, 5. Zusammenfassung. Der Einfluß der Schlitzanordnung auf λ_s ist erheblich, eine günstige Schlitzanordnung ist demnach Voraussetzung für einen guten Spülgrad. Geringer, aber in vielen Fällen zu beachten, sind die Einflüsse von Spüldruck, Hubverhältnis und Schlitzlänge. Die Kolben- und Deckelform und das Öffnungsgesetz haben hingegen nahezu keinen Einfluß auf λ_s, soferne nicht der Spülstrom durch den Kolben geführt wird (Kolben mit Ablenker).

Infolge der verwickelten Strömungs- und Mischungsverhältnisse im Zylinder sind die einzelnen Einflüsse unregelmäßig.

Die dargestellten Spülkurven gelten für Spülanordnungen mit den angegebenen Abmessungen. Sie ermöglichen jedoch eine Abschätzung der Spülgrade ähnlicher

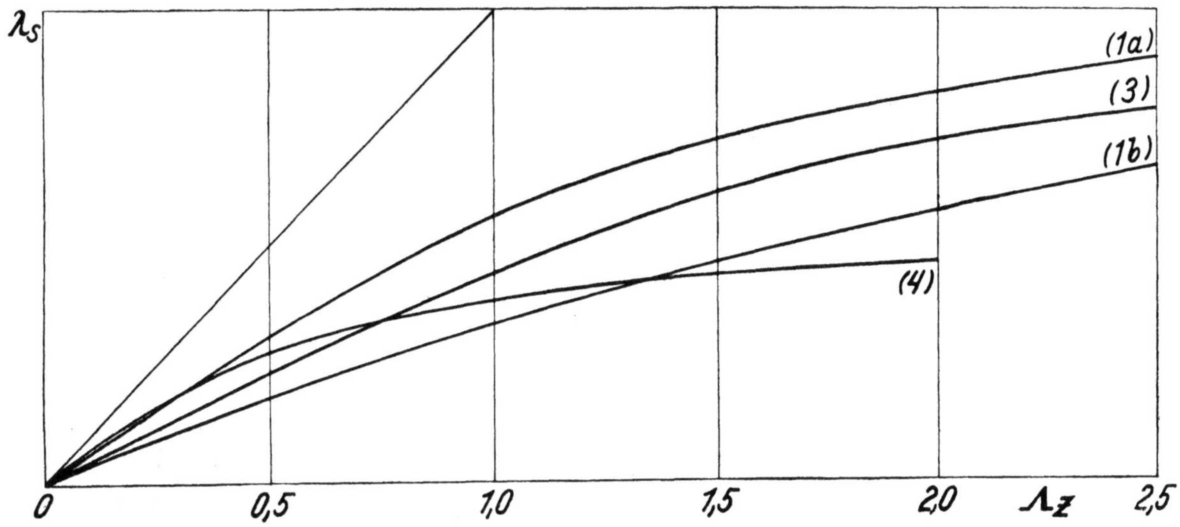

Abb. 81. Spülkurven zu den Modellen Abb. 80.

Systeme. Es ist im übrigen zu beachten, daß der Spülgrad auch bei grundsätzlich gleichen Anordnungen manchmal erheblich von Einzelheiten der Ausführung (Form der Schlitzöffnung, Luftführung in den Schlitzen usw.) abhängt.

β, 2, 2. *Untersuchungen von Wintterlin.*

Wintterlin [14] hat Untersuchungen über den Spülgrad an einem Modell mit D = 360 mm, $\frac{s}{D} = 2{,}5$ durchgeführt. Es wurden mit den in Abb. 80 dar-

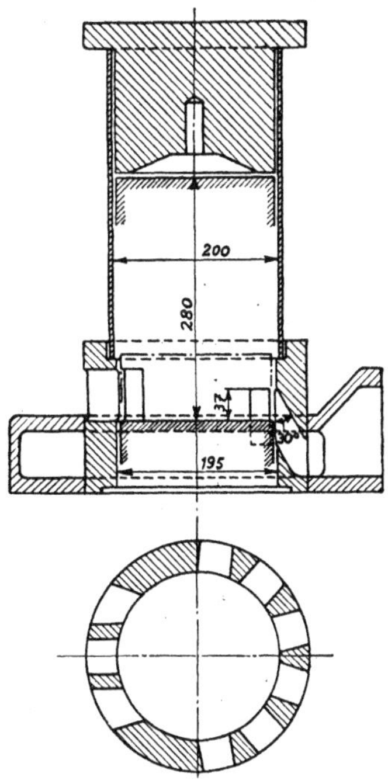

Abb. 82. Spülmodell Gebr. Sulzer AG.

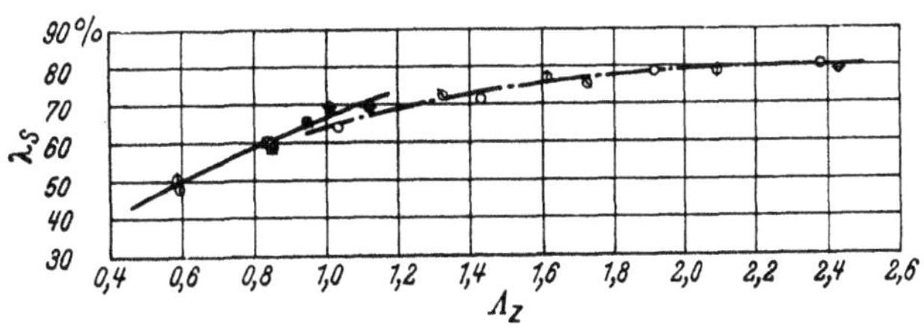

Abb. 83. Spülkurven, die mit Modell Abb. 82 gemessen wurden. CO_2-Verfahren.

gestellten Schlitzanordnungen Spülkurven nach Abb. 81 erhalten, die durchwegs unter den Spülkurven der Versuche des Verfassers liegen. Diese Abweichungen sind verursacht durch das außergewöhnlich große Hubverhältnis, die dreimal größeren Zylinderabmessungen (größere Reynoldsche Zahl) und möglicherweise auch durch Unterschiede in der Versuchsdurchführung.

β, 2, 3. Untersuchungen von Sulzer. Bei der Gebrüder Sulzer AG. wurden Spülversuche an einem Modell nach Abb. 82 ausgeführt, bei dem der Zylinder mit CO_2 gefüllt wurde. Der Spüllufteintritt wurde wie bei der wirklichen Maschine durch einen Kolben gesteuert. Um das spezifische Gewicht der Zylinderladung besser dem der erhitzten Abgase anzugleichen, wurde bei einer Reihe von Untersuchungen Leuchtgas an Stelle von CO_2 als Füllgas benützt. Abb. 83 zeigt eine gemessene Spülkurve. Der Spülstrom scheint durch die günstige Form der Einlaßschlitze, wahrscheinlich durch die Verlängerung der Schlitzöffnungen unter die Kolbenoberkante, gut hochgerichtet zu werden, denn die Spülkurve liegt für eine Querspülung recht günstig. Die gute Spülwirkung bei fallendem Spüldruck (Kurbelkastenspülung) wurde auch bei dieser Untersuchung festgestellt.

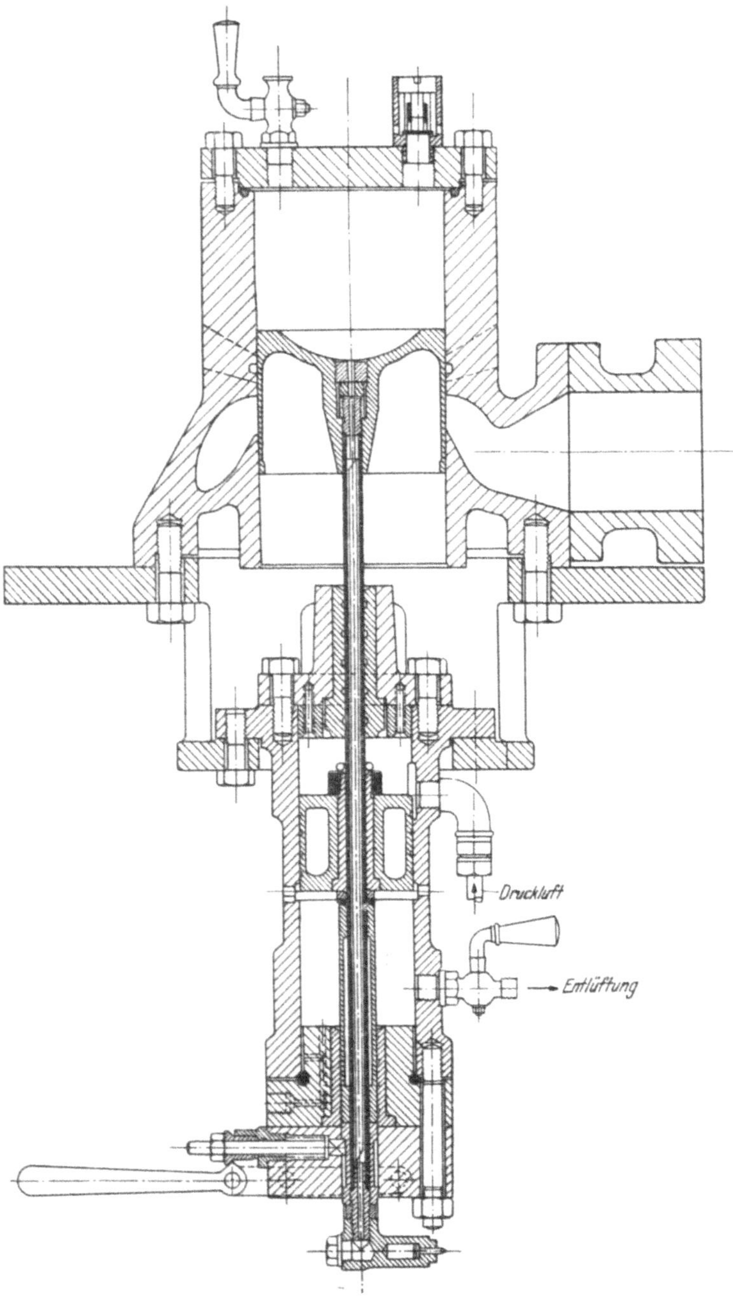

Abb. 84. Spüleinrichtung mit Betätigung durch Druckluft. Gebr. Sulzer AG.

Abb. 84 zeigt eine Einrichtung, bei welcher der Kolben durch Druckluft bewegt wird.

β, 2, 4. Versuchseinrichtung nach Pischinger. Zur Untersuchung von Spülvorgängen bei hoher Drehzahl wurde von Pischinger die Einrichtung nach Abb. 85 angegeben. Der Kolben wird durch einen Nocken angetrieben und steuert die Schlitze wie im Motor. Der Zylinder wird vor dem Versuch mit CO_2 gefüllt. Es wird nur die Kolbenbewegung im Motor während des Ladungswechsels nachgeahmt und durch eine Steuereinrichtung der Kolben nach jeder Spülung stillgelegt. Dadurch ist eine einfache Probeentnahme möglich. Füllt man mit CO_2 mit erhöhtem Druck, so kann der Einfluß des Vorauspuffs auf die Spülung untersucht werden.

β, 3. Die Bestimmung des Spülgrades am Motor.

Spülgradbestimmungen am Motor werden im allgemeinen so durchgeführt, daß vor und nach der Spülung, oder vor und nach der Verbrennung, dem Zylinder Gasproben entnommen werden. Ist $v'(CO_2)$ der CO_2-Gehalt der trockenen Ladung vor der Verbrennung, $v(CO_2)$ der entsprechende Wert nach der Verbrennung und $v_f(H_2O)$ der Wasserdampfgehalt der feuchten Abgase, so wird

$$\lambda_s = 1 - \frac{\dfrac{v'(CO_2)}{v(CO_2)}}{1 - v_f(H_2O) \cdot \left(1 - \dfrac{v'(CO_2)}{v(CO_2)}\right)} \qquad (63)$$

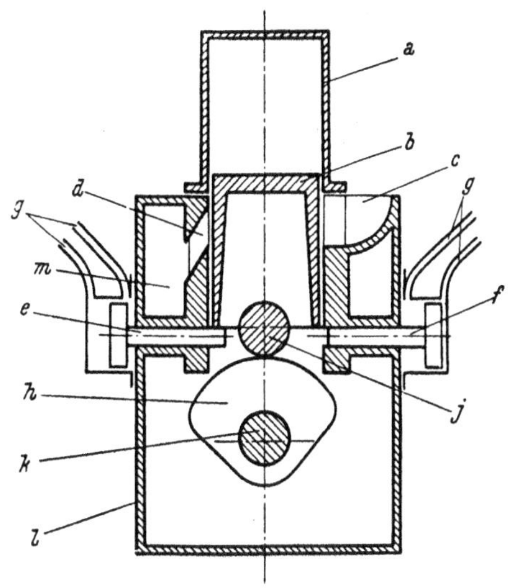

Abb. 85. Spüleinrichtung nach Pischinger. a Zylinder, b Kolben, c Auslaßkanal, d Einlaßkanal, e, f Verriegelungseinrichtung, g Druckluftzuführung zur Verriegelung, h Nocken, j Kolbenbolzen, k Welle, l Gehäuse.

Abb. 86 zeigt die Zusammenhänge. Da die Werte von $v_f(H_2O)$ bei Dieselmotoren im allgemeinen unter 0,1 liegen, kann in den meisten Fällen mit der Beziehung

$$\lambda_s = 1 - \frac{v'(CO_2)}{v(CO_2)}$$

gerechnet werden.

Man erhält richtige Werte nur dann, wenn die Gasproben die Durchschnittszusammensetzung des Zylinderinhaltes haben. Nach der Spülung ist die Ladung meist gut gemischt, nach der Verbrennung im allgemeinen jedoch merkbar geschichtet. Man vermeidet Fehler durch Entnahme eines erheblichen Teiles des Zylinderinhaltes als Probe. Dazu verwendet man Entnahmeventile mit großem Durchgangsquerschnitt, welche sich nach dem Auslösen der Steuerung nur während eines Arbeitsspieles öffnen, da das der Entnahme folgende Arbeitsspiel bei Großprobenentnahmen erheblich gestört wird. Man entnimmt mehrere Proben während der Verdichtung und am Ende der Ausdehnung und erhält dadurch richtige Durchschnittswerte. Entsprechende Einrichtungen werden auf S. 86 beschrieben.

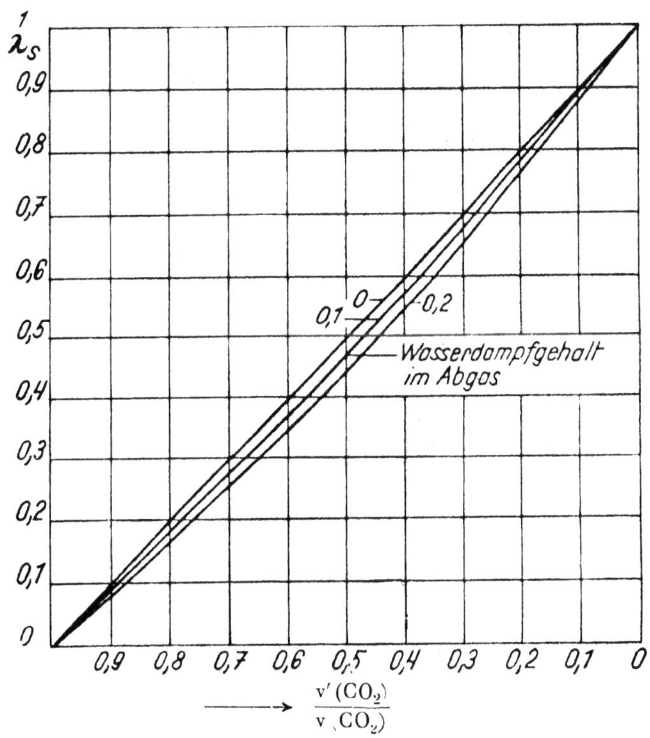

Abb. 86. Zusammenhang zwischen Spülgrad und dem Verhältnis der CO_2-Gehalte der Ladung während Verdichtung $[v'(CO_2)]$ und Expansion $[v(CO_2)]$.

β 4. Der Strömungsverlauf während der Spülung und sein Einfluß auf den Spülerfolg.

Der durch Schlitzanordnung, Druckgefälle und Kolbenbewegung bestimmte Strömungsverlauf im Zylinder ist die Ursache eines bestimmten Spülerfolges. Durch Strömungsuntersuchungen kann man versuchen, die Zusammenhänge zwischen Strömungsverlauf und Spülgrad festzustellen.

Eingehende Untersuchungen an der Spülströmung der laufenden Maschine sind heute noch undurchführbar. Man untersucht die Spülströmung im allgemeinen an Modellen und vereinfacht sie soweit, daß die Messungen mit einem tragbaren Aufwand an Zeit und Einrichtung durchgeführt werden können.

Man kann die Spülströmung, um die Untersuchung zu erleichtern, vereinfachen, indem man die Wärmeaustausch- und Mischungsvorgänge eliminiert und versucht, die Spülströmung auf eine stationäre und hinsichtlich der Form des Systems vereinfachte Strömung zurückzuführen.

Bei den bisher bekannt gewordenen Verfahren zur Strömungsuntersuchung wurde der Wärmeaustausch zwischen Abgasen und Spülluft nicht berücksichtigt, die Untersuchung stets bei normaler, gleichmäßiger Temperatur durchgeführt. Eine weitgehende Annäherung an die Wirklichkeit ist dadurch ausgeschlossen.

Spülströmungen in Modellzylindern aus Glas, die durch geeignete Mittel sichtbar gemacht werden, zeigen, daß nach einer Anlaufzeit, in welcher sich das Strömungsbild stark verändert, ein Strömungszustand ähnlich dem einer stationären Strömung durch den Zylinder erreicht wird. Der größte Teil der Spülluft geht auf Stromlinien durch den Zylinder, welche denen der stationären Strömung ungefähr entsprechen. Die Ergebnisse von Untersuchungen an stationärer Strömung werden daher vielfach Schlüsse auch auf die instationäre Strömung zulassen. Die Meßverfahren für die Untersuchung stationärer Strömung sind gut durchgebildet, daher ohne Schwierigkeiten auszuführen.

Bei erhöhten Ansprüchen an die Übertragbarkeit der Ergebnisse auf die wirkliche Spülströmung wird die instationäre Strömung untersucht werden müssen. Die Schwierigkeiten sind hier, vor allem auch wegen der starken Turbulenz der Strömungen, erheblich größer wie bei stationärer Strömung, die Meßgenauigkeit im allgemeinen wesentlich herabgesetzt.

In bezug auf die Form der Strömung sind verschiedene Abstufungen in der Annäherung an die Wirklichkeit möglich.

Nach der einfachsten Betrachtung wird die Spülung auf ein ebenes Strömungsproblem zurückgeführt. Das gelingt bei befriedigender Annäherung an die wirkliche Spülströmung nur bei Schlitzen, die symmetrisch zu einer Ebene durch die Zylinderachse liegen und wenn die Richtungen des ein- und austretenden Stromes wenig gegen diese Ebene geneigt sind.

Durch Untersuchungen an räumlichen Strömungen mit feststehenden Kolben, also unveränderlichem Zylinderinhalt, kommt man der Wirklichkeit wesentlich näher. Die Nachahmung der Kolbenbewegung im Modell bringt schließlich die Strömungsvorgänge in räumlicher Beziehung dann zur vollkommenen Übereinstimmung mit der Spülströmung in der Maschine.

Im nachfolgenden werden Verfahren und Ergebnisse einiger einschlägiger Untersuchungen kurz besprochen.

1. Stationäre, ebene Strömung.

Eine Reihe von sehr aufschlußreichen Untersuchungen an Spülströmungen in großen Zylindern bei niederen Spüldrücken wurde von L u t z [11] durchgeführt. Mit Staugeräten wurde der Strömungsverlauf und das Geschwindigkeitsfeld für Mittelschnitte durch Zylinder mit Umkehr- (MAN), Quer- und Gleichstromspülung

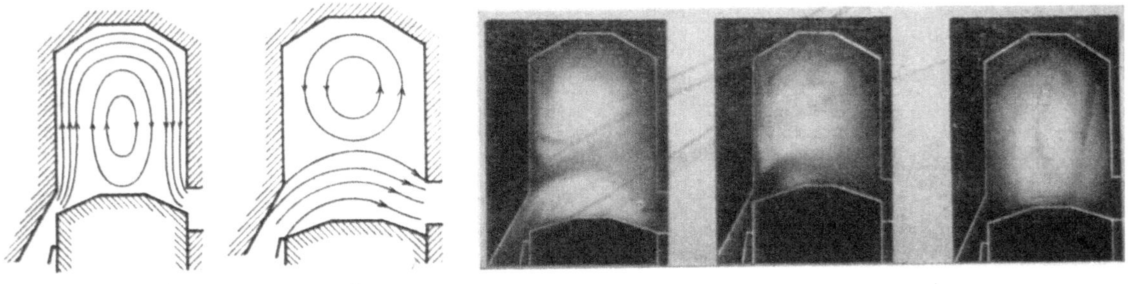

a b c

Abb. 87. Spülströmung bei Querspülung. a Hochspülung (Schema), b Flachspülung (Schema), c Originalaufnahmen (Beimischung von Magnesiastaub). Nach L i n d n e r.

bestimmt, daraus Energieverhältnisse und Widerstandswerte abgeleitet und Schlüsse auf die Spülströmung gezogen.

Aus diesen ist hervorzuheben, daß bei der Umkehrspülung (MAN) der Spülstrom auf der einen Seite durch die Zylinderwand geführt wird, daß seine Breite von der Einlaßschlitzlänge abhängt und daß der nicht direkt ausgespülte Raum im Innern des Zylinders mit zunehmender Einlaßschlitzlänge kleiner wird. Damit erklärt sich die Zunahme des Spülgrades mit der Einlaßschlitzlänge in Abb. 76.

Der hohe Widerstand der Spülströmungen ist durch ihre starke Turbulenz bedingt. Diese bewirkt die Verdünnung der Abgase in dem nicht direkt gespülten Raum (Wirbelwalze) in der Mitte des Zylinders. Die Geschwindigkeit der Strömung im Zylinder ist von der Größenordnung der Geschwindigkeit im Einlaß abhängig. Sie ist bei Umkehrspülungen in der Nähe der Wand am größten.

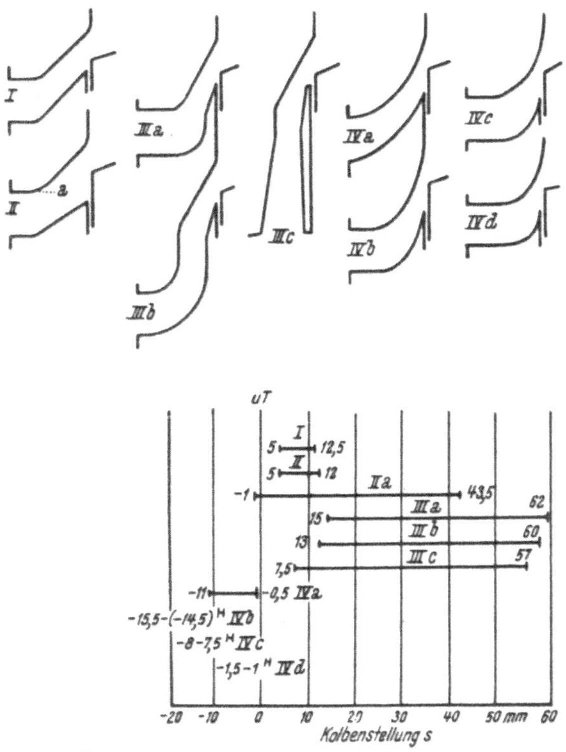

Abb. 88. Profile des Einlaßschlitzkanals bei Querspülungen und Kolbenstellungen (unten), bei denen das Umschlagen von Hoch- und Flachspülung bei aufwärtsgehenden Kolben (Punkte rechts) und im entgegengesetzten Sinne bei abwärtsgehenden Kolben (Punkte links) erfolgt. Verbindungslinie beider Punkte = Labilitätsbereich. Nach L i n d n e r.

Bei Versuchen, die L i n d n e r [13] an einem ebenen Zylindermodell (Querschnitt einer Zweitaktmaschine mit Querspülung) vorgenommen hat, wurde feingemahlener Magnesiastaub (MgO) der Spülluft beigemischt und der Strömungsverlauf dadurch ungefähr gekennzeichnet.

Es konnten dabei zwei scharf unterscheidbare Stromlinienbilder festgestellt werden. Bei geringer Schlitzöffnung geht der eintretende Strom nach Abb. 87a längs der einlaßschlitzseitigen Zylinderwand nach oben und wird am Deckel zur gegenüberliegenden Zylinderwand und nach abwärts umgelenkt. Bewegt man den Kolben im Modell langsam nach unten, so schlägt bei einer bestimmten Eröffnung die Strömung dieser Hochspülung plötzlich in eine Flachspülung (Kurzschlußströmung)

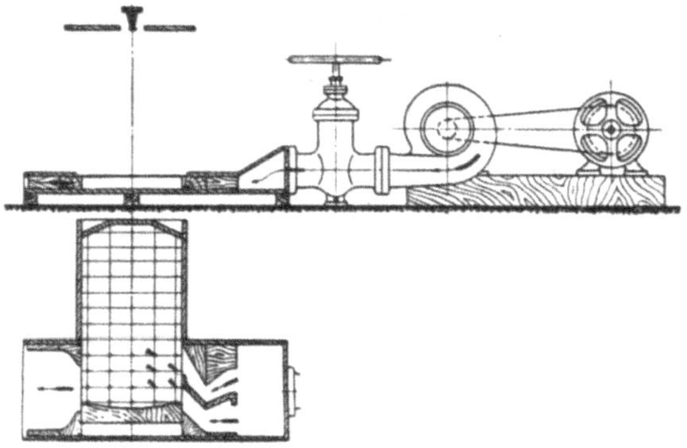
Abb. 89. Einrichtung für Spüluntersuchungen bei stationärer Strömung. (Gebr. Sulzer AG.).

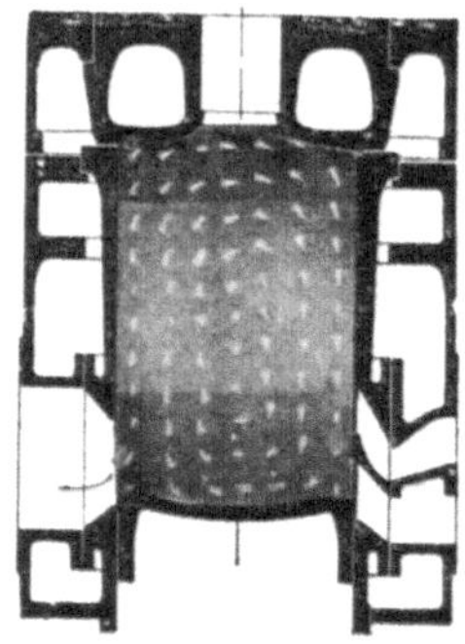
Abb. 90. Stromlinienbild in Modell Abb. 89 mit Hochspülung.

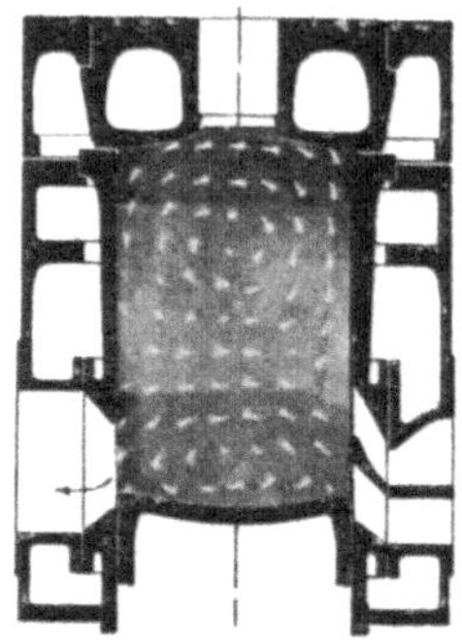
Abb. 91. Stromlinienbild in Modell Abb. 89 mit Flachspülung.

um, bei welcher der eintretende Spülstrom nach Abb. 87b quer über den Kolben zu den Auslaßschlitzen fließt. Die nicht direkt gespülten Teile des Zylinders sind von Wirbelwalzen erfüllt. Beim Umschlagen der Strömung ändert sich der Widerstand der Strömung sprungweise, er ist bei Hochspülung größer als bei Flachspülung. Die Kolbenstellung beim Umkehrpunkt ist nach diesen Versuchen wesentlich von der Form des Einströmkanals abhängig. Durch eine gute Führung des Strahles in diesem läßt sich während der ganzen Öffnung der Einlaßschlitze Hochspülung erzielen. Die entsprechenden Kanalformen sind in Abb. 88 dargestellt. Nach L i n d n e r ist es wesentlich, daß die Grenzschichte an der Wand nicht verzögert wird und sich ablöst, sondern diese Ablösung durch eine düsenförmige Verengung des Strahlquerschnittes im Einlaß und durch Ausrundung der oberen Kanalkante vermieden wird.

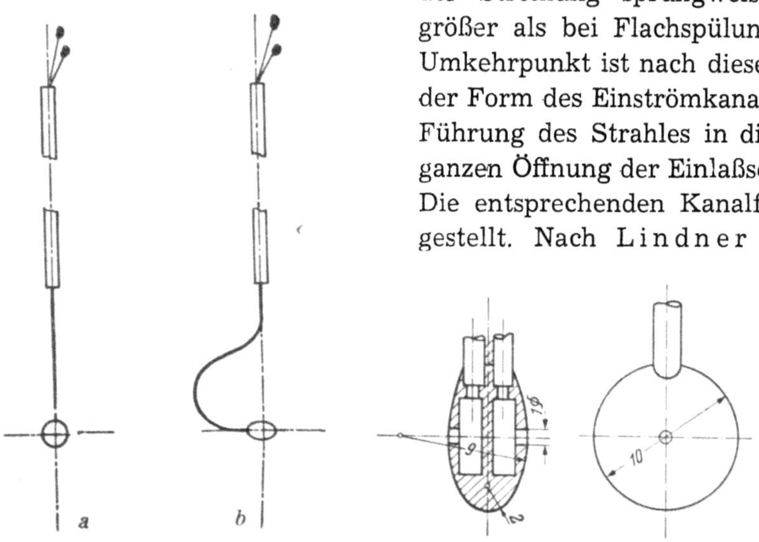

Abb. 92. Komponentengerät zur Messung der Strömungsrichtung und Geschwindigkeit. Nach L u t z [11].

Bei der Gebr. Sulzer AG. wurde in der in Abb. 89 dargestellten Versuchseinrichtung die Spülströmung durch seidene Fähnchen sichtbar gemacht. Damit wurden die in Abb. 90 und 91 dargestellten Spülbilder erhalten. Abb. 90 zeigt die angestrebte Hochspülung, während in Abb. 91 der eintretende Luftstrom quer durch den Zylinder in die Nähe des Auslasses fließt und oben und unten eine Wirbelwalze antreibt. Es wurde festgestellt, daß beide Spülbilder bei vielen Schlitzprofilen labil oder nahe an der Labilität sind, so daß sie ohne äußere Ursache plötzlich umschlagen können. Oft geben zwei anscheinend gleiche Modelle infolge nicht wahrnehmbarer Verschiedenheiten in der Ausführung unterschiedliche Strömungsbilder. Durch entsprechende Ausbildung der Einlaßschlitze kann stabile Hochspülung erreicht werden.

Die Ergebnisse der zweidimensionalen Untersuchung der Spülströmung sind nicht immer auf die dreidimensionale Strömung im Zylinder übertragbar. Manche Schlitzprofile von Querspülungen, die beim zweidimensionalen Versuch stabile Hochspülung gaben, zeigen, dreidimensional untersucht, das ungünstige Strömungsbild nach Abb. 91.

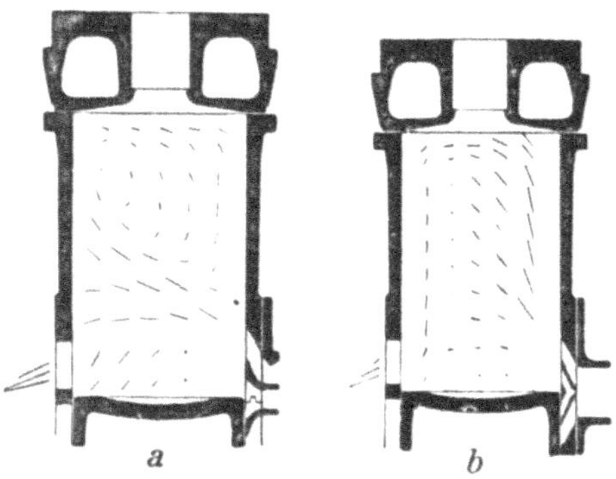

Abb. 93. Einfluß des Einlaßschlitzprofils auf die Spülströmung bei Querspülung. a Flachspülung, b Hochspülung durch düsenförmige Verengung des Schlitzkanalquerschnittes. Nach Sulzer.

2. Stationäre, räumliche Strömung.

Bei den Spüluntersuchungen von Winterlin [14] wurde die Strömungsrichtung im räumlichen Modell durch Wollfäden und durch Staugeräte bestimmt. Aus den Versuchen folgt, daß der eintretende Spülstrom seine Richtung im wesentlichen durch die Führung in den Einlaßschlitzen erhält und sie im allgemeinen bis zur Ablenkung durch Wände beibehält. Der Einfluß von Druckunterschieden im Zylinder auf die Stromrichtung ist im allgemeinen gering. Beim Zusammenprallen mehrerer Ströme können labile Zustände entstehen, bei welchen die Ströme abwechselnd durchschlagen. Für den Durchflußwiderstand ist die Ablenkung vor den Auslaßschlitzen wesentlich. Sie soll möglichst durch den Kolbenboden bewirkt werden.

Riedel hat im Institut des Verfassers Untersuchungen an räumlichen Spülmodellen mit einem Komponentengerät nach Abb. 92 ausgeführt, welches Richtung und Geschwindigkeit der Strömung in einem Punkt mißt. Die Ergebnisse wurden durch Vektormodelle übersichtlich dargestellt, in denen die Geschwindigkeit in einer großen Zahl von Punkten durch Drahtstücke nach Größe und Richtung gekennzeichnet erscheint.

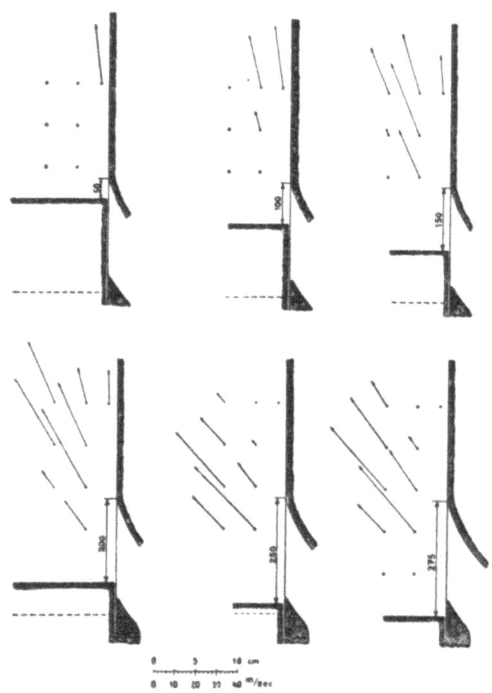

Abb. 94. Einfluß der Kolbenlage auf die Spülströmung bei Querspülung. Gebr. Sulzer A G.

Das Ergebnis einer Untersuchung bei der Gebr. Sulzer AG. zeigt nach Abb. 93a und b den Einfluß des Einlaßschlitzprofils auf die Spülströmung. Durch düsenförmige Verengung des Schlitzkanalquerschnittes wird an Stelle der mit vorwiegender Kurzschlußströmung behafteten Flachspülung Abb. 93a eine stabile Hochspülung Abb. 93b erzielt. Im gleichen Sinn ist der Einfluß der Kolbenlage in Abb. 94 auf die Richtung des eintretenden Stromes zu deuten. Es ist klar zu erkennen, daß die Aufrichtung des Strahles durch den Kolbenmantel erfolgt und daher der bei geringer Schlitzöffnung hochgerichtete Strahl wesentlich flacher wird, sobald der Kolbenmantel durch die Zylinderwand an der unteren Schlitzbegrenzung verdeckt wird.

Die Friedrich - Krupp - Germaniawerft - AG. hat stationäre Strömungsuntersuchungen durchgeführt, wobei eine verbesserte Querspülung nach Abb. 95 entwickelt wurde. Durch Absaugschlitze oberhalb der Einlaßschlitze werden die Wirbel, welche sich zwischen dem schräg nach oben in den Zylinder eintretenden Spülstrom und der

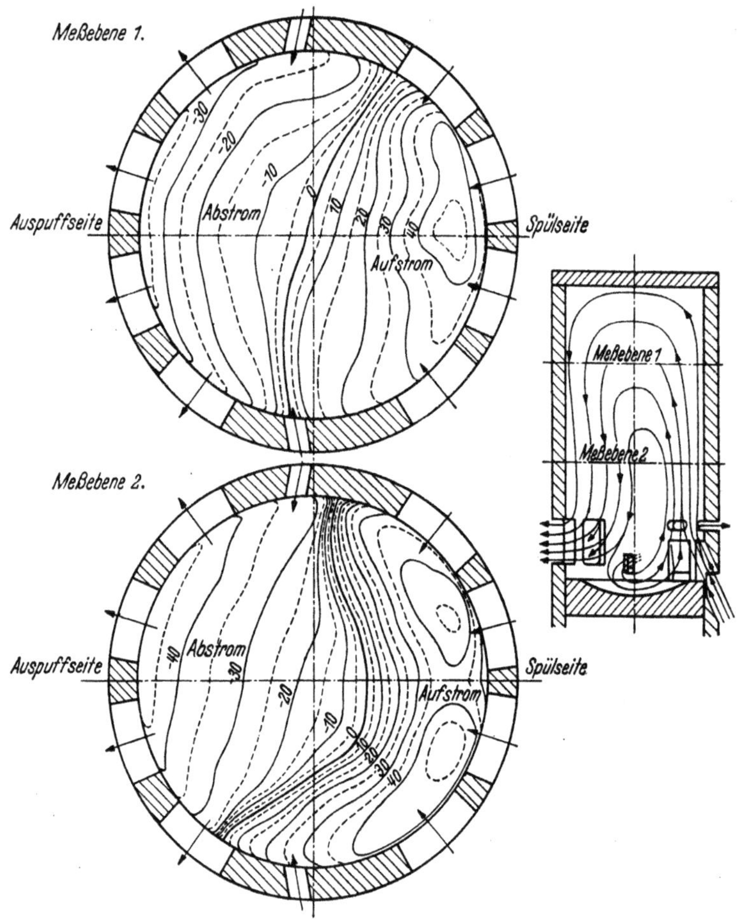

Abb. 95 und 96. Stationäre Strömung bei einer Querspülung mit Absaugschlitzen über den Einlaßschlitzen. Friedrich-Krupp-Germaniawerft AG.

Zylinderwand bilden, abgesaugt und der Spülstrom an die Wand herangeholt und aufgerichtet. Die in den beiden Meßebenen in Abb. 96 angegebenen Geschwindigkeitsschichtenlinien zeigen, daß die Ausbildung einer Hochspülung durch dieses Verfahren auch bei langhubigen Maschinen, wie sie vor allem für den Schiffsantrieb benötigt werden, gut gelingt. Durch die zwischen den Einlaß- und Auslaßschlitzen liegenden Hilfseinlaßschlitze sollen die Abgase in dem zwischen auf- und absteigendem Strom liegenden Wirbel durch Spülluft verdünnt werden.

Dieses Spülsystem hat im Laufe der weiteren Entwicklung einige geringfügige Veränderungen erfahren. Bei den neuen Ausführungen werden die seitlichen Hilfseinlaßschlitze weggelassen und die Einlaßquerschnitte entsprechend vergrößert. Die Absaugquerschnitte über den in der Mitte liegenden Einlaßschlitzen werden weggelassen.

3. Nichtstationäre, ebene Strömung.

L u t z [11] hat ebene Wasserströmungen von im Mittel gleicher Reynoldscher

Zahl wie die nachzuahmenden Spülströmungen in einem Spülmodell untersucht. Die Wasserbewegung wurde durch Korkmehl auf der freien Oberfläche sichtbar gemacht. Bei den Versuchen mit einer MAN-Umkehrspülung zeigt die in Abb. 97 schematisch dargestellte Entwicklung der Stromlinienbilder, daß erst kurz nach Totpunkt ein annähernd stationärer Verlauf erreicht wird. Die in der Mitte des Zylinders angetriebene Wirbelwalze (strichliert) entsteht im unteren Teil und wächst mit zunehmendem Anlauf, um schließlich den auch bei der stationären Strömung beobachteten größeren Raum in der Mitte des Zylinders auszufüllen, der nicht direkt gespült wird.

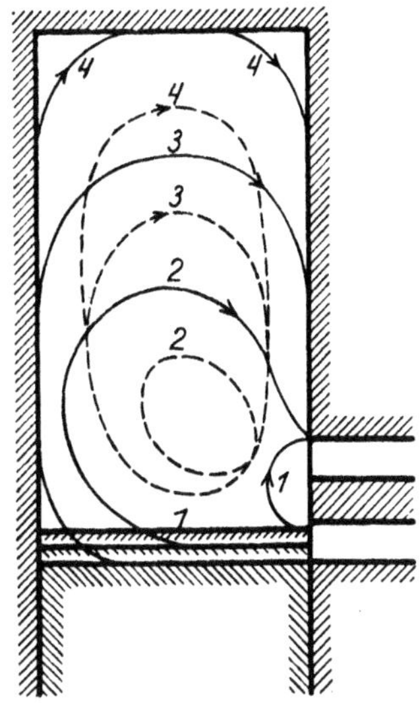

Abb. 97. Zeitliche Entwicklung der Spülströmung einer MAN-Spülung. Nach Lutz.

Bei der Querspülung mit schräg nach oben gerichtetem Einlaßkanal steigt die Strömung in Übereinstimmung mit den Versuchen von Lindner zu Beginn an der Einlaßseite hoch, schlägt aber nach kurzer Zeit um. Der Strahl fließt dann ungefähr in Richtung des Einlaßkanals quer durch den Zylinder und treibt mit seiner Unterseite und mit seiner Oberseite je eine Wirbelwalze an. Mit zunehmender Eröffnung wird die obere Wirbelwalze größer, die untere kleiner, der eintretende Strahl strömt im Kurzschlußbogen über den Kolbenboden zu den gegenüberliegenden Auslaßschlitzen. Es bildet sich eine Flachspülung nach Art der Abb. 87. Dieses Strömungsbild wird vor dem unteren Totpunkt erreicht und bleibt ohne wesentliche Änderung bis zum Abschluß der Einlaßschlitze bestehen.

Bei Untersuchungen nicht stationärer Luftströmungen wird die Strömung durch Beimischung geeigneter Stoffe sichtbar gemacht. In Betracht kommen Papierschnitzel, Daunenfedern, Zellenleim, Korkmehl, Metaldehydflocken, Rauch usw. Die Stoffe werden meist der eintretenden Spülluft zugemischt. Bei der Zumischung feiner Teilchen kann durch Blitzlichtaufnahmen oder stroboskopische Beobachtung die räumliche Verteilung der Spülluft in den verschiedenen Zeitpunkten des Spülvorganges ermittelt werden. Mischt man gröbere Teilchen zu, z. B. Metaldehydflocken, so läßt sich auch die Strömungsrichtung an den einzelnen Stellen des gespülten Raumes deutlich erkennen, wenn die Belichtungszeit so gewählt wird, daß die einzelnen bewegten Teilchen im Lichtbild Striche hinterlassen.

Durch rasch hintereinanderfolgende Aufnahmen hat A. Lee den Weg von Teilchen in der zwischen zwei Aufnahmen liegenden Zeit bestimmt und konnte dadurch auf ihre Geschwindigkeit schließen. Dieses Verfahren, bei welchem das einzelne Teilchen für sich erkennbar sein muß, ist natürlich nur bei entsprechender Teilchengröße und großer Schärfe des aufgenommenen Bildes möglich.

Infolge der starken Turbulenz der Spülströmung wirken bei großen Geschwindigkeiten auf größere Schwebeteilchen erhebliche Kräfte, die sie zerreißen. Man ist daher gezwungen, entweder die Versuche bei kleinen Strömungsgeschwindigkeiten zu machen und Modellgesetze anzuwenden oder bei hohen Strömungsgeschwindigkeiten festere Teilchen zu verwenden, die jedoch im allgemeinen infolge ihres, im Verhältnis zum Luftwiderstand größeren Gewichtes (größere Sinkgeschwindigkeit) der Strömung weniger gut folgen, wie leichte, aber weniger feste Teilchen (z. B. Metaldehydflocken).

Lee [17] schlägt bei Versuchen über die Luftbewegung im Zylinder durch Verwendung von zerschnittenen Gänsedaunen den zweiten Weg ein, die Teilchen sind fest, haben aber eine verhältnismäßig hohe Sinkgeschwindigkeit.

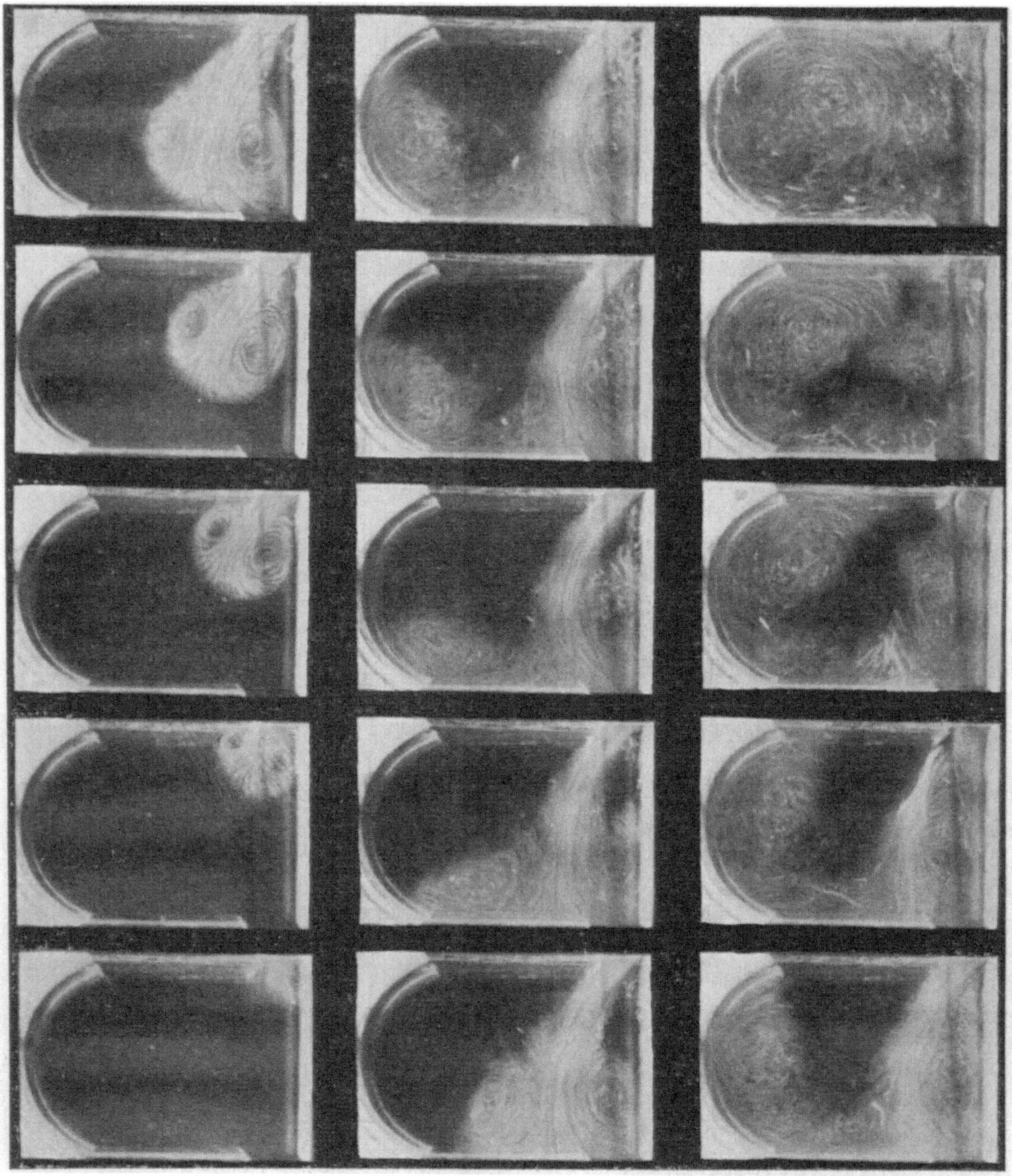

Abb. 98. Zeitlicher Verlauf einer Spülströmung bei Querspülung. Nach Wille.

Wille [18] hat ausführliche Spüluntersuchungen mit Metaldehydflocken im Institut Föttinger an der Technischen Hochschule Berlin gemacht. Die Flocken haben eine Sinkgeschwindigkeit von nur 1,5 mm/sek bei allerdings sehr geringer Festigkeit. Dementsprechend mußten kleine Strömungsgeschwindigkeiten benützt werden, was nach den Modellgesetzen große Zylinderabmessungen erfordert.

Abb. 98 zeigt eine nach dem Verfahren von Wille untersuchte Querspülung mit

Flachkolben (ebene Strömung) in 15 Phasen. Die Steuerung der Schlitze durch den Kolben wurde nicht nachgebildet, der Kolben ist in Ruhe. Der eintretende Spülstrahl

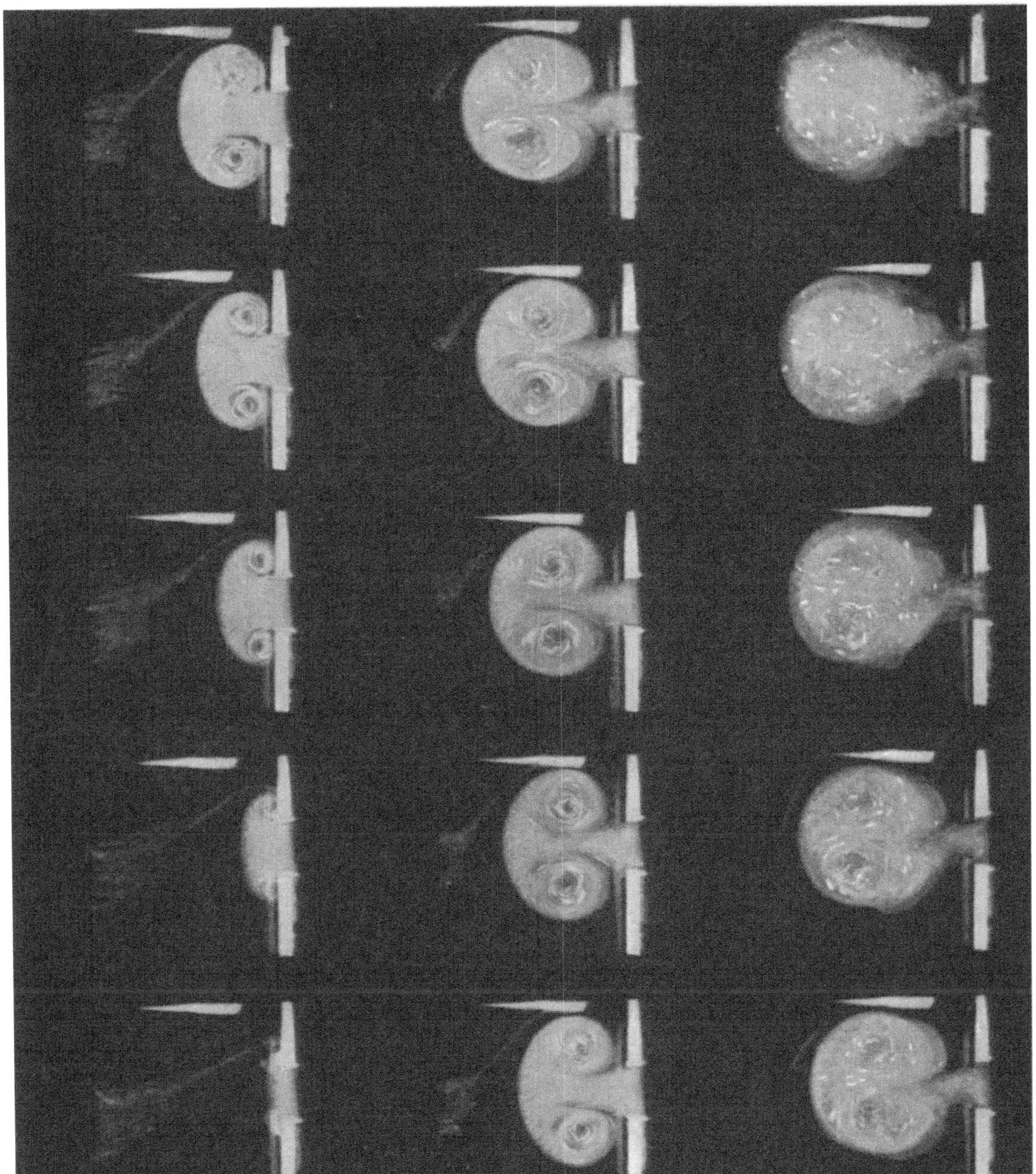

Abb. 99. Stauchung und Wirbelring an einem Strahl, der aus einer Öffnung austritt. Nach Wille.

wird pilzartig aufgestaucht, fließt schräg zur gegenüberliegenden Zylinderwand, geht von dort zum Teil nach oben in die entstehende Wirbelwalze, zum Teil unmittelbar in die Auslaßschlitze. Der Verlauf stimmt im wesentlichen mit den Ergebnissen von Lutz [11] überein. Die Stauchung des Eintrittsstrahles mit Wirbelring wurde nach Abb. 99 in einer gesonderten Untersuchung der Anfahrströmung beim Austritt von Luft aus einem Spalt anschaulich dargestellt.

4. Nichtstationäre, räumliche Strömung.

Abb. 100 (Bild 1, 2, 5, 6, 9, 10, 13, 14). Zeitlicher Strömungsverlauf bei einer Schnürle-Spülung. Nach Wille.

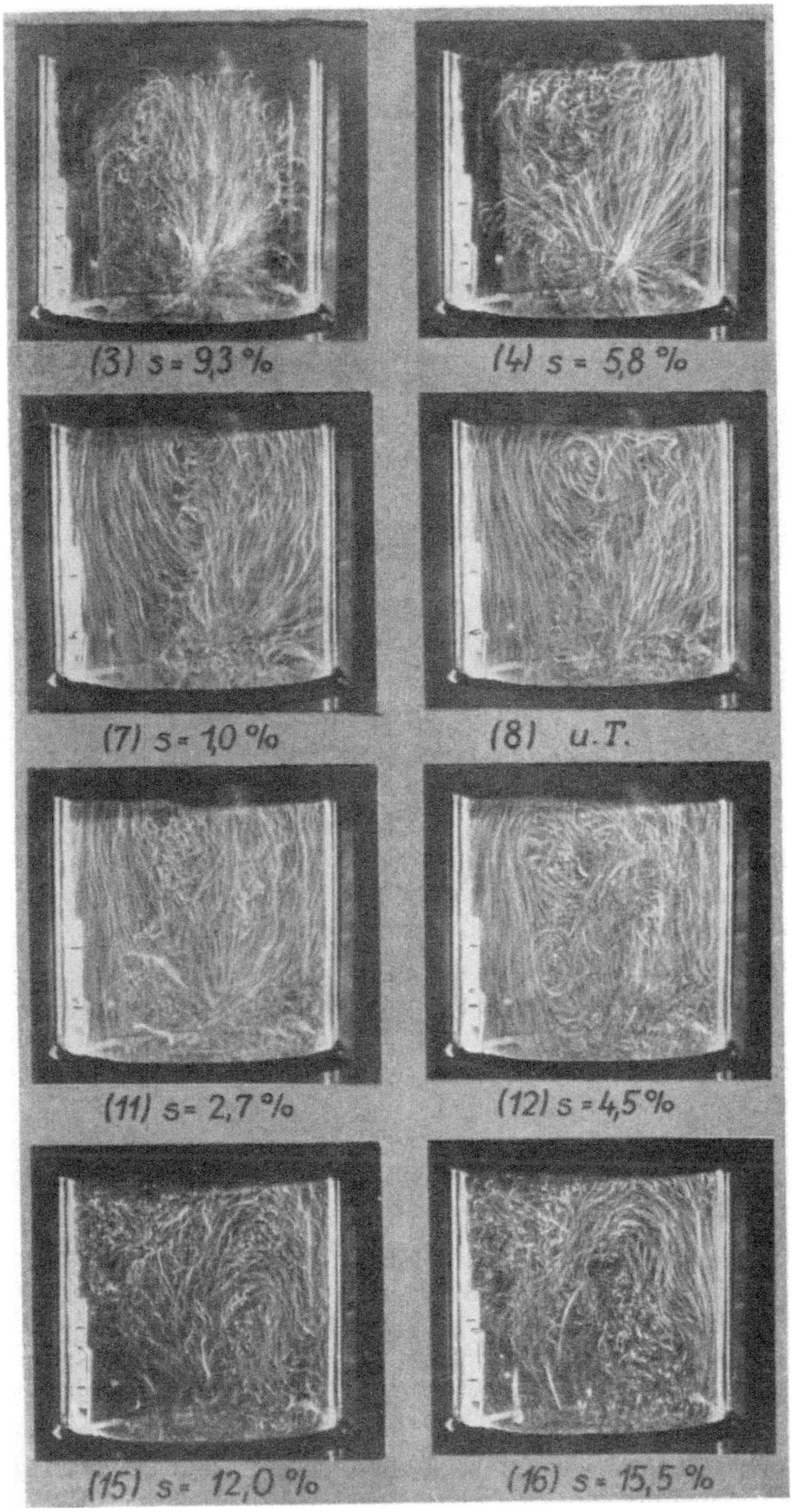

Abb. 100 (Bild 3, 4, 7, 8, 11, 12, 15, 16). Zeitlicher Strömungsverlauf bei einer Schnürle-Spülung. Nach Wille.

Bei einer Reihe von Schlitzanordnungen, z. B. bei der Schnürle-Spülung, ist ein Zurückführen auf das ebene Problem nicht möglich.

Man macht dann die räumliche Strömung nach einem der früher unter 3. angegebenen Verfahren sichtbar und kann durch Lichtschnitte Bilder der Strömung erhalten.

Wille hat nach diesem Verfahren eine Schnürle-Spülung untersucht. In Abb. 100 befinden sich die Auslaßschlitze links, der Lichtschnitt geht durch die Symmetrieebene des Zylinders. Im Bild 1 hat der Kolben die Spülschlitze bereits freigegeben, der Spülstrom ist jedoch noch nicht in den beleuchteten Teil des Zylinders (Spaltbreite des Lichtschnittes 20 mm) gelangt. In Bild 4 ist zu erkennen, daß die beiden aus den Spülschlitzen (einer vorn, einer hinter der Schnittebene) austretenden Teilströme sich beim Aufeinandertreffen aufgerichtet haben. Die Strömung beginnt dann (Bild 5) an der den Auspuffschlitzen gegenüberliegenden Wand hochzugehen. Bei voll geöffneten Schlitzen (Bild 8) ist die Strömung voll ausgebildet. An der den Auspuffschlitzen gegenüberliegenden Wand auf der rechten Seite fließt der Spülstrom gegen den Zylinderdeckel. Dort wird er umgelenkt und fließt auf der auslaßseitigen Zylinderwand zum Auslaß hinab. Dieser Strömungszustand ist stabil, da die Führung des Stromes durch die Wände erfolgt, er bleibt bis knapp vor dem Abschluß der Schlitze bestehen.

Durch den Abschluß der Schlitze wird die Luftbewegung nicht abgebremst, sondern bleibt mit geschlossenen Strombahnen im Zylinder bestehen, bis ihre Energie durch Reibung aufgezehrt wird.

Spannhake und Kluge [19] haben die Spülströmung in kleinen Modell-Zweitaktzylindern bei Drehzahlen bis 2500 U/Min durch eingestreuten, feingemahlenen Zellenleim sichtbar gemacht. Durch eine stroboskopische Einrichtung konnte der Strömungsverlauf mit dem Lichtschnittverfahren in seinen einzelnen Phasen verfolgt werden. Die mit dem Zellenleim erhaltenen Bilder zeigen die Strömung weniger deutlich als größere Teilchen (Metaldehyd, Gänsedaunen), dafür ist jedoch die Beobachtung der Strömung mit den wirklichen Abmessungen und Geschwindigkeiten möglich.

Schließlich ist noch eine von Lutz und Noeggerath [15] beschriebene Versuchseinrichtung zu erwähnen, bei welcher Salmiaknebel (durch Vermischen von Siliziumtetrachlorid $SiCl_4$ und Ammoniak erzeugt) zum Sichtbarmachen der Strömung benützt wurde.

Der Glaszylinder der Spülmaschine hatte 240 mm Durchmesser, der Hub konnte von 260 bis 440 mm verstellt werden. Aus den Untersuchungen des Spülvorganges wurden von Lutz folgende Schlüsse gezogen:

Infolge des geringen Energie-Austausches zwischen Abgas und Spülluft bleibt die dem Zylinder zugeführte Bewegungs- und Wärmeenergie an die eindringende Spülluft gebunden. Es kommt daher nur zu einer Art makroskopischen Vermischung, bei der Ballen von Spülluft in die Abgase eindringen. Das erklärt die starke Schichtung der Ladung nach der Spülung, die durch Gasprobenentnahmen an verschiedenen Stellen festgestellt wurde.

Lutz [15] hat durch theoretische Betrachtungen Übereinstimmung mit seinen Untersuchungen und mit den früher besprochenen Versuchen von Wille hergestellt, wonach sich die Front des eintretenden Luftstrahls pinienförmig ausbreitet. Die Strahlfront bewegt sich nach den durchgeführten Messungen mit einer Geschwindigkeit von durchschnittlich 60 Prozent der Strömungsgeschwindigkeit im Strahl. Der Staudruck dieser Strömungsgeschwindigkeit wirkt als Widerstand, der Strahl hat daher das Bestreben, auszuknicken. Sobald der Strahl in den Bereich des vom Vorauspuff erzeugten Strömungsfeldes des Auslasses gelangt, fällt der Staudruck fort. Der Strömungswiderstand wird dann verringert und unmittelbares Abströmen der weiter einströmenden Spülluft in den Auslaß begünstigt.

Durch die Erklärungen von Lutz werden die Erscheinungen beim Eintritt des Spülstromes in den Zylinder, wie sie vor allem Abb. 98 bei einer Querspülung zeigt, dem Verständnis wesentlich nähergebracht. Man hat sich vorzustellen, daß im Zylinder eine Gassäule G, schematisch etwa nach Abb. 101, durch den dynamischen Druck des auf ihre Stirnfläche treffenden Strahles S beschleunigt wird. Der Strahl wird durch die Trägheitskräfte der Gassäule nach rückwärts abgelenkt und bildet Wirbelballen, die sich laufend vergrößern. Diese Wirbelballen bilden die bei Querspülungen mit ungünstigen Flachspülungen nach Abb. 98 festgestellten oberen und unteren Wirbelwalzen, zwischen welchen die Hauptmasse des Strahles dem Auslaß zuströmt.

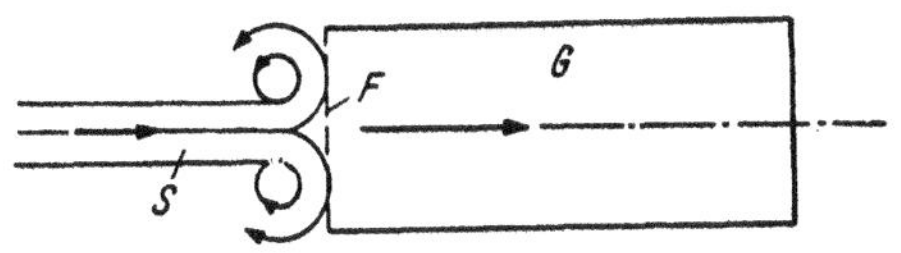

Abb. 101.

Tritt der Strahl unter einem genügend spitzen Winkel zur Zylinderwand ein, so zeigt er Neigung, sich an dieser fortzubewegen. Die Wirbelwalze wird dann im wesentlichen nur einseitig entwickelt und Hochspülung nach Abb. 87a erzielt.

5. Beobachtungen am Motor.

Endres versuchte aus den Rußspuren am Kolben und am Zylinderdeckel von kleinen Ottomotoren mit Vergaser Rückschlüsse auf den Verlauf der Spülströmung zu ziehen. Man sieht z. B. auf dem Kolben nach Abb. 102 meist ziemlich deutlich die Auftreffspuren der Spülströme. Aus diesen wurde u. a. festgestellt, daß bei sehr vielen Zylindern mit Schlitzanordnung nach Schnürle die Spülung unsymmetrisch ist, der eine Spülstrom den anderen etwas zurückdrängt. Aus den Betriebsergebnissen konnte geschlossen werden, daß geringe Unsymmetrien Leistung und Verbrauch des Motors kaum verschlechtern. Diese Beobachtung stimmt mit den Angaben auf S. 50 überein, wonach der Spülgrad erst dann wesentlich kleiner wird, wenn der Unterschied der beiden Eintrittsteilströme erheblich ist.

Am Zylinderdeckel wird der Spülstromverlauf durch Strähne von Ruß angezeigt, wenn man einen Motor mit vorher blank gereinigtem Zylinderkopf nach wenigen Betriebsstunden auseinandernimmt.

β, 5. Allgemeine Folgerungen aus den Strömungsuntersuchungen für die Entwicklung von Spülanordnungen.

Grundsätzlich sind Spülanordnungen mit hochliegenden Spülkurven und großer Durchflußzahl anzustreben. Für Schnelläufer kommt hierzu noch die Forderung nach großen Schlitzquerschnitten. Erfahrungen und Überlegungen geben im wesentlichen folgende Zusammenhänge zwischen Spülströmung und Spülgrad.

1. Der Spülgrad ist im allgemeinen um so größer, je größer der Teil des Zylinderraumes ist, der vom Spülstrom unmittelbar bestrichen wird. Der Spülstrom soll daher große Querschnitte haben und einen möglichst langen Weg im Zylinder zurücklegen. Daher sind bei gegebener Schlitzbreite lange Schlitze nach S. 53 günstiger als kurze. Den längsten Strömungsweg durch den Zylinder haben Umkehrspülungen, kurze Spülwege haben Querspülungen mit gegen den Zylinderdeckel gerichteter Strömung, noch kürzere Spülwege haben Querspülungen mit flach gerichtetem Spülstrom. Die Spülgrade entsprechen im allgemeinen dieser Reihung.

2. Zur Verringerung der Spülverluste sollen die ein- und austretenden Ströme

möglichst voneinander entfernt liegen und eine Überleitung des eintretenden in den austretenden Strom nur mit starker Richtungsänderung möglich sein. Bei nahe aneinanderliegenden Ein- und Auslaßschlitzen gelangt der beim Anlauf gestauchte Spülstrom in den Bereich der vom Vorauspuff her gegen den Auslaß angetriebenen Strömung. Dadurch können zu Beginn der Spülung erhebliche Spülverluste entstehen. Diesen Nachteil hat z. B. die Spülung nach Abb. 64.

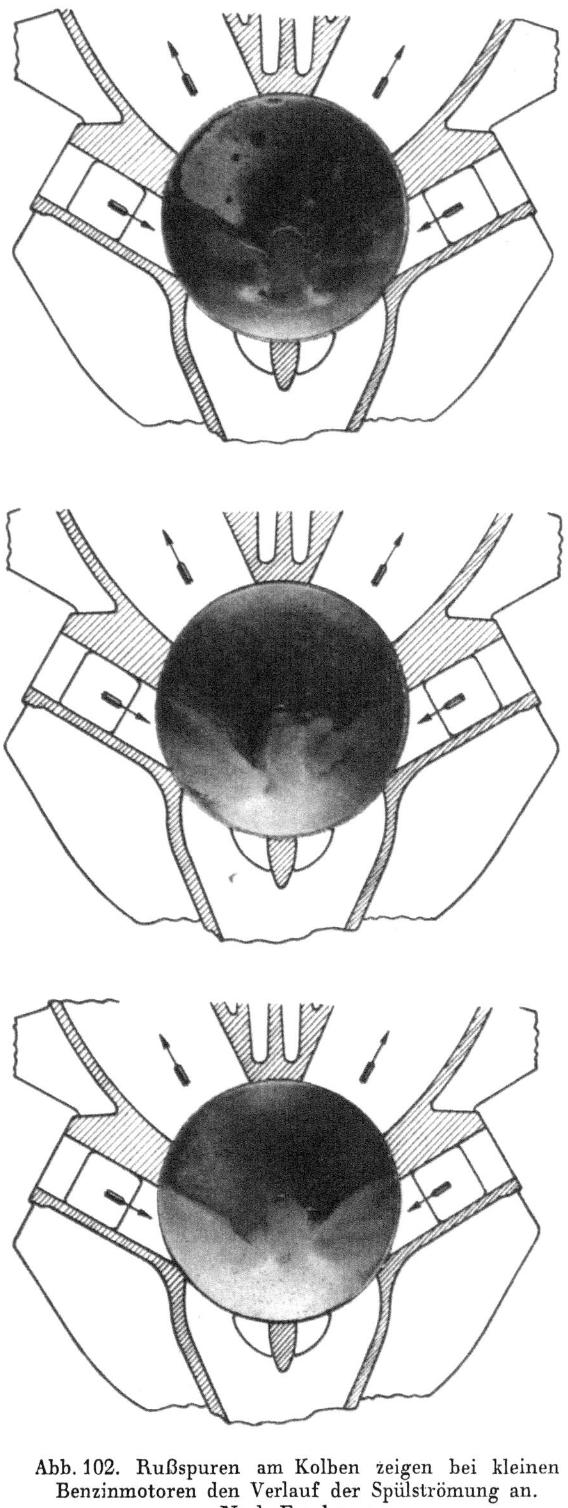

Abb. 102. Rußspuren am Kolben zeigen bei kleinen Benzinmotoren den Verlauf der Spülströmung an. Nach Endres.

Die guten Spülgrade der Schnürle-Spülung, Abb. 61, im Verhältnis zu anderen Umkehrspülungen sind durch ihre Überlegenheit hinsichtlich der gegenseitigen Lage von ein- und austretendem Strom bedingt. Bei der Spülung Abb. 64 ist die Richtungsänderung, die ein Abfließen des eintretenden Stromes in den Auslaß erfordert, wesentlich kleiner als bei Abb. 61, größere Spülverluste, daher schlechterer Spülgrad, sind die Folge.

3. Eine Spülströmung ist um so stabiler, der Strömungsverlauf um so unabhängiger von der Geschwindigkeit und von kleinen Veränderungen in der Ausbildung und Richtung der Schlitze, je besser sie in den Schlitzen und im Zylinder geführt ist. Schlitzkanäle mit großer Länge im Verhältnis zu den Querabmessungen geben gute Führung.

Im Zylinderraum soll der eintretende Strahl durch die Wände geführt und umgelenkt werden. Die gute Stabilität der Umkehrspülung ist darauf zurückzuführen, daß der eintretende Spülstrom nach kurzer freier Strahllänge auf die Wände auftrifft und längs derselben zum Auslaß fließt.

Zusammenprallende Luftströme ergeben labile Strömungen, bei welchen der Teilstrom mit der um einen geringen Betrag größeren Energie durchschlägt. Je kleiner der Winkel des Zusammenpralls ist, desto größer wird die Stabilität, desto weniger zerflattert der resultierende Luftstrom. Aus diesem Grunde werden z. B. bei den neuen Ausführungen der Schnürle-Spülung die Einlaßkanäle schräg nach oben geneigt.

4. Strömungswiderstände sind im allgemeinen um so größer, je länger der Weg durch den Zylinder ist und je öfter der Spülstrom umgelenkt wird. Umkehrspülungen haben daher im allgemeinen kleinere Durchflußzahlen μ_m als Querspülungen.

5. Die Ladung im Zylinder ist nach der Spülung geschichtet, der Gehalt an Abgasen an verschiedenen Stellen verschieden.

Der bei der Entwicklung von Spülverfahren einzuschlagende Weg wird wesentlich von dem Aufwand abhängen, der für die erforderlichen Versuche als zulässig betrachtet wird.

Untersuchungen an Zylindermodellen mit Glasdeckel oder mit Glaszylinder bei stationärer Strömung können auch mit einfachen Mitteln guten Aufschluß über den für die Spülung maßgebenden Strömungsverlauf geben. Auch aus der Strömung, die dann entsteht, wenn ein stationärer Spülstrom bei abgenommenem Zylinderkopf durch den Zylinder geblasen wird, können vorsichtige Schlüsse auf die Spülwirkung gezogen werden.

Versuche mit nichtstationärer Strömung sind wesentlich umständlicher, meßtechnisch schwieriger, dafür aber bei richtiger Auswertung in den Einzelheiten aufschlußreicher.

Die Güte der Spülwirkung läßt sich im einfachsten Fall annähernd durch Ausspülung von Rauch aus einem Modell beurteilen. Nur geringen Mehraufwand erfordern Einrichtungen, bei denen der Spülgrad durch Ausspülen eines mit Kohlensäure gefüllten Modells zahlenmäßig bestimmt werden kann. Für die Beurteilung der Auswirkung von Änderungen im Laufe der Entwicklung eines Spülverfahrens auf den Spülgrad sind diese Einrichtungen gut verwendbar.

Wesentlich wirklichkeitsnäher, aber auch umständlicher sind Untersuchungen des Spülerfolges an besonderen Spülmaschinen. Bei diesen und bei Untersuchungen am arbeitenden Motor ist zu beachten, daß aus dem Zylinder entnommene Gasproben nur dann richtige Werte ergeben, wenn sie die Durchschnittszusammensetzung des im allgemeinen stark geschichteten Zylinderinhaltes haben. Es sind daher große Teile der Ladung als Proben zu entnehmen.

β, 6. Überblick über die wichtigsten ausgeführten Schlitzsteuerungen.

Von der außerordentlich großen Zahl der in Patentschriften vorgeschlagenen Schlitzsteuerungen haben nur verhältnismäßig wenige grundsätzliche Formen im praktischen Motorenbau Verwendung gefunden. Es ist anzunehmen, daß sich mit dem Erlöschen der Schutzrechte für die günstigsten Ausführungen die Zahl der ausgeführten Konstruktionen weiter vermindern wird, denn viele der aus patentrechtlichen Gründen gewählten Ausweichlösungen werden dann zugunsten überlegener Systeme verlassen werden.

Querspülungen. Querspülungen mit Ablenker am Kolben nach Abb. 103 a und b werden heute bei Dieselmotoren nur selten ausgeführt. Die Ablenkflächen am Kolben nach Abb. 103 a verursachen eine Zerklüftung des Brennraumes und eine Vergrößerung seiner Oberfläche, wodurch die Gemischbildung und die verlustarme Energieumsetzung beeinträchtigt wird. Ablenkflächen nach Abb. 103 b, die hinsichtlich Gemischbildung und Verbrennung günstiger sind, geben hingegen vor allem bei größeren Schlitzbreiten nur ungenügende Luftführung.

Auch bei Ottomotoren wird diese Ausführung der Spülung in zunehmendem Maß verlassen.

Man vermeidet Kurzschlußströmung bei Querspülsystemen heute meist durch starke Neigung der Einlaßschlitze gegen den Zylinderdeckel. Damit werden bei kleinen Hubverhältnissen gute Spülkurven erreicht, jedoch der unterbringbare, wirksame Schlitzquerschnitt und damit die Eignung zum Schnellauf vermindert. Der Kolben von solchen Motoren wird vom Spülstrom nur wenig beaufschlagt und daher thermisch höher beansprucht.

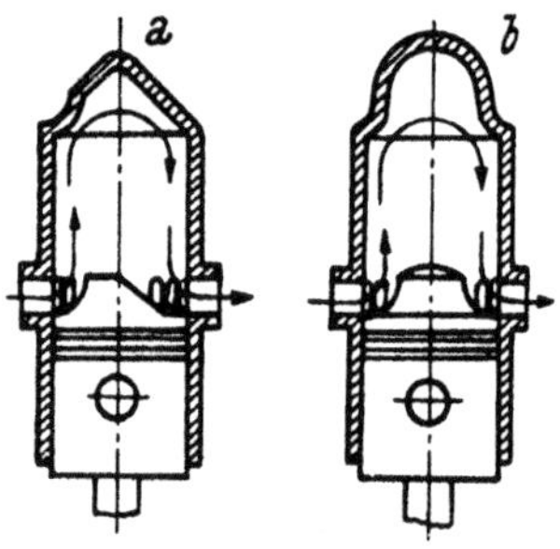

Abb. 103. Querspülungen mit Ablenkflächen am Kolben.

Einlaßschlitzbreite $\beta_e \sin \gamma_e = 0{,}30 - 0{,}40$.

Durchflußzahlen $\mu_m = 0{,}6$ bis $0{,}9$

Umkehrspülungen. MAN-Umkehrspülung. Das DRP. 367.650 (24. April 1920) hat der MAN eine Umkehrspülung mit übereinanderliegenden Ein- und Auslaßschlitzen geschützt, bei welcher nach Abb. 104 die Einlaßschlitze mehr als ein Drittel des Zylinderumfanges, oder auch den ganzen Zylinderumfang, einnehmen und die eintretenden Teilströme so gerichtet sind, daß sie sich zu einem geschlossenen Strom vereinigen, der zwischen Zylinderachse und Gegenwand aufsteigt.

Abb. 104. MAN-Umkehrspülung.

Diese Spülung wird von der MAN und ihren Lizenznehmern bei Großmotoren seit mehr als 20 Jahren ohne grundsätzliche Änderungen ausgeführt.

Die MAN-Umkehrspülung gibt gute Spülgrade und eine sehr gute Kühlung des Kolbens durch den Spülluftstrom. Die Schlitzlängen beeinflussen sich gegenseitig. Der mit großem Schlitzquerschnitt verbundene große Verlust an wirksamem Hubraum (besonders bei kleinen Zylindern mit gußtechnisch bedingten relativ großen Stegabmessungen) macht das Spülsystem für den Schnellauf weniger geeignet. Die Abb. 300 und 349 zeigen Ausführungen.

Einlaßschlitzbreiten $\beta_e \sin \gamma_e$ bis 0,35

Durchflußzahlen μ_r: 0,55 bis 0,9

Umkehrspülung von Schnürle. Die im DRP. 520.834, Abb. 105, definierte Umkehrspülung hat von den vom Verfasser untersuchten Spülsystemen mit an einem Zylinderende liegenden Schlitzen die beste Spülwirkung.

Die Klöckner-Humbold-Deutz AG. hat mit diesem Spülsystem eine große Zahl von normal und schnellaufenden Zweitaktmotoren entwickelt. Die Auto-Union ist bei ihren Ottomotoren von den Querspülungen auf die Schnürle-Spülung übergegangen und konnte dadurch erhebliche Leistungssteigerungen erzielen.

Das Spülsystem eignet sich zum Schnellauf, da entsprechende Schlitzquerschnitte ohne übermäßige Verluste an wirksamem Hubraum untergebracht werden können. Der Kolben wird vom Spülstrom teilweise beaufschlagt, seine Kühlung ist durch die Spülung daher im allgemeinen geringer wie bei der MAN-Spülung, jedoch der von Querspülungen mit schräg gestellten Einlaßschlitzen im allgemeinen überlegen.

Ausführungen zeigen die Abb. 233 und 340.

Einlaßschlitzbreiten $\beta_e \sin \gamma_e = 0{,}20 - 0{,}23$.

Durchflußzahlen: $\mu_m = 0{,}4$ bis $0{,}7$.

K o m b i n a t i o n e n   v o n   U m k e h r -   u n d   Q u e r s p ü l u n g e n. Zur Verbesserung des Spülgrades von Querspülungen und zur Vergrößerung der Spülquerschnitte von Umkehrspülungen wurden zahlreiche Kombinationen beider Spülverfahren vorgeschlagen.

Bei dem von F a i r b a n k s   M o r s e angewendeten Spülverfahren von C u r t i s werden nach Abb. 106 die seitlich liegenden Schlitze gegen die dem Auslaß gegenüberliegende Zylinderwand gerichtet und dadurch eine Zusammendrängung und Aufrichtung des Spülstromes und damit Hochspülung erzielt.

Die Gebr. Sulzer AG. verbessert den Spülgrad in ähnlicher Weise nach Abb. 107 durch Leitflächen in den seitlich liegenden Schlitzen.

Vorschläge mit ähnlicher Wirkung wurden schon von K i n d, Abb. 108, und anderen gemacht.

Gute Kolbenkühlung soll durch einen Vorschlag von V e n e d i g e r nach Abb. 109 erzielt werden, bei dem ein Teilstrom quer über den Kolben geführt und der Auslaß in zwei Schlitzgruppen geteilt wird.

Eine vergleichende Wertung der Spülwirkung dieser Ausführungen ist dem Verfasser nicht bekannt. Es ist anzunehmen, daß die Spülgrade zwischen denen von Quer- und Umkehrspülungen liegen.

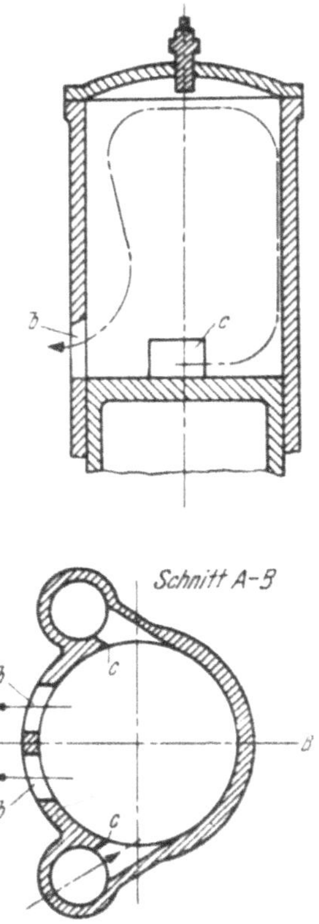

Abb. 105. Schnürle-Umkehrspülung, Patentzeichnung.

G l e i c h s t r o m s p ü l u n g e n. Ein Überblick über Gleichstromspülsysteme wird später im Abschnitt über Steuerungen mit unsymmetrischem Steuerdiagramm gegeben werden.

γ. *Die Bestimmung der Temperatur im Zylinder am Ende der Spülung.*

Einer direkten Messung der Temperatur der Ladung am Beginn der Verdichtung stehen bei rasch laufenden Motoren heute noch unüberwindliche Schwierigkeiten entgegen. Die indirekte Bestimmung der Temperatur aus gemessener Ladungsmenge und Ladungsdruck ist zwar grundsätzlich unter Anwendung des auf S. 83 beschriebenen Verfahrens auch beim rasch laufenden Motor möglich, aber sehr umständlich.

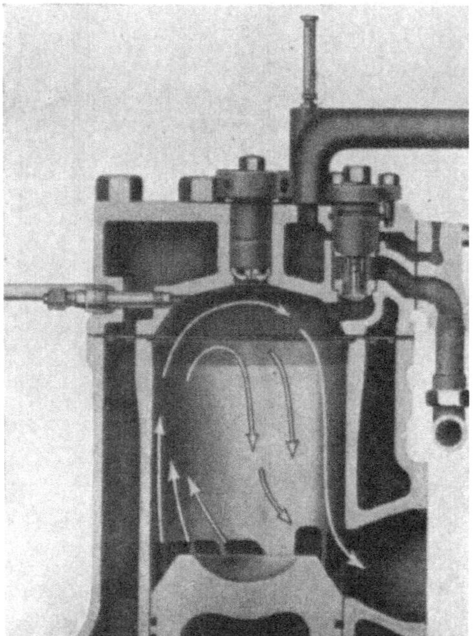

Abb. 106. Kombinierte Umkehr- und Querspülung. Fairbanks Morse.

N i e d e r m a y e r [3] konnte jedoch durch Temperaturmessungen an einem langsam laufenden Motor nachweisen, daß der Temperaturverlauf während der Spülung mit guter Annäherung rechnerisch erfaßt werden kann. Auf diese grundlegenden Untersuchungen wird später näher eingegangen.

Die Ursachen von Ungenauigkeiten in der Temperaturberechnung liegen vor allem in der mangelhaften Erfassung des Wärmeüberganges. Sein Einfluß ist jedoch nicht sehr groß und nimmt mit zunehmender Drehzahl ab. Während bei niederen Drehzahlen die Berücksichtigung des Wärmeüberganges bei der Temperaturberechnung deren Genauigkeit merkbar erhöht, kann der Wärmeübergang bei höheren Drehzahlen im allgemeinen vernachlässigt werden, da er in der Größenordnung der übrigen Ungenauigkeiten der rechnerischen Temperaturermittlung liegt.

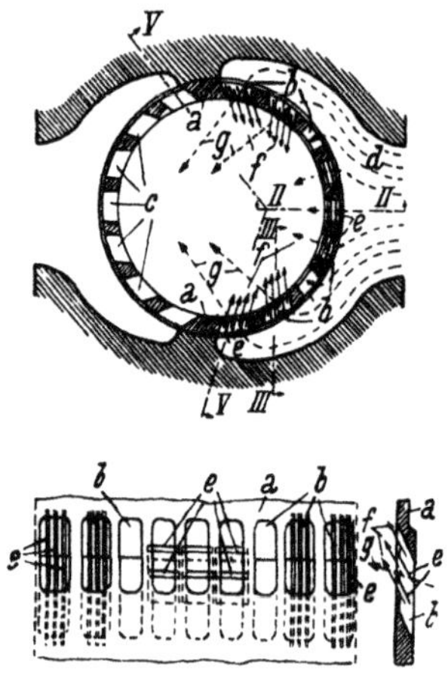

Abb. 107. Verbesserte Sulzer Querspülung.

Die gute Übereinstimmung von Rechnung und Messung bei niederen Drehzahlen läßt erwarten, daß die Wirklichkeitstreue der Rechnung auch bei höheren Drehzahlen, bei denen sie nicht nachgeprüft werden kann, befriedigt. Infolge der Einschränkung der größten Fehlerquelle, des Wärmeüberganges, wird sich die Genauigkeit der Temperaturberechnung mit zunehmender Drehzahl sogar erhöhen.

Der Verlauf der Temperatur des Zylinderinhaltes hängt weitgehend vom Verlauf der Spülung ab. Der Berechnung der Temperatur muß daher die Spülkurve zugrundegelegt werden.

Für die Berechnung ist es erforderlich, von bestimmten, vereinfachenden Annahmen über den Wärmeaustausch zwischen Abgasen und Spülluft während der Spülung auszugehen. Durch diese Berechnungen wird auch der Zusammenhang zwischen der am Modell im kalten Zustand ermittelten Spülkurve und der Spülkurve des zündenden Motors hergestellt.

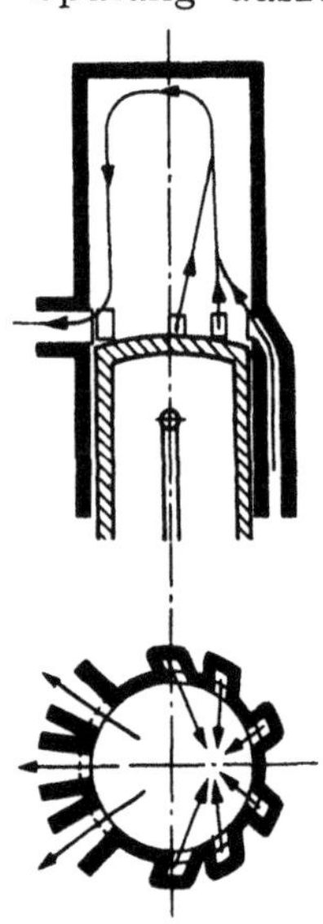

Abb. 108. Spülung. Nach Kind (1911).

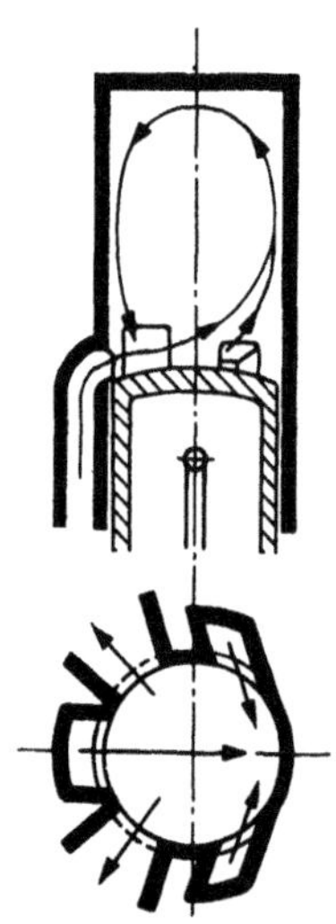

Abb. 109. Spülung. Nach Venediger.

Folgende Grenzfälle können der Berechnung der Temperatur zugrundegelegt werden:

1. Der Wärmeaustausch zwischen Spülluft und Zylinderinhalt erfolgt sofort nach Eintritt der Spülluft in den Zylinder. Die Spülluft dehnt sich daher aus und verdrängt ein entsprechendes Volumen des Zylinderinhaltes.

2. Der Wärmeaustausch zwischen eintretender Spülluft und den Abgasen im Zylinder erfolgt erst nach Beendigung der Spülung. Der Spülluftstrom tritt daher mit einem seinem Eintrittszustand entsprechenden Volumen in den Zylinder und verdrängt ein entsprechendes Volumen heißer Abgase durch den Auslaß. Diese Annahme entspricht qualitativ den Feststellungen von Lutz (s. S. 68), wonach der Wärmeaustausch zwischen Spülluft und Abgas während der Spülung sehr klein ist. Bei dem Temperaturausgleich zwischen Abgasrest im Zylinder und Spülluft im Zylinder nach der Spülung bleibt das spezifische Volumen der Gesamtladung unverändert, wenn angenommen wird, daß die spezifischen Wärmen von Abgasen und Spülluft gleich sind, was allerdings nicht genau zutrifft.

Die wirklichen Vorgänge werden zwischen den beiden Grenzfällen, näher dem Grenzfall 2, liegen. Die Annäherung an diesen wird um so größer sein, je mehr die

Spülung dem Typ der Verdrängungsspülung entspricht. Es wird daher bei den Anwendungen im allgemeinen mit den für Grenzfall 2 abgeleiteten Beziehungen gerechnet.

Während des Spülvorganges unterliegt der Zylinderdruck bei den einfachen Schlitzsteuerungen nur geringen Schwankungen, so daß mit konstantem Druck p_{zm} gerechnet werden kann. Das mittlere Zylindervolumen während der Spülung ist $z_m V_h$.

γ, 1. Temperaturberechnung für Grenzfall 1.

Der Wärmeübergang an die Wände kann hier einfach berücksichtigt werden, denn der gesamte Zylinderinhalt hat annahmegemäß in jedem Zeitpunkt die gleiche Temperatur. Es kann daher mit einem Wärmeübergang zwischen Gas und Zylinderwand bei konstanten Oberflächenbedingungen gerechnet werden.

Die Mischungstemperatur T_z ist mit $b = \frac{p_o}{p_{zm}} \cdot \frac{T_s}{T_o} \cdot \frac{1}{z_m}$ (64)

mittelst der Beziehung

$$-\frac{T_z - T_s}{T_s} \cdot d\,(b\,\Lambda_o) = \frac{C_{pz}}{C_{pl}} \cdot \frac{d\,T_z}{T_z}$$

zu berechnen. Darin entspricht C_{pz} der jeweiligen Temperatur und Zusammensetzung des Zylinderinhaltes. Für die weitere Rechnung wird zur Vereinfachung $\frac{C_{pz}}{C_{pl}} = 1$ gesetzt. Man erhält damit

$$-\frac{T_z - T_s}{T_s} \cdot d\,(b\,\Lambda_o) = \frac{d\,T_z}{T_z}$$

Berücksichtigt man, daß während eines Zeitdifferentials die Wärmemenge dQ_w an die Wände übergeht, so erhält der Ausdruck für die Mischungstemperatur T_z die Form:

$$d\,T_z = -\frac{T_z}{T_s}\,(T_z - T_s)\,.\,d\,(b\,\Lambda_o) - \frac{d\,Q_{wsp}}{G_z\,.\,c_p}$$

Mit dem üblichen Ausdruck für den Wärmeübergang, α_{wsp} als Wärmeübergangszahl, F als Wandfläche, die während des Spülvorgangs konstant angenommen werden kann, und T_w als örtlich und zeitlich mittlerer Wandtemperatur ist:

$$\frac{d\,Q_{wsp}}{G_z\,.\,c_p} = \frac{\alpha_{wsp}}{3600} \cdot \frac{F\,.\,(T_z - T_w)}{G_z\,.\,c_p} \cdot dt.$$

Darin ist $G_z = \frac{p_{zm}\,.\,z_m\,.\,V_h}{R\,T_z}$.

Um die Gleichung für T_z integrierbar zu machen, wird nur in bezug auf den Wärmeübergang angenommen, daß in der Zeiteinheit gleiche Mengen Spülluft einströmen,

$$dt = \frac{\alpha_e}{3\,n\,\Lambda_o} \cdot d\,\Lambda_o$$

mit $2\alpha_e$ als Dauer der Spülung in Kurbelgraden.

Setzt man

$$F = \beta_{sp}\,\frac{D^2\,\pi}{4}, \quad c_m = \frac{s\,n}{30}$$

und

$$a = \frac{\alpha_{wsp}}{3600} \cdot \frac{\beta_{sp}\,.\,\alpha_e}{90\,c_m} \cdot \frac{848}{T_{ze}\; C_{pm}\,\Big/^{T_{ze}}} \cdot \frac{T_o}{p_o\,\Lambda_o} \quad (p_o\ \mathrm{kg/m^2}) \tag{65}$$

so wird

$$d\,T_z = \frac{T_z}{T_s} \cdot (T_z - T_s)\;d\,(b\,\Lambda_o) - a\,\frac{T_z}{T_s}\,(T_z - T_w)\;d\,(b\,\Lambda_o).$$

$$\text{Mit } T'_s = \frac{T_s + aT_w}{1 + a} \tag{66}$$

$$\Lambda'_o = (1 + a)\,\Lambda_o \text{ und } b' = \frac{p_o}{p_{zm}} \cdot \frac{T'_s}{T_o} \cdot \frac{1}{z_m} = b \cdot \frac{T'_s}{T_s} \tag{67}$$

erhält man

$$d\,T_z = -\frac{T_z}{T'_s} \cdot (T_z - T'_s)\,.\,d\,(b'\,\Lambda'_o)$$

d. h., es ergeben sich die gleichen Zusammenhänge zwischen den Größen, als wenn der Wärmeübergang an die Wand nicht berücksichtigt, jedoch an Stelle der Spülluft-

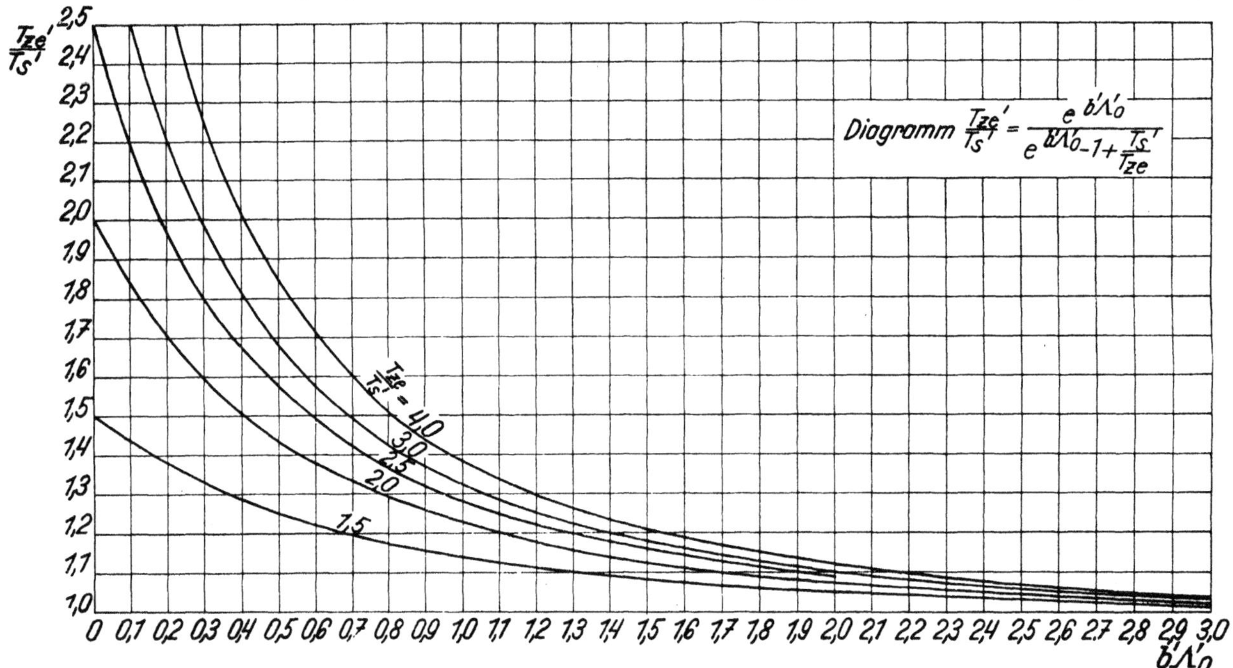

Abb. 110. Diagramm zur Ermittlung der Ladungstemperatur T'_{ze} nach der Spülung.

temperatur T_s die höhere Temperatur T'_s, an Stelle des spülenden Luftaufwandes $b\,\Lambda_o$ der größere spülende Luftaufwand $b'\,\Lambda'_o$ gesetzt wird.

Integriert erhält man

$$T'_{ze} = T'_s \, \frac{e^{b'\Lambda_o'}}{e^{b'\Lambda_o'} - 1 + \frac{T'_s}{T_{ze}}} \tag{68}$$

In Abb. 110 ist dieser Ausdruck dargestellt. Vernachlässigt man die Wandwirkung, so ist in (68) T_s, b, Λ_o an Stelle von T'_s, b', Λ'_o einzusetzen.

Der Wärmeübergang an der Wand während der Spülung ist je $1\,m^3$ Hubraum und Arbeitsspiel:

$$Q_{wsp} = \frac{a}{1+a} \cdot \frac{p_{zm}\,.\,z_m\,.\,C_p \Big/ \begin{matrix} T_{ze} \\ T'_{ze} \end{matrix}}{848} \left\{ \ln\left[\left(\frac{p_{za}}{p'_{za}}\right)^{\frac{1}{m}} \frac{1}{\delta'}\right] - \left(\frac{T_w}{T'_s} - 1\right) \cdot \Lambda'_o\,.\,b' \right\} \text{kcal/m}^3 \tag{69}$$

Die Einführung des Druckgliedes im Klammerausdruck erfolgt auf Grund einer später gegebenen Ableitung.

γ, 2. Temperaturberechnung für Grenzfall 2.

Der Temperaturverlauf läßt sich sehr einfach berechnen, wenn der Wärmeübergang nicht berücksichtigt wird.

Nach der Spülung sind λ'_s Bruchteile des Zylinderraumes mit Spülluft vom Eintrittszustand (T_s, p_z) erfüllt, $(1 - \lambda'_s)$ Bruchteile des Zylinderraumes enthalten Abgase vom Zustand (T_{ze}, p_z).

Wenn die Mischung bei geöffneten Schlitzen erfolgt, demnach eine Druckveränderung durch sie nicht bewirkt wird, gilt T'_{ze} als Temperatur nach der Mischung:

$$\frac{\lambda'_s}{848\, T_s} \cdot C_{pl} \Big|_{T_s}^{T'_{ze}} (T'_{ze} - T_s) = \frac{(1 - \lambda'_s)}{848 \,.\, T_{ze}} \cdot C_{pa} \Big|_{T'_{ze}}^{T_{ze}} (T_{ze} - T'_{ze})$$

$$\text{Mit } c = \frac{C_{pa} \Big|_{T'_{ze}}^{T_{ze}}}{C_{pl} \,.\, \Big|_{T_s}^{T'_{ze}}}$$

$$\text{wird}\ \frac{T'_{ze}}{T_s} = \frac{(1 - \lambda'_s)\, c + \lambda'_s}{\lambda'_s \left(1 - c\, \frac{T_s}{T_{ze}}\right) + c\, \frac{T_s}{T_{ze}}} \tag{70}$$

Für mittlere Verhältnisse ($T_{ze} \sim 1100\,^0$K, $T_s \sim 330\,^0$, $T'_{ze} \sim 370\,^0$K und $\lambda = 1{,}5$) wird $c \approx 1{,}15$. Rechnet man mit $c = 1$, so ist das in der Auswirkung gleich, wie wenn an Stelle des T_{ze} der adiabatischen Expansion ein niederer Wert eingesetzt werden würde, wie er sich z. B. bei Expansion mit Wärmeübergang an die Zylinderwand ergibt. Da bei der wirklichen Expansion während des Vorauspuffs Wärme an die Zylinderwand übergeht, kommt die Rechnung mit $c \cong 1{,}0$ in Summe der Wirklichkeit näher als mit Berücksichtigung der Verschiedenheit der spezifischen Wärmen von Luft und Abgas. Der Ausdruck (70) vereinfacht sich und man erhält für den Beginn der Verdichtung:

$$\frac{T'_{za}}{T_s} = \frac{1}{\lambda'_s \left(1 - \frac{T_s}{T_{ze}}\right) + \frac{T_s}{T_{ze}}} \cdot \left(\frac{p'_{za}}{p_{zm}}\right)^{\frac{\varkappa - 1}{\varkappa}} \tag{71}$$

Den Wert von λ'_s erhält man aus der Spülkurve als Ordinate zum spülenden Luftaufwand ohne Temperaturausgleich

$$\Lambda'_z = b\, \Lambda_0 \tag{72}$$

als Abszisse.

Eine einfachere, jedoch etwas willkürliche Berücksichtigung des Wärmeübergangs in der Rechnung ist möglich, wenn man nur den Wärmetausch zwischen Wand und Spülluft beachtet und annimmt, daß ungefähr die halbe Wandfläche während der Spüldauer mit der Spülluft in Berührung kommt.

Die Spüllufttemperatur wird dann auf $T_s + \triangle T_s = T''_s$ erhöht. Die Temperaturzunahme wird mit a aus (65)

$$\triangle\, T_s = \frac{a}{2}\, (T_w - T_s). \tag{73}$$

Man rechnet zur Berücksichtigung des Wärmeübergangs bei der Ermittlung des Spülgrades λ'_s und des Liefergrades λ_l in diesem Falle mit T''_s an Stelle von T_s.

Bei langsam laufenden Motoren ist der Wandeinfluß auf den Ladungswechsel merkbar, sollte daher zur besseren Annäherung durch die Rechnung berücksichtigt werden. Bei rasch laufenden Motoren kann sein Einfluß meist vernachlässigt werden.

γ, 3. Beziehungen zwischen Temperatur und Drücken während der Spülung.

Es ist zweckmäßig, an Stelle der Ladungstemperatur zu Beginn der Spülung die leichter meßbaren Druckverhältnisse in die Ausdrücke einzuführen.

Um die folgenden Ausführungen allgemein, also auch für die später besprochenen Aufladesteuerungen, gültig zu machen, werden ihnen folgende Annahmen zugrunde gelegt:

Es wird bei einem mittleren Druck p_{zm} im Zylinder gespült. Die Temperatur der Abgase zu Beginn der Spülung T_{ze} ist diesem Druck zugeordnet. Es gilt demnach mit T_{za} und p_{za} als Zustandsgrößen bei der Auslaßeröffnung:

$$\frac{T_{za}}{T_{ze}} = \left(\frac{p_{za}}{p_{zm}}\right)^{\frac{\varkappa-1}{\varkappa}} \tag{74}$$

Am Ende der Spülung ist die Temperatur im Zylinder T'_{ze}, der Druck p_{zm}.

Bis zum Abschluß des Zylinders (Beginn der Verdichtung) verändert sich der Zylinderinhalt adiabatisch. Daher wird:

$$\frac{T'_{za}}{T'_{ze}} = \left(\frac{p'_{za}}{p_{zm}}\right)^{\frac{\varkappa-1}{\varkappa}} \tag{75}$$

Eine weitere Beziehung folgt nach Seite 9 durch die Zusammenhänge zwischen dem Ladungszustand zu Beginn der Verdichtung und am Ende der Expansion. Mit δ als Molverhältnis zwischen Abgas und Frischladung (siehe Heft 2) wird für Steuerungen mit symmetrischen Steuerzeiten:

$$\frac{T_{za}}{T'_{za}} = \frac{p_{za}}{p'_{za}} \cdot \frac{1}{\delta'}$$

Darin ist δ' nach S. 9 zu ermitteln.

Bei unsymmetrischen Steuerzeiten setze man

$$\delta'' = \delta' \cdot \frac{z_u - \sigma_{ab}}{z_u - \sigma_a} \tag{76}$$

an Stelle von δ'.

Darin sind σ_a und σ_{ab} die verhältnismäßigen Kolbenwege vom unteren Totpunkt bei Beginn des Vorauspuffs und bei Zylinderabschluß (Beginn der Verdichtung), z_u der Zylinderraum im unteren Totpunkt. Mit diesen Beziehungen erhält man:

$$\frac{T_s}{T_{ze}} = \frac{T_s}{T'_{ze}} \cdot \left(\frac{p'_{za}}{p_{za}}\right)^{\frac{1}{\varkappa}} \cdot \delta' \tag{77}$$

Für sofortigen Temperaturausgleich nach Grenzfall 1 erhält man die Ausdrücke

$$T'_{ze} = T'_s \frac{e^{b'\Lambda_0'} - \left(\frac{p'_{za}}{p_{za}}\right)^{\frac{1}{\varkappa}} \cdot \delta'}{e^{b'\Lambda_0'} - 1} \tag{78}$$

dargestellt in Abb. 111 und

$$T'_{za} = T'_s \cdot \frac{e^{b'\Lambda_0'} - \left(\frac{p'_{za}}{p_{za}}\right)^{\frac{1}{\varkappa}} \cdot \delta'}{e^{b'\Lambda_0'} - 1} \cdot \left(\frac{p'_{za}}{p_{zm}}\right)^{\frac{\varkappa-1}{\varkappa}} \tag{79}$$

Ohne Berücksichtigung des Wandeinflusses während der Spülung tritt wieder T_s, b, Λ_0 an die Stellen von T'_s, b', Λ'_0.

Beim Grenzfall 2 wird die Temperatur am Ende der Spülung, also beim Druck p_{zm} nach (70).

$$T'_{ze} = T_s \cdot \frac{1 - (1 - \lambda'_s) \cdot \left(\frac{p'_{za}}{p_{za}}\right)^{\frac{1}{\varkappa}} \cdot \delta'}{\lambda'_s} \tag{80}$$

und die Temperatur zu Beginn der Verdichtung beim Druck p_{za} nach Gl. (75)

$$T'_{za} = T_s \cdot \frac{1 - (1 - \lambda'_s) \cdot \left(\frac{p'_{za}}{p_{za}}\right)^{\frac{1}{\varkappa}} \cdot \delta'}{\lambda'_s} \cdot \left(\frac{p'_{za}}{p_{zm}}\right)^{\frac{\varkappa - 1}{\varkappa}} \tag{81}$$

Bei unsymmetrischen Steuerzeiten ist p'_{za} durch p_{zab}, δ' durch δ'' zu ersetzen.

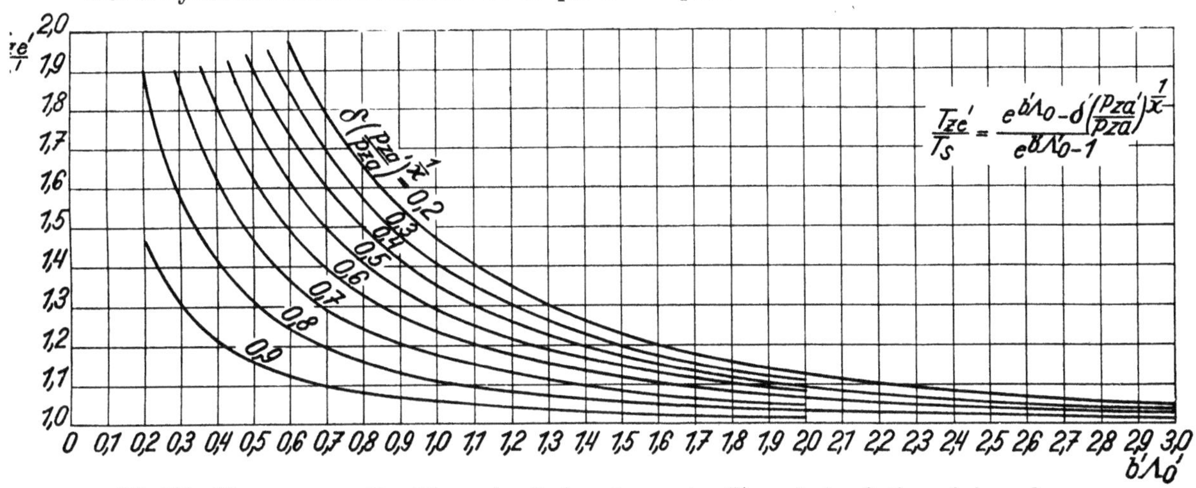

Abb. 111. Diagramm zur Ermittlung der Ladungstemperatur T'_{ze} nach der Spülung bei gegebenen Drücken im Zylinder vor und nach dem Ladungswechsel.

Um den Wärmeübergang während des Vorauspuffs annähernd zu berücksichtigen, ist in den Ausdrücken (77) bis (81) m an Stelle von $\varkappa$ zu setzen und m nach Seite 19 zu bestimmen.

δ) Die Ermittlung des Spülgrades mittels der Spülkurve.

Wenn der Druck im Zylinder während des Vorauspuffs annähernd auf den Spüldruck absinkt, also ohne Rückschlagen der Abgase in den Spülbehälter, gelten die folgenden Zusammenhänge:

Bei der Ermittlung des Spülgrades im Grenzfall 1 S. 74 ist zunächst der spülende Luftaufwand Λ_z nach Temperaturausgleich zu bestimmen.

Jedes eintretende Luftvolumen wird annahmegemäß sofort nach dem Eintritt durch Wärmeaufnahme aus dem Zylinderinhalt auf die Temperatur T_z erwärmt. Der spülende Luftaufwand ist daher

$$d\,\Lambda_z = \frac{T_z}{T_o} \cdot \frac{p_o}{p_z} \cdot \frac{1}{z_m} \cdot d\,\Lambda_o.$$

Der Zusammenhang zwischen T_z und dem Luftaufwand ist durch den Ausdruck (68) für eine bestimmte Anfangstemperatur T_{ze} gegeben. Damit wird

$$d\,\Lambda_z = \frac{T'_s}{T_o} \cdot \frac{p_o}{p_{zm}} \cdot \frac{1}{z_m} \cdot \frac{1}{b'(1+a)} \cdot \frac{e^{b'\Lambda_o'}}{e^{b'\Lambda_o'} - 1 + \frac{T'_s}{T_{ze}}} \cdot d\,(b'\,\Lambda'_o) \tag{82}$$

Durch Integration und Ersatz der Temperatur- durch die Druckverhältnisse erhält man

$$\Lambda_z = \frac{1}{1+a}\left(b'\Lambda'_o + \ln\left[\left(\frac{p_{za}}{p'_{za}}\right)^{\frac{1}{\varkappa}} \cdot \frac{1}{\delta'}\right]\right). \tag{83}$$

Ohne Berücksichtigung des Wärmeübergangs ist

$$\Lambda_z = b \cdot \Lambda_o + \ln\left[\left(\frac{p_{za}}{p'_{za}}\right)^{\frac{1}{\varkappa}} \cdot \frac{1}{\delta'}\right] \tag{84}$$

Der spülende Luftaufwand Λ_z ist demnach um einen von Λ_o unmittelbar nicht abhängigen Betrag größer als Λ_o b.

Der Spülgrad λ_s ist die Λ_z zugeordnete Ordinate der Spülkurve. Zur annähernden Berücksichtigung des Wärmeübergangs während des Vorauspuffs ist in (83) und (84) wieder nach S. 19 $\varkappa$ durch m zu ersetzen.

Die Wirkungen des Wärmeübergangs während der Spülung auf λ_s sind nach den abgebildeten Beziehungen nicht gleichsinnig, denn einerseits werden durch den Wärmeübergang die Abgase im Zylinder abgekühlt und dadurch ihre aufheizende Wirkung auf die Spülluft vermindert, anderseits die Spülluft durch die Wandwirkung erwärmt. Es hängt von der Höhe der Wandtemperatur ab, welcher Einfluß überwiegt.

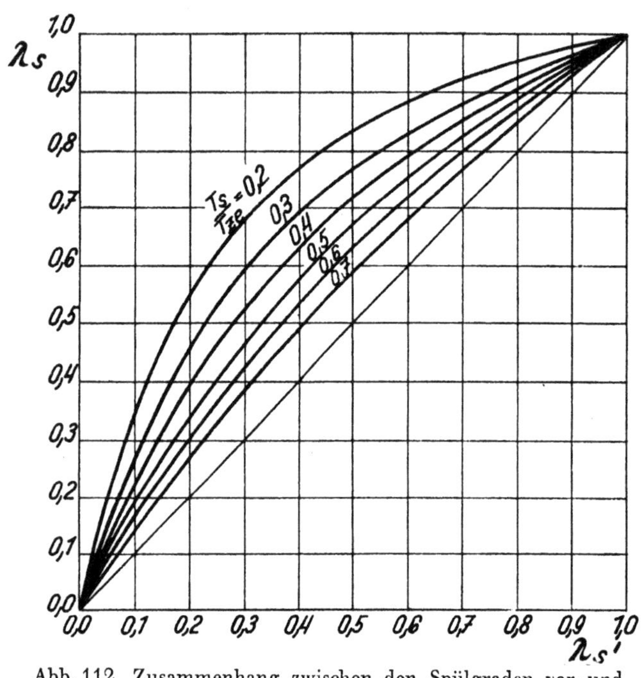

Abb. 112. Zusammenhang zwischen den Spülgraden vor und nach Temperaturausgleich zwischen Spülluft und Abgasen, λ_s' und λ_s.

Für G r e n z f a l l 2 wird der Spülgrad

$$\lambda_s = \lambda'_s \cdot \frac{T'_{ze}}{T_s} \tag{85}$$

und daher nach (70)

$$\lambda_s = \frac{\lambda'_s}{\lambda'_s\left(1 - \frac{T_s}{T_{ze}}\right) + \frac{T_s}{T_{ze}}} \tag{85a}$$

oder nach (81)

$$\lambda_s = 1 - (1 - \lambda'_s)\left(\frac{p'_{za}}{p_{za}}\right)^{\frac{1}{\varkappa}} \delta' \tag{86}$$

Der Ausdruck (85 a) ist in Abb. 112 dargestellt.

λ_s ist, wie früher, die der Abszisse Λ'_z nach (72) zugeordnete Ordinate der Spülkurve. Bei Berücksichtigung des Wärmeüberganges ist nach S. 77 T''_s an Stelle von T_s einzusetzen.

Die W ä r m e ü b e r g a n g s z a h l α_{wsp} hängt von den Strömungsverhältnissen im Zylinder, der Schichtung von Abgas und Spülluft und den Temperaturen der Zylinderwand ab. Wegen dieser verwickelten Zusammenhänge ist eine genaue Erfassung der Verhältnisse durch eine Formel nicht zu erwarten.

N i e d e r m a y e r konnte durch später beschriebene Untersuchungen an langsam drehenden Maschinen zeigen, daß auch für die Wärmeübergangszahl während der Spülung Ausdruck (12) in der Form

$$\alpha_{wsp} = C \cdot w_{zm}^{0,78} \sqrt[3]{p_{zm}^2\, T_{zm}} \qquad (87)$$

annähernd gilt. Der Index zm bedeutet zeitlicher und örtlicher Mittelwert im Zylinder während der Spülung. Für w_{zm} kann die Geschwindigkeit eingesetzt werden, welche aus dem Druckgefälle $p_s - p_o$ errechnet wird. Niedermayer fand auch für die Spülung $C = 1{,}0 - 1{,}7$; p_{zm} ist meist annähernd 1 kg/cm², für T_{zm} kann als Mittelwert rund 500 °K angenommen werden.

Bei kurzen Auslaßschlitzen, also Betrieb mit Rückschlagen, ist im Grenzfall der Vorlagerung der Abgase die Ermittlung des Spülerfolges ohne jede Änderung mit dem Luftaufwand Λ_o durchzuführen, da das Einströmen der rückgeschlagenen Abgasmenge Λ_r vor der Spülung den Spülvorgang, abgesehen von der Verkleinerung von Λ_o nicht beeinflußt, wenn angenommen wird, daß die Spülkurve durch das Voreinströmen der Abgase nicht verändert wird. Diese Annahme wird allerdings vielfach nicht zutreffen. Es ist im allgemeinen zu erwarten, daß durch die Verschiebung des Strömungsanlaufes vor die Spülung letztere mit geringeren Verlusten abläuft, da bei vielen Spülsystemen beim Strömungsanlauf Neigung zu Kurzschlußströmung besteht. Vor allem ist eine Verbesserung des Spülgrades durch das Voreinströmen von Abgasen bei solchen Spülsystemen zu erwarten, wo Ein- und Auslaßschlitze einander nahe liegen.

Im anderen Grenzfall der vollständigen Mischung der rückschlagenden Abgase mit der Spülluft im Spülbehälter, ist der Luftgehalt des Spülmittels

$$\frac{\Lambda_o}{\Lambda_o + \Lambda_r}$$

daher ist λ_s' so zu ermitteln, daß z. B. im Grenzfall 2 der $(\Lambda_o + \Lambda_r)$ b auf der Spülkurve zugeordnete Spülgrad $\lambda_s^{*\prime}$ mit dem Luftgehalt des Gasgemisches im Spülbehälter multipliziert wird. Demnach ist

$$\lambda_s' = \frac{\Lambda_o}{\Lambda_o + \Lambda_r} \cdot \lambda^{*\prime}_s \qquad (88)$$

Bei der Spülgradermittlung nach Grenzfall 1 (Seite 29) ist sinngemäß gleich zu verfahren.

c) Das Nachausströmen.

Den Einfluß des Nachausströmens auf den Ladungszustand zu Beginn der Verdichtung erhält man nur durch schrittweise Berechnung der durch Ausströmen und Kolbenbewegung bedingten Zustandsänderung im Zylinder. Es wird mit Ausdruck (80/I) oder (98/I) ohne Einströmglied gerechnet. Der Einfluß des Wärmeüberganges kann im allgemeinen vernachlässigt werden. Infolge des gegen den Abschluß der Auslaßschlitze immer stärker werdenden Einflusses der Kolbenbewegung auf den Druck steigt dieser am Ende des Nachausströmens meist erheblich an, so daß stets p_{za} größer als p_o wird.

Die Ladungsmenge im Zylinder hängt unmittelbar vom Schließdruck ab, d. i. von dem Druck im Zylinder beim Abschluß der Steuerquerschnitte. Seine Bestimmung ist daher für die Berechnung des Erfolges der Ladungswechselsvorgänge von wesentlicher Bedeutung.

Zur angenäherten Ermittlung des Schließdruckes genügt es meist, von einem annähernd berechneten Druck vor Abschluß der Einlaßschlitze auszugehen und die schrittweise Druckberechnung nur während des letzten Teiles der Spülung und während des Nachausströmens auszuführen. Der Druck p_z in einem Zeitpunkt während der Spülung ist, wenn Kolbenbewegung und Speicherfähigkeit des Zylinderinhaltes zur Vereinfachung vernachlässigt wird, annähernd aus

$$G = f_e \cdot \mu_e \cdot \psi_e \sqrt{\frac{p_s}{v_s}} = f_a \cdot \mu_a \cdot \psi_a \sqrt{\frac{p_z}{v_z}} \tag{89}$$

durch Probieren berechenbar. Für kleine Spüldrücke erhält man

$$\frac{p_z - p_o}{p_s - p_o} = \frac{1}{1 + \left(\frac{f_a \mu_a}{f_e \mu_e}\right)^2} = \frac{1}{1 + \left(\frac{\beta_a \sigma_a \mu_a}{\beta_e \sigma_e \mu_e \sin \gamma}\right)^2} \quad \text{(Schlitze mit gleicher Breite)} \tag{90}$$

Von diesem Druck ausgehend, rechnet man nun mit (89/I) oder (98/I) weiter bis zum Abschluß des Zylinders.

d) Gesamtladung und Liefergrad.

Durch Druck, Temperatur der Ladung beim Abschluß der Auslaßschlitze und dem zugehörigen Zylindervolumen ist die Gesamtladung λ_g bestimmt. Es ist

$$\lambda_g = (1 - \sigma_a) \cdot \frac{\varepsilon}{\varepsilon - 1} \cdot \frac{p'_{za}}{p_o} \cdot \frac{T_o}{T'_{za}} = z_a \cdot \frac{p'_{za}}{p_o} \cdot \frac{T_o}{T'_{za}} \tag{91}$$

z_a ist der bezogene Zylinderinhalt beim Abschluß der Auslaßschlitze.

Bei unsymmetrischen Steuerdiagrammen sind die dem Abschluß des Zylinders zugeordneten Werte z_{ab}, $T_{z\,ab}$, $p_{z\,ab}$ an Stelle von z_a, T_{za}', p'_{za} einzusetzen.

p_{za}' und T_{za}' sind nach Abschnitt c und b/4 zu ermitteln.

Der Liefergrad $\lambda_l = \lambda_g\, \lambda_s$ ist für den Grenzfall 2 unmittelbar zu bestimmen. Mit p_{zm} als mittlerem Druck im Zylinder während der Spülung ist

$$\lambda_l = \lambda_s' (1 - \sigma_a) \cdot \frac{\varepsilon}{\varepsilon - 1} \cdot \left(\frac{T_o}{T_s}\right) \cdot \left(\frac{p_{zm}}{p_o}\right) \cdot \left(\frac{p'_{za}}{p_{zm}}\right)^{\frac{1}{\varkappa}} \tag{92}$$

Dabei wird angenommen, daß die Druckänderung von p_{zm} auf p'_{za} nach beendeter Spülung durch adiabatische Verdichtung durch den Kolben bewirkt wird und daß die beim Nachausströmen verdrängte Ladung die mittlere Zusammensetzung des Zylinderinhaltes hat, also Spülluft und Abgas gleichmäßig gemischt sind. Im allgemeinen wird diese Annahme den wirklichen Verhältnissen annähernd entsprechen. Bei Spülungen, deren Spülkurve erheblich über der der Verdünnungsspülung liegt, wird man auf diese Weise einen etwas zu niederen Liefergrad erhalten.

Stärkere Abweichungen sind z. B. zu erwarten bei Motoren mit Kurbelkastenspülung und hochliegender Spülkurve, da bei kleinen Spülmittelmengen der Spülkurvenverlauf guter Spülsysteme (z. B. Abb. 61) erheblich günstiger liegt, wie bei Verdünnungsspülung.

Ein besser angenäherter Wert des Liefergrads kann dadurch erhalten werden, daß man den Luftverlust während des Nachausströmens aus der Spülkurve bestimmt. Diese stellt, wie Niedermayer nachgewiesen hat (S. 45), annähernd auch den zeitlichen Verlauf der Zusammensetzung der Ladung im Zylinder während der Spülung dar. Wird nun nach vollendeter Spülung in Abb. 113 der durch Λ_z' gegebene Wert (λ_s') erreicht und nachher weiter die Ladungsmenge $\triangle \Lambda_z' = V_V$ (Bruchteil der Gesamtladung) durch eine fortgesetzt gedachte Spülung aus dem Zylinder gedrängt, so ist die Differenz zwischen dann zusätzlich eingeströmter Spülluft und Zunahme von λ_s' der Luftverlust $\triangle V_l$, der während der Verdrängung verlorengeht. Nimmt man an, daß die Verdrängung durch den Kolben und die durch die eintretende Spülluft in bezug auf den Luftverlust gleichzusetzen ist, so läßt sich auf diese Weise bei gegebener Spülkurve der Luftverlust einfach ermitteln.

Um einen einfachen Anschluß an die früheren Ausführungen zu finden, wird wieder vorausgesetzt, daß die Spülung beim mittleren Volumen z_m im Zylinder und beim mittleren Druck p_{zm} erfolgt. Das verdrängte Volumen V_v ist dann

$$V_v = z_m - z_a' \cdot \left(\frac{p_{za}'}{p_{zm}}\right)^{\frac{1}{\varkappa}} \qquad (93)$$

und der Liefergrad

$$\lambda_l = \frac{p_{zm}}{p_o} \cdot \frac{T_o}{T_s} \cdot [z_m(\lambda_s') - \triangle V_l] \qquad (94)$$

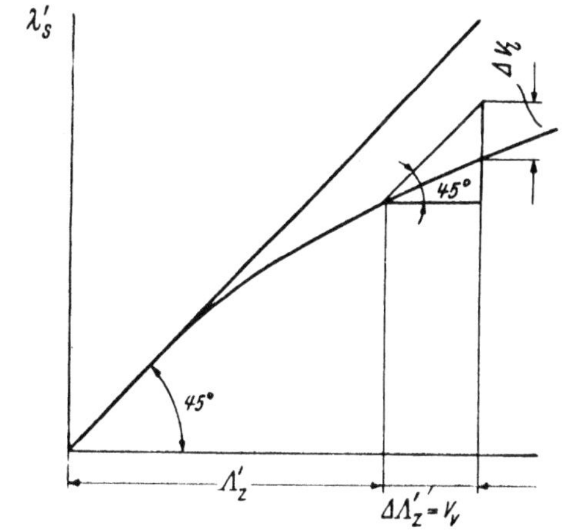

Abb. 113. Schema zur Bestimmung des Luftverlustes ΔV_l beim Nachausströmen aus der Spülkurve.

λ_s' wird nach der Verdrängung

$$\lambda_s' = \frac{z_m(\lambda_s') - \triangle V_l}{z_m - V_v} \qquad (95)$$

Darin ist (λ_s') der Wert, der sich allein aus der Spülung ohne Verdrängen ergibt. Der Ermittlung der Temperatur zu Beginn der Verdichtung nach (71) ist λ_s' nach der Verdrängung zugrunde zu legen.

Der Ausdruck (92) läßt die Einflüsse der einzelnen Größen auf den Liefergrad klar erkennen. Eine Verringerung von T_s, also eine Kühlung der Spülluft, verkleinert bei gleichem Luftaufwand zwar Λ_z' und damit λ_s', vergrößert aber das spezifische Gewicht der im Zylinder verbleibenden Luftladung. Eine Drosselung im Auspuff, damit Vergrößerung von p_{zm}, wirkt sich auch verkleinernd auf λ_s', hingegen wieder vergrößernd auf das spezifische Gewicht der Luftladung aus.

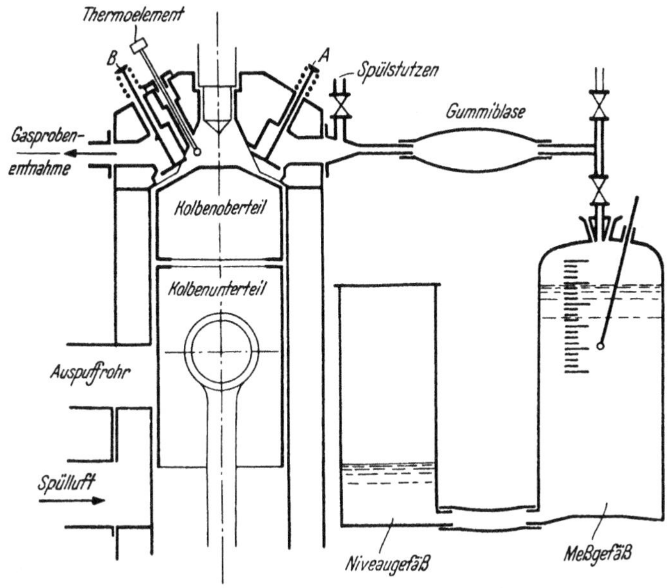

Abb. 114. Einrichtung zur Bestimmung des Spülgrades und der Gesamtladung. Nach List.

e) Die Bestimmung des Temperaturverlaufs während des Ladungswechsels und der Gesamtladung durch den Versuch.

Zur Überprüfung der rechnerisch ermittelten Zusammenhänge wurden Versuche an einem kleinen Dieselmotor (D = 120 mm, s = 180 mm) und an dem Versuchsmotor des Institutes für Verbrennungskraftmaschinen und Wärmelehre der Technischen Hochschule Graz (D = 320 mm, s = 500 mm) durchgeführt.

An der kleinen Maschine wurde die Ladungsmenge mittels der Einrichtung nach

Abb. 114 unmittelbar gemessen. Der Kolben ist zweiteilig, der Oberteil mit den Ringen sitzt lose auf dem Unterteil, in dem der Kolbenbolzen gelagert ist. Im normalen Betrieb wird der Kolbenoberteil durch den Gas- und Massendruck auf den Unterteil gepreßt. Beim Anfahren wird der Zylinder durch ein gesteuertes, im normalen Betrieb abschaltbares Ventil mit Druckluft beaufschlagt. Die Bestimmung der Ladungsmenge erfolgt durch Einschalten einer Steuerung, welche das Ventil A während des Verdichtungshubes aufdrückt und es dann offen hält. Die Ladung gelangt durch A in eine Gummiblase, der Kolbenoberteil bleibt im oberen Totpunkt stehen, da kein Gasdruck nach abwärts wirkt. Die Maschine läuft mit dem zwangsläufig bewegten Kolbenunterteil aus. Die im Verdichtungsraum befindliche Ladungsmenge kann entweder durch Temperaturmessung bestimmt oder durch Verdrängen mit Flüssigkeit gleichfalls in die Gummiblase übergeschoben und dort gemessen werden.

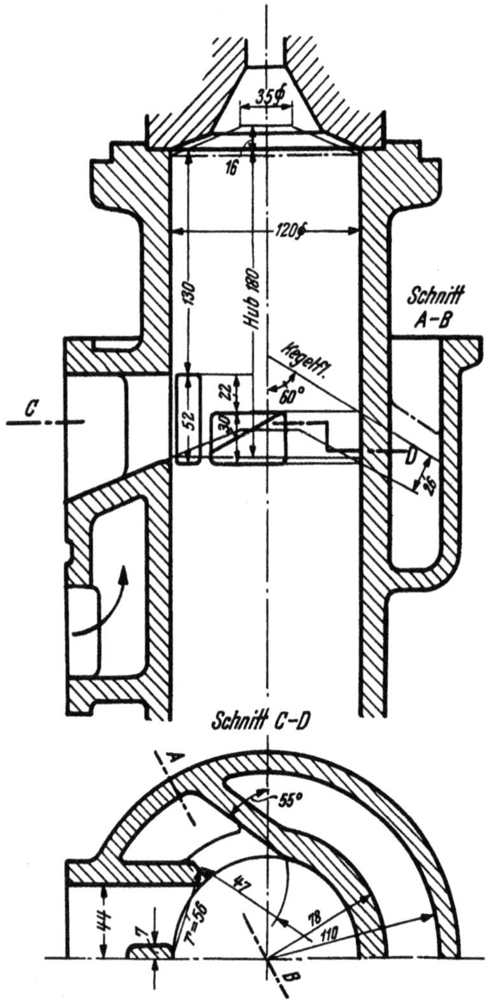

Abb. 115. Zylinder der Versuchsmaschine D = 120 mm, s = 180 mm. Schnürle-Spülung. Nach List.

Menge und CO_2-Gehalt der Ladung lassen sich durch dieses Verfahren einfach und genau bestimmen. Zur Ermittlung des Spülgrades wird eine Großprobe durch Öffnen des Ventils B am Ende des Arbeitshubes entnommen.

Der Druck beim Abschluß der Auslaßschlitze kann einem Schwachfederdiagramm entnommen oder besser durch Punktindizieren nach einem der gebräuchlichen Verfahren gemessen werden.

Aus der Gesamtladung läßt sich die Ladungstemperatur rückrechnen. Abb. 115 zeigt die Schlitzanordnung der Versuchsmaschine. Die Versuche wurden mit drei Schlitzhöhen und je zwei Spüldrücken durchgeführt. Die Drehzahl war n = 700 U/min. Die Versuchsergebnisse und die daraus abgeleiteten Erfolgsgrößen des Ladungswechsels sind in Zahlentafel 3 zusammengestellt.

Zahlentafel 4 zeigt eine Gegenüberstellung der berechneten und der aus der gemessenen Ladungsmenge bestimmten Temperaturen.

Zahlentafel 3.

Versuche am Motor D = 120 mm, s = 180 mm, n = 700 U/min.

Versuch Nr.	1	2	3	4	5	6
ε	13,7	13,7	13,2	13,2	14,3	14,3
σ_a %	28	28	26	26	24	24
σ_e %	18	18	16	16	14	14
p_s kg/cm²	1,14	1,30	1,137	1,275	1,143	1,280
T_s °K	316	316	308	320	314	314
p_e kg/cm²	4,3	4,75	4,00	4,65	3,92	4,26

(Fortsetzung S. 85.)

(Fortsetzung der Zahlentafel 3.)

Versuch Nr.	1	2	3	4	5	6
p_i kg/cm²	5,5	6,03	5,1	5,73	5,07	5,23
b_i kg/P Sh	0,195	0,173	0,181	0,175	0,193	0,180
Λ_o	1,545	2,35	1,54	2,12	1,28	1,83
p_{za} kg/cm²	3,50	3,60	3,35	3,40	3,25	3,20
p_{ze} kg/cm²	2,20	2,30	2,0	2,0	2,0	2,1
p'_{za} kg/cm²	1,070	1,11	1,06	1,10	1,05	1,06
δ	1,05	1,04	1,04	1,04	1,04	1,04
λ_s	0,93	0,97	0,91	0,94	0,91	0,94
λ_g	0,706	0,745	0,696	0,725	0,695	0,74

Zur Ermittlung der Wärmeübergangszahl α_{wsp} wurde in Gl. (87)

$$p_{zm} = \frac{p_s + p_o}{2}$$

$$\text{und } T_{zm} = \frac{T_{ze} + T'_{za}}{2} = \frac{T'_{za}}{2}\left[1 + \left(\frac{p_{za}}{p'_{za}}\right)^{\frac{1}{\varkappa}} \cdot \frac{1}{\delta'}\right]$$

eingesetzt, w_{zm} gleich der dem Druckgefälle entsprechenden Geschwindigkeit angenommen.

Zahlentafel 4.

Temperaturen der Ladung am Beginn der Verdichtung. Motor D = 120 mm, s = 180 mm.

Versuch Nr.	1	2	3	4	5	6
T_{za}' gerechnet	352	337	347	348	358	345
T_{za}' aus gemessener Ladungsmenge	340	333	350	350	355	336

Der spülende Luftaufwand Λ_z wird mit Ausdruck (83) bzw. (84)

Versuch Nr.	1	2	3	4	5	6
Λ_z mit Wandeinfluß	2,29	3,08	2,24	2,83	1,96	2,56
Λ_z ohne Wandeinfluß	2,46	3,22	2,40	2,97	2,15	2,70

Der spülende Luftaufwand Λ_z ist infolge des Einflusses des Wärmeaustausches zwischen Spülluft und Abgas wesentlich größer als Λ_o. Der Wandeinfluß wirkt im vorliegenden Fall etwas verkleinernd auf Λ_z.

Die aus Λ_z und λ_s ermittelte Spülkurve in Abb. 116 schließt gut an die Spülkurve an, die durch Modellversuche am gleichen Spülsystem erhalten wurde.

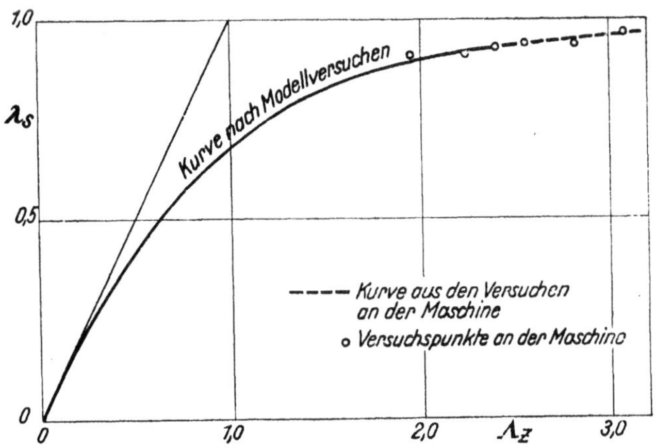

Abb. 116. Spülkurven aus Modellversuchen und aus Messungen an der laufenden Maschine. (Einrichtung nach Abb. 114.)

Abb. 117 zeigt Spülkurven

von weiter zurückliegenden Versuchen mit einer grundsätzlich gleichen Einrichtung, wie in Abb. 114 dargestellt. Der Wandeinfluß wurde hier noch nicht berücksichtigt, seine Einwirkung auf die Spülkurve ist jedoch nicht groß. Der Motor ($D = 120$ mm, $s = 180$ mm) hatte eine Querspülung ähnlich Abb. 55 und eine Umkehrspülung nach Schnürle, ähnlich, aber nicht gleich, der Abb. 61. Die Übereinstimmung der an der Maschine erhaltenen Spülkurve mit den am ähnlichen Modell ermittelten Spülkurven ist gut. Die Spülkurve der Umkehrspülung liegt etwas tiefer wie in Abb. 62. Das ist wahrscheinlich auf die geringere Neigung der Einlaßschlitze

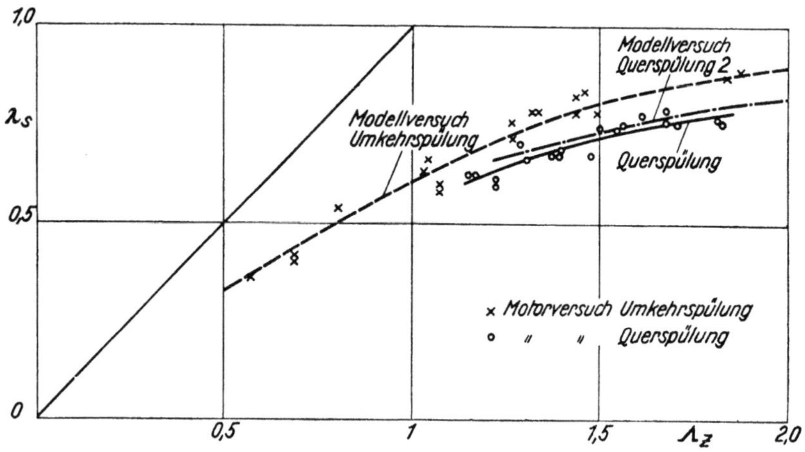

Abb. 117. Spülkurven für Umkehr- und Querspülung aus Modellversuchen und aus Messungen an der laufenden Maschine. (Einrichtung ähnlich Abb. 114.)

gegen die Ebene senkrecht zur Zylinderachse, wie im Spülsystem Abb. 61, zurückzuführen.

Eine weitere Bestätigung findet die gute Erfassung der Spülvorgänge durch das entwickelte rechnerische Verfahren durch ausführliche Untersuchungen von Niedermayer [3] an der größeren der eingangs erwähnten Maschinen.

Abb. 3 zeigt die Schlitzanordnung, Abb. 118 und Abb. 119 die an der Maschine angebrachten Sondermeßeinrichtungen.

Zur Untersuchung der Spülwirkung im Verlauf der Spülung wurde das in Abb. 119 dargestellte, gesteuerte Entnahmeventil verwendet, das dem Abgasstrom zu einem veränderbaren Zeitpunkt Gasproben entnimmt.

Der Temperaturverlauf im Zylinder während der Spülung wurde durch das Temperaturmeßgerät Abb. 118 unmittelbar gemessen. Um Beschädigungen des feinen Thermoelementes zu vermeiden, zieht sich dasselbe während der Hochdruckvorgänge selbsttätig in eine Bohrung des Zylinderdeckels zurück.

Die Ladungsmenge wurde durch Überschieben einer Ladung in den Meßbehälter durch einmaliges Betätigen des Entnahmeventils, Abb. 111, bestimmt. Der im Zylinder verbleibende Ladungsrest wurde am oberen Totpunkt durch gleichzeitig durchgeführte Temperatur- und Druckmessungen ermittelt.

Die Klappe im Spülluftkanal (Abb. 118) ermöglicht eine plötzliche Unterbrechung der Spülung zu einem bestimmten Zeitpunkt, während mehrerer aufeinanderfolgender Hübe und dadurch Untersuchungen über den zeitlichen Verlauf der Spülung.

Die Temperaturen T_{ze} und T'_{ze} beim Öffnen und Schließen der Einlaßschlitze wurden mit dem Thermoelement gemessen, T'_{ze} und T'_{za} außerdem auch für einige Versuche aus der Ladungsmenge bestimmt. Diese wurde mit der Einrichtung nach

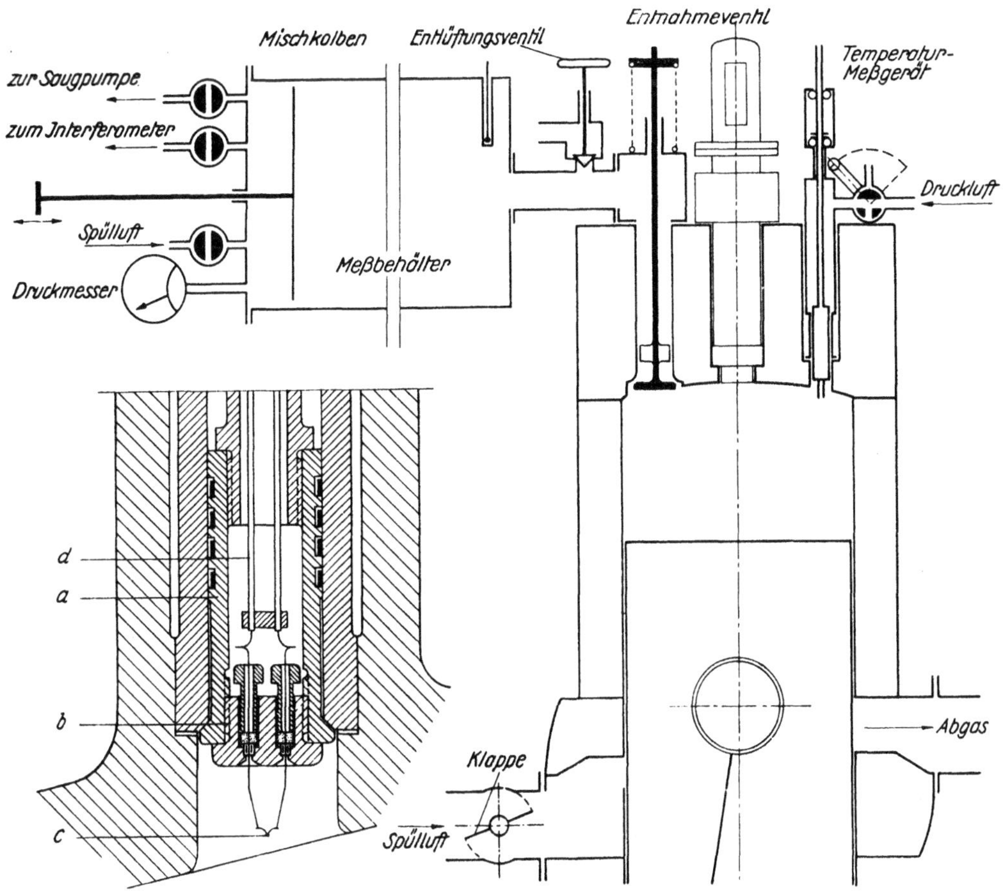

Abb. 118. Meßeinrichtungen zur Untersuchung der Spülung an der Versuchsmaschine D = 320 mm, s = = 500 mm (Zylinder Abb. 4) der Technischen Hochschule Graz. Thermoelement. a Kolben, b Verschraubung, c Lötstelle, d Abführungsdrähte. Der auf den Kolben von oben wirkende Luftdruck liegt etwas über dem Druck im Zylinder beim Ladungswechsel. Der CO_2-Gehalt der Ladung wurde mit Interferometer bestimmt. Nach Niedermayer.

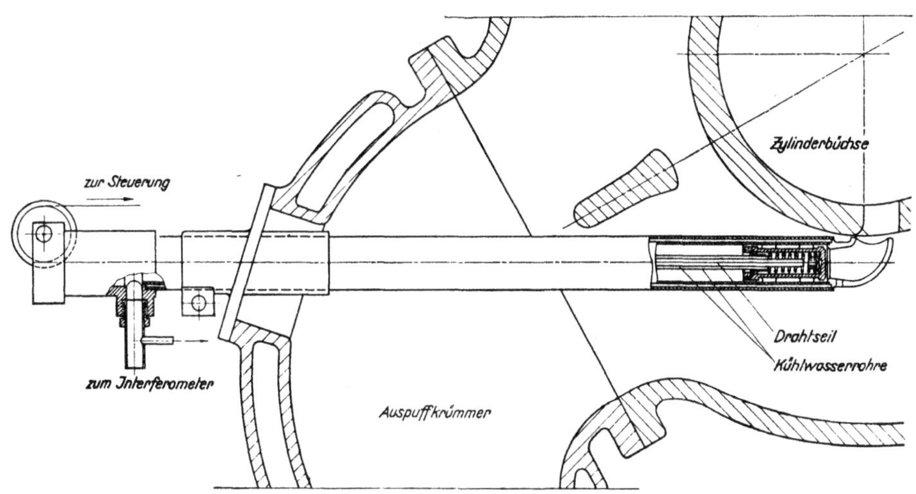

Abb. 119. Gesteuertes Entnahmeventil an der Versuchsmaschine der Technischen Hochschule Graz. Nach Niedermayer.

Abb. 118 gemessen. Zahlentafel 5 zeigt eine Gegenüberstellung der gemessenen und der aus dem gemessenen T_{ze} mit (68) und (75) berechneten Temperatur T'_{za}. Die Wärmeübergangszahl wurde nach Seite 81 bestimmt, die Wandtemperatur so angenommen, daß sich gute Übereinstimmung zwischen Rechnung und Versuch ergab.

Zahlentafel 5.

Gemessene und berechnete Temperaturen T'_{za} zu Beginn der Verdichtung. (D = 320 mm, s = 500 mm, n = 200 U/min.)

Vers. Nr.	n/min	p_e kg/cm²	b_e kg/P Sh (ohne Gebläse)	Λ_o	T_{ze} °K	T_{za}' mit Thermo-element gemessen °K	T_{za}' aus Ladungs-menge ermittelt °K	T_{za}' ge-rechnet °K	T_w ange-nommen °K
1	120	2,75	0,223	0,96	600	370		361	400
2	120	2,75	0,224	1,22	638	355		350	400
3	120	2,75	0,225	1,34	619	335		347	400
4	120	2,75	0,222	1,52	495				
5	120	4,35	0,190	1,07	686	375	378	368	430
6	120	4,35	0,186	1,22	656	360		363	430
7	120	4,35	0,186	1,33	632	360		359	430
8	120	4,35	0,190	1,49	766	360	359	358	430
9	200	2,75	0,219	1,03	604	390		377	460
10	200	2,75	0,221	1,15	575	380		368	460
11	200	2,75	0,213	1,35	585	365		365	460
12	200	2,75	0,214	1,48	615	350		362	460
13	200	4,35	0,195	1,08	700	390	393	390	475
14	200	4,35	0,177	1,19	820	375	377	383	475
15	200	4,35	0,176	1,34	845	380	370	377	475
16	200	4,35	0,175	1,47	925	370		377	475

Der in Abb. 120 dargestellte Temperaturverlauf wurde auf Grund des Einströmgesetzes der Spülluft mit (68) ohne Berücksichtigung des Wandeinflusses berechnet. Der Vergleich mit dem gemessenen Temperaturverlauf zeigt, daß der Ausdruck (68) (ohne Berücksichtigung des Wärmeüberganges an die Wand) den Verlauf der Temperatur im Zylinder während der Spülung recht gut erfaßt.

Durch Auswertung der Messungen konnten die Veränderungen des Gasgewichtes im Zylinder während des Vorauspuffs und der Spülung ermittelt werden.

Abb. 121 zeigt den Verlauf der Fördermenge des während des Vorauspuffs austretenden Gasstromes.

Die im Zylinder befindlichen Gasmengen sind in Abb. 122 dargestellt. Bei einer Belastung $p_e = 4{,}35$ kg/cm² und einem Luftaufwand $\Lambda_o = 1{,}47$ strömt z. B. nach Kurve 1 während des Vorauspuffs ~ 60 % des Abgasgewichtes aus dem Zylinder. Während der Spülung wird nur mehr ~ 22 % des Abgasgewichtes aus dem Zylinder gedrängt, ein Rest von ~ 18 % des Gewichtes bleibt im Zylinder. Das Gasgewicht im Zylinder steigt nach dem Einsetzen der Spülung vor allem infolge Absinkens der Gastemperatur rasch an, erreicht in der zweiten Hälfte der Spülzeit einen Höchstwert (A), um dann gegen Ende der Spülung und während des Nachausströmens erheblich abzusinken. Die größte Frischluftmenge befindet sich im Punkt B im Zylinder. Am Ende der Spülung und während des Nachausströmens gehen im vorliegenden Fall annähernd 17% dieses Höchstwertes an Frischluft wieder durch den Auslaß verloren. Trotzdem der Anteil der Restgase während der Spülung im vorliegenden

Fall von 100 auf ~ 15 % des Zylindervolumens zurückgeht, vermindert sich das Gewicht der Restgase während dieser Zeit nur von rund 40 % auf rund 18 % der gesamten vor dem Ladungswechsel im Zylinder befindlichen Abgasmenge, also um

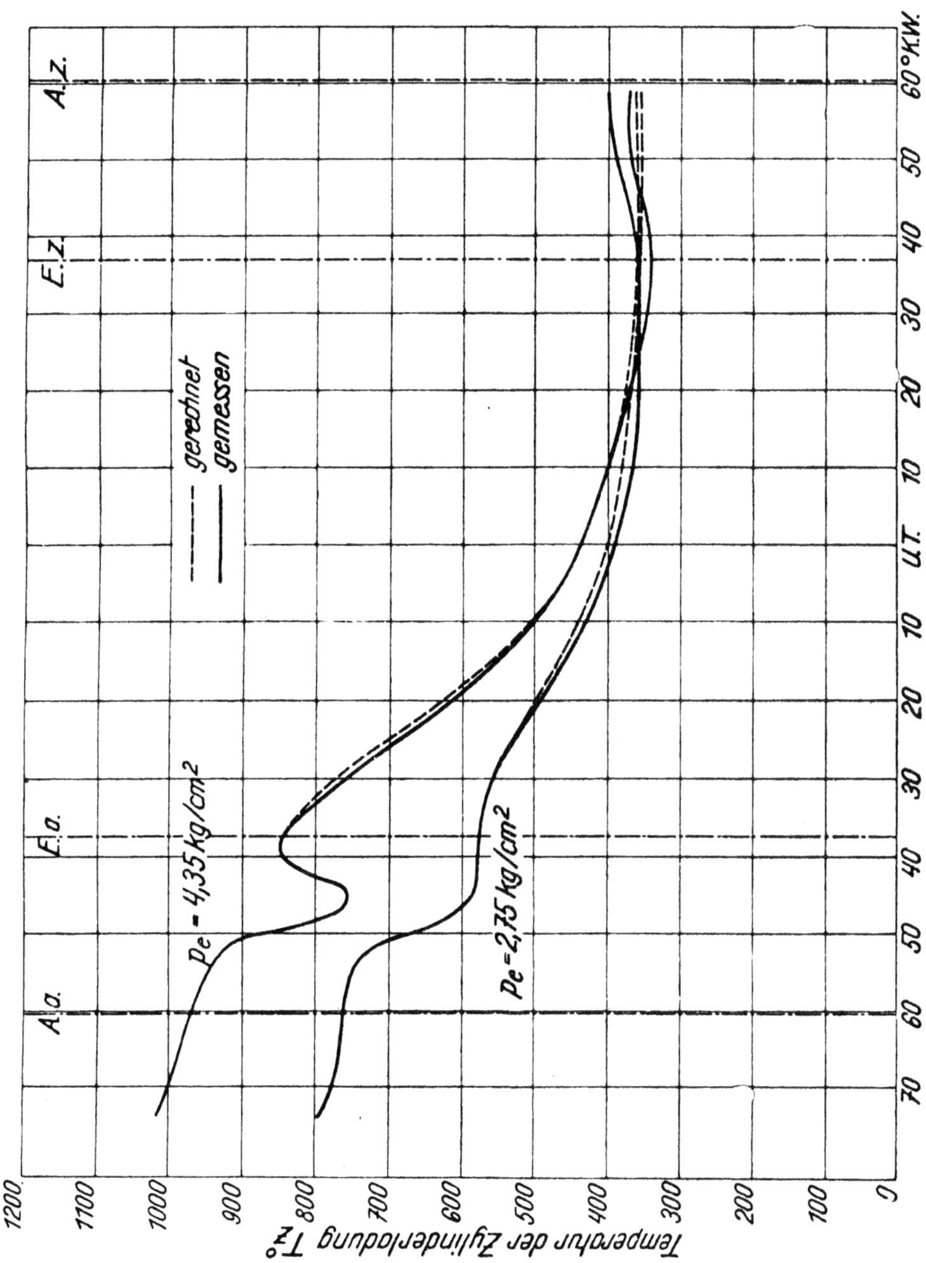

Abb. 120. Gemessener und gerechneter Temperaturverlauf im Zylinder während der Spülung. Nach Niedermayer.

knapp weniger als die Hälfte. Diese Abweichung von raummäßiger und gewichtsmäßiger Spülwirkung ist auf den Temperatureinfluß zurückzuführen.

Durch Verdrängung wird ein Teil des Zylinderraumes während der Spülung mit Frischladung gefüllt, ein weiterer Teil dadurch, daß infolge des Wärmetausches zwischen Abgas und Spülluft ersteres sich zusammenzieht, Raum freigibt und die erwärmte, sich ausdehnende Spülluft diesen Raum einnimmt. Da dieser Wärmetausch das Gesamtvolumen der beteiligten Gase und damit das im Zylinder befindliche

Frischladungsgewicht nur ganz geringfügig ändert, hat er auf den Spülerfolg fast keinen Einfluß.

Ein Vergleich der Kurven 1 und 2 in Abb. 122 zeigt, daß mit abnehmendem Luftaufwand, also abnehmendem Spülluftüberschuß, infolge der dann abnehmenden Kühlwirkung auch das Ladungsgewicht im Zylinder kleiner wird.

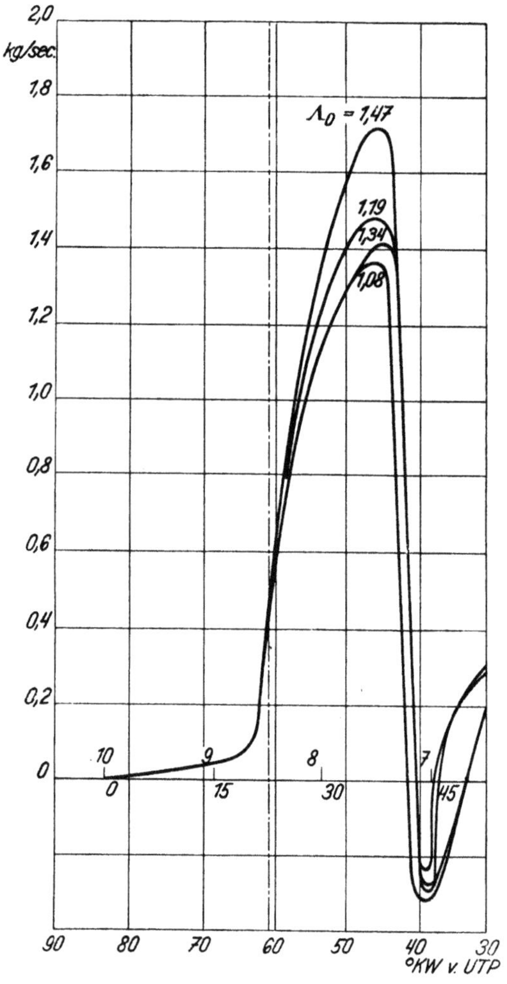

Abb. 121. Zeitlicher Verlauf der Gasabströmung während des Vorauspuffs. Nach Niedermayer.

Bei einer Verkleinerung der Belastung der Maschine sinkt, nach Abb. 122 Kurve 3, vor allem das während des Vorauspuffs ausströmende Gasgewicht. Der Abgasrest, der nach der Spülung im Zylinder bleibt, wird infolge der verringerten Gastemperatur dichter, sein Gewicht größer.

Einen guten Einblick in den Verlauf der Spülung gibt die Darstellung der Zusammensetzung und der sekundlichen Fördermenge des Abgasstromes. Vergleicht man die Zusammensetzung des während der Spülung aus den Auslaßschlitzen tretenden Stromes bei verschiedenen Luftaufwänden in Abb. 123, so sieht man, daß der Luftanteil im Spülstrom durch den Auslaß mit dem Luftaufwand naturgemäß stark zunimmt. Der höhere Spüldruck, den der größere Luftaufwand erfordert, bewirkt auch eine Veränderung des zeitlichen Verlaufs der Zusammensetzung des Stromes. Bei kleinem Luftaufwand, also niederem Spüldruck, tritt im Anfang nur wenig Spülluft aus, es wird im wesentlichen mit Verdrängung gespült. Mit zunehmendem Luftaufwand und damit zunehmendem Spüldruck steigt im allgemeinen der Spülluftanteil auch zu Beginn der Spülung, das Abströmen der Spülluft aus dem Zylinder beginnt früher und ist von vornherein erheblicher. Beim größten Luftaufwand $\Lambda_0 = 1,47$ nimmt der Anteil der Abgase im Strom von Anfang an sehr rasch ab, so daß der Auspuffstrom zuletzt fast nur aus Spülluft besteht.

Der bei einer Verdünnungsspülung abfließende Strom hat beim Austritt aus dem Zylinder in jedem Zeitpunkt die Zusammensetzung des Zylinderinhaltes. Vergleicht man die Zusammensetzung des austretenden Stromes bei der untersuchten Spülung mit der des Stromes einer Verdünnungsspülung, so findet man, daß in Abb. 123 bei $\Lambda_0 = 1,08$, 1,19 und 1,34 die strichliert abgeteilte Menge Abgas mehr im Strom enthalten ist, als es einer Verdünnungsspülung entspricht. Im darauffolgenden Teil der Spülung ist gegenüber einer Verdünnungsspülung ein strichliert abgegrenzter Überschuß an Luft vorhanden. Einem Zeitabschnitt mit Verdünnungs- und Verdrängungsspülung zu Beginn des Spülvorganges folgt ein solcher mit Verdünnungsspülung und Kurzschlußströmung. Mit zunehmendem Luftaufwand und damit zunehmendem Spüldruck tritt die Verdünnungsspülung immer mehr gegenüber der Kurzschlußströmung zurück.

Die Spülkurven Abb. 124 wurden mittels der Unterbrechungsklappe ermittelt. Bei gleichbleibendem Spüldruck wurde der Spülvorgang zu verschiedenen Zeitpunkten unterbrochen und spülender Luftaufwand und Spülgrad ermittelt.

Durch diese Versuche konnte bewiesen werden, daß die gleiche Spülkurve für die Verfolgung des Spülverlaufs während eines Spülvorganges ebenso wie für die Bestimmung des endgültigen Spülgrades bei verschiedenen Luftaufwänden gilt.

Diese Erkenntnis wird später bei der schrittweisen Ermittlung des Spülerfolges benützt werden.

Die Spülkurven decken sich nahezu bei kleinen Luftaufwänden, bei größeren Luftaufwänden bei entsprechend höheren Spüldrücken entstehen im allgemeinen niedrigere Spülgrade, in Übereinstimmung mit früheren Beobachtungen. Die Spülkurven liegen in der Nähe der Verdünnungsspülung, teils darüber, teils etwas darunter.

Aus den Spülkurven wurde nach den bereits angegebenen Verfahren (Grenzfall 1) der Liefergrad ermittelt. Die Übereinstimmung ist nach Zahlentafel 6 bei einigen Versuchen sehr gut, bei anderen sind stärkere Abweichungen festzustellen. Die Wirklichkeitstreue der Rechnung wird verbessert, wenn man den Wandeinfluß berücksichtigt.

Zahlentafel 6.

Gemessene und berechnete Liefergrade des Motors D = 320 mm, s = 500 mm.

Versuch Nr.	λ_g (Messung)	λ_s (Messung)	λ_l aus λ_g und λ_s	λ_l Berechnet ohne Berücksichtigung des Wandeinflusses	λ_l Berechnet mit Berücksichtigung des Wandeinflusses
1	0,68	0,81	0,55	0,52	0,52
2	0,70	0,81	0,57	0,60	0,58
3	0,70	0,85	0,60	0,63	0,60
4	—	—	—	—	—
5	0,66	0,84	0,56	0,56	0,54
6	0,68	0,81	0,55	0,59	0,58
7	0,68	0,80	0,54	0,59	0,59
8	0,66	0,87	0,57	0,63	0,62
9	0,71	0,79	0,56	0,62	0,55
10	0,71	0,80	0,57	0,58	0,59
11	0,72	0,75	0,54	0,63	0,59
12	0,76	0,73	0,55	0,65	0,60
13	0,69	0,77	0,53	0,60	0,55
14	0,72	0,78	0,56	0,59	0,59
15	0,71	0,80	0,57	0,58	0,59
16	0,73	0,84	0,61	0,61	0,60

Zusammenfassend kann aus den Versuchsergebnissen geschlossen werden, daß der Erfolg der Spülvorgänge durch das angegebene Verfahren, das sich auf die durch Versuche zu bestimmende Spülkurve stützt, mit guter Annäherung bestimmt werden kann. Damit ist es möglich, den Spülerfolg an Zweitaktmotoren bei gegebener Spülkurve vorauszubestimmen und eine Reihe von Zusammenhängen auf rechnerischem Weg zu erfassen.

f) Zusammenhang zwischen Erfolg des Ladungswechsels, Nutzwirkungsgrad und Nutzdruck.

Die Zusammenhänge zwischen den Erfolgsgrößen des Ladungswechsels (Gesamtladung λ_g, Spülgrad λ_s) und dem Innendruck p_{i-l} sind durch die Ausdrücke (50/I) bis (54/I) gegeben. Der in diesen Ausdrücken enthaltene Innenwirkungsgrad ohne Berücksichtigung der Ladungswechselarbeit η_{i-l} hängt im wesentlichen von der Luftüber-

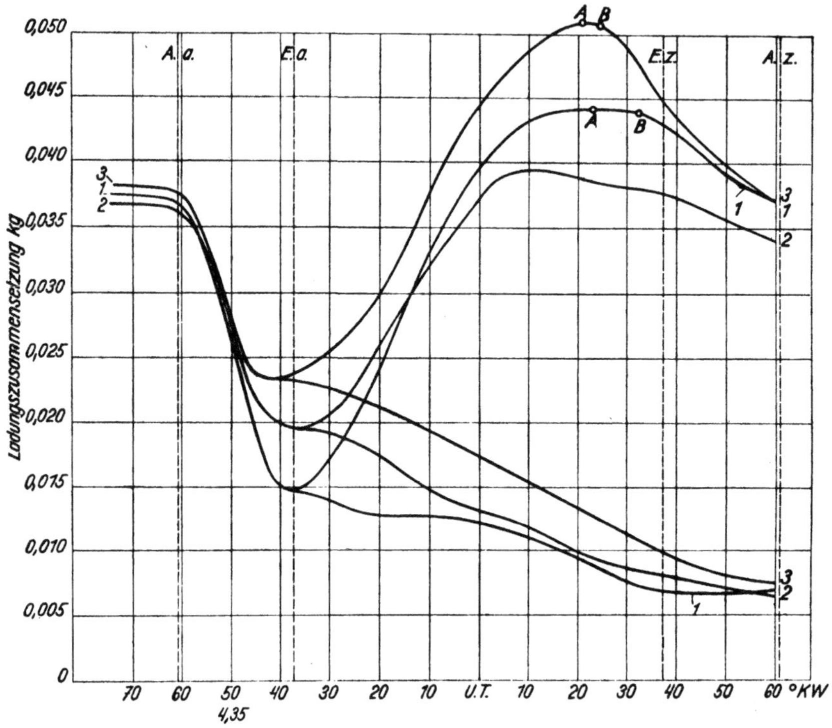

Abb. 122. Verlauf der Gasgewichte und der Ladungszusammensetzung im Zylinder während der Spülung. Die Ordinatendifferenz zwischen den Kurven entspricht dem Luftgewicht, die Ordinate der unteren Kurve dem Abgasgewicht. Kurve 1, 2, 3 Δ_{0x} 1,47 $p_{.}$ = 4,35. Nach Niedermayer.

schußzahl λ, dem Verdichtungsverhältnis und vom Verbrennungsverfahren ab. Von den Erfolgsgrößen des Ladungswechsels wird η_{i-l} durch den Spülgrad λ_s über den Verbrennungsablauf bei höheren Drehzahlen grundsätzlich beeinflußt, geringer ist der Einfluß der Zustandsgrößen $T''_{za} = T_1$, $p'_{za} = p_1$ zu Beginn der Verdichtung auf η_{i-l}, wenn diese Größen in normalen Bereichen liegen. Die Zusammenhänge werden ausführlicher in Band 2/I (II. Auflage) besprochen. η_{i-l} und der entsprechende Innendruck p_{i-l} hängen über die Ladungswechselarbeit L_l, die Spülpumpen(Lader)arbeit L_{La} und die Reibungsarbeit L_r, meist ausgedrückt durch die entsprechenden Mitteldrücke p_l, p_{La} und p_r, mit dem Nutzdruck bzw. dem Nutzwirkungsgrad zusammen.

Im folgenden werden die bisher abgeleiteten Beziehungen zur Behandlung zweier wichtiger Probleme benützt. Erstens zur Leistungs- und Wirkungsgradermittlung bei gegebenen Steuerungsabmessungen, und zweitens zur Ermittlung der Steuerungsabmessungen für optimale Leistung oder optimalen Verbrauch.

α) Ermittlung der Innenleistung bei gegebenen Steuerdaten des Motors.

Bei vorliegendem Entwurf des Motors, bekannter Spülkurve des Spülsystems und gegebenen Erfahrungswerten für die Arbeitsvorgänge kann der Innendruck auf dem Weg wiederholter Annäherung ermittelt werden.

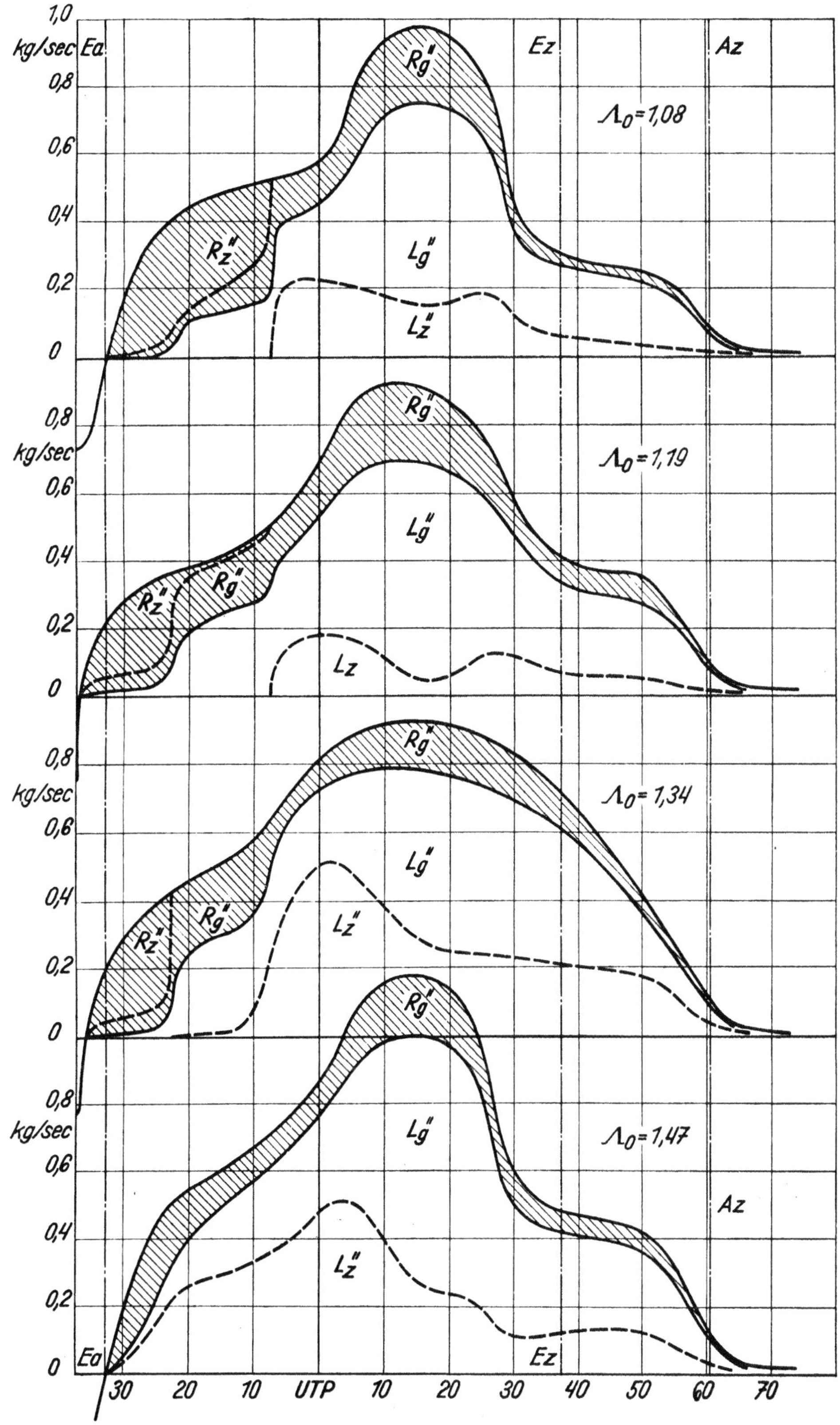

Abb. 125. Zusammensetzung des während der Spülung aus dem Zylinder tretenden Gasstromes. R_z'', L_z'' Anteile von Abgas bzw. Spülluft, die über den Gehalt bei reiner Verdünnungsspülung hinausgehen, R_g'', L_g'' Anteile von Abgas und Spülluft, die reiner Verdünnungsspülung entsprechen. Nach Niedermayer.

1. Rechnungsgang:

Man schätzt μ_m und rechnet mit Gl. (27) oder bei Schlitzen beliebiger Form mit den Gl. (21) und (23) den Luftaufwand Λ_0.

Nun ist p_{zm} zu schätzen, z_m als zeitlicher Mittelwert oder, einfacher, entsprechend dem Zylindervolumen bei halber Einlaßschlitzöffnung anzunehmen und aus (72) der spülende Luftaufwand Λ_z' zu ermitteln. Aus der Spülkurve kann λ_s' mit dem Λ_z' zugeordneten Wert bestimmt werden.

Der Schließdruck p_{za}' ist zunächst zu schätzen. Mit Gl. (92) kann nun λ_l berechnet werden. p_{i-l} erhält man aus den Beziehungen (50/I) bis (54/I), wenn, wie vorausgesetzt, $\eta_{i-l} = f(\lambda)$ für das Verbrennungsverfahren bekannt ist.

2. Rechnungsgang:

Von dem grob angenäherten Wert p_{i-l} ausgehend, den man durch den 1. Rech-

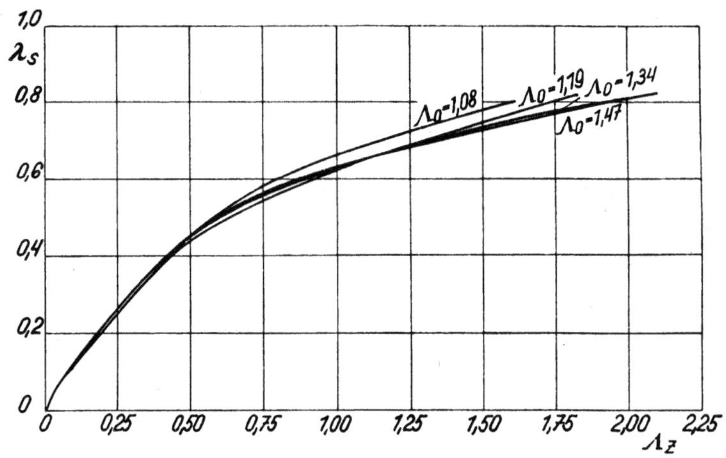

Abb. 124. Spülkurven der Versuchsmaschine der Technischen Hochschule Graz mit unterbrochener Spülung. Schlitzanordnung Abb. 4. Nach Niedermayer.

nungsgang erhält, läßt sich eine Verbesserung der Annäherung wie folgt erreichen: Man rechnet mit Gl. (7) und p_{i-l} aus dem 1. Rechnungsgang den Druck p_{za} beim Öffnen der Auslaßschlitze. Dann mit Gl. (3) den Druckabfall während des Vorauspuffs. Bei der Weiterführung der Rechnung ist nun zu unterscheiden zwischen Steuerungen mit und ohne Rückschlagen der Abgase in den Spülbehälter, also zwischen Steuerungen, bei denen der Druck p_{ze} beim Öffnen der Einlaßschlitze kleiner oder größer als der Spüldruck p_s ist.

a) Steuerungen mit Rückschlagen.

Zunächst ist nach Gl. (9) und (10) die rückschlagende Abgasmenge Λ_r und der Beginn des Spülens zu bestimmen. Die Verminderung des Zeitquerschnittes für die Spülung durch den verspäteten Spülbeginn berücksichtigt man bei den Schlitzen mit längs der Zylinderachse gleicher Breite durch Gl. (39). Bei Schlitzen beliebiger Form wird die Verminderung des Zeitquerschnittes am besten aus der Kurve des Schlitzquerschnittes über dem Kurbelwinkel graphisch ermittelt. Je nach den gegebenen Verhältnissen (Vorlagern der Abgase oder Mischung mit der Spülluft) wird nach S. 29 die während der Spülung in den Zylinder einströmende Gasmenge und ihre Temperatur ermittelt.

b) Steuerungen ohne Rückschlagen.

Bei reichlich bemessenem Vorauspuff ist $p_{ze} \leqq p_s$, die Spülung beginnt mit dem

Öffnen der Einlaßschlitze und die im Abschnitt 1 abgeleiteten Beziehungen sind unmittelbar zur Berechnung des Luftaufwandes verwendbar.

Die Rechnung kann nun für beide Fälle, mit und ohne Rückschlagen, gleichartig weitergeführt werden. Um den Luftaufwand mit guter Annäherung zu erfassen, müssen die Durchflußzahlen der Ein- und Auslaßschlitze μ_e und μ_a von ähnlichen Schlitzanordnungen her bekannt sein oder an Modellen gemessen werden. Liegen Meßergebnisse und Erfahrungswerte nicht vor, so wird die Vorausberechnung von Λ_o unsicher. Die in den vorangegangenen Kapiteln angegebenen Meßergebnisse können als Anhaltspunkte die Schätzung der Durchflußzahlen erleichtern.

Man rechnet den reduzierten korrigierten Zeitquerschnitt und setzt für T_{zm} und p_{zm} die Werte nach S. 37 ein. Nun kann Λ_o aus (21) ermittelt oder, nachdem aus (23) die Durchflußzahl μ_m berechnet wurde, auch mit einem der Ausdrücke (28) bis (30), (33) bis (36) berechnet werden.

Mit geschätztem p_{zm} und z_m wird wie früher Λ'_z und damit λ'_s bestimmt.

Bei langsam laufenden Motoren mit stärker hervortretendem Wandeinfluß wird man zweckmäßig nach Grenzfall 2 rechnen, wenn die Spülung wesentlich von dem Grundtyp der Verdünnungsspülung abweicht. Aus (65) erhält man den Kennwert für den Wandeinfluß a und daraus nach (73) die korrigierte Spültemperatur T''_s.

Bei nahe an der Verdünnungsspülung liegender Spülung ist die theoretisch besser begründete Berücksichtigung des Wärmeüberganges für den Grenzfall 1 vorzuziehen und Λ_z aus (83) und das zugeordnete λ_s aus der Spülkurve zu bestimmen.

Der Schließdruck p'_{za} wird durch schrittweise Berechnung des Druckverlaufs während des Spülendes und des Nachausströmens bestimmt. Dabei kann die Temperatur im Zylinder $T_z = \left(\frac{p_z}{p_{zm}}\right)^{0,286} \cdot T'_{ze}$ gesetzt und T'_{ze} aus (78) bzw. (80) berechnet werden. Für p'_{za} setzt man in diesen Ausdrücken den Schätzwert des ersten Rechnungsganges ein.

Nach Ermittlung des Schließdruckes p'_{za} ist T'_{za} aus (79) bzw. (81) genauer zu berechnen.

Nun kann λ_s aus (86) bzw. über (83) der Spülkurve entnommen und λ_g aus (91) bestimmt werden.

Zur Berechnung von p_{i-l} benützt man wieder (52/I) oder (54/I).

3. Rechnungsgang:

Die Treffsicherheit der Rechnung läßt sich erhöhen, wenn, ausgehend von den in 2. ermittelten Größen, der Druck-, Temperatur- und Spülgradverlauf des Ladungswechsels schrittweise berechnet wird. Man geht dazu nach Abschnitt A II 2 b α vor.

Man erhält bei bekannten Durchflußzahlen μ_e, μ_a weiter verbesserte Werte des Λ_o und der Zustände p'_{za}, T'_{za}, λ_s am Ende des Ladungswechsels. Trägt man p_z über dem Kolbenweg auf, so erhält man die Ladungswechselarbeit nach Abb. 13. Der Innendruck ist damit $p_i = p_{i-l} + p_l$ (p_l = mittlerer Druck der Ladungswechselarbeit).

Je nach dem angestrebten Grad der Annäherung und den zur Verfügung stehenden Unterlagen wird man diese drei Rechnungsgänge ganz durchführen oder die Rechnung nach dem 1. oder 2. Rechnungsgang abbrechen. Größerer Rechnungsaufwand hat nur dann Zweck, wenn die Grundwerte und Grundzusammenhänge, wie Durchflußzahlen, Spülkurven und die für die Arbeitsvorgänge maßgebende Abhängigkeit des Innenwirkungsgrades η_{i-l} von Luftüberschußzahl, Drehzahl und Spülgrad ausreichend genau bekannt sind.

Aus den auf S. 83 angeführten Ergebnissen von Untersuchungen an einem Klein-Dieselmotor (D = 120 mm, s = 180 mm) erhält man, wenn die gemessenen Werte von p_i auf gleiche Luftüberschußzahl (bezogen auf die Gesamtluft nach Seite 27/I) $\lambda' = 1{,}45$ umgerechnet werden, die Gegenüberstellung von berechneten und gemessenen Werten nach Zahlentafel 7.

Zahlentafel 7.

Gemessene und gerechnete Innendrücke p_i.

(Motor: D = 120 mm, s = 180 mm, n = 700 U/min.)

Versuchs-Nr.		1	2	3	4	5	6
p_i gemessen	kg/cm²	5,5	6,03	5,1	5,73	5,07	5,23
p_i gemessen und auf $\lambda' = 1{,}45$ umgerechnet	kg/cm²	5,5	6,0	5,45	5,80	5,15	6,15
p_i gerechnet	kg/cm²	5,7	6,25	5,6	6,0	5,6	6,1

β) Die Spülpumpenarbeit.

Der auf die Kolbenfläche bezogene Mitteldruck der Spülpumpenarbeit ist

$$p_{La} = \frac{\varkappa}{\varkappa - 1} \cdot \frac{\Lambda_o \cdot p_o}{\eta_{ad}} \cdot \left[\left(\frac{p_s}{p_o} \right)^{\frac{\varkappa - 1}{\varkappa}} - 1 \right] \tag{96}$$

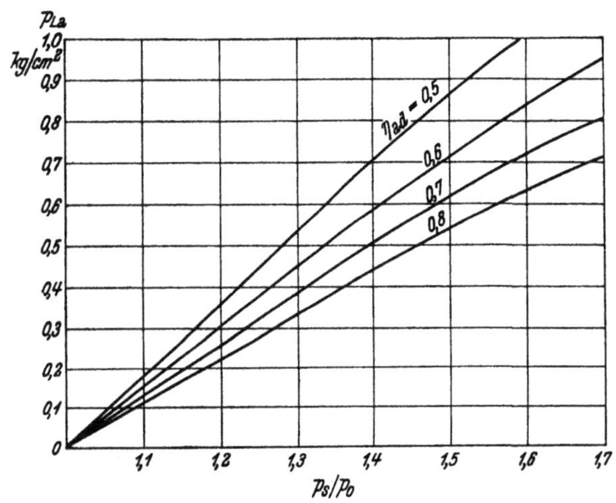

Abb. 125. Mitteldruck der Spülpumpenarbeit p_{La}.

p_{La} kann Abb. 125 entnommen werden. Für die Beurteilung des Arbeitsaufwandes für den Ladungswechsel ist es von Interesse, die Abhängigkeiten der Spülpumpenarbeit festzustellen. Mit Vereinfachungen erhält man aus den allgemeinen Beziehungen für Drosselvorgänge

$$p_{La} = K \cdot \left(\frac{6\,n \cdot V_h}{\int f\,d\alpha} \cdot \frac{1}{\mu_m} \right)^2 \cdot \Lambda_o^3 \tag{97}$$

Die Spülpumpenarbeit ist demnach für einen gegebenen Motor ungefähr der dritten Potenz des Luftaufwandes und dem Quadrat der Drehzahl direkt, dem Quadrat des Winkelquerschnittes und dem Quadrat der Durchflußzahl umgekehrt verhältig. Ein etwas genauerer Ausdruck für die Zusammenhänge läßt sich finden, wenn man aus (96) und (33) $\left(\frac{p_{La}}{p_o}\right)$ eliminiert.

Im allgemeinen beträgt p_{La} etwa 6 bis 15% des Nutzdruckes p_e bei Vollast, kann jedoch auch darunter oder darüber liegen.

γ) Die Reibungsarbeit.

Der auf die Kolbenfläche bezogene mittlere Reibungsdruck kann nach den Untersuchungen von Ullmann [20] geschätzt werden. Abb. 126 ist dieser Arbeit entnommen. Bei Zweitakt-Dieselmotoren kann man im allgemeinen mit Werten von 0,7 bis 1,0 kg/cm² rechnen.

δ) Der Nutzdruck p_e *und der Nutzwirkungsgrad* η_e.

Der Nutzdruck ist: $p_e = p_i - p_{La} - p_r$ bzw. $p_e = p_{i-l} + p_l - p_{La} - p_r$. In diesen Ausdrücken sind die beiden letzten Glieder unabhängig von der Belastung des Motors, soferne man mit dieser den Spüldruck nicht ändert. Die Abhängigkeit des mechanischen Wirkungsgrades

$$\eta_m = \frac{p_e}{p_i} = 1 - \frac{p_r + p_{La}}{p_i}$$

von der Belastung ist darnach grundsätzlich dieselbe wie beim Viertaktmotor, bei welchem an die Stelle von $p_r + p_{La}$ ein etwas vergrößertes p_r tritt.

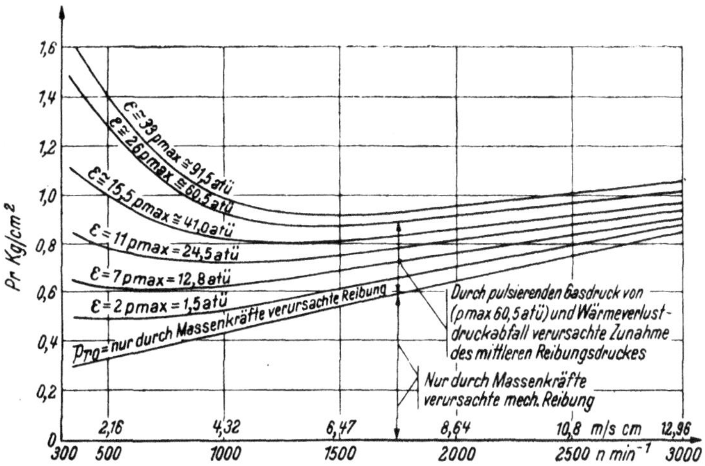

Abb. 126. Mitteldruck der Reibungsarbeit bei Zweitaktmotoren. Nach Ullmann.

Der Innenwirkungsgrad ist mit p_l als Mitteldruck der Ladungswechselarbeit

$$\eta_i = \eta_{i-l} \cdot \frac{p_{i-l} + p_l}{p_{i-l}}$$

und der Nutzwirkungsgrad

$$\eta_e = \eta_{i-l} \cdot \frac{p_{i-l} + p_l - p_r - p_{La}}{p_{i-l}} \tag{98}$$

η_{i-l} ist beim Viertakt und Zweitakt bis auf den sekundären Einfluß des Ladungswechsels auf die Gemischbildung und Verbrennung gleich. Die Ladungswechselarbeiten sind zwar verschieden, aber (abgesehen von der Drosselregelung beim Viertakt) zahlenmäßig klein. Die Kraftstoffverbrauchskurven haben daher beim Zweitakt und beim Viertakt, wie die Abb. 127 und 128 zeigen, im allgemeinen ähnlichen Verlauf.

g) Richtlinien für günstigste Auslegung von einfachen Schlitzsteuerungen.

Es ist nun noch darzulegen, wie man in einem gegebenen Fall zur in bezug auf L e i s t u n g o d e r V e r b r a u c h günstigsten Auslegung einer Zweitaktsteuerung gelangt.

Durch Variation der Annahmen für die Steuerungsabmessungen und Berechnung von Leistung und Verbrauch mit den früher entwickelten Verfahren könnte man nach zeitraubendem Probieren schließlich die für gegebene Verhältnisse günstigsten Kenngrößen und Steuerungsabmessungen erhalten. Dieser lange Weg kann durch das im folgenden entwickelte Näherungsverfahren wesentlich abgekürzt werden.

a) Ermittlung der Steuerung für größten Nutzdruck.

Zur angenäherten Ermittlung der Steuerungsgrößen, mit denen der größte Nutzdruck erhalten wird, ist vom Ausdruck

$$p_i = 27 \cdot \frac{1}{b_i\, L_o\, \lambda} \cdot \frac{\varepsilon}{\varepsilon - 1} \cdot (1 - \sigma_a) \cdot \frac{p_{zm}}{p_o} \cdot \left(\frac{p'_{za}}{p_{zm}}\right)^{\frac{1}{\varkappa}} \cdot \frac{T_o}{T_s} \cdot \lambda'_s \tag{99}$$

auszugehen. Die Ladungswechselarbeit p_l ist im allgemeinen klein, wird daher hier

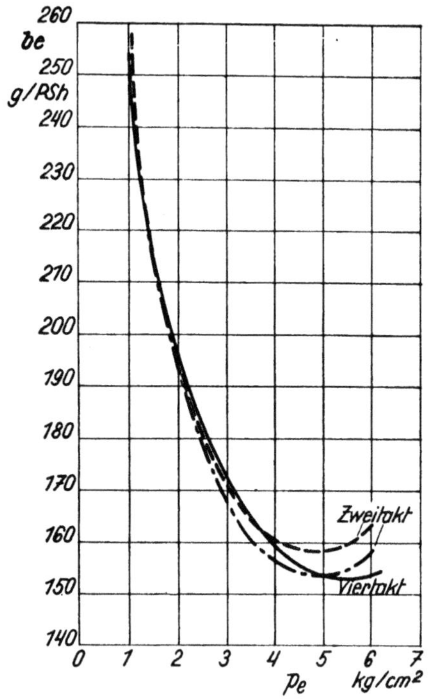

Abb. 127. Verbrauchskurven von Vier- und Zweitaktdieselmotoren.

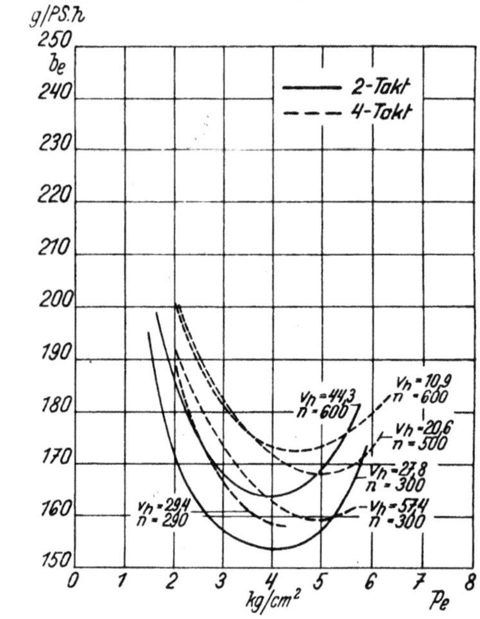

Abb. 128. Verbrauchskurven von Vier- und Zweitaktdieselmotoren.

vernachlässigt. Die Spülkurven lassen sich in Anlehnung an die Kurve der Verdünnungsspülung annähernd durch den Ausdruck

$$\lambda'_s = 1 - e^{-a\,\Lambda_z'} \tag{100}$$

erfassen. a hängt von den für die Spülwirkung maßgebenden Größen und Verhältnissen, wie Spüldruck, Schlitzanordnung usw. ab. Abb. 129 zeigt Spülkurven für $a = 0{,}75$, 1,0 und 1,4.

Bei den Kurven $a > 1{,}0$ kommt nur der rechts der Geraden für Verdrängungsspülung liegende Teil zur Anwendung.

Setzt man in (99)

$$\frac{p_{zm}}{p_o} \cdot \frac{T_o}{T_s} = C \tag{101}$$

so wird mit

$$\Lambda'_z = \frac{p_o \cdot T_s}{p_{zm} \cdot T_o \cdot z_m} \cdot \Lambda_o$$

$$p_i = 27 \cdot \frac{1}{b_i\, L_o\, \lambda} \cdot \left(\frac{p'_{za}}{p_{zm}}\right)^{\frac{1}{\varkappa}} \cdot C \cdot \frac{\varepsilon}{\varepsilon - 1} \cdot (1 - \sigma_a) \cdot \left(1 - e^{-\frac{a}{C} \cdot \frac{1}{z_m} \cdot \Lambda_o}\right) \tag{102}$$

und mit

$$K = \frac{27}{b_i\, L_o\, \lambda} \cdot \left(\frac{p'_{za}}{p_{zm}}\right)^{\frac{1}{\varkappa}} \cdot C \cdot \frac{\varepsilon}{\varepsilon - 1} \tag{103}$$

$$a' = \frac{a}{C} \cdot \frac{1}{z_m} \tag{104}$$

endgültig

$$p_i = K \,.\, (1 - \sigma_a) \,.\, \left(1 - e^{-a' \Lambda_o}\right) \tag{105}$$

Untersuchungen an Schlitzsteuerungen haben gezeigt, daß sowohl der mittlere Druck im Zylinder während der Spülung, wie auch p'_{za} bei reichlich bemes-

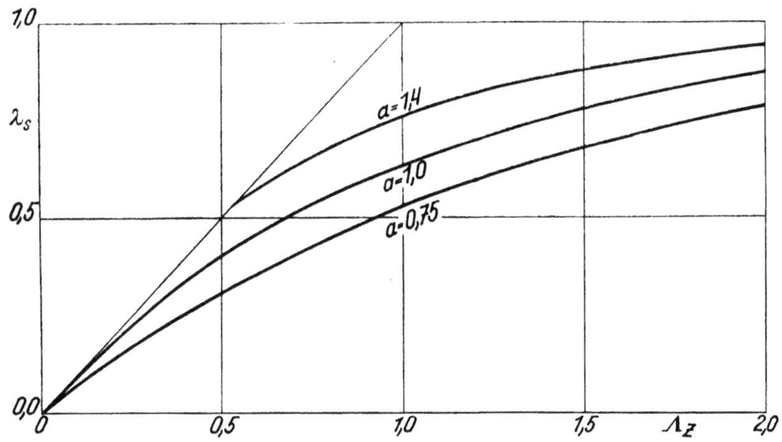

Abb. 129.

senen Auslaßschlitzen und nicht sehr hohen Drehzahlen zwischen p_o und p_s liegt.

$$p'_{za} = p_{zm} = \frac{p_o + p_s}{2}$$

entspricht demnach angenähert mittleren Verhältnissen. Unter Berücksichtigung der auf die Adiabate bezogenen Temperaturerhöhung in der Spülpumpe wird aus (101)

$$C = \frac{1 + \frac{p_s}{p_o}}{2} \cdot \frac{1}{1 + \frac{1}{\eta_{ad}}\left[\left(\frac{p_s}{p_o}\right)^{\frac{\varkappa - 1}{\varkappa}} - 1\right]} \tag{106}$$

Zahlentafel 8 enthält Werte von C für abgestufte Druckverhältnisse und Spülpumpenwirkungsgrade.

Zahlentafel 8.
Werte von C.

$\frac{p_s}{p_o}$ / η_{ad}	1,1	1,2	1,4	1,6
0,5	0,99	0,99	1,00	1,01
0,6	1,00	1,01	1,03	1,04
0,7	1,01	1,02	1,05	1,07
0,8	1,02	1,03	1,07	1,10

Rechnet man mit lediglich vom Spülpumpenwirkungsgrad abhängigen Mittelwerten, so macht man Fehler innerhalb folgender Grenzen:

η_{ad}	0,5	0,6	0,7	0,8
C mittel	1,00	1,02	1,04	1,06
Fehler	1	2	3	4%

K enthält weiters die kennzeichnenden konstanten Größen des Verbrennungssystems. Für C werden bei Steuerungen mit reichlich bemessenen Auslaßschlitzen und nicht sehr hohen Drehzahlen die oben angegebenen Mittelwerte eingesetzt. Die dadurch verursachten Fehler sind in Anbetracht der beschränkten Genauigkeit des Verfahrens bei allen vorkommenden Werten von η_{ad} tragbar.

Bei Steuerungen mit knapp bemessenen Auslaßschlitzen und höheren Drehzahlen kann zwar mit meist guter Annäherung $p_{zm} = \frac{p_s + p_o}{2}$ gesetzt werden, p'_{za} ist jedoch meist höher als p_{zm}.

In diesem Fall ist p'_{za} zunächst zu schätzen, die Maximumberechnung durchzuführen, damit p_s zu ermitteln und die Schätzung von p'_{za} in Relation zu p_s zu wiederholen. Für das entsprechende K können dann besser angenäherte Bedingungen für $p_{i\,max}$ nochmals berechnet werden.

Der Einfluß der Veränderlichkeit von z_m muß, um eine geschlossene Maximalrechnung zu ermöglichen, vernachlässigt werden, daher wird mit einem Mittelwert von z_m gerechnet.

In der Gleichung (1) für den Winkelquerschnitt des Vorauspuffs kann für das linksseitige Integral in grober Annäherung

$$\int_{\alpha_a}^{\alpha_s} \sigma \, d\alpha = K_1 (\sigma_a - \sigma_e)^2 \tag{107}$$

gesetzt werden. Darin ist K_1 entsprechend der mittleren Schlitzlänge zu wählen.

Die Ausdrücke in (1), welche die Zustandsgrößen enthalten, liegen für die praktisch in Betracht kommenden Fälle zwischen nicht sehr weit auseinander liegenden Grenzen. Ersetzt man sie durch mittlere, konstante Werte, so wird nach einer weiteren Vernachlässigung für Betrieb ohne Rückschlagen

$$\sigma_a - \sigma_e = 0{,}0057 \,.\, \sqrt{A_a} - 2{,}4 \,.\, 10^{-5} \,.\, A_a \tag{108}$$

Der Innendruck ist dann

$$p_i = K \,.\, \left(1 - \sigma_e - 0{,}0057 \,.\, \sqrt{A_a} + 2{,}4 \,.\, 10^{-5} \,.\, A_a\right) . \left(1 - e^{-a' \Lambda_o}\right) \tag{109}$$

Der Mitteldruck p_{La} für die Spülpumpenarbeit ist annähernd

$$p_{La} = \frac{\Lambda_o \,.\, p_o}{R \,.\, T_o \,.\, \eta_{ad}} \cdot (p_s - p_o) \,.\, v_m$$

Zwischen Einlaßschlitzlänge, Luftaufwand und Spüldruck besteht nach Vereinfachung von (34) angenähert die Beziehung

$$\Lambda_o = \frac{458}{A'_e} \cdot \sqrt{(p_s - p_o)\, v_m} \cdot \sigma_e^{\frac{3}{2}}$$

Eliminiert man den Spüldruck, so erhält man mit $p_o = 1{,}0\ kg/cm^2$, $T_o = 288^0$ K den Nutzdruck:

$$p_e = K \,.\, \left(1 - \sigma_e - 0{,}0057 \,.\, \sqrt{A_a} + 2{,}4 \,.\, 10^{-5} \,.\, A_a\right) . \left(1 - e^{-a' \Lambda_o}\right) - \\ - \frac{1}{1{,}77 \,.\, 10^9} \cdot \frac{A'^2_e \,.\, \Lambda_o^3}{\sigma_e^3 \,.\, \eta_{ad}} - p_r \tag{110}$$

Um die Bedingungen für den Höchstwert von p_e zu finden, differentiiert man den Ausdruck für p_e bzw. p_i partiell nach σ_e und Λ_o und erhält aus

$$\frac{\partial p_e}{\partial \sigma_e} = 0:$$

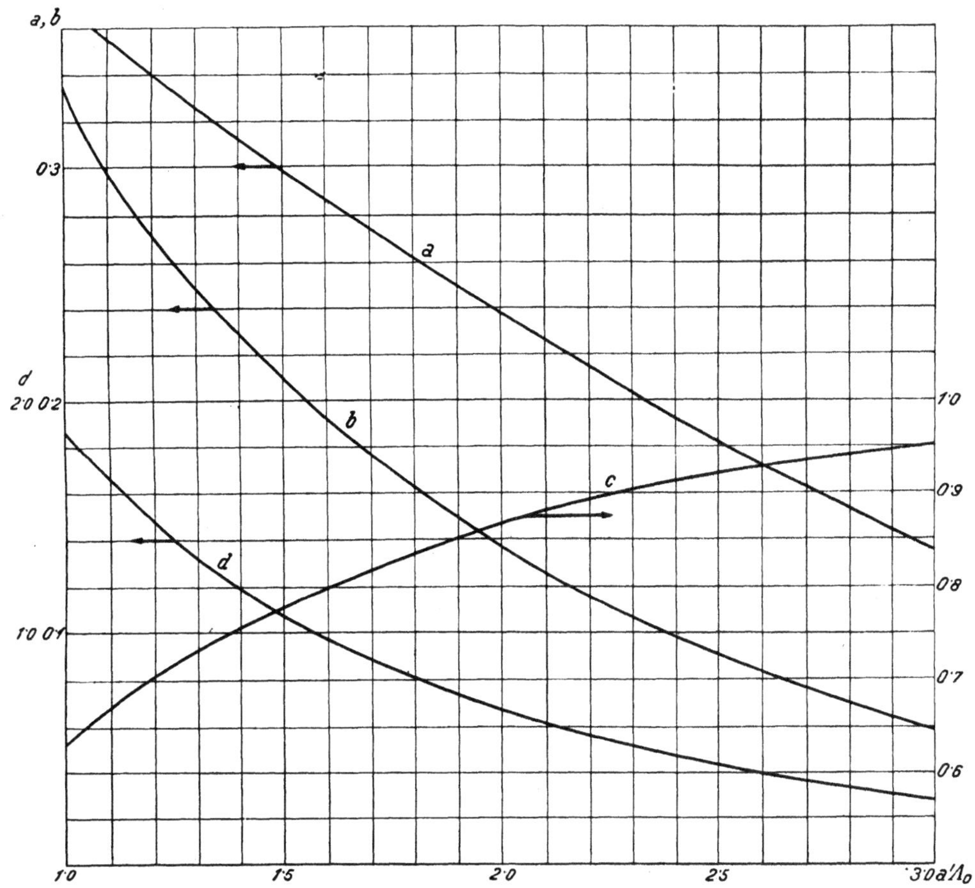

Abb. 150. Hilfstafel zur Ermittlung der Steuerungsgrößen für größten Nutzdruck $p_{e\,max}$.

$$1.)\quad \sigma_e = \frac{1}{156} \cdot \sqrt[4]{\frac{(a'\,\Lambda_o)^3}{1 - e^{-a'\,\Lambda_o}}} \cdot \frac{1}{\sqrt[4]{K \,.\, \eta_{ad} \,.\, a'^3}} \cdot \sqrt{A_e'} \qquad (111)$$

Aus $\dfrac{\partial p_e}{\partial \Lambda_o} = 0$ wird in Verbindung mit (111)

$$2.)\quad \sigma_e = \frac{\left(1 - 0{,}0057 \,.\, \sqrt{A_a} + 2{,}4 \,.\, 10^{-5} \,.\, A_a\right) .\, a' \,.\, \Lambda_o}{e^{a'\,\Lambda_o} - 1 + a'\,\Lambda_o} \qquad (112)$$

Ferner gilt (108). Aus diesen Gleichungen sind die Bestimmungsgrößen der Steuerung wie folgt zu ermitteln:

Die Verbindung von (111) und (112) gibt:

$$\frac{a'\,\Lambda_o}{e^{a'\,\Lambda_o} - 1 + a'\,\Lambda_o} \cdot \sqrt[4]{\frac{1 - e^{-a'\,\Lambda_o}}{(a'\,\Lambda_o)^3}} =$$

$$= \frac{1}{156} \cdot \frac{1}{\sqrt[4]{K \,.\, \eta_{ad} \,.\, a'^3}} \cdot \frac{\sqrt{A_e'}}{1 - 0{,}0057 \,.\, \sqrt{A_a} + 2{,}4 \,.\, 10^{-5} \,.\, A_a} \qquad (113)$$

$f(a'\Lambda_o)$ der linken Seite ist in Abb. 130, Kurve b, graphisch dargestellt. Bei gegebenen Kennwerten der Steuerung, A_e', A_a und aus $B = \sqrt[4]{K \cdot \eta_{ad} \cdot a'^3}$ kann damit der Wert $a'\Lambda_o$ bestimmt werden.

Nun kann aus (112) die Einlaßschlitzlänge σ_e berechnet werden.

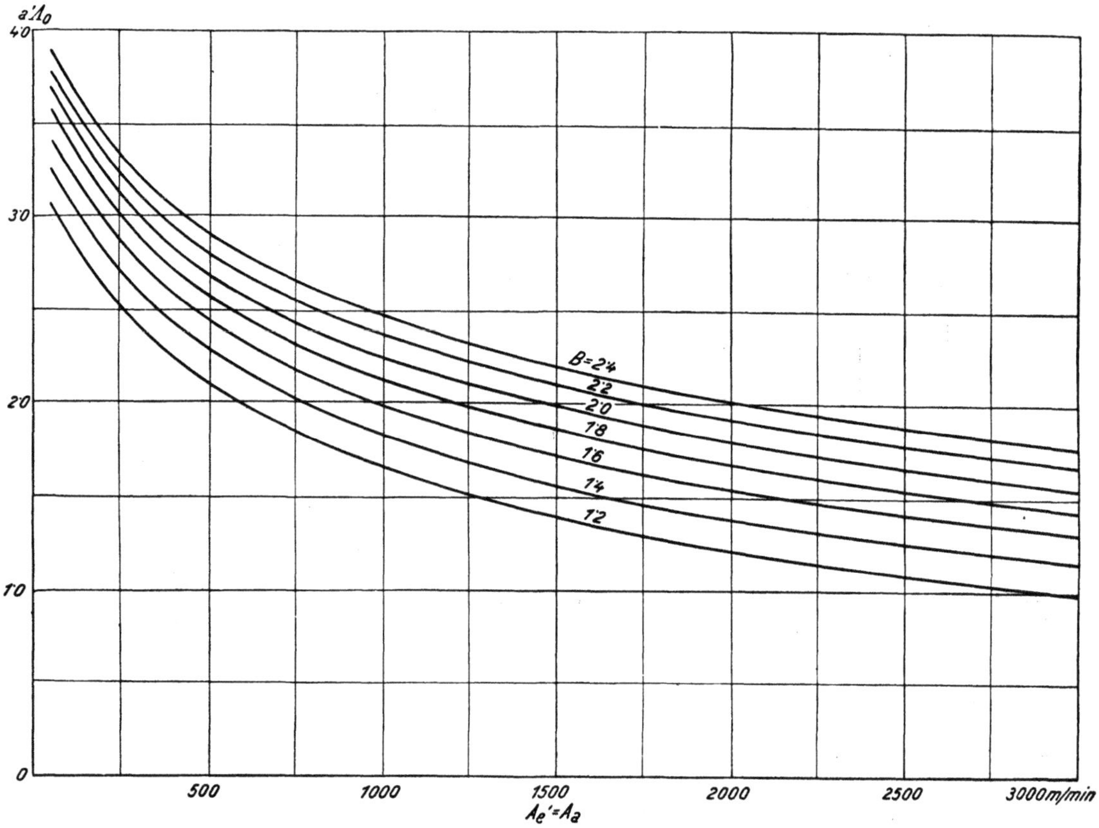

Abb. 131. Hilfstafel zur Ermittlung des Luftaufwandes für größten Nutzdruck $p_{e\,max}$.

Für die Ladearbeit findet man nach S. 100 und mit (111) für größten Nutzdruck

$$p_{La} = 0{,}336 \cdot K \cdot \sigma_e \cdot \left(1 - e^{-a'\Lambda_o}\right) \tag{114}$$

Der Nutzdruck ist damit nach S. 100

$$p_e = K\left(1 - 1{,}336 \cdot \sigma_e - 0{,}0057 \cdot \sqrt{A_a} + 2{,}4 \cdot 10^{-5} \cdot A_a\right) \cdot \left(1 - e^{-a'\Lambda_o}\right) - p_r. \tag{115}$$

Es ist demnach

$$a'\Lambda_o, \ \sigma_e, \ \frac{p_{La}}{K} \text{ und } \frac{p_e + p_r}{K}$$

nur von den Kennwerten A_e', A_a der Steuerung und der Größe B abhängig.

Zwischen Spüldruck und Ladearbeit besteht unter Verwendung von (60b/I) die Beziehung

$$(p_s - p_o) \cdot \left(\frac{p_o}{p_s}\right)^{0{,}376} = \frac{p_{La}}{K} \cdot \frac{B^4}{(a'\Lambda_o)\, a'^2} \tag{116}$$

Da $\frac{p_{La}}{K}$ und $a'\Lambda_o$ nur von A_e', A_a und B abhängen, ist der Spüldruck eine Funktion von A_e', A_a, B und a'. Abb. 130 enthält die für rasche Berechnung erforderlichen Hilfskurven.

Zur Bestimmung des dem Nutzdruck zugeordneten Verbrauches geht man von dem gegebenen Verbrauch $b_{i-1} \sim b_i$ aus. Es ist

$$b_e = \frac{b_i}{\eta_m} \text{ mit } \eta_m = 1 - \frac{\left(\frac{p_{La}}{p_e + p_r}\right) + \left(\frac{p_r}{p_e + p_r}\right)}{1 + \left(\frac{p_{La}}{p_e + p_r}\right)} \tag{117}$$

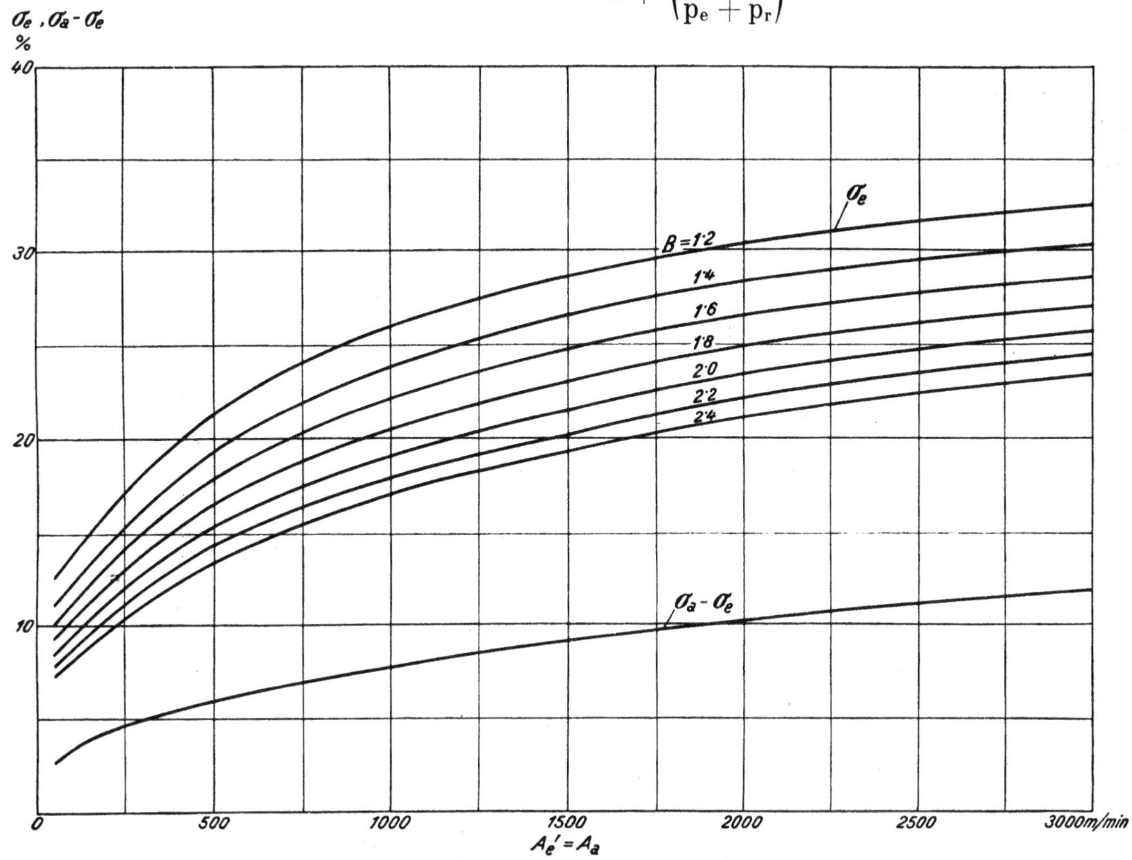

Abb. 132. Schlitzlängen für größten Nutzdruck $p_{e\,max}$.

Das Verhältnis $\frac{p_{La}}{p_e + p_r}$ kann aus (114) und (115), $\frac{p_r}{p_e + p_r}$ aus (115) bestimmt werden.

Spätere Berechnungen werden zeigen, daß infolge des größeren, wirksamen Hubraumes die Leistung bei mäßigem Rückschlagen der Abgase in den Spülbehälter größer wird als bei rückschlagfreiem Betrieb.

Eine überschlägige Untersuchung dieser Zusammenhänge hat gezeigt, daß das Leistungsmaximum ungefähr bei der halben Vorauspuffschlitzlänge $\sigma_a - \sigma_e$ für rückschlagfreien Betrieb erreicht wird und der Leistungsgewinn ungefähr dem Gewinn an wirksamem Hubraum entspricht. Die Verringerung des Luftaufwandes durch das Rückschlagen beträgt in diesem Fall, wie einige Rechnungen gezeigt haben, grob angenähert 10 Prozent und kann berücksichtigt werden, indem man ein um 10 Prozent kleineres μ_m in die Rechnung einführt.

Für Betrieb mit Rückschlagen wird die günstigste Schlitzlängendifferenz demnach annähernd

$$\sigma_a - \sigma_e = 0{,}00285 \,.\, \sqrt{A_a} - 1{,}2 \,.\, 10^{-5} \,.\, A_a \tag{118}$$

Auch in die früher angegebenen Ausdrücke sind für Betrieb mit Rückschlagen an Stelle von 0,0057 und $2{,}4 \cdot 10^{-5}$ die halben Werte 0,00285 und $1{,}2 \cdot 10^{-5}$ einzusetzen. Mittels des so erhaltenen Gleichungssystems ähnlich (110) bis (116) wurden in den Abb. 131 bis 135 die Bestimmungsgrößen der Steuerung für $A_e' = A_a$ ermittelt. a' Λ_o, τ_e, $\frac{p_e + p_r}{K}$ und $\frac{p_{La}}{p_e + p_r}$ sind als Funktionen von $A_e' = A_a$ und $B = \sqrt[4]{K \cdot \eta_{ad} \cdot a'^3}$ dargestellt. Der Spüldruck p_s ist abhängig von $A_e' = A_a$, B und a' einfach aus Abb. 135 zu bestimmen.

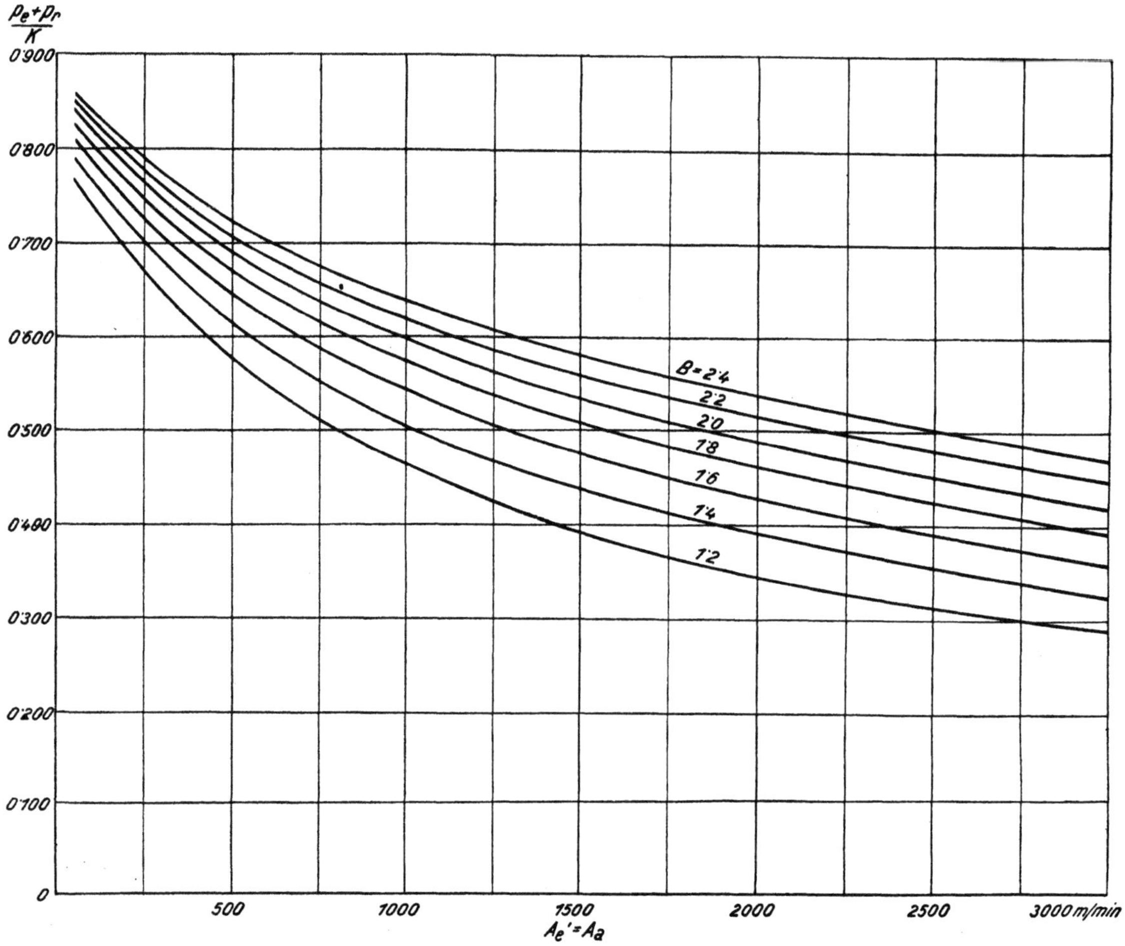

Abb. 133. Hilfstafel zur Ermittlung des größten Nutzdruckes $p_{e\,max}$.

Die Verwendung dieser Diagramme zur Auslegung einer Steuerung wird an einem Beispiel gezeigt:

Motordaten: D = 100 mm, s = 130 mm, r/l = 1/4, n = 1500 U/min, $\varepsilon = 18$.

Schlitzbreiten: $\beta_e \sin \gamma_e = 0{,}24$, $\beta_a = 0{,}18$.

Die Durchflußzahlen sind auf Grund von Erfahrungswerten an ähnlichen Steuerungen zu schätzen. Hier wird $\mu_m = 0{,}46$ (Steuerung ohne Rückschlagen $\mu_m = 0{,}51$), $\mu_a = 0{,}70$ angenommen.

Die Kennzahlen A_e', A_a der Steuerung sind damit:

$$A_e' = \frac{0{,}100 \cdot 1500}{0{,}24 \cdot 0{,}46} \cdot 0{,}875 = 1190 \text{ m/min.} \qquad A_a = \frac{0{,}100 \cdot 1500}{0{,}18 \cdot 0{,}70} = 1190 \text{ m/min.}$$

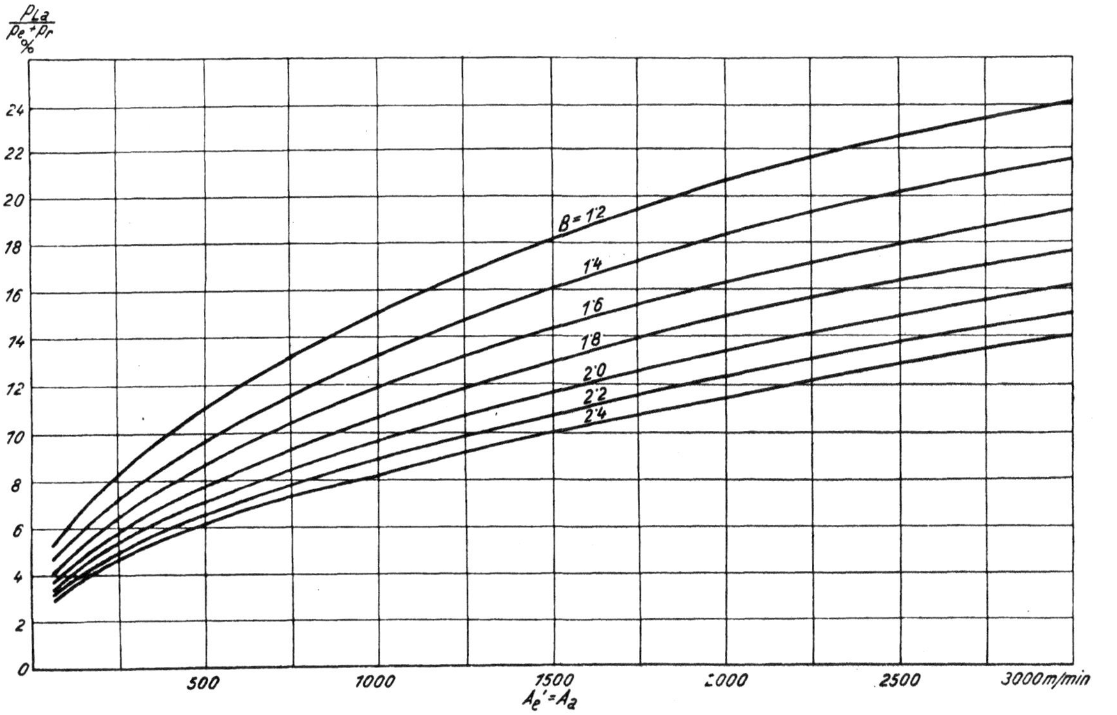

Abb. 134. Hilfstafel zur Bestimmung des Mitteldruckes der Spülpumpenarbeit p_{La} für größten Nutzdruck $p_{e\,max}$.

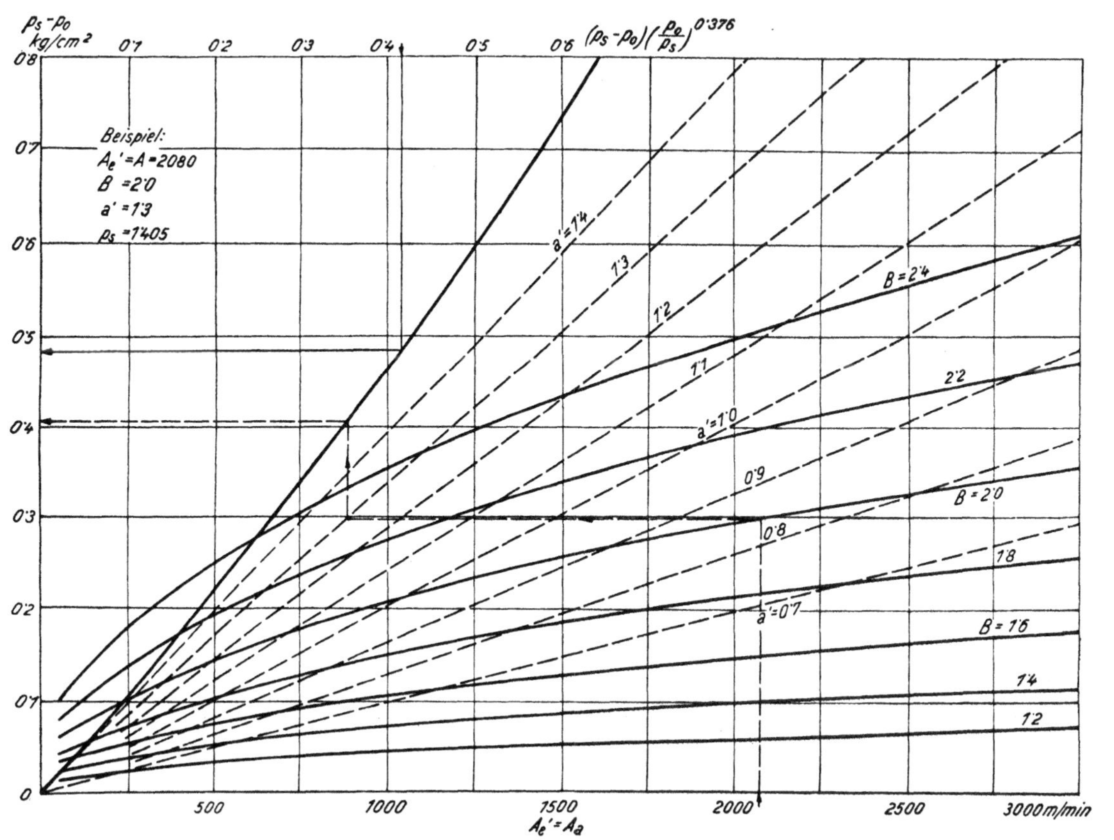

Abb. 135. Hilfstafel zur Bestimmung des Spüldruckes p_s für größten Nutzdruck $p_{e\,max}$.

Für den Arbeitsprozeß und die Verbrennung werden folgende Bestimmungsgrößen angenommen: $b_i = 0{,}140$ kg/PS h, $L_o = 12{,}0$ m³/kg, $\lambda = 1{,}8$ (direkte Einspritzung).

Der Wirkungsgrad der Spülpumpe (Rootsgebläse) sei $\eta_{ad} = 0{,}55$. Infolge der verhältnismäßig knapp bemessenen Auslaßschlitze kann angenommen werden, daß $p'_{za} \sim p_s$ ist. Schätzt man vorläufig $p_s = 1{,}25$, $p_{zm} = 1{,}12$ kg/cm², so wird nach (103):

$$K = \frac{27}{0{,}140 \cdot 12 \cdot 1{,}8} \cdot \left(\frac{1{,}25}{1{,}12}\right)^{0{,}715} \cdot 1{,}01 \cdot \frac{18}{17} = 10{,}3 \text{ kg/cm}^2$$

Der Umkehrspülung nach Schnürle entspricht nach Abb. 62 und 129 annähernd $a = 1{,}3$. z_m wird vorläufig 0,95 geschätzt. Damit ist nach (104)

$$a' = \frac{1{,}3}{1{,}01} \cdot \frac{1}{0{,}95} = 1{,}35$$

und

$$B = \sqrt[4]{10{,}3 \cdot 0{,}55 \cdot 1{,}35^3} = 1{,}93$$

Es ist zweckmäßig, nun gleich die Richtigkeit der Annahme über den Spüldruck zu prüfen. Man entnimmt Abb. 135 für die Werte von $A'_e = A_a$, B und a′ den Spüldruck $p_s = 1{,}23$ kg/cm². Eine Korrektur der Annahme von C und p_{za} erübrigt sich, da der Spüldruck, welcher der Rechnung bisher zugrunde gelegt wurde, nur wenig davon abweicht. Die Schlitzlänge ist nach Abb. 125, $\sigma_e = 0{,}195$, ferner ist $\sigma_a - \sigma_e = 0{,}08$, daher $\sigma_a = 0{,}275$. Setzt man für z_m in (104) das arithmetische Mittel der Zylinderräume bis zum unteren Totpunkt und bis zum Abschluß der Einlaßschlitze, so wird $z_m = \dfrac{1{,}045 + 0{,}85}{2} = 0{,}95$ in Übereinstimmung mit der Schätzung.

Aus Abb. 135 erhält man $\dfrac{p_e + p_r}{K} = 0{,}580$, daher $p_e + p_r = 6{,}0$ kg/cm² und mit dem geschätzten Reibungsdruck (siehe Abb. 126) $p_r = 0{,}9$ kg/cm² den Nutzdruck $p_e = 5{,}1$ kg/cm².

Aus Abb. 134 entnimmt man das Verhältnis $\dfrac{p_{La}}{p_e + p_r} = 0{,}106$; damit wird nach (117) der mechanische Wirkungsgrad

$$\eta_m = 1 - \frac{0{,}10 + 0{,}15}{1 + 0{,}1} = 0{,}773$$

Es ist daher ein Nutzverbrauch von annähernd $b_e = \dfrac{0{,}140}{0{,}773} = 0{,}181$ kg/PS.h zu erwarten.

Bestehen hinsichtlich der Schätzung einzelner grundlegender Werte größere Unklarheiten, so ist ein Bereich einzugrenzen, in dem sie voraussichtlich liegen werden. Die Steuerungsberechnung wird dann für die Grenzen dieses Bereiches durchgeführt und ergibt Grenzwerte für die Ergebnisse. Innerhalb dieser resultierenden Grenzwerte liegt der Bereich, in welchem, unterstützt durch Versuchsarbeit, Verbesserungen zur Erreichung eines maximalen Mitteldrucks angestrebt werden sollen.

In Abb. 136 bis 141 sind die Zusammenhänge zwischen den Kennwerten $A'_e = A_a$, dem Arbeitsfaktor K, der Kennzahl a′, der Spülung, den Bestimmungsgrößen der Steuerung und dem Nutzdruck p_e dargestellt.

Der Wirkungsgrad der Spülpumpe wurde $\eta_{ad} = 0{,}6$, $z_m = 0{,}95$, $C = 1{,}02$ nach Zahlentafel 8 und $p_r = 1$ kg/cm² angenommen.

Die Kennzahlen a = 0,90 und a = 1,3 der Spülkurven, welche den wichtigsten vorkommenden Bereich eingrenzen, sind mit diesen Annahmen a′ = 0,93 und a′ = 1,34.

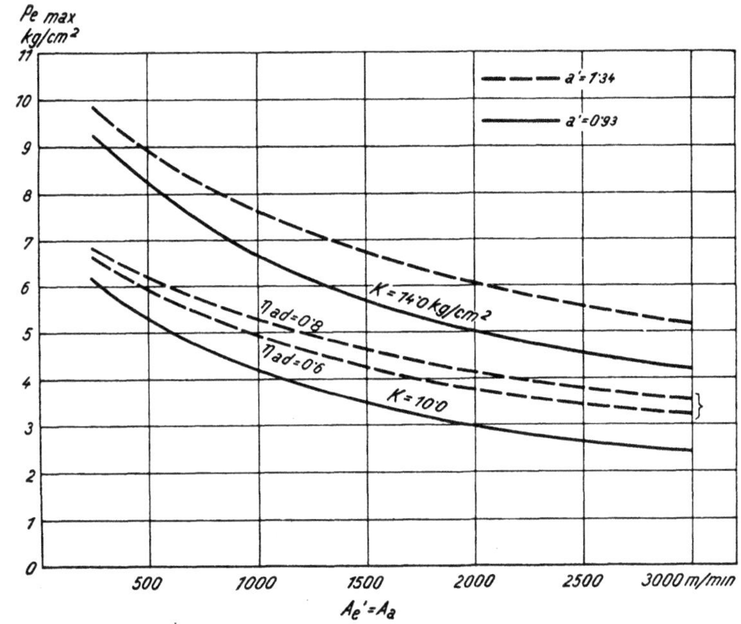

Abb. 136. $p_{e\,max}$ für $A_e' = A_a$.

Die Arbeitsfaktoren bei ausgeführten Dieselmotoren liegen im allgemeinen zwischen den Grenzen K = 10 bis 14 kg/cm².

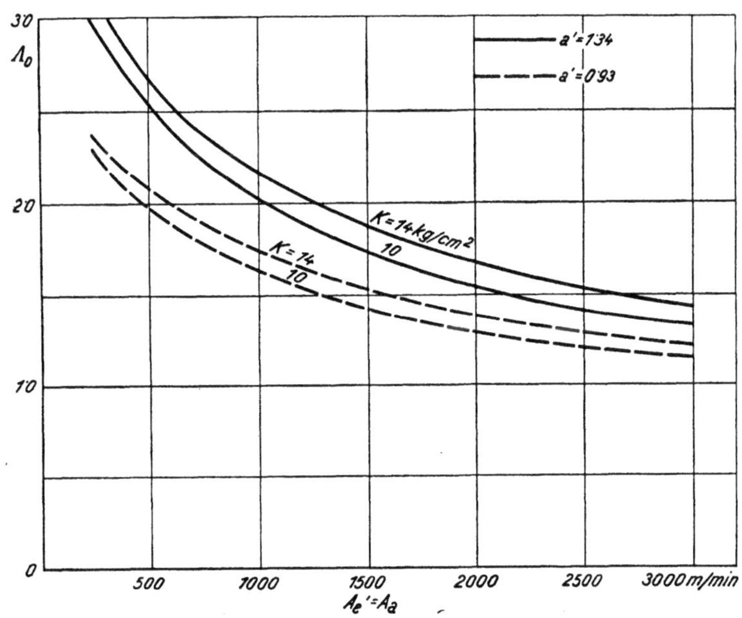

Abb. 137. Luftaufwand Λ_0 für $p_{e\,max}$ bei $A_e' = A_a$.

Mit zunehmender Kennzahl $A_e' = A_a$ nimmt nach Abb. 136 der Höchstwert des Nutzdruckes ab. Er steigt mit dem Arbeitsfaktor K. Eine Verbesserung der Spülwirkung (Höherlegen der Spülkurven) vergrößert a′ und damit auch den Nutzdruck $p_{e\,max}$.

Der $p_{e\,max}$ zugeordnete Luftaufwand erreicht nach Abb. 137 bei kleinen Kennzahlen $A_e' = A_a$ beträchtliche Werte. Er nimmt mit steigender Kennzahl ab. Der

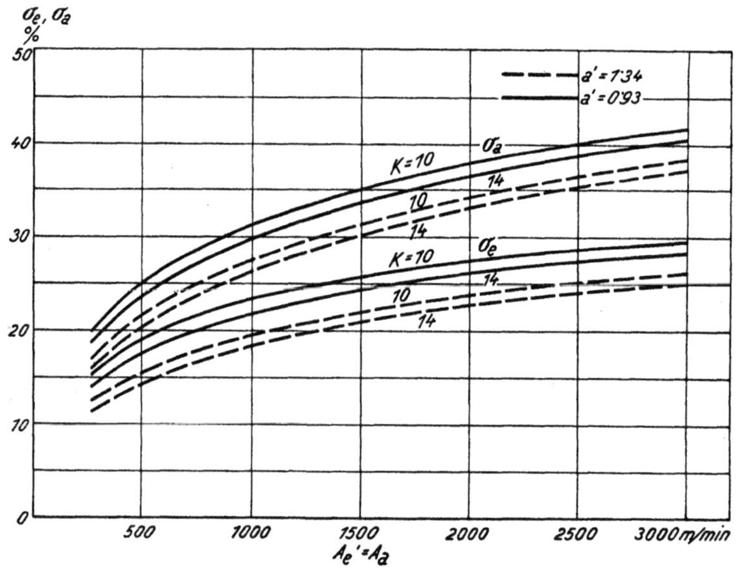

Abb. 138. Schlitzlängen σ_e, σ_a für $p_{e\,max}$ bei $A_e' = A_a$.

Arbeitsfaktor K hat einen geringeren, die Spülkennzahl a' einen stärkeren Einfluß auf das optimale Λ_0.

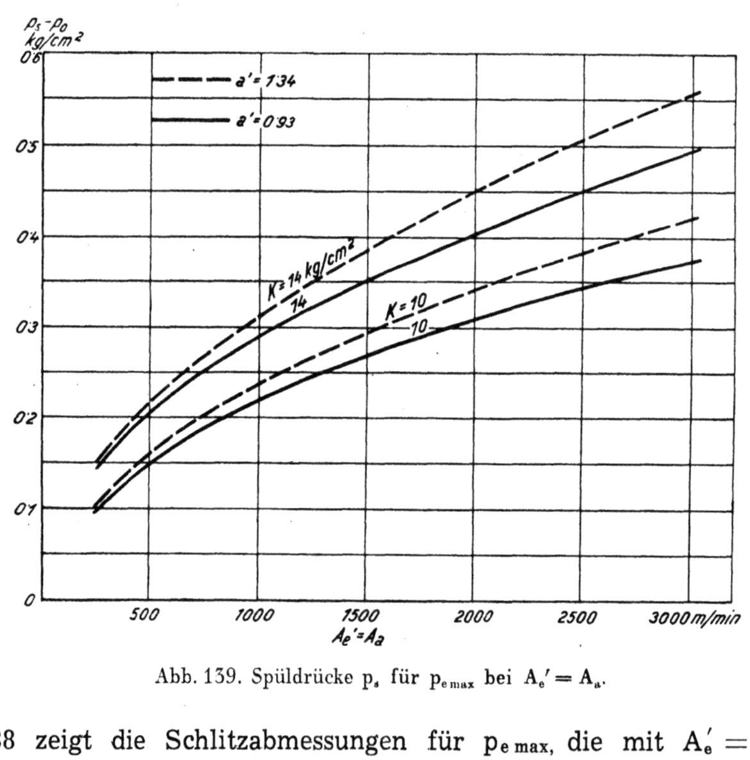

Abb. 139. Spüldrücke p_s für $p_{e\,max}$ bei $A_e' = A_a$.

Abb. 138 zeigt die Schlitzabmessungen für $p_{e\,max}$, die mit $A_e' = A_a$ ungefähr parabolisch zunehmen und von K schwächer, von a' stärker beeinflußt werden.

Der $p_{e\,max}$ zugeordnete Spülüberdruck $p_s - p_0$ nimmt nach Abb. 139 mit $A_e' = A_a$ zu und hängt weniger von a', stärker von K ab. Die relative Laderleistung $\frac{p_{La}}{p_e + p_r}$

steigt nach Abb. 140 mit der Kennzahl $A_e' = A_a$ und verändert sich wenig mit dem Arbeitsfaktor K, wesentlich stärker mit der Spülkennzahl a'. Bei großen Kennzahlen $A_e' = A_a$ wird vom Lader ein erheblicher Teil der Zylinderleistung absorbiert.

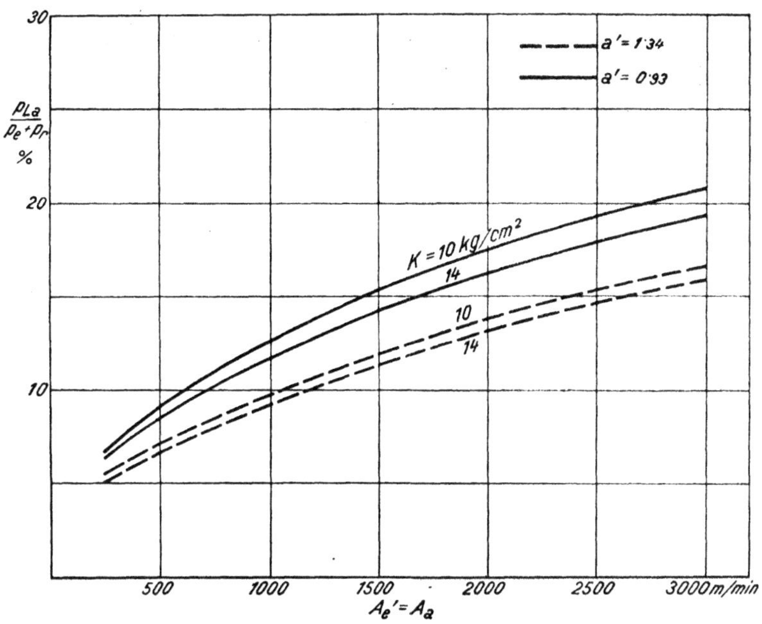

Abb. 140. Mitteldrücke der Spülpumpenarbeit p_{La} für $p_{e\,max}$ bei $A_e' = A_a$.

Bei gegebenem unveränderlichem Gütegrad der Arbeitsvorgänge ist der Nutzverbrauch nur vom mechanischen Wirkungsgrad η_m abhängig. Entsprechend Abb. 141

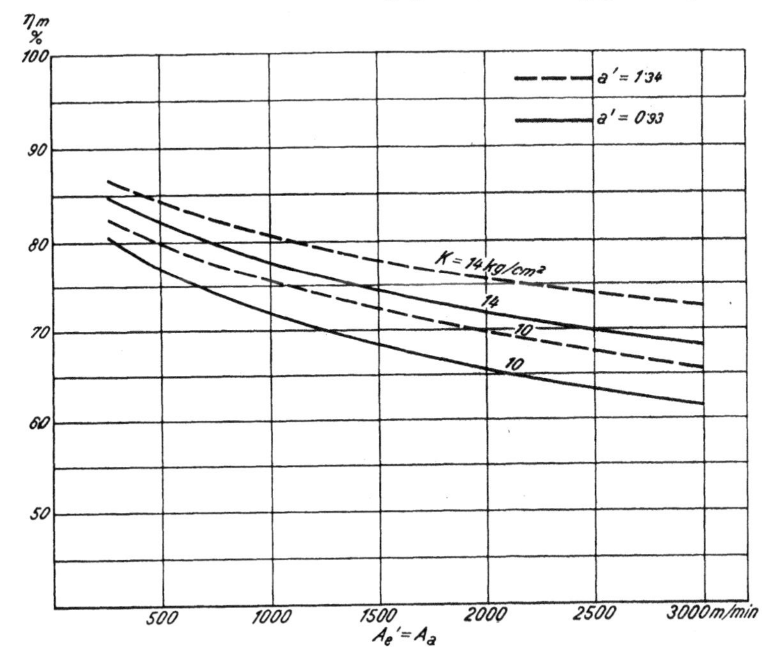

Abb. 141. Mechanischer Wirkungsgrad η_m für $p_{e\,max}$ bei $A_e' = A_a$.

fällt der Wirkungsgrad mit zunehmendem $A_e' = A_a$. Steigender Arbeitsfaktor und steigende Spülkennzahl a' erhöht ihn.

Merkbar, wenn auch nicht sehr groß, ist der Einfluß des Spülpumpenwirkungsgrades auf $p_{e\,max}$. Der Arbeitsfaktor K hängt nach S. 99 über C vom Spülpumpenwirkungsgrad ab. Außerdem ist der Parameter B der Kurven in Abb. 133 verhältig $\sqrt[4]{\eta_{ad}}$. Um die Größenordnung der Auswirkung von η_{ad} auf $p_{e\,max}$ zu veranschaulichen, wurde in Abb. 136 die Nutzdruckkurve für den Fall gezeichnet, daß bei unveränderten, $K = 10$ kg/cm² und $a' = 1{,}34$ zugehörigen Annahmen nur der Spülpumpenwirkungsgrad von 0,6 auf 0,8 erhöht wird. Man erhält infolge der Veränderung

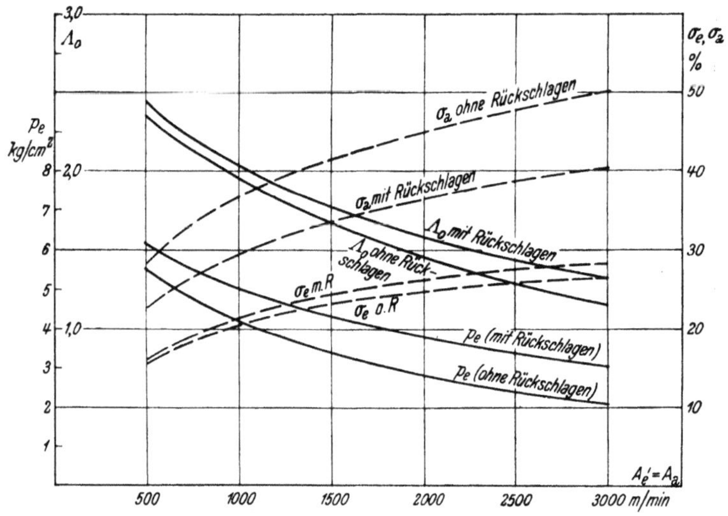

Abb. 142. Kennwerte einer Schlitzsteuerung bei $A_e' = A_a$. $K = 10{,}0$ kg/cm², $a' = 1{,}0$ für Betrieb mit und ohne Rückschlagen.

des Spülpumpenwirkungsgrades $K = 10{,}4$ kg/cm², $a' = 1{,}29$, $B = 2{,}06$. Die Erhöhung des Nutzdruckes beträgt rund 0,3 kg/cm².

Der durch die Abb. 136 bis 141 gegebene Überblick über die Zusammenhänge gilt qualitativ allgemein, quantitativ natürlich nur für die zugrundegelegten Annahmen. In dem eingegrenzten Bereich der dafür getroffenen Annahmen liegen die bei Dieselmotoren mit gutem Spülsystem praktisch vorkommenden Fälle.

Bei rückschlagfreiem Betrieb ist der Nutzdruck kleiner, denn die Auslaßschlitze sind in diesem Fall länger und machen einen größeren Teil des Hubraumes für den Arbeitsprozeß unwirksam. Abb. 142 zeigt die Unterschiede in den Bestimmungsgrößen der Steuerung und von $p_{e\,max}$ für Auslegungen mit und ohne Rückschlagen für einen bestimmten Fall ($A_e' = A_a$, $K = 10{,}0$ kg/cm², $a' = 1{,}0$). Der Nutzdruck liegt bei einer Steuerungsauslegung mit Rückschlagen wesentlich höher, insbesondere im Bereich größerer Kennwerte $A_e' = A_a$.

β) Ermittlung der Steuerung für größten Nutzdruck bei gegebenem Luftaufwand.

Wenn der Luftaufwand festgelegt ist, z. B. durch die praktisch ausführbare Größe der Spülpumpe oder mit Rücksicht auf die Innenkühlung, so wird zur Bestimmung der günstigsten Verhältnisse der noch frei bestimmbaren Größen σ_e, σ_a und p_s von den Ausdrücken (111) und (118) ausgegangen, (112) entfällt, da Λ_o gegeben ist.

In den meisten Fällen wird der Luftaufwand Λ_o bei Spülung mit gesonderter Spülpumpe zwischen 1,3 und 1,5 angenommen.

Mit dem Mittelwert $\Lambda_o = 1{,}4$ wird die Einlaßschlitzlänge für eine Spülung mit $A'_e = A_a$ $a' = 1$, $K = 11{,}0$ kg/cm², $\eta_{ad} = 0{,}7$ und $p_r = 1{,}0$ kg/cm²:

$$\sigma_e = 0{,}0053 \,.\, \sqrt{A'_e}$$

der zugehörige Nutzdruck ohne Rückschlagen:

$$p_e = 7{,}3 - 0{,}106 \,.\, \sqrt{A_a} + 2{,}0 \,.\, 10^{-4} \,.\, A_a \text{ kg/cm}^2$$

und mit Rückschlagen:

$$p_e = 7{,}3 - 0{,}082 \,.\, \sqrt{A_a} + 1{,}0 \,.\, 10^{-4} \,.\, A_a \text{ kg/cm}^2$$

γ) *Ermittlung der Steuerungsdaten für günstigsten Verbrauch.*

Der Wirkungsgrad η_i hängt hauptsächlich vom Verlauf der Arbeitsvorgänge im Zylinder ab. Der Ladungswechsel wirkt entsprechend der in Abb. 13 schraffierten Fläche und über den Anfangszustand der Ladung auf η_i im allgemeinen nur geringfügig ein, so daß dieser Einfluß bei der folgenden, angenäherten Untersuchung vernachlässigt werden kann. Es wird bei dieser daher angenommen, daß η_i und daher b unabhängig vom Ladungswechsel ist.

Der Ladungswechsel beeinflußt den Nutzwirkungsgrad η_e somit unmittelbar nur durch den Arbeitsaufwand für die Spülpumpe. Da $\eta_e = \eta_m \,.\, \eta_i$ ist, erreicht η_e bei konstantem η_i seinen Größtwert mit $\eta_{m\,max.}$

Damit ergibt sich die Aufgabe, jene Kenngrößen des Ladungswechsels zu ermitteln, für die

$$\eta_m = 1 - \frac{p_r + p_{La}}{p_i}$$

seinen Größtwert, daher der Ausdruck

$$D = \frac{p_r + p_{La}}{p_i}$$

seinen Kleinstwert erreicht.

Mit den gleichen Vereinfachungen und Bezeichnungen wie im Abschnitt g) α werden durch rechnerische Minimumbildung die Bedingungen (112) und

$$\sigma_e^3 = \frac{(a' \Lambda_o)^2 \,.\, A_e^2}{1{,}77 \,.\, 10^9 \,.\, p_r \,.\, \eta_{ad} \,.\, a'^3} \cdot [3 \,.\, (e^{a' \Lambda_o} - 1) - a' \Lambda_o] \tag{119}$$

erhalten. Die Verbindung beider Gleichungen gibt

$$\sqrt[4]{\frac{1000 \,.\, (a' \Lambda_o)}{\left(e^{a' \Lambda_o} - 1 + a' \Lambda_o\right)^3 \,.\, \left[3 \,.\, \left(e^{a' \Lambda_o} - 1\right) - a' \Lambda_o\right]}} = \frac{\sqrt{A'_e}}{36{,}6\,[1 - (\sigma_a - \sigma_e)]^{\frac{3}{4}} \,.\, \sqrt[4]{p_r\, \eta_{ad} \,.\, a'^3}} \tag{120}$$

mit $\sigma_a - \sigma_e$ nach (108) oder (118) für Auslegungen der Steuerung mit und ohne Rückschlagen.

Der Ausdruck auf der linken Seite (120) ist in Abb. 130 (Kurve d) dargestellt. Aus den gegebenen Größen der rechten Seite ist damit $a' \Lambda_o$ bestimmbar.

Die Schlitzlänge σ_e kann nun aus (112) gerechnet werden. Der von $a' \Lambda_o$ abhängige Teil dieses Ausdruckes ist in Abb. 130 (Kurve a) enthalten.

Nun ist p_i aus (109) zu bestimmen, wozu die Funktion von $a' \Lambda_o$ Abb. 130 (Kurve c) zu entnehmen ist.

Die Spülpumpenarbeit ist nach (110)

$$p_{La} = \frac{1}{1{,}77 \,.\, 10^9} \cdot \frac{A_e'^2 \,.\, \Lambda_o^3}{\sigma_e^3 \,.\, \eta_{ad}} \tag{121}$$

und damit p_e und η_m berechenbar.

In Abb. 143 und Abb. 144 sind für bestimmte Annahmen die Bestimmungsgrößen der Steuerung für optimale Auslegung hinsichtlich Nutzdruck und hinsichtlich Verbrauch dargestellt. Die Unterschiede der Wirkungsgrade und Nutzdrücke beider Fälle sind nicht sehr groß. Nach Abb. 144 ist für $\eta_{m\,max}$ gegenüber der Auslegung

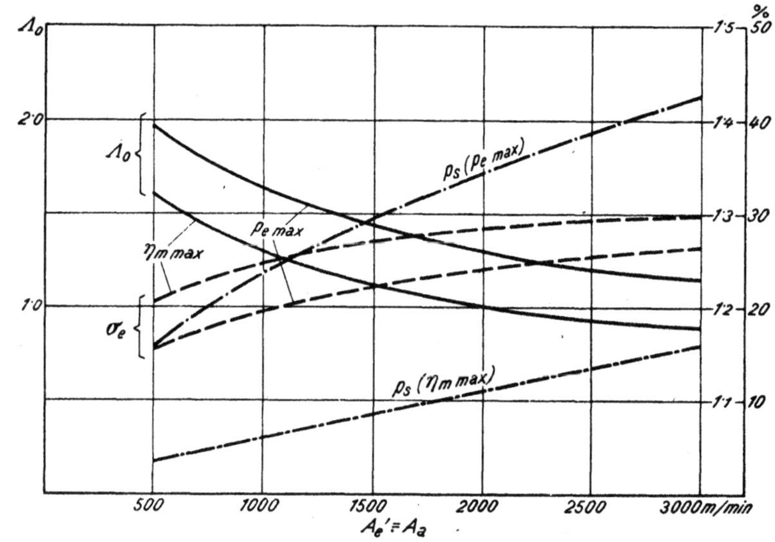

Abb. 143. Werte von p_e und η_m bei optimalem Nutzdruck und optimalem Verbrauch.

für $p_{e\,max}$ die Schlitzlänge zu vergrößern, der Luftaufwand zu vermindern und durch diese, gleichsinnig auf den Spüldruck wirkenden Maßnahmen, dieser zu senken.

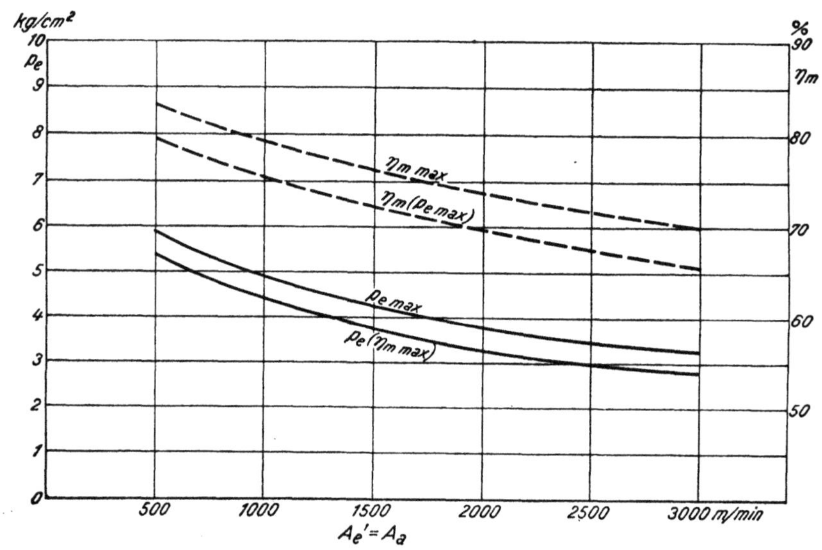

Abb. 144. Kennwerte einer Schlitzsteuerung für optimalen Nutzdruck und optimalen Verbrauch.

Vielfach wird es zweckmäßig sein, bei der Auslegung der Steuerung ein Kompromiß zwischen den Forderungen nach hohem Nutzdruck und niederem Verbrauch zu schließen und eine Auslegung zu wählen, die zwischen der für die beiden Optimalwerte liegt.

Ein Abrücken von den Werten, die $p_{e\,max}$ zugeordnet sind, ist meist auch dann erwünscht, wenn die Bauart der Spülpumpe hohe Spüldrücke ausschließt oder unwirtschaftlich macht. (Begrenzung der Drehzahl bei Schleudergebläsen aus konstruktiven Gründen, schlechter Wirkungsgrad bei hohen Spüldrücken in Rootsgebläsen.)

Auf die fallweise Notwendigkeit eines Mindestluftaufwands zur Innenkühlung hochbeanspruchter Motoren wurde bereits hingewiesen.

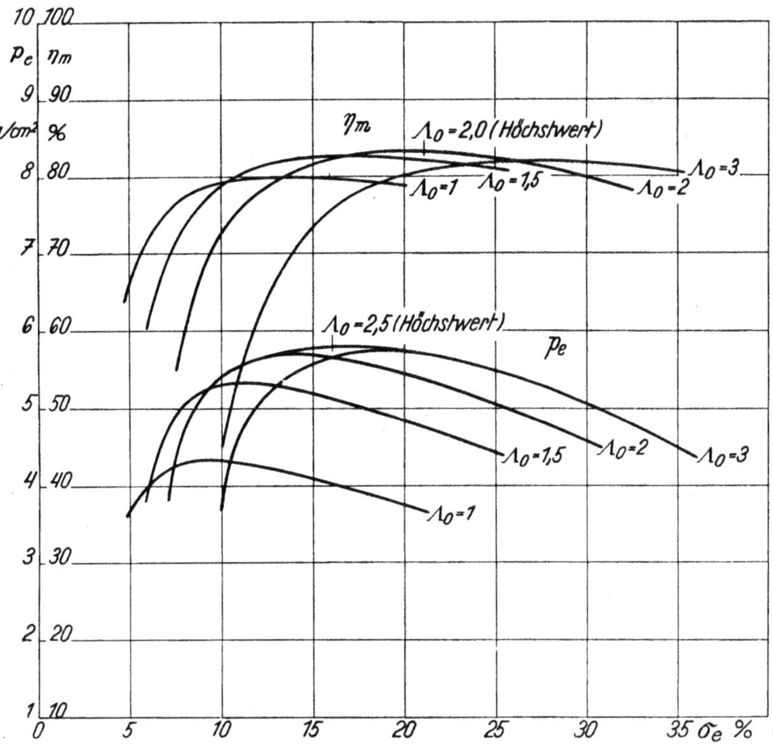

Abb. 145. Abhängigkeit des p_e und η_m von der Einlaßschlitzlänge σ_e und dem Luftaufwand Λ_0 ($A_e' = A_a = 400$ m/min, $a' = 1{,}0$, $p_r = 1{,}0$ kg/cm², $\eta_{ad} = 0{,}7$).

Mit Ausdruck (110) kann der Nutzdruck und in weiterer Folge η_m für beliebig angenommene Bestimmungsgrößen der Steuerung überschlägig ermittelt werden. Um die Zusammenhänge zwischen Λ_o, σ_e und den für Verbrauch und Leistung maßgebenden Größen η_m und p_e auch außerhalb der Höchstwerte zu veranschaulichen, wurden in Abb. 145 für $A_e' = A_a = A = 400$ m/min, $a' = 1{,}0$, $p_r = 1{,}0$ kg/cm², $\eta_{ad} = 0{,}7$ Kurven für Λ_o = konst. in einem Koordinatensystem mit p_e, η_m und σ_e dargestellt. Daraus läßt sich ein Überblick gewinnen, wie weit ein Abweichen von den Steuerungsgrößen für günstigsten Verbrauch oder Leistung den Verbrauch und die Leistung verändert.

Man erkennt, daß im verhältnismäßig weiten Bereich um $p_{e\,max}$ und $\eta_{m\,max}$ sich diese Größen nur wenig verändern. Die Auslegung der Steuerung erscheint demnach nicht allzu empfindlich. Ein stark ausgeprägter Leistungs- und Wirkungsgradabfall tritt erst ein, wenn die Schlitzlängen bestimmte Werte unterschreiten.

δ) *Überblick über den Zusammenhang zwischen Nutzdruck, Verbrauch und den Bestimmungsgrößen der Steuerung.*

Eine Übersicht über die Zusammenhänge zwischen den Steuerungsdaten einerseits und p_e, b_e andererseits läßt sich für einen gegebenen Fall aus einem Übersichtsdiagramm gewinnen, das in folgender Weise erhalten werden kann:

Man trägt für das A'_e des Spülsystems in einem Λ_o, σ_e Koordinatensystem mit der Beziehung (33) Linien konstanten Spüldruckes p_s ein. Die Auslaßschlitzlänge kann überschlägig mit (108) oder (118) ermittelt werden.

Rechnet man mit konstantem Arbeitsfaktor K, so kann der zu jedem Punkt gehörige Wert von p_e mit (110) bestimmt und über die Beziehung (117) auch der zugehörige Verbrauch gerechnet werden.

Es ist aber ohne Schwierigkeiten möglich, auch andere Annahmen in das Verfahren einzuführen, z. B. eine allgemeine Abhängigkeit des p'_{za} vom Spüldruck und die Abhängigkeit des b_i vom Spülgrad λ_s. Rechnet man p'_{za} schrittweise nach Seite 38 für mehrere Spüldrücke und Schlitzabmessungen σ_e und σ_a, so lassen sich die zu jedem Punkt gehörigen Werte von p'_{za} durch zweifache Interpolation ermitteln. Aus geschätzten mittleren Werten p_{i-1}, φ_w und η_{i-1} kann mit (7) der Druck beim Öffnen des Auslasses berechnet werden. Er kann annähernd für den ganzen Bereich des Übersichts-Diagramms gleich angenommen werden. Damit ist nun λ'_s und λ_s aus (72) und (86) zu ermitteln, mit (82) auf die Temperatur T'_{za} und mit (91) auf λ_g zu schließen. Die Erfolgsgrößen des Ladungswechsels für jeden Diagrammpunkt sind nun gegeben, der Innendruck und der Nutzdruck daraus bestimmbar.

Verbindet man die Punkte mit gleichem p_e und b_e, so erhält man ein Diagramm, dem $p_{e\,max}$ und $b_{e\,min}$ entnommen werden können.

Dieses Übersichtsdiagramm ermöglicht eine gute Beurteilung der Einflüsse der einzelnen Bestimmungsgrößen der Steuerung auf Leistung und Verbrauch und gibt Grundlagen für die erste Auslegung der Steuerung. Davon ausgehend ist die Abstimmung der Steuerung durch schrittweise Berechnung einiger Varianten oder durch den Versuch zu verbessern.

Bei den vorstehenden Ausführungen wurde angenommen, daß für die Höchstleistung des Motors ausschließlich die Rauchgrenze maßgebend ist. Das gilt für kleinere Motoren mit kleiner bis mittlerer Drehzahl.

Bei Motoren großer Leistung und bei Schnelläufern ist man mit Rücksicht auf die thermische Belastung der Maschine meist gezwungen, unter der durch die Rauchgrenze gegebenen Leistungsgrenze zu bleiben.

Eine Ermittlung der thermischen Belastung des Motors ist dadurch möglich, daß man die Temperaturen der thermisch höchstbeanspruchten Teile und Stellen mißt. Bei Zweitaktmotoren liegen diese thermisch höchstbeanspruchten Stellen fast stets im Kolben und sind für Temperaturmessungen schwer zugänglich. Vielfach begnügt man sich daher mit der Überwachung der einfach zu messenden Auspufftemperatur als Maß der Wärmebeanspruchung des Motors und legt Grenzen dafür aus Erfahrungswerten fest.

Nach (87/I) hängt die Auspufftemperatur eines Motors bei richtig eingestelltem Verbrennungsablauf im wesentlichen nur von der stündlich zugeführten Brennstoffmenge und vom Luftaufwand ab. Versuche haben diese Zusammenhänge bestätigt. Man kann daher durch Vergrößern des Luftaufwandes bei gleichbleibender zugeführter Brennstoffmenge und damit auch annähernd gleichbleibender Leistung die Auspufftemperatur herabsetzen. Bei thermisch gefährdeten Motoren bleibt man daher mit der Höchstleistung unter der Rauchgrenze und mit Λ_o vielfach über dem Wert, welchen man durch die Bestimmung der Steuerungsabmessungen für optimale Leistung erhält.

h) Beispiel für die Berechnung der Steuerungsabmessungen eines Zweitaktmotors mit symmetrischen Steuerzeiten.

Die Verwendung der in den vorhergehenden Abschnitten entwickelten Beziehungen zur Vorausberechnung von Steuerdaten, Leistung und Verbrauch eines Zweitaktmotors mit einfacher Schlitzsteuerung wird im folgenden an einem Beispiel gezeigt:

Der Motor hat einen Zylinderdurchmesser $D = 155$ mm, einen Hub $s = 170$ mm, die Drehzahl $n = 1750$ U/min, $\varepsilon = 16$ (Abschluß der Auslaßschlitze), ein Schubstangenverhältnis $r/l = 0{,}25$; Umkehrspülung nach Schnürle.

Aus dem Entwurf der Schlitzanordnung entnimmt man die Schlitzbreiten und die Neigung der Schlitze gegen die Zylinderachse. Im vorliegenden Fall ist

$$\beta_a = 0{,}20, \quad \beta_e = 0{,}30, \quad \gamma_e = 50^0.$$

Die Breiten wurden senkrecht zur Stromrichtung abgegriffen und zum Zylinderumfang ins Verhältnis gesetzt. Auf Grund von Messungen an Motoren mit ähnlichen Schlitzanordnungen sind die Durchflußzahlen $\mu_m = 0{,}5, \mu_a = 0{,}65$ anzunehmen.

Es ist

$$A_e' = \frac{0{,}155 \quad 1750}{0{,}3 \,.\, 0{,}765 \,.\, 0{,}5} \cdot 0{,}875 = 2070 \text{ m/min}$$

$$A_a = \frac{0{,}155 \,.\, 1750}{0{,}2 \,.\, 0{,}65} = 2080 \text{ m/min.}$$

Für die vom Arbeitsverfahren abhängigen Größen liegen im gegebenen Fall folgende Erfahrungswerte vor:

$$b_i = 0{,}140 \text{ kg/PS . h}, \quad L_o = 12 \text{ m}^3\text{/kg } (1 \text{ at}, 15^0 \text{C}), \quad \lambda = 1{,}45.$$

Der adiabatische Wirkungsgrad der Spülpumpe wird 0,6 angenommen. Nach S. 99 ist daher im Mittel $C = 1{,}02$ einzusetzen. Mit (103) wird $K = 12{,}0$ kg/cm².

Nach Abb. 62 kann man bei einem Luftaufwand $\Lambda_o \sim 1{,}5$ für die Spülkurve $a = 1{,}28$ setzen. Daher ist mit der zunächst 25% geschätzten Einlaßschlitzlänge und 4% von V_h als Verdichtungsraum nach (104)

$$a' = \frac{1{,}28}{0{,}915 \,.\, 1{,}02} = 1{,}37$$

Aus (111) bis (118) erhält man für $p_{e\,max}$ und $b_{e\,min}$ bei Betrieb mit Rückschlagen:

Größter Nutzdruck:

$\sigma_e = 23\,\%$	$\Lambda_o = 1{,}33$	$p_e = 4{,}9$ kg/cm²
$\sigma_a = 34\,\%$	$p_s = 1{,}42$ kg/cm²	$b_e = 192$ g/PS.h

Kleinster Verbrauch:

$\sigma_e = 28{,}0\,\%$	$\Lambda_o = 1{,}02$	$p_e = 4{,}3$ kg/cm²
$\sigma_a = 38{,}5\,\%$	$p_s = 1{,}12$ kg/cm²	$b_e = 178$ g/PS.h

Das nach Abschnitt 1, g, δ für K=konst. gezeichnete Übersichtsdiagramm Abb. 146 gibt angenähert die Zusammenhänge zwischen Nutzdruck, Verbrauch, Spüldruck und σ_e, Λ_o.

Zunächst fällt an diesem Diagramm auf, daß die Kuppe des p_e und die Mulde des b_e flach sind, daß daher mäßige Abweichungen von den günstigsten Werten keine wesentlichen Verschlechterungen ergeben. Hoher Nutzdruck erfordert verhältnismäßig hohen Spüldruck und daher kurze Schlitze, kleiner Verbrauch verhältnismäßig niederen Spüldruck und lange Schlitze. Dem Diagramm Abb. 146 liegt die Annahme zugrunde, daß b_i unabhängig von λ_s ist. Da bei höheren Drehzahlen ein

Ansteigen von b_i mit fallendem λ_s zu erwarten ist, worüber allerdings zahlenmäßige Angaben noch nicht gemacht werden können, kann angenommen werden, daß im Bereich kleiner Luftaufwände die eingetragenen p_e-Werte zu hoch, die b_e-Werte zu tief liegen. Ein Betrieb mit kleinen Luftaufwänden ist im vorliegenden Fall, auch mit Rücksicht auf die thermische Beanspruchung des Motors, praktisch kaum möglich.

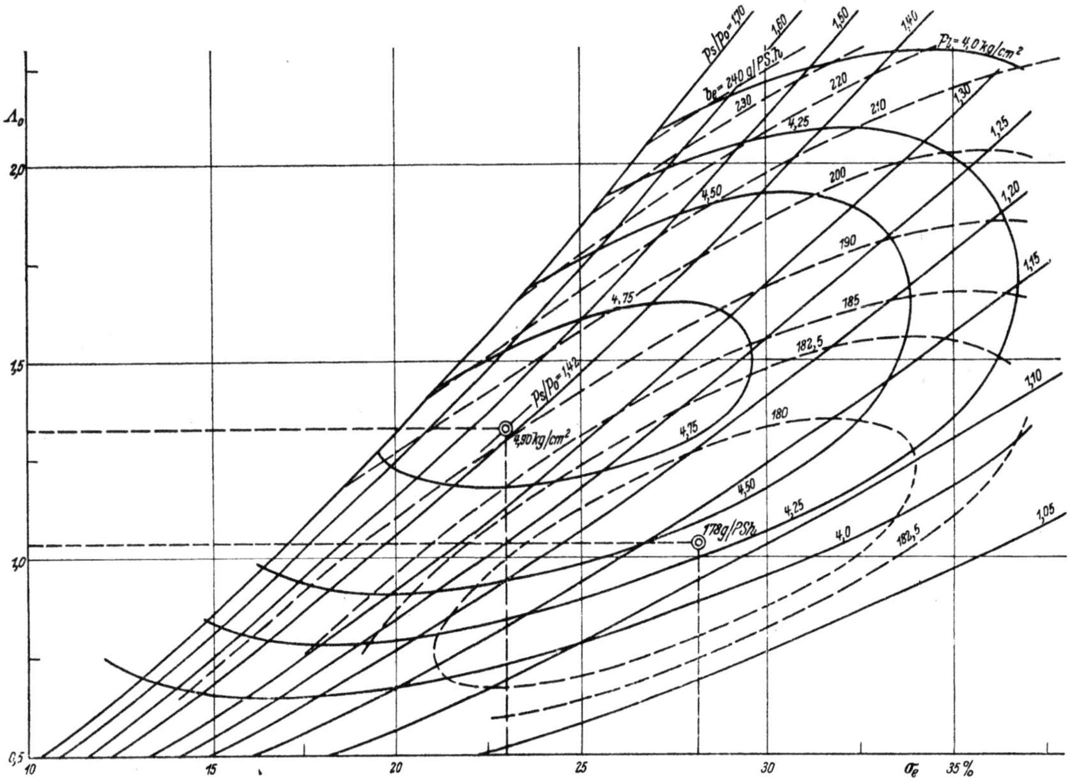

Abb. 146. Berechnetes Übersichtsdiagramm über die Zusammenhänge von p_e, b_e mit dem Luftaufwand Λ_o, der Einlaßschlitzlänge σ_e und dem Spüldruck p_s für eine Schlitzsteuerung eines Schnelläufers mit $A_s' =$ = 2070 m/min, A_a = 2080 m/min, K = 12,0 kg/cm² und a' = 1,37.

Die im unteren Teil der Abb. 146 liegenden Kurven sind daher voraussichtlich zu günstig und nicht unmittelbar auf die untersuchte Maschine anzuwenden.

Mit Rücksicht auf die Spülpumpe wird man im allgemeinen weder über das günstigste Λ_o noch über das günstigste $\frac{p_s}{p_o}$ hinausgehen, demnach für die Ausführung bzw. als Ausgang für die genauere Untersuchung Werte wählen, die Punkten in der Nähe der Verbindungslinie von $p_{e\,max}$ und $b_{e\,min}$ zugeordnet sind. Im vorliegenden Fall ist, wenn vor allem gute Leistung verlangt wird, ungefähr

$$_e = 25{,}5\,\%, \quad _a = 37\,\%, \quad \Lambda_o = 1{,}35, \quad \frac{p_s}{p_o} = 1{,}30 \text{ zu wählen.}$$

Damit kann ungefähr $p_e = 4{,}75$ kg/cm², $b_e = 185$ g/PS.h erwartet werden.

Aus besonderen Gründen, die hier ohne Bedeutung sind, wurde für den Motor ein höherer Spüldruck $p_s = 1{,}50$ kg/cm² und $\sigma_e = 0{,}22$, $\Lambda_o = 1{,}33$ gewählt. Die auf S. 103 getroffenen Annahmen über die günstigste Auslaßschlitzlänge für den Bereich mit Rückschlagen gelten nur ungefähr. Um die günstigste Auslaßschlitzlänge genauer zu erhalten, ist die folgende für $\sigma_a = 0{,}38$ durchgeführte Berechnung für mehrere Auslaßschlitzlängen zu wiederholen.

Die Berechnung des Ladungswechsels bei gegebenen Steuerungsverhältnissen beginnt mit dem Vorauspuff. Dazu muß der Druck p_{za} im Zylinder zu Beginn des Vorauspuffs ermittelt werden. Man erhält ihn aus Ausdruck (7) in Abhängigkeit von p_{i-1}.

Auf Grund einer überschlägigen Rechnung wurde $p_{i-1} = 6{,}7$ kg/cm^2 angenommen. Es kann weiter

$$C_{vm} \Big/_{0}^{t_{za}} \sim 6{,}00 \text{ kcal/Mol } ^0\text{C},$$

(entsprechend einer geschätzten Abgastemperatur $t_{za} = 900^0$ C), $\eta_u = 1, \eta_{i-1} = 0{,}45$, (entsprechend $b_i = 0{,}140$ kg/PS . h), $\delta' = 1{,}045$ (entsprechend $\lambda = 1{,}45$, $\lambda_s = 0{,}93$) gesetzt werden. Die während der Arbeitsvorgänge übergegangene Wärme im Verhältnis zur zugeführten Brennstoffenergie wird nach Band 2 (2. Auflage) $\varphi_w = 0{,}15$ geschätzt, der Anfangsdruck zu Beginn der Verdichtung vorläufig mit $p'_{za} = 1{,}26$ kg/cm^2 angenommen. Es ist

$$p_{za} = 1{,}045 \,.\, 1{,}26 + \frac{1{,}986}{1{,}045 \,.\, 6{,}0} \cdot \frac{15}{16} \cdot \frac{1}{0{,}62} \cdot \frac{1-0{,}45-0{,}15}{0{,}45} \cdot 6{,}7 = 4{,}17 \text{ kg/cm}^2$$

Nun kann der Druck beim Öffnen der Einlaßschlitze aus (3), Abb. 9 und 11 ermittelt werden.

Entsprechend der früheren Schätzung ist $T_{za} = 1173^0$ K einzusetzen.

Man erhält mit $\varkappa = 1{,}33$ (bei Berücksichtigung des Wärmeübergangs ist an Stelle von $\varkappa$ nach Seite 19 m einzusetzen). R = 29,0

$$z_m = (1 - 0{,}38) \cdot \frac{16}{15} + 0{,}08 = 0{,}74$$

$$C = 1{,}5 \,.\, 2080 \cdot \frac{0{,}74}{1{,}33 \,.\, \sqrt{29{,}1173}} \cdot (4\ 17)^{0{,}124} = 11{,}3$$

$$B = 1{,}5 \,.\, 2080 \cdot \frac{1}{2{,}10 \,.\, \sqrt{29 \cdot 1173}} = 8{,}05$$

Aus Abb. 11 ist $\int \vartheta \, d\alpha = 1{,}70$ für $\sigma_e = 0{,}22$ und $\sigma_a - \sigma_e = 0{,}16$ zu entnehmen, die linke Seite von Gleichung (3) ist damit 0,26. Aus Abb. 9 erhält man für $\frac{p_{za}}{p_0} = 4.17$ den Integralwert 0,47; daher wird der Integralwert für das Ende des Vorauspuffs $0{,}47 + 0{,}26 = 0{,}73$, welcher nach Abb. 9 $\frac{p_{za}}{p_{ze}} = 2{,}35$ ergibt.

Mit dem Druck $p_{ze} = 2{,}35$ kg/cm^2 ist nun die schrittweise Berechnung des weiteren Ausströmvorganges bei gleichzeitig geöffneten Auslaß- und Einlaßschlitzen bis zum Beginn der Spülung weiterzuführen und die in den Spülbehälter rückschlagende Abgasmenge zu ermitteln.

Man rechnet mit (9) wie auf S. 12 angegeben. Für die Durchflußzahl wurde während des Rückschlagens $\mu_a = \mu_e = 0{,}6$ gesetzt. Die Konstanten in (9) sind

$$w_{me} = 9{,}8 \text{ m/sek}; \quad w_{ma} = 11{,}3 \text{ m/sek}$$

Die Temperatur zu Beginn des Rückschlagens kann entsprechend der anfänglichen Schätzung von T_{za} mit

$$T_{ze} = 1173 \cdot \left(\frac{2{,}35}{4{,}17}\right)^{\frac{0{,}33}{1{,}33}} \sim 1000^0 \text{ K}$$

eingesetzt werden. Im weiteren wird der Rechnung eine adiabatische Veränderung der Temperatur mit dem Druck zugrunde gelegt. Es genügt, jeweils mit dem bekannten Wert der Temperatur am Beginn des Intervalls zu rechnen. Das verhältnismäßige Zylindervolumen ist

$$z'' = (1 - \sigma_a) \cdot \frac{\varepsilon}{\varepsilon - 1} + \sigma_a'' \tag{122}$$

Darin ist σ_a'' die freie Öffnung der Auslaßschlitze in der Mitte des Intervalls.

Mit einer Intervalldauer von $\Delta\alpha = 6^0$ KW, der freien Öffnungsweite der Schlitze von $\sigma_e'' = 0{,}025$, $\sigma_a'' = 0{,}185$ in der Mitte des ersten Intervalls, $z = 0{,}845$ und $\Delta z = 0{,}04$ wird nach (9):

$$1 - \frac{p_z'}{p_z''} = -\frac{1{,}33}{0{,}845} \cdot \left[\frac{\psi_e'' \sqrt{29{,}0 \,.\, 1000}}{1760} \cdot 0{,}65 \,.\, 0{,}025 \,.\, 3 + \right.$$

$$\left. + \frac{\psi_a'' \sqrt{29{,}0 \,.\, 1000}}{2020} \cdot 0{,}65 \,.\, 0{,}185 \,.\, 3 + 0{,}02\right]$$

Man löst die Gleichung durch Probieren: schätzt p_z'', entnimmt ψ_e'' entsprechend $\frac{p_z''}{p_s}$, ψ_a'' entsprechend $\frac{p_z''}{p_0}$ aus Abb. 6 oder Tabelle I/I und verändert den Wert p_z'' auf der rechten Seite, bis man auf der linken Seite den gleichen Wert erhält. Im vorliegenden Fall wird in Intervallmitte $p_z'' = 2{,}05$ kg/cm², demnach am Ende des Intervalls $p_z'' = 1{,}75$ kg/cm². Das nächste Intervall wird kleiner gewählt ($\Delta\alpha = 3^0$ KW), da das Ende des Rückschlagens, also der Umschlag der Strömung, offenbar bald erreicht ist. Man erhält ihn bei $\sim 53^0$ KW v. u. T.

Die rückschlagende Menge, auf Außenzustand bezogen, ist aus (10)

$$\Lambda_r = 0{,}0085 \sim 0{,}01$$

Die überdeckte Schlitzlänge σ' beim Strömungsumschlag (Abb. 31) ist $\sim 16{,}5\%$.

Der Verlust an Öffnungszeitwert durch das Rückschlagen ist gleich dem Öffnungszeitwert für einen Vorauspuff mit 16,5% Einlaßschlitzlänge und $22 - 16{,}5 = 5{,}5\%$ Differenz der Schlitzlängen. Nach Abb. 12 beträgt dieser Verlust an Öffnungszeitwert der Spülung 0,22. Für die Spülung stünde bei 22% Schlitzlänge nach Abb. 24 ein Öffnungswert $\int \sigma d\alpha = 18{,}3$ zur Verfügung. Die Schlitzlänge für den verkleinerten Öffnungszeitwert $18{,}3 - 0{,}22 = 18{,}1$ ist $\sigma_e = 21{,}7\%$. Die kleine Differenz könnte vernachlässigt werden und wird hier nur berücksichtigt, um den Gang der Rechnung zu zeigen.

Es wird angenommen, daß die Spülluft durch Wärmeabgabe an die Umgebung nach der Verdichtung in der Spülpumpe etwas rückgekühlt wird, ihre Temperatur $T_s = 340^0$ K, daher etwas unter der Verdichtungs-Endtemperatur bei einem Spülpumpenwirkungsgrad von $\eta_{ad} = 0{,}6$ liegt. Die mittlere Abgastemperatur während des Rückschlagens ist mit dem mittleren Druck zwischen p_{ze} und p_s

$$1000 \left(\frac{1{,}925}{2{,}35}\right)^{0{,}248} = 950^0 \text{ K}.$$

Um die Temperatur zu finden, die sich nach der Mischung mit den rückgeschlagenen Abgasen einstellt, muß der Luftaufwand zunächst geschätzt werden. Nimmt man $\Lambda_0 = 1{,}40$ an, so wird nach Gl. (40)

$$T_s = \frac{1{,}4 \,.\, 340 + 0{,}01 \,.\, 925}{1{,}41} = 344^0 \text{ K}$$

Nun ist sinngemäß nach (28)

$$\Lambda_o + \Lambda_r = \frac{4630}{2070} \cdot 1{,}5^{\,0{,}286} \cdot \frac{288}{\sqrt{344}} \cdot \sqrt{1 - \left(\frac{1}{1{,}5}\right)^{0{,}286}} \cdot 0{,}217^{\frac{3}{2}} = 1{,}31$$

und daher $\Lambda_o = 1{,}30$. Der spülende Luftaufwand plus der rückströmenden Abgasmenge ist nach (72) mit $p_{zm} = \frac{p_s + p_o}{2} = 1{,}25$

$$\Lambda_z' = \frac{1}{1{,}25} \cdot \frac{344}{288} \cdot \frac{1}{0{,}93} \cdot 1{,}31 = 1{,}35$$

Man erhält aus der Abb. 62

$$\lambda_s' = 0{,}83 \cdot \frac{1{,}30}{1{,}31} \sim 0{,}82$$

Mit (80) ist die Temperatur am Ende der Spülung zu berechnen.

$$T_{ze}' = 344 \cdot \frac{1 - (1 - 0{,}82) \cdot \left(\frac{1{,}25}{4{,}18}\right)^{\frac{1}{1{,}33}} \cdot 1{,}045}{0{,}82} = 388^0\,\mathrm{K}$$

Um den Druck p_{za}' zu Beginn der Verdichtung zu finden, bestimmt man nach S. 81 den Druckverlauf im Zylinder für das Ende der Spülung und für das Nachausströmen durch schrittweise Berechnung.

Man geht dabei am einfachsten von einem Druck aus, der mit der Näherungsgleichung (90) ermittelt wird.

Für 40^0 KW nach unterem Totpunkt ist z. B. mit Durchflußzahlen der Teileröffnung 0,73, 0,46 und Schlitzlängen 12,8%, 28,6% für Ein- und Auslaß aus

$$\frac{p_z - 1{,}0}{1{,}5 - 1{,}0} = \frac{1}{1 + \left(\frac{0{,}2 \,.\, 28{,}6 \,.\, 0{,}46}{0{,}3 \,.\, 0{,}77 \,.\, 12{,}8 \,.\, 0{,}73}\right)^2}$$

$p_z = 1{,}2$ kg/cm². Für die folgenden Intervalle gelten die in Zahlentafel 9 angegebenen Größen.

Zahlentafel 9.

Intervall ^{0}KW	$\mu_a''\ \sigma_a''$	$\mu_e''\ \sigma_e''$	$\triangle z$	z''
40—50	12,8%	7,45%	0,049	0,92
50—60	11,0	3,90	0,061	0,86
60—70	8,5	0	0,070	0,80
70—83	5,0	0	0,107	0,71

Die Berechnung erfolgt mit Gl. (98b/I). Es genügt dazu, mit der Endtemperatur des vorhergehenden Intervalls zu rechnen.

	p_z
40^0 KW	1,20 kg/cm²
50^0 KW	1,24 kg/cm²
60^0 KW	1,25 kg/cm²
70^0 KW	1,23 kg/cm²
80^0 KW	1,33 kg/cm²

Nun ist nach (91) mit $p_{zm} \sim 1{,}2$ kg/cm² und $T_{za}' = 388 \cdot \left(\frac{1{,}33}{1{,}20}\right)^{0{,}286} = 400^0$ K die Gesamtladung

$$\lambda_g = (1 - 0{,}38)\,\frac{16}{15}\cdot\frac{1{,}33}{1\,00}\cdot\frac{288}{400} = 0{,}635$$

und der Spülgrad $\lambda_s = \lambda_s' \cdot \frac{T_{ze}'}{T_s} = 0{,}93$

Damit wird aus (52a/I) der Innendruck p_i

$$p_{i-1} = \frac{27{,}0}{0{,}140\,.\,12{,}0\,.\,1{,}45}\cdot 0{,}93\,.\,0{,}635 = 6{,}55\ \text{kg/cm}^2.$$

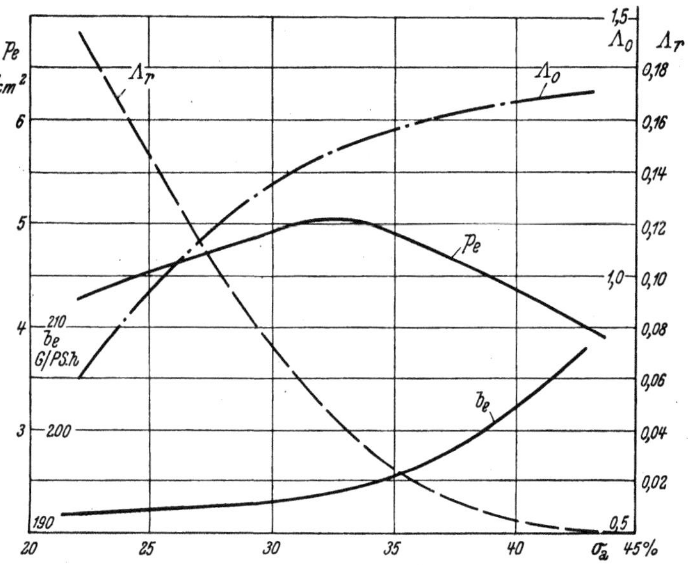

Abb. 147. Zusammenhang zwischen Auslaßschlitzlänge σ_a, rückschlagender Abgasmenge Λ_r (Außenzustand, Bruchteile des Hubraumes), Luftaufwand Λ_o, p_e und b_e bei einem Schnelläufer nach Rechnungsbeispiel.

Der Nutzdruck ist mit $p_l \sim 0{,}2$ kg/cm², $p_{La} = 0{,}95$ kg/cm² nach Abb. 118 und $p_r = 1{,}0$ kg/cm² $\qquad p_e = 4{,}60$ kg/cm²

Der zugehörige Verbrauch ist $b_e = 200$ g/PS . h.

Wiederholt man die Rechnung für verschiedene Auslaßschlitzlängen, so erhält man Werte von p_e, b_e, Λ_o und Λ_r nach Abb. 147.

Die mit dem genaueren Verfahren ermittelten Werte von p_e stimmen gut mit den nach dem Näherungsverfahren, Abschnitt b, a, 1, erhaltenen überein.

p_e erreicht seinen Höchstwert bei ungefähr der halben Schlitzdifferenz $\sigma_a - \sigma_e$ für rückschlagfreien Betrieb. Demnach ist $\sigma_a - \sigma_e \sim 11\%$ und daher $\sigma_e = 33\%$ auszuführen, um höchste Leistung zu erzielen. Auch die starke Abnahme des Verbrauches spricht für Betrieb mit Rückschlagen. Abb. 147 liegt die Annahme zugrunde, daß b_i vom Spülgrad unabhängig ist. Für höhere Drehzahlen (wie im vorliegenden Fall) ist jedoch mit einer Zunahme von b_i mit abnehmendem Spülgrad zu rechnen, zu deren zahlenmäßiger Beurteilung noch die Unterlagen fehlen. Der linke Ast der p_e-Kurve in Abb. 149 wird daher stärker abfallen, als dies die Rechnung ergab, und b_e nach einem Minimum mit abnehmender Schlitzlänge σ_a wieder ansteigen.

Als Nachteil des Rückschlagens ist vor allem die Erhöhung der thermischen Belastung der Maschine durch die Erhitzung der Spülluft durch die rückschlagenden Abgase hervorzuheben. Im allgemeinen ist jedoch mäßiges Rückschlagen etwa bis zur Erreichung von $p_{e\,max}$ zulässig.

Es empfiehlt sich, den Ladungswechsel für die schließlich gewählten Verhältnisse bei bekannten Durchflußzahlen schrittweise nach den auf S. 38 angegebenen Verfahren zu berechnen um die Feinabstimmung durch den Versuch so weit als möglich rechnerisch zu erleichtern.

Umfangreiche Rechnungen lohnen sich nur, wenn die Rechnung auf sicheren Grundlagen ruht, demnach sowohl die Erfahrungswerte des Spülsystems, wie Durchflußzahlen und Spülkurven, als auch die Erfahrungswerte des Arbeitsverfahrens, wie Wirkungsgrad, Luftüberschuß und Wärmeübergangszahl, hinreichend genau bekannt sind.

Stehen genaue Versuchswerte für Spül- und Verbrennungssystem nicht zur Verfügung, so liegt der Hauptteil der Entwicklungsarbeit und Abstimmung des Spülsystems im Versuch. Bei diesem ist es zweckmäßig, von Werten auszugehen, die nach Abb. 131 bis 135 zu ermitteln sind.

2. Motoren mit innerer Mischung und unsymmetrischen Steuerzeiten.

a) Allgemeines.

Bei der einfachen Schlitzsteuerung mit symmetrischen Steuerzeiten schließen die Auslaßschlitze später als die Einlaßschlitze. Der aufwärtsgehende Kolben schiebt daher am Ende des Ladungswechsels, während des Nachausströmens, Ladung aus dem Zylinder. Dieser Ladungsverlust läßt sich vermeiden oder vermindern, wenn durch Veränderung der Steuerzeiten von Einlaß oder Auslaß der Abschluß des Auslasses entweder knapp nach oder vor den Abschluß des Einlasses gelegt wird. Die Verdichtung beginnt dann mit einem Druck, der wesentlich höher liegt wie der Außendruck und die Höhe des Spüldruckes erreicht, bzw. infolge der Kolbenbewegung diesen auch überschreiten kann. Der Motor wird aufgeladen.

Die dazu erforderliche, zum unteren Totpunkt unsymmetrische Lage von Öffnung und Schluß eines der beiden Steuerquerschnitte kann erzielt werden:

1. durch Steuerung von Einlaß und Auslaß durch getrennte Organe, und zwar:
   a) durch zwei Kolben (Gegenkolbenmotor, U-Motor),
   b) durch Kolben und Ventile,
   c) durch Kolben und Schieber (Drehschieber, Rohrschieber, Kolbenschieber, Flachschieber);
2. durch eine einfache Schlitzsteuerung mit zusätzlichen Steuerorganen, und zwar:
   a) durch Einschalten eines Abschlußorganes, meist eines Drehschiebers, nach den Auslaßschlitzen,
   b) durch Vorschalten eines Abschlußorganes vor die Einlaßschlitze.

Abb. 148 zeigt schematisch einige dieser Anordnungen, Abb. 149 zugehörige Steuerdiagramme.

Der Gegenkolbenmotor, Abb. 148 e (Junkers-Spülung), hat sehr günstige Steuerverhältnisse, weitere Vorteile sind der Massenausgleich und der Wegfall des Zylinderkopfes. Nachteilig ist das verwickelte Triebwerk, welches entweder eine besondere Übertragung der Kräfte des oberen Kolbens zur Kurbelwelle oder zwei Kurbelwellen und ihre Verbindung durch Zahnräder erfordert.

Ferner verursacht der Kolben, der den Auslaß steuert, infolge seiner starken Wärmebeaufschlagung Schwierigkeiten im Betrieb. Durch Versetzung der Triebwerke (Voreilen der Auspuffkurbel) läßt sich nach Abb. 149 e die für Aufladung erforderliche Unsymmetrie der Steuerzeiten erzielen.

Vereinigt man die Brennräume von zwei auf dieselbe Kurbel arbeitenden, nebeneinander liegenden Zylindern, so erhält man den U-Motor (Abb. 148 f). Die Spülverhältnisse sind infolge der Umlenkung des Spülstromes ungünstiger wie bei der Junkers-Spülung. Die verwickelte Bauart der dazu notwendigen Gabel- oder Anlenkpleuel und die schlechte Kühlung der zwischen den Zylindern liegenden Wand beschränkt diese Ausführung auf kleine Leistungen (Motorradmotoren).

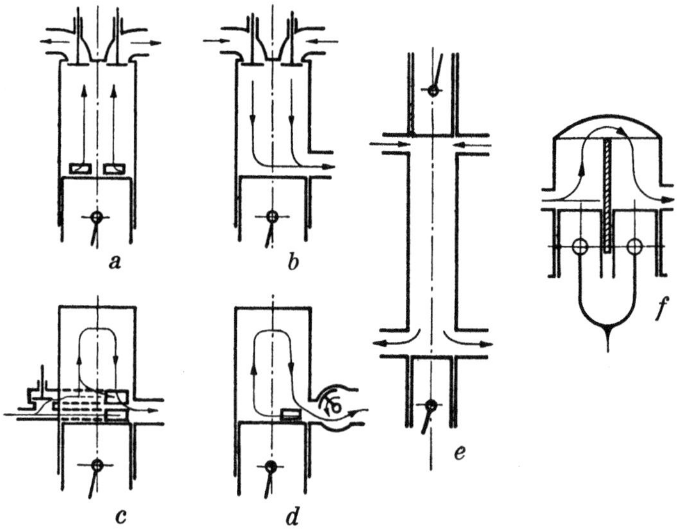

Abb. 148. Aufladesteuerungen: a und b ventilgesteuerter Aus- bzw. Einlaß. c Steuerung mit zwei Einlaßschlitzreihen, bei denen der oberen ein Ventil vorgeschaltet ist. d Steuerung mit Schieber nach den Auslaßschlitzen. e Steuerung von Ein- und Auslaß durch je einen Kolben, Gegenkolbenmotor. f Steuerung von Ein- und Auslaß durch je einen Kolben, Motor mit U-Zylinder.

Bei den Steuerungen mit Ventilen (Abb. 148 a und b) steuern diese im allgemeinen den Auslaß (Abb. 148 a). Dadurch wird die Auslaßströmung vom Kolben und von der Zylinderlauffläche wegverlegt, die Wärmebeaufschlagung des Kolbens vermindert und der Schmierzustand der Laufflächen gegenüber der Anordnung mit kolbengesteuertem Auslaß verbessert. Unsymmetrie der Steuerzeiten ist nach Abb. 149 a durch entsprechende Auslegung des Ventilantriebes leicht erreichbar. Zweitaktmaschinen mit Steuerung des Auslasses durch Rohrschieber, Drehschieber oder durch Hilfskolben (Abb. 299) erfordern wie Ventilsteuerungen einen zusätzlichen Steuerungsantrieb, haben aber gegenüber diesen den Vorteil, daß größere Steuerquerschnitte unterzubringen sind und die Bewegungsverhältnisse bei Schnellauf leichter beherrscht werden.

Die Einschaltung von Abschlußorganen nach den Auslaßschlitzen (Abb. 148 d) ermöglicht die Ausbildung des Zylinders für eine einfache Schlitzsteuerung. Die zusätzlichen Abschlußorgane haben nur gegen niedere Drücke abzudichten, ihr Antrieb ist nur für kleine Kräfte zu bemessen.

Eine einfache Aufladesteuerung erhält man, wenn nach Abb. 148 c zwei übereinanderliegende Reihen von Einlaßschlitzen angeordnet werden. Der oberen Reihe sind selbsttätige Ventile vorgeschaltet, die sich erst öffnen, wenn der Druck im Zylinder unter den Spüldruck abgesunken ist. Ein Rückschlagen der Abgase in den Einlaß wird bei dieser Steuerung vermieden.

Ähnlich wirken Steuerungen, bei denen dem gesamten Einlaßquerschnitt Rückschlagklappen vorgeschaltet werden (s. S. 336).

Mechanisch betätigte Abschlußorgane (z. B. Drehschieber) vor dem Einlaß (s. S. 141) sind vor allem bei höheren Drehzahlen zu verwenden, da bei diesen selbsttätige Klappen nicht betriebssicher gestaltet werden können.

b) Die rechnerische Behandlung des Spül- und Ladevorganges bei Steuerungen mit unsymmetrischen Steuerzeiten.

Die Berechnung des Druckverlaufes während des Vorauspuffs und des Zeitquerschnittes, der für eine genügende Druckabsenkung erforderlich ist, erfolgt nach

Abschnitt 1 a in gleicher Weise wie für die Steuerungen mit symmetrischen Steuerzeiten.

Das Integral $\int_{\alpha_a}^{\alpha_e} \sigma \, d\alpha$ in (1) wird bei Ventil- und Schiebersteuerungen graphisch ermittelt. Bei ventilgesteuertem Auslaß ist

$$w_{ma} = \frac{s \, . \, n}{30 \, . \, \beta} \quad (67/I);$$

$$\text{mit } \beta = \left(\frac{d}{D}\right)^2$$

Bei i Ventilen ist i β an Stelle von β einzusetzen. In Ausdruck (1) und (3) sind σ_a, σ_e

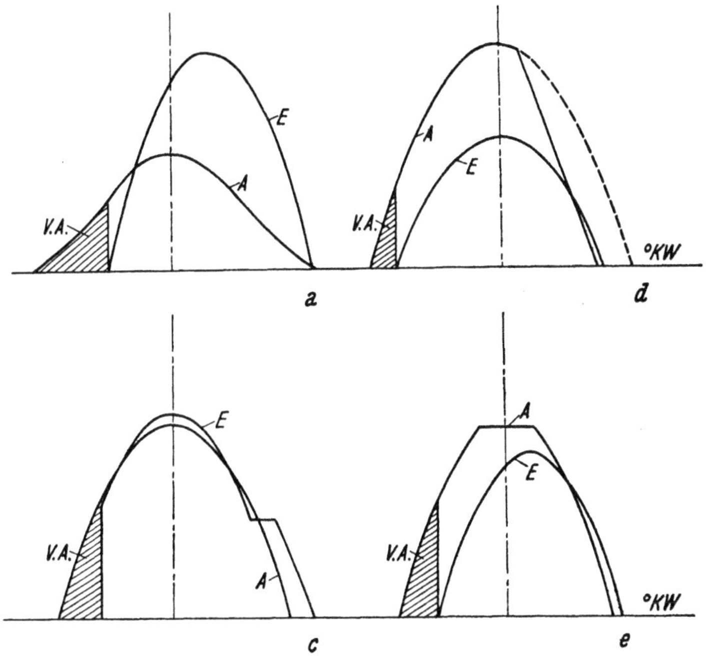

Abb. 149. Steuerdiagramme der Steuerungen Abb. 148 a, c, d, e, Va = Zeitquerschnitt des Vorauspuffs, E Öffnungsverlauf des Einlasses, A Öffnungsverlauf des Auslasses.

sinngemäß die relativen Kolbenwege vom unteren Totpunkt, bei welchen Auslaß- und Einlaßschalter öffnen.

σ und μ sind entsprechend den späteren Ausführungen über den Viertakt einzuführen.

Bei der Berechnung von Schiebersteuerungen und anderen Steuerungsarten ist der Anschluß an Ausdruck (67/I) durch die allgemeine Beziehung

$$w_{ma} = \frac{s \, . \, n}{30} \cdot \frac{\frac{D^2 \pi}{4}}{f_{ao}} \tag{123}$$

und $f_a = \sigma' f_{ao}$ herzustellen. f_{ao} ist der voll geöffnete Steuerquerschnitt, σ' die Öffnungszahl. Es ist ferner

$$A_a = \frac{120 \, w_{ma}}{\mu_a} \tag{124}$$

Die früheren Ausführungen über das Rückschlagen gelten auch hier in bezug auf die Berechnung der Rückschlagmenge und ihres Einflusses auf Spülgrad und Gesamtladung, jedoch nicht hinsichtlich des wirksamen Hubraumes. Dieser wird bei den Steuerungen mit unsymmetrischen Steuerzeiten nicht mehr durch die für den Vorauspuff maßgebende Auslaßschlitzlänge bestimmt. Aus diesem Grunde ist es bei Aufladesteuerungen im allgemeinen zweckmäßig, die Auslaßschlitze länger auszuführen als bei einfachen Schlitzsteuerungen, dadurch Rückschlagen zu vermeiden oder klein zu halten.

Während des Einströmens der Spülluft überlagern sich zwei Vorgänge, die Spülung und das Aufladen des Zylinders. Die Spülung bestimmt den im Zylinder verbleibenden Abgasrest. Das Aufladen bewirkt die Drucksteigerung im Zylinder durch das zusätzliche Einströmen von Spül- oder Aufladeluft. Die Menge der Frischladung hängt sowohl von der Spülung wie auch vom Aufladevorgang ab.

Die optimale Auslegung der Steuerung kann ähnlich wie bei den einfachen Schlitzsteuerungen ermittelt werden.

Der zeitliche Verlauf der Ein- und Auslaßquerschnitte wird im allgemeinen so festgelegt, daß mit Abschluß des Zylinders annähernd der Spüldruck erreicht wird. Bei raschlaufenden Motoren ist durch den Einfluß der Kolbenbewegung auch eine darüber hinausgehende Aufladung möglich.

α) Schrittweise Berechnung des Druckverlaufes und des Spülerfolges.

Bei Aufladesteuerungen vollzieht sich die Spülung und Aufladung bei stark wechselnden Drücken. Der Einfluß dieser Druckänderungen auf den Erfolg des Ladungswechsels kann nur durch schrittweise Berechnung des Druckverlaufes im Zylinder einigermaßen genau erfaßt werden.

Bei dem im folgenden entwickelten Verfahren zur schrittweisen Verfolgung der Vorgänge im Zylinder während der Spülung und Aufladung bei stark veränderlichen Drücken werden die Entwicklungen im Teil I ergänzt durch eine Behandlung des Spülvorganges bei wechselndem Druck. Das Verfahren ist vor allem zur rechnerischen Behandlung von Aufladesteuerungen bestimmt, kann aber auch auf einfache Schlitzsteuerungen angewendet werden, wenn man den Einfluß von Druckveränderungen im Zylinder auf die Spülwirkung genauer erfassen will, als dies mit den Näherungsverfahren möglich ist.

Bei der Berechnung des Druckverlaufes und der ein- und austretenden Ladungsmengen ist bei bekannten Steuerungsabmessungen von dem Zustand beim Öffnen des Einlasses auszugehen. Die Druckänderung ist wieder mit den Gl. (89/I) bis (100/I) zu ermitteln.

Der Zustand im Spülbehälter ist gegeben, der Zustand des Abgasstromes ändert sich im Verlauf der Spülung, so daß mit wechselnden Temperaturen T_{az} des austretenden Stromes beim Verlassen des Zylinders (jedoch vor der Expansion im Auslaßorgan) gerechnet werden muß. Die Ermittlung dieser Temperaturen wird später besprochen. Der Exponent $\varkappa_a$ ist entweder der mittleren Zusammensetzung des Zylinderinhaltes während der Spülung anzupassen, was im allgemeinen genügt, oder es ist mit dem Wert von $\varkappa_a$ zu rechnen, der dem jeweiligen λ_s und T_z entspricht.

Bei der Ermittlung des Spülgrades von Aufladesteuerungen können die Druckänderungen während der Spülung nicht mehr vernachlässigt werden.

Eine unmittelbare Übertragung der durch die Spülkurve gegebenen Zusammenhänge auf Spülungen mit veränderlichen Drücken ist nicht möglich, immerhin läßt sich aber durch die folgenden Überlegungen ein Anschluß an die Behandlung der Spülung bei einfachen Schlitzsteuerungen finden und die Spülkurve verwenden.

Für die Veränderung des Spülerfolges in einem kleinen Intervall sind das bezogene Eintritts- und das bezogene Austrittselement $\triangle V_e^*$ und $\triangle V_a^*$ maßgebend, die nach Teil I, S. 55, zu bestimmen sind.

Bei der Ermittlung des Spülerfolges mittels der Spülkurve wurde bei einfachen Schlitzsteuerungen $\triangle V_e^* = \triangle V_a^*$ gesetzt. Bei Druck- und Zylinderraumänderungen ist im allgemeinen $\triangle V_e^*$ nicht gleich $\triangle V_a^*$.

Wird in einem Zeitabschnitt $\triangle V_e^* < \triangle V_a^*$, so kann man den Ladungswechselvorgang zusammengesetzt denken: aus einem Spülvorgang mit den ein- und austretenden Mengen $\triangle V_e^*$ und aus einem zusätzlichen Ausströmvorgang, bei dem $\triangle V_a^* - \triangle V_e^*$ ausströmt. Durch das zusätzliche Ausströmen wird im allgemeinen der Spülgrad verändert, da der Abgasgehalt der in der Nähe des Auslasses befindlichen Stromteile meist nicht dem mittleren Abgasgehalt der Zylinderladung entsprechen wird.

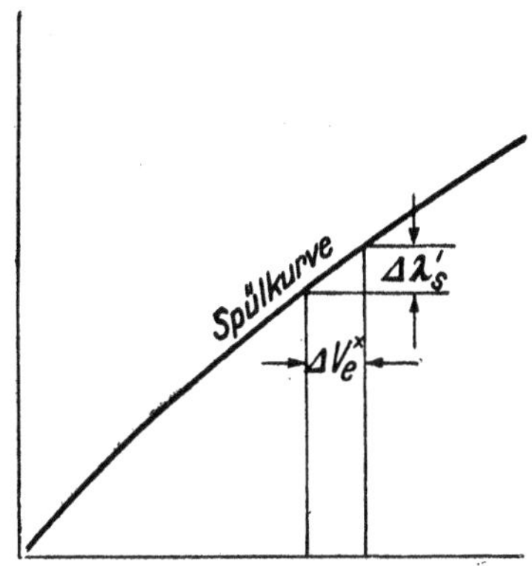

Abb. 150. Änderung von λ_s' beim Einströmen von $\triangle V_e^* < \triangle V_a^*$.

Wird in einem Zeitabschnitt $\triangle V_e^* > \triangle V_a^*$, so kann angenommen werden, daß sich dem Spülvorgang mit V_a^* als spülendem Luftaufwand ein zusätzliches Einströmen mit $V_e^* - V_a^*$ überlagert.

Beim Schluß vom ein- und ausströmenden Volumen auf die Änderung des Spülgrades und auf die Temperatur kann man wieder entsprechend Grenzfall 1 oder Grenzfall 2 auf Seite 74 vorgehen.

α, 1. Ermittlung der Spülgrade und der Temperaturen bei Temperaturausgleich zwischen Spülluft und Zylinderinhalt nach dem Ladungswechsel (Grenzfall 2).

Um die Zunahme des Spülgrades bei $\triangle V_e^* < \triangle V_a^*$ zu ermitteln, betrachtet man den Vorgang in zwei Teilen. Im ersten Teil strömen die Mengen $\triangle V_e^*$ ein und aus; die Veränderung des Spülgrades $\triangle \lambda_{s1}'$ erhält man nach Abb. 150. Im zweiten Teil strömt die Menge $\triangle V_a^* - \triangle V_e^*$ aus. Mit den gleichen Überlegungen wie auf Seite 83 findet man nach Abb. 113 mit $V_V = \triangle V_a^* - \triangle V_e^*$

$$\triangle \lambda_{s2}' = (\triangle V_a^* - \triangle V_e^*) \,.\, \lambda_s' - \triangle V_l \tag{125}$$

In vielen Fällen, vor allem bei Spülungen, die in der Nähe der Verdünnungsspülung verlaufen, kann $\triangle \lambda_{s2}'$ vernachlässigt werden.

Für $\triangle V_e^* > \triangle V_a^*$ entsteht die Zunahme von λ_s' ebenfalls aus zwei Teilen:

$$\triangle \lambda_s' = \triangle \lambda_{s1}' + \triangle \lambda_{s2}' \tag{126}$$

Darin entspricht das erste Glied der Erhöhung des Luftgehaltes durch Spülung mit $\triangle V_a^*$, das zweite Glied der Erhöhung des Luftgehaltes durch das zusätzliche Einströmen von $\triangle V_e^* - \triangle V_a^*$.

Bei der Spülgradänderung $\triangle \lambda_{s2}'$ ist zu berücksichtigen, daß die Frischladung im Zylinder durch $\triangle V_e^* - \triangle V_a^*$ zusammengedrückt, ihr Volumsanteil daher verkleinert wird. Für die im Intervall eintretenden kleinen Werte von $(\triangle V_e^* - \triangle V_a^*)$ ist daher

$$\triangle \lambda_{s2}' = (1 - \lambda_s') \,.\, (\triangle V_e^* - \triangle V_a^*). \tag{127}$$

Abb. 151 zeigt die Ermittlung der Spülgradänderung an der Spülkurve. Beim nächsten Intervall ist vom Punkt B auszugehen.

Die Berechnung der Temperatur von Zylinderinhalt und Abgasstrom wird durch die Druckschwankungen etwas verwickelter als bei gleichbleibendem Druck im Zylinder.

Die in den Zylinder eintretende Spülluft hat nach Verwirbelung ihrer kinetischen Energie die Temperatur $\tau_e \cdot T_s$ unabhängig von dem Druck im Zylinder. Die im Zylinder befindliche Spülluft hat infolge der Temperaturänderung durch die Druckschwankungen nach dem Temperaturausgleich innerhalb der Spülluft die Temperatur T_{sz}, die im allgemeinen von $\tau_e \cdot T_s$ verschieden sein wird.

Die Änderung von T_{sz} im Intervall, herrührend von der Druckänderung und der Mischung mit dem im Zylinder bleibenden Teil des Spülstromes, wird

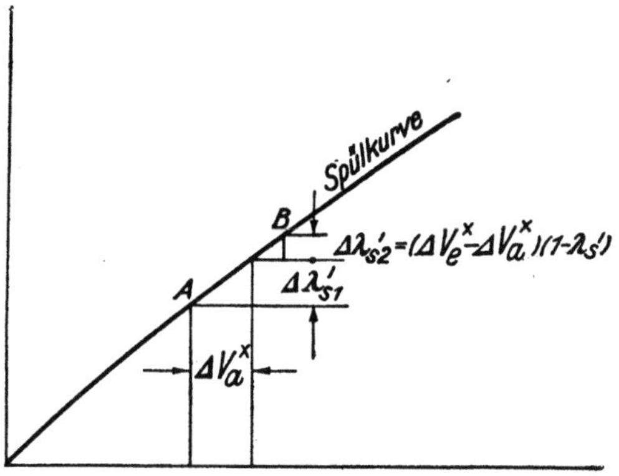

Abb. 151. Änderung von λ_s' beim Einströmen von $\triangle V_e^* > \triangle V_a^*$.

$$\frac{\triangle T_{sz}}{T_{sz}} = \frac{\varkappa - 1}{\varkappa} \cdot \frac{\triangle p_z}{p_z} - \frac{\triangle V_e^*}{\lambda_s'} \cdot \left(\frac{T_{sz}}{T_s} - \tau_e\right). \tag{128}$$

Das zweite Glied kann meist vernachlässigt werden.

Die jeweilige Temperatur der Restgase T_{ze}^* ist nur vom Druck abhängig, es ist

$$\frac{T_{ze}^*}{T_{ze}} = \left(\frac{p_e}{p_{ze}}\right)^{\frac{\varkappa - 1}{\varkappa}}. \tag{129}$$

Die Temperatur T_{az} des austretenden gemischten Abgasstromes wird für die beiden betrachteten Spülvorgänge wie folgt berechnet:

1. $\triangle V_e^* > \triangle V_a^*$

Die Annahmen auf Seite 125 führen darauf, daß im austretenden Abgasstrom $V_a^* - \triangle\lambda_{s1}'$ Luft und $\triangle\lambda_{s1}''$ reines Abgas enthalten sind. Es gilt daher nach Mischung unter Vernachlässigung der Verschiedenheit der spezifischen Wärmen

$$\frac{(\triangle V_a^* - \triangle\lambda_{s1}')}{T_{sz}} \cdot (T_{az} - T_{sz}) = \frac{\triangle\lambda_{s1}'}{T_{ze}^*} \cdot (T_{ze}^* - T_{az})$$

und daraus

$$T_{az} = T_{ze}^* \cdot \frac{\triangle V_a^*}{(\triangle V_a^* - \triangle\lambda_{s1}') \cdot \frac{T_{ze}^*}{T_{sz}} + \triangle\lambda_{s1}'} \tag{130}$$

2. $\triangle V_e^* < \triangle V_a^*$

Der Luftverlust während der Spülung ist $(\triangle V_e^* - \triangle\lambda_s')$, verdrängt werden ferner $\triangle\lambda_s'$ Raumteile Abgas. Es kann für die Temperaturberechnung angenommen werden, daß die zusätzlich austretende Gemischmenge $\triangle V_a^* - \triangle V_e^*$ die mittlere Zusammensetzung des Zylinderinhaltes, also $\lambda_s' (\triangle V_a^* - \triangle V_e^*)$ Luftgehalt und $(1 - \lambda_s')$ $(\triangle V_a^* - \triangle V_e^*)$ Gehalt an reinen Abgasen hat.

Durch Anwendung der Mischungsbeziehungen erhält man

$$T_{az} = T_{ze}^* + \\ + \frac{V_a^*}{[V_e^* - \triangle\lambda_s' + \lambda_s'(\triangle V_a^* - \triangle V_e^*)] \cdot \frac{T_{ze}^*}{T_{sz}} + (\triangle V_a^* - \triangle V_e^*) \cdot (1 - \lambda_s') + \triangle\lambda_s'} \tag{131}$$

Die Ladungstemperatur nach der Mischung T_z erhält man aus (71) mit den entsprechenden Temperaturwerten, wobei $T_{sz\,ab}$ und $T_{ze}{}^*{}_{ab}$ (Werte von T_{sz} und $T_{ze}{}^*$ für den Abschluß der Steuerung) an die Stellen von T_s und T_{ze} zu setzen sind.

Der Liefergrad ist mit z_{ab} als dem Abschluß zugeordnetem Wert von z

$$\lambda_l = \lambda_s' \, . \, z_{ab} \cdot \frac{p_{z\,ab}}{p_o} \cdot \frac{T_o}{T_{sz\,ab}}. \tag{132}$$

Es ist ferner der Spülgrad

$$\lambda_s = \frac{\lambda_s'}{\lambda_s' \cdot \left(1 - \frac{T_{sz\,ab}}{T_{ze}}\right) + \frac{T_{sz\,ab}}{T_{ze}{}^*}} \tag{133}$$

und die Gesamtladung

$$\lambda_g = z_{ab} \cdot \frac{p_{z\,ab}}{p_o} \cdot \frac{T_o}{T_{z\,ab}}. \tag{134}$$

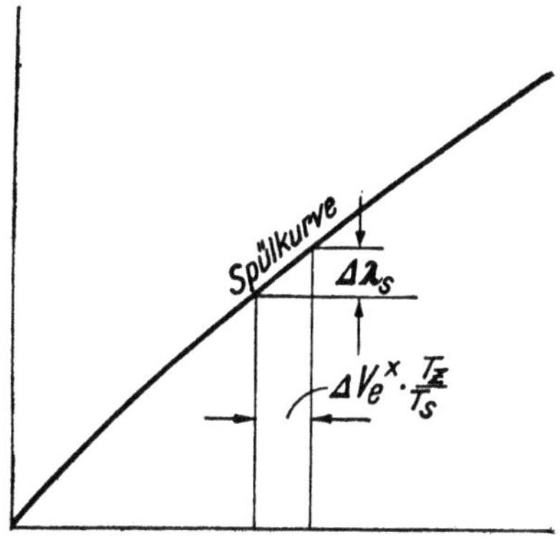

Abb. 152. Änderung von λ_s beim Einströmen von $\triangle V_e{}^* > \triangle V_a{}^*$.

Eine überschlägige Berücksichtigung des Wärmeaustausches mit der Wand ist durch τ_e möglich. Dabei wird der Wärmeaustausch Wand—Zylinderinhalt durch einen Wärmeaustausch Wand—Spülluft ersetzt.

α, 2. Ermittlung des Spülgrades und der Ladungstemperatur bei sofortigem Temperaturausgleich zwischen Spülluft und Zylinderinhalt. (Grenzfall 1).

Bei sofortigem Temperaturausgleich des eintretenden Spülstromes mit dem Zylinderinhalt sind die Temperaturberechnungen mit dem schrittweisen Verfahren sehr einfach. Da $T_{az} = T_z$ sein muß, entfällt die gesonderte Berechnung der Temperatur des austretenden Gasstromes.

Für $\triangle V_e{}^* < \triangle V_a{}^*$ ist die Zunahme von $\triangle\lambda_s$ nach Abb. 152 zu ermitteln.

Für $\triangle V_e{}^* > \triangle V_a{}^*$ ergibt sich die Änderung des Spülgrades wie beim Temperaturausgleich nach dem Ladungswechsel (Grenzfall 2) als Summe der Zunahmen durch Spülung und Aufladung:

$$\triangle\lambda_s = \triangle\lambda_{s1} + \triangle\lambda_{s2}.$$

Die Ermittlung erfolgt nach Abb. 153 sinngemäß gleich wie unter 1. Für das folgende Intervall ist vom Punkt B auszugehen.

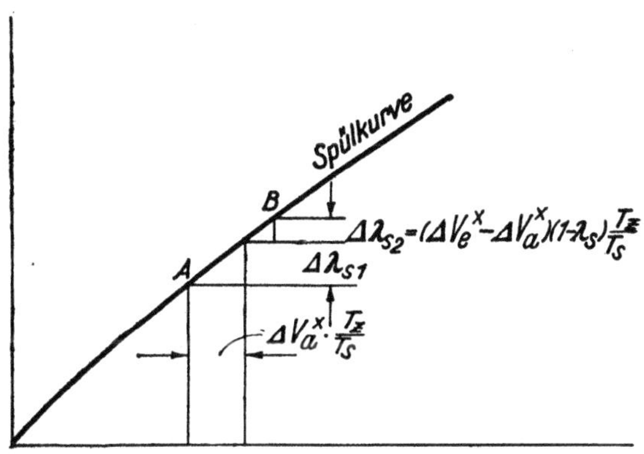

Abb. 153. Änderung von λ_s beim Einströmen von $\triangle V_e{}^* > \triangle V_a{}^*$.

Für die Temperaturänderung im Zylinder durch Druckänderung und Mischung von Spülstrom mit dem Zylinderinhalt gilt unter Vernachlässigung der Verschiedenheit der spez. Wärmen der Ausdruck (102 a/I). Der Wärmeübergang läßt sich in die Rechnung einführen, wenn auf der rechten Seite von (102 a/I) das Glied

$$\frac{\alpha_{wsp}}{3600} \cdot \frac{F}{6 \, . \, n \, . \, V_h} \cdot \frac{848}{z \, p_z} \cdot \frac{1}{C_p} \cdot (T_w - T_z) \, . \, \triangle\alpha \tag{135}$$

angefügt wird. Ob es sich lohnt, den Wärmeübergang zu berücksichtigen, muß fallweise auf Grund der vorhandenen Unterlagen für α_{wsp}, der Anforderungen an die

Genauigkeiten der Rechnung und des voraussichtlichen Einflusses des Wärmeüberganges auf die Ladungstemperatur beurteilt werden. Bei raschlaufenden Motoren wird der Wärmeübergang meist vernachlässigt werden können.

Durch die angegebenen Verfahren erhält man, zwar mit einigem Zeitaufwand, aber dafür im allgemeinen in guter Übereinstimmung mit dem wirklichen Vorgang, den Ladungszustand beim Abschluß des Zylinders und damit den Spülgrad λ_s und den Gesamtinhalt λ_g.

β) Vereinfachtes Verfahren zur Ermittlung des Spülerfolges.

Die Ausdrücke für den Luftaufwand Λ_0 in Abschnitt II, 1, b, α, 1, 1, wurden unter Vernachlässigung der Speicherwirkung des Zylinderraumes abgeleitet. Wie Zeman [7] und der Verfasser nachweisen konnten, stimmen die damit berechneten Luftaufwände auch bei Aufladesteuerungen meist gut mit den Meßergebnissen überein, wenn die Drosselung im Auslaß berücksichtigt wird. Dazu benützt man zweckmäßig die Gl. (21) und ersetzt, da die Zustandsgrößen im Integral meist nicht bekannt sind, nach (23) den korrigierten, reduzierten Winkelquerschnitt durch $\mu_r \int f_r \, d\alpha$, worin f_r nach (22) gerechnet wird. μ_r kann auf Grund von Luftaufwandmessungen an ähnlichen Spülsystemen angenommen werden.

Hold [8] gibt an, daß bei kleinen Zylinderabmessungen die Durchflußzahlen μ_r zwischen 0,55 und 0,75 gemessen wurden. An größeren Zylindern wurden Werte bis zu 0,96 festgestellt. Schweitzer fand 0,82 bei einem Gegenkolbenmotor (Fairbanks Morse), 0,86 bei einem Motor mit ventilgesteuertem Auslaß (General Motors).

Wenn Erfahrungswerte für die Durchflußzahlen nicht vorliegen, so kann in erster Annäherung mit den im folgenden angegebenen Werten von μ_r nach Zeman gerechnet werden.

Zeman [7] hat eine Formel ähnlich (21) für den Luftaufwand aufgestellt, der eine von der Schlitzform unabhängige, nur mit dem Spüldruck veränderliche Durchflußzahl zugrunde liegt ($\mu_r = 0{,}66 - 0{,}73$ bei $\frac{p_s}{p_0} = 1{,}2 - 1{,}5$) und gefunden, daß in zahlreichen Fällen Formel und schrittweise Berechnung recht gut übereinstimmende Ergebnisse liefern. Die Abweichungen betrugen in der Regel etwa 0 bis 3 Prozent und erreichten nur bei einigen der mitgeteilten Berechnungsbeispiele bis zu 13 Prozent darüberliegende Werte. Mit den hier benützten Bezeichnungen lautet die Formel von Zeman:

$$\Lambda_0 = \frac{0{,}791}{n \cdot V_h} \cdot \frac{v_0}{\sqrt{v_s}} \cdot (p_s - p_0)^{0{,}47} \cdot \frac{1}{\dfrac{1}{\int f_e \, d\alpha} + \dfrac{1}{\int f_a \, d\alpha}} \quad \text{(Dimensionen kg, m)} \tag{136}$$

Es ist demnach sowohl die Druckfunktion für den Ausfluß wie auch das reduzierte Zeitquerschnittsintegral durch vereinfachte Ausdrücke ersetzt. Zur raschen überschlägigen Ermittlung von Λ_0 ist dieser Ausdruck gut brauchbar.

Der gesamte einströmende Luftaufwand Λ_0 spült den Zylinder und ladet ihn auf. Zur vereinfachten Erfassung der Wirkung dieser beiden sich übergreifenden Vorgänge auf den Spülerfolg ist es zweckmäßig, sie zeitlich zu trennen. Man nimmt daher an, daß zunächst bei konstantem Druck p_{zm} gespült wird und dann die Aufladung anschließt.

Im folgenden wird mit Temperaturausgleich zwischen Abgas und Spülluft nach dem Ladungswechsel (Grenzfall 2) gerechnet. Am Ende der Spülung wird der Spülgrad λ'_{s1} erreicht. Nach der Spülung wird mit der Differenz der bezogenen Ein- und Austrittsvolumen ($V_e^* - V_a^*$) aufgeladen.

Die Änderung des Spülgrades durch die Aufladung erhält man aus folgenden Zusammenhängen:

Wird von der Auflademenge im Zylinder der Raum x eingenommen, so ist die durch das Einströmen von $d\,(V_e^* - V_a^*)$ bewirkte Änderung von x beschrieben durch:

$$d\,(V_e^* - V_a^*) = \frac{d\,x}{1 - x}$$

Daher ist $x = 1 - e^{-(V_e^* - V_a^*)}$. Der durch die Aufladung schließlich erreichte Spülgrad λ'_s ist

$$\lambda'_s = \lambda'_{s1}\,(1 - x) + x \tag{137}$$

Nimmt man nun an, daß die Spülkurve wieder (s. S. 98) durch $1 - e^{-a\Lambda_z}$ gegeben ist, so wird mit $\Lambda'_{z1} = V_e^* - (V_e^* - V_a^*)$ am Ende der Spülung und

$$\lambda'_{s1} = 1 - e^{-a\,\Lambda_{z1}},$$

$$\lambda'_s = 1 - e^{-aV_e^* + (a-1)\,.\,(V_e^* - V_a^*)} \tag{138}$$

Bei der Spülkurve für die Verdünnungsspülung ist $a = 1$. Da ($V_e^* - V_a^*$) im allgemeinen klein ist und die Spülkurven meist in der Nähe der Spülkurve einer Verdünnungsspülung liegen, wird

$$\lambda'_s \sim 1 - e^{-aV_e^*} = 1 - e^{-a\,\Lambda'_z} = 1 - e^{-ab\,\Lambda_0} \tag{139}$$

d. h. der aufladende Luftaufwand ist dem spülenden Luftaufwand zuzuzählen und damit in üblicher Art λ'_s zu bestimmen. Will man in besonderen Fällen (erhebliche Aufladung und von 1 wesentlich abweichendes a) genauer rechnen, so ist ($V_e^* - V_a^*$) aus der Beziehung

$$d\,V_e^* - d\,V_a^* = \frac{1}{\varkappa}\cdot\frac{d\,p_z}{p_z} + \frac{dz}{z}$$

zu ermitteln, die, zwischen den Grenzen 1 und 2 integriert,

$$(V_e^* - V_a^*) = \lg.\left[\left(\frac{p_{z2}}{p_{z1}}\right)^{\frac{1}{\varkappa}}\cdot\frac{z_2}{z_1}\right]$$

gibt. Es ist dann

$$\lambda'_s = \lambda'_{s1} + (1 - \lambda'_{s1})\cdot\left[1 - \left(\frac{p_{z1}}{p_{z2}}\right)^{\frac{1}{\varkappa}}\cdot\frac{z_1}{z_2}\right] \tag{140}$$

Bei der Auswertung geht man am besten so vor, daß man für den Ladungswechsel, auf Grund von Schätzung oder Rechnung, die $p_z^{\frac{1}{\varkappa}}\cdot z$-Kurve zeichnet und den Zustand „1" dem Kleinstwert, den Zustand „2" dem darauffolgenden Größtwert zuordnet.

Angenähert kann der Druckverlauf wie folgt berechnet werden: Am Anfang und am Ende des Spül- und Aufladevorganges wird der Druck schrittweise ermittelt. Zur Vereinfachung werden der Rechnung gleichbleibende Zylindertemperaturen und gleichbleibende mittlere Durchflußzahlen zugrunde gelegt. Setzt man im Ausdruck (89/I) für unterkritisches Durchströmen, also $\tilde{p}''_e = \tilde{p}''_z$, die Druckpotenzen

$\left(\frac{p_s}{p_z''}\right)^{\frac{\varkappa-1}{1}}$ und $\left(\frac{p_o}{p_z}\right)^{\frac{1}{\varkappa}}$ und $\tau_e \sim 1$, so erfordert die Rechnung einen verhältnismäßig kleinen Zeitaufwand.

Wenn μ_e und μ_a für das vorliegende Spülsystem weder bekannt sind noch auf Grund von Messungen an ähnlichen Systemen geschätzt werden können, sind in grober Annäherung die Werte nach Abb. 20 zu verwenden.

In der Nähe des Totpunktes läßt sich der Druckverlauf auch mit guter Annäherung unter Vernachlässigung der Speicherwirkung des Zylinders berechnen. Man benützt dazu Ausdruck (90).

Die Werte von p_{zm}, V_e^*, $(V_e^* - V_a^*)_{max}$ und $p_{z\,ab}$ sind dann aus dem Druckverlauf bestimmbar. In den meisten Fällen wird der Spülgrad aus (139) erhalten werden können. Der Druckverlauf ist dann nur zur Ermittlung von p_{zm} zu verwenden. In erster Näherung kann dafür auch wie früher

$$p_{zm} = \frac{p_s + p_o}{2}$$

gesetzt werden.

Nun ist noch der Einfluß des Aufladevorganges auf die Spüllufttemperatur am Ende des Aufladens zu bestimmen. Bei einer Zusammendrückung der Ladung vom Druck p_{zm} auf den Druck beim Abschluß $p_{z\,ab}$ durch den Kolben wird die Temperatur der Spülluft nach dem Aufladen

$$\frac{T_{sz\,ab}}{T_s} = \left(\frac{p_{z\,ab}}{p_{zm}}\right)^{\frac{\varkappa-1}{\varkappa}} \tag{141}$$

Wird die im Zylinder befindliche Luft bei unveränderlichem Raum allein durch Aufladung, d. h. durch Zuströmen von Spülluft mit der Temperatur T_s von p_{zm} auf $p_{z\,ab}$ verdichtet, so erhält man aus einfachen thermodynamischen Beziehungen

$$\frac{T_{sz\,ab}}{T_s} = \frac{p_{z\,ab}}{p_{zm}} \cdot \frac{1}{1 + \frac{1}{\varkappa} \cdot \left(\frac{p_{z\,ab}}{p_{zm}} - 1\right)} \tag{142}$$

Ein zahlenmäßiger Vergleich der Ergebnisse beider Formeln gibt

	$\frac{p_{z\,ab}}{p_{zm}}$	1,1	1,2	1,3	1,4	1,5	1,8
aus (141)	$\frac{T_{sz\,ab}}{T_s}$	1,028	1,053	1,078	1,111	1,123	1,183
aus (142)		1,027	1,050	1,070	1,089	1,180	1,145

d. h. bei kleinen Aufladedrücken stimmen die Ergebnisse beider Ausdrücke nahezu überein, so daß im allgemeinen mit (141) gerechnet werden kann. Erst bei größeren Aufladedrücken ist die durch die Aufladung erreichte Temperatur merkbar niederer als die, welche mit Verdichtung durch die Kolbenbewegung erreicht wird.

Für den Liefergrad kann daher im allgemeinen Ausdruck (92) benützt werden, womit die angenäherte Liefergradberechnung für aufgeladene und nicht aufgeladene Maschinen völlig gleich wird.

Bei sehr hohen Aufladedrücken sind mit (142) besser übereinstimmende Ergebnisse zu erwarten. Man erhält damit:

$$\lambda_l = \lambda_s' z_{ab} \cdot \frac{p_{zm}}{p_o} \cdot \frac{T_o}{T_s} \cdot \left[1 + \frac{1}{\varkappa} \cdot \left(\frac{p_{z\,ab}}{p_{zm}} - 1\right)\right] \tag{143}$$

Zusammenfassend ist festzustellen, daß der Erfolg des Ladungswechsels in grundsätzlich gleicher Art wie bei Maschinen mit symmetrischem Steuerdiagramm berechnet werden kann. Besondere Beachtung ist bei Auflademaschinen der Ermittlung des relativ hochliegenden Schließdruckes zu schenken. (Siehe z. B. Berechnung Seite 149.)

γ) Richtlinien für die günstigste Auslegung von Steuerungen mit unsymmetrischen Steuerzeiten.

In ähnlicher Weise, wie dies bei einfachen Schlitzsteuerungen in Abschnitt II, 1, g, gezeigt wurde, lassen sich auch Richtlinien für die günstigste Auslegung von Aufladesteuerungen finden.

Um die Zusammenhänge rechnerisch einfach ableiten zu können, müssen wieder geschlossene Ausdrücke für den Nutzdruck und den Verbrauch aufgestellt werden. Dazu ist es erforderlich, die verwickelten Vorgänge wesentlich vereinfacht rechnerisch wiederzugeben. Große Genauigkeit darf daher von den Ergebnissen des Verfahrens nicht erwartet werden. Man erhält jedoch durch seine Anwendung einen Überblick über die wichtigsten Zusammenhänge, womit für den Einzelfall Grundlagen für den ersten Entwurf der Steuerung geschaffen werden, welche dann durch genauere schrittweise Berechnungen zu verbessern sind.

Bei der Ableitung des Verfahrens geht man von Ausdruck (21) für den Luftaufwand aus.

Mit (99) und (139) erhält man für den Innendruck:

$$p_i = 27 \cdot \frac{1}{b_i\, L_o\, \lambda} \cdot \frac{\varepsilon}{\varepsilon - 1} \cdot \left(\frac{p_{zm}}{p_o}\right) \cdot \left(\frac{p_{z\,ab}}{p_{zm}}\right)^{\frac{1}{\varkappa}} \cdot \frac{T_o}{T_s} \cdot (1 - \sigma_{ab}) \cdot \left(1 - e^{-ab\,\Lambda_o}\right) \tag{144}$$

Die Steuerung wird im allgemeinen so ausgelegt, daß der Druck $p_{z\,ab} \sim p_s$ wird. In fast allen Fällen wird der Einlaß durch Schlitze gesteuert, daher ist, wenn diese später als der Auslaß schließen, $\sigma_{ab} = \sigma_e$.

Es wird wieder K nach (103) und C nach (101) eingeführt. Aus (34) erhält man die Beziehung

$$\sigma_e = 0{,}0169 \cdot \left[\frac{\Lambda_o\, A_e'}{\left(\frac{p_s}{p_o}\right)^{0,455} \cdot \frac{T_o}{T_s} \cdot \sqrt{v_s \cdot (p_s - p_o) \cdot 10^4}}\right]^{\frac{2}{3}} = C_1\ \Lambda_o^{\frac{2}{3}} \tag{145}$$

A_e' ist nach Seite 24 zu berechnen. Nach Seite 128 benützt man bei Aufladesteuerungen meist Erfahrungswerte oder geschätzte Werte von μ_r. Da in A_e' die Durchflußzahl μ_m aufscheint, muß das dem μ_r zugeordnete μ_m bestimmt werden. Bei im Verhältnis zum Einlaß sehr großen Auslaßquerschnitten wird

$$\frac{\mu_m}{\mu_r} \sim 1$$

Macht man Einlaß- und Auslaßquerschnitt gleich groß, dann ist

$$\frac{\mu_m}{\mu_r} = 0{,}71,$$

bei darunterliegenden Auslaßquerschnitten wird $\frac{\mu_m}{\mu_r} < 0{,}71$. Meist wird die Aufladesteuerung $f_e \geqq f_a$ ausgeführt, woraus $\frac{\mu_m}{\mu_r} = 0{,}71 \div 1{,}0$ folgt. Ein Fehler in der Schätzung von μ_r wirkt sich auf p_e nur wenig aus.

Damit wird nun endgültig

$$p_e = K \cdot \left(\frac{2 \cdot p_s}{p_s + p_o}\right)^{\frac{1}{\varkappa}} \cdot \left(1 - C_1 \cdot \Lambda_o^{\frac{2}{3}}\right) \cdot \left(1 - e^{-\frac{a}{C} \cdot \frac{1}{z_m} \cdot \Lambda_o}\right) - \left(\frac{p_{La}}{\Lambda_o}\right) \cdot \Lambda_o - p_r \quad (146)$$

K ist durch die Kennwerte für die Arbeitsvorgänge und durch C gegeben. C ist für gegebenen Spülpumpenwirkungsgrad und Spüldruck der Zahlentafel 8 zu entnehmen, wenn wieder

$$p_{zm} = \frac{p_s + p_o}{2}$$

gesetzt wird. C_l ist aus (145) zu rechnen, $\frac{p_{La}}{\Lambda_o}$ Abb. 125 zu entnehmen. Bei den folgenden Ausführungen wurde $z_m \sim 1{,}0$ gesetzt. Man geht am besten so vor, daß man für konstanten Spüldruck und gegebenen Gebläsewirkungsgrad durch Probieren jenen Luftaufwand Λ_o ermittelt, für den p_e seinen Höchstwert erreicht. Der rechnerische Weg zur Bildung des Maximums ist im allgemeinen nicht kürzer, da die dabei erhaltene Gleichung für Λ_o ebenfalls nur durch Probieren gelöst werden kann.

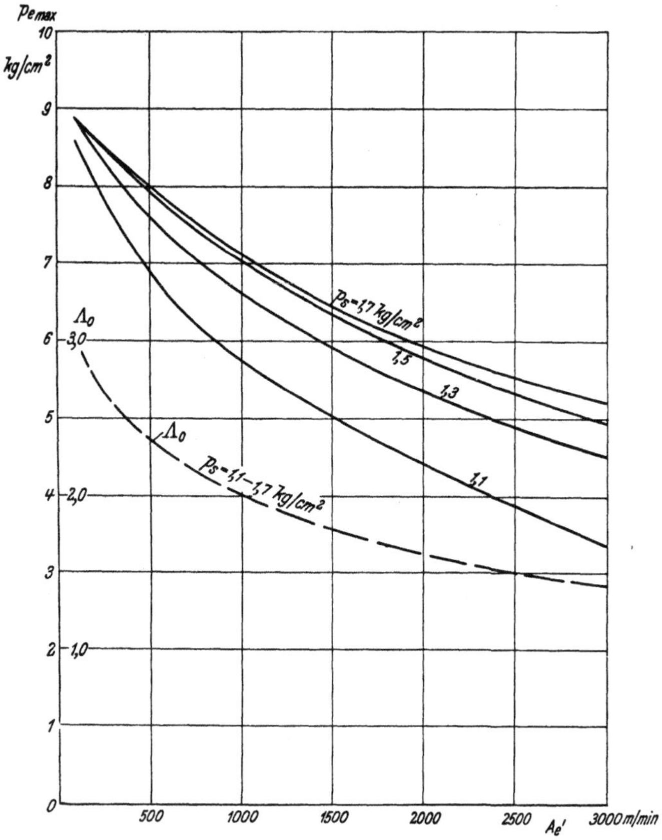

Abb. 154. Aufladesteuerungen. Übersicht über die Zusammenhänge von $p_{e\,max}$ und $A_e' = A_a$. ($a' = 1{,}0$, $\eta_{ad} = 0{,}6$, $b_i = 0{,}140$ kg/PS · h, $L_o = 12{,}0$ m³ (1 at, 288° K), $\lambda = 1{,}5$ und $\varepsilon = 18$).

Aus $b_e = \frac{p_i}{p_e} \cdot b_i$, worin b_i konstant gesetzt werden darf, läßt sich gleichzeitig auch das Λ_o für minimalen Verbrauch ermitteln und dieser berechnen.

Die Berechnung gibt, wenn sie für mehrere Werte von p_s wiederholt wird, einen guten Überblick über die Zusammenhänge, auf Grund dessen dann p_s und Λ_o für den ersten Entwurf der Steuerung gewählt werden kann.

Hierauf ist aus (21) und (23) der erforderliche reduzierte Zeitquerschnitt zu ermitteln und der Querschnittsverlauf von Einlaß und Auslaß so aufeinander abzustimmen, daß sowohl für den Vorauspuff genügend Zeitquerschnitt zur Verfügung steht, als auch die Abschlüsse von Einlaß und Auslaß so zueinander liegen, daß zu Beginn der Verdichtung der Druck p_s annähernd erreicht wird.

Durch Auswertung des Ausdrucks (146) wurde in den Abb. 154 bis 156 eine Übersicht über die wichtigsten Zusammenhänge gegeben. Den Berechnungen liegen ungefähre Vollastwerte neuzeitlicher Dieselmotoren ($b_i = 0{,}140$ kg/PS . h, $L_o = 12{,}0$ m³ [1 at, 288° K], $\lambda = 1{,}5$ und $\varepsilon = 18$) zugrunde.

Abb. 154 zeigt die Zusammenhänge zwischen $p_{e\,max}$ und der Kennzahl A_e'. Die Kennzahl der Spülung ist hier $a = 1{,}0$, der Wirkungsgrad der Spülpumpe $\eta_{ad} = 0{,}6$. Mit zunehmender Schnelläufigkeit wird $p_{e\,max}$ kleiner, da zunehmende Teile des Hubraumes für die Arbeitsvorgänge verlorengehen, der Ladungswechsel zunehmend Relativzeit und Querschnitt benötigt. Weiters ist festzustellen, daß die Aufladung nicht etwa durch Erhöhung des Spüldruckes beliebig gesteigert werden kann, sondern bald (im vorliegenden Fall ungefähr bei $p_s = 1{,}4$ bis $1{,}5$ kg/cm²) eine Grenze erreicht, von der ab jede Steigerung des Spüldruckes nur mehr geringen Leistungsgewinn gibt. Es lohnt sich daher unter den hier vorliegenden Voraussetzungen nicht, den Spüldruck über $1{,}4 \div 1{,}5$ kg/cm² zu erhöhen, da dem dazu notwendigen größeren Aufwand für die Spülpumpe kein entsprechender Leistungsgewinn gegenübersteht. Der für $p_{e\,max}$ erforderliche Luftaufwand ist nahezu unabhängig vom Spüldruck und nimmt mit zunehmendem A_e' ab.

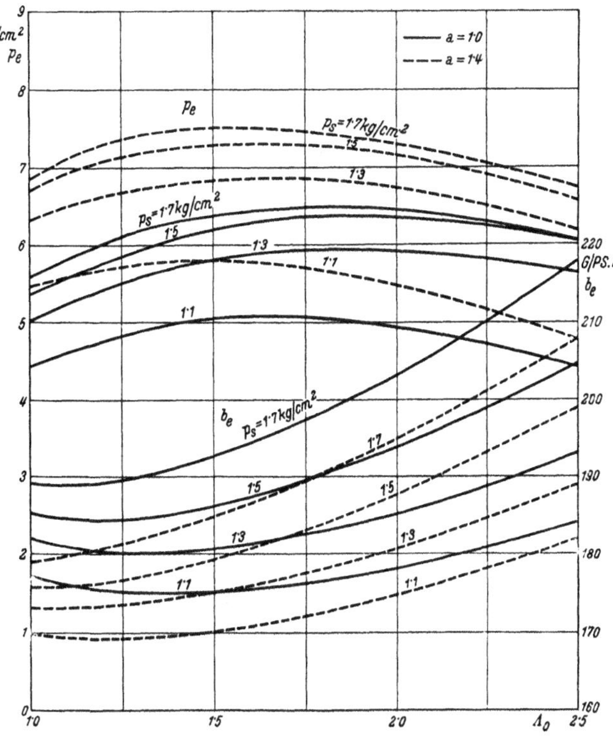

Abb. 155. Aufladesteuerungen. Zusammenhang zwischen Luftaufwand und p_e, b_e für $A_e' = 1500$ m/min. Sonstige Werte wie in Abb. 154.

In Abb. 155 sind die Zusammenhänge zwischen Luftaufwand, p_e und b_e für Systeme mit der Kennzahl $A_e' = 1500$ m/min, die einem Schnellläufer entspricht, dargestellt. Das Maximum des p_e über Λ_0 ist wenig ausgeprägt, der Kurvenverlauf sehr flach, eine Veränderung von Λ_0 hat daher in einem weiten Bereich nur wenig Einfluß auf p_e. Vor allem kommt eine Verkleinerung von Λ_0 gegenüber dem $p_{e\,max}$ zugeordneten Wert für die Ausführung in Betracht.

Die Verbrauchswerte zeigen eine starke Abhängigkeit vom Spüldruck. Niederer Verbrauch erfordert kleine Spüldrücke. Das Minimum des Verbrauches liegt, gleich wie bei den einfachen Schlitzsteuerungen, bei kleineren Luftaufwänden, als sie $p_{e\,max}$ entsprechen. Der Aufwand für die Spülung ist daher sowohl in bezug auf den Spüldruck wie auf den Luftaufwand kleiner zu halten, wenn niederer Verbrauch angestrebt wird, als wenn hoher Nutzdruck erzielt werden soll.

Die Kurven sind für zwei Spülsysteme gezeichnet. $a = 1{,}0$ entspricht ungefähr den Werten, die mit einer mittelguten Umkehrspülung erzielt werden können, $a = 1{,}4$ kann ungefähr mittleren Gleichstromspülungen (Doppelkolbenmotor oder Motor mit ventilgesteuertem Auslaß) zugeordnet werden. Die wesentlichen Vorteile der Gleichstromspülung sind auffällig. Beim Spüldruck $p_s = 1{,}3$ kg/cm² wird das p_e gegenüber $a = 1{,}0$ um rund 1 kg/cm² erhöht und auch der Verbrauch geringfügig (~ 5 g/PS.h) verbessert. Da außerdem $p_{e\,max}$ bei kleineren Luftaufwänden liegt wie für $a = 1{,}0$, ergibt sich als weiterer Vorteil der Gleichstromspülung eine kleinere Spülpumpe, womit dann allerdings die Innenkühlung des Motors weniger wirksam wird. Abb. 156 zeigt den Einfluß des Spülpumpenwirkungsgrades auf Leistung und Verbrauch. η_{ad} wirkt mittelbar über die Spüllufttemperatur auf den Innendruck p_i. Schlechter Spülpumpenwirkungsgrad bedingt starke Lufterwärmung und damit wesentlich verminderte Dichte der Spülluft und daher der Ladung. Weiters beeinflußt η_{ad} unmittelbar den Arbeitsaufwand für die Spülpumpe, der von der Innenleistung bestritten werden muß. Diese beiden Einflüsse von η_{ad} geben zusammen eine bedeutende Einwirkung auf Verbrauch und Leistung, so daß der Spülpumpenausführung besondere Beachtung zu schenken ist.

Durch Rückkühlung der Spülluft wäre es möglich, den Einfluß von η_{ad} auf die Innenleistung abzuschwächen und die Leistung zu erhöhen. Die ungefähren Auswirkungen einer Rückkühlung lassen sich durch Veränderung von T_s im Bereich der in Aussicht genommenen Temperaturabsenkung leicht mittels Ausdruckes (146) abschätzen. Im allgemeinen wird die Rückkühlung der Spülluft wegen des erforderlichen baulichen Aufwandes nicht in Betracht kommen bzw. sich nur in besonderen Fällen lohnen.

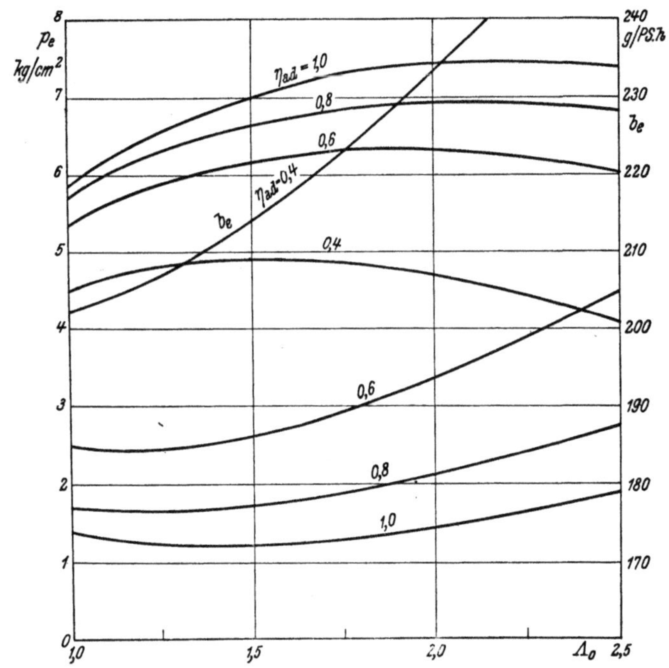

Abb. 156. Aufladesteuerungen. Einfluß des Spülpumpenwirkungsgrades (ohne Rückkühlung der Spülluft) auf p_e, b_e.

Der durch Abb. 154 bis 156 gegebene allgemeine Überblick kann durch weitere Diskussion von (146) in verschiedener Richtung erweitert werden.

Die Anwendung dieses Näherungsverfahrens bei der Lösung von Konstruktionsaufgaben im Zweitaktbau wird an einem Beispiel am Schluß des Abschnittes gezeigt.

c) Untersuchungen an Auflademotoren.

N i e d e r m a y e r [21] hat Untersuchungen über Zweitakt-Aufladesteuerungen an einer Versuchsmaschine (120 mm ∅, 180 mm Hub) des Instituts für Verbrennungskraftmaschinen der Technischen Hochschule Graz ausgeführt.

Die Untersuchungen hatten den Zweck, die Wirklichkeitstreue der Ergebnisse der rechnerischen Verfahren nachzuprüfen und damit die Brauchbarkeit der Verfahren für die Vorausberechnung von Zweitakt-Aufladesteuerungen unter Beweis zu stellen.

Um möglichst genau messen zu können, wurde die Drehzahl mit $n = 700$ U/min verhältnismäßig nieder gehalten. Die übrigen Betriebswerte wurden so gewählt, daß ein verläßlich rauchloser Betrieb mit dem Verbrennungssystem erzielt werden konnte. Es war weder beabsichtigt, noch für die Versuche erforderlich oder zweckmäßig, mit der Maschine Bestwerte zu fahren. Die Betonung bei der Untersuchung lag nicht auf der Entwicklung eines Zweitaktmotors mit Aufladung, sondern auf der Nachprüfung des Rechenverfahrens und damit auf dem Vergleich zwischen berechneten und gemessenen Ergebnissen.

Die verschiedenen Aufladegrade wurden durch vorzeitigen Abschluß der Ausströmkanäle mit einem nach den Schlitzen in die Auspuffleitung eingebauten Drehschieber erreicht. Der Schieber lief mit Kurbeldrehzahl um. Sein Abschlußzeitpunkt konnte während des Betriebes verstellt werden.

Durch große Spül- und Auspuffbehälter wurden annähernd gleichbleibende Drücke vor und nach dem Motor erzielt. Schwingungen im Spülsystem wurden durch kurze, weite Leitungen nahezu vermieden.

Die Versuche wurden mit dem Spülsystem Abb. 108 und den Schlitzlängen $\sigma_e = 0{,}18$, 0,16, 0,14 bei gleichbleibendem $\sigma_a - \sigma_e = 0{,}10$ und Spüldrücken von 1,15 und 1,3 kg/cm² ausgeführt.

Abb. 157 zeigt die Steuerquerschnitte und die durch Versuche mit stationärer Strömung ermittelten Durchflußzahlen der Ein- und Auslaßschlitze und des Dreh-

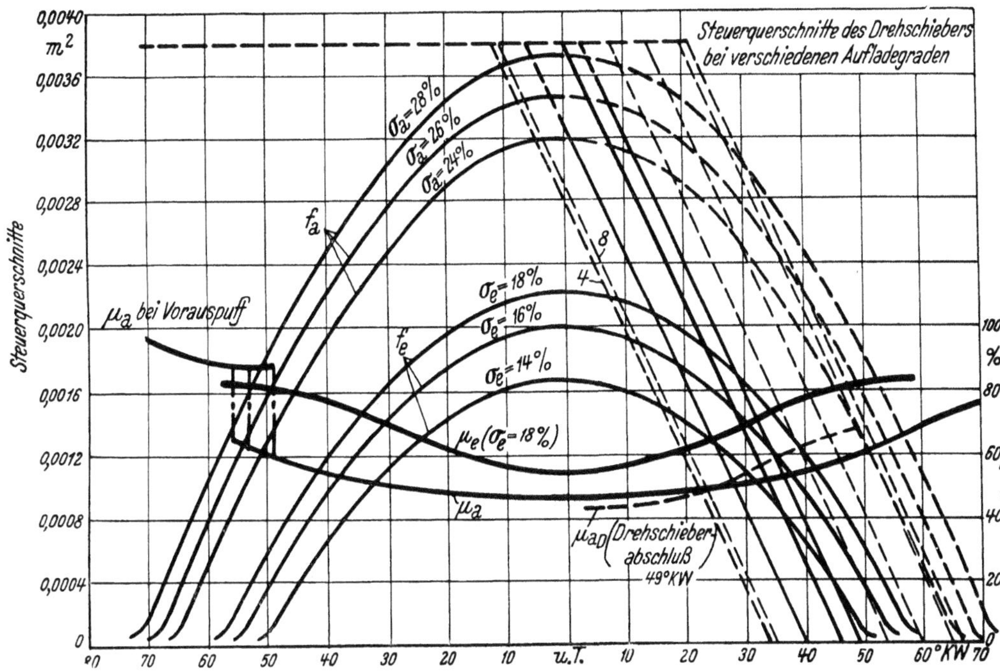

Abb. 157. Wirksame Steuerquerschnitte einer Schlitzsteuerung mit den Auslaßschlitzen nachgeschaltetem Drehschieber. Nach Niedermayer.

schiebers. Die schrägen Linien entsprechen den Steuerquerschnitten des Drehschiebers, die für den Durchfluß maßgebend sind, wenn sie kleiner werden als der Querschnitt der Auslaßschlitze. Vom Schnitt der Linie der Schieberquerschnitte und der Linie des Auslaßschlitzquerschnittes an ist demnach mit dem Schieberquerschnitt als drosselndem Querschnitt zu rechnen. Dabei wird vorausgesetzt, daß die im Querschnitt der Auslaßschlitze erzeugte kinetische Energie im Kanal bis zum Schieber erhalten bleibt, demnach im Schieberquerschnitt nicht nochmals erzeugt werden muß.

Mit diesen Durchflußzahlen und Querschnitten wurde der Druckverlauf durch schrittweise Berechnung ermittelt. Abb. 158 zeigt eine Gegenüberstellung von Rechen- und Meßwerten. Die Kurven 1 und 5 entsprechen Betrieb ohne Aufladung (also ohne Drehschieber), bei 4 und 8 lag der Abschluß durch den Drehschieber 34 und 35° KW nach u. T. Der gerechnete Druckverlauf stimmt mit dem gemessenen gut überein. Auch die gerechneten Luftaufwandwerte liegen nach Abb. 159 sehr nahe den Meßwerten.

Durch Vorverschieben des Drehschieberabschlusses wird der Ladungsdruck p_{zab} zu Beginn der Verdichtung nach Abb. 159 zunächst nur wenig, dann stärker erhöht. Gleichzeitig wird der Luftaufwand kleiner, da $\int f_r \, d\alpha$ mit dem Vorverlegen des

Abschlusses abnimmt. Mit zunehmender Absteuerung des Auslaßendes nimmt demnach die Aufladung zu, die Spülwirkung ab. Der Liefergrad erreicht durch diese sich

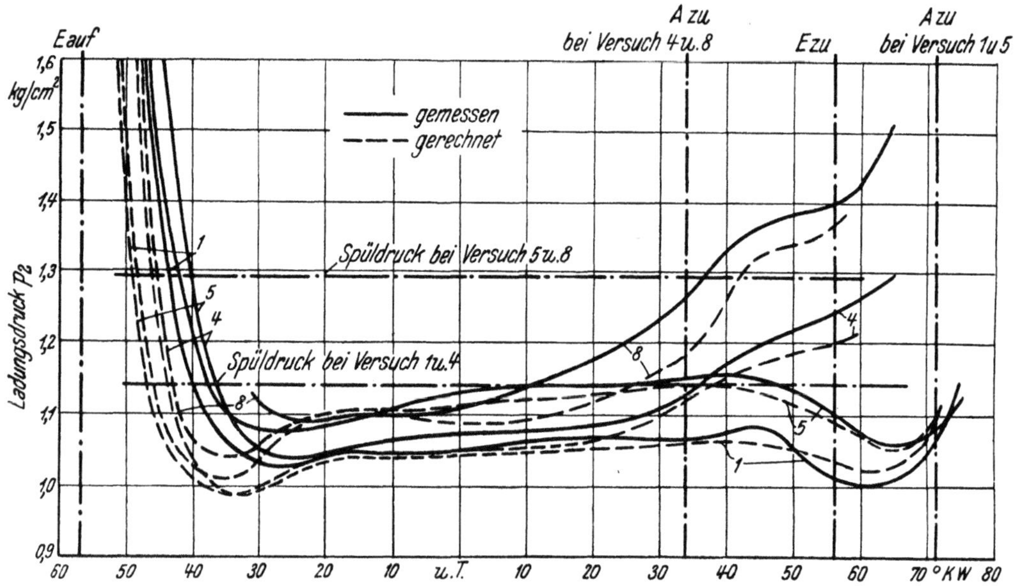

Abb. 158. Gerechneter und gemessener Druckverlauf während der Spülung bei einer Zweitaktsteuerung mit den Querschnitten nach Abb. 157.

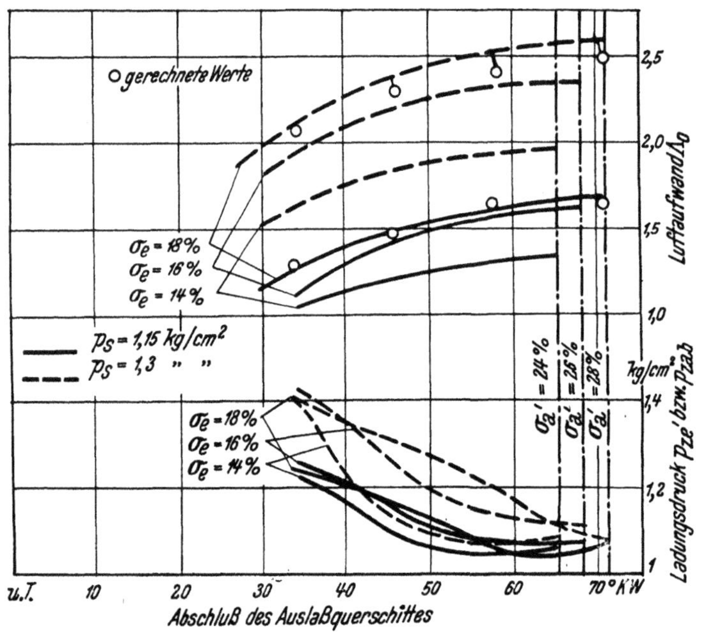

Abb. 159. Gerechneter und gemessener Luftaufwand und gerechneter Druck im Zylinder zu Beginn der Verdichtung bei veränderlichem Schieberabschluß und verschiedenen Einlaßschlitzlängen bei einer Steuerung mit Querschnitten nach Abb. 157. Nach N i e d e r m a y e r.

entgegenwirkenden Einflüsse bei einem bestimmten Abschlußzeitpunkt ein Maximum, das mit dem Höchstwert p_i in Abb. 160 zusammenfällt.

Die Ladungstemperatur läßt sich entweder nach dem schrittweisen Verfahren, Abschnitt 1, b, α, 2 ermitteln oder mit Ausdruck (80) errechnen. (δ'' nach (76) statt δ, $p_{z\,ab}$ statt p'_{za}.) Im vorliegenden Fall ergab die Berechnung mit einer früheren Form von Ausdruck (81), die eine zusätzliche Vereinfachung erhält, die Temperaturen in Zahlentafel 10. Die Werte konnten mit der neuen Form des Ausdruckes (81) nicht nochmals berechnet werden, da die Versuchsaufzeichnungen bei den Ereignissen der letzten Zeit verlorengingen. Es sind jedoch nur geringfügige Abweichungen gegenüber den Berechnungen mit Ausdruck (81) zu erwarten.

Die Übereinstimmung zwischen der berechneten und der aus der Ladungsmengenmessung, nach dem auf Seite 83 beschriebenen Verfahren, ermittelten Temperatur ist im allgemeinen gut. Die Wärmeübergangszahl wurde mit C = 1,7 in Ausdruck (87) berechnet, da mit diesem Wert die beste Übereinstimmung von gemessenen und gerechneten Temperaturen erhalten wurde.

Die bedeutende Zunahme der Ladungsmenge durch die Aufladung wird aus der Zahlentafel 10 deutlich. Der Spülgrad λ_s liegt durchwegs sehr hoch und nimmt mit zunehmender Aufladung im allgemeinen ab, da die Spülwirkung infolge des abnehmenden Luftaufwandes sich verschlechtert.

Zahlentafel 10.

Versuche mit Aufladung. D = 120 mm, s = 180 mm, n = 700 U/min.

Versuch Nr.	σ_e %	σ_a, σ_{ab} %	p_s kg/cm²	p_i kg/cm²	T_{zab} gemessen °K	T_{zab} gerechnet	λ_g %	λ_s %
1	18	28	1,15	5,5	338	350	70,6	92,5
2	18	20,4	1,15	5,85	345	347	75,0	93,5
3	18	12,0	1,15	6,20	355	358	82,5	92,0
4	18	6,5	1,15	6,25	366	377	86,0	91,0
5	18	28	1,30	6,0	324	326	74,5	97,0
6	18	20,4	1,30	6,3	340	338	85,0	96,0
7	18	12,0	1,30	7,2	355	343	92,0	95,5
8	18	6,5	1,30	7,65	346	358	103,0	94,0
9	16	26	1,15	5,1	350	347	69,6	91,0
10	16	25	1,15	5,3	353	349	73,0	93,0
11	16	13,5	1,15	6,4	348	363	84,0	93,5
12	16	6,8	1,15	6,2	378	391	85,5	91,0
13	16	26	1,30	5,75	350	363	72,5	94,0
14	16	25	1,30	6,0	350	344	75,4	94,0
15	16	13,5	1,30	7,1	348	348	89,5	94,0
16	16	6,8	1,30	7,6	375	368	98,5	91,5
17	14	24	1,15	5,05	355	364	70,6	91,2
18	14	24	1,15	5,15	363	366	75,0	91,0
19	14	13,5	1,15	5,70	372	372	82,5	90,0
20	14	6,8	1,15	5,80	386	394	86,0	85,0
21	14	24	1,3	5,45	336	340	74,5	94,0
22	14	16,5	1,3	5,60	355	346	85,0	93,0
23	14	9	1,3	6,55	363	354	92,0	92,0
24	14	6,8	1,3	7,15	375	366	103,0	91,0

Die Kurven, Abb. 160, zeigen die starke Erhöhung, welche das p_i durch die Aufladung erfährt. Die eingetragenen berechneten Werte liegen im allgemeinen in unmittelbarer Nähe der gemessenen Kurven.

Infolge des Arbeitsaufwandes für die Verdichtung der Spülluft ist der Unterschied der p_e-Werte in Abb. 161 bei Betrieb mit $p_s = 1{,}15$ und $p_s = 1{,}3$ kg/cm² kleiner als der entsprechende Unterschied der p_i-Werte in Abb. 160. Die verhältnismäßig geringe Zunahme von p_e mit dem Spüldruck konnte schon im Überblick über die grundsätzlichen Zusammenhänge (z. B. Abb. 146) festgestellt werden.

Zusammenfassend ist festzustellen, daß die Untersuchungen die gute Erfassung der Vorgänge beim Ladungswechsel von aufgeladenen Zweitaktmotoren durch das entwickelte, rechnerische Verfahren bewiesen haben, so daß auch von der Ermittlung weiterer Zusammenhänge wertvolle Aufschlüsse erwartet werden können.

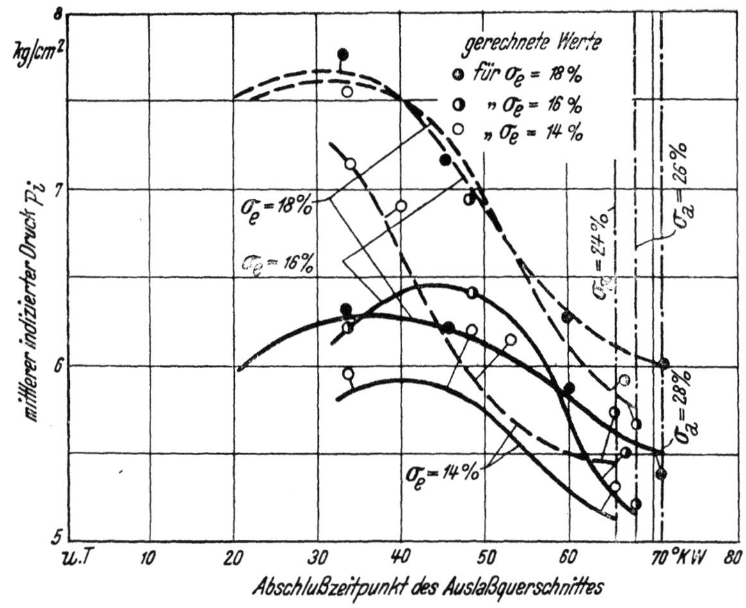

Abb. 160. Gerechneter und gemessener Innendruck p_i bei verschiedenen Abschlußzeiten des Schiebers, Schlitzlängen für zwei Spüldrücke $p_s = 1.15$ kmg/cm², - - - $p_s = 1.3$ kg/cm². Steuerung nach Abb. 157. Nach Niedermayer.

Die durch Rechnung erhaltene Beziehung zwischen Einlaßschlitzlänge und Abschlußzeitpunkt des Schiebers für konstanten Luftaufwand und die Abhängigkeit

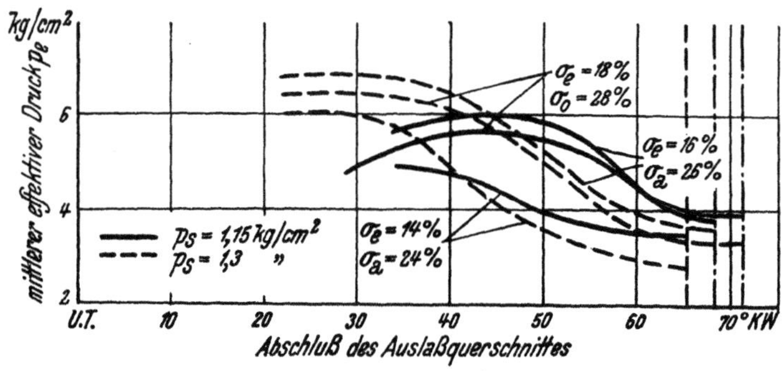

Abb. 161. Gemessener Nutzdruck p_e bei verschiedenen Abschlußzeiten des Schiebers, verschiedenen Schlitzlängen und verschiedenen Spüldrücken. Steuerung nach Abb. 157. Nach Niedermayer.

des p_i vom Luftaufwand zeigt Abb. 162. Um den Luftaufwand gleichzuhalten, müssen mit Vorverlegen des Schieberabschlusses aus früher dargelegten Gründen die Einlaßschlitze verlängert werden. Eine Vergrößerung von Λ_0 gibt im untersuchten Bereich eine wesentliche Erhöhung des p_i.

Wenn man den Schieber vor dem Einlaßschlitz anbringt und so betätigt, daß er später öffnet, als die Einlaßschlitze vom Kolben freigegeben werden, so lassen sich die Einlaßschlitze länger ausführen als die Auslaßschlitze und trotzdem die erforderliche

Vorauspufffläche herstellen. Für diesen Fall erhält man bei konstantem Spüldruck und Luftaufwand eine Leistungssteigerung nach Abb. 163, welche jedoch, wie die Gegenüberstellung in Abb. 163 zeigt, wesentlich kleiner ausfällt wie beim Vorverlegen des Auslaß-Abschlusses.

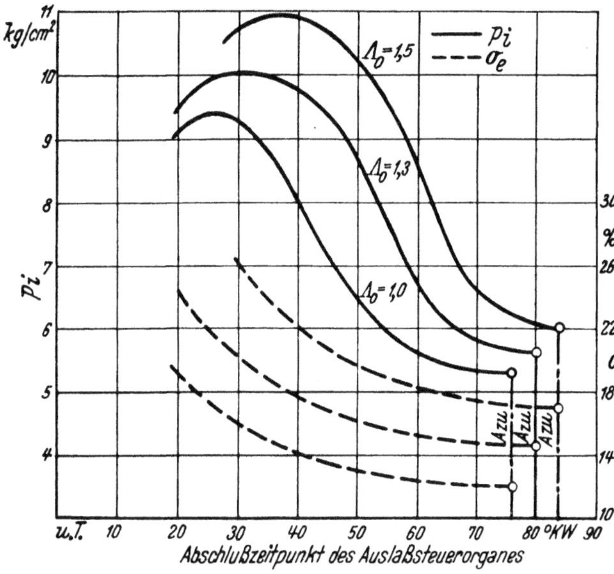

Abb. 162. Berechneter Zusammenhang zwischen p_i und dem Abschlußzeitpunkt des Auslaßschiebers bei konstantem Luftaufwand, konstantem Spüldruck und veränderlicher Einlaßschlitzlänge σ_e. Nach Niedermayer.

Aus dieser Gegenüberstellung der Ergebnisse der beiden Aufladeverfahren folgt, daß es darauf ankommt, den Aufladedruck möglichst bald nach dem unteren Totpunkt zu erreichen, um damit den wirksamen Arbeitshubraum groß zu halten. Die Unsymmetrie des Ladungswechsels zum unteren Totpunkt soll daher dadurch erzielt werden, daß man den Schwerpunkt der Vorgänge vor den unteren Totpunkt legt.

d) Beispiele für die Berechnung der Steuerungsabmessungen von Motoren mit unsymmetrischen Steuerzeiten.

Ausführliche, überwiegend rechnerische Untersuchungen über Aufladesteuerungen hat Zemann [7] und [22] angestellt. Eine dieser Arbeiten behandelt die Steuerung einer Junkers-Doppelkolbenmaschine, Bauart HK 65.

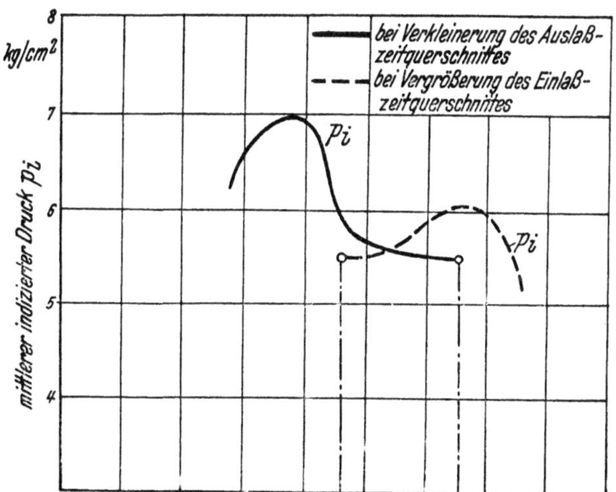

Abb. 163. Vergleich des Verlaufs der p_i-Werte bei veränderlichem Abschlußzeitpunkt des den Schlitzen vor- bzw. nachgeschalteten Ein- bzw. Auslaßsteuerorganes. Nach Niedermayer.

Der Motor hat folgende Abmessungen:

Zylinderdurchmesser: 65 mm

Hub des oberen Kolbens: 90 mm

Hub des unteren Kolbens: 120 mm

Gesamthub: 210 mm

Kurbelversetzung: 15°

Abb. 164 zeigt die Kolbenweglinien und die Schlitzabmessungen, welche den Berechnungen zugrunde lagen. Die Auslaßschlitze sind rechteckig, die Einlaßschlitze abgerundet. Die auf den Zylinderdurchmesser bezogenen verhältnismäßigen Schlitzbreiten sind in Abhängigkeit von der verhältnismäßigen Entfernung zum unteren Totpunkt aufgetragen. Man erhält daher den jeweiligen freien Schlitzquerschnitt mit β als Breite, bezogen auf den Umfang aus

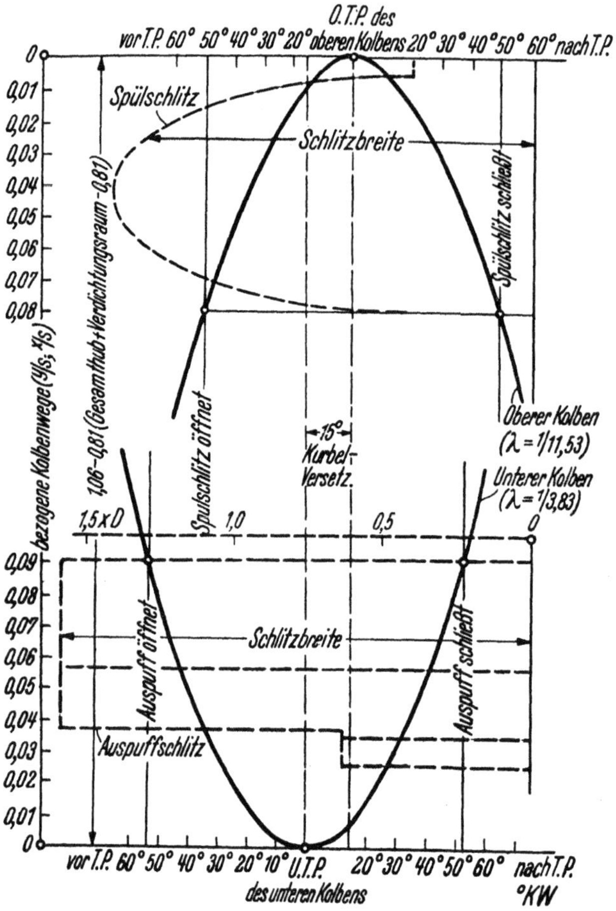

Abb. 164. Kolbenweglinien und Schlitzabmessungen einer Junkers-Doppelkolbenmaschine, Bauart HK 65. Nach Zeman.

$$f_{a,e} = \pi D \cdot s \int_{\alpha}^{\alpha_a, \alpha_e} \beta \, d\alpha$$

Damit wurde der Druckverlauf mit einem Ausdruck, der grundsätzlich dem Ausdruck (54) entspricht, berechnet. Zur Vereinfachung wurde eine geschätzte mittlere Temperatur für die Auslaßströmung eingesetzt.

Ein Vergleich von berechnetem und indiziertem Druckverlauf in Abb. 165 zeigt gute Übereinstimmung. Die Berechnung der Spülluftmenge je Spülung ergab 0,0034 kg/Hub gegenüber 0,00365 kg/Hub aus der Messung. Es ist bemerkenswert, daß diese Ergebnisse ohne Durchflußmessungen am untersuchten Spülsystem mit den Durchflußzahlen von Nusselt nach Zahlentafel 1 erhalten wurden.

Für eine Maschine mit D.n = 100 m/min, $\beta_e = 0{,}255$, $\beta_a = 0{,}287$ und mit einem den Einlaßschlitzen vorgeschalteten Drehschieber nach Abb. 166 und einem Steuerdiagramm nach Abb. 167 erhielt Zeman die in Abb. 168 dargestellten Druckverläufe.

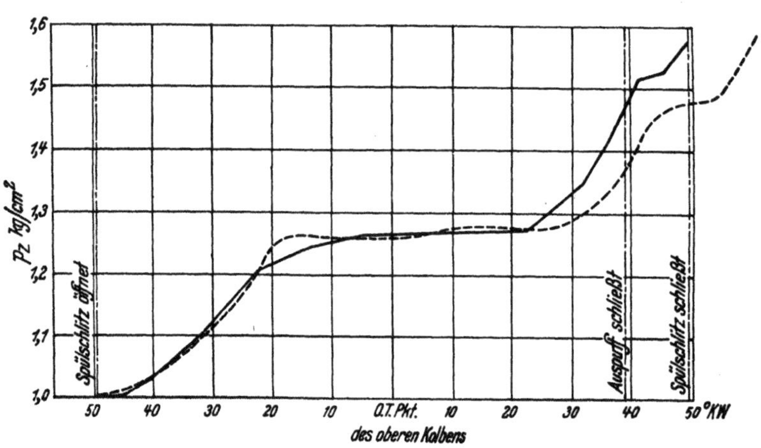

Abb. 165. Gemessener und berechneter Druckverlauf in einer Junkers-Doppelkolbenmaschine. Bauart HK 65. Nach Zeman.

Der typische Charakter des Druckverlaufes von Aufladesteuerungen ist klar erkennbar. Dem Hineinstürzen der Spülluft zu Beginn der Spülung schließt sich ein Abschnitt mit geringer Druckveränderung an, in dem sich jeweils annähernd der dem stationären Durchströmen entsprechende Druck im Zylinder einstellt. Gegen Ende der Einlaßöffnung steigt der Druck vor allem infolge der Kolbenbewegung. Die

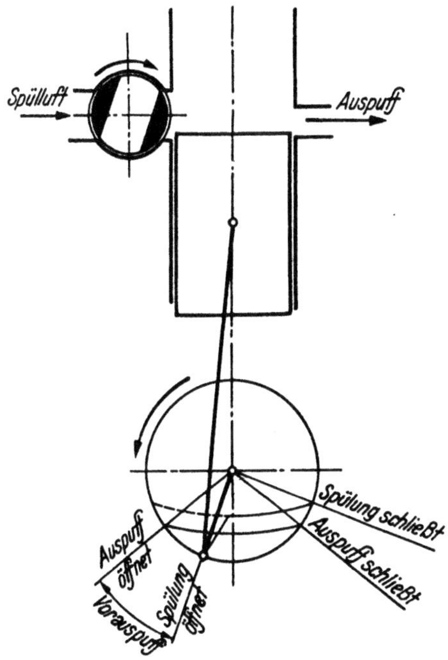

Abb. 166. Aufladesteuerung mit den Einlaßschlitzen vorgeschaltetem Drehschieber. Nach Zeman.

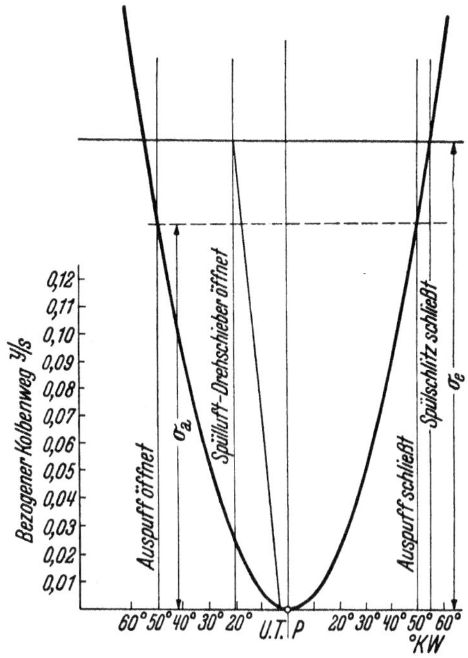

Abb. 167. Freie Schlitzlänge bei einer Steuerung nach Abb. 166. Nach Zeman.

Drucklinie während des Spülens geht am Ende des Spülens ohne Knick in die Verdichtungslinie über.

Im folgenden wird an der Berechnung eines Motors mit Steuerung des Auslasses durch Ventile gezeigt, daß das von Z e m a n entwickelte und das hier vorgeschlagene Näherungsverfahren (Abschnitt II, 2, b) gut übereinstimmende Ergebnisse liefern.

Es wird die optimale Steuerungsauslegung eines M o t o r s m i t A u s l a ß v e n t i l e n gesucht, der bei 85 mm Zylinderdurchmesser und 130 mm Hub sein Höchstdrehmoment bei 1500 U/mm erreichen soll.

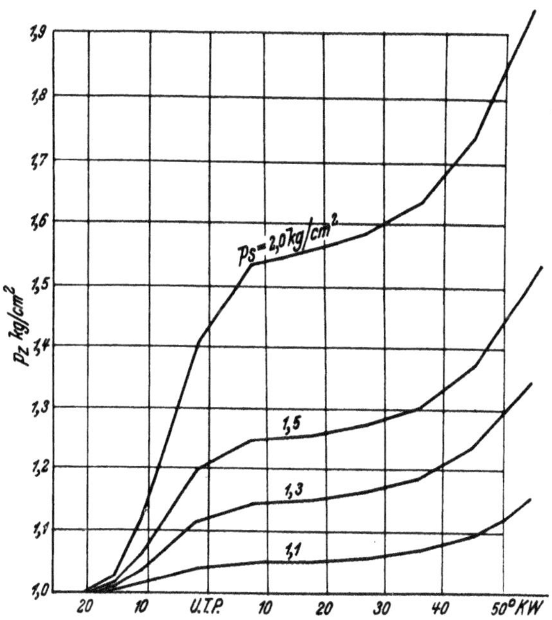

Abb. 168. Berechneter Druckverlauf bei einer Steuerung nach Abb. 166 und 167.

Der Motor hat drei Auslaßventile von 30 mm Sitzdurchmesser ($\frac{d}{D} = 0{,}35$), 9 mm Hub und kolbengesteuerte Einlaßschlitze, demnach eine Gleichstromspülung.

Die Breite der Einlaßschlitze wurde zunächst $\beta_e = 0{,}51$ gewählt. Der Luftbedarf je PS/Stunde $\lambda\, b_i\, L_0$ ist 2,94 m³ (15°, 1 at), das Verdichtungsverhältnis $\varepsilon = 18$.

Die Spülkurve für Gleichstromspülung nach Abb. 72, welche der Berechnung zugrunde gelegt wurde, hat in dem Bereich, der im vorliegenden Fall in Betracht kommt ($\Lambda_o \sim 1{,}5 \div 2{,}0$), ein $a = 1{,}4$. Der Wirkungsgrad des für die Ausführung vorgesehenen Rootsgebläses nimmt mit zunehmendem Druck ab.

Folgende vom Gebläse abhängige Werte wurden bei der Berechnung benützt:

$p_s =$	1,1	1,2	1,3	1,6	kg/cm²
$T_s =$	299	312	324	383°	K
$\frac{p_{La}}{\Lambda_o} =$	0,13	0,28	0,43	1,2	kg/cm²

Zur Ermittlung von A_e' ist die Durchflußzahl μ_r zu schätzen. Die Durchflußzahlen von Nusselt verändern sich zwischen 0,66 und 0,73 im Druckbereich $\frac{p_s}{p_o} \div 1{,}5$, μ_r kann demnach mit 0,7 angenommen werden.

Man erhält nach Seite 24 mit dem Schubstangenverhältnis $\frac{r}{l} = \frac{1}{4}$ wenn $\frac{\mu_m}{\mu_r} = 0{,}71$ angenommen wird:

$$A_e' = \frac{0{,}085 \,.\, 1500}{0{,}51 \,.\, 0{,}7 \,.\, 0{,}71}\; 0{,}875 = 440 \text{ m/min.}$$

Damit wird z. B. für $p_s = 1{,}3$ kg/cm² Spüldruck, $K = 9{,}95$ kg/cm² und mit $p_r = 1$ kg/cm² aus (145) und (146):

$$p_e = 10{,}85 \,.\, \left(1 - 0{,}076 \,.\, \Lambda_o^{\frac{2}{3}}\right) . \left(1 - e^{-1{,}36\,\Lambda_o}\right) - 0{,}43 \,.\, \Lambda_o - 1. \qquad (147)$$

Wählt man den mathematischen Weg zur Ermittlung von $p_{e\,max}$, so ist p_e nach Λ_o partiell zu differentiieren. Man löst die Beziehung $\frac{\partial p_e}{\partial \Lambda_o} = 0$ dann durch Probieren und erhält $\Lambda_o \sim 2{,}0$ und $p_{e\,max} = 7{,}1$ kg/cm².

Wiederholt man diese Rechnung für verschiedene Spüldrücke, so läßt sich rasch und unschwer der Höchstwert des p_e ermitteln. Ebenso leicht gelingt es, durch Variation von Λ_o im Ausdruck für p_e, Kurven nach Abb. 169 zu zeichnen und daraus den Höchstwert zu entnehmen.

Da die Kurven im Scheitel sehr flach verlaufen, wird man Λ_o im allgemeinen kleiner ausführen, als dem Höchstwert von p_e entspricht, um kleinere Spülpumpenabmessungen zu erhalten. Auch in der Wahl des Spüldruckes wird man an der unteren Grenze des Bereiches bleiben, in welchem der Spüldruck das p_e nur wenig beeinflußt. Im vorliegenden Fall würde demnach p_s etwa zwischen 1,2 und 1,3 kg/cm² zu wählen sein.

In Abb. 169 sind die nach dem Verfahren von Zeman ermittelten Werte eingetragen. Sie weichen nur geringfügig von den hier berechneten Werten ab.

Wählt man $\Lambda_o = 2{,}0$, $p_s = 1{,}23$ kg/cm², so wird man annähernd mit $p_e = 7{,}0$ kg/cm² rechnen können. Die Literleistung des Motors wird daher

$$\frac{7{,}0 \,.\, 1500}{450} = 23{,}4 \text{ PS/l}$$

Für das zugrunde gelegte $b_i = 140$ g/PS.h, das mit einem guten Verbrennungssystem erreicht werden kann, erhält man mit $p_r = 1$ kg/cm² die in Abb. 170 dargestellten Verbrauchskurven. Der Verbrauch hängt vom Luftaufwand und vor allem vom Spüldruck ab. Die starke Erhöhung zwischen $p_s = 1{,}3$ und 1,6 kg/cm² ist neben der wesentlich höheren adiabatischen Verdichtungsarbeit vor allem auch auf die starke Abnahme des Gebläsewirkungsgrades zurückzuführen. Das in Aussicht genommene Gebläse ist für Betrieb mit höheren Förderdrücken ungeeignet.

Mit Rücksicht auf Spülpumpengröße und Verbrauch ist es beim Entwurf des Motors angezeigt, auf einige Zehntel kg/cm² Nutzdruck zu verzichten und dafür eine kleine Spülpumpe auszuführen und den Kraftstoffverbrauch zu senken. Man wird dazu Λ_0 auf etwa 1,4 bis 1,5 herabsetzen und voraussichtlich ein p_e von 6,7 kg/cm² bei dem angenommenen Produkt $\lambda \cdot b_i \cdot L_0$ erzielen können.

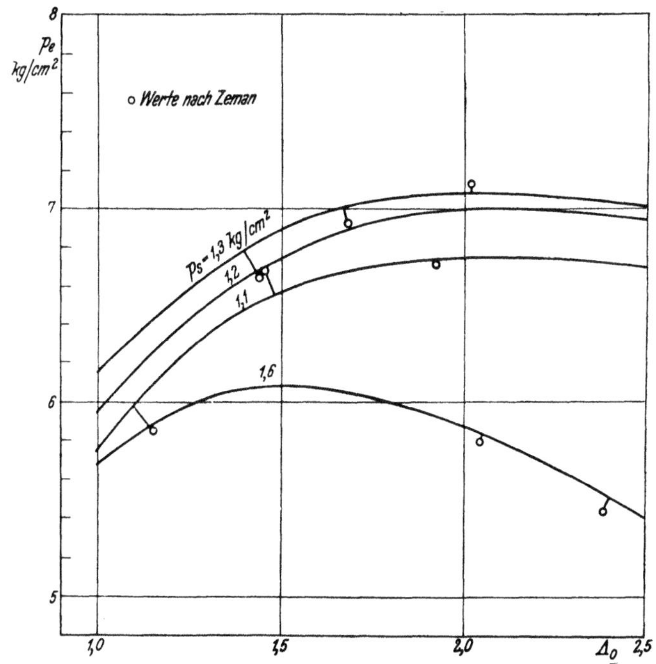

Abb. 169. Übersicht über die Zusammenhänge zwischen p_e und dem Spüldruck und Luftaufwand bei einer Aufladesteuerung mit Gleichstromspülung und Auslaßventilen nach Beispiel.

Nach Wahl von Λ_0 und p_s ist die Berechnung der Steuerung in folgender Weise weiterzuführen:

Man berechnet mit (21) und (23) das erforderliche $\int f_r \, d\alpha$ und hat nun die Abmessungen von Einlaß und Auslaß so zu wählen, daß der für den Vorauspuff benötigte Zeitquerschnitt zur Verfügung steht und der Druck im Zylinder beim Abschluß des Einlasses ungefähr den Spüldruck erreicht.

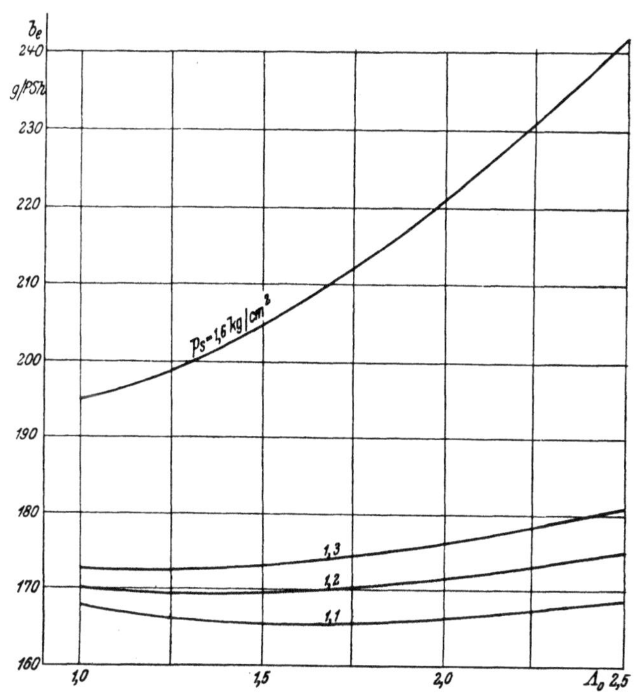

Abb. 170. Verbrauchskurven für eine Aufladesteuerung mit Auslaßventilen nach Beispiel.

Der Berechnungsvorgang wird hier nur angedeutet. Die Schlitzlänge σ_e kann zunächst so angenommen werden, daß

$$\int f_e \, . \, d\alpha = \left(\frac{\mu_r}{\mu_m}\right) \int f_r \, . \, d\alpha \qquad (148)$$

wird. $\frac{\mu_r}{\mu_m}$ ist nach Seite 131 zu schätzen.

Aus

$$\frac{1}{V_h} \int f_e \, . \, d\alpha = \frac{620}{D \cdot \left(1 - \frac{\lambda}{2}\right)} \cdot \sigma_e^{\frac{3}{2}} \qquad (149)$$

ist die Schlitzlänge σ_e zu berechnen. Mit Ausdruck (3) und (7) bestimmt man nun unter Beachtung der späteren Ausführungen, zum Beispiel Seite 145, den für den Vorauspuff erforderlichen Zeitquerschnitt, wobei die Kolbenstellungen beim Öffnen der Auslaßventile und die Einlaßschlitzlänge σ_a, σ_e erst geschätzt werden.

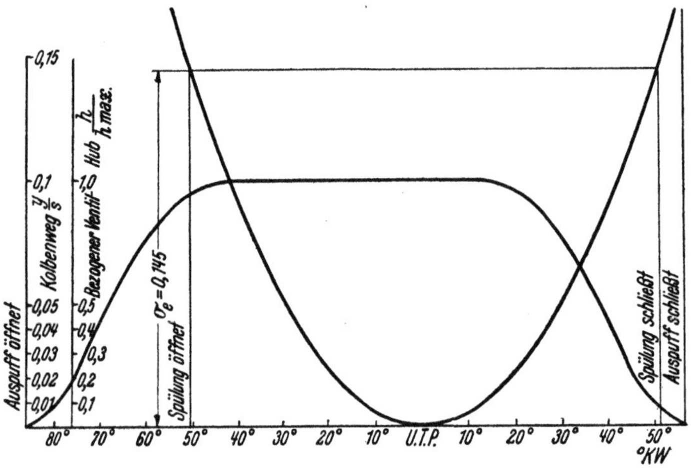

Abb. 171. Steuerdiagramm einer Maschine mit Aufladesteuerung mit Auslaßventilen nach Beispiel. Nach Zeman.

Die Ventileröffnungskurve wird auf Grund von Annahmen über die Nockenform festgelegt. Ein möglichst rasches Eröffnen der Querschnitte ist erwünscht, die Öffnungsgeschwindigkeit jedoch durch die zulässigen Ventilbeschleunigungen begrenzt. (Siehe Band 9.)

Die Vorauspufffläche bestimmt den Öffnungsbeginn der Auslaßventile.

Man läßt Auslaßventile und Einlaßschlitze ungefähr gleichzeitig schließen. Der Auslaßquerschnitt während der gemeinsamen Eröffnung soll erfahrungsgemäß angenähert gleich dem Einlaßquerschnitt sein. Ventilabmessungen, Hub und Nockenkurve sind entsprechend zu wählen.

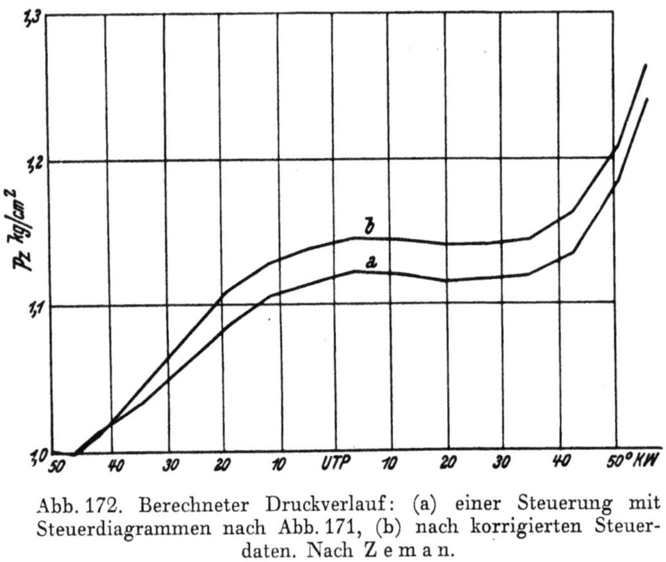

Abb. 172. Berechneter Druckverlauf: (a) einer Steuerung mit Steuerdiagrammen nach Abb. 171, (b) nach korrigierten Steuerdaten. Nach Zeman.

Nach der ersten Festlegung wird durch die schrittweise Berechnung des Druckverlaufes nach Abschnitt II, 2, b, geprüft, ob die Forderung hinsichtlich Enddruck $p_{z\,ab}$ und Luftaufwand erfüllt ist. Ist der Enddruck zu hoch, so muß das Verhältnis von Auslaß- zu Einlaßquerschnitt größer, bei zu niederem Enddruck kleiner gemacht werden. Ein zu großer oder zu kleiner Luftaufwand erfordert eine Verkleinerung oder Vergrößerung der Ein- und Auslaßquerschnitte in etwa gleichem Verhältnis.

Zeman erhielt für die oben berechnete Maschine mit einem Eröffnungsdiagramm nach Abb. 171 den in Abb. 172 berechneten Verlauf (a), der einen zu niederen Enddruck gibt. Durch Vergrößern der Schlitzbreite auf $\beta_e = 0{,}573$, Verkleinern des Auslaßquerschnittes um 10% wurde die in Abb. 172 mit b bezeichnete Kurve erhalten, die einen Enddruck von 1,21 kg/cm² erreicht, also noch nicht ganz die Forderung $p_{z\,ab} = p_s$ erfüllt. Da Λ_0 bei $\sim$ 2,3 liegt, muß sowohl Einlaß- wie Auslaßquerschnitt, letzterer etwas stärker, verkleinert werden, um den Luftaufwand für $p_{e\,max}$ zu erreichen. Zur Ausführung besser geeignet ist ein Luftaufwand von $\Lambda_o \sim 1{,}5$, für den man die Steuerungsquerschnitte von vornherein kleiner bemessen wird.

Als weiteres Beispiel wird im folgenden die vollständige Berechnung eines Zweitakt-Dieselmotors mit Schlitzsteuerung und Aufladung durch einen den Auslaßschlitzen nachgeschalteten Schieber gezeigt.

Der Motor hat $D = 150$ mm, $s = 200$ mm, $n = 1500$ U/min und eine Umkehrspülung nach Schnürle mit $\beta_e \, . \sin \gamma_e = 0{,}25$ und $\beta_a = 0{,}25$. Das Schubstangenverhältnis ist 0,25, das Verdichtungsverhältnis $\varepsilon = 18$.

Das Verbrennungssystem ermöglicht bei genügendem Abstand von der Rauchgrenze einen Luftüberschuß $\lambda = 1{,}6$ für Vollast. Der Wirkungsgrad der vollkommenen Maschine ist für $\varepsilon = 18$ nach Band 2 für den Normalkraftstoff $\eta_v = 58{,}5\,\%$. Rechnet man mit einem Gütegrad $\eta_{g-l} = 77\%$, so wird $\eta_{i-l} = 45\,\%$.

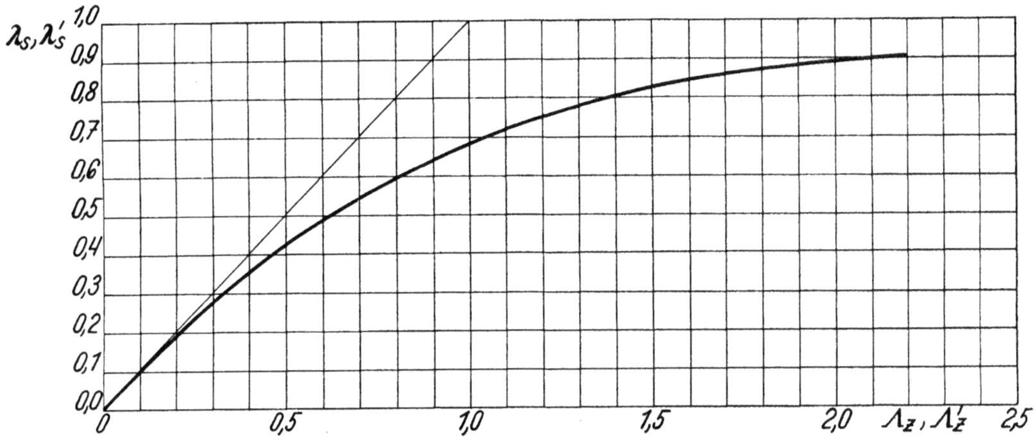

Abb. 173. Spülkurve für Beispiel auf Seite 145.

Mit einem Heizwert des Kraftstoffes von $H_u = 10.000$ kcal/kg wird der Kraftstoffverbrauch $b_{i-l} = 0{,}140$ kg/PS.h. Es ist ferner $L_o = 12{,}0$ m³/kg (1 at, 15° C).

Schätzt man $\mu_r = 0{,}70$ und $\frac{\mu_m}{\mu_r} = 0{,}87$, so wird

$$A'_s = \frac{0{,}150 \, . \, 1500}{0{,}61 \, . \, 0{,}25} \cdot 0{,}875 = 1290 \text{ m/min.}$$

Das verwendete Gebläse habe in Abhängigkeit vom Druck die folgenden Wirkungsgrade und Austrittstemperaturen:

p_s	T_s	η_{ad}
1,1 kg/cm²	299°K	0,72
1,2	311	0,67
1,3	324	0,62
1,4	329	0,57

Um zunächst einmal einen Überblick über die Zusammenhänge und die ungefähr zu erwartenden Nutzdrücke und Verbräuche zu haben, wendet man das Näherungsverfahren Abschnitt II, 2, b, an.

Das Spülsystem habe die in Abb. 173 dargestellte Spülkurve. Einem mittleren Luftaufwand $\Lambda_o \sim 1{,}7$ entspricht $a = 1{,}1$. Für $p_s = 1{,}2$ kg/cm² wird mit Ausdruck (145) $\sigma_e = 0{,}17 \, \Lambda_o^{\frac{2}{3}}$ und mit $K = 10{,}8$ kg/cm² nach (146):

$$p_e = 10{,}8 \, . \, 1{,}06 \, . \left(1 - 0{,}17 \, . \, \Lambda_o^{\frac{2}{3}}\right) \cdot \left(1 - e^{-1{,}1 \, . \, \frac{1{,}082}{1{,}10} \, . \, \Lambda_o}\right) - 0{,}28 \, . \, \Lambda_o - 1{,}0$$

Damit und mit den in gleicher Weise für die Spüldrücke 1,1, 1,3 und 1,4 kg/cm^2 ermittelten Werten erhält man Abb. 174, der folgendes entnommen werden kann:

Eine Erhöhung des Spüldruckes über 1,4 kg/cm^2 hinaus ist beim zugrunde gelegten Gebläse zwecklos, da sie nur den Verbrauch erhöht, jedoch keine Mehrleistung bringt. Mit Rücksicht auf Verbrauch und Leistung wird man den Spüldruck ungefähr zwischen 1,2 und 1,3 kg/cm^2 wählen. Der weiteren Berechnung wird ein Spüldruck $p_s = 1{,}27$ kg/cm^2 zugrunde gelegt.

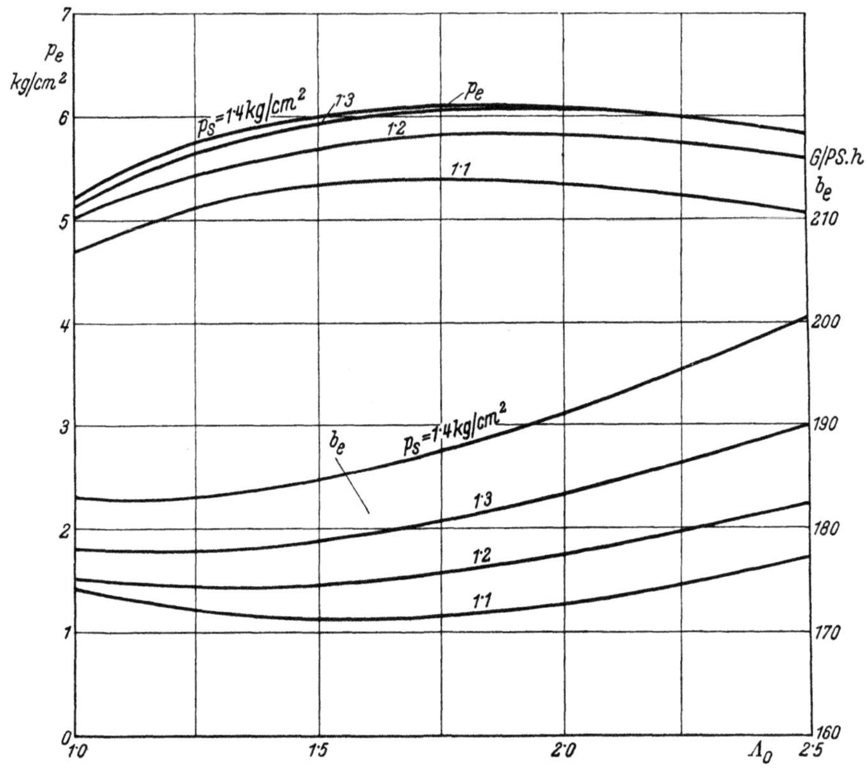

Abb. 174. Übersicht über die Zusammenhänge zwischen p_s, Luftaufwand und Nutzdruck bei einer Steuerung mit den Auslaßschlitzen nachgeschaltetem Schieber nach S. 145.

Der günstigste Luftaufwand liegt bei allen Spüldrücken ungefähr bei $\Lambda_0 = 1{,}7$. Eine Verkleinerung auf etwa 1,25 bis 1,4 hat nur geringen Einfluß auf p_e. In bezug auf den Luftaufwand wird die Annahme gemacht, daß er ohne Steuerung des Auslaßendes durch den Schieber $\Lambda_0 \sim 1{,}6$ betragen soll. Es ist dann zu erwarten, daß Λ_0 bei der Aufladesteuerung mit abgesteuertem Auslaßende und daher vermindertem Zeitquerschnitt in dem in bezug auf p_e wenig empfindlichen Bereich zwischen 1,25 und 1,6 liegen wird.

Zunächst ist die Einlaßschlitzlänge zu bestimmen. Nach (145) wird für $p_s = 1{,}27$ kg/cm^2, $T_s = 320^0$ K, $A_e' = 1290$ m/min und $\Lambda_0 = 1{,}6$ $\sigma_e = 0{,}22$.

Die Auslaßschlitzlänge wird so bemessen, daß nur wenig Abgas rückschlägt. Ein wesentlicher Gewinn an Leistung kann durch Verkürzung der Auslaßschlitzlänge gegenüber rückschlagfreiem Betrieb bei Aufladesteuerungen im allgemeinen nicht erzielt werden.

Zur Berechnung der Auslaßschlitzlänge muß zunächst der Zustand im Zylinder beim Öffnen der Auslaßschlitze bestimmt werden. Ausdruck (7) kann auf

Aufblademotoren angewendet werden, wenn an Stelle von p_{za} der Druck p_{z5} nach Abb. 175 eingesetzt wird. Mit $C_{vm} = 6{,}00$ kcal/Mol, $\eta_u = 1{,}0$, $\varphi_w = 0{,}18$ (siehe Band 2), der Raumgröße $z_{ab} = 0{,}83$ (entsprechend $\sigma_e = 0{,}22$), die hier an Stelle von z_a einzusetzen ist, $p_s = 1{,}27$ kg/cm² und $\delta' = 1{,}04$ wird

$$p_{z5} = 1{,}32 + 0{,}328 \cdot p_i \text{ kg/cm}^2$$

Aus dem Näherungsverfahren erhält man $p_i = 7{,}50$ kg/cm² und damit $p_{z5} = 3{,}9$ kg/cm².

Der Druck beim Öffnen der vorläufig mit $\sigma_a = 0{,}38$ geschätzten Auslaßschlitze

ist $$p_{za} = 3{,}9 \cdot \left(\frac{0{,}83}{0{,}67}\right)^{1{,}35} = 5{,}21 \text{ kg/cm}^2.$$

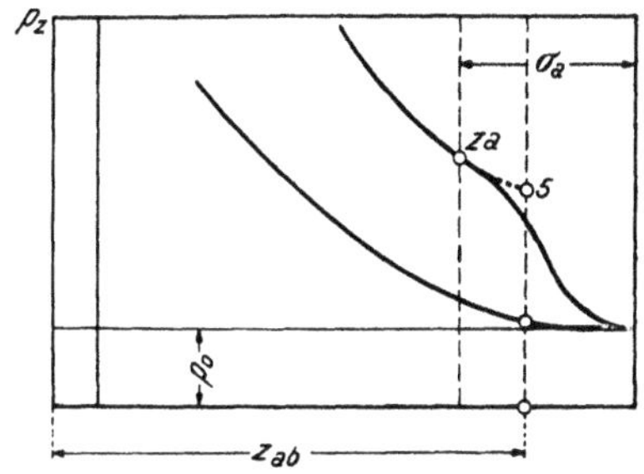

Abb. 175. Bezeichnungen bei einer Aufladesteuerung mit den Auslaßschlitzen nachgeschaltetem Schieber, Z_a = Öffnung der Auslaßschlitze, Z_{ab} = Zylindervolumen bei Beginn der Verdichtung.

Die Ladungstemperatur T_{z5} ist, wenn die Temperatur zu Beginn der Verdichtung 380° K geschätzt wird:
$$T_{z5} = 380 \cdot \frac{3{,}90}{1{,}27 \cdot 1{,}04} = 1120^0 \text{ K}.$$

und $$T_{za} = 1120 \cdot \left(\frac{0{,}83}{0{,}67}\right)^{0{,}35} = 1210^0 \text{ K}.$$

Nun kann die erforderliche Auslaßschlitzlänge aus (3) berechnet werden. Es ist mit einem geschätzten $\mu_a = 0{,}65$:
$$A_a = \frac{0{,}150 \cdot 1500}{0{,}25 \cdot 0{,}65} = 1380 \text{ m/min.}$$

und mit $z_m = 0{,}75$ (entsprechend dem geschätzten $\sigma_a = 0{,}38$) aus (3 a) und (3 b) $C = 6{,}16$, $B = 5{,}23$.

Der Wert des Integrals in (3) zwischen den Grenzen $p_{za} = 5{,}21$ kg/cm² und $p_{ze} = 1{,}27$ kg/cm² ist nach Abb. 9 0,62.

Damit erhält man $\sigma_a - \sigma_e = 0{,}20$ aus Abb. 11 und daher $\sigma_a = 0{,}42$.

Auf Seite 120 wurde gezeigt, daß die rückschlagende Abgasmenge bei einer mäßigen Verkürzung der Auslaßschlitze gegenüber rückschlagfreiem Betrieb sehr klein bleibt. Mit Rücksicht auf die Verkleinerung des Verlustes an Diagrammfläche und die Verringerung der thermischen Beanspruchung wird es auch in diesem Fall zweckmäßig sein, die Auslaßschlitze etwas kürzer auszuführen, als dies völlig rückschlagfreier Betrieb erfordern würde. Die Schlitzlänge wird 0,38 gewählt werden können, ohne daß merkbares Rückschlagen eintritt. Nun ist für die so festgelegte Steuerung der günstigste Abschlußzeitpunkt des Schiebers und der zugehörige Nutzdruck und Verbrauch zu ermitteln.

Mit dem Schieberdurchmesser $d = \beta_s \cdot D$, der Durchflußzahl μ_s und der Länge des steuernden Querschnittes im Schieber $b_s = \nu_s \cdot D$ erhält man die Abschlußgeschwindigkeit
$$\frac{d f_s}{d \alpha} = \frac{\mu_s \cdot \beta_s \cdot \nu_s \cdot D^2 \cdot \pi}{360}$$

wenn der Schieber mit Motordrehzahl umläuft. Auf den Schlitz übertragen gibt das
$$\frac{d f_s}{d \alpha} = \frac{\mu_s \cdot \beta_s \cdot \nu_s \cdot \pi \cdot D^2}{360} = \mu_a \cdot \beta_a \cdot D \cdot \pi \cdot s \cdot \frac{d \sigma_a}{d \alpha}$$

also
$$\frac{d \sigma_a}{d \alpha} = \frac{1}{360} \cdot \frac{\mu_s}{\mu_a} \cdot \frac{\beta_s \cdot \nu_s}{\beta_a} \cdot \frac{D}{s} \tag{150}$$

als dem Schieberabschluß gleichwertige Abschlußgeschwindigkeit der Schlitze.

Wählt man im vorliegenden Fall $\beta_s = 0{,}7$, $\nu_s = 1{,}0$ und nimmt an, daß die Durchflußzahlen μ_s und μ_a gleich sind, so erhält man

$$\frac{d\sigma}{d\alpha} = \frac{0{,}7 \,.\, 1{,}0}{360 \,.\, 0{,}24} \cdot \frac{0{,}15}{0{,}20} \sim 0{,}006 \text{ Hubteile}/^0\text{ KW}$$

Für genaue Berechnungen müßten die Durchflußzahlen in Abhängigkeit von der Schieber- und Schlitzstellung ermittelt werden. $\frac{d\sigma}{d\alpha}$ ist dann im allgemeinen nicht konstant, sondern mit α veränderlich.

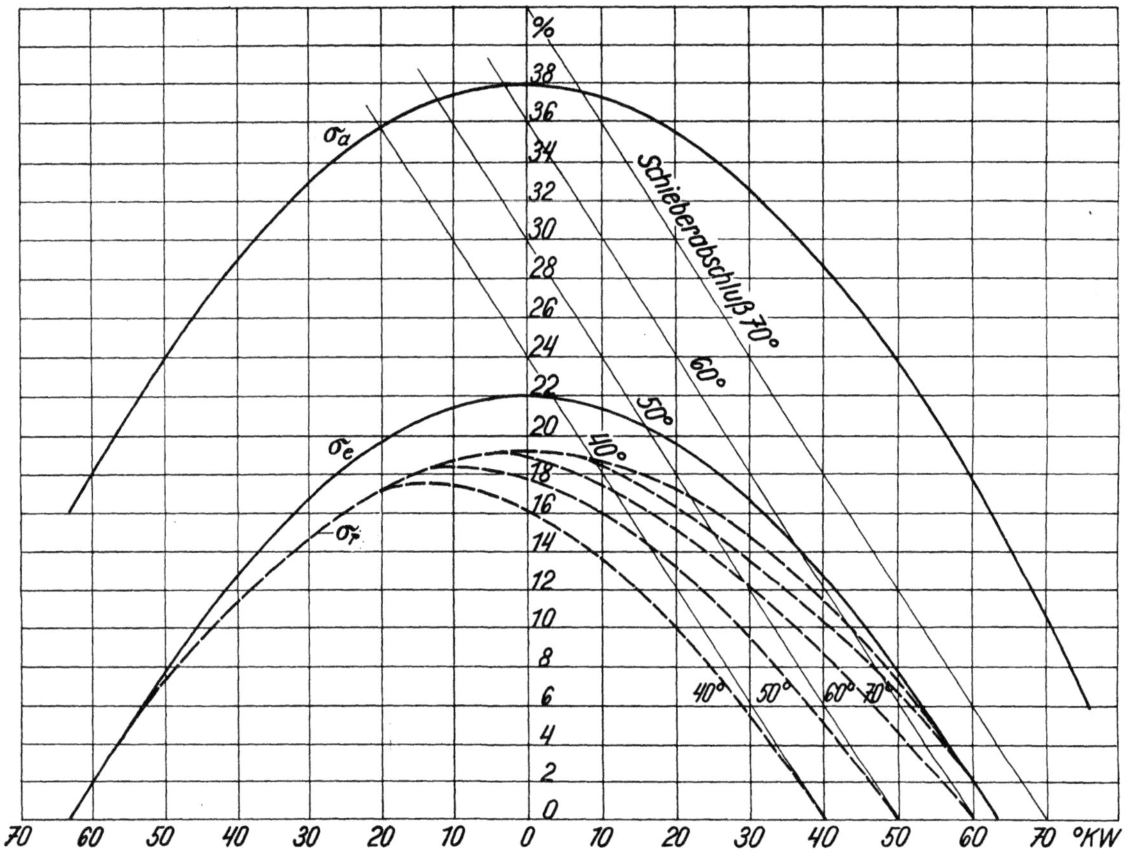

Abb. 176. Freie Schlitzlängen einer Aufladesteuerung mit den Auslaßschlitzen nachgeschaltetem Schieber nach Beispiel S. 145.

Nun kann ein Diagramm, Abb. 176, gezeichnet werden, in dem verschiedene Schieberabschlüsse, z. B. 70, 60, 50, 40° KW nach u. T. eingetragen sind.

Den Luftaufwand bei den verschiedenen Abschlüssen des Schiebers kann man durch schrittweise Rechnung oder einfacher, aber weniger genau, mit den reduzierten Zeitquerschnitten nach Seite 22 ermitteln.

Mit $f_e = D\,\pi\,\beta_e \,.\, \sin\gamma\, s \,.\, \sigma_e$ und $f_a = D\,\pi\,\beta_a\, s \,.\, \sigma_a$ wird nach Ausdruck (22) und $\sigma_r = \frac{f\,r}{D\,n\,\beta_e\,s}$

$$\sigma_r = \frac{\sigma_e}{\sqrt{1 + \left(\frac{\sigma_e \cdot \beta_e \,.\, \sin\gamma_e}{\sigma_a \,.\, \beta_a}\right)^2}} \qquad (151)$$

Man kann nun mit σ_r wie mit σ_e rechnen, wenn in den Ausdrücken μ_m durch μ_r ersetzt wird. Abb. 176 zeigt σ_r für schieberlosen Betrieb (einfache Schlitzsteuerung) und für 70, 60, 50, 40° KW nach u. T. Abschluß des Schiebers.

Der Luftaufwand ist nach Ausdruck (21) und (24)

$$\Lambda_o = 1{,}96 \cdot \frac{\mu_r \cdot \beta_e \cdot \sin\gamma_e}{D \cdot n} \cdot \left(\frac{p_s}{p_o}\right)^{0.455} \cdot \frac{T_o}{T_s} \cdot \sqrt{v_s\,(p_s - p_o)} \cdot \int \sigma_r \cdot d\alpha \qquad (152)$$

Das Integral wird graphisch ausgewertet. Man erhält:

$16{,}11^0$	Hubteile ohne Schieber					
$15{,}66^0$	„	bei Schieberabschluß	70^0	nach	u. Totpunkt	
$14{,}81^0$	„	„	„ 60^0	„	„	„
$13{,}24^0$	„	„	„ 50^0	„	„	„
$11{,}56^0$	„	„	„ 40^0	„	„	„

Mit $\mu_r = 0{,}68$ wird $\Lambda_o = 0{,}101 \cdot \int \sigma_r \, d\alpha$ und

Schieberabschluß	—	70	60	50	40^0 KW n. u. T.
Λ_o	1,63	1,58	1,49	1,33	1,17

Den Schließdruck $p_{z\,ab}$ und den mittleren Druck während der Spülung erhält man aus dem Druckverlauf während der Spülung. Wenn auf größere Genauigkeit verzichtet wird, kann dabei überschlägig wie folgt gerechnet werden:

Man setzt in (89/I) die Druckpotenzen und $\tau_e = 1$ und rechnet am Anfang und am Ende der Spülung mit jeweils gleichbleibenden Durchflußzahlen und Temperaturen. In

$$w_e = \sqrt{2\,g \cdot v_{me} \cdot (p_s - p_z)}, \qquad w_a = \sqrt{2\,g \cdot v_{ma} \cdot (p_z - p_o)}$$

werden für v_{me}, v_{ma} mittlere Werte benützt, die während der Rechnung nicht verändert werden. Dazu setzt man $p_{zm} = \frac{p_s + p_o}{2}$ und bestimmt v_{me} als arithmetisches Mittel zwischen v_s (Spülzustand) und

$$v_s \cdot \left(\frac{p_s}{p_{zm}}\right)^{\frac{1}{\varkappa}}$$

Als v_{ma} wird das arithmetische Mittel zwischen dem Volumen für p_{zm}, T_z und dem durch adiabatische Expansion auf p_o erhaltenen Volumen eingesetzt. Die Temperatur T_z wurde 800^0 K für Anfang, $\sim 400^0$ K für Ende der Spülung, die Durchflußzahlen für Anfang und Ende der Spülung $\mu_e = 0{,}67$, $\mu_a = 0{,}56$ geschätzt. Damit wird im vorliegenden Fall für Beginn bis Ende der Spülung

$$\frac{p_z'' - p_z'}{p_z''} = \frac{1{,}35}{z} \cdot \left[0{,}193 \cdot \sigma_e'' \cdot \sqrt{p_s - p_z''} \cdot \frac{\triangle\alpha}{2} - \right.$$
$$\left. - (0{,}28 \div 0{,}193) \cdot \sigma_a'' \cdot \sqrt{p_z'' - p_o} \cdot \frac{\triangle\alpha}{2} - \frac{\triangle z}{2}\right]$$

Von 0,28 kann im zweiten Glied linear mit dem Kurbelwinkel auf 0,193 übergegangen werden.

Man vernachlässigt das geringfügige Rückschlagen und beginnt die Rechnung mit $p_z = 1{,}27$ kg/cm² beim Öffnen der Einlaßschlitze.

Abb. 177 zeigt die so berechneten Druckverläufe für verschiedene Abschlußzeiten des Schiebers.

Ermittelt man p_{zm} als arithmetisches Mittel der Zylinderdrücke zwischen 55^0 v. u. T. und dem Punkt, an dem $p_z = p_s$ wird, daher das Einströmen aufhört, so wird:

Schieberabschluß	70	60	50	40^0 n. u. T.
p_{zm}	1,09	1,10	1,11	1,12 kg/cm²

und daher mit $z_m = 0{,}98$ und den früher ermittelten Werten von Λ_o nach (72) der spülende Luftaufwand Λ_z':

Schieberabschluß	70	60	50	40°	n. u. T.
Λ'_z	1,64	1,54	1,35	1,17	

Der Liefergrad wird sinngemäß nach (92)

$$\lambda_l = \lambda'_s (1 - \sigma_{ab}) \cdot \frac{\varepsilon}{\varepsilon - 1} \cdot \frac{T_o}{T_s} \cdot \frac{p_{zm}}{p_o} \cdot \left(\frac{p_{z\,ab}}{p_{zm}}\right)^{\frac{1}{\varkappa}} \qquad (153)$$

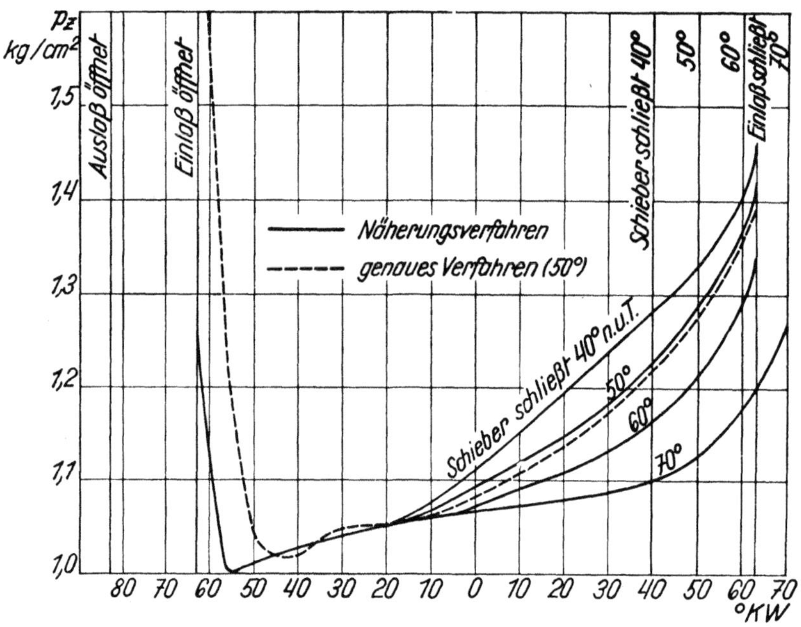

Abb. 177. Druckverlauf einer Steuerung mit Diagrammen nach Abb. 176 bei zeitlich verschiedenen Schieberabschlüssen.

Man erhält für die verschiedenen Abschlußzeiten des Schiebers

Schieberabschluß	λ'_s	$(1 - \;_{ab}) \cdot \frac{\varepsilon}{\varepsilon - 1}$	$p'_{z\,a}$	λ_l
70°	0,85	0,78	1,27 kg/cm²	0,73
60°	0,825	0,83	1,34	0,775
50°	0,785	0,83	1,42	0,77
40°	0,73	0,83	1,46	0,735

Daraus wird

$$p_i = 0{,}0427 \cdot \frac{10.000 \,.\, 0{,}45}{12{,}0 \,.\, 1{,}6} \cdot \lambda_l = 10 \,.\, \lambda_l \text{ kg/cm}^2$$

und mit $p_{La} = 0{,}38 \,.\, \Lambda_o$ und $p_r = 1{,}0$ kg/cm² der Nutzdruck:

$$p_e = 10\ \lambda_l - 0{,}38\ \Lambda_o - 1{,}0 \text{ kg/cm}^2$$

Den einzelnen Zeitpunkten des Schieberabschlusses sind demnach die folgenden Werte von p_e und b_e zugeordnet:

Schieberabschluß	p_i kg/cm²	p_{La} kg/cm²	p_r kg/cm²	p_e kg/cm²	b_e
70°	7,3	0,60	1,0	5,7	179 g/PS.h
60°	7,75	0,57	1,0	6,15	176
50°	7,7	0,51	1,0	6,20	174
40°	7,35	0,44	1,0	5,90	174

Der leistungs- und verbrauchsmäßig günstigste Schieberabschluß liegt bei $\sim 50^0$ KW n. u. T. In Abb. 174 erhält man durch Interpolation für $\Lambda_o = 1{,}6$ den Nutzdruck $p_e = 5{,}9$ kg/cm² in guter Übereinstimmung mit dem Mittelwert der genaueren Berechnung.

Nun kann für die so festgelegten Steuerungsdaten der Erfolg des Ladungswechsels, die zu erwartende Leistung und der Verbrauch nochmals mit dem genaueren Verfahren nach Abschnitt II, 2, b, berechnet werden. Dadurch wird die rechnerische Vorbereitung der Steuerungsauslegung so weit als möglich getrieben und nur die feinere Abstimmung der Steuerung dem Versuch an der ausgeführten Maschine überlassen. Der Zustand beim Öffnen der Auslaßschlitze ergibt sich aus der früher abgeleiteten Beziehung:

$$p_{z\,5} = 1{,}48 + 0{,}328 \,.\, 7{,}7 = 4{,}01 \text{ kg/cm}^2 \text{ und daher}$$

$$p_{za} = 4{,}01 \cdot \left(\frac{0{,}83}{0{,}67}\right)^{1{,}35} = 5{,}36 \text{ kg/cm}^2$$

Die Temperatur zu Beginn der Verdichtung ist nach (81) und (76)

$$T'_{za} = 320 \cdot \frac{1 - (1 - 0{,}785) \cdot \left(\frac{1{,}42}{5{,}36}\right)^{\frac{1}{1{,}35}} \cdot 1{,}29}{0{,}785} \cdot \left(\frac{1{,}42}{1{,}11}\right)^{0{,}286} = 392^0$$

und daraus die Temperatur bei der Eröffnung der Auslaßschlitze:

$$T_{za} = 392 \cdot \frac{5{,}36}{1{,}42} \cdot \frac{1}{1{,}29} = 1150^0 \text{ K.}$$

Von diesen Werten ausgehend wird nun die Berechnung des Druckabfalles während des Vorauspuffs wiederholt. Man erhält beim Öffnen der Einlaßschlitze $p_{ze} = 1{,}96$ kg/cm², $T_{ze} = 885^0$ K. Die Abgase schlagen etwas in den Spülbehälter zurück. Dieser Vorgang wird mit (9) und (10) rechnerisch verfolgt. ($\mu\psi$ aus Zahlentafel 1.) Die rückschlagende Menge $\Lambda_r = 0{,}007$ ist sehr klein, der Umschlagpunkt der Strömung wird bei $\sim 56^0$ KW v. u. T. erreicht.

Der folgenden Spülberechnung werden die Durchflußzahlen nach Abb. 43 zugrunde gelegt. Der Druckverlauf wurde mit (89/I) berechnet, der Spülgrad λ'_s und die Temperatur des austretenden Gasstromes mit (125), (126), (130) und (131) bestimmt. In Abb. 178 ist der Verlauf von p_z, λ'_s und der auf die Zustandsgrößen im Zylinder bezogenen Ein- und Ausströmmengen in der Zeiteinheit $\frac{dV^*_e}{d\alpha}$ und $\frac{dV_a{}^*}{d\alpha}$ dargestellt.

Die Aufladung dauert von 48^0 KW v. u. T. bis 20^0 n. u. T. (Schnittpunkte der Kurven $\frac{dV_e{}^*}{d\alpha}$ und $\frac{dV_a{}^*}{d\alpha}$). Nach 20^0 KW überwiegt das Ausströmen, die Drucksteigerung ist daher nur der Kolbenbewegung zuzuschreiben. Da der Spüldruck schon $\sim 46^0$ KW n. u. T. erreicht wird, die Einlaßschlitze aber bis 63^0 KW n. u. T. geöffnet sind, wird gegen Ende des Ladungswechsels Ladung in den Spülbehälter rückgeschoben. Die Rückströmmenge beträgt $\sim 3\%$. Die eingetragene Kurve der auf Außenzustand und Hubraum bezogenen Mengen $\left(\frac{d\Lambda_o}{d\alpha}\right)$, deren Fläche dem Luftaufwand Λ_o entspricht, folgt, da $\frac{T_o}{T_s} \cdot \frac{p_z}{p_o}$ sich nicht weit von 1 entfernt, annähernd dem Verlauf von $\frac{dV_e{}^*}{d\alpha}$.

Durch graphische Integration erhält man $\Lambda_r + \Lambda_o = 1{,}30 - 0{,}03 = 1{,}27$, also $\Lambda_o \sim 1{,}26$.

Die Übereinstimmung mit dem Ergebnis des Näherungsverfahrens ($\Lambda_o = 1{,}33$) ist befriedigend, wenn der Verlust an Zeitquerschnitt durch das Rückschlagen und die am Ende der Schlitzöffnung rückströmende Ladung berücksichtigt wird. In Aus-

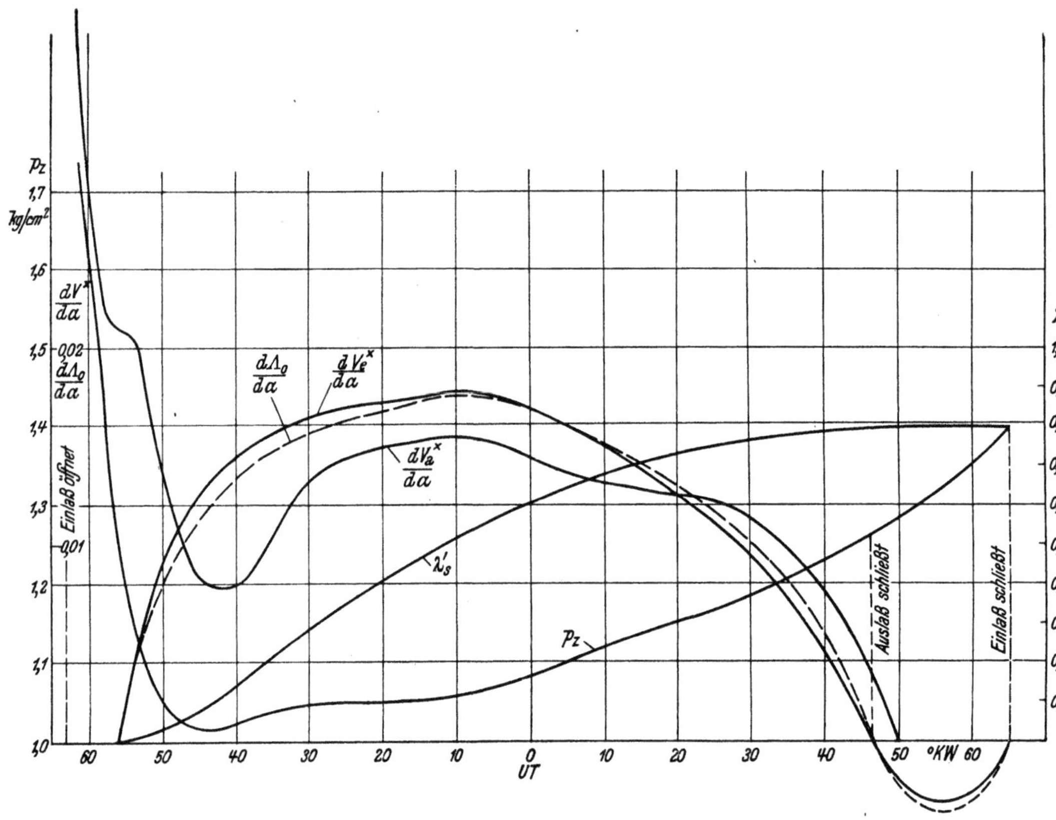

Abb. 178. Druckverlauf, Verlauf von λ_s' und der bezogenen ein- und austretenden Mengen $\frac{d\,Ve^*}{d\,\alpha}, \frac{d\,Va^*}{d\,\alpha}$ (Zustand im Zylinder) und Außenzustand $\left(\frac{d\,\Lambda o}{d\,\alpha}\right)$ bei einer Aufladesteuerung mit den Auslaßschlitzen nachgeschaltetem Schieber nach Beispiel S. 145. Schieberabschluß 50° n. u. T.

wertung dieser Ergebnisse erhält man nach (132) mit $\lambda_s' = 0{,}795$, $p_{z\,ab} = 1{,}39$, $z_{ab} = 0{,}83$ und $T_{sz\,ab} = 345^0$

$$\lambda_1 = 0{,}795\ .\ 0{,}83\ \frac{1{,}39}{1{,}00} \cdot \frac{2{,}88}{3{,}45} = 0{,}765$$

Nach (85 a) wird mit $\frac{T_{sz\,ab}}{T_{ze\,ab}} = \frac{T_s}{T_{ze}}$ und $T_{ze}^* = 885 \cdot \left(\frac{1{,}39}{1{,}96}\right)^{0{,}26} = 810^0\,K$

$$\lambda_s = \frac{0{,}795}{0{,}795\,(1 - 0{,}425) + 0{,}425} \sim 0{,}90$$

Man erhält weiter sinngemäß aus (85)

$$T_{z\,ab} = T_{sz\,ab} \cdot \frac{\lambda_s}{\lambda_s'} = 391^0\,K$$

Der Erfolg des Ladungswechsels ist dadurch vollkommen bestimmt. Mit den gleichen Kennzahlen, wie sie für das Verbrennungssystem der Näherungsrechnung zugrunde gelegt wurden, jedoch unter gesonderter Berücksichtigung der Ladungswechselarbeit, wird nun:

$$p_{i-l} = 0{,}0427 \cdot \frac{H_u \cdot \eta_{i-l}}{L_o \cdot \lambda} \cdot \lambda_l = 10 \cdot \lambda_l = 7{,}65 \text{ kg/cm}^2$$

η_{i-l} ist der Innenwirkungsgrad des Diagramms ohne Ladungswechsel mit dem Anfangszustand $p_{z\,ab} = 1{,}39$ kg/cm², $T_{z\,ab} = 391^0$ K und dem auf Abschluß des Zylinders bezogenen Verdichtungsverhältnis $\varepsilon = 18$. In Abb. 179 ist die Differenz der schraf-

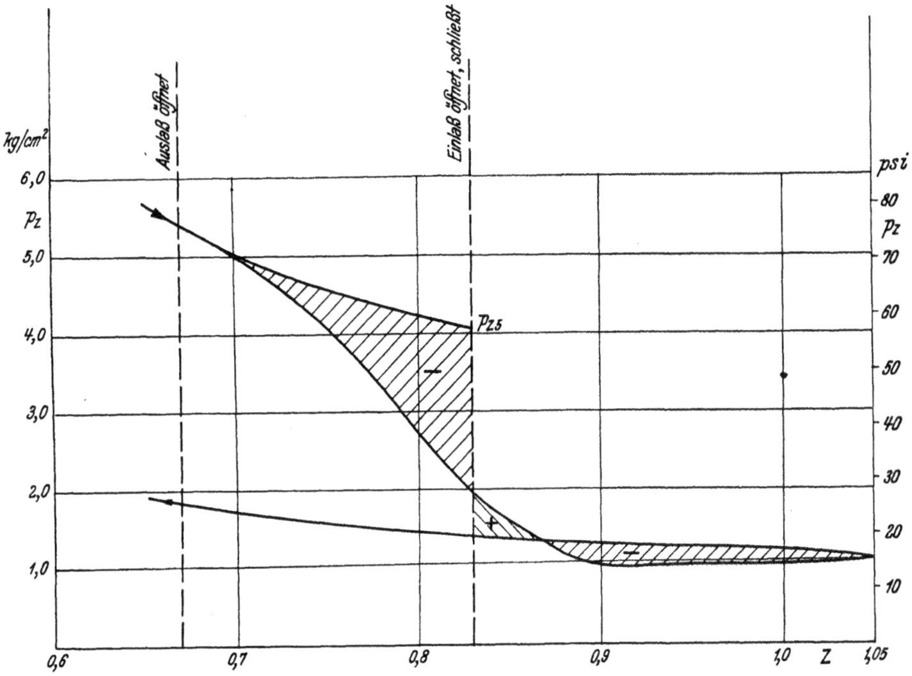

Abb. 179. Ladungswechseldiagramm und Ladungswechselarbeit zum Druckverlauf Abb. 178.

fierten Flächen die Ladungswechselarbeit $p_l = 0{,}14$ kg/cm², daher $p_i = p_{i-l} + p_l = 7{,}5$ kg/cm². Mit der früher angegebenen Reibungsleistung von $p_r = 1{,}0$ kg/cm² und $p_{La} = 1{,}26 \cdot 0{,}38 = 0{,}44$ kg/cm² wird $p_e = 7{,}51 - 1{,}0 - 0{,}44 \sim 6{,}1$ kg/cm². Der zugehörige Verbrauch ist $b_e = 0{,}140 \cdot \frac{7{,}65}{6{,}06} = 0{,}177$ kg/PS.h.

3. Innere Gemischbildung und Aufladung durch Auspuffdrosselung.

Aufladung ist bei Zweitaktmotoren auch durch Drosselung des Auspuffs erzielbar. Die Spülung verläuft dann auf einem höheren Druckniveau. Mit zunehmender Drosselung vergrößert sich bei gleichbleibendem Luftaufwand die Spülpumpenarbeit und damit die Differenz zwischen Innen- und Nutzleistung. Hält man den Spüldruck gleich, so wird mit zunehmender Drosselung der Luftaufwand kleiner, die Spülwirkung schlechter, oder bei gleichbleibendem Luftaufwand infolge der notwendigen Verlängerung der Schlitze der wirksame Hubraum kleiner. Außerdem vermindert bei gleichbleibendem Luftaufwand eine Erhöhung des Gegendrucks die Spülwirkung, da das spülende Luftvolumen bei einer Erhöhung des Gegendrucks abnimmt. Diese gegeneinander wirkenden Einflüsse heben sich in den meisten Fällen nahezu auf, so daß eine Leistungssteigerung bei gegebenem Spüldruck durch Auspuffdrosselung nur unter besonderen Bedingungen, und dann meist nur in kleinem Ausmaß, erzielt werden kann.

Die Zusammenhänge zwischen den Kennzahlen und den Erfolgsgrößen der Steuerung lassen sich durch die früher abgeleiteten Beziehungen finden.

Das im Abschnitt 2, b, α, beschriebene Verfahren zur schrittweisen Berechnung des Spülerfolges kann ohne jede Änderung verwendet werden, wenn man berücksichtigt, daß der Gegendruck nicht p_o, sondern p_g ist. Im vereinfachten Verfahren analog Abschnitt 2, b, β, kann man den Luftaufwand mit (35) oder (36) berechnen. Bei verhältnismäßig kleinen Auslaßquerschnitten und unsymmetrischen Steuerzeiten ist nach (148) f_r einzuführen. Dann wird

$$\Lambda_o = \frac{0,74}{6\,n\,.\,V_h} \cdot \left(\frac{p_s}{p_o}\right)^{0.455} \cdot \frac{p_g}{p_o} \cdot \frac{T_o}{T_s} \cdot \sqrt{v_s\,.\,(p_s - p_g)\,.\,10^4} \cdot \mu_r \cdot \int f_r\,.\,d\alpha \qquad (153)$$

Im übrigen ist das Verfahren nach Abschnitt II, 2, b, einschließlich der Angaben über die Durchflußzahlen ohneweiters auf Steuerungen mit Auspuffdrosselung anwendbar. Ein Überblick über die Zusammenhänge und den voraussichtlichen Gewinn an Leistung kann durch das in Abschnitt II, 2, b, γ dargestellte Verfahren erhalten werden.

Für symmetrische Steuerzeiten und mäßiges Rückschlagen wird mit $p_{zm} = \frac{p_s + p_g}{2}$

$$p_e = \frac{27}{b_i\,.\,L_o\,.\,\lambda} \cdot \frac{\varepsilon}{\varepsilon - 1} \cdot \frac{p_s + p_g}{2\,.\,p_o} \cdot \left(\frac{2\,.\,p'_{za}}{p_s + p_g}\right)^{\frac{1}{\varkappa}} \cdot$$

$$\cdot \left(1 - C_1\,.\,\Lambda_o^{\frac{2}{3}} - 0,00285 \cdot \sqrt{A_a} + 1,2\,.\,10^{-5}\,.\,A_a\right) \cdot (1 - e^{-a'\Lambda_o}) - \left(\frac{p_{La}}{\Lambda_o}\right) \cdot \Lambda_o - p_r. \qquad (154)$$

Darin ist für gleichbleibend breite Schlitze

$$C_1 = 0,0169 \cdot \left[\frac{A'_e}{\left(\frac{p_s}{p_g}\right)^{0,455} \cdot \frac{T_o}{T_s} \cdot \sqrt{v_s\,.\,(p_s - p_o)\,.\,10^4}}\right]^{\frac{2}{3}} \qquad (155)$$

und

$$a' = a \cdot \frac{T_s}{T_o} \cdot \frac{2\,.\,p_o}{p_s + p_g} \qquad (156)$$

Durch Variation der einzelnen Größen kann nun der Einfluß von p_s, p_g, Λ_o auf p_e und b_e für gegebene Kennzahlen A'_e, A_a der Spülung und gegebene Spülkurven (a) bestimmt werden.

Berechnet man z. B. für $\frac{27}{b_e\,L_o\,\lambda} \cdot \frac{\varepsilon}{\varepsilon - 1} = 11,35$ kg/cm², $\eta_{ad} = 0,6$, $A'_e = 1500$ m/min und $a = 1,0$, mit der Annahme $p'_{za} = p_{zm}$ für verschiedene Spüldrücke p_s und Gegendrücke p_g durch Variation des Luftaufwandes Λ_o den Nutzdruck, so erhält man Abb. 180.

Die Wirkung der Auspuffdrosselung ist in diesem Fall außerordentlich gering, so daß gegenüber dem ungedrosselten Betrieb praktisch keine Leistungssteigerung erzielt wird. Auch eine Verbesserung des Spülsystems z. B. auf $a = 1,4$ bringt keine Verstärkung des Drosselungseinflusses. Die Leistung der ungedrosselten und gedrosselten Maschine wird durch Verbesserung der Spülkurve größer, ein nennenswerter Leistungsgewinn wird durch die Drosselung jedoch nicht erzielt. Auch eine theoretische Verbesserung des Spülpumpenwirkungsgrades η_{ad} auf 1,0 bringt zwar eine Leistungsverbesserung, aber keine wesentliche Überlegenheit der gedrosselten Maschine.

Eine ausgeprägtere, aber immer noch kleine Leistungssteigerung erhält man bei kleinen Kennzahlen A_e' der Steuerung.

Für $A_e' = 500$ m/min ergibt sich die in Abb. 180 dargestellte Leistungssteigerung für $p_s = 1{,}4$ kg/cm², die mit $\sim 4\%$ immerhin merkbar ist. Eine Verbesserung der Spülwirkung ($a = 1{,}4$) brachte keine Veränderung im prozentualen Unterschied.

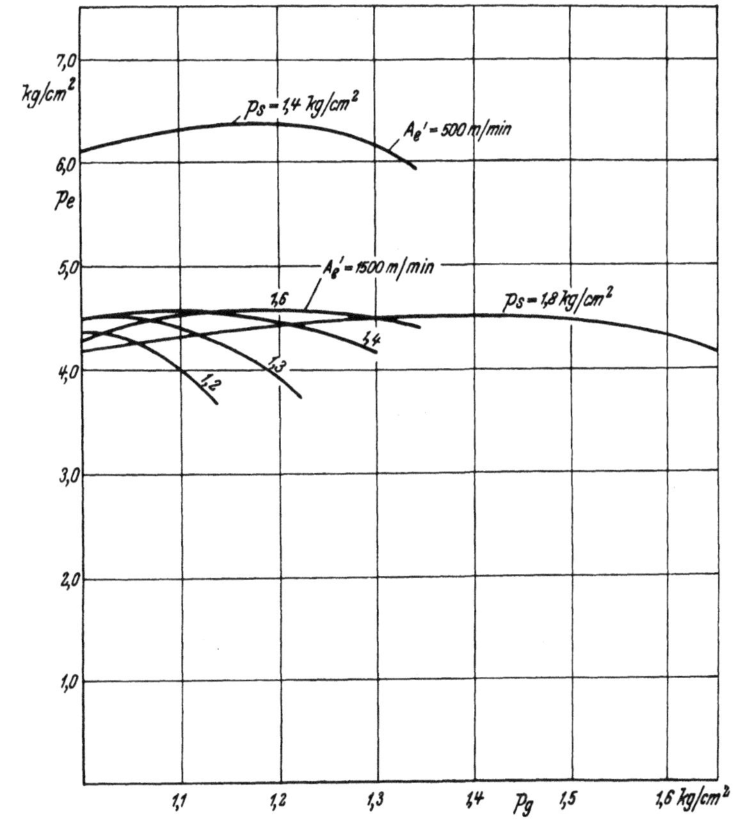

Abb. 180. p_e in Abhängigkeit vom Gegendruck p_g bei Auspuffdrosselung. ($\eta_{ad} = 0{,}6$, $a = 1{,}0$.)

Die wesentliche Unsicherheit in der Rechnung liegt in der willkürlichen Annahme von p_{za}' und p_{zm}. Je näher p_{zm} und p_{za}' an p_s angenommen werden, desto geringer werden die Unterschiede in den Leistungen, die bei gleichbleibendem Spüldruck verschiedenen Gegendrücken p_g zugeordnet sind. Der größte Unterschied und damit der ausgeprägteste Aufladeeffekt wird mit der Annahme p_{zm} und $p_{za}' = p_g$ errechnet. Unter dieser Voraussetzung, $A_e' = 500$ m/min, $p_s = 1{,}4$ kg/cm² und den übrigen Annahmen, die den Kurven in Abb. 180 zugrunde liegen, wird die Leistungssteigerung durch Drosselung 15% gegen 4% mit der Annahme

$$\frac{p_s + p_g}{2} = p_{zm} = p_{za}'$$

die wahrscheinlich den wirklichen Verhältnissen näher kommt. Die wirklich erzielbare Leistungssteigerung durch Drosselung dürfte im vorliegenden Fall demnach zwischen 4 und 8% liegen.

Zusammenfassend kann auf Grund dieser Ergebnisse festgestellt werden, daß Leistungssteigerungen durch Auspuffdrosselung im allgemeinen nur bei kleinen Kennzahlen A_e' möglich sind und selbst dann nur klein bleiben.

Die Verhältnisse werden wesentlich zugunsten der Drosselung geändert, wenn die Abgasenergie in Abgasturbinen ausgenützt wird.

4. Motoren mit Gemischbildung vor und während des Ladungswechsels.

Bei Motoren für gasförmige Kraftstoffe wird Kraftgas und Luft meist vor, manchmal auch während des Ladungswechsels gemischt.

Kleine Otto-Zweitaktmotoren werden in der Regel als Vergasermaschinen ausgeführt und haben z. B. als Motorradmotoren weite Verbreitung erlangt.

In beiden Fällen, bei Gemischbildung vor und während des Ladungswechsels, treten Verluste an Kraftstoff während der Spülung auf, die den Nutzwirkungsgrad der Maschine herabsetzen.

a) Motoren mit Gemischbildung vor dem Ladungswechsel.

Der Zylinder wird mit einem annähernd homogenen Gemisch gespült. Die Zusammenhänge zwischen Schlitzabmessungen, Spüldruck und Luft- bzw. Ladungsaufwand bleiben gleich wie bei der Spülung mit Luft. Die Ausführungen der entsprechenden Abschnitte lassen sich daher ohne Änderung anwenden, der Spülgrad und die Ladungstemperatur in gleicher Weise wie bei den Motoren mit Mischung nach dem Ladungswechsel ermitteln.

Infolge der großen Kraftstoffverluste beim Ladungswechsel ist η_i bei diesen Verfahren wesentlich kleiner als η_{i-l}.

Zur Ermittlung des Innenwirkungsgrades mit Berücksichtigung des Ladungswechsels von gemischgespülten Maschinen ist die Einführung eines neuen Begriffes, des Ladungsgrades λ_z, erforderlich. Man bezeichnet damit das Verhältnis von Liefergrad zum Ladungsaufwand:

$$\lambda_z = \frac{\lambda_l}{\Lambda_o} \tag{157}$$

Mit η_{i-l} als Innenwirkungsgrad der Arbeitsvorgänge ohne Ladungswechsel und der Ladungswechselarbeit p_l nach Abb. 13 wird

$$\eta_i = \eta_{i-l} \,.\, \lambda_z \,.\, \frac{p_{i-l} + p_l}{p_{i-l}}, \tag{158}$$

der entsprechende Kraftstoffverbrauch

$$b_i = \frac{b_{i-l}}{\lambda_z} \,.\, \frac{p_{i-l}}{p_{i-l} + p_l} \tag{159}$$

und der Wärmeverbrauch bei Gasmaschinen in kcal/PS . h

$$w_i = \frac{w_{i-l}}{\lambda_z} \,.\, \frac{p_{i-l}}{p_{i-l} + p_l} \tag{160}$$

Der Zusammenhang zwischen Nutzwirkungsgrad (oder dem spez. Nutzverbrauch b_e) und η_{i-l} ist nach (98) durch Spülpumpenarbeit und Reibungsleistung gegeben.

Die rechnerische Untersuchung der Ladungswechselarbeit, die Bestimmung des Druckverlaufes und der Ladungstemperaturen kann nach jedem der in den Abschnitten 1 bis 3 entwickelten Verfahren erfolgen. Aus Λ_o läßt sich mit den oben entwickelten Ausdrücken λ_z sowie p_i und p_e berechnen.

Im folgenden wird mit einem Näherungsverfahren ein ungefährer Überblick über die Zusammenhänge zwischen Ladungsaufwand, Verbrauch und Nutzdruck gegeben.

Mit den Ausdrücken (92) für λ_l, (64) für b, wird:

$$\lambda_z = \left(\frac{p'_{za}}{p_{zm}}\right)^{\frac{1}{\varkappa}} \cdot \frac{z'_a}{z_m} \cdot \frac{\lambda'_s}{b \, . \, \Lambda_o} \tag{161}$$

Führt man die Spülkurve wieder durch $\lambda'_s = 1 - e^{-ab\,\Lambda_o}$ ein, so wird der Ladegrad:

$$\lambda_z = \left(\frac{p'_{za}}{p_{zm}}\right)^{\frac{1}{\varkappa}} \cdot \frac{z'_a}{z_m} \cdot \frac{1 - e^{-ab\,\Lambda_o}}{b \, . \, \Lambda_o} \tag{162}$$

Das Verhältnis der Innenverbräuche mit und ohne Ladungswechsel ist, wenn $p_i \sim p_{i-l}$ gesetzt, also die Ladungswechselarbeit vernachlässigt wird,

$$\frac{b_i}{b_{i-l}} = \frac{w_i}{w_{i-l}} = \left(\frac{p_{zm}}{p'_{za}}\right)^{\frac{1}{\varkappa}} \cdot \frac{z_m}{z'_a} \cdot \frac{b \, . \, \Lambda_o}{\left(1 - e^{-ab\,\Lambda_o}\right)} \tag{163}$$

Abb. 181 zeigt für $C = \left(\frac{p'_{za}}{p_{zm}}\right)^{\frac{1}{\varkappa}} \cdot \frac{z'_a}{z_m}$ und für Verdünnungsspülung $a = 1$ den verhältnismäßigen Mehrverbrauch durch den Spülverlust, abhängig von $b\Lambda_o$. Selbst bei einem sehr kleinen Ladungsaufwand von $b\,\Lambda_o = 0{,}5$, wie er bei kleinen Zweitaktmotoren mit Kurbelkastenspülung vorkommt, ist die Verbrauchszunahme durch den Ladungsverlust während der Spülung ungefähr 27%. Bei wesentlich größeren Ladungsaufwänden steigt der Verbrauch so sehr, daß er für viele Anwendungen untragbar wird.

Durch Verbesserung der Spülung läßt sich der Spülverlust herabsetzen. So sind z. B. bei $b\,\Lambda_o = 0{,}5$ nach (163) verschiedenen Werten von a der Spülkurve folgende Verbrauchsverhältnisse $\frac{C\,b_i}{b_{i-l}}$ zugeordnet:

$a =$	0,6	0,8	1,0	1,2
$\frac{C\,b_i}{b_{i-l}} =$	1,92	1,51	1,28	1,08

Der Einfluß der Spülung auf den Verbrauch ist sehr groß, daher ist bei Gemischspülmaschinen den Spülverhältnissen besondere Beachtung zuzuwenden.

Der Verbrauch ist umgekehrt verhältig C, ein hoher Schließdruck p'_{za} daher auch mit Rücksicht auf den Verbrauch anzustreben.

Da es natürlich ausgeschlossen ist, den Spülverlust vollständig zu beseitigen, werden Zweitaktmaschinen mit äußerer Mischung im allgemeinen nur für Zwecke verwendet, bei denen der Verbrauch erst in zweiter Linie beachtet werden muß.

Der Innendruck wird bei Gasmaschinen:

$$p_i = 0{,}0427 \cdot \frac{H_u \, . \, \eta_{i-l}}{\lambda \, . \, L_o + 1} \cdot \left(\frac{p'_{za}}{p_{zm}}\right)^{\frac{1}{\varkappa}} \cdot \frac{z'_a}{z_m} \cdot \frac{1}{b} \cdot \lambda'_s + p_l \tag{164}$$

bei Maschinen für Betrieb mit verdampften flüssigen Kraftstoffen mit V_d als Dampfvolumen je 1 Mol Kraftstoff, m Molekulargewicht desselben:

$$p_i = 0{,}0427 \cdot \frac{H_u \, . \, \eta_{i-l}}{\lambda \, . \, L_o + \frac{V_d}{m}} \cdot \left(\frac{p'_{za}}{p_{zm}}\right)^{\frac{1}{\varkappa}} \cdot \frac{z_a}{z_m} \cdot \frac{1}{b} \cdot \lambda'_s + p_l \tag{165}$$

oder, wenn der Ausdruck (100) für λ'_s eingesetzt, die Faktoren von λ'_s zusammengefaßt werden und p_l vernachlässigt wird:

$$p_i = K \cdot \left(1 - e^{-ab\Lambda_o}\right) \text{ kg/cm}^2 \tag{166}$$

In Abb. 181 wurde diese grundsätzliche Abhängigkeit des p_i von Λ_o für $a = 1$ und mittlere Verhältnisse von K aufgetragen. Nur im Bereich der kleinen Werte von $b\,\Lambda_o$ steigt der Innendruck stark an, bei größerem Ladungsaufwand ist der Gewinn durch eine weitere Steigerung von Λ_o verhältnismäßig klein und mit einer starken Erhöhung des Verbrauches verbunden.

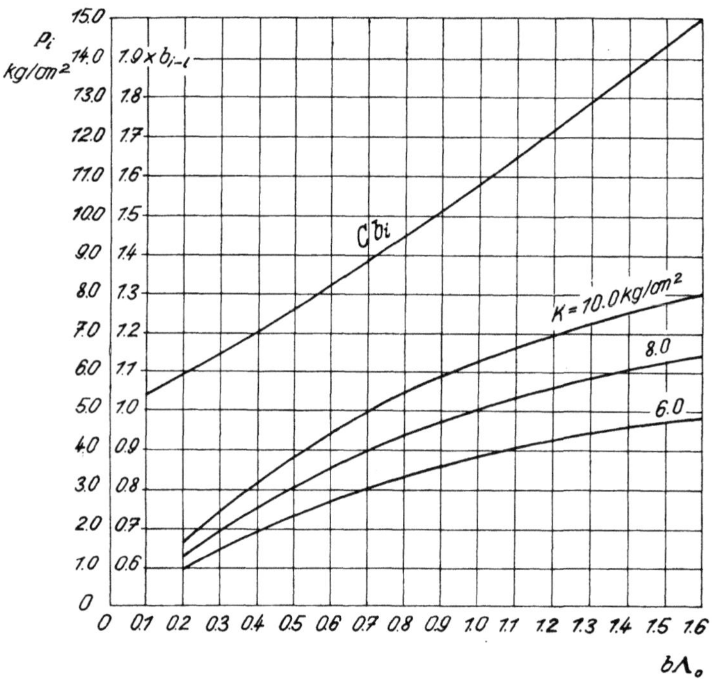

Abb. 181. Zusammenhang zwischen Innendruck p_i, Innenverbrauch b_i und Ladungsaufwand bei Gemischbildung vor dem Ladungswechsel und $a = 1{,}0$.

Aus (159) und (165) erhält man für flüssige Kraftstoffe

$$p_i \cdot b_i = p_e \cdot b_e = \frac{27}{\lambda \cdot L_o + \dfrac{V_d}{m}} \cdot \Lambda_o \tag{167}$$

Für gasförmige Kraftstoffe ergibt sich mit 1 an Stelle von $\frac{V_d}{m}$ die analoge Beziehung. Sie kann zur Kontrolle von Rechnungen benützt werden.

Sowohl in dem Ausdruck (158) für η_i wie auch in den Ausdrücken für p_{i-l} in der Form (52 b, c/I) sind η_{i-l} und λ_l nur als Produkt enthalten. Innenwirkungsgrad und Liefergrad haben daher auf Leistung und Verbrauch gleiche Auswirkung. Eine Verbesserung der Spülung, damit Vergrößerung von λ_l, erhöht, wenn Λ_o gleich bleibt, die Leistung gemischgespülter Motoren und vermindert den Verbrauch im gleichen Verhältnis. Im Gegensatz dazu hat die Spülung bei Motoren mit innerer Mischung direkten Einfluß nur auf die Leistung und nur indirekte und wesentlich geringere Auswirkung auf den Verbrauch.

Die abgeleiteten Zusammenhänge werden im folgenden durch Nachrechnung einiger Versuchsergebnisse überprüft.

Gasmotor:

An einem Lanz-Bulldog-Zweitaktmotor mit Kurbelkastenspülung wurden im Institut des Verfassers an der Technischen Hochschule in Dresden von Stier ausführliche Untersuchungen mit Generatorgas durchgeführt.

Der Motor hatte Gemischspülung. Das Verdichtungsverhältnis, bezogen auf den wirksamen Hub, war $\varepsilon = 7{,}4$.

Bei einer der Versuchsreihen wurde durch Messungen ermittelt: Heizwert des Kraftgases $H_u = 1170$ kcal/Nm³, stündlicher Gasverbrauch 89,7 Nm³/h, stündlicher Luftverbrauch 77,1 Nm³/h.

Aus der Frischgasanalyse ergab sich $L_o = 1{,}01$ m³/m³. Damit wird

$$\lambda = \frac{77{,}1}{89{,}7 \cdot 1{,}01} = 0{,}85$$

Der Gemischheizwert wird daher

$$H_g = \frac{1140}{1+1{,}01\,.\,0{,}85} = 615 \text{ kcal/Nm}^3$$

bzw. reduziert auf den Außenzustand von 745 mm Hg und 282° K: $H_{go} = 585$ kcal/m³.

Der Wirkungsgrad der vollkommenen Maschine ist nach Band 2: $\eta_{v-l} = 37{,}0\,\%$.

Zur Berechnung von $b = \frac{p_o}{p_{zm}} \cdot \frac{T_s}{T_o} \cdot \frac{1}{z_m}$ wurde $z_m = 1{,}02$ (entsprechend dem Zylinderraum bei halbgeöffneten Einlaßschlitzen nach Abb. 182) gesetzt, $T_s = 313^0$ K gemessen, $\frac{p_{zm}}{p_o} = 1{,}02$ geschätzt. Mit diesen Werten wird $b = 1{,}07$.

Infolge des Nachausströmens ist ferner

$$\left(\frac{p'_{za}}{p_{zm}}\right)^{\frac{1}{\varkappa}} \cdot \frac{z_a}{z_m} < 1$$

wenn nicht durch Druckwellen im Auspuffrohr sich die Strömung vor Abschluß der Auspuffschlitze umkehrt. Setzt man

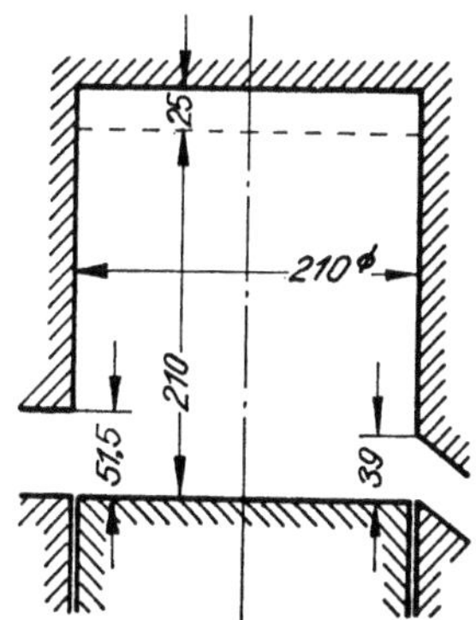

Abb. 182. Schlitzlängen und Zylinderabmessungen des untersuchten Lanz-Bulldog-Motors mit Kurbelkastenspülung.

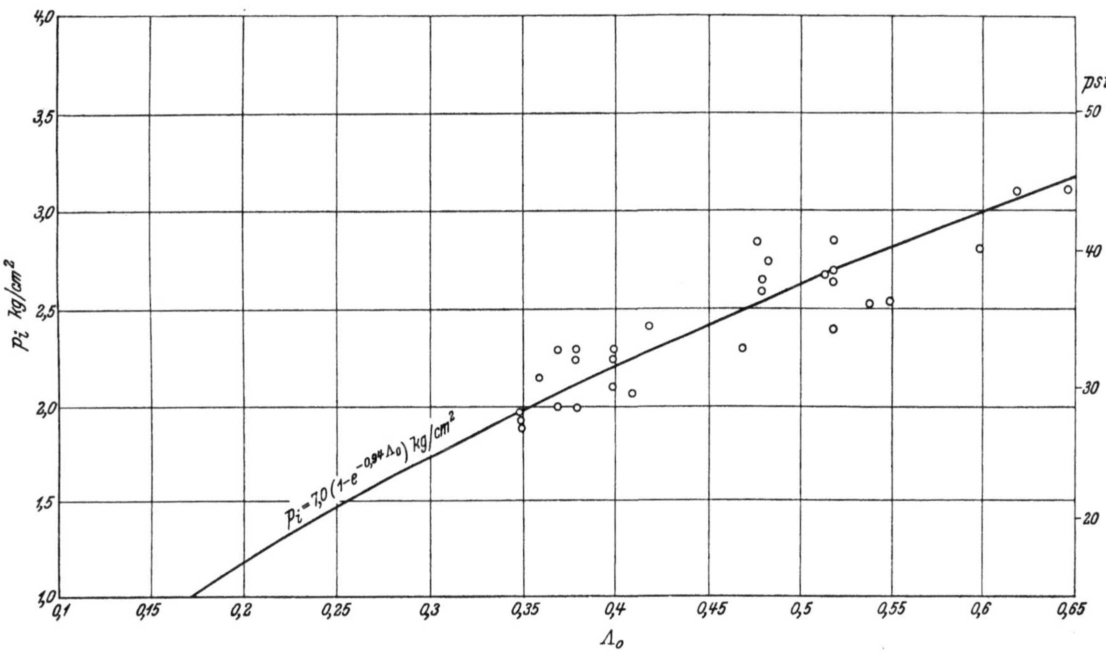

Abb. 183. Gerechnete und gemessene Abhängigkeit des p_i vom Ladungsaufwand bei Holzgasbetrieb. Nach Stier.

$$\left(\frac{p'_{za}}{p_{zm}}\right)^{\frac{1}{\varkappa}} \cdot \frac{z_a}{z_m} = 0{,}98$$

und schätzt auf Grund von Erfahrungswerten für ähnliche Verhältnisse den Gütegrad $\eta_{g-l} = 0{,}83$, so wird mit $\eta_{i-l} = 0{,}37\,.\,0{,}83 = 0{,}307$

$$p_i = 0{,}0427\,.\,585\,.\,0{,}307\,.\,0{,}915\left(1 - e^{-a\,.\,1{,}07\,.\,\Lambda_o}\right) \text{kg/cm}^2.$$

Bei einer Querspülung nach Abb. 55, die den vorliegenden Verhältnissen annähernd entspricht, ist a = 0,88, damit

$$p_i = 7{,}0 \,.\, \left(1 - e^{-0{,}94\,\Lambda_o}\right)$$

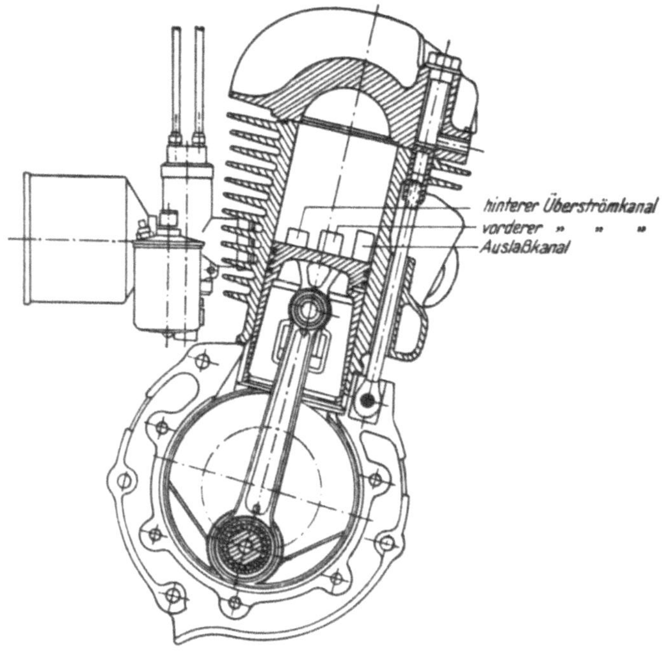

Abb. 184. Triumph-Motor. D = 72 mm, s = 85 mm.

Abb. 183 zeigt die ermittelte Kurve $p_i = f\,(\Lambda_o)$ und das Ergebnis verschiedener Leistungsmessungen bei gleicher Schlitzanordnung, jedoch verschiedener Ausbildung der Spül- und Auspuffleitungen. Die gemessenen Werte liegen in der Nähe der Kurve. Die Abweichungen werden vor allem durch den Schließdruck p'_{za} verursacht, da dieser wesentlich von der Ausführung des Auslaßsystems der Maschine abhängt.

Kraftradmotoren:

U. Schmidt [23] hat an einem Triumph-Motor (D = 72 mm, s = = 85 mm) Abb. 184, Verbrauchs- und Leistungsmessungen ausgeführt. Im folgenden wird der Zusammenhang zwischen Ladungsaufwand, Leistung und Verbrauch mittels der vorhin abgeleiteten Beziehungen berechnet.

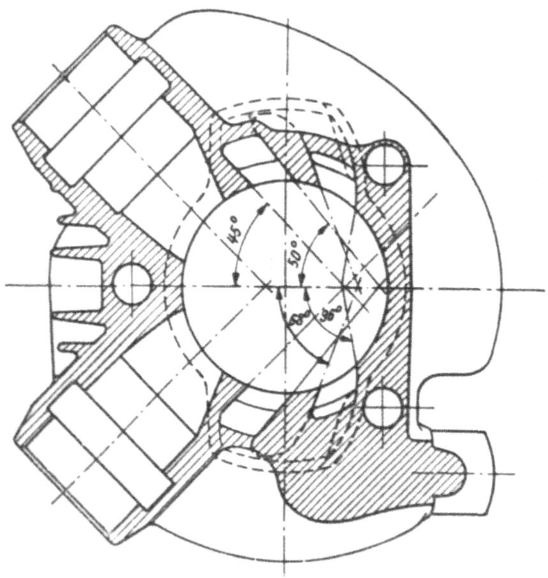

Abb. 185. Querschnitt durch den Zylinder in Schlitzhöhe beim Triumph-Motor Abb. 184 mit Schnürle-Spülung.

Der luftgekühlte Kraftradmotor hatte Kurbelkastenspülung und eine Umkehrspülung nach Schnürle. Abb. 185 zeigt den Querschnitt durch den Zylinder in Schlitzhöhe. Der Rechnung wurde die Spülkurve Abb. 63 $\frac{s}{D} = 1{,}47$ zugrunde gelegt. Sie läßt sich in dem für Kurbelkastenspülung in Betracht kommenden Bereich um $b\,\Lambda_o \sim 0{,}6$ durch $\lambda'_s = 1 - e^{-1{,}3\,b\,\Lambda_o}$ darstellen.

Zwischen dem gemessenen Luftaufwand Λ_{oL} und dem Ladungsaufwand Λ_o (Luft und Brennstoffdampf) besteht die Beziehung

$$\Lambda_o = \Lambda_{oL} \cdot \left(1 + \frac{V_d}{m \,.\, \lambda \,.\, L_o}\right) \tag{168}$$

V_d ist das Volumen von 1 Mol Brennstoffdampf im Außenzustand (22,4 Nm³), m das Molekulargewicht (meist um 100). Für die Luftüberschußzahl λ findet man aus (167)

$$\lambda = 27 \,.\, \frac{\Lambda_{oL}}{p_e \,.\, b_e \,.\, L_o} \tag{169}$$

Da entsprechende Angaben in der oben angeführten Veröffentlichung fehlen, wurden folgende mittlere Daten für den Kraftstoff angenommen:

$H_u = 10.425$ kcal/kg, $L_o = 12{,}0$ m³/kg (bei 760 mm H_g, 15° C als Außenzustand).

Rechnungen und Versuchsergebnisse geben Grundlagen für die folgenden Schätzungen: $T_s = 328^0$ K, $p_{zm} = 1{,}03$ kg/cm², $p'_{za} = 1{,}12$ kg/cm². Das Verdichtungsverhältnis war $\varepsilon = 4{,}6$ (bezogen auf den wirksamen Hub). Die Einlaßschlitzlänge ist $\sigma_e = 0{,}212$, die Auslaßschlitzlänge $\sigma_a = 0{,}288$. Das mittlere Zylindervolumen während der Spülung ist $z_m = 1{,}09$.

Damit wird nach (72) und (92) $\Lambda'_z = 1{,}04 \cdot \Lambda_{oL}$, wobei $\Lambda_o \sim 1{,}03\ \Lambda_{oL}$ (für durchschnittlich $\lambda = 0{,}7$), weiters $\lambda_l = 0{,}88\ \lambda'_s$.

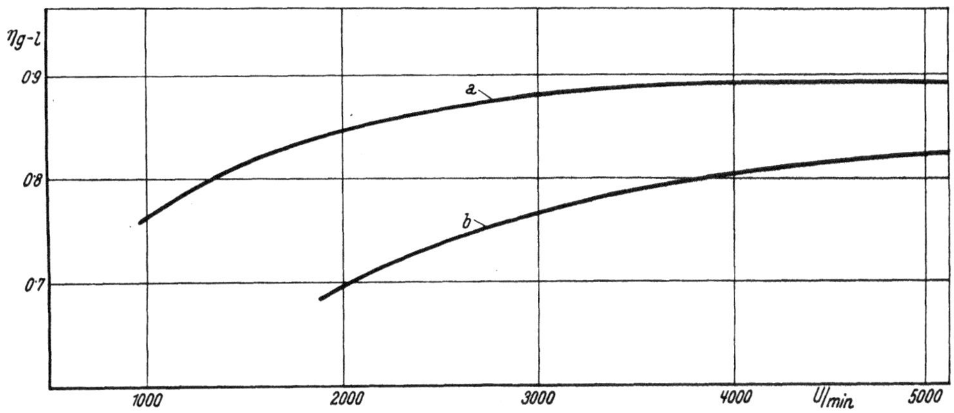

Abb. 186. Gütegrad η_{g-i} der Arbeitsvorgänge bei Kraftradzweitaktmotoren. a Versuche von U. Schmidt und Oswald. b Versuche von Tomala.

Der Wirkungsgrad der vollkommenen Maschine η_{v-i} wurde den gegebenen Werten von λ und ε entsprechend dem Band 2 entnommen. Der Gütegrad der Arbeitsvorgänge η_{g-i} ist nach Erfahrungswerten für ähnliche Verbrennungssysteme anzunehmen.

Leider sind über die Zusammenhänge zwischen Brennraumform, Drehzahl, Spülgrad und Gütegrad nur wenige Angaben veröffentlicht worden. Die in Abb. 186 dargestellten Kurven stützen sich auf Versuchsergebnisse von U. Schmidt, Oswald und Tomala. Der Gütegrad steigt nach Abb. 186 mit der Drehzahl infolge der Abnahme der Wärmeübergangsverluste. Die verhältnismäßig hohen Werte der Kurve a sind durch die sehr günstige Brennraumform, Abb. 184, bedingt und haben Luftüberschußzahlen von $\lambda = 0{,}65 \div 0{,}78$ und optimale Zündungsverhältnisse zur Voraussetzung. Die wesentlich niederen Werte der Kurve b wurden bei starker Gemischabmagerung und nicht optimaler Zündeinstellung gefahren.

Die Ladungswechselarbeit ist nach Abb. 13 positiv. Die schrittweise Berechnung des Druckverlaufs in ähnlichen Zylindern ergab Werte $p_l \sim 0{,}3$ kg/cm² und einen durchschnittlichen Arbeitsaufwand der Kurbelkastenspülpumpe, entsprechend $p_{La} \sim 0{,}3$ kg/cm², so daß mit diesen Werten gerechnet werden kann. Der Reibungsdruck wurde nach Meßergebnissen an ähnlichen Motoren $p_r = 0{,}5$ kg/cm² angenommen. In Zahlentafel 11 sind die gemessenen Werte von p_e, b_e und Λ_{oL}, das daraus erhaltene λ und die mit den obigen Ausdrücken berechneten Werte der Kenngrößen des Ladungswechsels, des Nutzdruckes und des Verbrauches zusammengestellt. Die gute Übereinstimmung der gemessenen und berechneten Werte zeigt, daß die Zusammenhänge durch die entwickelten Ausdrücke gut erfaßt werden. Ein Vergleich von b_{i-l} und b_i läßt den Verlust an Kraftstoff durch den Ladungswechsel erkennen.

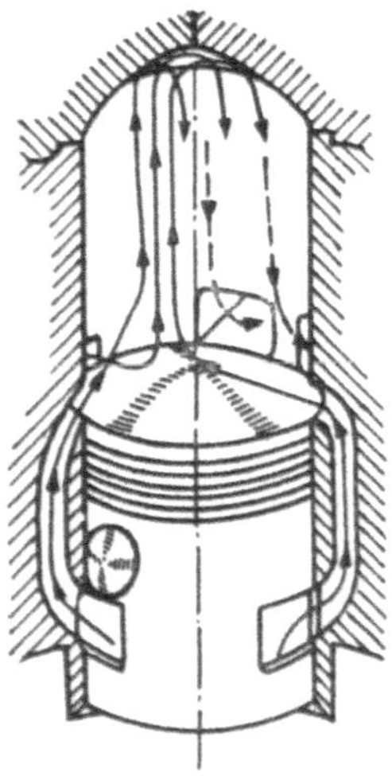

Abb. 187. Kraftradmotor mit Dreikanalspülung. Nach U. Schmidt.

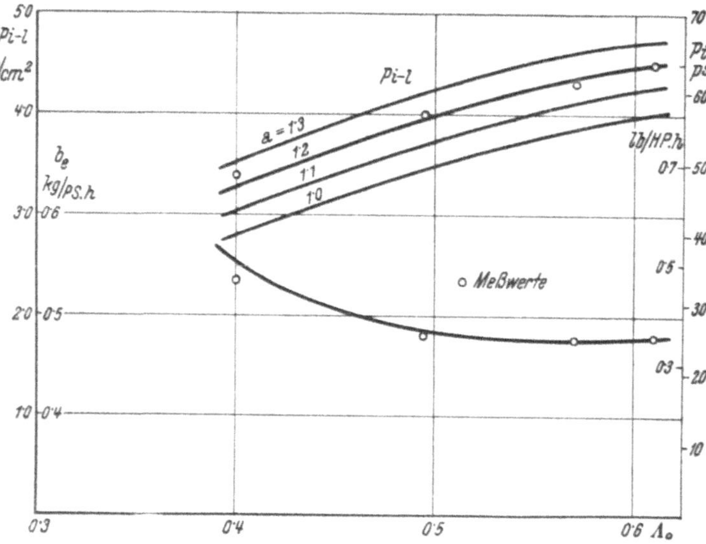

Abb. 188. Ermittlung der Kennzahl a für die Spülkurve der Spülung nach Abb. 187.

Zahlentafel 11.

Gemessene und berechnete Nutzdruck- und Verbrauchswerte des Triumph-Motors 350 cm³.

Versuchsergebnisse von U. Schmidt.

Gemessene Werte			
Drehzahl n U/min	p_e kg/cm²	b_e kg/PS.h	Λ_{oL}
2500	4,4	0,420	0,60
3000	4,5	0,402	0,60
3500	4,4	0,385	0,55
4000	4,2	0,373	0,51

Berechnete Werte										
λ	η_{v-l}	η_{g-l}	λ_s'	λ_l	p_{i-l} kg/cm²	p_i kg/cm²	p_e kg/cm²	b_{i-l} kg/PS.h	b_i kg/PS.h	b_e kg/PS.h
0,73	0,238	0,86	0,56	0,49	4,95	5,25	4,45	0,297	0,355	0,420
0,75	0,244	0,88	0,56	0,49	5,1	5,4	4,6	0,288	0,338	0,400
0,73	0,238	0,89	0,52	0,46	4,8	5,1	4,3	0,286	0,335	0,400
0,73	0,238	0,89	0,50	0,44	4,6	4,9	4,1	0,286	0,320	0,380

Eine weitere Untersuchung wurde von U. Schmidt [24] an einem 350-cm³-Kraftradmotor mit einer Dreikanalspülung nach Abb. 187 ausgeführt.

Eine Nachrechnung der Zusammenhänge zwischen Ladungsaufwand und Leistung führt mit $\varepsilon = 4{,}3$ und $\sigma_a = 0{,}263$ und den Annahmen $T_s = 328^0$ K (55^0 C), $p_{zm} = 1{,}03$, $p'_{za} = 1{,}12$ und η_{g-l} nach Abb. 186 (Kurve a), für a-Werte von 1,0, 1,1, 1,2, 1,3 in dem Ausdruck für die Spülkurve $1 - e^{-ba\Lambda_o}$ zu den in Abb. 188 eingetragenen

Kurven für p_{i-l}. Die aus Meßwerten nach der Beziehung $p_{i-l} = p_e + 0{,}6$ kg/cm² ermittelten Punkte zeigen, daß die Kurve mit $a = 1{,}2$ die Spülwirkung dieser Dreikanalspülung gut erfaßt.

Die Spülung ist demnach schlechter wie die Schnürle-Spülung ($a = 1{,}3$), was mit den Ergebnissen der auf Seite 45 beschriebenen Spülversuche des Verfassers übereinstimmt. Da der Unterschied jedoch gegenüber der Schnürle-Spülung nicht sehr groß ist, kann angenommen werden, daß der den Auslaßschlitzen gegenüberliegende Einlaßschlitz verhältnismäßig wenig Ladung fördert, die Spülung demnach im wesentlichen als Umkehrspülung wirkt.

Den Berechnungen lagen die folgenden gemessenen Luftaufwände und Luftüberschußzahlen zugrunde:

$n = 2500$ U/min	$\Lambda_{oL} = 0{,}59$	$\lambda = 0{,}71$
3000	0,55	0,71
3500	0,48	0,67
4000	0,39	0,58

Eine weitere Bestätigung erfahren die abgeleiteten Beziehungen durch Meßergebnisse, die Oswald an einem 125-cm³-DKW-Motor, Bauart RT 125, erhalten hat. Es ist $\varepsilon = 4{,}6$, die Auslaßschlitzlänge $\sigma_a = 0{,}27$ und $z_m = 1{,}10$ (während der Spülung).

Der Motor hat Schnürle-Umkehrspülung, für deren Spülkurve wieder $a = 1{,}3$ gesetzt wurde. Es wurde ferner $L_o = 12{,}4$ m³/kg (1 at, 15° C), $H_u = 10.425$ kcal/kg, $T_s = 328°$ K, $p_{zm} = 1{,}03$ kg/cm² und $p'_{za} = 1{,}12$ kg/cm² angenommen. Man erhält:

$$p_{i-l} = 0{,}058 \,.\, L_v^* \,.\, \eta_{g-l} \left(1 - e^{-1{,}3\,\Lambda_o}\right)$$

und $p_e = p_{i-l} - 0{,}6$ kg/cm².

Darin ist $L_v^* = \dfrac{10.425}{0{,}24 \,.\, 12{,}4} \cdot \eta_{v-l}$ die Arbeit des vollkommenen Motors je 1 m³ (Außenzustand) Ladung.

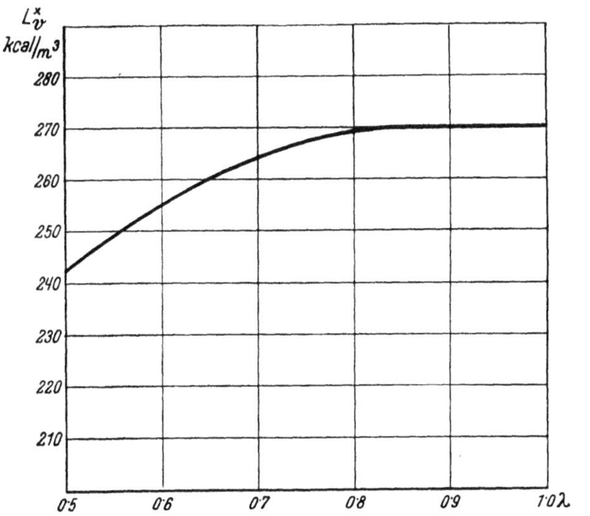

Abb. 189. Arbeit des vollkommenen Motors L_v^* je 1 m³ Ladung (Außenzustand 1 at, 288° K) für $\varepsilon = 4{,}6$.

Für $\varepsilon = 4{,}6$ ist L_v in Abb. 189 dargestellt. Der Gütegrad η_{g-l} wurde wieder Abb. 186 (Kurve a) entnommen, $\Lambda_o \sim 1{,}03\ \Lambda_{oL}$ gesetzt.

Um die Berechnung der Zusammenhänge zwischen Ladungsaufwand und Leistung nachzuprüfen, wurden der Berechnung die gemessenen Ladungsaufwände Λ_o und Luftüberschußzahlen λ zugrunde gelegt. Abb. 190 zeigt die Rechengrundlagen Λ_o, λ, und die daraus gerechneten Kurven p_e und b_e, Rechnung und Messung stimmen im allgemeinen gut überein. Die Messungen wurden mit und ohne Auspuffanlage ausgeführt. Diese wirkt im vorliegenden Fall merkbar leistungsvermindernd.

In diesem Zusammenhang sei schon jetzt auf einige für Zweitaktvergasermotoren dieser Bauart charakteristische Eigenschaften der Zusammenhänge zwischen λ und Λ_o und der Drehzahl hingewiesen.

Die Abhängigkeit der Luftüberschußzahl λ von der Drehzahl in Abb. 190 ist typisch für Motoren mit kolbengesteuerter Saugöffnung im Kurbelkasten. Bei niederer Drehzahl wird das Gemisch stark überfettet. Auf Seite 224 werden die Ursachen dieses Verhaltens besprochen.

Die starke Gemischanreicherung im unteren Drehzahlbereich verursacht hohen Verbrauch und nach Abb. 190 auch ein Sinken der Leistung. Alle Verbrauchskurven

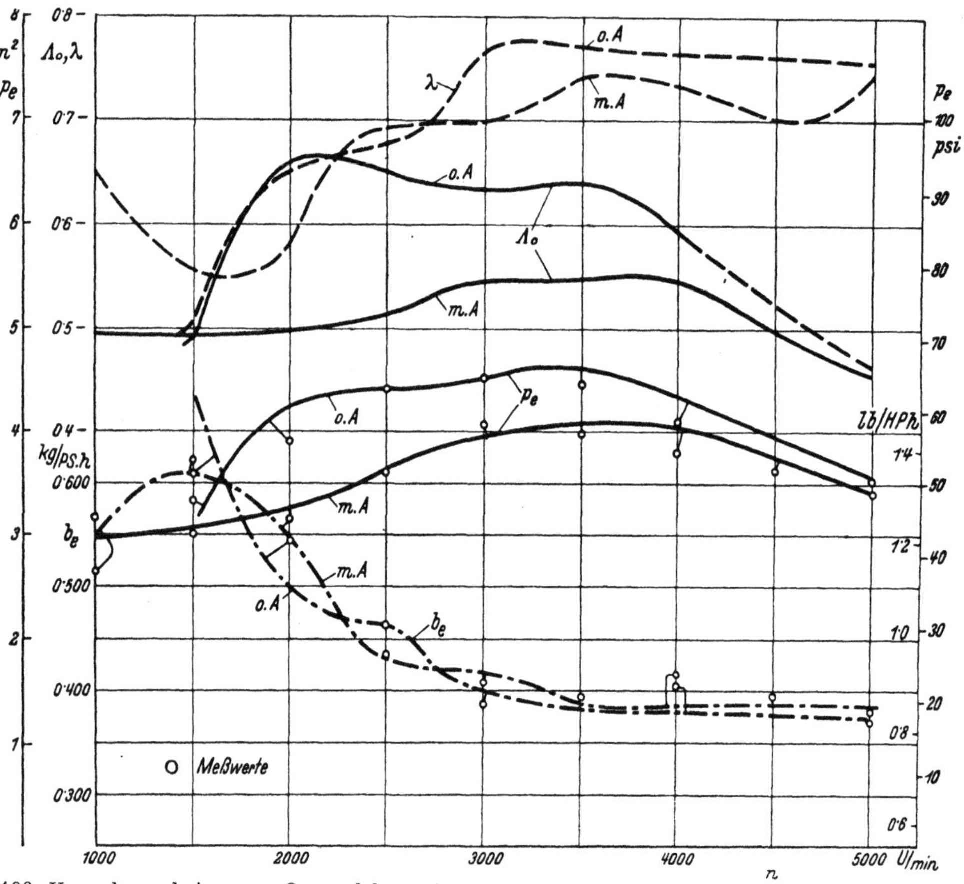

Abb. 190. Versuchsergebnisse von Oswald an einem 125-cm³-DKW-Motor, Bauart RT 125. Aus dem gemessenen Λ_o und λ wurden die Kurven p_e, b_e gerechnet. o. A. = ohne Auspuffanlage, m. A. = mit Auspuffanlage.

von Kraftradmotoren von im wesentlichen gleicher Bauart zeigen daher den grundsätzlichen Verlauf nach Abb. 190, starken Anstieg des Verbrauches im unteren Drehzahlbereich.

Für günstigste Leistung sind Luftüberschußzahlen von $\lambda \sim 0{,}7 - 0{,}77$ im oberen Drehzahlbereich im Vergaser einzustellen.

Die Kurven des Ladungsaufwandes haben im allgemeinen ein mehr oder weniger ausgeprägtes Maximum im mittleren Drehzahlbereich, von dem aus sie mit fallender Drehzahl bis auf einen bestimmten Grenzwert, mit steigender Drehzahl ständig abfallen. Auf die Ursachen auch dieses typischen Verlaufes wird später eingegangen.

Bei den Nachrechnungen der Versuchsergebnisse wurden Schließdruck und Ladungstemperatur im ganzen Drehzahlbereich gleich angenommen. Die gute Übereinstimmung von gerechneten und gemessenen Werten, die mit dieser Annahme erzielt wurde, läßt die Folgerung zu, daß der Schließdruck bei den untersuchten Motoren sich im gesamten Drehzahlbereich nicht wesentlich verändert, Schwingungen im Auspuffsystem, die allein stärkere Schwankungen des Schließdruckes bewirken können, in gut ausgelegten Auspuffsystemen daher stark abgedämpft werden.

Abb. 191 zeigt eine Messung des Druckverlaufs im Auspuffrohr bei n = 1000 und n = 1800 U/min an einem DKW-Motor, Bauart DKW 1001, mit normalem Schalldämpfer, welche die Annahmen bestätigen. Im Zeitpunkt des Auslaßabschlusses weicht bei beiden Drehzahlen der Druck im Auspuffrohr nur wenig vom Außendruck ab.

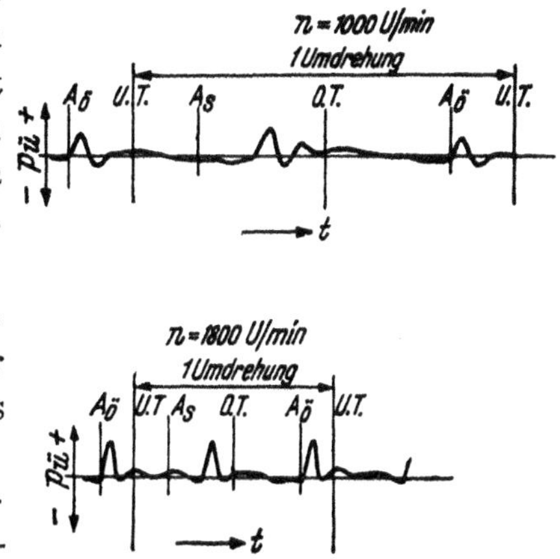

Abb. 191. Gemessener Druckverlauf im Auspuffrohr eines DKW-Motors, Bauart DKW 1001, mit normalem Schalldämpfer. Der Druck im Auspuffrohr vor $A_ö$, der den Schließdruck im Zylinder beeinflußt, weicht nur wenig vom Außendruck ab.

Da der Einfluß des Schließdruckes auf die Leistung demnach zurücktritt, bleibt als dafür vor allem maßgebende Größe des Ladungswechsels nur der Ladungsaufwand.

Trägt man für mittleren und oberen Drehzahlbereich den Innendruck p_{i-l} über dem Ladungsaufwand auf, so liegen die Motoren mit reiner Umkehrspülung (Schnürle) zugeordneten Punkte nach Abb. 192 entsprechend (166) in unmittelbarer Nähe einer Kurve $p_{i-l} = 9{,}1\left(1 - e^{-1{,}3\Lambda_0}\right)$. Die Punkte des Motors mit Dreikanalspülung, der ein kleineres Verdichtungsverhältnis und daher einen kleineren Wirkungsgrad η_{v-l} hat, werden angenähert durch $p_{i-l} = 8{,}5 \cdot \left(1 - e^{-1{,}2\Lambda_0}\right)$ erfaßt.

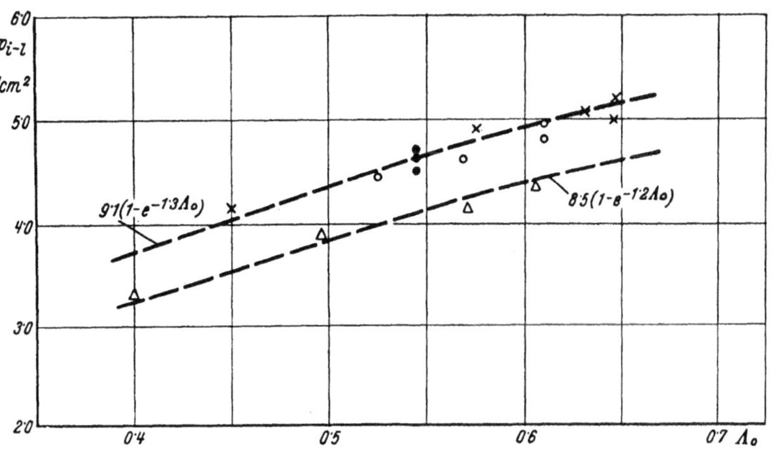

Abb. 192. Zusammenhänge zwischen p_{i-l} und Λ_0 bei Kraftradmotoren mit Schnürle-Spielung (obere Kurve) und mit Dreikanalspülung nach Abb. 187.

Aus den entwickelten Zusammenhängen folgt für Maschinen mit innerer Mischung:

Zur Erzielung hoher Leistungen ist niedere Ladungstemperatur, hohe Wirkungsgrade der Arbeitsvorgänge (großes ε, günstige Brennraumform, richtige Luftüberschußzahl λ, zeitlich und örtlich günstig liegende Zündung), damit hohes K in (166), weiters ein Spülsystem mit guter Spülkurve, damit großes a in (166) und schließlich ein möglichst großer Ladungsaufwand anzustreben.

Das Minimum des Verbrauches wird erhalten, wenn man die Bedingungen für guten Wirkungsgrad η_{i-l} wie früher erfüllt und den Ladungsaufwand so wählt, daß das Produkt Ladegrad mal mechanischer Wirkungsgrad den Höchstwert erreicht. Der entsprechende Ladungsaufwand ist im allgemeinen relativ klein.

b) Motoren mit Gemischbildung während des Ladungswechsels.

Wenn die Ladung erst während des Ladungswechsels im Zylinder gemischt wird, bleiben die im Abschnitt 4a entwickelten Beziehungen zwischen Schlitzabmessungen, Spüldruck und Ladungsaufwand erhalten. Das für Spülungen mit homogenem Medium, Luft oder brennfertigem Gemisch, entwickelte Verfahren der Ermittlung des Spülerfolges mit der Spülkurve kann in diesem Fall jedoch nicht ohne weiteres angewendet werden.

Da bei getrennter Einführung von Luft und Brennstoff während der Spülung diese im allgemeinen nicht in dem Verhältnis verlorengehen, in dem sie in den Zylinder treten, ist die Luftüberschußzahl λ_0 der eintretenden Ladungsbestandteile, Luft und Kraftstoff, im allgemeinen verschieden von der Luftüberschußzahl λ des brennfertigen Gemisches vor der Zündung. Man wird durch geeignete Ausbildung der Steuerung trachten, während eines großen Teils der Spülung $\lambda_0 > \lambda$ zu machen, demnach zu erreichen suchen, daß bei der Spülung vorwiegend Luft und nur wenig Kraftstoff verlorengeht.

Ausführungen des Verfahrens sind bisher hauptsächlich für Gasmaschinen bekannt geworden. Es besteht jedoch grundsätzlich die Möglichkeit, das Verfahren auch bei Benzinmotoren anzuwenden, wenn man den Kraftstoff in einem überfetteten Gemisch als Kraftstoffträger in den Zylinder einführt. Die für das Verfahren erforderliche Schichtung kann in folgender Weise bewirkt werden:

1. Luft und Kraftgas treten durch verschiedene Öffnungen in den Zylinder. Durch entsprechende Anordnung der Öffnungen kann es erreicht werden, daß Abgase und Kraftstoff durch eine Luftschicht getrennt werden. Die Spülluft erreicht die Auslaßöffnungen des Zylinders in diesem Fall vor dem Kraftstoff und bestreitet im wesentlichen den Spülverlust.

Man erreicht diese Schichtung durch Öffnen der Luftquerschnitte vor den Kraftstoffquerschnitten und dadurch, daß die Luftquerschnitte näher der Auslaßöffnung angebracht werden als die Kraftstoffquerschnitte.

Abb. 193 zeigt eine Schlitzanordnung nach Schnürle für Gasmaschinen, die diesen Anforderungen entspricht. Die Luftschlitze sind länger als die Gasschlitze; die Spülung beginnt daher mit Luft. Da die Luftschlitze zwischen den Gasschlitzen und den Auslaßschlitzen liegen, bildet die Luft eine trennende Schicht zwischen Gasstrom und Abgasen, welche eine unmittelbare Berührung des Kraftstoffs mit den Abgasen verhindern soll. Wenn auch infolge Turbulenz eine Mischung quer zum Strom auftreten wird, so ist doch anzunehmen und durch Aufnahmen von Wille erwiesen, daß während der Spülung eine Schichtung im Zylinder erhalten bleibt. Neben der Vermeidung übermäßigen Kraftstoffverlustes während der Spülung ist noch die Verringerung der Gefahr einer Entzündung der Frischladung an den heißen Abgasen als Vorteil dieser Art der Spülung hervorzuheben.

Ähnliche Wirkungen lassen sich erzielen, wenn nur die Luft durch die Einlaßschlitze, das Kraftgas durch Ventile in den Zylinder strömt. Man legt in diesem Fall außerdem den Öffnungszeitpunkt der Ventile nach dem der Schlitze und erreicht dadurch und durch die räumliche Entfernung von Gaseintritts- und Auslaßöffnung eine weitgehende Verkleinerung der Kraftgasverluste während der Spülung gegenüber Spülsystemen ohne Schichtung.

Öffnen die Gasventile erst nach Abschluß des Auslasses oder knapp vor diesem, so werden Kraftgasverluste völlig vermieden. Allerdings sind dann nur kleine Zeitquerschnitte für den Kraftgaseintritt ausführbar; außerdem muß das Gas verhältnismäßig hoch verdichtet werden, damit durch die Drucksteigerung während der Verdichtung im Zylinder das Einströmen nicht vorzeitig unterbrochen wird.

Im allgemeinen ist eine vollkommene zeitliche Trennung der Einführung von Luft und Kraftgas nur bei Reichgasen praktisch ausführbar, da die zuzuführenden Kraftgasmengen bei diesen infolge des großen Luftbedarfes der Verbrennung verhältnismäßig klein sind und daher durch kleine Zeitquerschnitte und mit kleinen Laderleistungen während der Verdichtung in den Zylinder gebracht werden können. Es wird in diesem Fall zuerst mit Luft gespült.

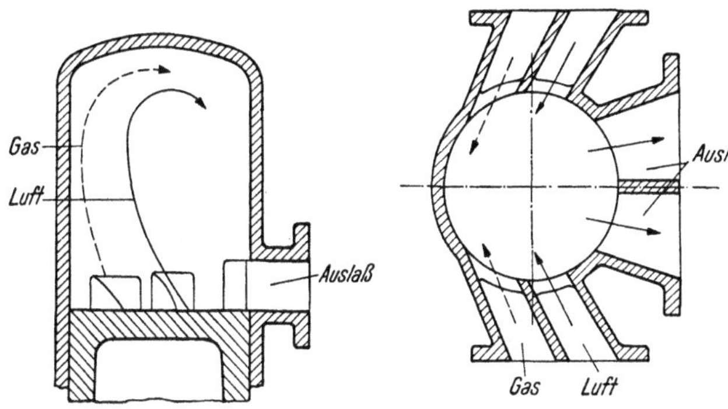

Abb. 193. Schlitzanordnung nach Schnürle mit getrennter Einführung von Gas und Luft.

2. Luft und Kraftstoff strömen durch die gleichen Einlaßöffnungen, jedoch zeitlich getrennt, in den Zylinder.

Bei diesen Steuerungen muß den gesteuerten Einlaßöffnungen ein Organ vorgeschaltet sein, das zunächst Luft und dann Kraftgas zu den Einlaßöffnungen in den Zylinder treten läßt. Es ist auch denkbar, die erforderliche Wirkung auf dynamischem Wege zu erzielen, wenn man Luft- und Kraftgassäulen verschiedener Trägheit an einen kleinen Raum vor der gesteuerten Einlaßöffnung anschließt. Wird die Trägheit der Luftsäule kleiner ausgeführt als die der Kraftgassäule, so gerät sie beim Öffnen des Einlaßquerschnittes rascher in Bewegung als diese. Dadurch wird die Spülluft dem Kraftgasstrom bei der Spülung vorgelagert. Die trägere Kraftgassäule drückt am Ende der Spülung stärker nach und reichert dadurch den Spülstrom im letzten Teil der Spülung mit Kraftgas an. Da vor allem die zuerst einströmenden Teile des Spülstroms durch den Auslaß verlorengehen, wird durch diese Schichtung der Kraftgasverlust herabgesetzt. Eine völlige zeitliche Trennung der Luft- und Kraftgaseinströmung kann allerdings von dieser einfachen Anordnung nicht erwartet werden.

a) Die rechnerische Untersuchung der Vorgänge bei geschichteter Spülung.

Der Ladungsaufwand läßt sich nach einem der in den Abschnitten II, 1, b, α, 1; II, 1, b, α, 2 angegebenen Verfahren berechnen.

Die schrittweise Ermittlung des Druckverlaufes im Zylinder gibt auch den zeitlichen Verlauf der einströmenden Gas- und Luftmengen. Die Berechnung läßt sich ganz allgemeinen Bedingungen anpassen. Sie ist bei beliebiger Gestaltung der Ein- und Auslaßquerschnitte bei gleichem oder verschiedenem Druck von Luft und Gas anwendbar.

Der Ausdruck (89/I) erhält in diesem Fall zwei Einströmglieder, eines für Luft, eines für Gas.

Die einströmenden Luft- und Gasmengen sind sinngemäß nach (90/I) aus den Einströmgliedern des Ausdruckes nach (89/I) zu ermitteln.

Eine Berechnung des Ladungsaufwandes mit (28) ist möglich, wenn die Drosselung im wesentlichen in den getrennten Einlaßquerschnitten erfolgt, demnach die beiden Ströme von Luft und Kraftgas unabhängig voneinander sind.

Zur Erfassung des Erfolges des Ladungswechsels genügen die Kenngrößen λ_s und λ_g nicht mehr. Man bezieht die beiden Größen zweckmäßig auf die gesamte Frischladung, also Verbrennungsluft plus Kraftgas, und muß dann zur vollständigen Erfassung des Erfolges des Ladungswechsels die Luftüberschußzahlen der einströmenden Ladung λ_0 und des Zylinderinhaltes vor der Zündung λ kennen.

Bei der Erfassung des Spülvorganges ist demnach die Frage zu beantworten, wie groß die Gesamtladung λ_g, der Spülgrad λ_s und die Luftüberschußzahl λ der Zylinderladung werden, wenn unter bestimmten Verhältnissen mit einem Ladungsaufwand Λ_0 gespült wird, der die Luftüberschußzahl λ_0 hat. Dabei wird vorausgesetzt, daß die Ladung vor dem Zylinder nicht gemischt ist, sondern Luft und Kraftgas mehr oder minder getrennt (geschichtet) in den Zylinder gelangen.

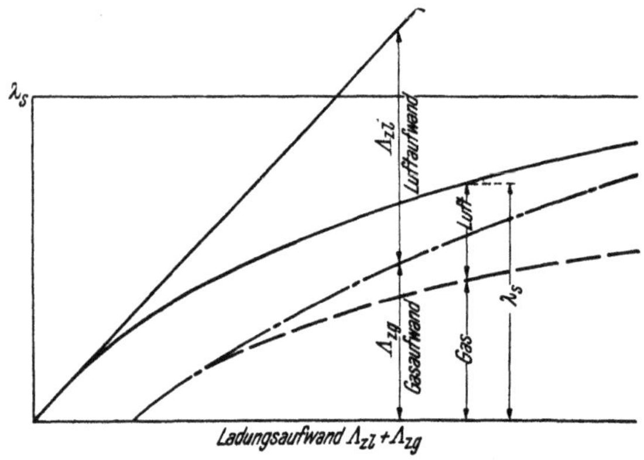

Abb. 194. Darstellung der Spülkurven bei geschichteter Spülung.

Eine einigermaßen zuverlässige Ermittlung von λ_g und λ für Vorausberechnungen ist nur durch Spülversuche an Modellen mit gleicher Schlitzanordnung und gleichem zeitlichen Verlauf der einströmenden Mengen von Gas und Luft möglich. Bei den Versuchen ist ein mit einem Füllgas beschickter Zylinder durch Luft und ein geeignetes, chemisch leicht nachweisbares Gas zu spülen, so daß λ_s und λ in Abhängigkeit von Λ_0 und λ_0 festgestellt und in Kurven ähnlich der Spülkurve aufgetragen werden können. Diese Kurven nach Abb. 194 gelten weniger allgemein wie die Spülkurven von Spülungen mit homogenem Medium, da sie jeweils nur einem ganz bestimmten Verlauf von Luft- und Gasaufwand entsprechen.

Bei gegebenem, bzw. bei nach dem früher angegebenen Verfahren gerechnetem Verlauf des einströmenden Gas- und Luftaufwandes läßt sich der im Zylinder verbleibende Teil durch folgende Überlegungen aus der Spülkurve für ein homogenes Spülmittel schätzen:

Es ist naheliegend, anzunehmen, daß der Spülverlust vor allem aus der Ladung besteht, die in den Zylinder zuerst eingetreten ist. In Abb. 195 ist I die Spülkurve des homogenen Mediums, durch II wird das Verhältnis der eingetretenen Gas- und Luftmengen, bei gegebener Gesamtmenge Λ_0, bestimmt. Die Ermittlung des Luft- und Gasaustritts der Ladung ist in Abb. 195 für einen Punkt durchgeführt.

Man zieht von Λ_z die im Zylinder verbleibende Frischladung λ_s ab und erhält den Spülverlust, der sich nach obiger Annahme aus a Teilen Gas und b Teilen Luft zusammensetzt. Zieht man a und b von den eingeströmten Gas- und Luftmengen ab, so findet man die Gas- und Luftanteile λ_{sg} und λ_{sl} des Spülgrades, d. i. die Zusammensetzung des Zylinderinhaltes und damit die Luftüberschußzahl λ der Ladung. Dieses Verfahren zur Bestimmung der Gas- und Luftanteile berücksichtigt verschiedenen zeitlichen Verlauf des Einströmens (zeitliche Schichtung), nicht aber örtliche Schichtungen durch entsprechende relative Lage des Spül- und Gaseintrittes zu den

Auslaßschlitzen des Zylinders. Es kann daher davon nur eine grob angenäherte Erfassung der Vorgänge erwartet werden.

Bei den Ladungswechselverfahren mit getrennter Einführung von Luft und Kraftgas in den Zylinder müssen beide Ladungsteile getrennt verdichtet werden. Dazu können getrennte Spülgebläse verwendet werden. Es ist auch möglich, die Gebläse zusammenzubauen und bei gemeinsamem Antrieb getrennte Arbeitsräume für Luft und Gas vorzusehen. Bei Rootsgebläsen z. B. können zu diesem Zweck Trennwände angeordnet werden. Zentrifugalgebläse erhalten je ein Laufrad für Luft und Gas. Bei Kolbengebläsen kann in verschiedenen Zylindern oder in verschiedenen Zylinderseiten Luft und Kraftgas getrennt verdichtet werden.

Durch die getrennte Einführung von Luft und Kraftstoff ist es möglich, den Kraftstoffverlust während der Spülung wesentlich herabzusetzen.

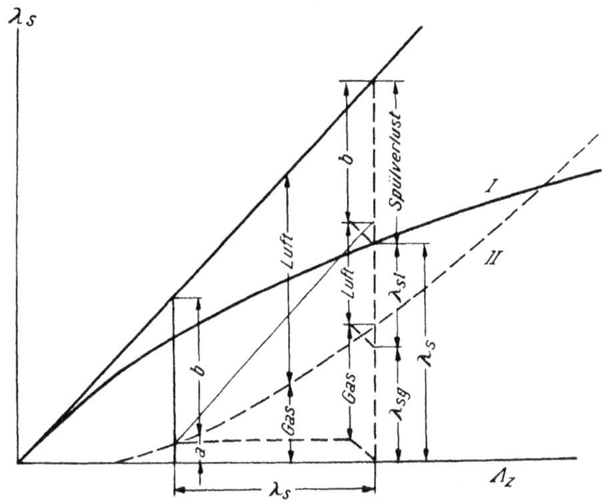

Abb. 195. Ermittlung des Spülverlustes bei geschichteter Spülung.

Durch Weiterentwicklung der entsprechenden Steuerungen könnten die Hindernisse, die der Verbreitung des Zweitaktverfahrens beim Ottomotor entgegenstehen, weitgehend beseitigt werden.

β) Der Innenwirkungsgrad bei geschichteter Spülung.

Bei getrennter Einführung von Luft und gas- oder dampfförmigem Kraftstoff in den Zylinder während der Spülung ist die Luftüberschußzahl der zugeführten Ladung λ_0 im allgemeinen nicht gleich der Luftüberschußzahl λ der Verbrennung. Der Kraftstoffanteil der zugeführten Ladung ist $C \cdot \frac{\Lambda_0}{\lambda_0}$. Der Kraftstoffanteil der im Zylinder befindlichen Ladung ist $C \cdot \frac{\lambda_l}{\lambda}$. Es gelangen demnach infolge des Ladungswechselverlustes nur

$$\frac{\lambda_l}{\lambda} \cdot \frac{\lambda_0}{\Lambda_0}$$

Bruchteile des zugeführten Kraftstoffes in den Arbeitsprozeß. Mit $\frac{\lambda_l}{\Lambda_0}$ als auf die g e s a m t e Ladung bezogenem Ladegrad λ_z wird unter Vernachlässigung der Ladungswechselarbeit

$$\eta_i = \eta_{i-1} \cdot \lambda_z \cdot \frac{\lambda_0}{\lambda} \tag{170}$$

Der entsprechende Kraftstoff- oder Wärmeverbrauch wird

$$\frac{b_i}{b_{i-1}} = \frac{w_i}{w_{i-1}} = \frac{1}{\lambda_z} \cdot \frac{\lambda}{\lambda_0} \tag{171}$$

und der Nutzwirkungsgrad

$$\eta_e = \eta_{i-1} \cdot \lambda_z \cdot \frac{\lambda_0}{\lambda} \cdot \eta_m \tag{172}$$

Neben der Ermittlung von λ_z ist daher λ und λ_0 zu bestimmen, um den gesamten Einfluß des Ladungswechsels auf den Innenwirkungsgrad zu erfassen.

c) Ladungswechsel und Regelung.

Außer durch den Spülverlust wird die Verbindung des Zweitakt- mit dem Ottoverfahren durch die schwierige Regelung gehemmt. Mit einfachen Mitteln läßt sich beim Zweitaktmotor nur eine Gemischregelung ausführen. Bei dieser wird

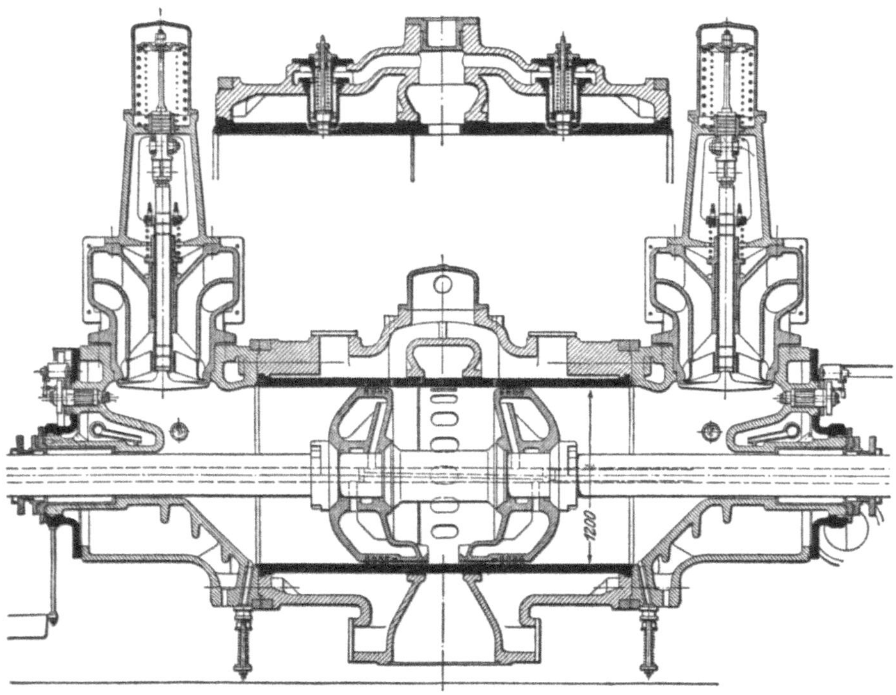

Abb. 196. Doppelt wirkende Einzylinderzweitaktmaschine der Siegener Maschinenbau AG. Schichtung durch Gleichstromspülung.

der Luftüberschuß bei annähernd gleichbleibender Ladungsmenge geändert. Das Dieselverfahren ist daher in Verbindung mit dem Zweitaktverfahren ohne jede Schwierigkeit ausführbar.

Beim Ottoverfahren kann man durch Veränderung der Gemischzusammensetzung nur in einem beschränkten Belastungsbereich regeln. Der durch den Luftüberschuß bestimmte Zündbereich der homogenen Ladung im Zylinder ist sehr eng. Bei gasförmigen Kraftstoffen ist der Zündbereich von der Gasart abhängig und im allgemeinen etwas weiter als bei flüssigen Kraftstoffen. Auch bei Gasen ist es jedoch im allgemeinen nicht möglich, mit der Gemischregelung allein befriedigende Regelbedingungen im ganzen Bereich zwischen Vollast und Leerlauf herzustellen.

Die Regelung wird bei Motoren für flüssige Kraftstoffe im allgemeinen so durchgeführt, daß man bei annähernd gleichbleibendem Luftüberschuß den Ladungsaufwand verkleinert und dadurch die Spülwirkung verschlechtert. Es bleiben dann mehr Abgase im Zylinder zurück und die verbrannte Gemischmenge wird kleiner.

Eine einwandfreie Zündung ist in diesem Fall nur möglich, wenn Ladung mit einem Kraftstoffgehalt innerhalb der Zündgrenzen die Zündkerze umgibt. Für vollständige und genügend rasche Verbrennung soll die Frischladung möglichst geballt bleiben. Im idealen Fall muß demnach Abgas und brennfertiges Gemisch getrennt, die Ladung im Zylinder also geschichtet sein und das Gemisch sich im Zeitpunkt der Zündung im Bereich der Zündkerze befinden.

Die entsprechenden Vorgänge lassen sich durch den Ladungswechselvorgang beeinflussen, es ist bis jetzt aber noch nicht gelungen, z. B. Benzin-Zweitaktmotoren mit einwandfreiem Lauf bei kleinen Belastungen zu entwickeln. Meist setzt der Motor bei starker Drosselung bei jedem zweiten Arbeitsspiel aus. Der Zylinder wird in diesem Fall so unvollkommen gespült, daß er erst nach zweimaliger oder nach noch öfterer Spülung Ladung von einer Konzentration enthält, bei der eine Zündung möglich ist.

Je mehr die ideale Schichtung angenähert wird, um so besser werden die Regelungseigenschaften und um so kleiner die Belastung, bei der noch ein regelmäßiger Gang des Motors ohne stark verschleppte Verbrennung erzielt werden kann.

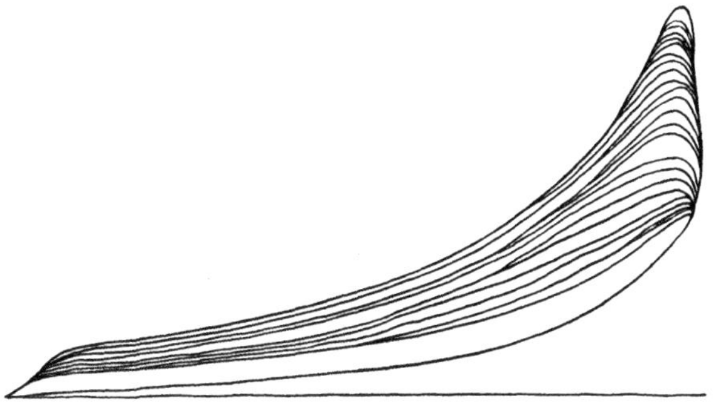

Abb. 197. Regulierdiagramm der Maschine nach Abb. 196.

Bei Gasmaschinen liegen die Verhältnisse infolge der weiter auseinanderliegenden Zündgrenzen im allgemeinen günstiger. In vielen Fällen ist es möglich, einen ziemlich weiten Regelungsbereich durch Gemischregelung zu bewältigen. Dabei wird bei ungeändertem Ladungsaufwand die Luftüberschußzahl durch Regeln der Kraftgasmenge der Belastung angepaßt. Bei kleinen Belastungen muß im allgemeinen der Ladungsaufwand verkleinert werden, um die Gemischwolken in dem mit Abgasen angereicherten Zylinderinhalt zündfähig zu erhalten. Insbesondere soll bei kleinen Belastungen die Ladung möglichst geschichtet, also Abgas und Gemisch getrennt sein und letzteres an der Zündkerze lagern.

Die doppelt wirkende Einzylinder-Zweitaktmaschine der Siegener Maschinenbau-A.-G., Abb. 196, erreicht diese Schichtung durch Gleichstromspülung. Kurz nachdem der Kolben die Auslaßschlitze freigegeben hat und der Druck im Zylinder auf den Spüldruck gesunken ist, öffnet sich das Ventil im Zylinderkopf und läßt zunächst nur Spülluft in den Zylinder eintreten. Konzentrisch zum Ventil ist ein Gasschieber angeordnet, der im unteren Totpunkt öffnet und nun auch Gas in den Zylinder einströmen läßt. Auf diese Weise werden die Abgase vom Frischgas durch eine Luftschicht getrennt, wodurch die Gefahr von Frühzündungen beseitigt und der Verlust an Kraftgas während der Spülung weitgehend herabgesetzt wird. Das Spülventil schließt nach den Auslaßschlitzen, die Maschine wird daher aufgeladen.

Bei der Regelung wird bei großen Belastungen vor allem der Luftüberschuß der Ladung, bei kleinen Belastungen vor allem der Ladungsaufwand verändert. Durch die Gleichstromspülung und die Form des Brennraumes wird erreicht, daß die herabgesetzte Gemischmenge bei kleinen Belastungen geballt bleibt und in der Umgebung der Zündkerzen ein zündfähiges Gemisch sichert. Das Regulierdiagramm der Maschine, Abb. 197, zeigt die gute Regelfähigkeit, die durch diese Anordnung erzielt wurde.

5. Die Bestimmung der Wertungsgrößen des Ladungswechsels durch den Versuch.

a) Allgemeines.

Über die Methoden zur Untersuchung einzelner Vorgänge des Ladungswechsels und Bestimmung einzelner Wertungs- und Zustandsgrößen wurde in den einzelnen Abschnitten berichtet, in denen die damit gewonnenen Versuchsergebnisse zur Nachprüfung der rechnerischen Verfahren benützt werden. Diese Untersuchungen erfordern vielfach besondere Versuchsmaschinen und umfangreiche Sondereinrichtungen. Sie sind im allgemeinen zu verwickelt, um in der Industrie bei der Entwicklung von Motoren verwendet werden zu können, soferne nicht größere Forschungslaboratorien zur Verfügung stehen.

Im folgenden sollen Verfahren zur Bestimmung der wichtigsten Zweitaktwertungsgrößen beschrieben werden, die geringen Aufwand erfordern und daher bei der industriellen Entwicklung von Zweitaktmotoren anwendbar sind.

Bei der Untersuchung von Zweitaktmotoren im Rahmen von Entwicklungsarbeiten werden im allgemeinen zwei Gruppen von Aufgaben gestellt:

Durch Untersuchung an ausgeführten Motoren, meist an Versuchsmotoren oder an Motoren von Vorserien, ist der Erfolg des Ladungswechsels festzustellen; damit sind die Zusammenhänge zu klären, die zu bestimmten Betriebszahlen, Nutzdruck (p_e) und Verbrauch (b_e) des Motors führen. Dabei ist vor allem durch Messungen zu ermitteln, welchen Anteil der Ladungswechsel einerseits und die Arbeitsvorgänge andererseits an den Betriebsergebnissen haben. Entsprechende Untersuchungen haben dann Bedeutung, wenn der Betriebserfolg nicht befriedigt oder sonst Veranlassung besteht, die Motoren durch Weiterentwicklung zu verbessern.

Da sich die Auswirkungen des Ladungswechsels und der Energieumsetzung während der Arbeitsvorgänge auf Leistung und Verbrauch in der Maschine überlagern, kann aus den Betriebsergebnissen, also aus Leistung und Verbrauch, allein noch nicht auf die Erfolge von Ladungswechsel und Energieumsetzung geschlossen werden. So z. B. kann ein unbefriedigendes Betriebsergebnis sowohl durch Verbindung ungünstiger Ladungswechselverhältnisse mit einem guten Gemischbildungs- und Verbrennungssystem, wie auch durch guten Ablauf des Ladungswechsels, aber ungünstigen Wirkungsgrad der Arbeitsvorgänge zustande kommen.

Um Wege für weiteres Vorgehen bei der Entwicklung zu finden und mit experimentellen und gegebenenfalls auch rechnerischen Untersuchungen dort einzusetzen, wo Verbesserungen wirkungsvoll und erreichbar sind, müssen daher die Erfolgsgrößen für Ladungswechsel und Energieumsetzung getrennt ermittelt werden.

Ein weiterer Zweck motorischer Untersuchungen besteht darin, diejenigen Erfahrungszahlen zu sammeln, die für die erste Auslegung von Maschinen und die damit zusammenhängenden rechnerischen Untersuchungen benötigt werden.

Zur Ermittlung des Erfolges des Ladungswechsels sind bei Dieselmotoren zu bestimmen: der Spülgrad λ_s, der Liefergrad λ_l, der Luftaufwand Λ_0 und der Anfangszustand der Ladung zu Beginn der Verdichtung. Die gleichen Größen sind auch für die Beurteilung des Ladungswechsels von Ottomotoren mit Mischung v o r dem Zylinder von Interesse.

Bei Ottomotoren mit Mischung w ä h r e n d des Ladungswechsels im Zylinder, also mit gemischter Spülung, sind die vorerwähnten Größen noch durch die Luftüberschußzahl des Ladungsaufwandes λ_0 und der Verbrennung λ zu ergänzen, um den Erfolg des Ladungswechsels restlos zu erfassen.

In die Gruppe der Versuchsarbeiten am Motor zur Gewinnung von Erfahrungswerten fällt vor allem die Ermittlung der Durchflußzahlen von Steuerungen. Von Interesse sind dabei sowohl die Durchflußzahlen einzelner Schlitzanordnungen in Abhängigkeit von der Kolbenstellung wie auch die summarischen Durchflußzahlen μ_m und μ_r ausgeführter Motoren.

Von wesentlicher Bedeutung für die Vorausberechnung von Zweitaktsteuerungen sind weiters Erfahrungswerte über den Spülgrad λ_s, welche am besten in Form von Spülkurven vorliegen sollten.

b) Meßgrößen und Meßverfahren.

α) Der Luft- oder Ladungsaufwand. Die Durchflußzahlen.

Die Bestimmung des Luftaufwandes kann mit einem der üblichen Gasmeßverfahren erfolgen.

Für genaue Messungen werden Meßglocken (Gasometer) oder Drehkolbengasmesser verwendet. Einfacher, aber weniger genau, sind Messungen mit Blenden oder Düsen.

Zur Ermittlung des Luftaufwandes ist gleichzeitig mit der Luft- oder Ladungsmengenmessung die Drehzahl der Maschine möglichst genau, am besten mit Stichdrehzähler, zu bestimmen. Durch Einschalten genügend großer Ausgleichsbehälter sollen die Druckschwankungen im System bei Mengenmessungen mit Düsen und Blenden klein gehalten werden.

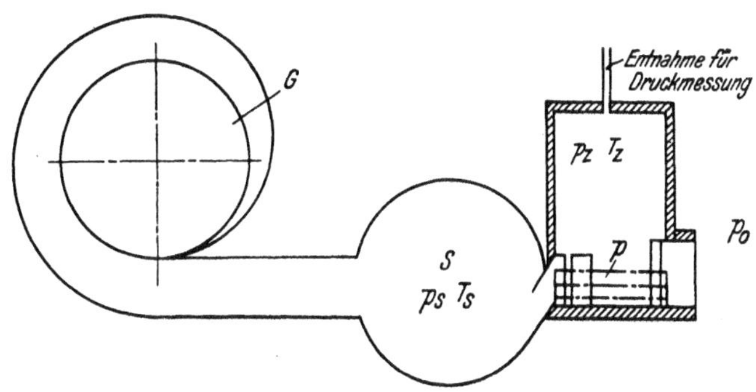

Abb. 198. Einrichtung zur Ermittlung der Durchflußzahlen der Schlitze bei stationärer Strömung. G = Gebläse, S = Spülbehälter, P = Platten zur Veränderung der Kolbenlage.

Zur Bestimmung der Durchflußzahlen μ_m und μ_r muß der Luftaufwand, ferner Druck und Temperatur der Spülluft bzw. der Ladung vor den Einlaßschlitzen gemessen werden. μ_m und μ_r können dann mit den Ausdrücken des Abschnittes 1, b, *α*, ermittelt werden.

Die für die schrittweise Berechnung des Druckverlaufes benötigten Durchflußzahlen der Schlitze in Abhängigkeit von der Kolbenstellung werden entweder an der stillstehenden Maschine oder an Modellen gemessen. Dabei ist zu beachten, daß die Zuführung der Spülluft zu den Schlitzen die Strömung im Zylinder beeinflußt. Es müssen daher die entsprechenden Kanäle am Modell gleich ausgebildet werden wie am ausgeführten Motor. Vor dem Zylinder wird nach Abb. 198 ein größerer Behälter eingeschaltet, um eine exakte Druckmessung zu ermöglichen. Die Luft wird durch ein gleichmäßig förderndes Gebläse G im stationären Strom durch den Zylinder geblasen. Man erhält die Durchflußzahlen aus

$$G_{sek} = \frac{f_e \cdot \mu_e}{v_s} \cdot \left(\frac{p_s}{p_z}\right)^{\frac{1}{\varkappa}} \cdot \sqrt{2\,g\,.\,(p_s - p_z)\,.\,v_{me}} = \frac{f_a \cdot \mu_a}{v_z} \cdot \left(\frac{p_z}{p_o}\right)^{\frac{1}{\varkappa}} \cdot \sqrt{2\,g\,.\,(p_z - p_o)\,.\,v_{ma}} \quad (173)$$

Darin sind v_s und v_z die den Zuständen im Behälter S und im Zylinder Z entsprechenden spezifischen Volumen.

Es kann ferner

$$v_{me} = \frac{v_s}{2} \cdot \left[1 + \left(\frac{p_s}{p_z}\right)^{\frac{1}{\varkappa}}\right] \text{ und } v_{ma} = \frac{v_z}{2} \cdot \left[1 + \left(\frac{p_z}{p_o}\right)^{\frac{1}{\varkappa}}\right]$$

gesetzt werden.

Bei größeren Druckverhältnissen und größeren Schlitzöffnungen sind die Werte G_{sek} im allgemeinen sehr groß. Wenn ein ausreichendes Gebläse nicht zur Verfügung steht, können durch Einschalten eines Stoßbehälters kurzzeitig große Mengen durch den Zylinder geblasen werden. Abb. 199 zeigt eine entsprechende Anordnung. Ein großer druckfester Behälter St (z. B. ein außer Betrieb gesetzter Dampfkessel) wird durch einen Verdichter V auf einen Druck von mehreren at aufgeladen. Beim Abblasen während der Messung wird durch ein Regulierventil R der Druck im Spülbehälter S auf dem jeweiligen Wert p_s gehalten. Es genügt im allgemeinen eine Meßzeit von ungefähr 1 Minute, um die erforderlichen Druck und Temperaturablesungen im stationären Zustand durchzuführen.

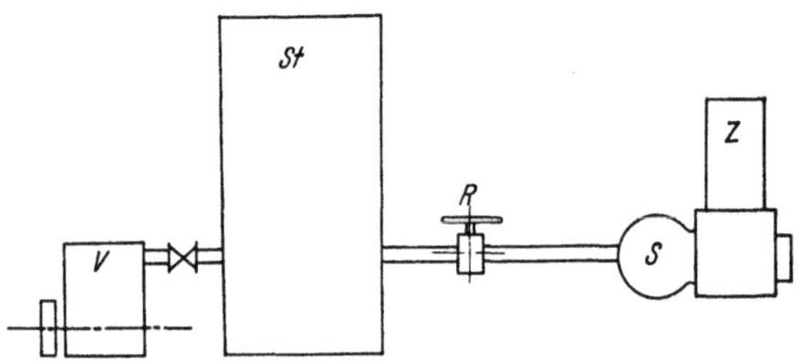

Abb. 199. Einrichtung zur kurzzeitigen Entnahme großer Luftmengen für Durchflußversuche an Zweitaktzylindermodellen. V = Verdichter, St = Stoßluftkessel, R = Regulierventil, S = Spülbehälter, Z = = Zylinder.

Die Abhängigkeit der Durchflußzahl vom Druckverhältnis ist bei kleinen Werten desselben im allgemeinen vernachlässigbar gering. Wenn nur niedere Spüldrücke in Aussicht genommen werden, genügt es daher, die Durchflußzahl für ein mittleres Druckverhältnis zu bestimmen, sonst müssen die Messungen für mehrere Druckverhältnisse durchgeführt werden.

Abb. 200 zeigt die Ausführung eines Modells für die Bestimmung der Durchflußzahlen. Der Kolben kann durch eine Schraubenspindel verstellt werden. Die Spülseite des Modells ist an einen großen Behälter angeschlossen. Der von der Spülluft durchströmte Raum vor dem Zylinder ist der Konstruktion der Maschine (Mehrzylindermotor) entsprechend ausgebildet, um gleiche Zuströmung zu den Schlitzen wie bei dieser zu erhalten.

Zur Bestimmung der Durchflußzahlen der Ein- und Auslaßstromquerschnitte ist der Druck im Zylinder zu messen. Maßgebend für die schrittweise Rechnung ist der örtliche Mittelwert des statischen Zylinderdrucks. Infolge der Strömung bestehen im Zylinder Druckunterschiede. Eine exakte Bestimmung des örtlich mittleren Zylinderdruckes ist daher nicht möglich.

Man erhält brauchbare Annäherungen, wenn man bei Spülungen mit Schlitzen an einem Ende des Zylinders den Druck ungefähr in der Mitte zwischen Ein- und Auslaß abnimmt und dynamische Druckanteile möglichst ausschließt.

Im vorliegenden Fall wird der Druck an vier Stellen des Deckels abgenommen und mit dem Mittelwert der Ablesungen gerechnet. Dynamische Druckbeeinflussungen werden durch eine Druckabnahme nach Abb. 201 an mehreren Stellen eines Spaltes zwischen Deckel und Zylinder ausgeschaltet.

β) Der Spülgrad λ_s.

Bei Dieselmotoren und Ottomotoren für flüssige Kraftstoffe läßt sich der Spülgrad durch den Ausdruck (63) ermitteln. Darin ist v_f (H_2O) der Wassergehalt des feuchten Abgases nach der Verbrennung. Die übrigen Bestandteile sind auf trockenes Gas bezogen. Es sind also die Größen einzusetzen, die bei der

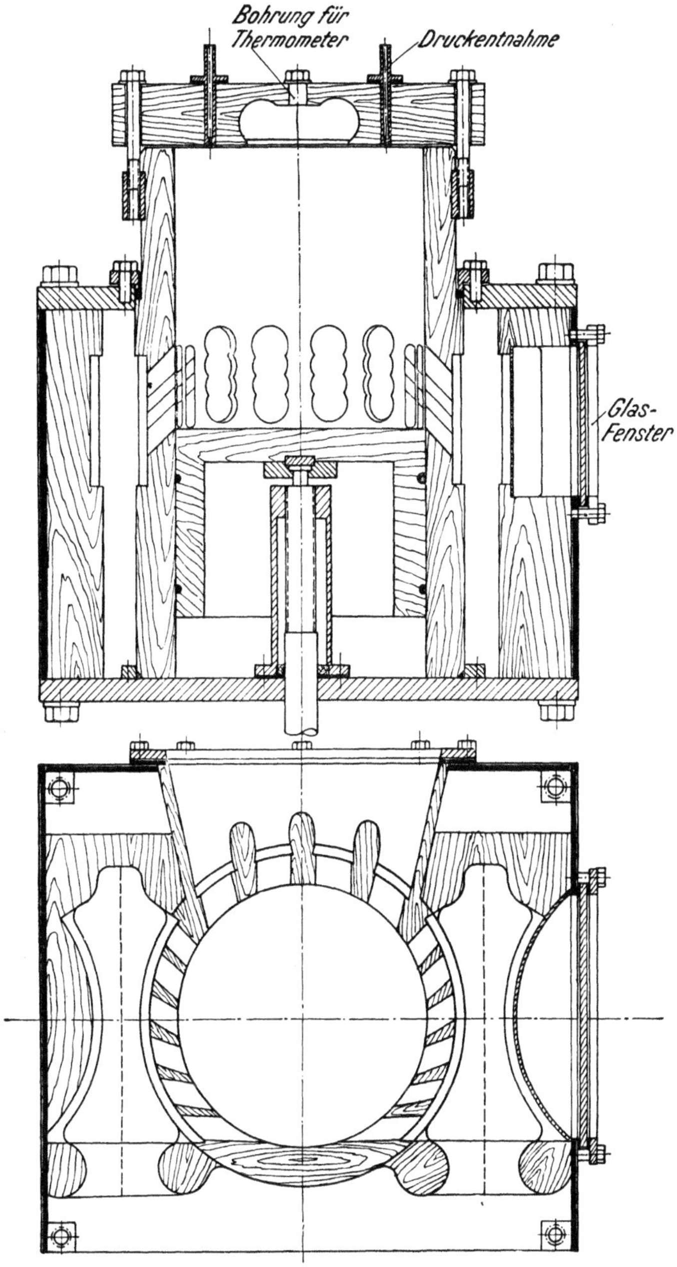

Abb. 200. Zylindermodell zur Ermittlung der Durchflußzahlen von Schlitzen.

Analyse im Orsatapparat gemessen werden. Für den Wassergehalt v_f (H_2O) findet man nach Zeman [25]

$$v_f\,(H_2\,O) = \frac{6\,\frac{h}{c}\cdot[v\,(CO_2) + v\,(CO) + m\,v\,(C_m\,H_n)] - v\,(H_2) - \frac{n}{2}\,v\,(C_m\,H_n)}{1 + 6\,\frac{h}{c}\cdot[v\,(CO_2) + v\,(CO) + m\,v\,(C_m\,H_n)] - v\,(H_2) - \frac{n}{2}\cdot v\,(C_m\,H_n)} \qquad (174)$$

mit $\frac{h}{c}$ als Gewichtsverhältnis von Wasserstoff zu Kohlenstoff im Kraftstoff. $\frac{h}{c}$ wird durch eine Elementaranalyse bestimmt. Das Wasserstoff-Kohlenstoffverhältnis liegt bei den gebräuchlichen flüssigen Kraftstoffen in engem Bereich um O,163.

Für Gasmaschinen mit v_B Einzelgasanteilen im Kraftgas wird der Ausdruck für den Spülgrad nach Zeman [25]

$$\lambda_s = 1 - \frac{v'(CO_2) - \frac{v_B(CO_2)}{\lambda L_o + 1}}{v(CO_2) - v_f(H_2O)\,.\,[v(CO_2) - v'(CO_2)] - \frac{v_B(CO_2)}{\lambda L_o + 1}} \tag{175}$$

v' ist der Gasanteil in der Ladung vor der Verbrennung.

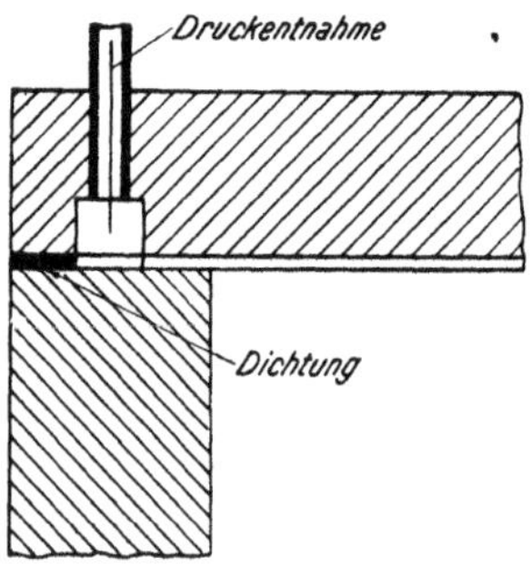

Abb. 201. Druckentnahme am Zylinderdeckel.

Der Ausdruck für den Feuchtigkeitsgehalt (174) läßt sich auch auf Gasmaschinen anwenden. Bei diesen ist

$$6\frac{h}{c} = \frac{v_B(H_2) + \frac{n}{2}\cdot v_B(C_m H_n)}{v_B(CO_2) + v_B(CO) + m\, v_B(C_m H_n)} \tag{176}$$

Weiters ist

$$L_o = 4{,}76\,[0{,}5\,.\,v_B(CO) + 0{,}5\,.\,v_B(H_2) + \left(m + \frac{n}{4}\right) v_B(C_m H_n)] \tag{177}$$

Nach Zeman [25] ist für Gasmaschinen bei luftfreiem Brenngas

$$\lambda = \frac{v(O_2) + v(CO_2) + \frac{1}{2}v(CO) - \frac{1}{2}v(H_2) - \frac{n}{4}v(C_m H_n)}{\sigma\,.\,[v(CO_2) + v(CO) + m\,v(C_m H_n)]} + \frac{\sigma - 1}{\sigma} \tag{178}$$

Die Molliersche Kennzahl σ ist darin

$$\sigma = \frac{\frac{1}{2}\cdot v_B(CO) + \frac{1}{2}v_B(H_2) + \left(m + \frac{n}{4}\right) v_B(C_m H_n) - v_B(O_2)}{v_B(CO_2) + v_B(CO) + m\,v_B(C_m H_n)} \tag{179}$$

Zur Bestimmung des Spülgrades ist demnach eine Kraftstoffanalyse und eine Analyse der Zusammensetzung des Zylinderinhaltes vor und nach der Verbrennung erforderlich.

Bei Dieselmotoren kann $v_f(H_2O)$ in vielen Fällen vernachlässigt werden. Die erforderlichen Messungen beschränken sich dann auf die Ermittlung des CO_2-Gehaltes der Ladung vor und nach der Verbrennung.

Die Schwierigkeit einer genauen Bestimmung des Spülgrades liegt im allgemeinen weniger in der Analyse als in der richtigen Entnahme der Gasproben. Die Ladung besteht fast nie aus einem homogenen Gemisch, so daß kleine Gasproben, die an einer Stelle während einer bestimmten Zeitdauer entnommen werden, im allgemeinen nicht die Durchschnittszusammensetzung der Ladung haben.

Die von Niedermayer und dem Verfasser benützte Methode der Entnahme von Großproben, welche mit Sicherheit Proben mit Durchschnittszusammensetzung liefert, erfordert umfangreiche Einrichtungen, die nicht an jeder Maschine anzubringen sind. Die Entnahme einer Großprobe während der Verdichtung stört das Arbeitsspiel erheblich, da ein größerer Teil der Ladung nicht zur Verbrennung gelangt und so z. B. bei Dieselmotoren bei gleichbleibender Einspritzpumpeneinstellung der Luftüberschuß und der Verbrennungsablauf stark verändert werden. Die Probenentnahme darf daher nur einmalig gemacht oder erst nach längeren Unterbrechungen wiederholt werden. Der Einbau der erforderlichen größeren Entnahmeventile erfordert meist eine Sonderausführung des Zylinderdeckels; ihre Steuerung, die ein einmaliges Einschalten oder eine Betätigung nach jeder vierten oder fünften Umdrehung ermöglichen soll, wird recht umständlich. Trotzdem bleibt für wirklich zuverlässige Messungen kein anderer Weg. Bei herabgesetzten Ansprüchen an die Genauigkeit der Ergebnisse kann man sich bei der Probenentnahme während der Verdichtung mit kleinen Gasproben begnügen, wenn diese gegen Ende der Verdichtung entnommen werden, also zu einem Zeitpunkt, an dem Abgas und Frischladung durch die vom Ladungswechsel herrührende heftige Gasbewegung im allgemeinen schon gut gemischt sind. Die Gefahr von Fehlern läßt sich weiter vermindern, wenn Probenentnahmen durch mehrere Ventile an verschiedenen Stellen erfolgen. Die Ventile sind an Stellen anzubringen, die von der Strömung im Zylinder berührt werden. Gasproben aus toten Ecken geben fehlerhafte Ergebnisse.

Lindner [3] hat festgestellt, daß vor allem die Gasproben nach der Verbrennung, wenn sie, wie üblich, durch kleine Ventile dem Zylinder an verschiedenen Stellen entnommen werden, verschiedene Zusammensetzung haben. Es kann daraus geschlossen werden, daß die Ladung nach der Verbrennung stark geschichtet ist.

Man muß daher die Proben dem Vorauspuffstrom entweder im Zylinder in Nähe der Auspuffschlitze an einer vom Strom berührten Stelle entnehmen oder das Entnahmeventil in den Auslaßstrom unmittelbar hinter den Schlitzen anbringen. Das Ventil ist so zu steuern, daß es erst dann öffnet, wenn der Vorauspuffstrom die Gase des vorangegangenen Arbeitsspiels, welche sich im Kanal befinden, weggespült hat. Die Entnahme ist zu beenden, bevor die Spülluft die Auslaßschlitze erreicht.

Niedermayer hat bei der in Abschnitt II, 1, e besprochenen Untersuchung die Gasproben nach der Verbrennung entnommen; neuerdings haben auch Lebedew und Chowach [26] dieses Verfahren benützt. Abb. 119 zeigt das von Niedermayer verwendete Entnahmeventil. Das Ventil muß so ausgeführt werden, daß es in den Gasstrom hineinragt und der Steuerquerschnitt unmittelbar an der Entnahmestelle liegt. Dabei ist zu beachten, daß der Vorauspuffstrom den Auspuffkanal nur zum Teil füllt und der beim Vorauspuff aus den Schlitzen tretende Gasstrahl eine Richtung hat, die von verschiedenen Verhältnissen, z. B. von der Ausführung des Kolbenbodens und der Schlitzkanten, abhängt und sich nicht immer mit Sicherheit voraus beurteilen läßt. Am sichersten ist es, den Gasstrom durch einen Schirm oder, nach Lebedew und Chowach, durch einen Fangkanal dem Entnahmeventil zuzuleiten. Die Betätigung kann mechanisch oder elektrisch erfolgen. Im letzteren Fall ist man hinsichtlich der Wahl der Entnahmestelle freier, außerdem wird die Steuerung einfacher. Da Entnahmebeginn und -dauer in jedem Einzelfall erst durch Probieren gefunden werden, muß eine Verstellung der Steuerung während des Betriebes möglich sein.

Die Gasanalyse wird im allgemeinen mit den für technische Analysen üblichen Geräten von Orsat ausgeführt. Einwandfreier Zustand der Apparaturen und sorgfältige Handhabung durch geschulte Personen sind Voraussetzungen für auswertbare Ergebnisse, vor allem dann, wenn vollständige Analysen von Brenngasen und Abgasen mit brennbaren Bestandteilen auszuführen sind. Besondere Genauigkeit wird bei der Analyse der während der Verdichtung erforderlichen Probe notwendig, da diese bei gutem Spülerfolg nur geringe Mengen von Abgasen enthält, die genau festgestellt werden müssen. Eine Vergrößerung der zur Analyse verwendeten Büretten im Orsatapparat ist dazu zweckmäßig.

γ) Der Liefergrad.

Bei Dieselmotoren kann der Liefergrad bei nicht rauchender Verbrennung durch Messung des stündlichen Brennstoffverbrauches B und Bestimmung der Luftüberschußzahl λ der Verbrennung bestimmt werden. Es ist

$$\lambda_l = \frac{\lambda \,.\, L_o\, B}{60\, n\, V_h} \tag{180}$$

λ ist aus der Analyse einer Gasprobe nach der Verbrennung nach den im Band 2 angegebenen Beziehungen zu berechnen. Wird vollkommene Verbrennung (kein Ruß, keine brennbaren Gase im Auspuff) vorausgesetzt, so ist:

$$\lambda = \frac{v(N_2)}{v(N_2) - 3{,}76\, v(O_2)} \tag{181}$$

mit $v(N_2) = 1 - v(CO\ ) - v(O_2)$.

Der Luftbedarf kann aus

$$L_o = 8{,}87\left[c + 3\left(h - \frac{o}{8}\right)\right] \text{kg/kg} \tag{182}$$

bestimmt werden. c, h, o werden durch die Elementaranalyse des Kraftstoffes ermittelt.

Nach Zeman [25] ist ferner:

$$\lambda_l = \Lambda_o \cdot \frac{v_A(CO_2)}{v(CO_2)} \cdot \frac{1 + v(CO_2)\,.\,(\sigma - 1)}{1 + v_A(CO_2)\,.\,(\sigma - 1)} \tag{183}$$

Mit dieser Beziehung ist es möglich, den Liefergrad aus der Analyse von Gasproben zu berechnen, die dem Zylinder nach der Verbrennung und dem vollständig gemischten Auspuffstrom entnommen werden. Der Zeiger „A“ kennzeichnet die Volumsanteile im Auspuffstrom, σ ist die Molliersche Kennzahl

$$\sigma = 1 + 3\,\frac{\left(h - \frac{o}{8}\right)}{c}$$

des Kraftstoffes.

In beiden Fällen sind korrekte Ergebnisse nur zu erwarten, wenn die Verbrennung rußfrei ist und der Motor mit größerer Belastung arbeitet.

Bei Ottomotoren für flüssige Kraftstoffe mit Gemischspülung wird nach Zeman [25]

$$\lambda_l = \Lambda_o \cdot \frac{\lambda}{\lambda_A} \tag{184}$$

λ_A ist die Luftüberschußzahl, die sich aus der Analyse des gemischten Auspuffstromes errechnet. Es ist nach Band 2:

$$\lambda_A = \frac{v_A(N_2)}{v_A(N_2) - 3{,}76\,.\left[v_A(O_2) - \frac{v_A(CO)}{2} - \frac{v_A(H_2)}{2} - \left(m + \frac{n}{4}\right).\, v_A(C_m H_n)^*\right]} \tag{185}$$

λ kann aus der Analyse einer Gasprobe nach der Verbrennung, jedoch vor der Spülung, mit derselben Gleichung berechnet werden, wenn v an Stelle von v_A eingesetzt wird. Wenn λ aus Kraftstoff- und Luftaufwandsmessung nach Band 2 bestimmt wird, ist die Liefergradermittlung besonders einfach, da für sie keine gesteuerten

* $v_A(C_m H_n)$ darf nicht den Kraftstoffdampf enthalten, der während der Spülung in den Auspuff geht.

Entnahmeventile an der Maschine angebracht werden müssen. Auch für Ottomotoren für gasförmige Kraftstoffe hat Zeman [25] die zur Ermittlung des Liefergrades benötigten Ausdrücke aufgestellt.

Zu ihrer Auswertung benötigt man die vollständige Analyse des Frischgases, des Zylinderinhaltes nach der Verbrennung und den CO_2-Gehalt der gut gemischten Gase im Auspufftopf. Infolge der zahlreichen Fehlerquellen (Probenentnahme, Analyse) und der Empfindlichkeit der meisten der verwendeten Ausdrücke hinsichtlich Fehler in den einzusetzenden Werten sind genaue Liefergradwerte bei Gasmaschinen schwer zu ermitteln.

δ) Ladegrad.

Aus dem Liefergrad und dem gemessenen Luftaufwand ist der Ladegrad aus

$$\lambda_z = \frac{\lambda_l}{\Lambda_o}$$

direkt bestimmbar.

P. H. Schweitzer und Frank De Luca (27) haben ein Verfahren (Tracer Gas Method) entwickelt, wonach der Ladegrad durch Beimischung kleiner Mengen eines chemisch leicht nachweisbaren Gases zur Spülluft bestimmt wird. Sie verwenden dazu Monomethylamine $CH_3 . N . H_2$. Der im Zylinder verbleibende Teil des Gases verbrennt während des Arbeitsvorganges nahezu vollständig, der Teil, der dem Spülverlust beigemischt ist, gelangt unverändert in den Auspuff. Aus dem Gasgehalt vor und nach dem Motor läßt sich der Ladegrad mittels einfacher Beziehungen ermitteln. Das Verfahren soll auf 1% genau sein.

ε) Luftüberschußzahlen λ und λ_o.

Zur Ermittlung des Kraftstoffverlustes in Ottomotoren mit getrennter Einführung von Luft und Kraftstoff in den Zylinder während des Ladungswechsels muß λ und λ_o bestimmt werden.

λ ergibt sich durch Analyse von nach der Verbrennung entnommenen Gasproben, λ_o aus der Messung des Luft- und Kraftstoffverbrauches.

ζ) Der Ladungszustand zu Beginn der Verdichtung.

Durch Druckindizierung kann p'_{za} bestimmt werden. Man erhält daraus die Temperatur zu Beginn der Verdichtung aus der Beziehung

$$T'_{za} = \frac{\lambda_s}{\lambda_l} \cdot z'_a \cdot \frac{p'_{za}}{p_o} . T_o \qquad (186)$$

Darin ist z'_a das auf den Hubraum bezogene Zylindervolumen zu Beginn der Verdichtung.

η) Zusammenfassung.

Von den angegebenen Wertungsgrößen des Ladungswechsels hat der Liefergrad die größte Bedeutung, denn er beschreibt die Menge der Frischladung, die für die Energieumsetzung zur Verfügung steht. Der Erfolg des Ladungswechsels wird daher im wesentlichen durch den Liefergrad erfaßt. Der Spülgrad bestimmt die Abgasmenge, welche der Frischladung beigemischt ist. Ihre Kenntnis ist zur genauen Berechnung des Wirkungsgrades der vollkommenen Maschine erforderlich. Bei den heute mit guten Spülungen erreichten großen Spülgraden ist die Veränderung des Wirkungsgrades η_v durch die Korrektur für den Abgasgehalt nach Band 2 im allgemeinen klein und daher meist vernachlässigbar. Größeren, jedoch noch wenig erforschten Einfluß hat der Spülgrad auf den Verbrennungsablauf und damit auf den Gütegrad raschlaufender Motoren.

Zur überschlägigen, für viele Fälle ausreichenden Beurteilung des Ladungswechsels genügt bei Ottomotoren für flüssige Kraftstoffe mit äußerer Gemischbildung die ungesteuerte Gasprobenentnahme aus dem Auspufftopf und die Luft- und Kraftstoffmessung.

Bei Dieselmotoren, bei Ottomotoren mit Einspritzung und bei Ottomotoren für gasförmige Kraftstoffe müssen zur Bestimmung des Liefergrades zusätzlich Proben aus dem Vorauspuffstrom mittels eines gesteuerten Ventils entnommen werden.

In allen Fällen, ausgenommen Ottomotoren mit Gemischspülung, ist außerdem eine Kraftstoffanalyse auszuführen.

Eine genauere Untersuchung der Ladungswechselvorgänge erfordert außerdem noch die Bestimmung des Spülgrades und daher die gesteuerte Entnahme von Proben aus dem Zylinder vor der Verbrennung. Die Untersuchung wird dadurch wesentlich umständlicher.

Für die Nachprüfung der Übereinstimmung von berechnetem und wirklichem Ablauf der Vorgänge während des Ladungswechsels ist die Ermittlung des Spülgrades notwendig, da der Spülgrad im Rechnungsgang besondere Bedeutung hat und darin die Grundlage für die Ermittlung des Liefergrades bildet.

Ergänzt man diese Messungen durch die Druckindizierung des Ladungswechselvorganges, für die bei allen Drehzahlen hinreichend genaue Verfahren zur Verfügung stehen, so läßt sich ein schrittweise berechneter Druckverlauf nachprüfen sowie weiters die Ladungswechselarbeit bestimmen und bei hoher Genauigkeit der Indizierung (Punktindizierung) aus p_z' die Temperatur am Beginn der Verdichtung berechnen.

Die Auswirkungen des Ladungswechsels auf die Arbeitsvorgänge sind dadurch völlig erfaßt. Bei den vorstehenden Ausführungen wurde angenommen, daß die Untersuchungen entweder nur an Einzylindermotoren oder an Mehrzylindermotoren unter der Voraussetzung durchgeführt werden, daß nicht Fragen, die mit ungleichmäßiger Verteilung der Ladung auf die einzelnen Zylinder zusammenhängen, zu klären sind. Auf eine Ergänzung der Untersuchungen in dieser Hinsicht, bzw. auf ihre entsprechende Anpassung, wird in einem späteren Abschnitt eingegangen.

6. Der Zweitaktmotor bei geänderten Betriebsbedingungen.

Im folgenden werden die Zusammenhänge besprochen, die den Drehmomentverlauf über der Drehzahl sowie den Einfluß des Außenzustandes der Atmosphäre auf Leistung und Verbrauch bei Zweitaktmotoren bestimmen.

Dabei wird wieder konstanter Druck im Spül- und Auspuffbehälter vorausgesetzt. Bei ausgeführten Motoren wird diese Annahme wegen der beschränkten Behältergrößen und der meist unvermeidlichen Rohrleitungen, die in das System eingeschaltet sind, meist nicht zutreffen. Wenn die Druckschwankungen jedoch in mäßigen Grenzen bleiben, was man im allgemeinen anstrebt, so wird sich an den im folgenden abgeleiteten grundsätzlichen Zusammenhängen praktisch nichts ändern.

a) Drehmomentkennlinien von Zweitaktmotoren.

Zur Beurteilung der Eignung von Motoren für bestimmte Verwendungszwecke wird vielfach die Abhängigkeit des Drehmoments von der Drehzahl, die sogenannte

Drehmomentkennlinie, benötigt. Vor allem gilt das für Motoren, die im Betrieb in einem größeren Drehzahlbereich arbeiten müssen, wie z. B. Motoren zum direkten Antrieb von Fahrzeugen.

Die Ermittlung der Drehmomentkennlinie eines Zweitaktmotors beginnt mit der Bestimmung der Abhängigkeit des Luftaufwandes von der Motordrehzahl. Dazu ist die Zusammenarbeit von Motor und Spülpumpe zu untersuchen.

Die Abhängigkeit der in der Zeiteinheit vom Zylinder verarbeiteten Luftmenge von Drehzahl und Spüldruck ist durch die früher abgeleiteten Beziehungen gegeben.

Nimmt man an, daß die Durchflußzahl in erster Annäherung für den gesamten Drehzahlbereich konstant ist, so erhält man für den sekundlichen Luftaufwand als Hubraumanteil bei Außenzustand mit Ausdruck (33):

$$\Lambda_{sek} = \frac{\Lambda_o \cdot n}{60} = 77{,}2 \cdot \frac{\beta_e \cdot \sin\gamma \cdot \mu_m}{D\left(1-\frac{\lambda}{2}\right)} \cdot \sqrt{T_o} \cdot \sqrt{\frac{\left(\frac{p_s}{p_o}\right)^{0{,}286}}{1+\frac{1}{\eta_{ad}}\cdot\left[\left(\frac{p_s}{p_o}\right)^{0{,}286}-1\right]}} \cdot$$

$$\cdot \sqrt{\left(\frac{p_s}{p_o}\right)^{0{,}286}-1} \cdot \sigma_e^{\frac{3}{2}} \tag{187}$$

Die sekundlich angesaugte Luftmenge der Spülpumpe einer z-Zylindermaschine $V_{sek} = \Lambda_{sek} \cdot z \cdot V_h$ ist daher nur von $\frac{p_s}{p_o}$ und η_{ad}, nicht aber von der Drehzahl abhängig, wenn der Außenzustand gleich bleibt.

Man erhält daher für verschiedene Werte von $\frac{p_s}{p_o}$ und η_{ad} für einen gegebenen Motor eine Schar von Kurven, Schlucklinien des Motors,

$$V_{sek} = K \cdot \sqrt{\frac{\left(\frac{p_s}{p_o}\right)^{0.286}}{1+\frac{1}{\eta_{ad}}\cdot\left[\left(\frac{p_s}{p_o}\right)^{0{,}286}-1\right]}} \cdot \sqrt{\left(\frac{p_s}{p_o}\right)^{0{,}286}-1} \tag{188}$$

deren Ordinate den mit K multiplizierten Ordinaten der Abb. 27 entsprechen.

Die Kennlinien des Gebläses sind im allgemeinen in der Form $H_{ad} = f(V_{sek}, n)$ gegeben.

Meist trägt man die Linien $n = \text{konst.}$ in ein Koordinatensystem mit H_{ad} als Ordinate und V_{sek} als Abszisse ein. Das Druckverhältnis $\frac{p_s}{p_o}$ hängt mit H_{ad} durch

$$H_{ad} = \frac{\varkappa}{\varkappa-1} \cdot RT_o \cdot \left[\left(\frac{p_s}{p_o}\right)^{\frac{\varkappa-1}{\varkappa}}-1\right] = 102{,}5 \cdot T_o \cdot \left[\left(\frac{p_s}{p_o}\right)^{\frac{\varkappa-1}{\varkappa}}-1\right] \tag{189}$$

zusammen. Für einen bestimmten Außenzustand ist daher jedem H_{ad} ein bestimmter Wert von $\left(\frac{p_o}{p_s}\right)$ zugeordnet.

Man kann nun entsprechend diesem Zusammenhang für einen gegebenen Außenzustand das Gebläsekennfeld so zeichnen, daß man entweder $\frac{p_s}{p_o}$ oder die Schlucklinien mit H_{ad} als Ordinate aufträgt. Für den letzteren Fall wird:

$$\Lambda_{sek} = 7{,}62 \cdot \frac{\beta_e \cdot \sin\gamma \cdot \mu_m}{D \cdot \left(1-\frac{\lambda}{2}\right)} \cdot \sqrt{\frac{H_{ad} + 102{,}5 \cdot T_o}{\frac{H_{ad}}{\eta_{ad}} + 102{,}5 \cdot T_o}} \cdot \sqrt{H_{ad}} \cdot \sigma_e^{\frac{3}{2}} \qquad (190)$$

Die Beziehungen gelten nur, wenn die Lufttemperatur T_s im Spülbehälter gleich der Austrittstemperatur der Luft aus der Spülpumpe ist, was meist zutrifft, da mit einer Kühlung der Spülluft in- und außerhalb der Spülpumpe nicht gerechnet werden kann.

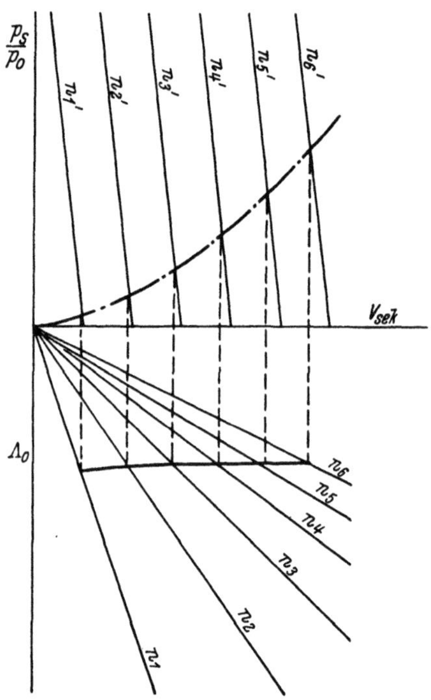

Abb. 202. Ermittlung der Abhängigkeit des Luftaufwandes von der Drehzahl aus dem Kennlinienfeld des Gebläses und der Schlucklinie (strichpunktiert) des Zweitaktmotors.

Im folgenden wird angenommen, daß das Kennlinienfeld des Gebläses mit $\frac{p_s}{p_o}$ als Ordinaten aufgetragen wird. Trägt man die Schlucklinie für ein mittleres η_{ad} in das Kennlinienfeld ein, so erhält man ein Diagramm nach Abb. 202

Um den Luftaufwand Λ_o in Abhängigkeit von der Drehzahl zu ermitteln, kann nach Abb. 194 die Abhängigkeit

$$V_{sek} = n \cdot \Lambda_o \cdot \frac{z \cdot V_h}{60} \qquad (191)$$

im unteren Feld dargestellt werden, indem man z. B. nach Jante [28] Gerade für konstante Drehzahl in ein Koordinatensystem V_{sek}, Λ_o einträgt.

Um die Darstellungen unabhängig von der Motorgröße zu machen, kann Λ_{sek} an Stelle von V_{sek} aufgetragen werden. Bei mechanisch angetriebenem Gebläse besteht zwischen der Drehzahl n' des Gebläses und der Drehzahl n des Motors ein festes Übersetzungsverhältnis i. Es ist daher $n' = i . n$, also jeder Motordrehzahl eine bestimmte Gebläsedrehzahl zugeordnet. Durch Herunterloten des Schnittpunktes der Schlucklinie mit den Gebläsekennlinien für n' auf die Gerade der Motordrehzahl $\frac{n'}{i}$ erhält man nach Abb. 202 den entsprechenden Luftaufwand.

Man kann zwei Gruppen von Spülgebläsen unterscheiden: Gebläse mit Verdrängerwirkung (Kolben- und Drehkolbengebläse) und Gebläse mit Strömungs- und Zentrifugalwirkung (Schleudergebläse). Beide Gruppen zeigen hinsichtlich der Abhängigkeit der Liefermenge vom Druck grundsätzlich verschiedene Eigenschaften.

Bei Kolbenspülpumpen mit hin- und hergehender Bewegung und kleinem schädlichem Raum ist die Fördermenge vom Förderdruck nur wenig abhängig (Abb. 203 a). Mit zunehmender Drehzahl nimmt die Fördermenge zunächst annähernd verhältig derselben und bei höheren Luftgeschwindigkeiten in den Steuerquerschnitten in geringerem Maße als die Drehzahl zu.

Bei Kolbenpumpen mit großen schädlichen Räumen besteht nach Abb. 203 b stärkere Druckabhängigkeit infolge des größeren Einflusses der Rückexpansion aus dem schädlichen Raum.

Die Fördermenge der Rootsgebläse ist, vor allem infolge der starken Undichtigkeitsverluste, nach Abb. 203 c besonders bei kleinen Drehzahlen merkbar druckabhängig.

Bei Schleudergebläsen ist im Betriebsbereich des Kennfeldes nach Abb. 203 d die Liefermenge sehr stark vom Förderdruck abhängig.

In bezug auf die Abhängigkeit des Luftaufwandes von der Drehzahl läßt sich grundsätzlich folgendes feststellen:

Bei Gebläsen mit Verdrängerwirkung würde der Luftaufwand mit veränderlicher Drehzahl konstant bleiben, wenn die Förderung des Gebläses je Umdrehung unabhängig von Drehzahl und Förderdruck wäre. Da die auf den Hubraum bezogene Fördermenge mit zunehmendem Druck und, im weiten Bereich gesehen, auch mit zunehmender Drehzahl abnimmt, resultiert im allgemeinen eine Abnahme des Luftaufwandes mit steigender Drehzahl. Die mit abnehmender Drehzahl zufolge des zunehmenden Luftaufwandes verbesserte Spülung, die Abnahme der Spülpumpen-Verluste und der Reibungsarbeit (p_{La}, p_r) geben ein mit abnehmender Drehzahl steigendes Drehmoment*, bis die Abnahme des Gütegrades des Motors im Bereich niederer Drehzahlen einflußmäßig überwiegt und das Drehmoment nach Überschreiten eines Maximalwertes bei kleinen Drehzahlen zu fallen beginnt.

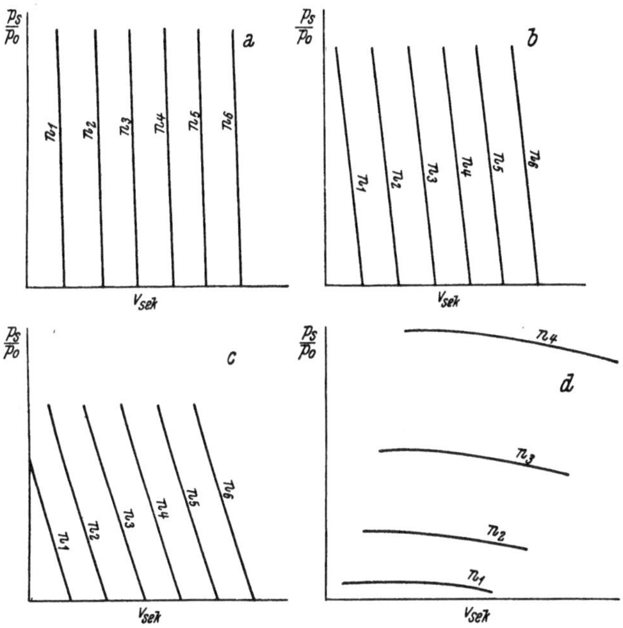

Abb. 203. Kennlinienfelder von Spülgebläsen. a Kolbenspülpumpen mit kleinem schädlichen Raum, b Kolbenspülpumpen mit großem schädlichen Raum, c Roots-Gebläse, d Schleudergebläse.

Bei Gebläsen mit Strömungs- und Zentrifugalwirkung kann die Förderhöhe in erster Annäherung $H_{ad} = \eta_{ad} \cdot \frac{u^2}{g}$ gesetzt werden. Darin ist u die Umfangsgeschwindigkeit des Rades, die bei fester Übersetzung der Motordrehzahl verhältig ist. Setzt man $\eta_{ad} = 1$, so wird damit aus Ausdruck (187)

$$\frac{\Lambda_o \cdot n}{60} = C \cdot n, \text{ also } \Lambda_o = \text{konstant}$$

d. h. auch das Schleudergebläse gibt in erster Annäherung einen von der Drehzahl unabhängigen Luftaufwand. Durch das erste Wurzelglied in Ausdruck (187) entsteht infolge $\eta_{ad} < 1$ eine Abweichung gegenüber diesem Verhalten, die jedoch im allgemeinen klein bleibt, so daß mit einem annähernd gleichbleibenden Luftaufwand, auch bei Verwendung von Schleudergebläsen, gerechnet werden kann.

Das Ansteigen des Drehmoments mit fallender Drehzahl, die sogenannte Elastizität des Motors, ist bei Verwendung von Spülpumpen nach dem Verdrängerprinzip im allgemeinen größer als bei der Anwendung von Schleudergebläsen.

Da für den Fahrzeugbetrieb mit mechanischer Kraftübertragung Elastizität des Motors im allgemeinen erwünscht ist, eignen sich Kolben- und vor allem Roots-

* Unter der Voraussetzung, daß der Luftüberschuß konstant bleibt.

gebläse als Spülgebläse für Fahrzeug-Zweitaktmotoren im allgemeinen besser als Schleudergebläse.

Sind im Kennlinienfeld des Gebläses auch die Wirkungsgrade η_{ad} eingetragen, so läßt sich mittels einer Schar von Schlucklinien nach Abb. 204 die Abhängigkeit des Luftaufwandes von der Drehzahl genau bestimmen. Man erhält die für die Zusammenarbeit mit dem Gebläse geltende Schlucklinie, indem man die Schnittpunkte der gleichen η_{ad} entsprechenden Kurven für Gebläse und Motor miteinander verbindet.

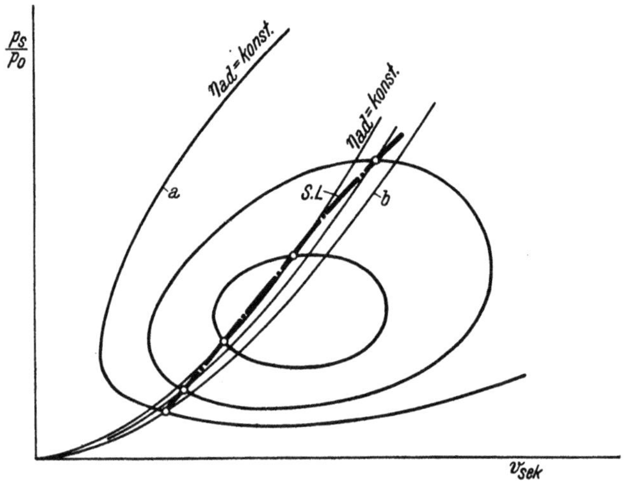

Abb. 204. Ermittlung der Schlucklinie des Motors im Kennlinienfeld des Gebläses unter Berücksichtigung der Abhängigkeiten des Gebläsewirkungsgrades.

Durch das angegebene Verfahren können Λ_o, p_s und η_{ad} in Abhängigkeit von der Drehzahl ermittelt werden. Daraus läßt sich, wie früher angegeben, Leistung und Verbrauch bestimmen, wenn die erforderlichen Kennzahlen und ihre Abhängigkeit von der Drehzahl für das ausgeführte Arbeitsverfahren bekannt sind.

B e i s p i e l :

Es sind die Drehmomentkennlinien eines Zweitakt-Dieselmotors zu bestimmen, der a) mit einem Rootsgebläse, b) mit einem Zentrifugalgebläse arbeitet.

$D = 120$ mm, $s = 150$ mm, $V_h = 1{,}7$ l, 3 Zylinder, $n = 500$ bis 2200 U/min,

$\sigma_e = 18{,}7$, $\sigma_a = 33{,}3\,\%$, $\beta_e = 0{,}25$, $\gamma_e = 60^0$, $\beta_a = 0{,}19$, $r/l = 0{,}25$,

Durchflußzahl $\mu_m = 0{,}53$, Außenzustand $p_o = 1$ at, $T_o = 288^0$ K.

Man erhält aus (187):

$$\Lambda_{sek} = 117\,.\,f\left(\frac{p_s}{p_o},\ \eta_{ad}\right)$$

$f\left(\frac{p_s}{p_o},\ \eta_{ad}\right)$ ist Abb. 27 zu entnehmen.

Das Gebläse wird so ausgelegt, daß es im Bereich seiner günstigsten Wirkungsgrade arbeitet. Das Ansaugvolumen des Gebläses einer z-Zylindermaschine ist

$$V_{sek} = \Lambda_{sek}\,.\,z\,.\,V_h\,.\,m^3/\text{sek} \tag{192}$$

Man zeichnet zunächst für einen mittleren geschätzten Gebläsewirkungsgrad die Schlucklinie $V_{sek} = f\left(\frac{p_s}{p_o}\right)$. Aus den Kennlinienfeldern verschiedener Gebläsegrößen läßt sich damit das Gebläse auswählen, bei welchem der Arbeitsbereich in den Bereich der günstigsten Wirkungsgrade fällt.

Zur Festlegung der Übersetzung ist für eine Motordrehzahl der Luftaufwand zu wählen. Aus (192) erhält man den Punkt im Kennlinienfeld, welcher der Motordrehzahl entspricht, für welche Λ_o gewählt wurde. Aus der Laderdrehzahl, die diesem Punkt im Laderkennlinienfeld zugeordnet ist, läßt sich die erforderliche Übersetzung ermitteln.

Im vorliegenden Fall soll $\Lambda_o = 1{,}25$ für 2200 U/min sein. Damit wird aus (191)

$$V_{sek} = 0{,}234\ m^3/\text{sek}\ \text{ und } \Lambda_{sek} = 45{,}8.$$

Der zugehörige Druck ist entsprechend

$$f\left(\frac{p_s}{p_o}\right) = \frac{\Lambda_{sek}}{117} = 0{,}393$$

aus Abb. 27 zu entnehmen. Man erhält $p_s = 1{,}76$ kg/cm². Der Lader mit dem Kennlinienfeld nach Abb. 205 entspricht größenmäßig. Für das Druckverhältnis von 1,76 bei 0,234 m³/sek ist die zugehörige Laderdrehzahl 8000 U/min, daher eine Übersetzung $\frac{8000}{2200} = 3{,}63$ zwischen Motor und Lader auszuführen.

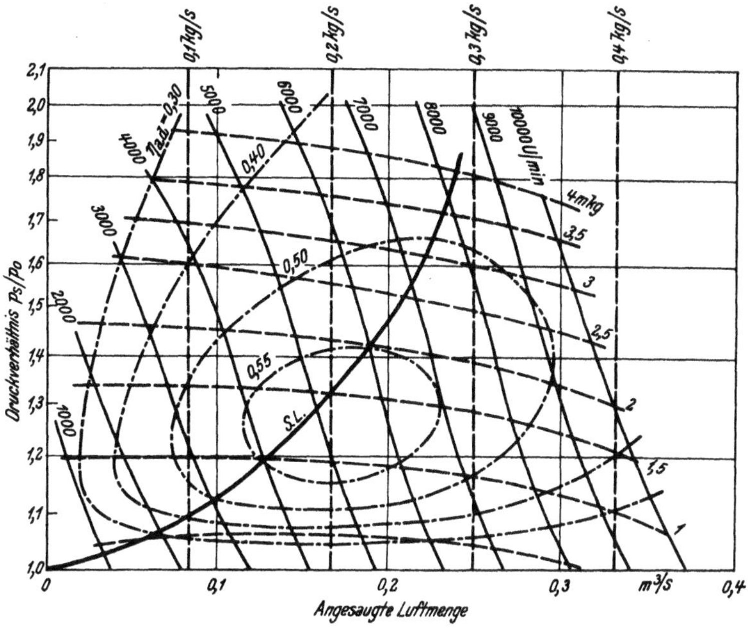

Abb. 205. Kennlinienfeld eines Roots-Gebläses mit Schlucklinie S.L. des Rechenbeispiels.

Trägt man den aus (188) berechneten Wert von V_{sek} in Abhängigkeit vom Druckverhältnis $\frac{p_s}{p_o}$ in das Kennlinienfeld des Laders ein, so erhält man die Schlucklinie des Motors. Aus dem Schnitt derselben mit den Linien konstanter Drehzahl des Laderfeldes können unter Berücksichtigung der Übersetzung die entsprechenden Motordrehzahlen und daraus die zugehörigen Luftaufwände ermittelt werden. Die Genauigkeit der Ausmittlung kann erhöht werden, wenn man die Schlucklinie, die zunächst für einen mittleren Laderwirkungsgrad gezeichnet wurde, entsprechend den veränderlichen Laderwirkungsgraden des Laderkennfeldes korrigiert. Für das Beispiel ist Λ_o und p_s in Abhängigkeit von der Motordrehzahl in Abb. 206 aufgetragen.

Bei höherem Spüldruck rechnet man λ_l zweckmäßig nach (92), indem man den Druck- und Temperaturverlauf für einige Punkte der Kennlinie ermittelt und λ_s' und p_{za}' für die dazwischenliegenden Punkte durch Interpolation bestimmt.

Man erhält für den Innendruck $p_i \sim p_{i-l}$ aus (52/I) mit $H_u = 10.000$ kcal/kg und $\lambda = 1{,}3$ bei $L_o = 12{,}0$ m³/kg, im vorliegenden Fall

$$p_i = 27{,}4 \,.\, \eta_{i-l} \,.\, \lambda_l \text{ kg/cm}^2$$

η_{i-l} kann in Abhängigkeit von der Drehzahl für das zugrunde gelegte Wirbelkammersystem der Abb. 206 entnommen werden. Die punktweise Berechnung des Ladungswechsels nach Seite 82 für drei Punkte der Kennlinie und die Interpolation der dazwischenliegenden Werte ergeben die in Abb. 207 in Abhängigkeit vom Spüldruck aufgetragenen Werte von p'_{za} sowie λ'_s in Abb. 206, womit der Liefergrad ermittelt werden kann.

Nun kann p_i bestimmt und durch Abzug des Mitteldruckes der Gebläseleistung

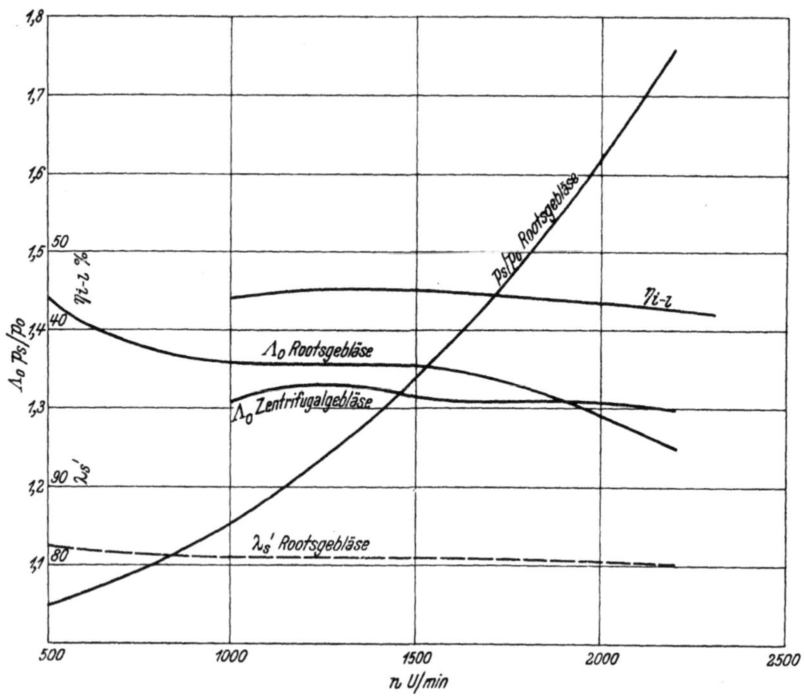

Abb. 206. Λ_0, p_s und η_{i-l} in Abhängigkeit von der Drehzahl. Beispiel auf S. 184.

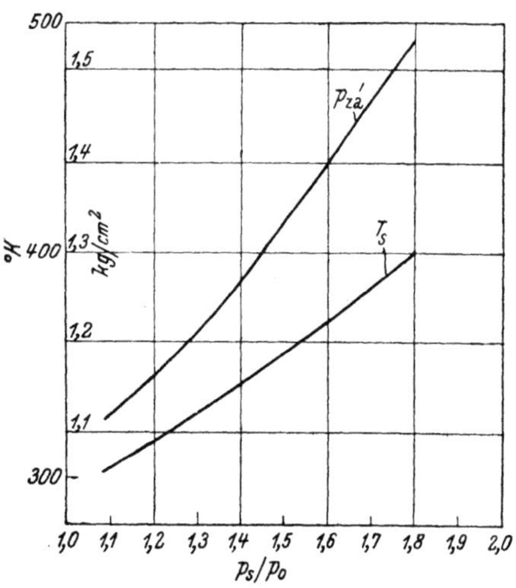

Abb. 207. Spültemperatur T_s und Schließdruck p'_{za} in Abhängigkeit vom Spüldruck. Beispiel S. 184.

und des Reibungsdruckes der Nutzdruck p_e berechnet werden. Der Reibungsdruck wurde nach Abb. 208 angenommen.

Die Kennlinie des Nutzdruckes (ver-

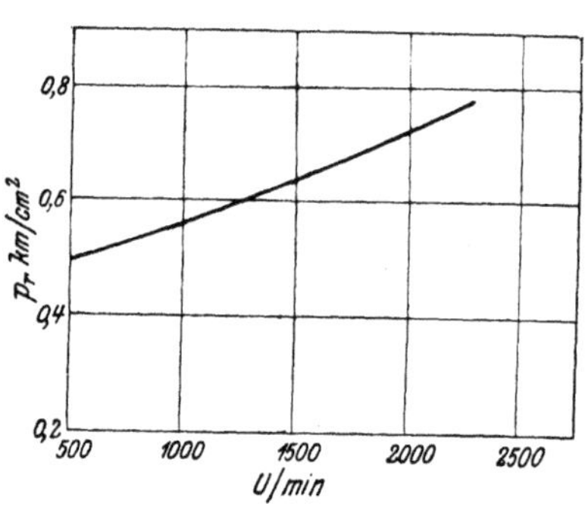

Abb. 208. Reibungsdruck p_r Beispiel S. 184.

hältig dem Drehmoment) in Abb. 209 zeigt einen stark mit der Drehzahl fallenden Verlauf, der Motor ist elastisch.

Die gleiche Ermittlung für Spülung mit einem Zentrifugalgebläse mit dem Kennlinienfeld nach Abb. 210 ergibt nach Abb. 209 einen Drehmomentverlauf, der für den Fahrzeugbetrieb weniger günstig ist, dafür aber eine wesentlich größere Motorleistung im oberen Drehzahlbereich ergibt.

Zusammenfassend ist festzustellen, daß die Drehmomentkennlinie des Zweitakt-

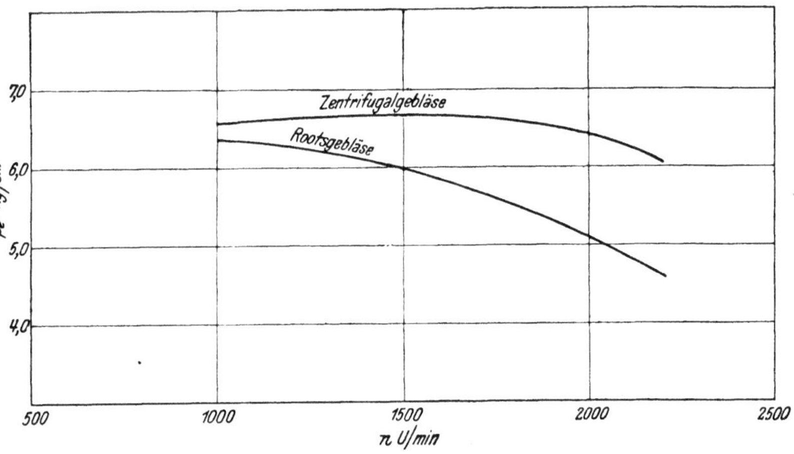

Abb. 209. Nutzdruckverlauf (Drehmomentkennlinie) bei Anordnung eines Roots-Gebläses (Kennlinienfeld Abb. 205) und eines Zentrifugalgebläses (Kennlinienfeld Abb. 210).

motors wesentlich von den Kennlinien des Spülgebläses, und zwar vom grundsätzlichen Verlauf derselben und von der Lage der Schlucklinie des Motors im Kennlinienfeld abhängt. Durch geeignete Wahl des Spülgebläses und der Lage der Schlucklinie im Kennlinienfeld des Gebläses läßt sich der Drehmomentverlauf innerhalb gewisser Grenzen den gegebenen Erfordernissen des Motorbetriebes anpassen. Zur gleichmäßigen Ausnützung der Verbrennungsluft im Drehzahlbereich ($\lambda =$ Constant) ist eine entsprechende Abstimmung der Einspritzpumpe notwendig. Weicht die Fördercharakteristik der Pumpe von dieser Forderung ab, so bestimmt sie im wesentlichen die Drehmomentkennlinien des Motors.

Man kann daher unterscheiden zwischen der durch den Ladungswechsel möglichen Drehmomentkennlinie des Motors und der durch die Fördercharakteristik der Einspritzung gegebenen tatsächlichen Drehmomentlinie. Letztere darf die erstere für Betrieb innerhalb des zulässigen Luftaufwandes an keiner Stelle überschreiten.

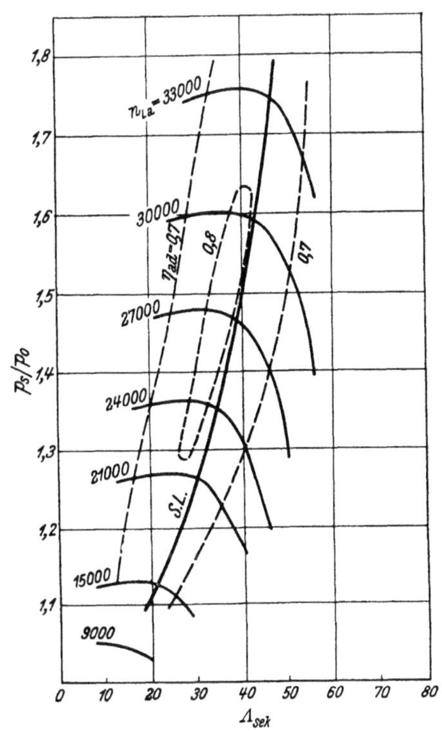

Abb. 210. Kennlinienfeld eines Zentrifugalgebläses.

b) Die Abhängigkeit von Leistung und Verbrauch des Zweitaktmotors vom Außenzustand.

α) Kleine Abweichungen des Außenzustandes vom Normalzustand.

Der Innendruck eines Zweitaktmotors ist nach (99)

$$p_i = 0{,}0427 \cdot \frac{H_u \cdot \eta_{i-l}}{\lambda \cdot L_o} \cdot \lambda'_s \cdot (1 - \sigma_a) \cdot \frac{\varepsilon}{\varepsilon - 1} \cdot \left(\frac{T_o}{T_s}\right) \cdot \frac{p_{zm}}{p_o} \cdot \left(\frac{p'_{za}}{p_{zm}}\right)^{\frac{1}{\varkappa}} \qquad (193)$$

Darin ist L_o wie früher die theoretische Luftmenge beim Außenzustand. Weicht dieser vom Normalzustand ab, so ist:

$$L_o = L_n \cdot \frac{p_n}{p_o} \cdot \frac{T_o}{T_n} \tag{194}$$

Damit wird unter Zusammenfassung der konstanten Glieder, zu denen bei kleinen Abweichungen des Außenzustandes vom Normalzustand auch η_{i-1} und λ gerechnet werden können,

$$p_i = C \cdot \frac{p_o}{p_n} \cdot \frac{T_n}{T_o} \cdot \lambda_s' \cdot \frac{p_{zm}}{p_o} \cdot \frac{T_o}{T_s} \cdot \left(\frac{p_{za}'}{p_{zm}}\right)^{\frac{1}{\varkappa}} \tag{195}$$

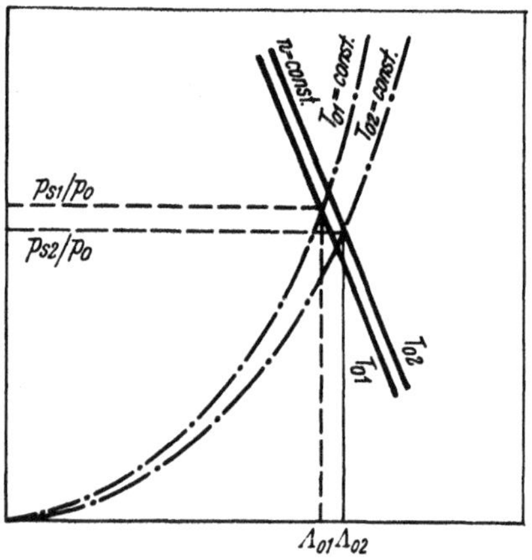

Abb. 211. Veränderung des Spüldruckes und des Luftaufwandes bei Änderung der Ansaugtemperatur von T_{o1} auf T_{o2} bei Kolben- und Drehkolbenspülpumpen.

a, 1. Veränderungen des Außendruckes.

Das Kennlinienfeld der Spülpumpe (Zentrifugal- oder Kolbenpumpe) bleibt bei einer Veränderung des Außendruckes unverändert, auch die Linie der Schluckfähigkeit des Motors in diesem Kennlinienfeld bleibt gleich. Daher ist Λ_o und auch λ_s' vom Außendruck unabhängig.

Da auch b und a in den Gl. (72) und (100) für die Spülkurve und die Druckverhältnisse in der Maschine gleich bleiben, wird:

$$p_i = C_1 \cdot p_o$$

d. h. der Innendruck des Motors wird dem Außendruck verhältig. Im Nutzdruck $p_e = p_i - p_{La} - p_r$ ist p_{La} dem Außendruck verhältig, hingegen steigt p_r nicht proportional mit dem Gasdruck an. In den meisten Fällen kann diese Abweichung von der Proportionalität zum Gasdruck jedoch vernachlässigt werden. Unter dieser Voraussetzung ist auch der Nutzdruck dem Außendruck verhältig.

a, 2. Veränderungen der Temperatur.

Weniger einfach ist die Erfassung des Einflusses einer Veränderung der Außentemperatur auf die Leistung. Die verwickelte Abhängigkeit läßt sich formelmäßig nicht erfassen. Zur Ermittlung der Zusammenhänge ist p_i für mehrere Werte von T_o, die um den Betrag $\triangle T_o$ auseinanderliegen, zu rechnen und die Zusammenhänge in einer Kurve darzustellen. Meist genügt die Berechnung zweier Werte und die lineare Interpolation der Zwischenpunkte.

Spüldruck und Luftaufwand bei verschiedenen Werten von T_o werden in bekannter Weise mit den Kennlinienfeldern der Spülpumpe und den Schlucklinien des Motors ermittelt, welche den Werten von T_o zugeordnet sind.

Das Kennlinienfeld von Kolben- und Drehkolbengebläsen ändert sich im allgemeinen etwas mit der Ansaugtemperatur. Der Luftaufwand ist bei sonst gleichbleibenden Verhältnissen der Quadratwurzel aus der Spüllufttemperatur verhältig. Eine Veränderung des Gebläsewirkungsgrades durch die Verlagerung der Schlucklinie im Kennlinienfeld des Gebläses kann bei der Berechnung leicht berücksichtigt werden. Man erhält z. B., wenn man als Abszisse direkt den Luftaufwand aufträgt, nach Abb. 211 Λ_{o1} und Λ_{o2}, ferner $\frac{p_{s1}}{p_o}$ und $\frac{p_{s2}}{p_o}$ als Werte, die den Temperaturen T_{o1}

und T_{o2} zugeordnet sind. Mit diesen Werten läßt sich nun p_{i1} und p_{i2} rechnen und daraus C in

$$\frac{\triangle p_i}{p_i} = C \,.\, \triangle T_o$$

ermitteln.

Auch das Kennlinienfeld von Zentrifugalgebläsen ist von der Temperatur abhängig. Wenn Meßwerte fehlen, kann angenommen werden, daß bei konstanter Drehzahl sich das Druckverhältnis entsprechend

$$T_1 \cdot \left[\left(\frac{p_2}{p_1}\right)^{\frac{\varkappa-1}{\varkappa}} - 1\right] = \text{konstant} \qquad (196)$$

ändert. Für gleiche Geschwindigkeiten, also gleiche Drehzahl und gleiche Gasmengen, verändern sich die Gebläsekennlinien annähernd nach Abb. 212. Durch Schnitt mit den für die verschiedenen Temperaturen gezeichneten Schlucklinien des Motors ergeben sich die Werte für Spüldruck und Luftaufwand. Aus diesen werden die Innendrücke berechnet.

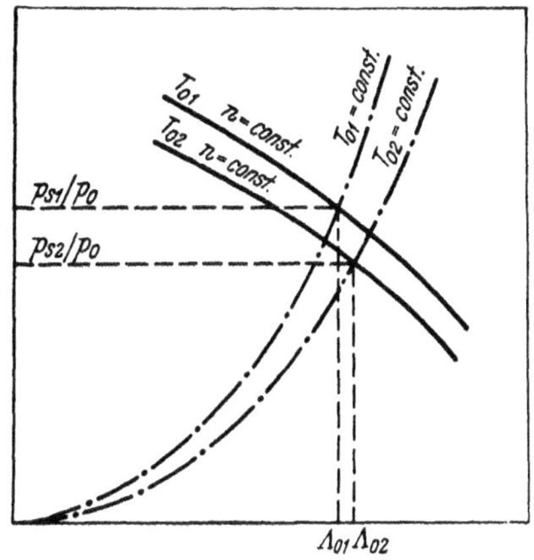

Abb. 212. Veränderung des Spüldruckes und des Luftaufwandes bei Änderung der Ansaugtemperatur von T_{o1} auf T_{o2} bei Zentrifugalspülpumpen.

Die Größe der einzelnen Einflüsse auf p_i kann durch Differentiation des Ausdruckes (193) und Übergang auf endliche Differenzen ermittelt werden. Es ist:

$$\frac{\triangle p_i}{p_i} = \left[-\frac{1}{T_o} + \frac{1}{\lambda'_s} \cdot \frac{\triangle \lambda'_s}{\triangle T_o} + \frac{1}{\left(\frac{p_{zm}}{p_o}\right)} \cdot \frac{\triangle\left(\frac{p_{zm}}{p_o}\right)}{\triangle T_o} + \frac{1}{\varkappa} \cdot \frac{1}{\left(\frac{p'_{za}}{p_{zm}}\right)} \cdot \frac{\triangle\left(\frac{p'_{za}}{p_{zm}}\right)}{\triangle T_o} - \frac{1}{\frac{T_s}{T_o}} \cdot \frac{\triangle\left(\frac{T_s}{T_o}\right)}{\triangle T_o}\right] \cdot \triangle T_o \qquad (197)$$

Man hat die der Außentemperaturänderung $\triangle T_o$ entsprechenden Veränderungen der Größen λ'_s, p_{zm}, p'_{za} zu ermitteln und kann dann aus der Differenzengleichung für p_i den Einfluß jeder dieser Veränderungen auf $\triangle p_i$ bestimmen.

Die Ermittlung des Temperatureinflusses auf die Leistung wird im folgenden an einem Beispiel gezeigt:

Es soll die Veränderung der Leistung des Motors, dessen Kennlinien im vorigen Abschnitt bestimmt wurden, für eine Temperatursteigerung um $\triangle T_o = 30^0$ ermittelt werden. Die Drehzahl sei $n = 1500$ U/min, die Spülluft wird durch ein Rootsgebläse verdichtet. Die dieser Drehzahl entsprechende Kennlinie des Gebläses ist von der Temperatur nahezu unabhängig.

Bei 288^0 K nach Abb. 206 ist der Luftaufwand $\Lambda_o = 1{,}36$, der Spüldruck $p_s = 1{,}34$ kg/cm². Das Kennlinienfeld Abb. 205 gibt $\eta_{ad} = 0{,}55$, demnach $\frac{T_s}{T_o} = 1{,}167$. Ferner ist $\lambda'_s = 0{,}81$. Aus dem berechneten Druckverlauf erhält man $p_{zm} = 1{,}10$ kg/cm² und $p'_{za} = 1{,}22$ kg/cm².

Die Schlucklinie für 318° K hat nach Abb. 213 im Verhältnis $1 : \sqrt{\frac{318}{288}}$ vergrößerte Abszissen. Daher wird $\Lambda_o = 1{,}39$, $\frac{p_s}{p_o} = 1{,}313$, $\frac{T_s}{T_o} = 1{,}150$. Die Drücke p_{zm} und p'_{za} lassen sich überschlägig wie folgt ermitteln: $p_{zm} - p_o$ kann annähernd verhältig $p_s - p_o$ gesetzt werden. Man erhält dann $p_{zm} = 1{,}092$. Um p'_{za} zu bestimmen, rechnet man den Grundwert p'_{za} für $\frac{p_s}{p_o} = 1{,}0$, also ohne Spülung, und kann annehmen, daß die Vergrößerung von p'_{za} gegenüber diesem Wert annähernd verhältig dem Spüldruck ist. Man erhält $p_{za,\, p_s=1} = 1{,}13$ kg/cm² und damit $p'_{za} = 1{,}21$ kg/cm².

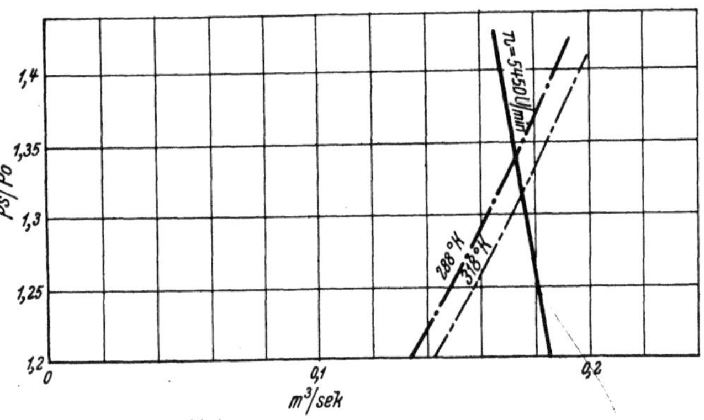

Abb. 213. Ermittlung der Betriebspunkte im Kennlinienfeld des Roots-Gebläses nach Abb. 205 bei Ansaugtemperaturen von 288 und 318° K.

Die Zunahme des Spülgrades λ' ist

$$\triangle \lambda'_s = \lambda'_{s\,288^0\,K} - \lambda'_{s\,318^0\,K}$$

λ'_s ist der Λ'_z zugeordnete Wert der Spülkurve.

Man erhält

$$\Lambda'_z = 1{,}167 \cdot \frac{1}{0{,}97} \cdot \frac{1}{1{,}10} \cdot 1{,}36 = 1{,}49$$

und für 318° K

$$\Lambda'_z = 1{,}150 \cdot \frac{1}{0{,}97} \cdot \frac{1}{1{,}09} \cdot 1{,}39 = 1{,}51$$

Aus der Spülkurve Abb. 62 wird damit $\triangle\lambda'_s = 0{,}6\,\%$.

$$\frac{\triangle p_i}{p_i} = \left[-\frac{1}{288} + \frac{0{,}6}{81} \cdot \frac{1}{30} - \frac{1}{1{,}10} \cdot \frac{0{,}01}{30} + \frac{1}{1{,}4} \cdot \frac{1}{1{,}11} \cdot \frac{0}{30} + \frac{1}{1{,}167} \cdot \frac{0{,}017}{30}\right] 30 = 0{,}09$$

Die Veränderung der Innenleistung beträgt daher je Grad Temperatursteigerung der Außenluft bis 0,3%.

Wenn der Motor mit einem Zentrifugalgebläse mit einem Kennlinienfeld nach Abb. 210 arbeitet, rückt der Betriebspunkt in Abb. 214 von a nach b. Man erhält je Grad Temperatursteigerung eine Veränderung der Innenleistung um 0,37%. Die Temperaturabhängigkeit ist daher im vorliegenden Fall nahezu gleich wie bei Verwendung eines Rootsgebläses als Spülpumpe.

Der Einfluß einer kleinen Änderung des Außenzustandes auf den Verbrauch kann wie folgt ermittelt werden:

Bei einer kleinen Änderung von p_i kann der Einfluß auf b_i vernachlässigt werden, es kann weiter angenommen werden, daß die Reibungsleistung annähernd gleich bleibt, wenn sich der Außenzustand nur wenig ändert.

Ändert sich der Luftaufwand um $\triangle\,\Lambda_o$ und demzufolge die Spülpumpenleistung um

$$\triangle p_{La} = \frac{\triangle \Lambda_o}{\Lambda_o} \cdot p_{La} \tag{198}$$

so ist die Änderung des Verbrauches

$$\frac{\triangle b_e}{b_e} = -\frac{\triangle p_e}{p_e} = -\frac{\triangle p_i - \triangle p_{La}}{p_i - p_r - p_{La}} \tag{199}$$

$\triangle p_i$ und $\triangle \Lambda_o$ sind auch nach den oben angegebenen Verfahren zu bestimmen.

β) Größere Abweichungen des Außenzustandes vom Normalzustand. Der Höhenmotor.

Der Zweitaktmotor ist wie jeder Höhenmotor nur als aufgeladener Motor ausführbar. Grundsätzlich können die beiden auf Seite 121 und 153 besprochenen Aufladeverfahren angewendet werden. Es ist daher entweder durch Drosselung des Auspuffs das Druckniveau des Ladungswechselvorganges im allgemeinen zu heben oder die Steuerung so auszuführen, daß der Auslaß vor dem Einlaß schließt, und mit Spülluft aufzuladen. Diese Verfahren lassen sich in bezug auf Wirkungsgrad und Leistung noch auf verschiedene Weise verbessern. Vor allem kann die Abgasenergie zum Antrieb einer Abgasturbine ausgenützt oder in Abgasschubdüsen unmittelbar dem Antrieb des Flugzeuges nutzbar gemacht werden.

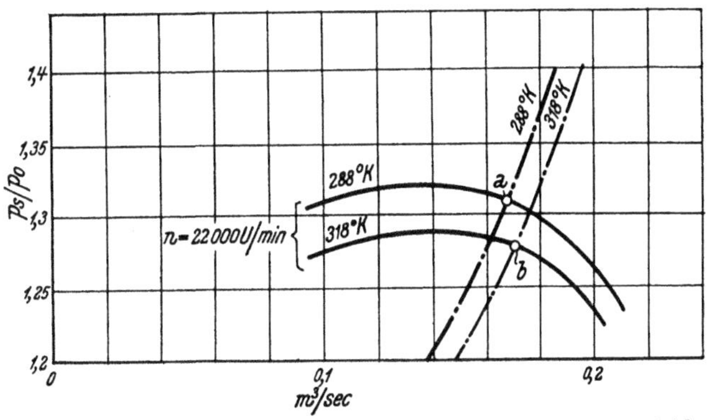

Abb. 214. Ermittlung der Betriebspunkte im Kennlinienfeld des Zentrifugalgebläses Abb. 210 bei Ansaugtemperaturen von 288 und 318° K.

Es ist ferner möglich, Spülluft und Aufladeluft verschieden zu verdichten und unter Verwendung zusätzlicher Steuerungsorgane nacheinander in den Zylinder zu bringen.

Es ist im folgenden nicht beabsichtigt, einen grundsätzlichen Vergleich der verschiedenen möglichen Ausführungen zu geben, wozu die optimalen Verhältnisse jeder einzelnen zu ermitteln wären. Es sollen hier nur die Verfahren zur Berechnung der Ladungswechselvorgänge den für Höhenmotoren geltenden Verhältnissen angepaßt werden.

Bei der Bestimmung des Verbrauches kann man im allgemeinen voraussetzen, daß der Innenwirkungsgrad vom Ansaugzustand der Ladung im praktisch vorkommenden Bereich nur wenig beeinflußt wird.

Ist b für ein bestimmtes Arbeitsverfahren bekannt, so kann b_e aus

$$b_e = \frac{b_i \cdot p_i}{p_i - p_{La} - p_r + p_{ab}} \tag{200}$$

ermittelt werden. Die Änderung des Außenzustandes wirkt sich dann vor allem über p_{La} und p_{ab}, in geringem Maße auch über p_r aus. Der Mitteldruck der Reibungsleistung kann annähernd

$$p_r = a + b \cdot p_i \tag{201}$$

gesetzt werden, wobei a mit der Drehzahl zunimmt und b mit der Drehzahl abnimmt. a und b müssen durch Versuche, z. B. nach dem von Ullmann [20] angegebenen Verfahren, ermittelt werden.

Die zusammengefaßten Versuchsergebnisse von Ullmann [20] ermöglichen im übrigen die Abschätzung des Mitteldruckes der Reibungsleistung und seiner Beeinflussung für verschiedene Maschinentypen.

Die Ermittlung des Nutzdruckes p_e bei den verschiedenen für den Höhenmotor in Betracht kommenden Ladungswechselverfahren wird in den folgenden Abschnitten behandelt.

β, 1. Steuerung mit symmetrischen Steuerzeiten und Auspuffdrosselung.

Bei der Ermittlung des Nutzdruckes p_e ist vom Luftaufwand auszugehen. Für

Höhenmotoren ist es zweckmäßig, den Luftaufwand nicht auf den Außenzustand, sondern auf den Bodenzustand zu beziehen. Bezeichnet man mit H den Außenzustand in der Höhe H km, mit 0 den Zustand am Boden, mit G den Zustand nach dem Auslaß

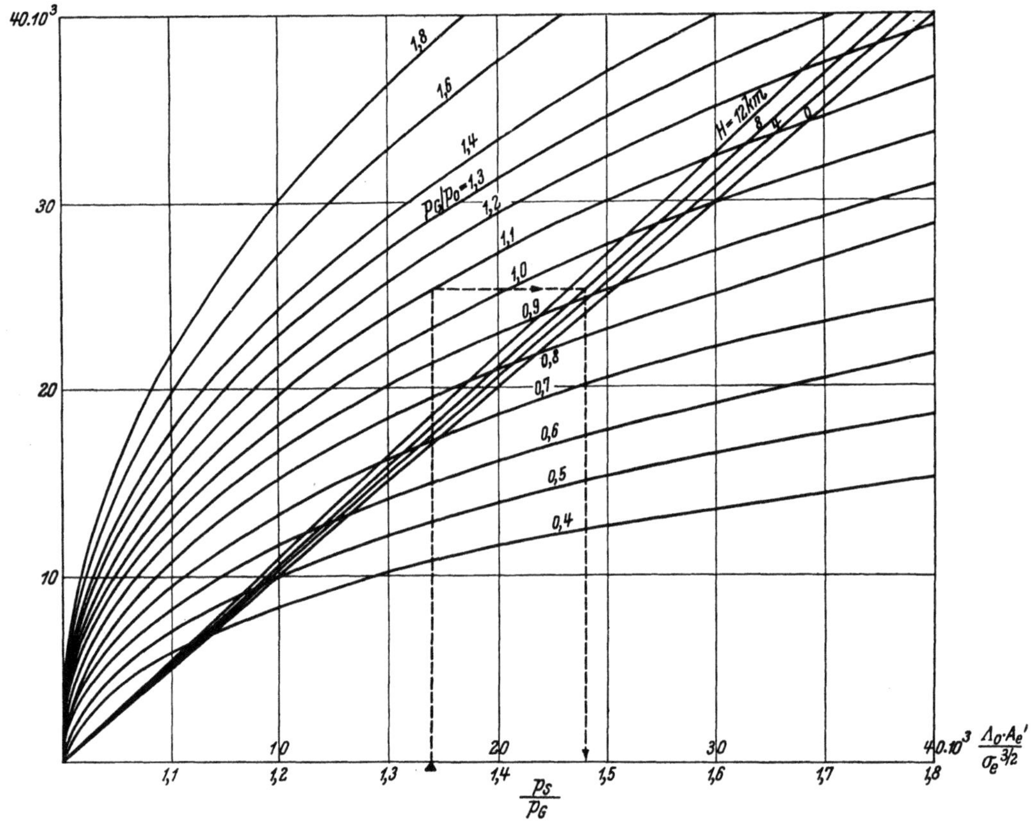

Abb. 215. Hilfstafel zur Ermittlung des Luftaufwandes bei Höhenmotoren mit Auspuffdrosselung (p_G) und Rückkühlung auf eine der adiabatischen Verdichtung entsprechende Temperatur nach der Spülpumpe.

und mit s wieder den Zustand der Spülluft, so ist mit einem Laderwirkungsgrad η_{ad} entsprechend Gl. (28)

$$\Lambda_o = 4632 \cdot \frac{1}{A_e'} \frac{T_H}{\sqrt{1 + \frac{1}{\eta_{ad}} \cdot \left[\left(\frac{p_s}{p_H} \right)^{0,286} - 1 \right]}} \cdot \left(\frac{p_s}{p_G} \right)^{0,286} \cdot \left(\frac{p_G}{p_H} \right) \cdot$$

$$\cdot \sqrt{1 - \left(\frac{p_G}{p_s} \right)^{0,286}} \cdot \sigma_e^{\frac{3}{2}} \cdot \frac{\gamma_H}{\gamma_o} \tag{202}$$

Darin ist

$$\frac{\gamma_H}{\gamma_o} = \left(1 - \frac{6,5\,H}{288} \right)^{4,26} \tag{203}$$

das Dichteverhältnis der Normalatmosphäre.

Wird durch Rückkühlung der Endzustand adiabatischer Verdichtung erreicht, so gilt mit den Zustandsgrößen am Boden:

$$\Lambda_o = 4632 \cdot \frac{1}{A_e'} \cdot \left(\frac{p_s}{p_G} \right)^{0,143} \cdot \left(\frac{p_G}{p_o} \right)^{0,857} \cdot \sqrt{T_o} \cdot \sqrt{1 - \left(\frac{p_G}{p_s} \right)^{0,286}} \cdot \sigma_e^{\frac{3}{2}} \cdot \left(1 - \frac{6,5\,H}{288} \right)^{0,25} \tag{204}$$

Die entsprechenden Zusammenhänge sind aus Abb. 215 zu entnehmen. Der verdrängende Luftaufwand ist aus (72), der Spülgrad λ_s' aus der Spülkurve zu ermitteln. Es ist weiter

$$T_s = T_H \cdot \left\{1 + \frac{1}{\eta_{ad}} \left[\left(\frac{p_s}{p_H}\right)^{0,286} - 1\right]\right\}$$

und der Liefergrad auf Bodenzustand bezogen

$$\lambda_{lo} = \lambda_s' \, . \, z_a' \cdot \frac{T_o}{T_s} \cdot \left(\frac{p_{zm}}{p_o}\right) \cdot \left(\frac{p_{za}'}{p_{zm}}\right)^{\frac{1}{\varkappa}}, \tag{205}$$

wobei z_a' wieder das verhältnismäßige Zylindervolumen bei Beginn der Verdichtung und p_{za}' der entsprechende Zylinderdruck ist, der im allgemeinen in der Nähe von $\frac{p_s + p_G}{2}$ liegen wird und durch schrittweise Berechnung genau ermittelt werden kann.

Aus dem Liefergrad kann in der bereits geschilderten Weise der Innendruck p_i ermittelt werden.

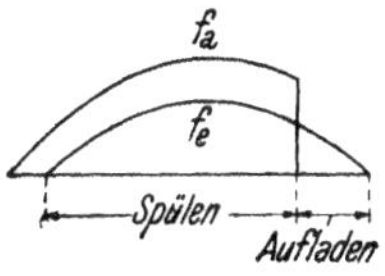

Abb. 216

Den Nutzdruck erhält man durch Abzug des Mitteldruckes der Laderleistung

$$p_{La} = \frac{3,5 \, . \, p_H}{\eta_{ad}} \, . \left[\left(\frac{p_s}{p_H}\right)^{0,286} - 1\right] \cdot \Lambda_o \text{ kg/cm}^2. \tag{206}$$

Die Auspuffdrosselung ist nur dann praktisch ausführbar, wenn die Auspuffenergie in einer nachgeschalteten Auspuffturbine oder in Rückstoßdüsen ausgenützt wird. Im Teil III wird darauf näher eingegangen.

β, 2. Steuerungen mit unsymmetrischen Steuerzeiten.

Eine Erhöhung des Druckes zu Beginn der Verdichtung und damit der Leistung des Motors gegenüber der normalen Schlitzsteuerung kann mit einer der im Abschnitt II, 2, a besprochenen Aufladesteuerungen erreicht werden. Auch bei Aufladesteuerungen ist für den Flug in größeren Höhen Auspuffdrosselung und die Ausnützung der Auspuffenergie in Abgasturbinen notwendig.

Eine ideale Steuerung muß rasch öffnen, damit sich der Zylinder rasch entleeren kann. Während des Verlaufs der Spülung ist der Auslaß zur allmählichen Erhöhung des Zylinderdruckes zunehmend zu drosseln. Nach Abschluß des Auslasses bleiben die Einlaßschlitze offen, bis der Zylinder auf Spüldruck aufgeladen ist.

Eine vereinfachte Berechnung der erforderlichen Zeitquerschnitte, welche den vergrößerten Druckunterschieden während des Ladungswechsels bei Höhenmotoren Rechnung trägt, ist im folgenden angegeben:

Man wählt den Spüldruck p_s in ungefährer Höhe des gewünschten Aufladedruckes zu Beginn der Verdichtung. Das Druckverhältnis der Spülpumpe für eine gegebene Flughöhe liegt damit fest. Aus dem Wirkungsgrad der Spülpumpe erhält man die Endtemperatur der Verdichtung.

Der Luftaufwand zerfällt, wie bei Besprechung der Aufladesteuerungen ausgeführt wurde, in zwei Teile. Der eine Teil durchströmt während der Spülung den Zylinder, der andere Teil ergibt die Aufladeluft, die den Zylinder nach Abschluß der Auslaßquerschnitte auflädt.

Nimmt man einen idealisierten Verlauf der Querschnittseröffnung nach Abb. 216 an, so können die beiden Vorgänge, Spülung und Aufladung, getrennt behandelt werden. Bei gegebener Kennzahl A'_e der Steuerung erhält man den Luftaufwand während der Spülung entsprechend Gl. (30) und (27)

$$\Lambda_{o1} = 3{,}63 \cdot \frac{1}{A'_e} \cdot \psi \cdot \frac{p_a}{p_o} \cdot \frac{T_o}{T_s} \cdot \sqrt{T_s} \cdot \int \sigma \, d\alpha. \tag{207}$$

ψ ist nach Abb. 6 entsprechend $\frac{p_s}{p_G}$ einzusetzen. Das verdrängende Spülluftvolumen wird

$$\Lambda_{z1} = \frac{1}{z_m} \cdot \frac{p_o}{p_{zm}} \cdot \frac{T_s}{T_o} \cdot \Lambda_{o1}.$$

Nimmt man Λ_{o1} an, so ist bei gegebenem Zustand der Spülluft und nach vorläufiger Schätzung von p_{zm} der erforderliche Wert von $\int \sigma \, d\alpha$ und der Spülgrad λ'_{s1} bestimmbar.

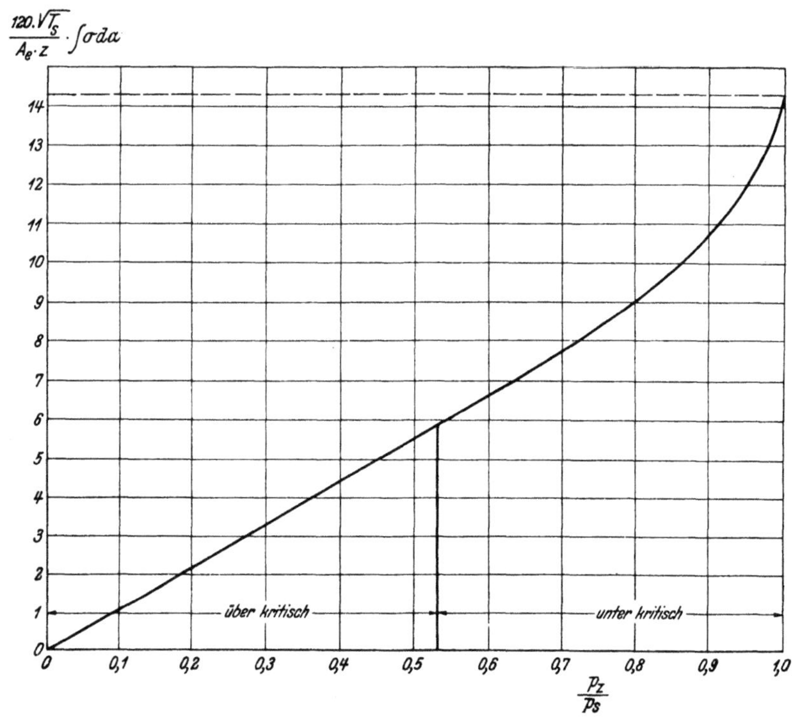

Abb. 217. Hilfstafel zur Ermittlung der für die Aufladung erforderlichen Winkelöffnungen.

Mit der Temperatur T'_{ze} am Ende der Spülung, die aus (80) berechnet wird, erhält man den Spülgrad nach Temperaturausgleich:

$$\lambda_{s1} = \lambda'_{s1} \cdot \frac{T'_{ze}}{T_s}.$$

Für den Zeitquerschnitt, der zur Aufladung vom Druck am Ende der Spülung bis zum Spüldruck erforderlich ist, gelten für über- und unterkritische Druckverhältnisse, unter Vernachlässigung des Einflusses der Kolbenbewegung, die folgenden Beziehungen:

Mit $\varkappa = 1{,}4$, $R = 29{,}27$, $\tau_e = 1{,}0$ und der Kennzahl der Steuerung nach (24) wird für unterkritisches Einströmen

$$\frac{d\left(\frac{p_z}{p_s}\right)}{\psi} = 0{,}0421 \cdot \frac{120 \cdot \sqrt{T_s}}{A_e \cdot z} \cdot \sigma \, d\alpha, \tag{208}$$

für überkritisches Einströmen

$$d\left(\frac{p_z}{p_s}\right) = 0{,}0905 \cdot \frac{120 \, . \sqrt{T_s}}{A_e \, . \, z} \, . \, \sigma \, d \, \alpha. \tag{209}$$

Die Integration liefert die in Abb. 217 dargestellten Zusammenhänge zwischen $\int \sigma \, d \, \alpha$ und dem Druckverhältnis $\frac{p_z}{p_s}$.

Damit kann der für die Aufladung erforderliche Wert von $\int \sigma d\alpha$ gefunden werden.

Aus der Summe der für die Spülung und der für die Aufladung erforderlichen Winkelöffnungen kann man aus (27) die Schlitzhöhe ermitteln.

Der zur Aufladung einströmende Luftaufwand Λ_{o2} wird mit p_{zm} als Druck am Ende der Spülung, p_{zab} als Druck am Ende der Aufladung:

$$\Lambda_{o2} = \frac{z_{ab}}{\varkappa} \left(\frac{p_{zab}}{p_o} - \frac{p_{zm}}{p_o}\right) \cdot \frac{T_o}{T_s} \tag{210}$$

Wird durch die Spülung der Spülgrad λ_{s1} erreicht, so ist der gesamte Spülgrad nach der Aufladung sinngemäß nach Seite 129

$$\lambda_s = \lambda_{s1} + (1 - \lambda_{s1}) \, . \, \Lambda_{o2} \cdot \frac{T_{zab}}{T_o} \cdot \frac{p_s}{p_{zab}} \tag{211}$$

Die Temperatur T_{zab} am Ende der Aufladung findet man auf folgende Weise: Strömt in den Zylinder mit annähernd unverändertem Rauminhalt Luft mit der Temperatur T_s, so besteht zwischen der Temperatur T'_{ze}, zu Beginn und der Temperatur T_{zab} am Ende des Einströmens die Beziehung:

$$T_{zab} = \frac{p_s}{\frac{T_s}{T'_{ze}} \cdot p_{zm} + \frac{1}{\varkappa} \cdot (p_{zab} - p_{zm})} \cdot T_s \tag{212}$$

Nun sind alle Größen bekannt, welche λ_s bestimmen. Der Liefergrad ist

$$\lambda_{lo} = \lambda_s \, . \, z_{ab} \cdot \frac{p_s}{p_o} \cdot \frac{T_o}{T_{zab}} \tag{213}$$

p_i, kann aus (193) berechnet werden. Die Auslaßschlitzlänge σ_a ist zunächst zu schätzen, hierauf nach Abschnitt II, 2, d genauer zu berechnen. Der Luftaufwand ist insgesamt

$$\Lambda_o = \Lambda_{o1} + \Lambda_{o2}$$

Bei der ersten Auslegung der Steuerung wird man die Winkelöffnung gleich dem berechneten Wert machen. Unter Berücksichtigung der endlichen Schieberabschlußgeschwindigkeit ist der Abschluß dann so zu legen, daß $p_{zab} \sim p_s$ wird.

Durch die schrittweise Berechnung des Ladungswechsels können die Ergebnisse der überschlägigen Rechnungen verbessert werden.

β, 3. Steuerung mit unsymmetrischen Steuerzeiten mit getrennter Spül- und Ladeluft.

Die Durchführung des Ladungswechsels nach *β*, 1, 2 erfordert einen hohen Arbeitsaufwand für die Spülpumpe, der nahezu zur Gänze verloren ist, da ein nennenswerter Rückgewinn der Laderarbeit beim Zweitakt nicht erfolgt.

Zur Verringerung des Arbeitsaufwandes ist es möglich, die Spülung mit Luft von geringerem Druck durchzuführen und knapp vor oder nach Abschluß der Auslaßschlitze die Aufladeluft in den Zylinder zu fördern. Dazu müssen besondere Steuerorgane vorgesehen werden, welche die Einlaßschlitze einmal mit der Spülluft, einmal mit der Aufladeluft verbinden. Man kann auch Spülluft und Aufladeluft durch getrennte Schlitze einführen, die dann allerdings zusätzliche Steuerorgane erfordern. Spülluft und Aufladeluft können entweder in getrennten Spülpumpen verdichtet oder nach der ersten bzw. zweiten Stufe eines zweistufigen Verdichters entnommen werden.

III. Spül- und Auspuffsysteme mit kleinen Behältern.

Wenn der dem Zylinder vorgeschaltete Spülbehälter klein ist, entstehen infolge der ungleichmäßigen Luftentnahme beim Ladungswechselvorgang Druckschwankungen. Es kann daher nicht mehr mit gleichbleibendem Spüldruck gerechnet werden.

Im folgenden werden die wichtigsten der praktisch vorkommenden Ausführungsformen mit kleinen Behältern im Spül- und Auspuffsystem behandelt.

1. Motoren mit Kurbelkastenspülung.

Kleine Zweitaktmotoren, bei welchen der bauliche Aufwand einer gesonderten Spülpumpe nicht tragbar ist, werden mit Kurbelkastenspülung ausgeführt. Kurbelgehäuse und Kolbenunterseite bilden die Spülpumpe. Während des Aufwärtsganges des Kolbens wird durch Saugklappen oder durch vom Kolben gesteuerte Saugschlitze Luft oder Gemisch eingesaugt und während des Abwärtsganges des Kolbens verdichtet. Nach der Freigabe der Einlaßschlitze des Zylinders strömt die verdichtete Luft oder das verdichtete Gemisch durch einen Überströmkanal vom Kurbelkasten in den Zylinder. Der Kurbelkasten wirkt dabei als Spülluftaufnehmer.

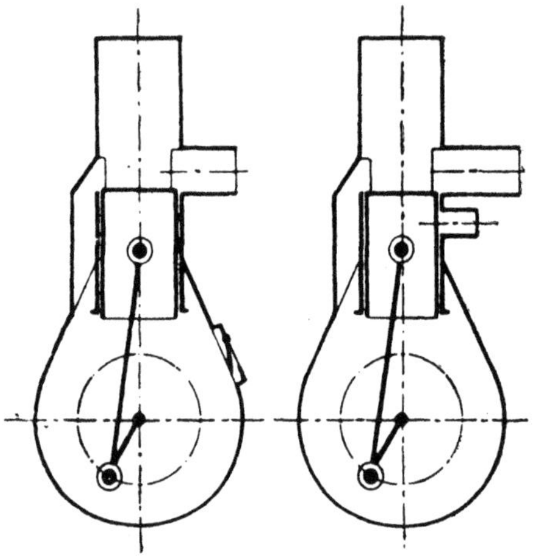

a *b*

Abb. 218. Motor mit Kurbelkastenspülpumpe. a mit selbsttätiger Saugklappe am Kurbelkasten, b mit vom Kolben gesteuerter Saugöffnung am Kurbelkasten.

Abb. 218, a und b, zeigt das Schema von Motoren mit Kurbelkastenspülung mit Saugklappen und vom Kolben gesteuerter Einsaugöffnung (Dreikanalsystem).

a) Die Berechnung des Luft- oder Ladungsaufwandes nach einem Näherungsverfahren.

Der Luftaufwand läßt sich aus den im Teil I entwickelten Beziehungen durch schrittweise Berechnung ermitteln. Die Abschnitte II, 1, h; II, 2, d bringen Beispiele für solche Berechnungen. Mit einigen Vereinfachungen kann der Luft- oder Ladungsaufwand, wie im folgenden gezeigt, auch durch geschlossene Ausdrücke ermittelt werden.

α) Kurbelkastenpumpe mit Saugklappen.

Beim Aufwärtsgang des Kolbens wird durch selbsttätig öffnende Saugklappen Ladung in den Kurbelkasten eingesaugt. Am Ende des Hubes ist infolge des Strömungs- und Öffnungswiderstandes der federnden Klappen der Druck im Kurbelkasten im allgemeinen etwas kleiner als der Außendruck. Der abwärtsgehende Kolben verdichtet den Inhalt des Kurbelkastens, bis nach Volumsabnahme von $V_h(1-\sigma_e)$ die Spülung beginnt. Die Annäherung wird bei mittleren und höheren Drehzahlen verbessert, wenn man für die Berechnung annimmt, daß die Spülung bei halb geöffneten Schlitzen erfolgt und die Verdichtung bishin dauert. Abb. 219 zeigt den Druckverlauf im Kurbelkasten.

Für die Verdichtung gilt, wenn polytropische Zustandsänderung angenommen wird, mit λ_v als volumetrischer Wirkungsgrad der Spülpumpe, p_K als Druck im Kurbelkasten und V_s als schädlicher Raum der Kurbelkastenspülpumpe:

$$\left[\frac{\lambda_v \,.\, V_h \,.\, (1 - 0{,}5\,\sigma_e) + V_s + 0{,}5\,\sigma_e \,.\, V_h}{V_s + 0{,}5 \,.\, \sigma_e \,.\, V_h}\right]^m = \frac{p_{k3}}{p_o}$$

Setzt man

$$\frac{V_s + 0{,}5\,\sigma_e \,.\, V_h}{\lambda_v \,.\, V_h \,.\, (1 - 0{,}5\,\sigma_e)} = x,$$

so wird

$$\frac{p_{k3}}{p_o} = \left(\frac{x+1}{x}\right)^m \qquad (214)$$

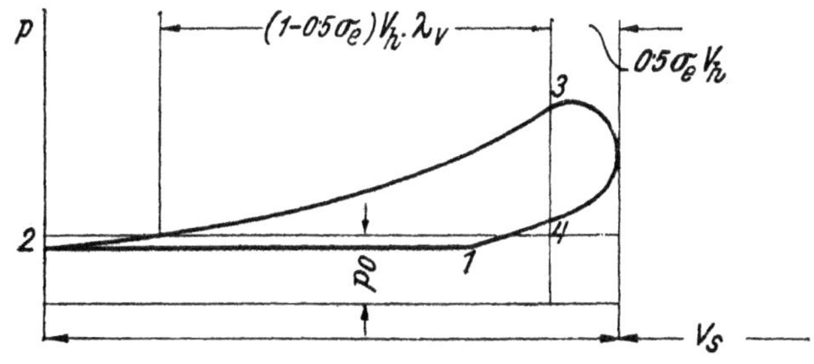

Abb. 219. Diagramm einer Kurbelkastenspülpumpe mit selbsttätiger Saugklappe.

Während des Spülens expandiert der Inhalt des Kurbelkastens, der Druck sinkt. Die an sich kleine Veränderung des Volumens des Kurbelkastens während der Spülung kann vernachlässigt werden, da sich Verkleinerung beim Abwärtsgang des Kolbens und Vergrößerung beim Aufwärtsgang in der Wirkung annähernd aufheben. Der Rechnung wird daher ein unveränderlicher Raum des Kurbelkastens $V_s + 0{,}5\,\sigma_e \,.\, V_h$ während der Spülung zugrunde gelegt.

Zwischen dem Zeitquerschnitt der Einlaßschlitze in den Zylinder und den Drücken p_k im Kurbelkasten besteht nach Schüle [29] bei polytropischer Zustandsänderung mit m als Exponenten und

$$\frac{T_{k3}}{T_{ko}} = \left(\frac{p_{k3}}{p_{ko}}\right)^{\frac{m-1}{m}}$$

die folgende Beziehung:

$$\int f\,dt = -\frac{1}{m} \cdot \frac{V_s + 0{,}5\,\sigma_e \,.\, V_h}{\mu_m \,.\, \sqrt{R T_{ko}}} \,.$$

$$\cdot \int_{\frac{p_o}{p_{k3}}}^{\frac{p_o}{p_{k4}}} \frac{1}{\psi \cdot \left(\frac{p_o}{p_k}\right)^{\frac{1+m}{2m}}} \cdot d\left(\frac{p_o}{p_k}\right)$$

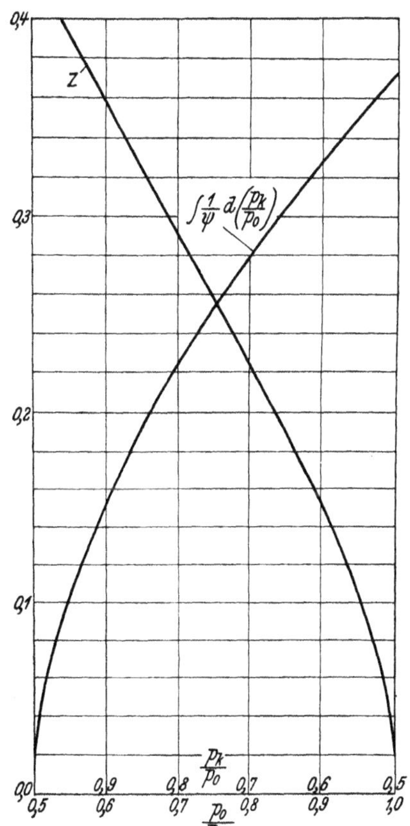

Abb. 220. Hilfstafel zur Ermittlung des Druckes nach dem Einströmen in den Kurbelkasten durch eine vom Kolben gesteuerte Saugöffnung und des Druckes im Kurbelkasten nach der Spülung.

Die Luft wird beim Eintritt in den Kurbelkasten teils durch Wirbelung, teils durch Wärmeübergang von der Wand von T_o auf T_{k2} beim Druck p_{k2} aufgeheizt.

Bei polytropischer Expansion von p_{k2} auf p_o würde man die Temperatur T_{ko} erhalten. Es ist

$$\int f\,dt = \frac{1}{m} \cdot \frac{V_s + 0{,}5\,\sigma_e \,.\, V_h}{\mu_m \,.\, \sqrt{R T_{ko}}} \cdot (Z_{k3} - Z_{k4}) \qquad (215)$$

Z ist der Integralwert nach Abb. 220 für $m = \varkappa$.

Mit dem auf Seite 23 entwickelten angenäherten Ausdruck für den Zeitquerschnitt und der Kennzahl A_e' der Spülung (Seite 24) erhält man ($m = \varkappa$):

$$U = x\,(Z_{k3} - Z_{k4}) = 783 \cdot \frac{\sqrt{T_{k2}}}{A_e'} \cdot \frac{1}{(1 - 0{,}5\,\sigma_e) \,.\, \lambda_v} \cdot \sigma_e^{\frac{3}{2}} \tag{216}$$

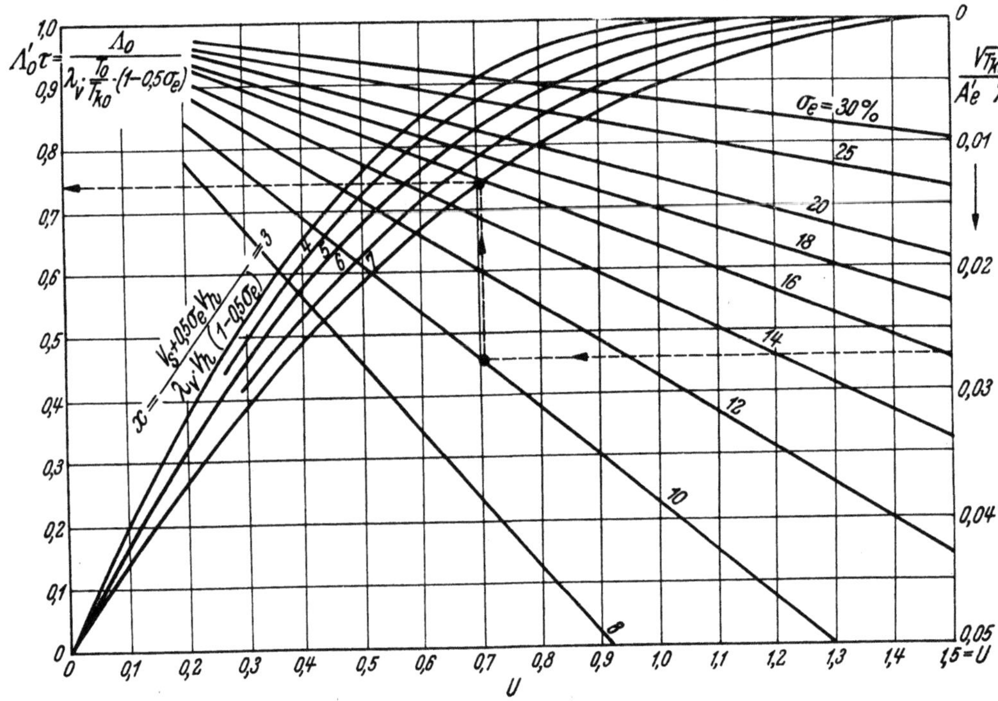

Abb. 221. Hilfstafel zur Ermittlung des Luftaufwandes bei Kurbelkastenspülung mit selbsttätiger Saugklappe.

Das dem Kurbelkasten entnommene Luftgewicht ist beim Absinken des Druckes von p_{k3} auf p_{k4}

$$G = \frac{V_s + 0{,}5\,\sigma_e \,.\, V_h}{v_o} \cdot \left(\frac{v_o}{v_{k3}} - \frac{v_o}{v_{k4}}\right)$$

Der auf $\lambda_v \,.\, V_h (1 - 0{,}5\,\sigma_e)$ bezogene Luftaufwand Λ_o' wird mit $\tau = \frac{T_{ko}}{T_o}$

$$\Lambda_o' = \frac{x}{\tau} \cdot \left[\left(\frac{p_{k3}}{p_o}\right)^{\frac{1}{m}} - \left(\frac{p_{k4}}{p_o}\right)^{\frac{1}{m}}\right] \tag{217}$$

Man erhält daraus

$$\frac{p_{k4}}{p_o} = \left(\frac{x + 1 - \Lambda_o' \,.\, \tau}{x}\right)^m \tag{218}$$

und kann mit diesem und dem Ausdruck (214) bei gegebenem x und Λ_o' die Werte Z_{k4} und Z_{k3} auf der Integralkurve Abb. 220 abgreifen.

Der auf den vollen Hubraum bezogene Luftaufwand ist

$$\Lambda_o = \Lambda_o' \,.\, \lambda_v \,.\, (1 - 0{,}5\,\sigma_e) \tag{219}$$

λ_v wird mit $\triangle p_v$ als mittlerem Saugklappenwiderstand (statischer Widerstand + Strömungswiderstand)

$$\lambda_v = \frac{\varkappa\, p_o - \triangle p_v}{\varkappa\, p_o + \triangle p_v} \tag{220}$$

da für die Adiabatenstücke des Kurbelkastendiagramms $\frac{\triangle p}{p_o} = -\,\varkappa\,\frac{\triangle V}{V}$ gilt. Aus

Abb. 221 kann Λ'_o bestimmt werden, wenn V_h, V_s, σ_e, $\triangle p_v$ und $\tau = \frac{T_{ko}}{T_o}$ bekannt sind. Der Zusammenhang zwischen Λ_o und σ_e ist in Abb. 222 für einen bestimmten Fall gezeigt. Für die Abb. 220 und 222 wurden adiabatische Zustandsänderungen $m = \varkappa$ zugrunde gelegt.

β) Kurbelkastenspülpumpe mit vom Kolben gesteuerter Saugöffnung.

Ein Schema dieser Bauart zeigt Abb. 218 b. Der Druck im Kurbelkasten sinkt nach Abschluß der Einlaßschlitze beim Aufwärtsgang des Kolbens unter den äußeren Luftdruck. In der Nähe des oberen Totpunktes gibt der Kolben die Saugschlitze frei. Der Kurbelkasten lädt sich dann unter dem äußeren Überdruck durch die Saugschlitze bis annähernd zum Außendruck auf. Die Verdichtung beginnt mit Abschluß der Saugschlitze und dauert bis zum Öffnen der Einlaßschlitze. Das Diagramm der Kurbelkastenspülung, Abb. 223, wird im Uhrzeiger-

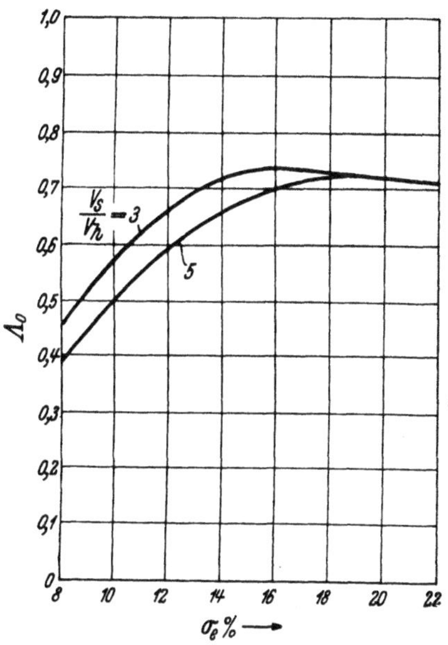

Abb. 222. Zusammenhang zwischen Λ_o und σ_e bei Kurbelkastenspülung mit selbsttätiger Saugklappe in einem gegebenen Fall.

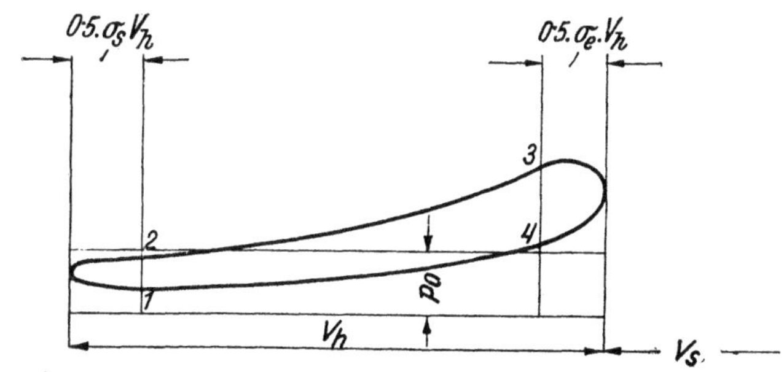

Abb. 223. Diagramm einer Kurbelkastenspülpumpe mit vom Kolben gesteuerter Saugöffnung.

sinn durchfahren. Die Linien 2 bis 3 und 4 bis 1 sind im allgemeinen Polytropen.

Die Einströmung in den Kurbelkasten 1 bis 2 ist ein Drosselvorgang. Wenn die Kolbenbewegung während des Einsaugens vernachlässigt wird, so erhält man mit $\tau = \frac{T_{ko}}{T_o}$ als Erwärmungsfaktor und m als Exponent der Polytrope des Kurbelkasteninhalts den Luftaufwand

$$\Lambda_o = \frac{1}{m} \cdot \frac{1}{\tau} \cdot \frac{V_{k2}}{V_h} \cdot \frac{p_{k2} - p_{k1}}{p_o} \tag{221}$$

Für V_{k2} ist bei mittleren und hohen Drehzahlen der Rauminhalt des Kurbelkastens bei halber Eröffnung der Saugschlitze, nur bei kleiner Drehzahl der Rauminhalt beim Abschluß der Schlitze einzusetzen. Das in den Kurbelkasten je Zeitdifferential einströmende Luftvolumen ist

$$d\,V_k = \tau\,\mu_s\,\psi\,.\sqrt{p_o\,.\,v_o} \cdot \left(\frac{p_o}{p_k}\right) \cdot f\,d\,t$$

Damit wird die entsprechende Druckänderung

$$\frac{1}{m} \cdot d\,p_k = \frac{\tau\,\mu_s\,\psi\,.\sqrt{R T_o}}{V_{k2}} \cdot p_o\,.\,f\,d\,t$$

und

$$m \cdot \tau \cdot \mu_s \cdot \sqrt{R T_o} \cdot \int f\, dt = - V_{k2} \cdot \int \frac{d\left(\frac{p_k}{p_o}\right)}{\psi}$$

Setzt man

$$\frac{V_{k2}}{V_h} = \frac{V_s + (1 - 0{,}5\, \sigma_s) \cdot V_h}{V_h} = y \tag{222}$$

so wird mit den Verhältniszahlen für die Schlitzabmessungen und dem Ausdruck (27) für $\int \sigma\, d\alpha$

$$\sigma_s^{\frac{3}{2}} = \frac{0{,}00179}{m} \cdot \frac{y}{\tau \cdot \sqrt{T_o}} \cdot A_s' \cdot \int_{\frac{p_{k1}}{p_o}}^{\frac{p_k}{p_o}} \frac{1}{\psi} \cdot d\left(\frac{p_k}{p_o}\right) \tag{223}$$

Darin ist

$$A_s' = \frac{D \cdot n}{\mu_{sm} \cdot \beta_s} \cdot \left(1 + \frac{r}{2\,l}\right) \text{ m/min} \tag{224}$$

Der Wert des Integrals kann für $m = \varkappa$, Abb. 220, entnommen werden.

Wenn den Saugschlitzen ein Drosselquerschnitt, z. B. ein Vergaser mit Einschnürung des Luftstromes in einen Lufttrichter mit μ_d und f_d, vorgeschaltet ist, so wird der Luftstrom sowohl im Vergaser wie auch in den Ansaugschlitzen gedrosselt. Man erhält dann die Durchflußzahl μ_{sm} aus

$$\mu_{sm} \cdot \int f_s \cdot d\alpha = \int \frac{\mu_s \cdot f_s \cdot d\alpha}{\sqrt{1 + \left(\frac{\mu_s \cdot f_s}{\mu_d \cdot f_d}\right)^2}} \tag{225}$$

Die Integrale können graphisch ausgewertet werden.

Für das Ausströmen aus dem Kurbelkasten während des Spülens gilt wie früher

$$\int f\, dt = \frac{1}{m} \cdot \frac{V_s + 0{,}5\, \sigma_e \cdot V_h}{\mu_m \cdot \sqrt{R T_{ko}}} \cdot \int_{\frac{p_o}{p_{k3}}}^{\frac{p_o}{p_{k4}}} \frac{1}{\psi \cdot \left(\frac{p_o}{p_k}\right)^{\frac{1+m}{2m}}} \cdot d\left(\frac{p_o}{p_k}\right)$$

Mit

$$x = \frac{V_s + 0{,}5\, \sigma_e \cdot V_h}{V_h}, \tag{226}$$

dem vereinfachten Ausdruck (27) für den Zeitquerschnitt, Z als Integralwert und T_{ko} nach Seite 197 wird:

$$\sigma_e^{\frac{3}{2}} = 0{,}00179 \cdot \frac{x \cdot A_e'}{m \cdot \sqrt{T_{ko}}} \cdot (Z_{k3} - Z_{k4}) \tag{227}$$

Z kann Abb. 220 entnommen werden.

Zwischen den Drücken bestehen die Beziehungen

$$p_{k3} = p_{k2} \cdot \left(\frac{y}{x}\right)^m$$
$$p_{k4} = p_{k1} \cdot \left(\frac{y}{x}\right)^m \tag{228}$$

Ferner müssen die in und aus dem Kurbelkasten strömenden Luftmengen gleich sein. Das führt auf

$$\frac{1 - \left(\frac{p_{k4}}{p_{k3}}\right)^{\frac{1}{m}}}{1 - \frac{p_{k4}}{p_{k3}}} = \frac{1}{m\,\tau} \cdot \frac{T_{k2}}{T_o} \cdot \frac{p_{k2}}{p_o} \tag{229}$$

Aus Abb. 224 läßt sich der rechts stehende Ausdruck als Funktion von $\frac{p_{k4}}{p_{k3}}$ für $m=\varkappa$ entnehmen.

Mit diesen Beziehungen können nun die folgenden Aufgaben gelöst werden:

1. Berechnung des Luftaufwandes einer Kurbelkastenspülpumpe mit Saugschlitzen, gegebenen Abmessungen und Durchflußzahlen.

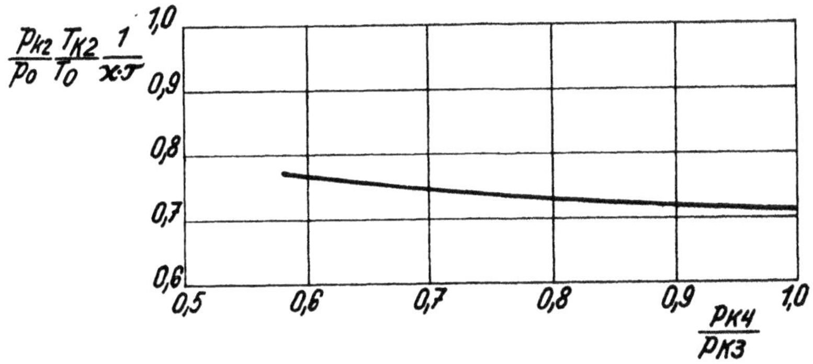

Abb. 224.

Aus (223) ermittelt man den Wert des Integrals und bestimmt mittels der Kurve

$$\int \frac{1}{\psi} \cdot d\left(\frac{p_k}{p_o}\right)$$

in Abb. 220 für verschiedene Werte von $\frac{p_{k1}}{p_o}$ den auf der Kurve im Abstand des Integralwertes liegenden Punkt $\frac{p_{k2}}{p_o}$. Multipliziert man $\frac{p_{k1}}{p_o}$ und $\frac{p_{k2}}{p_o}$ mit $\left(\frac{y}{x}\right)^m$, so erhält man die zugehörigen Werte $\frac{p_{k3}}{p_o}$ und $\frac{p_{k4}}{p_o}$ und trägt p_{k3} in Abhängigkeit von dem so erhaltenen p_{k4} auf.

Nun ermittelt man mit vorläufig nach Abb. 224 geschätzten Werten von T_{k2} und mit geschätzten

$$\left(\frac{p_{k2}}{p_o}\right)^{\frac{m-1}{2m}} \sim 1 \text{ und } \left(\frac{p_{k3}}{p_o}\right)^{\frac{m-1}{2m}} \sim \left(\frac{y}{x}\right)^{\frac{m-1}{2}}$$

Z in (227) und bestimmt wieder durch Abgreifen in Abb. 220 zusammenhängende Punkte, die im Abstand des Integralwertes liegen. Man trägt die so erhaltenen Drücke p_{k3}, p_{k4} (Ordinaten, Abszisse) in das früher erhaltene Diagramm ein und erhält aus dem Schnittpunkt der Linien einen vorläufigen Wert von p_{k3}, p_{k4} und damit nach (228) auch für p_{k1} und p_{k2}. Nun können damit die zunächst angenommenen Größen T_{k2} und

$$\left(\frac{p_{k3}}{p_o}\right)^{\frac{m-1}{2m}}$$

berichtigt und gegebenenfalls die Rechnung wiederholt werden.

2. Ermittlung der Saug- und Einlaßschlitzlängen.

Gegeben sind wieder die Hauptabmessungen (Größe des Kurbelkastenraumes, Schlitzbreiten usw.) und die Durchflußzahlen.

Für die Berechnung der Schlitze ist anzustreben, daß eine möglichst vollständige Auffüllung des Kurbelkastens beim Einsaugen und eine möglichst vollständige Entleerung des Kurbelkastens beim Spülen erreicht werden soll. Vollständiger

Druckausgleich erfordert verhältnismäßig lange Schlitze. Man rechnet daher im allgemeinen mit Werten von p_{k4}, die etwas größer als p_o, und Werten von p_{k2}, die etwas kleiner als p_o sind. Zunächst schätzt man die Schlitzlängen und bestimmt daraus p_{k3} und p_{k1} mittels der Beziehung (228). Dann ermittelt man aus (223) und (227) σ_s und σ_e mit den Werten von T_{k2} nach Beziehung (229) und wiederholt die Rechnung mit dem nun besser angenäherten Wert von x und y.

Durch die Wahl mehrerer Füllungs- bzw. Entleerungsdrücke, Wiederholung der Rechnung und Ermittlung der zugehörigen Leistungs- und Verbrauchswerte können die günstigsten Schlitzlängen angenähert werden.

Infolge der Vernachlässigung der Kolbenbewegung während des Einströmens und Spülens, der mangelhaften Erfassung des Wärmeübergangs und vor allem infolge des Einflusses von Schwingungen im Auspuff- und in geringerem Maß auch im Saugsystem werden sich zwischen den Ergebnissen der Rechnung nach dem angegebenen Verfahren und den wirklichen Werten Abweichungen ergeben.

Durch die schrittweise Berechnung wird, wie später gezeigt wird, der Einblick in die Zusammenhänge vertieft, auch werden im allgemeinen quantitativ besser übereinstimmende Ergebnisse erhalten. Es wird daher zweckmäßig sein, die nach den obigen Verfahren ermittelte vorläufige Auslegung der Steuerung durch die schrittweise Berechnung nach Teil I und Abschnitt II, 1, b, α dieses Bandes zu überprüfen und die Abstimmung auf Grund der Ergebnisse zu verbessern. Voraussetzung dafür ist die Kenntnis der Durchflußzahlen, die entweder von ähnlichen Bauarten übernommen oder besser an einfachen Modellen bestimmt werden.

Beispiel:

Die Anwendung des Verfahrens für die Vorausbestimmung der Saug- und Einlaßschlitze des schwingungslosen Systems wird mit dem folgenden Beispiel eines Kraftradmotors mit Vergaser gezeigt.

Gegeben: Zylinderdurchmesser D = 76 mm, Hub s = 76 mm, Hubraum $V_h =$ $= 0{,}346$ l, n = 4000 U/min, r/l = 0,25, Einlaßschlitzbreite 50 mm ergibt $\beta_e = 0{,}21$, $V_s = 2{,}75 \,.\, V_h$. Saugschlitzbreite 78 mm ergibt $\beta_s = 0{,}30$. Außenzustand: $p_o =$ $= 1{,}0$ kg/cm², $T_o = 288^0$ K. Nach Erfahrungswerten wird $\mu_m = 0{,}6$, $\mu_{ms} = 0{,}4$ angenommen. Für m wird $\varkappa = 1{,}4$, für $\tau = 1{,}07$ gesetzt.

$$A_e' = \frac{0{,}076 \,.\, 4000}{0{,}21 \,.\, 0{,}6} \,.\, 0{,}875 = 2110 \text{ m/min.}$$

$$A_s' = \frac{0{,}076 \,.\, 4000}{0{,}30 \,.\, 0{,}4} \,.\, 1{,}125 = 2850 \text{ m/min.}$$

Wählt man $p_{k2} = 0{,}99$ kg/cm², $p_{k4} = 1{,}01$ kg/cm², so erhält man mit den vorläufig geschätzten Schlitzlängen $\sigma_e = 0{,}21$, $\sigma_s = 0{,}28$ die Werte $x = 2{,}86$, $y = 3{,}61$ und $p_{k3} = 0{,}99 \,.\, 1{,}38 = 1{,}37$ kg/cm², $p_{k1} = 0{,}73$ kg/cm².

Aus Abb. 224 wird $T_{k2} = 322^0$ K und $T_{k3} = 322 \,.\, 1{,}26^{0{\cdot}4} = 354^0$ K. Damit ist nun aus (223) und (227) mit den Integralwerten aus Abb. 220 entsprechend den gegebenen Druckverhältnissen ($T_{k2} \sim T_{ko}$)

$$\sigma_e^{\frac{3}{2}} = 0{,}00179 \cdot \frac{2{,}86 \,.\, 2110}{1{,}4 \,.\, \sqrt{322}} \cdot 0{,}22, \quad \sigma_e \sim 0{,}21$$

$$\sigma_s^{\frac{3}{2}} = 0{,}00179 \cdot \frac{3{,}61 \,.\, 2850}{1{,}4 \,.\, 1{,}07 \,.\, \sqrt{288}} \cdot 0{,}215, \quad \sigma_s \sim 0{,}29$$

Eine Wiederholung der Rechnung erübrigt sich, da die erhaltenen Schlitzlängen in der Nähe der angenommenen Werte liegen. Der Luftaufwand wird mit $p_{k1} = 0{,}73$ und $p_{k2} = 0{,}99$ kg/cm²

$$\Lambda_o = \frac{3{,}61}{1{,}4 \,.\, 1{,}07} \cdot \frac{0{,}99 - 0{,}73}{1{,}0} = 0{,}63.$$

Wird wie üblich der Vorauspuff so knapp bemessen, daß Abgas in den Kurbelkasten rückströmt, so verringert sich der Ladungsaufwand, da der Zeitquerschnitt für die Spülung durch die Abgasströmung in und aus dem Kurbelkasten verkleinert wird.

b) Erfahrungswerte für die Schlitzabmessungen.

Aus den Ausdrücken (223) und (227) folgt, daß für gleiche Abmessungen (schädlicher Raum des Kurbelkastens, Schubstangenverhältnis) und gleiche Wärmeeinflüsse (Polytropenexponent m, Aufheizzahl τ) die Spülung bei Motoren gleich verlaufen muß, wenn die Wertgruppen

$$\frac{\sigma_e^{\frac{3}{2}}}{A'_e} \quad \text{und} \quad \frac{\sigma_s^{\frac{3}{2}}}{A'_s}$$

und bei gleichen Durchflußzahlen auch die spezifischen Zeitquerschnitte

$$Z_s = \frac{\int f \,.\, d\alpha}{6 \,.\, V_h \,.\, n} \; m^{-1} \text{ sek}$$

gleich sind. Bei Motoren mit weitem Bereich der Betriebsdrehzahlen, wie z. B. Kraftradmotoren, wird vielfach auch

$$\frac{\int f \,.\, d\alpha}{V_h}$$

zu Vergleichen benützt. In Zahlentafel 12 sind diese Werte für mehrere Kraftradmotoren zusammengestellt. Die Streuungen der Werte sind erheblich. Hinsichtlich

Zahlentafel 12

Zeitquerschnitte von Kraftradmotoren mit Vergaser und Kurbelkastenspülung

Motor	V_h cm³	V_s/V_h	D mm	s mm	Drehzahl n U/min.	Einlaß Z_s m^{-1}/sek.
Zündapp-Versuchsmotor	348	2,0	75	79	4000	2,91
DKW-UBS 350	346	—	—	—	4000	2,8
Triumph S 350	346	2,0	72	85	4000	3,18
DKW NZ 350	346	2,37	72	85	4000	1,41
DKW 125 cm³	125	2,77	52	58	4000	3,68
Puch 250	248	2,92	2x45	78	—	3,82

Motor	Zylinder $\int fd\alpha / V_h$ cm² °/l	Auslaß Z_s m^{-1}/sek.	Auslaß $\int fd\alpha / V_h$ cm² °/l	Vorauspuff Z_s m^{-1}/sek.	Vorauspuff $\int fd\alpha / V_h$ cm² °/l	Saugschlitze Z_s m^{-1}/sek.	Saugschlitze $\int fd\alpha / V_h$ cm² °/l
Zündapp-Versuchsmotor	1940	4,71	3140	0,12	81	3,82	2550
DKW-UBS 350	1860	4,68	3110	0 062	41,5	2,78	1850
Triumph S 350	2120	4,47	2980	0,04	26,6	4,48	2990
DKW NZ 350	940	4,60	3060	0,14	94	4,13	2750
DKW 125 cm³	2450	5,40	3600	0,066	44	3,93	2620
Puch 250	2550	5,50	3650	0,63	42,0	4790	3190

des Vorauspuffs fällt der Puchmotor mit U-Zylinder durch die Kinematik des Triebwerkes nach oben, der Triumphmotor nach unten heraus. Bei Einlaß-, Auslaß- und Saugzeitquerschnitten sind die Streuungen geringer, ausgenommen der Einlaßquerschnitt des DKW-NZ 350, der stark nach unten aus der Reihe fällt.

Die Bemessung der Steuerung wird von den beabsichtigten Betriebseigenschaften der Maschine beeinflußt, wobei entweder hohe Leistung oder geringer Verbrauch und bestimmte Drehmomentkurven angestrebt werden. Außerdem wird die optimale Einstellung auch vom Auspuffsystem beeinflußt. Die beobachteten Unterschiede in der Steuerungsauslegung ausgeführter Motoren gehen jedoch weit darüber hinaus und zeigen die Unklarheiten, die bei der Auslegung der Steuerungen kleiner Zweitaktmotoren noch bestehen.

In bezug auf den Vorauspuff steht fest, daß mäßiges Rückschlagen zuzulassen ist. Sehr starkes Rückschlagen hat ungünstigen Einfluß auf das Triebwerk und die Temperatur des Kurbelkastens. Durch Variation des Vorauspuffs und schrittweises Berechnen des Druckverlaufes (siehe z. B. Seite 120) lassen sich günstige Verhältnisse ermitteln.

c) Liefergrad, Nutzdruck und Wirkungsgrade von Motoren mit Kurbelkastenspülung.

Für den Liefergrad gilt wieder Ausdruck (92). λ_s' ist darin wieder der Λ_z' zugeordnete Wert der Spülkurve. Λ_z' wird aus (72) bestimmt.

Für T_s kann die mittlere Temperatur während der Verdichtung im Kurbelkasten

$$T_s = \frac{T_{k2} + T_{k3}}{2}$$

eingesetzt werden.

Wird im Kurbelkasten adiabatisch verdichtet, so ist bei Saugventilen

$$T_{k3} = T_o \cdot \left(\frac{p_{k3}}{p_o}\right)^{\frac{\varkappa - 1}{\varkappa}} \cdot \tau \tag{230}$$

bei Saugschlitzen

$$T_{k3} = T_{k2} \cdot \left(\frac{y}{x}\right)^{\varkappa - 1} \tag{231}$$

Der Innendruck p_{i-l} wird mit (52 b/I) berechnet. Die Ladungswechselarbeit (p_l) und die Spülpumpenarbeit (p_{La}) kann man graphisch aus dem entworfenen Ladungswechseldiagramm des Zylinders und dem Spülpumpendiagramm ermitteln. Wenn das Ergebnis einer schrittweisen Berechnung des Druckverlaufes nicht vorliegt, sind die Kurven 3—4 in Abb. 219 und 1—2, 3—4 in Abb. 223 schätzungsweise anzunehmen.

Nutzdruck und Nutzverbrauch sind nach Abschnitt II, 1, f, zu ermitteln.

Durch Variation der Annahmen ist es möglich, Abmessungen der Steuerungen zu bestimmen, mit denen entweder größte Leistung oder kleinster Verbrauch erzielt wird.

d) Berechnung der Kenngrößen des Ladungswechsels, der Leistung und des Verbrauches von Kraftradmotoren.

Beispiel 1: 125-cm³-DKW-Motor.

An einem 125-cm³-DKW-Kraftradmotor wurden von Christoph die Durchflußzahlen durch Versuche bestimmt. Mit der schrittweisen Berechnung nach Teil I und durch das früher angegebene Näherungsverfahren wurden der Ladungsaufwand und daraus Leistung und Verbrauch ermittelt. Den Ergebnissen wurden Leistungs- und Verbrauchsmessungen gegenübergestellt, die T o m a l a an der gleichen Maschine im Institut für Verbrennungskraftmaschinen (Prof. Dr. Pischinger) der Technischen Hochschule Graz durchgeführt hat. Der Motor hat folgende Abmessungen: D = 52 mm, s = 58 mm, Schubstangenlänge 125 mm. Kurbelkasteninhalt (u. T.) $V_s = 346\ cm^3$, $\varepsilon = 4{,}66$ (bezogen auf wirksamen Hubraum). Abb. 225 zeigt einen Querschnitt durch den Zylinder in Schlitzhöhe. Die Schlitzhöhen sind $\sigma_e = 0{,}206$, $\sigma_a = 0{,}268$, $\sigma_s = 0{,}276$ (Voreinlaß nach Abb. 225 berücksichtigt). Es ist weiter $\beta_e = 0{,}196$, $\beta_a = 0{,}196$ und $\beta_s = 0{,}171$. Der Lufttrichter des Vergasers hat 16 mm Durchmesser.

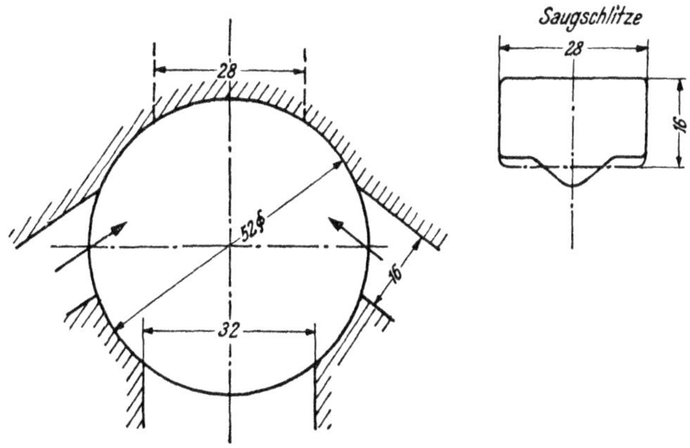

Abb. 225. Querschnitt durch den Zylinder und Abmessungen des Saugschlitzes im Kurbelkasten an einem 125-cm³-DKW-Kraftradmotor.

a) Schrittweise Berechnung des Ladungsaufwandes.

Vollast n = 4000 U/min. Abb. 226 zeigt die wirksamen Querschnitte der Einlaß-, Auslaß- und Saugschlitze. Die Werte von $\mu_s f_s$ wurden mit angebrachtem Vergaser gemessen, berücksichtigen daher auch die Drosselung in diesem. Man beginnt die Rechnung mit dem Vorauspuff, hat demnach zuerst den Zustand p_{za}, T_{za} im Zylinder beim Öffnen der Auslaßschlitze zu ermitteln.

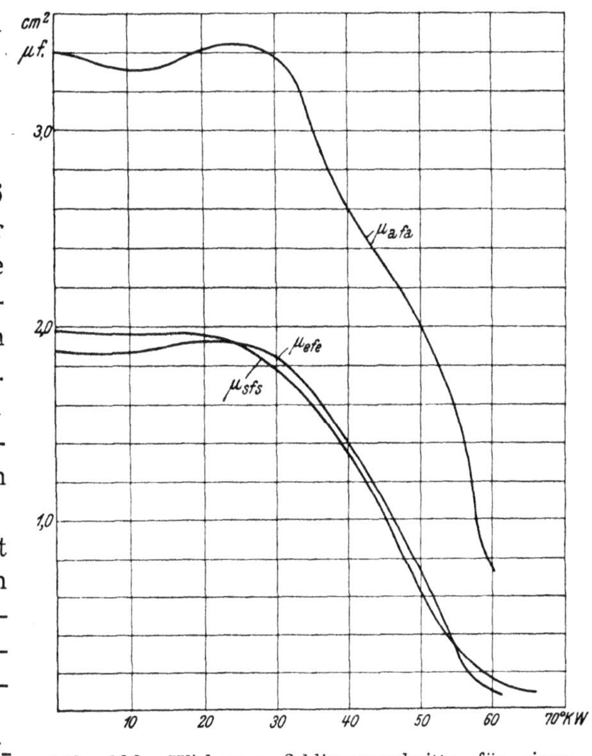

Abb. 226. Wirksame Schlitzquerschnitte für einen 125-cm³-DKW-Kraftradmotor.

Der Druck p_{za} wird wieder mit (7) berechnet. Die Messungen von T o m a l a ergaben eine Lutfüberschußzahl $\lambda = 0{,}95$, die den weiteren Berechnungen zugrunde gelegt wird, um vergleichbare Ergebnisse zu erhalten.

Damit wird nach Band 2 (II. Auflage) $\delta = 1{,}06$ und, wenn der Spülgrad $\lambda_s = 0{,}7$ geschätzt wird, aus (6) $\delta' \sim 1{,}04$. Der Druck zu Beginn der Verdichtung wird $p_1 \sim 1{,}1\ kg/cm^2$ angenommen.

Weiter wird entsprechend einem vorgeschätzten Wert von $T_{za} = 1800^0\ K$:

$$C_{vm} \Big/_{0}^{t_{za}} \sim 6{,}6\ kcal/^0C\ Mol.$$

Für $\lambda = 0{,}95$ kann nach Band 2 der Umsetzungsgrad $\eta_u = 0{,}93$ und der Wirkungsgrad des vollkommenen Motors ohne Ladungswechsel $\eta_{v-l} = 0{,}312$ gesetzt werden. Schätzt man nach Band 2 (II. Auflage) den Gütegrad des Arbeitsprozesses $\eta_{g-l} = 0{,}78$*, so wird $\eta_{i-l} = 0{,}244$. Nach der gleichen Quelle kann $\varphi_w = 0{,}2$ angenommen werden. Damit wird

$$p_{za} = 1{,}15 + \frac{1{,}986}{6{,}6} \cdot \frac{3{,}66}{4{,}66} \cdot \frac{1}{0{,}732} \cdot \frac{0{,}93 - 0{,}244 - 0{,}93 \,.\, 0{,}20}{0{,}244} \cdot p_{i-l} =$$

$$= 1{,}15 + 0{,}66 \,.\, p_{i-l} \text{ kg/cm}^2.$$

p_{i-l} muß zunächst geschätzt werden. Im vorliegenden Fall geben die Messungen $p_{i-l} \sim 4{,}5$ kg/cm², damit wird $p_{za} = 4{,}1$ kg/cm².

Bei der Berechnung nach dem Näherungsverfahren, die stets zuerst auszuführen ist, wurde $\lambda_s' = 0{,}54$ erhalten. Damit wird aus (86) $\lambda_s = 0{,}81$ und mit $T_s = 334^0$ K (Näherungsverfahren) aus (85)

$$T_{ze}' = 334 \cdot \frac{0{,}81}{0{,}54} \sim 500^0 \text{ K und mit } T_{ze}' \sim T_{za}'$$

aus (76)

$$T_{za} = \frac{4{,}1}{1{,}1} \cdot \frac{1}{1{,}04} \cdot 500 \sim 1800^0 \text{K}$$

Der Zustand im Zylinder beim Beginn des Vorauspuffs ist nun bestimmt.

Den Druckabfall während des Vorauspuffs erhält man aus (3). Es ist $\sigma_a - \sigma_e \sim$ $\sim 0{,}06$ und mit einer Durchflußzahl, die nach Abb. 20 im Mittel $\mu_a = 0{,}75$ geschätzt werden kann

$$A_a = \frac{4000 \,.\, 0{,}052}{0{,}106 \,.\, 0{,}75} = 1410 \text{ m/min.}$$

Es ist weiter mit $z_m = 0{,}97$, $R = 30{,}0$ und nach (3a) $C = 7{,}8$, $B = 4{,}3$ die Ordinatendifferenz in Abb. 12 0,065. Damit wird der Druck beim Öffnen der Einlaßschlitze $p_{ze} = 3{,}40$ kg/cm².

Der Druck im Kurbelkasten ist zu diesem Zeitpunkt wesentlich niederer. Man erhält mit dem Näherungsverfahren $p_k = 1{,}32$ kg/cm² und benützt diesen Wert für die weitere Berechnung. Für die Temperatur T_s wurde mit $\tau = 1{,}08$ in (221) mit dem Näherungsverfahren 334^0 K gefunden.

Zur Ermittlung von Druckverlauf und Gasdurchgang während des Rückschlagens benützt man Beziehungen analog (89/I). Man erhält für die Druckänderung im Kurbelkasten und im Zylinder:

$$\triangle p_k = 2\, B_{pk} \cdot \sqrt{p_z'' - p_k''} - p_k'' \varkappa \cdot \frac{\triangle \varphi_k}{\varphi_k''}$$

$$\triangle p_z = -2\, B_{pe} \cdot \sqrt{p_z'' - p_k''} - 2\, B_{pa} \cdot \sqrt{p_z'' - p_o} - p_z'' \varkappa \cdot \frac{\triangle z}{z''} \qquad (232)$$

Darin ist

$$B_{pk} = \frac{\varkappa}{180\, w_{me}} \cdot \frac{\triangle \alpha}{2} \cdot \frac{(\mu\, \sigma)_e''}{\varphi_k''} \cdot \sqrt{2\, g\, R T_z''} \,.\, \tilde{p}_z''^{\,\frac{\varkappa + \nu - 2}{2\varkappa}} \,.\, p_k''^{\,\frac{2 - \nu}{2\varkappa}}$$

$$B_{pe} = \frac{\varkappa}{180\, w_{me}} \cdot \frac{\triangle \alpha}{2} \cdot \frac{(\mu\, \sigma)_e''}{z_k''} \cdot \sqrt{2\, g\, R T_z''} \,.\, \tilde{p}_z''^{\,\frac{\varkappa + \nu - 2}{2\varkappa}} \,.\, p_k''^{\,\frac{2 - \nu}{2\varkappa}} \qquad (233)$$

* Der Motor wurde bei den Versuchen nicht auf Bestleistung eingestellt, η_{g-l} ist infolge des großen λ und vermutlich ungünstiger Zündungsverhältnisse relativ klein.

Für B_{pa} ist (96 a/I) einzusetzen. Für überkritisches Ausströmen ist

$$p_z'' \cdot \left(\frac{2}{\varkappa + 1}\right)^{\frac{\varkappa}{\varkappa - 1}} \tag{233 a}$$

an Stelle von p_k'' in (232) nur unter der Wurzel, in (233) allgemein einzusetzen.

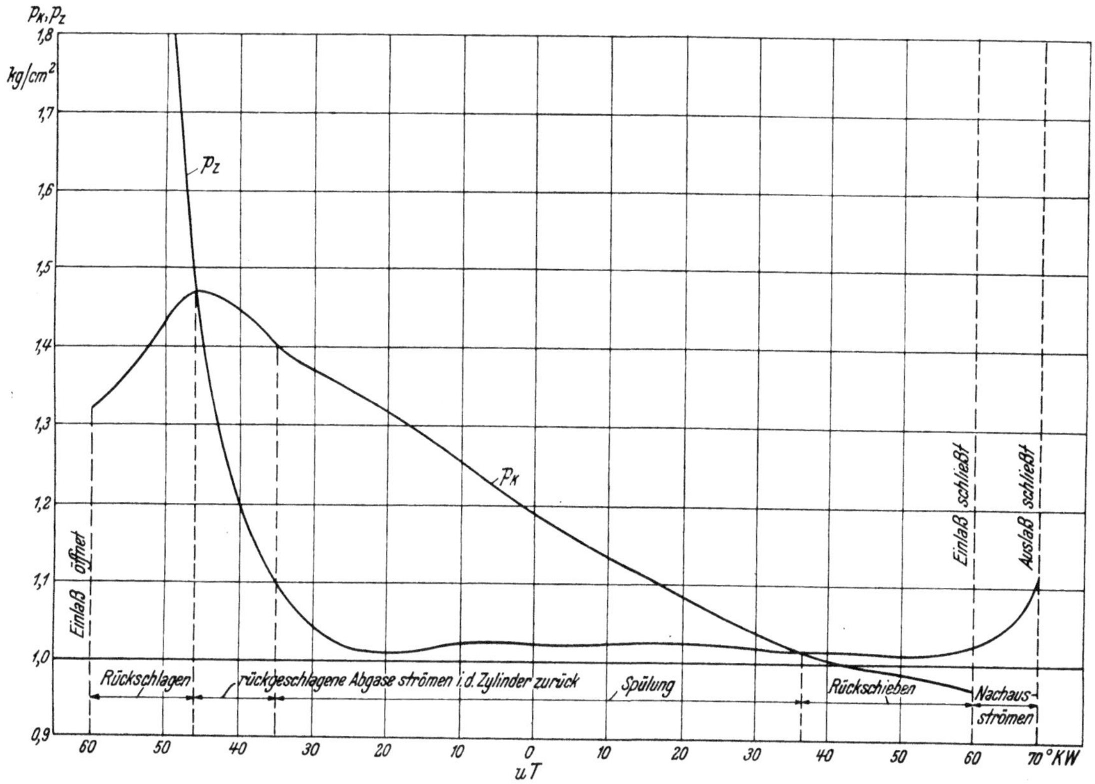

Abb. 227. Berechneter Druckverlauf im Zylinder und Kurbelkasten während der Spülung des 125-cm³-DKW-Kraftradmotors.

Man rechnet überkritisch mit geschätzten Werten von p_z'', unterkritisch entweder indem man die Gleichungen durch Probieren nach Teil I, Seite 67, auflöst oder analog nach (89 d/I) linearisiert. Man rechnet mit den beiden Gleichungen den Druckverlauf, bis bei $p_k = p_z$ die Strömung umschlägt.

Die in den Kurbelkasten eingedrungene Abgasmenge wird wie folgt ermittelt: Entsprechend (101 a/I) ist das in den Kurbelkasten eingedrungene Abgasvolumen in Bruchteilen des Hubraumes beim Zustand p_k, T_z:

$$\triangle V_r = \frac{2\,\psi_k''}{\varkappa\,.\,p_k''}\,.\,B_{pk}\,.\,\sqrt{p_z'' - p_k''} \tag{234a}$$

Für überkritisches Einströmen ist p_k'' unter der Wurzel und in B_{pk} durch (233 a) zu ersetzen. Auf Außenzustand bezogen, wird die rückschlagende Abgasmenge

$$\triangle \Lambda_r = \triangle V_r\,.\,\frac{p_k''}{p_o}\,.\,\frac{T_o}{T_z''} \tag{234b}$$

Zur Ermittlung der wieder in den Zylinder rückgeströmten Abgasmenge benützt man wieder (234 a), erhält damit das Abgasvolumen mit B_{pk} wie zu (109a/I) im Zustand p_k, T_k und rechnet mit

$$\triangle \Lambda_r = \triangle V_r \cdot \frac{p_k''}{p_o} \cdot \frac{T_o}{T_k''}$$

(T_k'' für Temperatur der vorgelagert angenommenen Abgase) auf Außenzustand um.

Nach Abb. 227 liegt der Umschlagpunkt bei $p_k = p_z = 1{,}47$ kg/cm² und 46° KW v. u. T. Die überströmende Abgasmenge beträgt, auf Außenzustand bezogen, 0,039 Bruchteile des Hubraumes und nimmt bei einer mittleren Temperatur von $\sim 1600^0$ K ein Volumen von

$$125 \cdot 0{,}039 \cdot \frac{1600}{288} \cdot \frac{1}{1{,}47} = 18{,}5 \text{ cm}^3$$

ein. Da die Überströmkanäle ein wesentlich größeres Volumen haben, nehmen sie die Abgase auf. Thermische Rückwirkungen auf das Triebwerk sind demnach nicht zu erwarten.

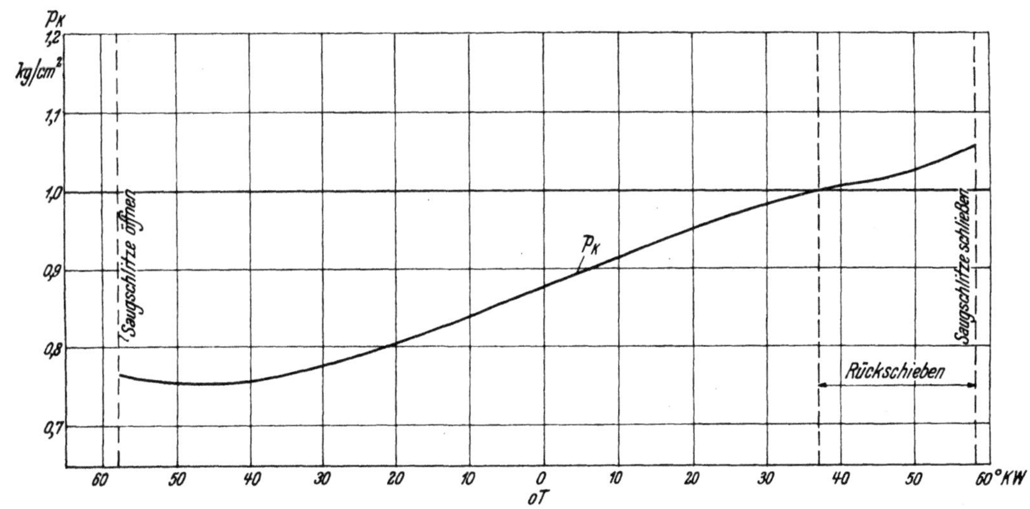

Abb. 228. Berechneter Druckverlauf im Kurbelkasten während des Ansaugens in den Kurbelkasten beim 125-cm³-DKW-Kraftradmotor.

Die weitere Rechnung wurde mit den Ausdrücken (109 b, c/I) fortgesetzt. Bis $\sim 35^0$ KW dauert das Rückströmen der Abgase aus dem Kurbelkasten in den Zylinder, dann beginnt die Spülung. Sie setzt infolge des weit geöffneten Querschnittes sofort kräftig ein. Der Spülgradermittlung nach Abschnitt II, 2, b, 1, wurde die Spülkurve $s/D = 1{,}75$ in Abb. 63 zugrunde gelegt. Die Temperatur des Abgasstromes wurde mit (130) bzw. (131) bestimmt. Nach Abb. 227 sinkt der Zylinderdruck rasch auf einen Wert, der nur wenig über dem Außendruck $p_o = 1{,}0$ kg/cm² liegt.

Der Druck im Kurbelkasten nimmt annähernd linear mit dem Kurbelwinkel ab und unterschreitet infolge der Saugwirkung des aufwärtsgehenden Kolbens bei $\sim 37^0$ KW n. u. T. den Zylinderdruck. Nun beginnt ein Rückströmen aus dem Zylinder in den Kurbelkasten, durch das jedoch nur die kleine Ladungsmenge von $\sim 0{,}02\ V_h$ (Außenzustand) bis zum Abschluß der Einlaßschlitze zurückfließt. Durch das Rückschieben wird die Leistung, nicht aber der Wirkungsgrad vermindert.

Bis zum Abschluß der Auslaßschlitze wird Ladung durch den Kolben nach außen gedrängt. Die zunehmende Drosselung bewirkt bis zum Abschluß der Auslaßschlitze einen Druckanstieg bis auf $p_{za}' = 1{,}11$ kg/cm².

Mit (221) wird der Ladungsaufwand $\Lambda_o = 0{,}65$, mit (72) kann der Spülkurve $\lambda_s' = 0{,}54$ entnommen werden.

Der Vorgang im Kurbelkasten wird nun weiter verfolgt. Der Druck im Kurbelkasten beim Abschluß der Einlaßschlitze in den Zylinder ist $p_{k4}=0{,}96$ kg/cm². Er sinkt bei Expansion ($m = \varkappa$ angenommen) bis zum Öffnen der Saugschlitze auf 0,77 kg/cm².

Auch das Einströmen in den Kurbelkasten kann durch schrittweise Berechnung mit den Ausdrücken (108/I) verfolgt werden. Infolge der Kolbenbewegung steigt der Druck nach Abb. 228 am Ende des Einströmens über den Außendruck und es strömt ein (hier sehr kleiner) Teil der Ladung durch den Vergaser nach außen. Mit abnehmender Drehzahl kann dieser rückausgeschobene Teil bis auf annähernd den Anteil am Hubvolumen anwachsen, welcher der Saugschlitzlänge entspricht. Dadurch wird der Ladungsaufwand bei kleinen Drehzahlen merkbar herabgesetzt. Die Einwirkung dieses Rückschiebens auf die Gemischbildung im Vergaser wird später besprochen.

Die Verdichtung im Kurbelkasten beginnt beim Abschluß der Saugschlitze mit einem Druck $p_{k2} = 1{,}055$ kg/cm². Beim Öffnen der Einlaßschlitze wird durch die Verdichtung ($m = \varkappa$) der Druck $p_{k3} = 1{,}32$ kg/cm² erreicht, mit dem die schrittweise Rechnung früher begonnen wurde.

Unter Verwendung (68/I) erhält man den einströmenden Ladungsaufwand $\Lambda_0 = 0{,}66$. Da dieser Wert nur wenig von der berechneten, aus dem Kurbelkasten in den Zylinder abgeströmten Ladungsmenge abweicht, kann die Rechnung hier abgebrochen werden. Abweichungen sind dadurch verursacht, daß die Rechnung mit unrichtigen Annahmen begonnen wurde. In ihrem Verlauf nähert man sich aber den richtigen Werten, genau so, wie der wirkliche Vorgang nach einer Störung wieder in den normalen Ablauf übergeht. Bei stärkerer Abweichung ist demnach die schrittweise Rechnung so lange fortzusetzen, bis zu- und abfließende Menge annähernd gleich werden.

Das Ergebnis der Berechnung läßt erkennen, daß die Schlitze für die untersuchte Drehzahl annähernd richtig bemessen sind. Der Zeitquerschnitt wird im wesentlichen gut ausgenützt, durch das Rückschieben in den Kurbelkasten werden nur kleine Leistungsverluste verursacht.

Zur Berechnung von Leistung und Verbrauch rechnet man zunächst mit (92) den Liefergrad. Mit $p_{zm} = 1{,}03$, $p'_{za} = 1{,}11$ kg/cm² ist

$$\lambda_l = 0{,}54 \,.\, 0{,}732 \cdot \frac{4{,}66}{3{,}66} \cdot \frac{288}{334} \cdot \frac{1{,}03}{1{,}00} \cdot \left(\frac{1{,}11}{1{,}03}\right)^{\frac{1}{1{,}4}} = 0{,}47$$

Mit den früher angegebenen Werten für den Wirkungsgrad und $H_u = 10.425$ kcal/kg, $L_0 = 12{,}4$ m³/kg (288°, 1 at), dem Molekulargewicht des Kraftstoffdampfes $m = 100$, $V_d = 24{,}4$ m³/Mol wird

$$p_{i-l} = 0{,}0427 \cdot \frac{10.425}{0{,}24 + 0{,}95 \,.\, 12{,}4} \cdot 0{,}244 \,.\, 0{,}47 = 4{,}3 \text{ kg/cm}^2.$$

Aus den Ergebnissen der schrittweisen Berechnung kann das Zylinderdiagramm während des Ladungswechsels, Abb. 229, gezeichnet und daraus der Mitteldruck der Ladungswechselarbeit p_l bestimmt werden. Man erhält $p_l = 0{,}3$ kg/cm². Aus dem Kurbelkastendiagramm, Abb. 230, wird $p_{La} = 0{,}3$ kg/cm².

Bei geschlossener Drossel wurde ein Reibungsdruck $p_{ro} = 0{,}5$ kg/cm² bei Fremdantrieb gemessen. Dieser Wert entspricht annähernd dem Reibungsdruck der reinen Massenkräfte. Nach Ullmann [20] kann hier mit einer Zunahme von $\sim 0{,}1$ kg/cm² durch den Gasdruck gerechnet werden. Der gesamte Reibungsdruck ist daher $p_r \sim$ $\sim 0{,}6$ kg/cm².

Damit wird $p_e = 4{,}3 + 0{,}3 - 0{,}3 - 0{,}6 = 3{,}7$ kg/cm². Den Verbrauch erhält man aus (159). Es ist

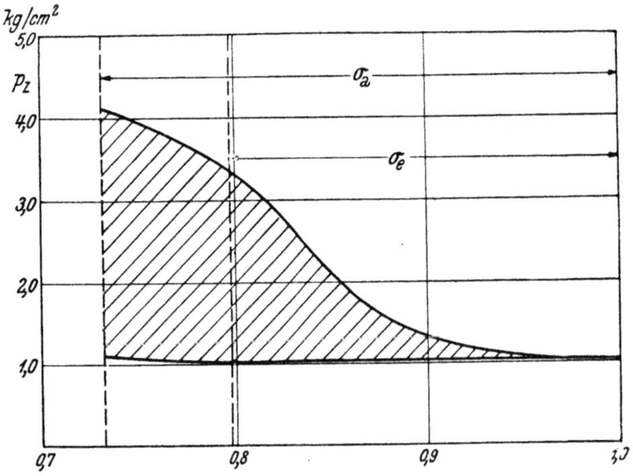

Abb. 229. Ladungswechseldiagramm und Ladungswechselarbeit des 125-cm³-DKW-Kraftradmotors.

$$b_{i-l} = \frac{632}{0{,}244\,.\,10.425} = 0{,}248 \text{ kg/PS . h.}$$

Der Innenverbrauch mit Berücksichtigung des Ladungswechsels wird daher nach (159)

$$b_i = \frac{0{,}65}{0{,}47} \cdot \frac{4{,}3}{4{,}6} \cdot 0{,}248 = 0{,}321 \text{ kg/PS . h}$$

und der Nutzverbrauch $b_e = 0{,}390$ kg/PS . h.

Bei einem Vergleich mit den Meßergebnissen Abb. 231 ist zu berücksichtigen, daß diese an dem Motor mit Auspuffsystem erhalten wurden, bei der Rechnung wurde jedoch der Gegendruck p_o unmittelbar nach den Auslaßschlitzen vorausgesetzt. Die gemessenen Werte: $\Lambda_o = 0{,}60$, $p_e = 3{,}6$ kg/cm² und $b_e = 0{,}360$ kg/PS . h stehen zu den berechneten Werten in der zu erwartenden Beziehung. Rechnet man mit $\Lambda_o = 0{,}60$, so geben die gleichen Annahmen, wie sie der Rechnung zugrunde liegen, $\lambda_s' = 0{,}53$, $\lambda_l = 0{,}47$, $p_{i-l} = 4{,}3$ kg/cm², $p_i = 4{,}5$ kg/cm², $p_e = 3{,}6$ kg/cm² und $b_e = 0{,}362$ kg/PS . h. Die Übereinstimmung mit den gemessenen Werten ist dann gut.

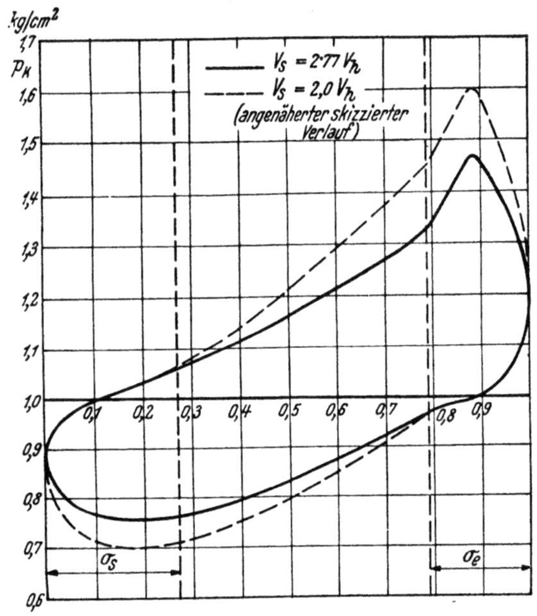

Abb. 230. Berechnetes Diagramm der Kurbelkastenspülpumpe des 125-cm³-DKW-Kraftradmotors. Strichliert: Diagramm bei verkleinertem schädlichen Raum.

β) Berechnung des Ladungsaufwandes nach dem Näherungsverfahren.

Die Genauigkeit des Näherungsverfahrens hängt von der richtigen Wahl der Durchflußzahlen ab. Im vorliegenden Fall gibt das Verhältnis der Zeitquerschnittszahlen aus den wirksamen und den geometrischen Querschnitten unmittelbar die mittlere Durchflußzahl μ_{sm} der Saugschlitze. Der Zeitquerschnitt der wirksamen Querschnitte entspricht der Fläche unter der $\mu_s\,.\,\mathfrak{f}_s$ -Kurve in Abb. 226. Im Verhältnis zur entsprechenden Fläche der geometrischen Querschnitte gesetzt, erhält man $\mu_{sm} = 0{,}52$.

Für Vorausberechnungen — ohne versuchsmäßige Bestimmung der Durchflußzahlen — ist es von Interesse, daß man annähernd den gleichen Wert erhält, wenn man μ_{sm} nach (225) rechnet und $\mu_s = 1{,}0$, $\mu_d = 1{,}0$ setzt.

Für die Spülung erhält man die Durchflußzahlen μ_m aus (23). Für die Zustandsgrößen unter der Wurzel werden Mittelwerte eingesetzt. Mit $p_{zm} = 1{,}03$ kg/cm²,

$p_s = 1{,}20$ kg/cm², $T_a = 334°$ K und $T_{zm} = 700°$ K wird mit den gemessenen Durchflußzahlen μ_e, μ_a die mittlere Durchflußzahl des Spülsystems $\mu_m = 0{,}56$.

Rechnet man mit den Durchflußzahlen nach Nusselt (Abb. 20) für Ein- und Auslaßschlitze, so erhält man aus (23) die mittlere Durchflußzahl des Spülsystems $\mu_m = 0{,}58$. Beide Werte liegen nahe aneinander, ein weiterer Beweis, daß die Verwendung der Durchflußzahlen nach Abb. 20 im allgemeinen brauchbare Ergebnisse liefert und Vorausberechnungen auch dann möglich macht, wenn experimentell ermittelte Durchflußzahlen nicht vorliegen.

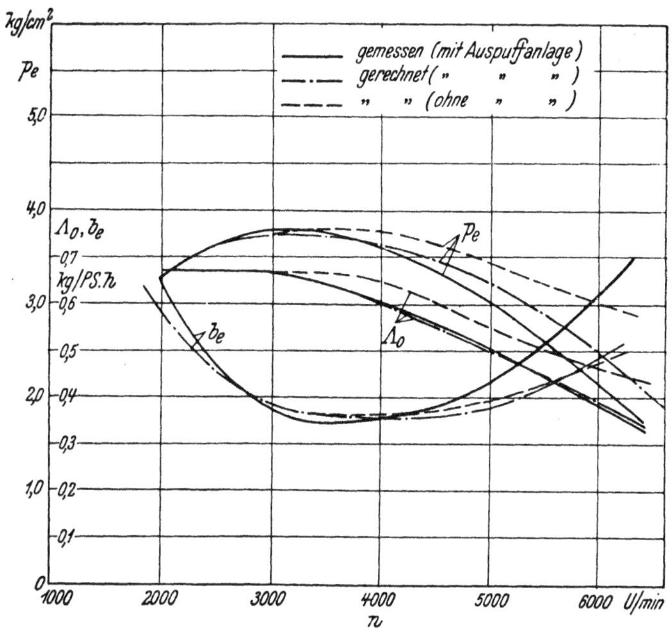

Abb. 231. Berechneter und gemessener Luftaufwand, Nutzdruck p_e und Nutzverbrauch b_e des 125-cm³-DKW-Kraftradmotors.

Aus dem schädlichen Raum der Kurbelkastenspülpumpe und den Schlitzlängen wird nach (226) und (222)

$$x = 2{,}87,\ y = 3{,}63,\ \frac{y}{x} = 1{,}26,$$

$$\left(\frac{y}{x}\right)^{1,4} = 1{,}39.$$

Man erhält weiter

$$A'_s = \frac{0{,}052 \,.\, 4000}{0{,}52 \,.\, 0{,}171} \cdot (1 + 0{,}116) = $$
$$= 2610 \text{ m/min}.$$

Die Temperatur im Kurbelkasten zu Beginn der Verdichtung muß geschätzt werden. Bei Versuchen von U. Schmidt [24] wurden Lufttemperaturen im Kurbelkasten von 50 bis 60° C gemessen. Setzt man dementsprechend $T_{k2} = 323°$ K, so wird mit $\frac{p_{k4}}{p_{k3}} = \frac{p_{k2}}{p_{k1}} \sim 0{,}72$ nach Abb. 216 $\tau = 1{,}08$. Das Integral auf der rechten Seite ist mit diesen Werten 0,220.

Für die Spülung gilt die Beziehung (227), darin ist $A'_e = \frac{0{,}052 \,.\, 4000}{0{,}196 \,.\, 0{,}56} \cdot 0{,}884 = 1670$ m/min. Schätzt man den Verlust an Zeitquerschnitt durch Rückschlagen $\sim 12\%$, so wird $A'_e = 1900$ m/min. Damit wird $Z_{k3} - Z_{k4} = 0{,}242$.

Nach Seite 201 werden $p_{k2} = 0{,}990$, $p_{k3} = 1{,}38$, $p_{k4} = 1{,}00$ und $p_{k1} = 0{,}720$ kg/cm².

Aus (221) erhält man

$$\Lambda_0 = \frac{3{,}63 \,.\, (0{,}990 - 0{,}720)}{1{,}4 \,.\, 1{,}08} = 0{,}65$$

in Übereinstimmung mit dem Wert, der mit der schrittweisen Rechnung erhalten wurde.

Der Spülgrad λ'_s ist die Ordinate der Spülkurve Abb. 63, welche der Abszisse

$$\Lambda'_z = 0{,}65 \cdot \frac{1{,}0}{1{,}03} \cdot \frac{333}{288} \cdot \frac{1{,}0}{1{,}10} = 0{,}67$$

zugeordnet ist. Man erhält $\lambda'_s = 0{,}55$ und damit Werte von p_{i-1}, p_i und p_e, die um 0,1 kg/cm² größer sind als die früher ermittelten. Der Verbrauch wird

$$b_e = 0{,}388 \text{ kg/PS} \,.\, \text{h}.$$

Die Abweichungen liegen innerhalb der Fehlergrenzen beider Verfahren.

Die Größen des Luftaufwandes, der Leistung und des Verbrauches wurden in gleicher Art für n = 2000, 3000, 5000 und 6000 U/min ermittelt. Die mit der Drehzahl zunehmende Abnahme des Einlaßschlitzquerschnittes durch das Rückschlagen wurde durch folgende Schätzung berücksichtigt:

Da das Ausströmen bis zu $p_z = p_k$ vorwiegend überkritisch erfolgt und die durch den Einlaß in den Kurbelkasten abfließende Menge im Verhältnis zur Abgasmenge, die durch die Auslaßschlitze abfließt, unbedeutend ist, kann der absolute Zeitquerschnitt des Auslasses bis zum Ende des Rückschlagens ($p_k = p_z$) bei allen Drehzahlen gleich angenommen werden. Der Winkelquerschnitt nimmt daher linear mit der Drehzahl zu. In Abb. 232 entsprechen die Flächen ABC, AB'C', A'B''C'' den relativen Zeitquerschnitten bei den Drehzahlen 4000, 5000 und 6000 U/min. Nun kann annähernd die überströmende Menge dem entsprechenden Zeitquerschnitt DEC des Einlasses verhältig gesetzt, ferner angenommen werden, daß bei allen Drehzahlen der Zeitquerschnitt DEC während des Rückschlagens im gleichen Verhältnis zum Zeitquerschnitt EFCG stehen muß, der für das Rückschieben der in den Kurbelkasten eingedrungenen Abgase in dem Zylinder erforderlich ist. Setzt man DFG zum gesamten Zeitquerschnitt des Einlasses ins Verhältnis, so erhält man aus den für eine Drehzahl berechneten Werten den Verlust infolge des Rückschlagens bei anderen Drehzahlen und kann μ_m und A_e' für diese Drehzahlen berechnen.

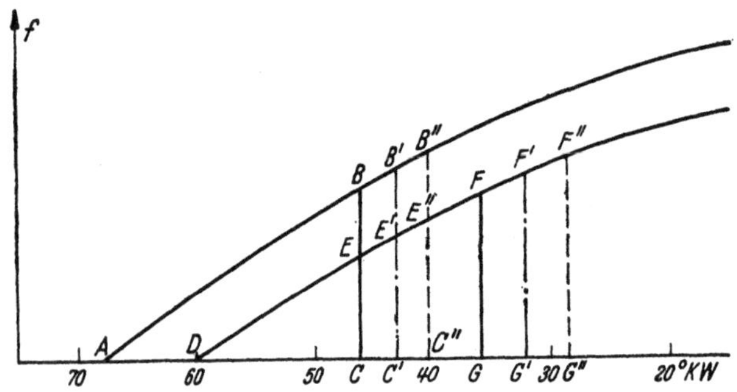

Abb. 232. Angenäherte Ermittlung des durch das Rückschlagen der Abgase in den Kurbelkasten verlorenen Einlaßzeitquerschnittes.

Im vorliegenden Fall erhält man für die Drehzahlen n = 2000, 3000, 4000, 5000 und 6000 U/min die Verkleinerungsfaktoren von μ_m infolge des Rückschlagens 0,97, 0,93, 0,89, 0,84 und 0,79. Die Faktoren nehmen im oberen Drehzahlbereich mit der Drehzahl ungefähr linear ab.

Durch Rechnung nach dem Näherungsverfahren mit diesen Werten wurden die strichlierten Kurven der Abb. 231 erhalten. Den Berechnungen liegen die Werte in Zahlentafel 13 zugrunde. λ wurde nach den Meßwerten angenommen, η_{g-1} nach Kurve b in Abb. 186.

Während im unteren Drehzahlenbereich die berechneten und gemessenen Werte gut übereinstimmen, ergeben sich im oberen Drehzahlenbereich stärkere Abweichungen. Die berechneten Ladungsaufwände liegen beträchtlich über den gemessenen Werten, außerdem steigt der gemessene Brennstoffverbrauch zwischen 4500 und 6000 U/min wesentlich stärker an, als es dem nach Zahlentafel 13 angenommenen

Zahlentafel 13.

Werte für die Leistungs- und Verbrauchsberechnung des 125-cm³-DKW-Motors.

U/min n	λ	η_{v-1}	η_{g-1}
2000	0,76	0,246	0,69
3000	1,01	0,33	0,77
4000	0,95	0,312	0,80
5000	0,86	0,283	0,82
6000	0,70	0,227	0,84

Gütegradverlauf entsprechen würde. Die Ursachen dieser Abweichung liegen in der mit zunehmender Drehzahl immer stärker spürbaren Drosselung durch das Auspuffsystem, die bei der Rechnung nicht berücksichtigt wurde, und in der Abnahme des Gütegrades mit dem Spülgrad. Bei kleinen Spülgraden, wie sie z. B. zwischen n = 5000 und 6000 U/min infolge der kleinen Ladungsaufwände auftreten, bewirkt die erhebliche Abgasbeimischung bei hohen Drehzahlen eine starke Verschleppung der Verbrennung, die den Wirkungsgrad herabsetzt. Der Gütegrad sinkt daher mit abnehmendem Spülgrad.

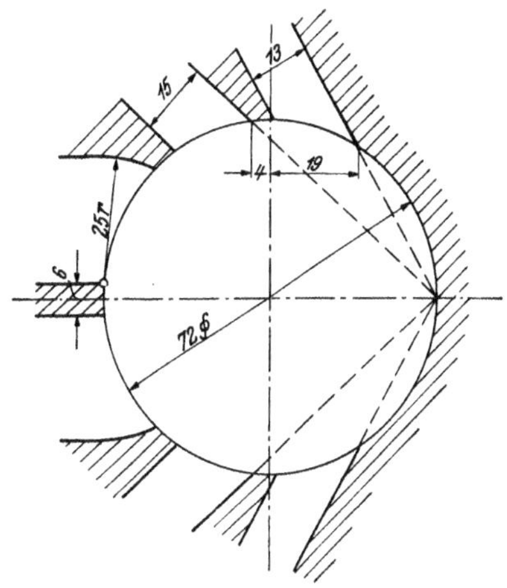

Abb. 233. Schlitzanordnung (Schnürlespülung) des 350-cm³-Kraftradmotors. Beispiel S. 214.

Die Drosselwirkung des Auspuffsystems läßt sich annähernd berücksichtigen, wenn man seinen Ersatzquerschnitt bei stationärem Durchfluß F_t durch Messung bestimmt und an Stelle von

$\left(\frac{\mu_e f_e}{\mu_a f_a}\right)^2$ die Gruppe $\left(\frac{\mu_e f_e}{\mu_a f_a}\right)^2 + \left(\frac{\mu_e f_e}{\mu_m F_t}\right)^2$ in (23) einsetzt.

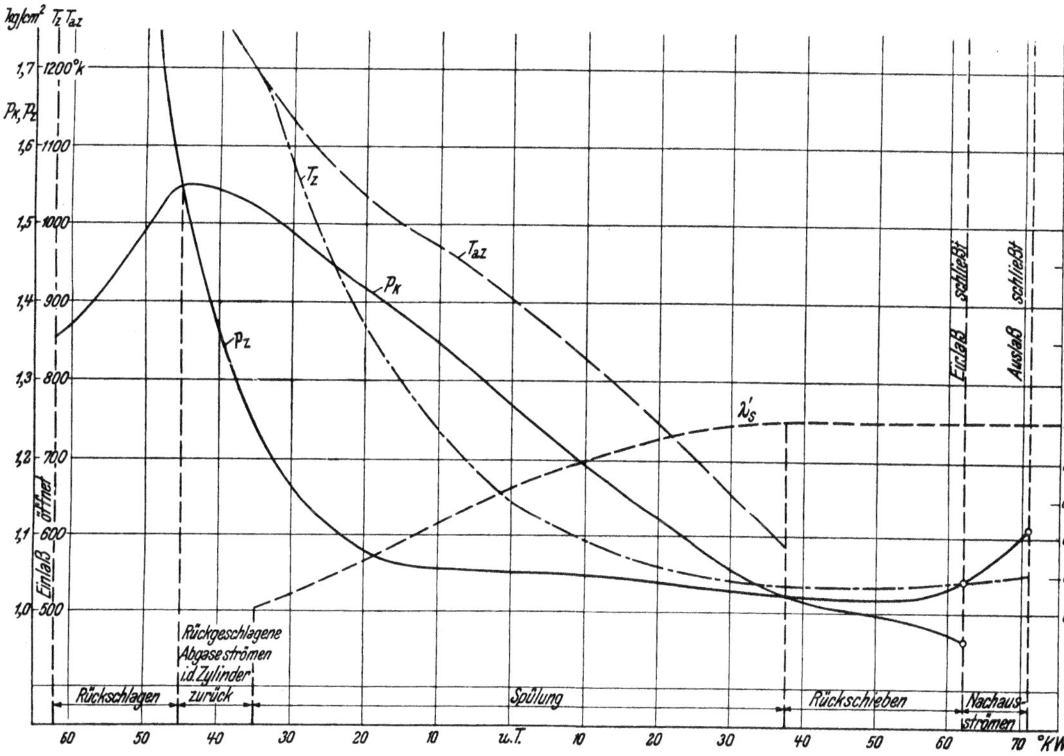

Abb. 234. Druckverlauf im Zylinder p_z, im Kurbelkasten p_k, Temperaturverlauf im Zylinder T_z und im Auspuffstrom vor den Auslaßschlitzen T_{az} und Verlauf von λ_s' als Ergebnis einer schrittweisen Berechnung des Ladungswechselvorganges des 350-cm³-Kraftradmotors. Beispiel S. 214.

F_t ist eine Öffnung mit gleicher Drosselwirkung wie das Auspuffsystem bei stationärem Durchfluß. Im vorliegenden Fall ist $F_t = 2{,}0$ cm² und $\mu_m = 0{,}48$. Der mit diesem Wert berechnete, in Abb. 231 strichpunktiert gezeichnete Verlauf stimmt gut mit dem gemessenen Verlauf überein.

Diese vereinfachte Erfassung der Wirkung des Auspuffsystems liefert nur dann brauchbare Ergebnisse, wenn die im Auspuffsystem auftretenden Schwingungen stark gedämpft werden oder sich aus anderen Gründen nicht spezifisch auswirken. Eine exaktere und daher allgemein brauchbare Erfassung der Wirkung des Auspuffsystems wird später besprochen. Die Differenzen, die zwischen den Meß- und Rechenwerten von p_e und b_e bestehen bleiben, sind auf die Verminderung des Gütegrades zurückzuführen, die durch die Verschleppung der Verbrennung infolge der Abgasbeimischung entsteht.

Das angegebene Verfahren läßt sich unverändert auch im Teillastgebiet anwenden, nur ist dann an Stelle des vollen, wirksamen Vergaserquerschnittes μ_d f_d der Wert einzusetzen, welcher dem jeweiligen gedrosselten Querschnitt entspricht. Es ist ferner zu beachten, daß p_{La} mit dem Ladungsaufwand abnimmt. Der Einfluß des Spülgrades auf den Gütegrad des Arbeitsprozesses tritt hier noch stärker hervor wie bei Vollast und muß daher berücksichtigt werden, um gut angenäherte Leistungs- und Verbrauchswerte zu erhalten.

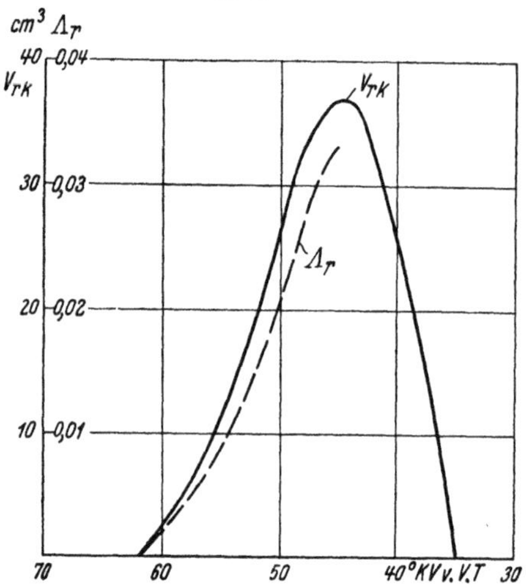

Abb. 235. Schrittweise Berechnung des Ladungswechselvorganges des 350-cm³-Kraftradmotors. Beispiel S. 214. In den Kurbelkasten rückschlagende Abgasmenge.

Beisp. 2: Der Vergasermotor mit Kurbelkastenspülung hat fogende Daten: $d = 72$ mm, $s = 85$ mm, $n = 4000$ U/min, $\varepsilon = 4{,}6$. Abb. 233 zeigt den Querschnitt des Zylinders im Schlitzbereich. Der Winkel des durch die Einlaßschlitze eintretenden Stromes mit der Zylinderachse ist $\gamma_e = 55^0$. Die Schlitzlängen sind: $\sigma_e = 0{,}215$, $\sigma_a = 0{,}28$ und $\sigma_s = 0{,}22$. Der schädliche Raum des Kurbelkastens ist $2{,}0\ V_h$. Aus den Abmessungen in Abb. 233 und dem Neigungswinkel erhält man $\sigma_e \sin\gamma = 0{,}204$, $\beta_a = 0{,}221$. Die Durchflußzahlen für die Spülung wurden Abb. 43, für das Rückschlagen Zahlentafel 1 entnommen, da Meßergebnisse nicht vorlagen.

Durch schrittweise Berechnung nach dem angegebenen Verfahren wurden für den Ladungswechsel erhalten:

$$\Lambda_o = 0{,}53, \lambda_l = 0{,}42, \lambda_s' = 0{,}50 \text{ und } p_{za}' = 1{,}11 \text{ kg/cm}^2.$$

Damit sind die Leistungs- und Verbrauchswerte:

$$p_{i-l} = 4{,}35 \text{ kg/cm}^2, \quad p_i = 4{,}65 \text{ kg/cm}^2, \quad p_e = 3{,}75 \text{ kg/cm}^2,$$
$$b_i = 0{,}307 \text{ kg/PS.h}, \ b_e = 0{,}380 \text{ kg/PS.h}.$$

Zur Vertiefung des Einblickes in die Vorgänge beim Ladungswechsel werden die Ergebnisse ausführlicher dargestellt wie beim vorausgegangenen Beispiel.

Abb. 234 zeigt den Druckverlauf im Kurbelkasten und im Zylinder, den Verlauf der Temperaturen des Zylinderinhaltes, des Abgasstromes und den Verlauf des Spülgrades λ_s' während der Spülung.

Die Abgase schlagen nach Öffnen der Einlaßschlitze in den Kurbelkasten zurück, so daß die Spülung erst bei $\sim 35^0$ KW v. u. T. beginnen kann. Auch am Ende des Spülvorganges zeigt sich der gleiche typische Verlauf der Vorgänge wie beim vorangegangenen Beispiel mit Rückschieben in den Kurbelkasten und Nachausströmen aus dem Zylinder nach Abschluß der Einlaßschlitze.

Abb. 235 zeigt die beim Rückschlagen im Kurbelkasten eingedrungenen Abgasmengen, V_{rk} ist das wirkliche Abgasvolumen, aus dem die Eindringtiefe in die Überströmkanäle beurteilt werden kann, Λ_r die relative Menge (Bruchteil des Hubraumes) im Außenzustand.

Die Änderungen der Gasmengen und die Erfolgsgrößen des Ladungswechsels im Zylinder während der Spülung sind aus Abb. 236 zu entnehmen.

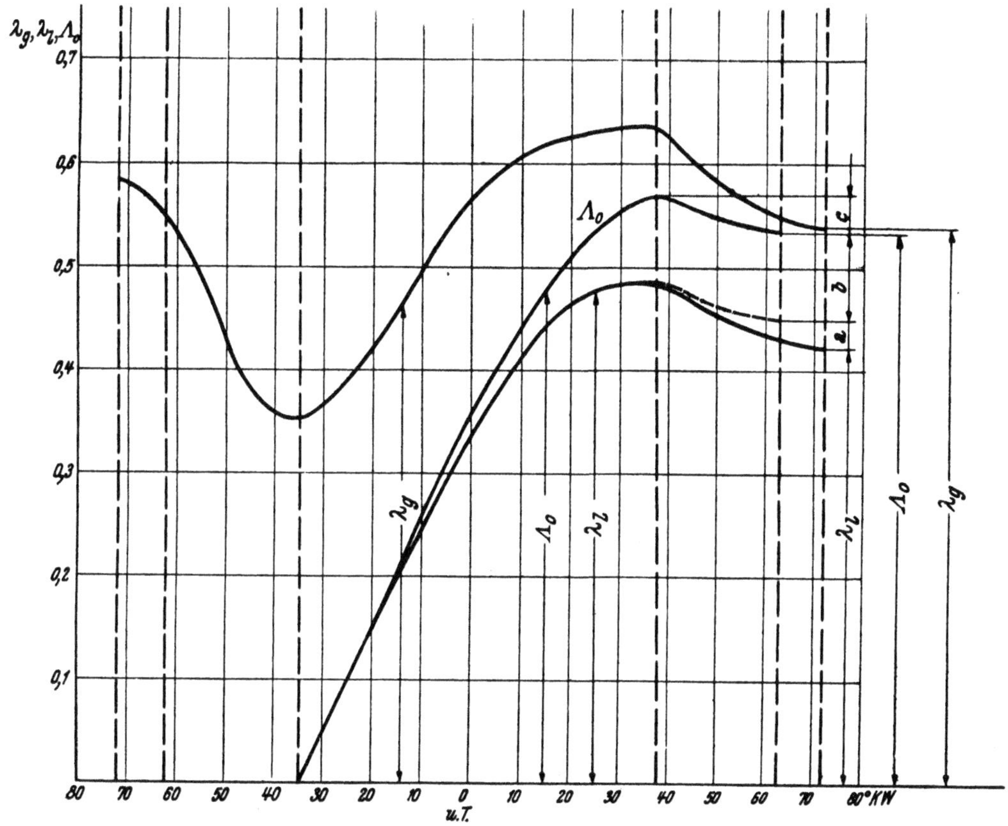

Abb. 236. Schrittweise Berechnung des Ladungswechselvorganges des 350-cm³-Kraftradmotors. Verlauf der Gesamtladung λ_g im Zylinder, des Liefergrades λ_l und des Ladungsaufwandes Λ_0 während des Ladungswechsels.

Während der Spülung entsteht ein Verlust von b ~ 8% Gemisch. Das Ausströmen durch die Auslaßschlitze von der Beendigung der Spülung an (Umschlagpunkt) bringt einen weiteren Verlust von a ~ 3%.

Diese Verluste a und b beeinflussen Wirkungsgrad und Leistung. Das Rückschieben in den Kurbelkasten, durch das c = 3,5% Frischladung (Außenzustand) zurückgedrückt werden, vermindert hingegen nur die Leistung, ohne den Innenwirkungsgrad η_i zu beeinflussen. Die Gesamtladung λ_g erreicht ihren Kleinstwert annähernd zu Beginn, ihren Größtwert am Ende der Spülung.

Abb. 237 gibt einen Überblick über den Verlauf der Förderung der ein- und austretenden Gasströme (Zustand im Zylinder). Das heftige Eindringen der Abgase in den Kurbelkasten beim Rückschlagen, das rasche Umschlagen der Strömung am Ende des Rückschlagens (in Wirklichkeit gemildert durch die hier vernachlässigte Trägheit der Gassäulen), ferner das verhältnismäßig wenig ergiebige Rückschieben von Frischladung in den Kurbelkasten nach Ende der Spülung sind klar erkennbar.

Das Ausströmgesetz hat infolge des knappen Vorauspuffs und des fallenden Spüldrucks dreieckige Form mit v o r n e liegender Spitze.

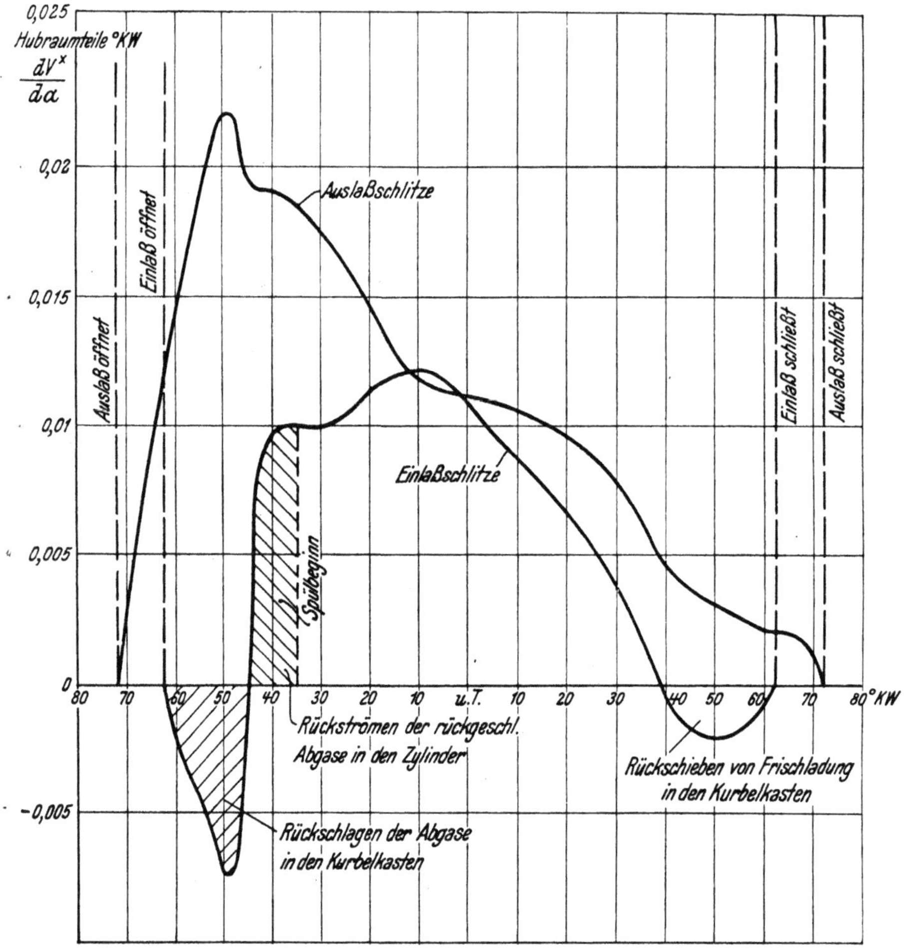

Abb. 237. Schrittweise Berechnung des Ladungswechselvorganges des 350-cm³-Kraftradmotors. Förderverlauf (Zustand im Zylinder) des in den Zylinder eintretenden und aus ihm austretenden Gasstromes.

e) Abhängigkeit des Ladungsaufwandes von der Drehzahl.

Die grundsätzliche Abhängigkeit des Ladungsaufwandes von der Drehzahl, die Kennlinie des Ladungsaufwandes, zeigt Abb. 238 für Motoren mit kolbengesteuerten Saugschlitzen ohne Auspuffsystem. Der Abfall mit steigender Drehzahl im Gebiet der höheren Drehzahlen wird durch die zunehmende Drosselwirkung in den Schlitzen verursacht.

Im unteren Drehzahlbereich fällt der Luftaufwand mit abnehmender Drehzahl infolge des zunehmenden Rückschiebens von Ladung aus dem Kurbelkasten durch den Kolben vom oberen Totpunkt bis zum Schlitzabschluß. Bei höheren Drehzahlen wird der Ladungsverlust infolge des Rückschiebens durch die Drosselung in den Schlitzen vermindert und entfällt ganz, wenn nicht mehr genügend Zeitquerschnitt zur Verfügung steht, um den Kurbelkasten bis zum Außendruck aufzufüllen. Abb. 239 zeigt zwei Einströmgesetze in den Kurbelkasten für den 125-cm³-DKW-Motor (ohne Auspuffanlage). Das starke Rückschieben bei $n = 2000$ U/min ist dem Verlauf und der Größe nach erfaßt.

Die Integralwerte über und unter der Nullinie geben die insgesamt angesaugte und die rückgeschobene Ladungsmenge und damit den im Kurbelkasten verbleibenden Ladungsaufwand.

Der Ladungsaufwand bei kleiner Drehzahl kann in gleicher Art ermittelt werden, wenn man in den Ausdrücken (226) und (222) für x und y an Stelle der halben, die ganzen Schlitzlängen σ_e, σ_s einsetzt.

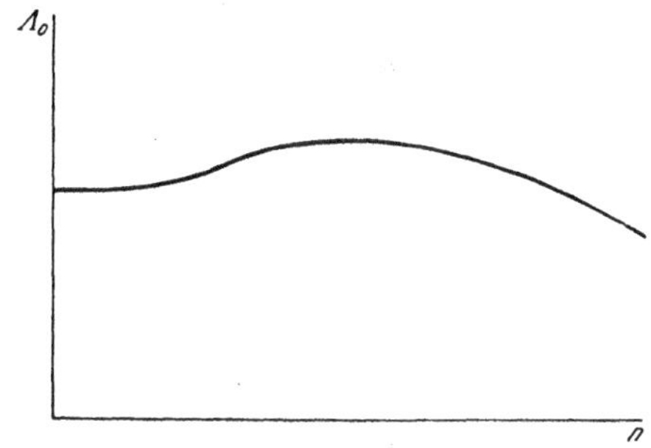

Abb. 238. Grundsätzlicher Verlauf der Kennlinie des Ladungsaufwandes bei einem Motor mit Kurbelkastenspülung und kolbengesteuerten Saugschlitzen im Kurbelkasten.

Wesentlich genauer als mit dem Näherungsverfahren wird der Verlauf des Ladungsaufwandes im oberen Drehzahlbereich natürlich durch die schrittweise Berechnung erhalten. Im unteren Drehzahlbereich ist die Kennlinie des Luftaufwandes nur durch das schrittweise Verfahren rechnerisch ermittelbar.

Wie die früher entwickelten Zusammenhänge zeigen, ist die Kennlinie des Ladungsaufwandes wesentlich, wenn auch nicht ausschließlich, für den Drehmomentverlauf des Motors bestimmend und veranschaulicht damit die Auswirkung der Ladungswechselvorgänge von Fahrzeugmotoren auf ihr Betriebsverhalten.

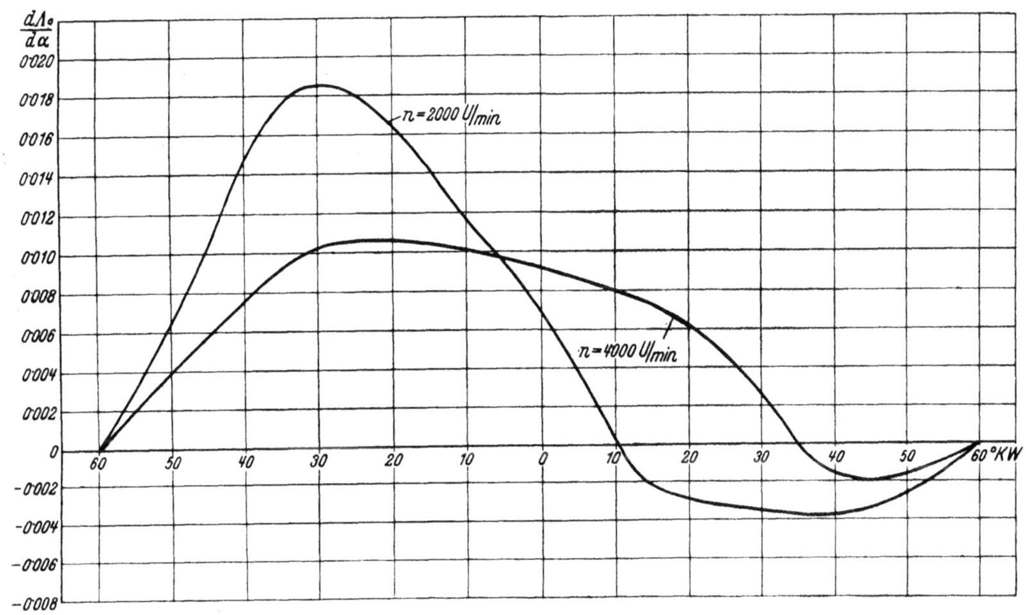

Abb. 239. Einströmgesetze in den Kurbelkasten des 125-cm³-DKW-Motors ohne Auspuffanlage.

f) Besprechung einzelner Einflüsse auf die Kenngrößen des Ladungswechsels, Leistung und Verbrauch.

α) Zusammenfassung.

Leistung und Verbrauch des Motors hängen ab vom Ergebnis der Ladungswechselvorgänge, von der Einstellung des Vergasers (Luftüberschußzahl), von dem Wirkungsgrad der Arbeitsvorgänge im Zylinder und von dem Reibungsdruck p_r, daher von der mechanischen Ausführung des Motors und seinem Schmierzustand.

Eine Trennung dieser Einflüsse ist zweckmäßig, wenn bestimmte Wirkungen bei der Entwicklung systematisch und daher auf kürzestem Weg erreicht werden sollen.

Im folgenden werden die Einflüsse von verschiedenen Maßnahmen, die bei der Entwicklung ergriffen werden können, für einen Einzelfall rechnerisch bestimmt und damit ihre ungefähre Größe aufgezeigt. Den Ausführungen werden die Verhältnisse des 125-cm^3-DKW-Motors zugrunde gelegt.

β) Verbesserung des Spülsystems.

Die Umkehrspülung nach Schnürle ist kaum verbesserungsfähig, wenn nur die übliche Einkolbenbauart ohne Ventile in Betracht kommt, daher die Gleichstromspülung ausgeschlossen wird. Im folgenden wird die Veränderung von Leistung und Verbrauch untersucht, wenn von der Querstromspülung nach Abb. 55 zur Umkehrspülung nach Schnürle übergegangen wird. Wenn die wirksamen Schlitzquerschnitte der Quer- und Umkehr-(Schnürle)Spülung gleich sind, so ist bei $n = 4000$ U/min in beiden Fällen $\Lambda_0 = 0{,}59$, $\Lambda'_z = 0{,}605$.

Der zugehörige Spülgrad ist für die Querspülung nach Abb. 57 (Kurve für $\frac{s}{D} = 1{,}27$) $\lambda'_s = 0{,}44$, also wesentlich niederer als der entsprechende Wert $\lambda'_s = 0{,}53$ der Umkehrspülung. Man erhält für die Querspülung $\lambda_l = 0{,}39$, $p_{i-l} = 3{,}6$ und $p_e = 3{,}0$ kg/cm^2, bei einem Verbrauch von $b_e = 0{,}435$ kg/PS.h.

Die Leistung ist demnach um 20% niederer, der Verbrauch um den gleichen Verhältniswert höher wie bei der Umkehrspülung des Rechenbeispiels auf Seite 204. Verbesserungen im Spülsystem sind bei Motoren mit Gemischspülung besonders wirksam, da sie sich in annähernd gleicher Größe auf Leistung und Verbrauch auswirken.

Der Entwicklungsschritt von der Querspülung zur guten Umkehrspülung ist deswegen von besonderer Bedeutung, weil eine Verbesserung erreicht werden kann, ohne daß die Konstruktion verwickelter, demnach die Herstellungskosten des Motors höher werden. Eine Entscheidung über den weiteren möglichen Entwicklungsschritt in der Verbesserung des Spülsystems, von der Umkehrspülung zur Gleichstromspülung, ist wesentlich schwieriger zu treffen, da eine Verbesserung in diesem Fall durch einen erheblichen Bauaufwand erkauft werden muß.

γ) Kühlung des Kurbelkastens.

Die Temperatur des Kurbelkastens hat einen merkbaren Einfluß auf die Leistung des Motors. Die Größe des Einflusses kann im gegebenen Fall durch das Näherungsverfahren annähernd festgestellt werden.

Man ermittelt die zu mehreren angenommenen Temperaturen T_{k2} (Kurbelkasteninhalt zu Beginn der Verdichtung) nach Abb. 224 zugehörigen Aufheizzahlen τ und rechnet Ladungsaufwand, Leistung und Verbrauch mit diesen. Im vorliegenden Fall entsprechen je 10^0 Abnahme der Temperatur im unteren Drehzahlbereich $\sim 4\%$ Leistungssteigerung, bei $n = 4000$ U/min $\sim 3\%$. Mit steigender Drehzahl nehmen die Werte weiter ab. Die Abnahme des Temperatureinflusses mit der Drehzahl beruht auf der mit der Drehzahl zunehmenden Auswirkung der Drosselung in den Ein- und Ausströmquerschnitten auf die Füllung und Entleerung des Kurbelkastens.

In diesem Zusammenhang ist auf den Einfluß der Kraftstoffverdampfung auf die Gemischtemperatur im Kurbelkasten hinzuweisen. Im allgemeinen wird der Teil des Kraftstoffes, der nach dem Vergaser flüssig bleibt, an den heißen Wänden des

Kurbelkastens, vor allem an den heißen Zylinderwänden verdampft, die Verdampfungswärme daher im wesentlichen der Wandwärme entnommen. Die Temperatur der Kurbelkastenwände wird im allgemeinen sowohl von der Innenkühlung durch die Kraftstoffverdampfung, als auch von der Außenkühlung des Kurbelkastens bestimmt. Da die Temperatur der Kurbelkastenwände im wesentlichen die Ladungstemperatur beeinflußt, ist für diese demnach sowohl die Außenkühlung des Kurbelkastens wie auch die Verdampfungswärme des Kraftstoffes von Einfluß. Gute Außenkühlung, gegebenenfalls durch Verrippung der Außenseite, ist zur Erzielung hoher Motorleistung anzustreben. Im gleichen Sinn wirken Maßnahmen, die eine Verminderung des Wärmeflusses vom Zylinder zum Kurbelkasten bewirken.

δ) Verkleinerung des schädlichen Raumes des Kurbelkastens.

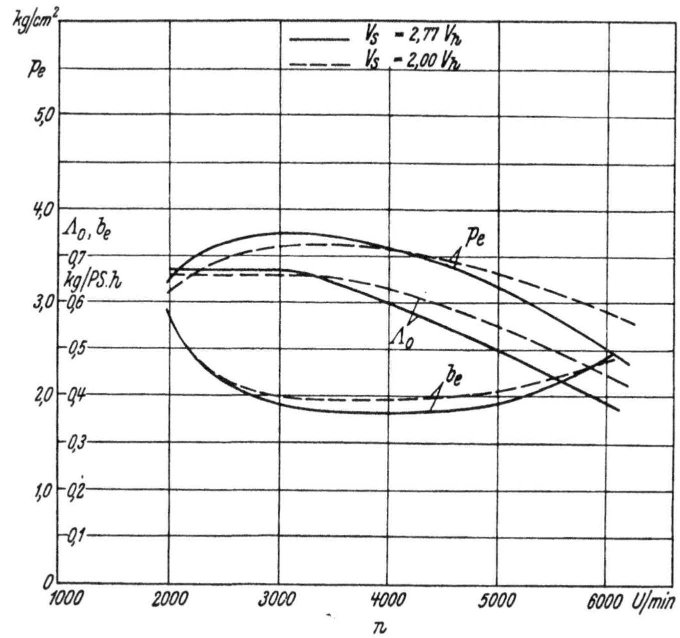

Abb. 240. Berechnete Kennlinien des 125-cm³-DKW-Motors für verschieden große schädliche Räume der Kurbelkastenspülpumpe.

Aus konstruktiven Gründen kann der schädliche Raum der Kurbelkastenspülpumpe bestimmte Größen nicht unterschreiten. Die untere Grenze hängt vom Hubraum, vom Geschick des Konstrukteurs und vom tragbaren Herstellungsaufwand ab. Der Herstellungsaufwand wird um so größer, je kleiner man das Spiel zwischen Triebwerk und Wänden im Kurbelkasten macht. Zur Beurteilung, wie weit in dem Bestreben nach Verkleinerung des Kurbelkastenraumes gegangen werden soll, müssen die Zusammenhänge zwischen Leistung, Verbrauch und dem Kurbelkasteninhalt bekannt sein. In Abb. 240 sind Ladungsaufwand, Leistung und Verbrauch für den auf Seite 204 durchgerechneten 125-cm³-DKW-Motor für den normalen schädlichen Raum des Kurbelkastens von $V_s = 2{,}77\ V_h$ und für einen verkleinerten schädlichen Raum von $2{,}00\ V_h$ dargestellt. Die Kurven wurden mit den in Abschnitt III, 1, a, β, angegebenen Verfahren gerechnet, beiden Fällen wurden gleiche Grundwerte (Luftüberschußzahl, Wirkungsgrade, Reibungsdruck usw.) zugrunde gelegt.

Bei niederen Drehzahlen nimmt der Ladungsaufwand mit einer Verkleinerung des schädlichen Raumes rechnerisch geringfügig ab, da das größere Druckgefälle beim Einströmen in den Kurbelkasten eine erhöhte Wärmezufuhr durch Verwirbelung der kinetischen Energie bedingt. Dieser Unterschied ist infolge des ihn überwiegenden Einflusses des Wärmeüberganges auf die Ladungstemperatur im allgemeinen nicht bemerkbar. Bei höheren Drehzahlen, bei welchen die Zeitquerschnitte zur vollständigen Entleerung und Füllung des Kurbelkastens nicht mehr ausreichen, wirkt sich die Vergrößerung des Druckgefälles bei einer Verkleinerung des schädlichen Raumes in einer merkbaren Vergrößerung des Luftaufwandes aus.

Wie der in Abb. 230 skizzierte Druckverlauf für $V_s = 2{,}0\ V_h$ zeigt, wächst die Spülpumpenarbeit mit abnehmendem Kurbelkasteninhalt.

Aus diesen Zusammenhängen folgt, daß im unteren Drehzahlbereich der Nutzdruck bei größerem, im oberen Drehzahlbereich der Nutzdruck bei kleinerem Kurbelkasteninhalt höher liegt. Der Verbrauch wird durch die Verkleinerung des Kurbelkasteninhalts im allgemeinen etwas erhöht. Bei der Rechnung wurde der Abfall des Gütegrades durch verschleppte Verbrennung infolge knapper Spülung nicht berücksichtigt. Die Überlegenheit der Maschine mit kleinem Kurbelkasteninhalt im oberen Drehzahlbereich wird daher in Wirklichkeit noch etwas stärker betont sein. Aus dem gleichen Grund ist im oberen Drehzahlbereich im Gegensatz zu Abb. 240 durch eine Verkleinerung des Kurbelkasteninhalts auch eine Verbesserung des Verbrauches zu erwarten.

In Abb. 240 gilt natürlich nur der grundsätzliche Verlauf der Kurven allgemein. Danach darf für gute Leistung und Verbrauch im unteren Drehzahlbereich der Kurbelkasteninhalt nicht allzu sehr verkleinert werden. Strebt man hingegen vor allem gute Leistungen im oberen Drehzahlbereich und große Spitzenleistungen an, so wird der Kurbelkasten so klein als möglich gemacht werden müssen. Dies wird durch die Erfahrungen der Praxis bestätigt.

Die Einflüsse des Kurbelkasteninhalts auf Schwingungen im Einlaß- und Auspuffsystem wurden hier vernachlässigt, sie können mit den später angegebenen Verfahren berücksichtigt werden.

Bei normalen Konstruktionen sind nach Reschek die schädlichen Räume der Kurbelkastenspülpumpen:

3 bis $2{,}7\ V_h$ bei $V_h = 100$ bis $175\ cm^3$

$2{,}5\ V_h$ bei $V_h = 200$ bis $250\ cm^3$

$2\ V_h$ bei $V_h = 300$ bis $350\ cm^3$

Venediger [30] empfiehlt für Fahrzeugmotoren Werte von $2{,}25\ V_h$.

ε) Übergang von kolbengesteuerten Saugschlitzen auf selbsttätige Saugklappen oder gesondert gesteuerte Abschlußorgane. Übergang zum unsymmetrischen Steuerdiagramm am Zylinder.

Bei der Steuerung der Saugschlitze durch den Kolben wird ein Teil des Hubraumes der Kurbelkastenspülung unwirksam. Die eintretende Ladung wird durch Verwirbelung ihrer beträchtlichen kinetischen Energie zusätzlich beheizt, ihr Gewicht dadurch vermindert. Außerdem ist nach Abb. 223 eine verhältnismäßig große Spülpumpenarbeit zu leisten, die Leistung und Verbrauch verschlechtert. Die Verminderung des wirksamen Hubraumes macht sich insbesondere im unteren Drehzahlbereich geltend und bewirkt das stets feststellbare (Abb. 190 und 231) Absinken des Ladungsaufwandes mit der Drehzahl in diesem Drehzahlbereich.

Durch Anwendung selbsttätiger Saugklappen oder gesondert gesteuerter Abschlußorgane, vor allem Schieber, lassen sich diese Nachteile kolbengesteuerter Saugschlitze zum größten Teil vermeiden. Selbsttätige Saugklappen sind für niedere und mittlere Drehzahlen gut brauchbar, sind aber bei hohen Drehzahlen trotz sorgfältiger Auswahl der Baustoffe nur schwer betriebssicher zu gestalten. Für hohe Drehzahlen kommen daher vor allem Drehschieber in ihren verschiedenen Ausführungsformen in Betracht.

Es ist von besonderer Bedeutung, die Schiebersteuerung so zu gestalten, daß sie kleine Durchflußwiderstände hat.

Wesentlich für den verbesserten Ladungsaufwand bleibt der vergrößerte wirksame Hub, für Leistung und Verbrauch außerdem in geringem Maße auch die Verkleinerung der Spülpumpenarbeit. Von merkbarem Einfluß auf den Ladungsaufwand ist meist der dynamische Effekt der Gassäule im Verbindungsrohr zum Vergaser und im Lufttrichter desselben, auf den im Abschnitt IV, 2, näher eingegangen wird. Bei der Wahl des Öffnungs- und Abschlußzeitpunktes ist er zu berücksichtigen. Ein verhältnismäßig spätes Eröffnen des Einlasses ist im allgemeinen günstig, da die Gassäule dann in raschere Bewegung gesetzt und ein Aufladeeffekt erzielt wird.

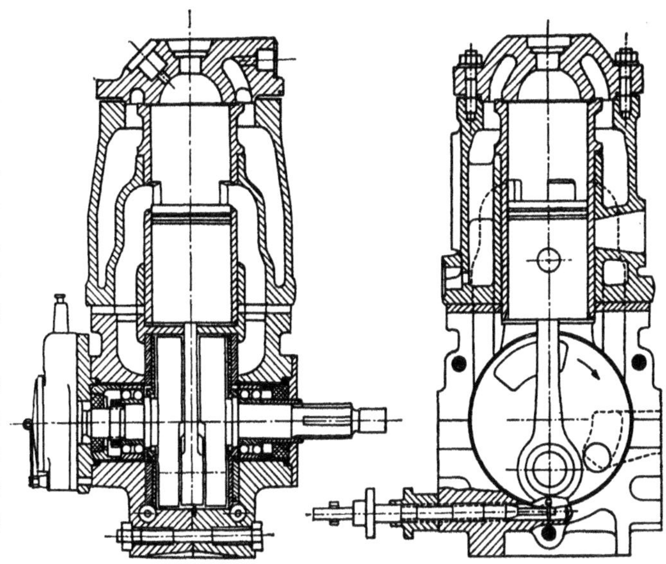

Abb. 241. Versuchsmotor mit Schiebersteuerung. Nach Zeman.

Die Auswirkung eines Über-

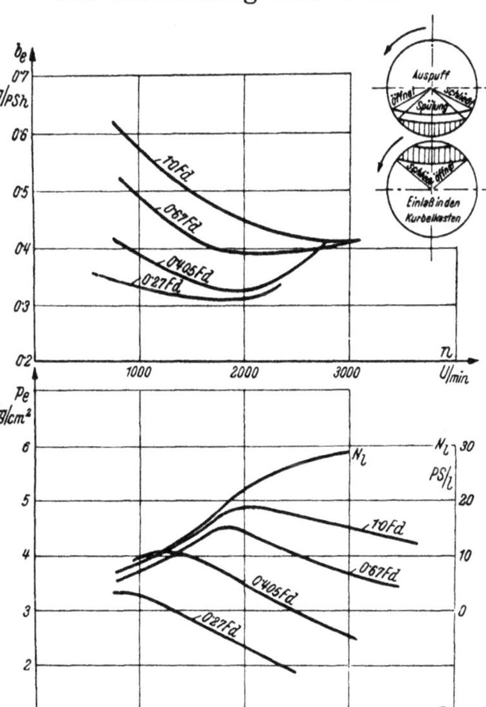

Abb. 242. Versuchsmotor nach Abb. 241: p_e und b_e bei Betrieb mit kolbengesteuerten Saugschlitzen im Kurbelkasten.

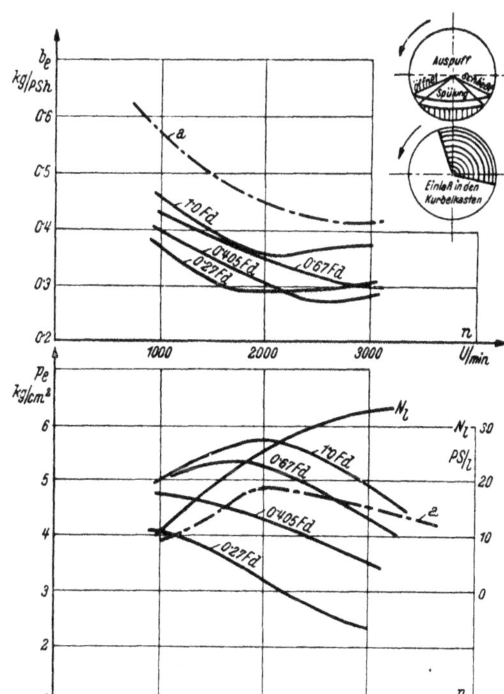

Abb. 243. Versuchsmotor nach Abb. 241: p_e und b_e bei Betrieb mit schiebergesteuerter Saugöffnung im Kurbelkasten.

ganges von kolbengesteuerten Saugschlitzen auf eine Schiebersteuerung zeigt eine Untersuchung von Zeman [31]. Der Versuchsmotor, Abb. 241, wurde sowohl mit kolbengesteuerten Saugschlitzen als auch mit der dargestellten Schiebersteuerung für den Einlaß am Kurbelkasten betrieben. Ausnehmungen in den Kurbelscheiben steuern in Verbindung mit Ausnehmungen in verstellbaren Scheiben, die beiderseits der Kurbelscheiben im Gehäuse sitzen, den Einlaß in den Kurbelkasten und in den Zylinder.

Abb. 242 und 243 zeigen Nutzdruck und spezifischen Kraftstoffverbrauch, in beiden Fällen für Vollast und für Betrieb mit verkleinertem Lufttrichter, was einer Drosselung im Vergaser, also Teilbelastung, entspricht. Die Skizzen der Steuerdiagramme sind in den Abbildungen angegeben. Die an den Kurven angeschriebenen Zahlen bedeuten den Bruchteil des Vollastquerschnittes des Lufttrichters im Vergaser.

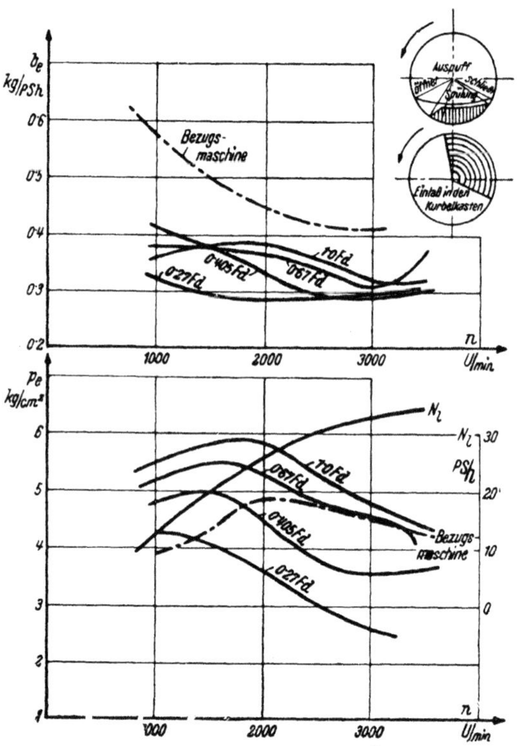

Abb. 244. Versuchsmotor nach Abb. 241: p_e und b_e bei Betrieb mit schiebergesteuerter Saugöffnung im Kurbelkasten und abgesteuertem Spülbeginn zur Vergrößerung des Zeitquerschnittes für den Vorauspuff.

Ein Vergleich der beiden Abbildungen zeigt die Überlegenheit der Schiebersteuerung vor allem im unteren Drehzahlbereich. Bei 1000 U/min beträgt der Unterschied der Nutzdrücke 1 kg/cm², die Leistung bei Schiebersteuerung ist demnach um rund 25 % größer. Bezogen auf die Innenleistung entspricht das einer Leistungssteigerung von rund 17 %, wenn man die Verringerung der Spülpumpenarbeit schätzungsweise berücksichtigt. Daraus kann auf eine Vergrößerung des Ladungsaufwandes von etwa 25 % geschlossen werden. Auch der Verbrauch ist infolge des bei der Schiebersteuerung vermiedenen Rückschiebens im unteren Drehzahlbereich wesentlich günstiger. Auf Seite 225 wird auf die Gründe dieser Kraftstoffeinsparung näher eingegangen.

Aus den Ergebnissen dieser Untersuchung und aus den Erfahrungen, die an anderen Stellen mit Schiebersteuerungen für den Kurbelkasteneinlaß gemacht wurden, folgt, daß diese bei der Weiterentwicklung kleiner Zweitaktmotoren zweifellos besondere Beachtung erfordern.

Konstruktiv und funktionsmäßig geben die Schiebersteuerungen des Einlasses in den Kurbelkasten keine besonderen Schwierigkeiten. Bisher wurden sie nur bei Rennmotoren gebaut. Wie weit die Ersparnis an Verbrauch und Erhöhung der Leistung ihre Verwendung bei Gebrauchsmotoren rechtfertigt, wird noch zu untersuchen sein.

Unsymmetrische Steuerdiagramme des Zylinders von Motoren mit Kurbelkastenspülung ergeben im allgemeinen zwar merkbare, aber nur geringfügige Vorteile. Durch eine Absteuerung des Einlaßbeginnes in den Zylinder kann ein genügender Vorauspuffzeitquerschnitt bei annähernd gleich langen Ein- und Auslaßschlitzen hergestellt und damit der Ladungsverlust vermieden werden. Abb. 244 zeigt ein Versuchsergebnis von Z e m a n. Gegenüber Abb. 243 ist nur eine geringe Leistungs- und Verbrauchsverbesserung feststellbar.

ζ) *Kraftstoffeinspritzung in den Zylinder.*

Die Probleme der Gemischbildung in Otto-Zweitaktmotoren mit Kraftstoffeinbringung nach der Spülung sind noch nicht vollständig gelöst. Es soll hier nicht näher darauf eingegangen, sondern nur untersucht werden, was für ein Gewinn erwartet werden kann, wenn es gelingt, die Gemischbildung beim Ottomotor mit innerer Gemischbildung mit gleicher Wirksamkeit wie beim Vergasermotor auszuführen. Gegenüber dem Vergaserbetrieb entfällt bei innerer Gemischbildung die Drosselung durch den Vergaser, so daß eine kleine Erhöhung des Ladungsaufwandes im oberen Drehzahlbereich erwartet werden kann.

Weitaus bedeutungsvoller ist die Möglichkeit, damit Kraftstoffverluste während der Spülung gänzlich zu vermeiden.

Beim früher untersuchten 125-cm^3-DKW-Motor würde bei $n = 4000$ U/min für den Motor ohne Aufpuffsystem bei einer Gemischbildung mit $b_{i-l} = 0{,}248$ kg/PS.h der Nutzverbrauch $b_e = 0{,}248 \cdot \frac{4{,}5}{3{,}9} \cdot \sim 0{,}290$ kg/PS.h werden, während er beim Vergasermotor 0,380 kg/PS.h beträgt. Bei annähernd gleicher Motorleistung würde demnach eine Kraftstoffersparnis von rund 25% erreicht werden können. Dieser bedeutende, in Aussicht stehende Gewinn an Wirtschaftlichkeit gibt dem Bestreben nach betriebsreifer Gestaltung der inneren Gemischbildung bei Zweitakt-Benzinmotoren besonderen Anreiz. Bei größeren Motoren kommt für die innere Gemischbildung ausschließlich Kraftstoffeinspritzung in Betracht. Bei kleineren Motoren sind auch andere Wege aussichtsreich.

η) *Maßnahmen zur Vergrößerung des Ladungsaufwandes.*

Ohne daß grundsätzlich von der Kurbelkastenspülung abgegangen wird, läßt sich der Ladungsaufwand durch Stufenkolben oder durch Hilfskolben vergrößern. Venediger [32] beschreibt entsprechende Ausführungen.

Allen diesen Konstruktionen ist gemeinsam, daß die Leistungssteigerung infolge des mit dem Ladungsaufwand zunehmenden Spülverlustes mit einer erheblichen Verbrauchserhöhung verbunden ist, die sich um so mehr auswirkt, je niederer die Spülkurve liegt. Für den normalen Gebrauchsmotor sind diese Ausführungen daher wenig geeignet. Wohl aber kommen sie für Rennmotoren in Betracht, bei denen der Verbrauch im allgemeinen bedeutungslos ist und die stärkere Innenkühlung, die mit dem größeren Ladungsaufwand verbunden ist, die Belastungsfähigkeit des Motors überdies zusätzlich erhöht. Auch der größere Herstellungsaufwand ist bei Rennmotoren im Gegensatz zu Gebrauchsmaschinen tragbar.

Auf Maschinen mit Stufenkolben oder gleichphasig zum Hauptkolben angetriebenen Hilfskolben lassen sich die abgeleiteten rechnerischen Beziehungen ohne Schwierigkeiten anwenden. Auf Seite 346 ist für einen Dieselmotor mit Stufenkolben die Anwendung des Näherungsverfahrens gezeigt, so daß sich eine Behandlung hier erübrigt.

Auf die Möglichkeit, Schwingungsvorgänge in Rohrleitungen zur Verbesserung des Ladungsaufwandes zu benützen, wird später eingegangen. Da Schwingungen in diesem Sinne stets nur in einem beschränkten Drehzahlbereich wirksam sind, ist die praktische Bedeutung von Schwingungen für eine Erhöhung des Ladungsaufwandes bei Gebrauchs-Fahrzeugmotoren im allgemeinen nicht sehr groß.

Die Maßnahmen zur Vergrößerung des Ladungsaufwandes haben bei innerer Gemischbildung wesentlich größere Bedeutung als bei Vergasermotoren, da der Spülverlust dann aus reiner Luft besteht und den Verbrauch mittelbar in weit geringerem Maße beeinflußt.

ϑ) Vergaser und Ladungswechsel.

Die schrittweise Berechnung des Einsaugens in den Kurbelkasten zeigt die Bedingungen, unter denen der Vergaser bei Zweitakt-Kraftradmotoren arbeitet. In Abb. 245 sind für den auf Seite 204 behandelten 125-cm³-DKW-Motor die Durchflußgesetze durch den Lufttrichter des Vergasers für zwei Drehzahlen, n = 2000 und 4000 U/min, dargestellt. Der Einsaugvorgang dauert ⅓ Umdrehung, der Vergaser wird daher nur intermittierend beaufschlagt. Auch während der Saugperioden selbst

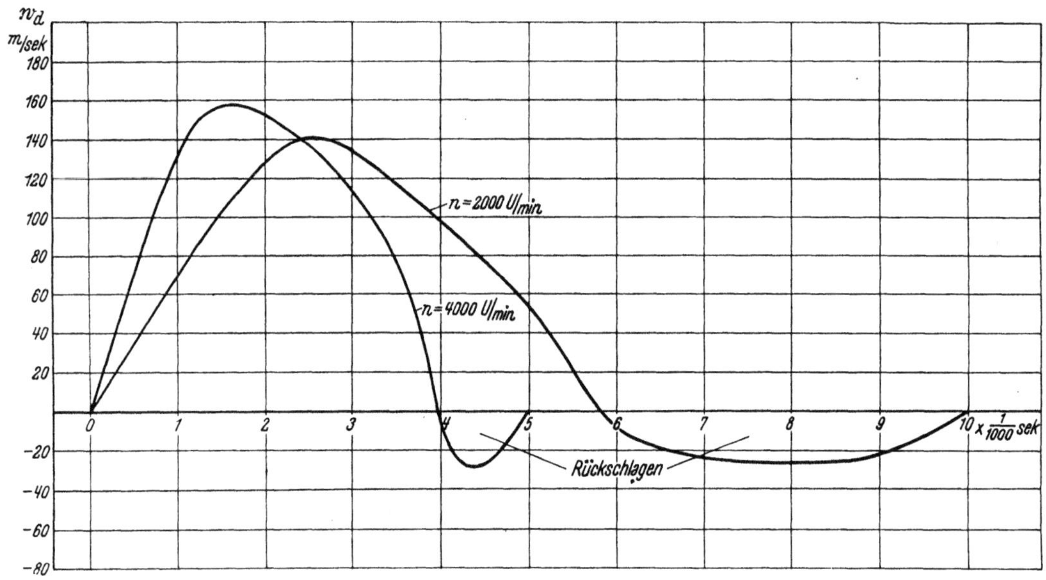

Abb. 245. Luftgeschwindigkeiten im Vergaser des 125-cm³-DKW-Kraftradmotors. Hohe Drehzahl: schwaches Rückschieben. Niedere Drehzahl: starkes Rückschlagen.

verändern sich die Geschwindigkeiten im weiten Bereich, haben aber — im Gegensatz zum Viertaktmotor — bei beiden Drehzahlen, die sich wie 1 : 2 verhalten, nur wenig (~ 13%) verschiedene Höchstwerte.

Von besonderer Bedeutung für die Arbeitsverhältnisse des Vergasers ist das Rückschieben am Ende des Ansaugvorganges. Wie früher erwähnt, nimmt die Menge der rückgeschobenen Ladung mit abnehmender Drehzahl zu. Bei den in Abb. 245 dargestellten Durchflußgesetzen wird bei n = 4000 U/min und Λ_0 = 0,65 eine Ladungsmenge von 0,03 Hubraumteilen rückgeschoben, d. h., es werden zunächst 0,68 Hubraumteile (Außenzustand) Ladung angesaugt und dann 0,03 Hubraumteile wieder durch den Vergaser zurückgedrückt. Bei n = 2000 U/min ist die rückgeschobene Ladung wesentlich größer, und zwar 0,14 Hubraumteile bei einem Ladungsaufwand von Λ_0 = 0,64. Bei noch weiter verringerter Drehzahl steigt der zurückgeschobene Ladungsteil bis auf ~ 0,25 Hubraumteile. Der Ladungsaufwand wird bei diesen Drehzahlen durch das Rückschieben wesentlich herabgesetzt.

Das Rückschieben ist die Ursache des bekannten „Sprühens" des Zweitaktvergasers bei niederen Drehzahlen. Wenn auch Kraftstoffverluste dadurch vermieden werden können, daß man dem Vergaser einen Luftfilter vorschaltet, der die rückgeschobene Ladung aufnimmt, so hat das Rückschlagen trotzdem recht ungünstige Auswirkungen auf die quantitative Gemischbildung. Die rückgeschobene Ladung geht dreimal durch den Vergaser: einmal beim ersten Ansaugen, ein zweitesmal beim Rückschieben, durch das sie in den vorgeschalteten Luftfilter gelangt, und ein drittes Mal beim Wiederansaugen. Dadurch wird das Gemisch bei niederer Drehzahl im allgemeinen sehr stark angereichert. Das wirkt sich auf den Verbrauch und, bei starker Überfettung, auch auf die Leistung ungünstig aus. Stellt man nun den Vergaser so ein, daß bei niederer Drehzahl die Überfettung des Gemisches vermieden wird, so wird das Gemisch bei hoher Drehzahl zu mager. Dadurch wird der Verbrennungsablauf und damit Leistung und Verbrauch beeinträchtigt, außerdem verursacht starke Abmagerung auch meist eine thermische Überlastung des Motors.

Die Wirkung des Rückschiebens auf die Gemischbildung läßt sich überschlägig erfassen. Werden durch einen gleichmäßig arbeitenden Vergaser der Luft je Hubraumeinheit x Kraftstoffteile bei e i n e m Durchgang (unabhängig von der Durchflußrichtung) beigemischt, so ist mit Λ_{rk} als rückgeschobene Menge und x' als schließlich erreichter Durchschnittswert der Beimischung

$$x' = \frac{(\Lambda_o - \Lambda_{rk})\, x + 3\, \Lambda_{rk} \,.\, x}{\Lambda_o}$$

Die Luftüberschußzahl ist umgekehrt x verhältig, daher wird

$$\lambda' = \lambda \cdot \frac{1}{1 + \frac{2\, \Lambda_{rk}}{\Lambda_o}} \tag{235}$$

d. h. ein Vergaser, der beim Ansaugen ohne Richtungswechsel den Luftüberschuß λ gibt, liefert bei Betrieb mit Rückschieben eine kleinere Luftüberschußzahl λ'. So z. B. wird mit den beim 125-ccm-DKW-Motor bei $n = 2000$ U/min errechneten Werten:

$$\lambda' = \lambda \cdot \frac{1}{1 + \frac{2 \,.\, 0{,}14}{0{,}64}} = 0{,}69\, \lambda$$

Demnach würde ein bei hoher Drehzahl mit $\lambda = 1{,}0$ mischender Vergaser bei $n = 2000$ U/min ein sehr reiches Gemisch mit $\lambda = 0{,}69$ liefern.

Größenordnungsgemäß scheinen die Zusammenhänge durch die aufgestellte Beziehung erfaßt zu sein. Zahlenmäßige Wirklichkeitstreue ist nicht zu erwarten, da die gemachte Voraussetzung gleichmäßiger Mischung unabhängig von Durchgangsrichtung und Luftgeschwindigkeit bei keinem Vergaser erfüllt ist.

Abb. 243 zeigt die wesentliche Verbesserung des Kraftstoffverbrauches bei Steuerung des Einsaugens in den Kurbelkasten durch einen Schieber, wodurch Rückschieben im unteren Drehzahlbereich ausgeschlossen wird.

Wegen der besonderen Bedingungen, unter denen Vergaser von Einzylinder-Zweitaktmotoren arbeiten, sollten die Probleme der Gemischbildung bei diesen Motoren eingehend untersucht werden.

Es wurde im vorstehenden gezeigt, wie die für die Gemischbildung wesentliche Luftbewegung rechnerisch erfaßt werden kann. Auch andere Vorgänge im Vergaser, z. B. die Bewegung der Kraftstoffsäule in der Düse, sind voraussichtlich ähnlichen Berechnungen zugänglich. Es ist zu erwarten, daß eine Verbindung von rechnerischen Verfahren mit experimentellen Untersuchungen, z. B. einer stroboskopischen Betrachtung der Vorgänge in entsprechend gestalteten Versuchseinrichtungen, die zusätzlichen Aufklärungen über den Ablauf der Vorgänge zu geben vermag, die neben der Kenntnis des Einströmgesetzes für eine planmäßige Beeinflussung ihres Ablaufes erforderlich sind.

ι) *Zusammenfassung. Rechnung und Versuch bei der Entwicklung kleiner Zweitaktmotoren mit Kurbelkastenspülung.*

Durch den engeren Zusammenhang, der zwischen den Vorgängen in der Kurbelkastenspülpumpe und dem Ladungswechsel im engeren Sinne (wie Vorauspuff und Spülung) besteht, sind die Abhängigkeiten, die den Erfolg des Ladungswechsels bestimmen, verwickelt. Es ist daher schwierig, die für bestimmte Anforderungen an die Betriebseigenschaften des Motors günstigste Auslegung der Steuerung zu finden.

Die Aussicht, rasch lediglich durch Probieren in unmittelbare Nähe der günstigsten Steuerungsverhältnisse zu gelangen, sind gering. Sie werden etwas größer, wenn bei den Versuchen durch systematische Veränderung einzelner Größen die grundlegenden Zusammenhänge bestimmt und daraus die günstigsten Kombinationen der maßgebenden Größen ermittelt werden. Auch dieser Weg ist jedoch recht langwierig und infolge der zahlreichen Veränderungen, die an dem Motor während der Versuche auszuführen sind, umständlich und kostspielig.

Wesentlich einfacher wird der Entwicklungsgang, wenn nur die Zusammenhänge und Grundwerte durch Versuche ermittelt oder bei Vorausbestimmungen nach Erfahrungswerten angenommen werden, welche rechnerisch nicht erfaßt werden können. Die Steuerung kann dann im wesentlichen rechnerisch ausgelegt werden und es bleibt dem Versuch nur die Feinabstimmung vorbehalten.

Bei diesem Vorgehen ist ungefähr folgender Weg einzuschlagen: Bei Vorausberechnungen wird die Spülkurve entsprechend dem gewählten Spülsystem angenommen oder durch eines der angegebenen Modellverfahren bestimmt. Die Durchflußzahlen werden an Modellen gemessen oder nach Meßwerten an ähnlichen Spülsystemen angenommen. Für Aufheizzahl τ und Polytropenexponent m der Zustandsänderung im Kurbelkasten sind die thermischen Verhältnisse desselben maßgebend. Es sind Erfahrungswerte von ähnlichen Motoren zu übernehmen. Der Gütegrad der Arbeitsvorgänge ist nach Erfahrungswerten von Motoren mit ähnlichem Verbrennungsraum einzusetzen.

Mit diesen Grundwerten wird zunächst durch Rechnung unter systematischer Variation der Annahmen die annähernd günstigste Auslegung der Steuerung ermittelt und diese durch schrittweise Rechnung genauer überprüft. Der Motor wird nun mit diesen Abmessungen ausgeführt, durchgemessen, die wirklichen Grundwerte ermittelt und rechnerisch die diesen zugeordnete optimale Auslegung gesucht. Die Steuerung ist nun entsprechend zu verändern und abschließend durch systematische Versuche auf optimale Betriebseigenschaften abzustimmen.

Bei ausgeführten Motoren ist nur der zweite Teil des eben geschilderten Vorgangs durchzuführen. Dieser beginnt mit der Ermittlung der Kennwerte durch den Versuch. Im Abschnitt II, 5 wurden die dazu benützten Zusammenhänge und Sondereinrichtungen behandelt. Da diese meist bei Entwicklungen nicht zur Verfügung stehen, wird hier angegeben, wie die Grundwerte mit einfachen Meßeinrichtungen angenähert bestimmt werden können. Zu ermitteln sind: Leistung, Brennstoffverbrauch, Luftverbrauch, Reibungsleistung bei geschlossener Drossel, Temperatur im Kurbelkasten und die Analyse der gut gemischten Abgase im Auspufftopf oder besser in einem nachgeschalteten großen Behälter. Damit erhält man:

$$\lambda = \frac{L_h}{B_h\, L_o} \tag{236}$$

(L_h stündlicher Luftverbrauch, B_h stündlicher Brennstoffverbrauch)

$$\Lambda_o = \frac{L_h + B_h \cdot \frac{V_d}{m}}{60 \, . \, n} \tag{237}$$

V_d Molvolumen im Außenzustand, m Molekulargewicht des Brennstoffdampfes.

Der Liefergrad λ_l ist aus (184) und (185) zu bestimmen. Aus (92) erhält man mit geschätzten Drücken p_{zm}, p'_{za} und der gemessenen Kurbelkastentemperatur T_s den Spülgrad λ'_s und aus (72) und (64) den spülenden Luftaufwand Λ'_z und daraus einen Punkt der Spülkurve. Durch Veränderung von Λ_o durch Drosselung kann der Teil der Spülkurve gezeichnet werden, auf dem die Betriebspunkte liegen.

Aus den Beziehungen (234) und (237), mit denen der Ladungsaufwand ermittelt wird, kann durch Probieren auf die Durchflußzahl μ_m des Spülsystems geschlossen werden. μ_{sm} ist dazu, wie früher angegeben, aus den geometrischen Abmessungen zu berechnen. Aus der gemessenen Kurbelkastentemperatur T_s ist die Temperatur am Beginn der Verdichtung mit (231)

$$T_{k2} = \frac{2 \, . \, T_s}{1 + \left(\frac{y}{x}\right)^{\varkappa - 1}} \tag{238}$$

und daraus mit Abb. 224 τ zu bestimmen.

Die Fremdantriebsleistung des warmen, nicht zündenden Motors bei offener Drossel entspricht angenähert einem mittleren Druck $p_r + p_{La}$. Schätzt man nun p_l, so kann $p_{i-l} = p_e + p_r + p_{La} - p_l$ aus dem gemessenen Nutzdruck p_e ermittelt werden.

η_{i-l} ergibt sich aus (164) mit dem früher bestimmten Liefergrad und den Werten von H_u, und L_o, welche dem Kraftstoff zugeordnet sind. Aus η_{i-l}, dem Wirkungsgrad der vollkommenen Maschine, der von ε und λ abhängt, erhält man schließlich den Gütegrad η_{g-l} der Arbeitsvorgänge.

Die so erhaltenen Kennwerte sind, wie oben angegeben, für die weitere Entwicklung zu benützen. Ein Vergleich mit Erfahrungswerten anderer Motoren zeigt Abweichungen von Durchschnittswerten, damit Fortschritte oder Mängel.

Um die Drücke p_{zm} und p'_{za} sicher schätzen zu können, empfiehlt es sich, die Versuche zunächst ohne Auspuffsystem mit nachgeschaltetem, sehr großem Behälter auszuführen und den Einfluß des Auspuffsystems später gesondert zu ermitteln. Bei der endgültigen Abstimmung der Steuerung muß natürlich das Auspuffsystem berücksichtigt werden.

g) Kennlinien von Vergasermotoren mit Kurbelkastenspülung.

Die Abb. 190 zeigt den Verlauf des Nutzdruckes über der Drehzahl für einen neuzeitlichen Kraftradmotor.

Das dem p_e verhältige Drehmoment erreicht seinen Höchstwert bei Drehzahlen, die im allgemeinen höher liegen als bei Viertaktmotoren. Der Zweitaktmotor ist demnach im allgemeinen weniger elastisch wie der Viertaktmotor. Durch Verstärkung der Drosselwirkung der Schlitze, also durch verhältnismäßig kleine Zeitquerschnitte, vor allem des Einlasses in den Zylinder, läßt sich die Elastizität, allerdings auf Kosten der Höchstleistung, verbessern. Andere Entwicklungen zur Verbesserung der Elastizität führen zur Steuerung des Einlasses in den Kurbelkasten durch Schieber, wie dies z. B. durch die Versuche von Zeman, Abb. 242 bis 244, gezeigt wurde. Mit

Schiebersteuerungen sind Drehmomentkennlinien zu erreichen, die jenen von Viertaktmotoren sehr nahe kommen.

Die Verbrauchskurven zeigen nach den oben erwähnten Abbildungen im Gebiet kleiner Drehzahlen sehr starken Anstieg, der auf das Rückschieben der Ladung aus dem Kurbelkasten zurückzuführen ist. Sie liegen in dieser Hinsicht ungünstiger wie die von Viertaktmotoren. Günstiger als der Viertaktmotor verhält sich der Zweitaktmotor hinsichtlich des Verbrauches im Teillastgebiet. Abb. 246 zeigt ein von Tomala an einem 125-cm³-DKW-Motor gemessenes Verbrauchsdiagramm. Der starke Verbrauchsanstieg im Gebiet der kleinen Drehzahlen und das weite Feld relativ niederen Verbrauchs im mittleren und oberen Drehzahlbereich ist erkennbar.

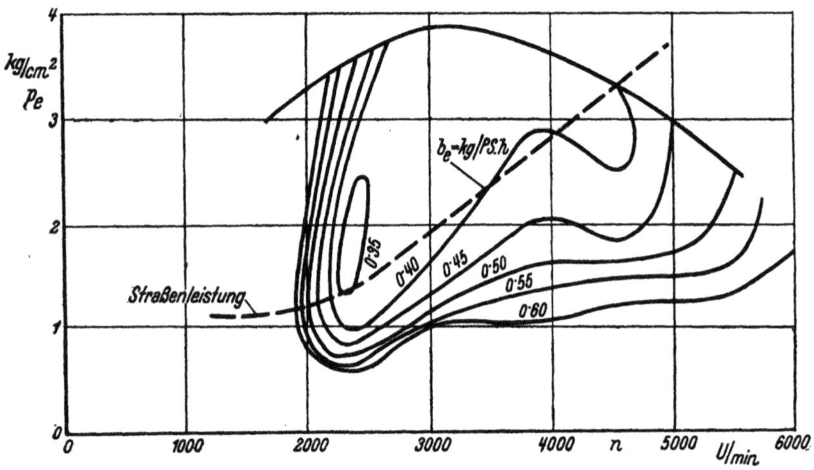

Abb. 246. Verbrauchskurven eines 125-cm³-DKW-Motors. Nach Versuchen von Tomala.

Da der Motor im Fahrbetrieb meist im Teillastgebiet gefahren wird, wirkt sich der niedere Teillastverbrauch auf den Gesamtverbrauch im Fahrbetrieb günstig aus und ermöglicht dem Kurbelkasten-Zweitaktmotor in gewissen Fahrzeugarten den wirtschaftlichen Wettbewerb mit dem Viertaktmotor.

Weitere Nutzdruck- und Verbrauchskurven von Zweitakt-Ottomotoren mit Kurbelkastenspülung enthält Band 14.

2. Motoren mit im Hubtakt fördernden Kolbenspülpumpen.

Abb. 247 zeigt ein Schema dieser Spülpumpenausführung. Der Antrieb der Spülpumpe ist gegenüber dem Kurbeltrieb des Zylinders so versetzt, daß Abschluß der Einlaßschlitze und Ende des Förderhubes der Spülpumpe annähernd zusammenfallen. Eine gesonderte Auslaßsteuerung der Spülpumpe kann entfallen, da der Motorkolben mit dem Einlaß in den Zylinder auch den Auslaß der Spülpumpe steuert.

Die Spülpumpe saugt entweder durch selbsttätige Klappen oder, bei hohen Drehzahlen, meist durch zwangsläufig entweder vom Kolben oder durch besondere Organe gesteuerte Saugöffnungen. Bei kolbengesteuerten Saugöffnungen sind zusätzliche, bewegte Teile für die Steuerung der Spülpumpe vollständig vermieden. Die Konstruktion wird dadurch sehr einfach.

Die Spülpumpe wird entweder von einer gesonderten Kurbel oder von der Motorkurbel angetrieben. Im ersteren Fall ist die Lage der Zylinderachse der Spülpumpe beliebig, im zweiten Fall durch die erforderliche Phasenversetzung zur

Kurbel des Motorzylinders und durch die Anlenkverhältnisse bestimmt. Versetzt man nach Niedermayer und Pischinger die Achsen der Spülpumpe gegen die des Motorzylinders um 90°, so wird zwar der Liefergrad der Spülpumpe etwas kleiner wie bei der Anordnung nach Abb. 247, jedoch ein besonders günstiger Massenausgleich des Motors erreichbar.

Jeder Zylinder eines Mehrzylindermotors benötigt in der Regel eine gesonderte Spülpumpe, nur zwei um 180° versetzte Zylinder können von den beiden Kolbenseiten einer doppeltwirkenden Spülpumpe mit Spülluft versorgt werden.

Die schädlichen Räume der Spülpumpe werden im allgemeinen infolge der Verbindungskanäle zum Zylinder verhältnismäßig groß. Bei den höheren Spüldrücken schnellaufender Motoren (mit großer Kennzahl A_e) verkleinert dadurch die Rückexpansion aus dem schädlichen Raum den Liefergrad der Spülpumpe erheblich.

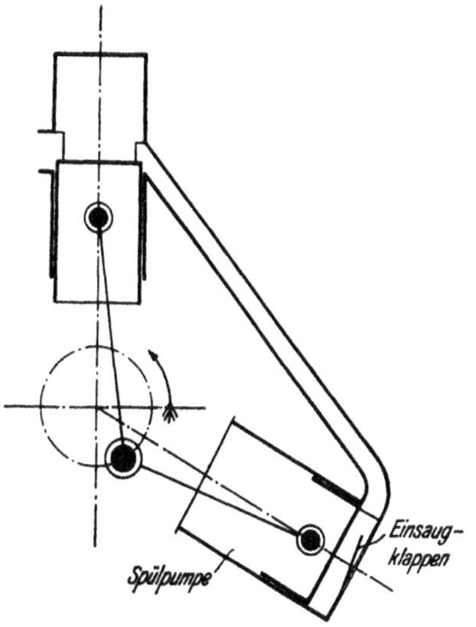

Abb. 247. Schema eines Motors mit im Hubtakt fördernder Spülpumpe.

a) Die Ermittlung des Luft- bzw. Ladungsaufwandes.

Die bei gegebenen Verhältnissen geförderte Spülluftmenge kann durch sinngemäße Anwendung des im Teil I dargestellten Verfahrens schrittweise berechnet werden. Für die erste Auslegung der Spülpumpe kann das folgende, weniger genaue, aber wesentlich einfachere Verfahren benützt werden.

Für die Druckänderung im Arbeitsraum der Spülpumpe, die mit dem Spülbehälter zusammenfällt, gilt

$$\frac{\triangle p_s}{p_s} = -\frac{\varkappa}{\varphi_s}\cdot(\triangle \Lambda_s + \triangle \varphi_s)$$

Λ_s ist das aus dem Arbeitsraum der Spülpumpe in den Zylinder abströmende Volumen (Zustand im Spülbehälter) in Bruchteilen des Hubraumes, $\varphi_s . V_h$ der veränderliche Arbeitsraum der Spülpumpe.

Es ist

$$\triangle \Lambda_s = \frac{T_s}{T_o}\cdot\frac{p_o}{p_s}\cdot\triangle \Lambda_o$$

Ersetzt man das Öffnungsgesetz einer einfachen Schlitzsteuerung mit Schlitzen gleicher Breite durch eine Parabel, so wird die im Intervall eingeströmte Menge aus (33)

$$\triangle \Lambda_s = C . f\left(\frac{p_s}{p_o}\right) . \triangle f_l\left(\frac{\alpha}{\alpha_e}\right) \tag{239}$$

Darin ist

$$C = \frac{4632}{A_e'}\cdot\sigma_e^{\frac{3}{2}}\cdot\sqrt{T_o} \tag{240}$$

und $f\left(\frac{p_s}{p_o}\right)$ die in Abb. 248 angegebene, dort für $\eta_{ad} = 0{,}7$ dargestellte Druckfunktion.

$\triangle f_l\left(\frac{\alpha}{\alpha_e}\right)$ ist die Veränderung von

$$f_l\left(\frac{\alpha}{\alpha_e}\right) = 0{,}75\,\frac{\alpha}{\alpha_e}\left[1-\frac{1}{3}\left(\frac{\alpha}{\alpha_e}\right)^2\right] \tag{241}$$

im Intervall $\triangle\alpha$.

Teilt man z. B. die gesamte Einströmdauer $2\,\alpha_e$ in 10 gleiche Teile, so hat $\triangle f_1\left(\frac{\alpha}{\alpha_e}\right)$ die Werte 0,028, 0,076, 0,112, 0,138, 0,146, 0,146, 0,138, 0,112, 0,076, 0,028.

Bei Schlitzen mit beliebiger Form ist

$$C\,.\,\triangle f_1\left(\frac{\alpha}{\alpha_e}\right) = \frac{3{,}75}{V_h\,.\,n}\cdot f\,.\,\mu_m\,\sqrt{T_o}\,.\,\triangle\left(\frac{\alpha}{\alpha_e}\right) \tag{242}$$

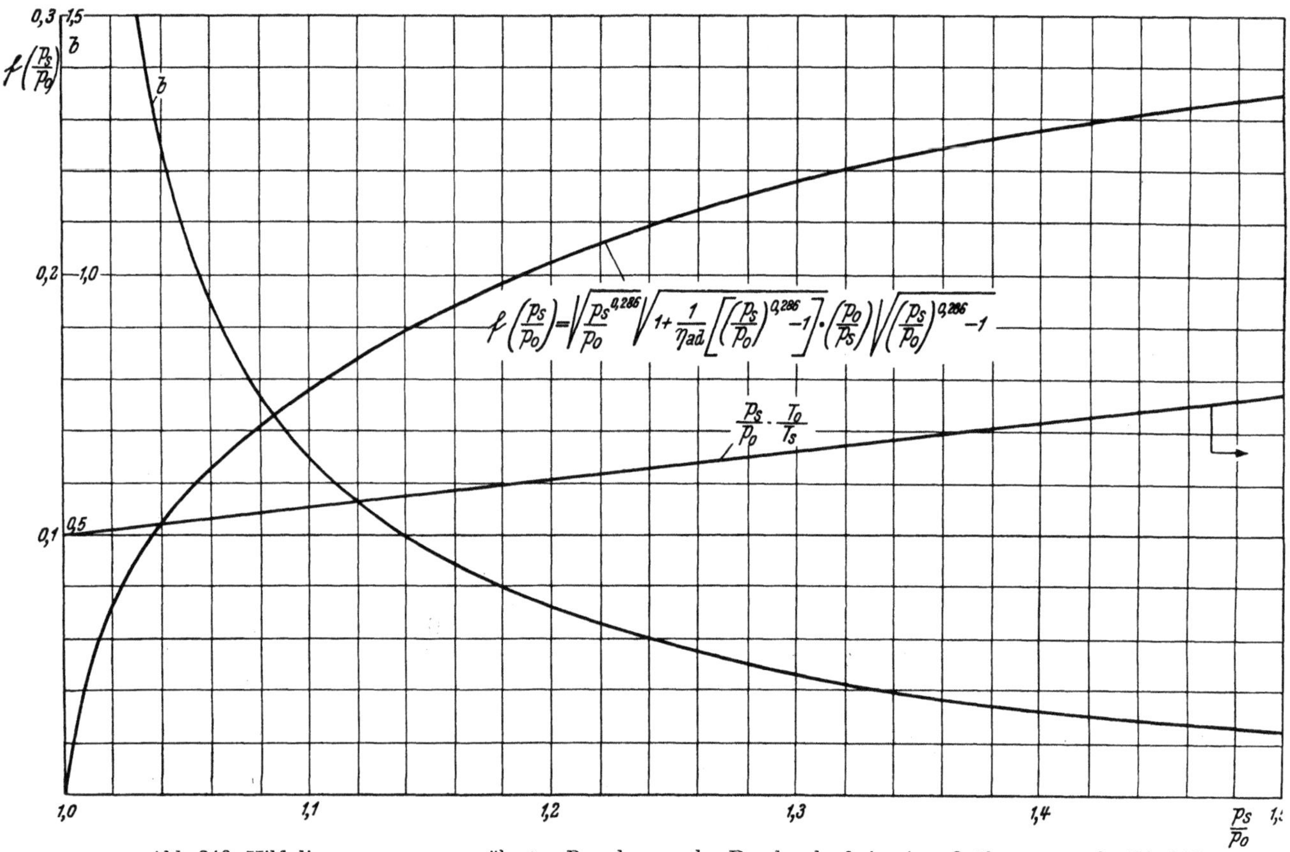

Abb. 248. Hilfsdiagramm zur angenäherten Berechnung des Druckverlaufs in einer Spülpumpe nach Abb. 247.

mit $f\,m^2$ als Mittelwert des freien Schlitzquerschnittes im Intervall, V_h in m^3. Man erhält mit b als Tangente der Kurve $f\left(\frac{p_s'}{p_o}\right)^*$ bei der Abszisse $\frac{p_s'}{p_o}$:

$$\frac{\triangle p_s}{p_o} = \frac{C\,\triangle f_1\left(\frac{\alpha}{\alpha_e}\right)\cdot f\left(\frac{p_s'}{p_o}\right) + \triangle\varphi_s}{\frac{\varphi_s\,p_o}{m\,p_s'} + C\,\triangle f_1\left(\frac{\alpha}{\alpha_e}\right)\cdot\frac{b}{2}} \tag{243}$$

Der Wert b für $\eta_{ad} = 0{,}7$ ist ebenfalls in Abb. 248 in Abhängigkeit vom Druckverhältnis aufgetragen.

Es wird

$$\Lambda_o = \Sigma\,\triangle\,\Lambda_s\left(\frac{p_s}{p_o}\right)\cdot\frac{T_o}{T_s} \tag{244}$$

Das Produkt in der eckigen Klammer in (245) ist für $\eta_{ad} = 0{,}7$ Abb. 248 zu entnehmen. Der mittlere Spüldruck $\overline{p}_s$ wird

* p_s' Wert zu Beginn des Intervalls.

$$f\left(\frac{\bar{p}_s}{p_o}\right) = \Sigma\left[f\left(\frac{p_s}{p_o}\right) \cdot \triangle f_1\left(\frac{\alpha}{\alpha_e}\right)\right] \tag{245}$$

Die zugehörige mittlere Spültemperatur erhält man aus Abb. 26.

Der Druck in der Spülpumpe zu Beginn der Spülung hängt von den Vorgängen während des Saughubes und damit von der Ausführung der Einlaßsteuerung der Spülpumpe ab.

Bei Einlaßsteuerung mit selbsttätigen Ventilen kann nach Abb. 249 mit einem Saugklappenwiderstand $\triangle p_v$ gerechnet werden, so daß die Verdichtung im Totpunkt bei $(p - \triangle p_v)$ beginnt. Der Druck am Beginn der Spülung ist dann nach Annahme des Polytropenexponenten der Verdichtung in der Spülpumpe zu berechnen. φ_{sh} in Abb. 249 ist das auf den Motorzylinderhubraum bezogene Hubvolumen der Spülpumpe. Die den verschiedenen Punkten zugehörigen relativen Volumen sind $\varphi_{s\,1,\,2,\,3,\,4}$.

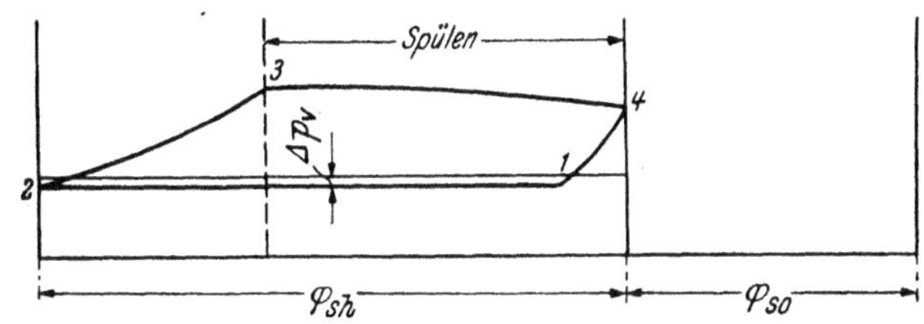

Abb. 249. Diagramm einer Spülpumpe nach Abb. 247 mit selbsttätiger Saugsteuerung.

Die Temperatur T_{s2} kann geschätzt werden, indem man annimmt, daß die Mehrarbeit gegenüber der adiabatischen Verdichtung während des Einströmens als Wärme an die Luft übergeht und diese dann adiabatisch verdichtet wird. Es ist mit dieser Annahme

$$T_{s2} = \frac{T_o}{\eta_{ad}} \cdot \left[1 - \left(\frac{p_o}{\bar{p}_s}\right)^{0,286} (1 - \eta_{ad})\right] \tag{246}$$

Der mittlere Spüldruck $\bar{p}_s$ kann bei gegebenem Luftaufwand und Schlitzabmessungen überschlägig aus Ausdruck (33) berechnet werden.

Bei Spülpumpen mit vom Kolben gesteuerter Saugöffnung gelten die im Abschnitt III, 1, a, β, 2, entwickelten Beziehungen.

Mit

$$y = \frac{\varphi_{so}}{\varphi_{sh}} + (1 - 0,5\,\sigma_s) \tag{247}$$

worin $\varphi_{so} . V_h$ der schädliche Raum der Spülpumpe ist, kann Ausdruck (223) verwendet werden. In A_s' sind die Abmessungen der Spülpumpe einzusetzen. Die Beziehungen (228) sind sinngemäß auf das Spülpumpendiagramm nach Abb. 250 anzuwenden.

Weiters ist die Beziehung für den Luftaufwand (221) nach Ersatz von $\frac{V_{k2}}{V_h}$ durch φ_{s2} und von p_k durch p_s anwendbar. Dasselbe gilt hinsichtlich der Gleichung (229).

Um eine Beziehung zwischen τ und dem Spülpumpenwirkungsgrad η_{ad} zu erhalten, kann man $p_{s2} \sim p_o$ setzen und erhält dann nach (229)

$$\tau = \frac{1}{\varkappa . \eta_{ad}} \cdot \left[1 - \left(\frac{p_o}{\bar{p}_s}\right)^{0,286} (1 - \eta_{ad})\right] . \frac{1 - \left(\frac{p_{s1}}{p_{s2}}\right)}{1 - \left(\frac{p_{s1}}{p_{s2}}\right)^{\frac{1}{\varkappa}}} \tag{248}$$

Wird daraus $\tau < 1$ errechnet, so wurde der Wirkungsgrad der Spülpumpe η_{ad} höher angenommen, als er schon allein wegen der Verluste beim Einströmen werden kann.

Durch den Unterdruck beim Ansaugen entstehen bei der Saugschlitzsteuerung merkbare Arbeitsverluste, die sich durch Erwärmung der hereinstürzenden Luft beim Öffnen der Schlitze vermindernd auf Wirkungsgrad und Liefergrad auswirken. Für Hochleistungsmotoren ist daher bei hoher Drehzahl eine Steuerung des Einlasses der Spülpumpe durch andere Organe, z. B. durch Drehschieber, in Betracht zu ziehen.

Die Berechnung des Druckverlaufes in einer Spülpumpe mit vom Kolben gesteuerter Saugöffnung ist wie folgt durchzuführen: Man nimmt p_{s2} etwas unter p_o an und schätzt zunächst τ. Nun wird der Verdichtungsenddruck p_{s3} aus den gegebenen Volumsverhältnissen ermittelt und p_{s4} mit (243) schrittweise berechnet. Aus dem Volumsverhältnis $\frac{\mathfrak{V}_{s4}}{\mathfrak{V}_{s1}}$ ergibt sich p_{s1}. Nun wird mit diesem Wert τ und σ_s nach (248) und (223) berechnet und die Rechnung mit diesen besser angenäherten Werten wiederholt. Die richtigen Werte sind erreicht, wenn eine von p_{s2} ausgehende vollständige Durchrechnung des Vorganges auf das gleiche p_{s2} am Ende führt.

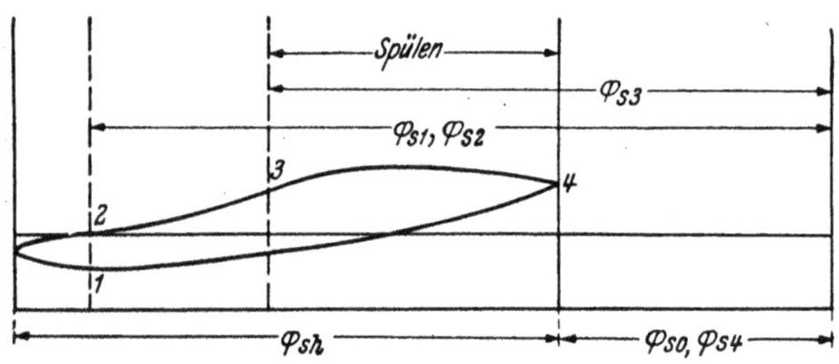

Abb. 250. Diagramm einer Spülpumpe nach Abb. 247 mit vom Spülpumpenkolben gesteuerten Saugöffnungen.

Beispiel:

Das Hubvolumen einer im Hubtakt fördernden Spülpumpe mit Auslaßsteuerung durch den Motorkolben ist zu bestimmen. Die Kennzahl der Spülung ist $A_e' = 1730$ m/min bei $n = 2400$ U/min, die Länge der rechteckigen Einlaßschlitze $\sigma_e = 0{,}22$. Der Spülpumpenwirkungsgrad sei $\eta_{ad} = 0{,}7$. Die Konstruktion des Motors gibt einen schädlichen Raum, bestehend aus dem Totraum der Spülpumpe und den Kanälen zu den Einlaßschlitzen, gleich dem Zylinderhubraum, also $1{,}0\ V_h$. Es ist die erforderliche Größe des Hubraumes der Spülpumpe für einen Luftaufwand $\Lambda_o = 1{,}3$ zu bestimmen. Der Einlaß der Spülpumpe wird durch Saugklappen gesteuert.

Für die ungekühlte Spülpumpe kann $m \sim \varkappa$ gesetzt werden. Zur Vereinfachung wird angenommen, daß der Saugklappenwiderstand Δp_v vernachlässigbar klein ist, die Verdichtung daher im Totpunkt mit p_o beginnt.

Man rechnet den Luftaufwand Λ_o für mehrere abgestufte Werte des Hubraumes und bestimmt den $\Lambda_o = 1{,}3$ zugeordneten Hubraum durch Interpolation.

Im vorliegenden Fall wurde angenommen, daß die Auslaßschlitze so bemessen sind, daß die Abgase bei Spülbeginn nicht in die Spülpumpe rückschlagen. Ausdruck (243) läßt sich dann von Beginn der Spülung an zur Druckberechnung verwenden. Die Berechnung wurde für Spülpumpenhubräume von $1{,}5\ V_h$ und $1{,}7\ V_h$ durchgeführt.

Der Druck in der Spülpumpe zu Beginn der Spülung wird aus den Volumsverhältnissen berechnet. Der Einlaßschlitzlänge von 0,22 entspricht bei einem Schubstangenverhältnis von $\frac{r}{l} = 0{,}25$ ein halber Eröffnungswinkel $\alpha_e = 62{,}5^0$. Spülende und Förderende fallen zusammen.

Für die Spülpumpe mit dem Hubraum $1{,}5\ V_h$ ist der Druck zu Beginn des ersten Intervalls $p_s' = 1{,}15$ kg/cm².

Ferner ist
$$C = \frac{4632}{1730} \cdot 0{,}22^{\frac{3}{2}} \sqrt{288} = 4{,}7$$

Wenn die Spülperiode in 10 Teile geteilt wird, so ist nach oben für das erste Intervall

$C \triangle f_1\left(\frac{\alpha}{\alpha_e}\right) = 0{,}132$ und daher

$$\triangle p_s = \frac{0{,}132 \,.\, 0{,}184 + 0{,}12}{\frac{1{,}57}{1{,}15} + 0{,}132 \,.\, 0{,}235} = $$

$$= 0{,}1035 \text{ kg/cm}^2.$$

Darin entspricht $\triangle \alpha_s = 0{,}12$ dem während des Intervalls durch den Pumpenkolben bestrichenen Raum, $\alpha_s = 1{,}57$ dem Mittelwert im Intervall. $f\left(\frac{p_s}{p_o}\right) = 0{,}184$ und $b = 0{,}47$ wurden Abb. 248 entnommen. Man erhält für die Spülpumpen mit 1,5 V_h und 1,7 V_h die in Abb. 251 dargestellten Druckverläufe und mit (244) die folgenden Werte für Λ_o.

	Λ_o
1,5 V_h	1,27
1,7 V_h	1,40

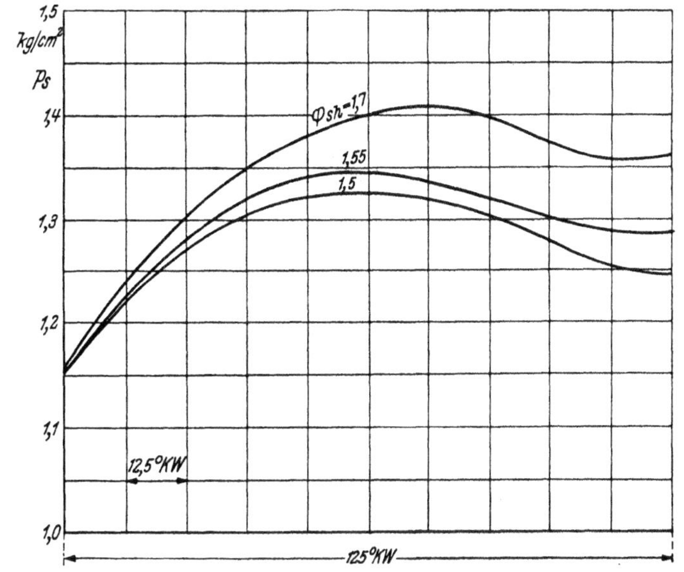

Abb. 251. Druckverlauf in einer Spülpumpe nach Abb. 247 während der Spülung bei verschiedenem Hubraum der Spülpumpe. Beispiel S. 232.

Durch Interpolation erhält man 1,55 V_h als richtigen Wert für den Spülpumpenhubraum. Der zugehörige Luftaufwand ist $\Lambda_o = 1{,}30$, der mittlere Spüldruck $p_s = 1{,}30$ kg/cm².

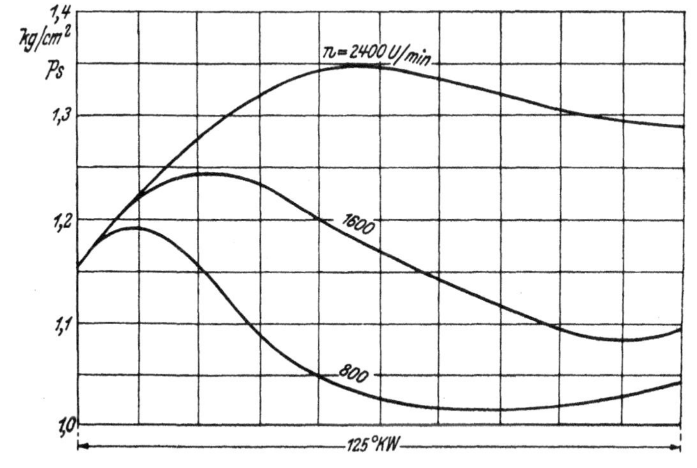

Abb. 252. Druckverlauf in einer Spülpumpe nach Abb. 247 während der Spülung bei verschiedenen Motordrehzahlen.

In vielen Fällen ist die Drehmomentkennlinie, d. h. der Drehmomentverlauf über der Drehzahl, von Bedeutung. Dazu ist die Abhängigkeit des Λ_o von n festzustellen. Im folgenden werden zwei Punkte der Kennlinie für n = 1600 und 800 U/min ermittelt.

Da in den aufgestellten Beziehungen nur C veränderlich ist, und zwar umgekehrt verhältig zu n, so wird

$$C_{n=1600} = 7{,}05 \qquad C_{n=800} = 14{,}1$$

Die Berechnung, für diese Werte durchgeführt, gibt die in Abb. 252 dargestellten Druckverläufe und

$$n = 1600 \text{ U/min} \;.\;.\;.\;.\;.\; \Lambda_o = 1{,}43; \quad \frac{\bar{p}_s}{p_o} = 1{,}158,$$

$$n = 800 \text{ U/min} \;.\;.\;.\;.\;.\; \Lambda_o = 1{,}51; \quad \frac{\bar{p}_s}{p_o} = 1{,}042.$$

Mit mittleren Kennzahlen des Verbrennungssystems erhält man für ein Spülsystem mit $a = 1,0$ die Leistungswerte des Motors in Zahlentafel 14.

Zahlentafel 14.

Nutzdruck des Motors mit im Hubtakt arbeitender Kolbenspülpumpe (Beispiel).

$n =$	800	1600	2400	U/min.
$\eta_{i-1} =$	0.41	0.45	0.42	
$\lambda_1 =$	0.56	0.55	0.54	
$p_{i-1} =$	6.3	6.8	6.2	kg/cm²
$p_{La} + p_r - p_l =$	0.9	1.1	1.3	kg/cm²
$p_e =$	5.4	5.7	4.9	kg/cm²

Aus den vorliegenden Werten läßt sich feststellen, daß der Motor verhältnismäßig elastisch ist. Das ist vor allem dem mit abnehmender Drehzahl steigenden Luftaufwand zuzuschreiben.

Eine Berechnung des Luftaufwandes für $\varphi_{sh} = 1,55$ mit $\varepsilon_{so} = 0,5$, also einem halb so großen schädlichen Raum wie vorhin, gibt bei $n = 2400$ U/min eine Vergrößerung des Λ_0 von 1,3 auf 1,4.

Bei hohen Spüldrücken setzt demnach der schädliche Raum den Liefergrad der Spülpumpe beträchtlich herab und sollte daher klein gehalten werden.

Die letzte rechnerische Nachprüfung der auf Grund des vorliegenden Näherungsverfahrens gewählten Verhältnisse kann durch schrittweise Berechnung nach dem im Teil I angegebenen Verfahren erfolgen. Hiezu sind die für die Kurbelkastenspülung abgeleiteten Ausdrücke (109 b/I), (109 c/I) und (68 b/I) zu verwenden, indem man die Zeiger „k" durch „s" ersetzt, also φ_s an Stelle von φ_k, p_s an Stelle von p_k und damit den Anschluß an die Bezeichnungen dieses Abschnittes herstellt.

Entsteht bei kurzen Auslaßschlitzen Rückschlagen in die Spülpumpe, so sind die Beziehungen (243) und (244) sinngemäß anzuwenden.

Beispiel:

Bei den Berechnungen zum Beispiel auf Seite 232 wurde das Rückschlagen der Auspuffgase in die Spülpumpe vernachlässigt. Im folgenden wird angegeben, wie das Rückschlagen berücksichtigt und der Ladungswechselvorgang nach Teil I schrittweise berechnet werden kann. Der Untersuchung liegen die Annahmen für $n = 2400$ U/min des Beispiels auf Seite 232 zugrunde.

Es wird vorausgesetzt, daß die Durchflußzahlen durch die Schlitze nicht versuchsmäßig ermittelt werden konnten und daß nach dem vorliegenden Entwurf von Spülpumpe und Zylinder mit einer Vorlagerung der rückschlagenden Abgase vor die Spülluft gerechnet werden kann.

Die Spülpumpe ist mit Saugklappen ausgeführt. Es wird vorausgesetzt, daß durch die Wirkung der Luftsäule im Saugkanal der Pumpe der Zylinder der Spülpumpe am Ende des Saughubes annähernd auf Außendruck aufgeladen wird. Der Unterdruck während des Saughubes wurde im übrigen 0,02 kg/cm² angenommen. Der Antrieb der Spülpumpe ist zum Kurbeltrieb wie am Beispiel Seite 232 versetzt.

Die Einlaßschlitze öffnen 55° KW nach unterem Totpunkt der Spülpumpenkurbel. Bei Verdichtung mit $m = \varkappa$ ist bei den angenommenen Verhältnissen der Druck in der Spülpumpe beim Öffnen der Einlaßschlitze $p_s = 1,16$ kg/cm².

Die Auslaßschlitzlänge ist $\sigma_a = 0,34$, die Einlaßschlitzlänge $\sigma_e = 0,22$. Mit dem schon früher in mehreren Beispielen gezeigten Berechnungsvorgang für den Vorauspuff wurde der Zustand im Zylinder beim Öffnen der Einlaßschlitze $p_{ze} = 2,7$ kg/cm²,

$T_{ze} = 1000^0$ K erhalten. Der Druck in der Spülpumpe ist zu diesem Zeitpunkt nur $p_s = 1{,}16$ kg/cm², daher schlagen die Abgase in die Spülpumpe zurück. Bis zum Ende des Rückschlagens wird mit (233), (234) gerechnet. Druckgleichheit $p_s = p_z$ wird bei 69^0 KW n. u. T. der Spülpumpe erreicht. Die Menge der rückgeschlagenen Abgase ist $\Lambda_r = 0{,}04$, bezogen auf Außenzustand. Nun wird mit (109 b/I), (109 c/I) weitergerechnet und festgestellt, daß bei $77{,}5^0$ KW n. u. T. der Spülpumpe die gesamte in die Spülpumpe eingedrungene Abgasmenge wieder in den Zylinder rückgeschoben wurde.

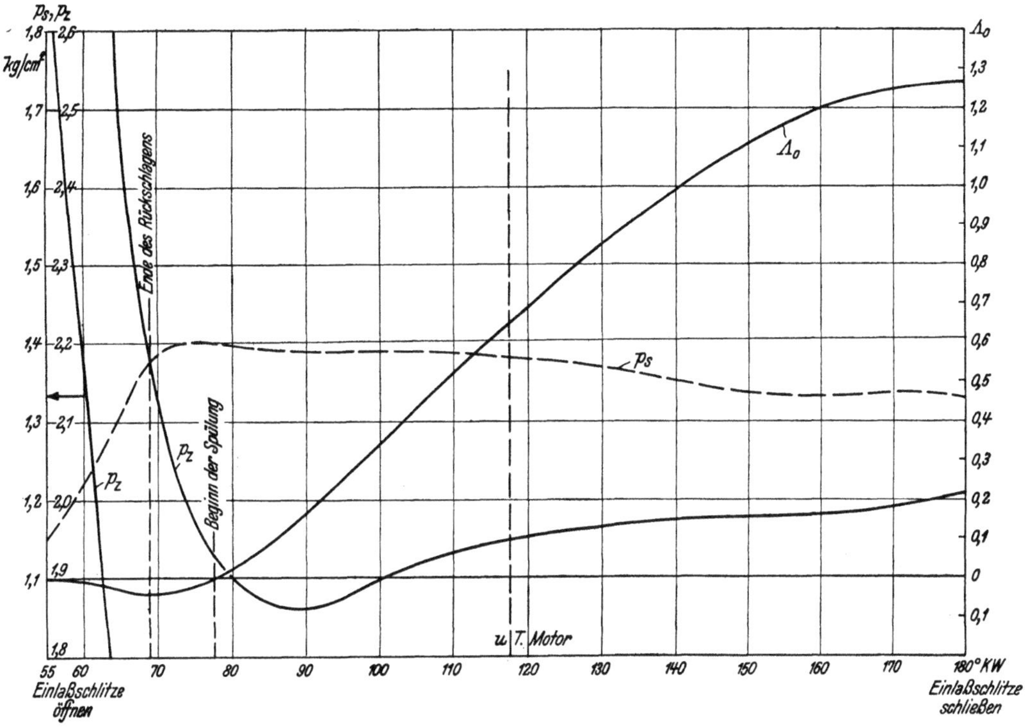

Abb. 253. Schrittweise Berechnung des Ladungswechselvorganges eines Motors mit Spülpumpe nach Abb. 247. Druckverlauf im Zylinder, in der Spülpumpe und Verlauf des Luftaufwandes.

Die Spülung beginnt demnach bei $77{,}5^0$ KW n. u. T. der Spülpumpe. Der Verlauf des Spülgrades und die Abgastemperaturen wurden nach Abschnitt 2, b, α, 1, verfolgt. Es wurde Verdünnungsspülung (Kennzahl der Spülkurve $a = 1{,}0$) angenommen.

Man erhält einen Luftaufwand $\Lambda_o = 1{,}27$ und den zugehörigen Spülgrad $\lambda_s' = 0{,}72$. Aus dem Druckverlauf Abb. 253 findet man $p_{zm} = 1{,}15$ kg/cm². Durch Fortsetzung der schrittweisen Rechnung bis zum Abschluß der Auslaßschlitze wurde der Schließdruck $p_{za}' = 1{,}37$ kg/cm² erhalten. Damit wird nach (92) bei einer mittleren Spültemperatur $T_s = 340^0$:

$$\lambda_1 = 0{,}72 \,.\, (1 - 0{,}34) \cdot \frac{18}{17} \cdot \frac{288}{340} \cdot \frac{1{,}15}{1{,}00} \cdot \left(\frac{1{,}37}{1{,}15}\right)^{\frac{1}{1{,}4}} = 0{,}56$$

und mit mittleren Werten für die Kennzahlen der Arbeitsvorgänge $p_i = 6{,}5$ kg/cm². Mit der Annahme $p_r = 1{,}0$ kg/cm² und dem Mitteldruck der Spülpumpenarbeit $p_{La} = 0{,}55$ kg/cm² erhält man den Nutzdruck

$$p_e \sim 5{,}0 \text{ kg/cm}^2$$

p_{La} berechnet man aus dem Spülpumpendiagramm Abb. 254. Dieses zeigt, daß das Rückschlagen die Spülpumpenarbeit vergrößert. Im vorliegenden Fall ist die Rückschlagmenge klein. Bei ungenügend bemessenen Auslaßschlitzen kann sich jedoch die Vergrößerung der Spülpumpenarbeit durch das Rückschlagen merkbar auf Nutzdruck und Verbrauch auswirken. Die richtige Bemessung der Auslaßschlitze erfordert daher bei Motoren mit im Hubtakt fördernden Spülpumpen besondere Beachtung.

3. Motoren mit verhältnismäßig kleinen Spülbehältern.

Führt man Motoren mit kleinen Zylinderzahlen mit verhältnismäßig kleinem Spülbehälter aus, so unterliegt der Spüldruck erheblichen Schwankungen, da das Fördergesetz der Spülpumpe im allgemeinen nicht mit dem Einströmgesetz in den Zylinder übereinstimmt. Der Spülbehälter muß daher als Speicher arbeiten, indem er während des Überschusses an Förderung Spülluft bei steigendem Spüldruck aufnimmt und sie in den Zeiten mit Einströmüberschuß bei fallendem Druck zusätzlich abgibt.

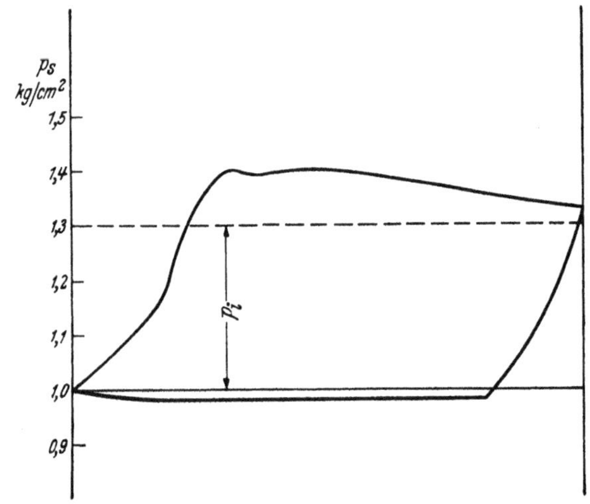

Abb. 254. Schrittweise Berechnung des Ladungswechselvorganges eines Motors mit Spülpumpe nach Abb. 247. Spülpumpendiagramm.

Die Kenntnis des Druckverlaufes im Spülbehälter ist aus mehreren Gründen von Bedeutung. Bei solchen Spülpumpen, bei denen die Fördermenge wesentlich vom Druck abhängt, wirkt der Spüldruck auf die Fördermenge und den Verlauf der Förderung zurück. In diesem Zusammenhang ist vor allem zu beachten, daß bei Schleudergebläsen die Pumpgrenze nicht überschritten werden soll. Wenn sich auch bei den im allgemeinen kleinen Spülüberdrücken die Stöße beim Überschreiten der Pumpgrenze meist nicht durch Geräusch bemerkbar machen, so wird doch durch das Abreißen der Förderung die durchschnittliche Fördermenge erheblich herabgesetzt, das Gebläse daher schlecht ausgenützt. Aus dem Druckverlauf im Spülbehälter läßt sich die maximale Förderhöhe ermitteln, welche unter der Pumpgrenze des Gebläses liegen soll.

Der Druckverlauf während des Einströmens beeinflußt den Spülverlauf und den Spülgrad. Mit Rücksicht auf den letzteren ist eine Spülung mit abfallendem Druck günstig und daher anzustreben. Die Spülkurven in Abschnitt II, 1, b, 2, zeigen eine ausgeprägte Überlegenheit der Spülsysteme mit Kurbelkastenspülung, die mit abfallendem Spüldruck arbeiten.

Bei Mehrzylindermaschinen mit ungleichmäßigem Zündabstand, vor allem bei Motoren mit ungleichmäßig fördernder Spülpumpe (Pumpen nach dem Verdrängungsprinzip) kann die Spülluft auf die einzelnen Zylinder ungleichmäßig verteilt werden. Bei Motoren mit regelmäßigen Zündabständen ist dies der Fall, wenn die Zahl gleicher Förderperioden der Spülpumpe während einer Umdrehung nicht ein ganzes Vielfaches der Zylinderzahl ist. In solchen Fällen muß durch Ermittlung des Druckverlaufes im Spülbehälter festgestellt werden, ob die Abweichungen der Luftaufwandszahlen der einzelnen Zylinder untereinander das als zulässig erachtete Maß nicht überschreiten.

Sind die Unterschiede zwischen den gleichzeitig ein- und ausströmenden Spülluftmengen klein im Verhältnis zur Größe des Spülbehälters, so sind auch die Druckschwankungen im Spülbehälter klein. Sie können in diesem Fall mit guter Annäherung durch das folgende Näherungsverfahren ermittelt werden.

Bei konstantem Spüldruck p_s ist das Einströmgesetz in einen Zylinder, wie früher gezeigt wurde, mit sehr guter Annäherung eine Parabel. Mit dem Ansatz (239) ist:

$$\frac{d\Lambda_s}{d\left(\frac{\alpha}{\alpha_e}\right)} = C \,.\, f\left(\frac{p_s}{p_o}\right) \cdot 0{,}75\left[1-\left(\frac{\alpha}{\alpha_e}\right)^2\right] \tag{249}$$

Bei Mehrzylindermaschinen sind die Einströmgesetze der Zylinder dem Zündabstand entsprechend zu versetzen und bei übergreifendem Einströmen die Ordinaten

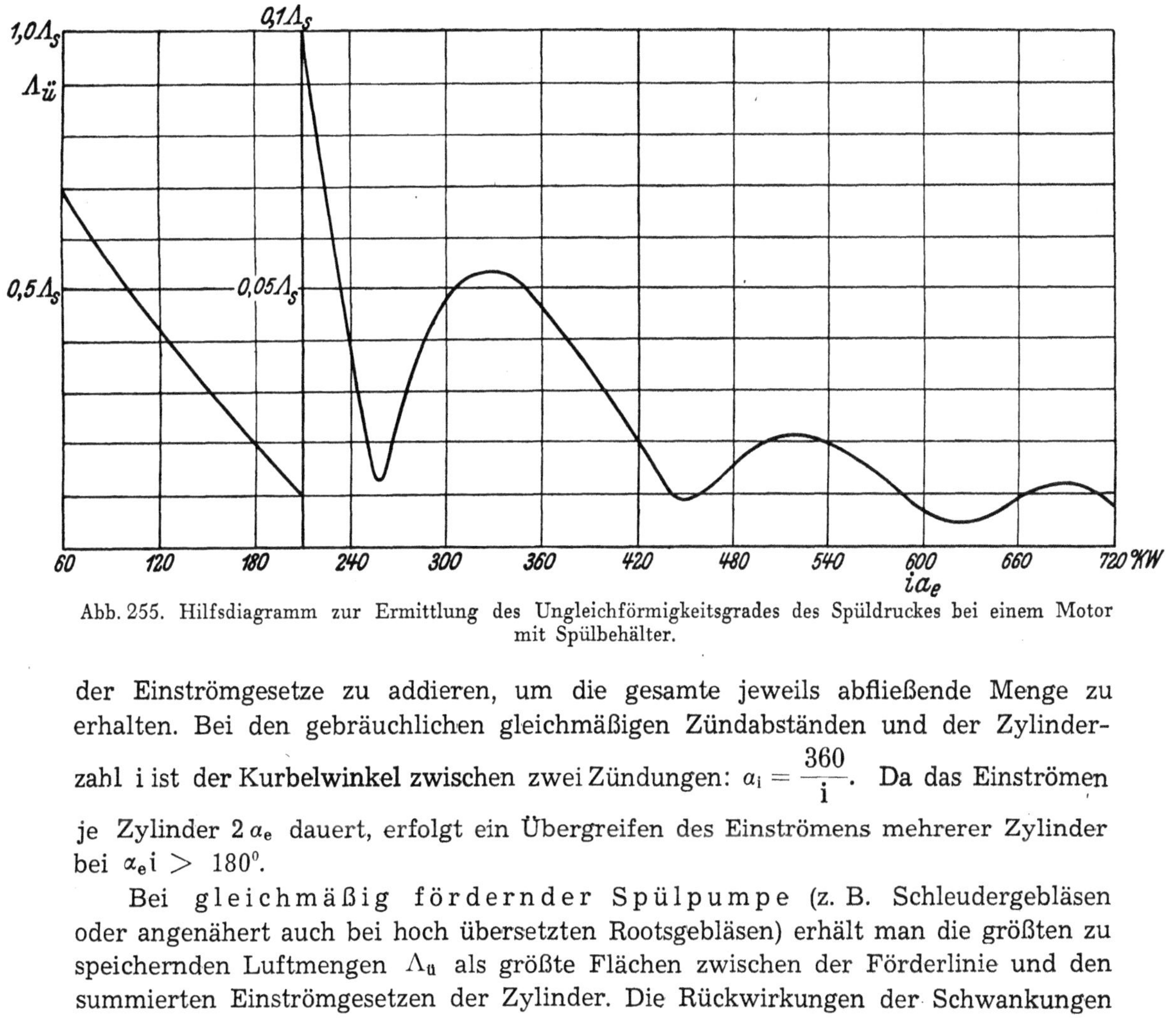

Abb. 255. Hilfsdiagramm zur Ermittlung des Ungleichförmigkeitsgrades des Spüldruckes bei einem Motor mit Spülbehälter.

der Einströmgesetze zu addieren, um die gesamte jeweils abfließende Menge zu erhalten. Bei den gebräuchlichen gleichmäßigen Zündabständen und der Zylinderzahl i ist der Kurbelwinkel zwischen zwei Zündungen: $\alpha_i = \frac{360}{i}$. Da das Einströmen je Zylinder $2\,\alpha_e$ dauert, erfolgt ein Übergreifen des Einströmens mehrerer Zylinder bei $\alpha_e i > 180^0$.

Bei gleichmäßig fördernder Spülpumpe (z. B. Schleudergebläsen oder angenähert auch bei hoch übersetzten Rootsgebläsen) erhält man die größten zu speichernden Luftmengen $\Lambda_ü$ als größte Flächen zwischen der Förderlinie und den summierten Einströmgesetzen der Zylinder. Die Rückwirkungen der Schwankungen des Spüldruckes p_s auf die Einströmgesetze können in erster Annäherung vernachlässigt werden.

Mit $h_{e\,max}$ als größter Ordinate des parabolischen Einströmgesetzes $\frac{d\Lambda}{d\alpha}$ wird die entsprechende Ordinate der gleichmäßigen Spülpumpenförderung

$$h_p = h_{e\,max} \cdot \frac{i\,\alpha_e}{270} \tag{250}$$

Abb. 255 zeigt $\Lambda_ü$ in Bruchteilen von Λ_s, abhängig von $i\,\alpha_e$. Mit zunehmendem $i\,\alpha_e$ nimmt $\Lambda_ü$ im allgemeinen ab. Der schwingende Verlauf der Kurve zeigt im untersuchten Bereich bei $i\,\alpha_e = 260$, 450 und 630^0 KW ausgeprägte Minimalwerte.

Der Ungleichförmigkeitsgrad des Spüldruckes wird:

$$\frac{p_{s\,max} - p_{s\,min}}{\overline{p}_s} = \tilde{\delta}_s = m \cdot \frac{\Lambda_{ü}}{\varphi_s} \tag{251}$$

Darin ist $\overline{p}_s$ der gleichbleibende Spüldruck, bei dem der Luftaufwand Λ_s einströmen würde. Er läßt sich mit Ausdruck (33) berechnen. φ_s ist das Verhältnis von Spülbehältervolumen zum Zylinderhubraum.

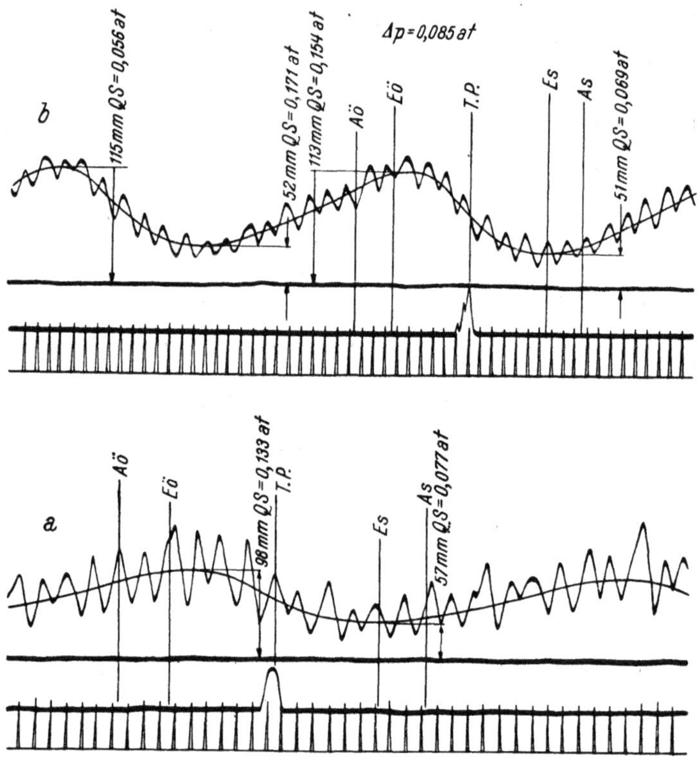

Abb. 256. Oszillogramme am Spülbehälter eines MAN-Zweizylindermotors. Spülbehälter mit 47 und 70 l Inhalt.

Abb. 256, a und b, zeigen Oszillogramme eines MAN-Zweizylinder-Zweitaktmotors mit Spülbehältern von 70 und 47 l Inhalt. Das Hubvolumen beträgt 5,2 l, die Verhältniszahlen für das Behältervolumen φ_s daher 13,5 und 9. Die Druckdifferenzen $p_{s\,max} - p_{s\,min}$ sind den Diagrammen zu entnehmen, der mittlere Spüldruck beträgt in beiden Fällen $\overline{p}_s \sim 810$ mm Hg.

Der Luftaufwand war in beiden Fällen gleich. Tatsächlich gibt auch die Anwendung von (251) in beiden Fällen $m\,\Lambda_s \sim 1{,}2$. Da m zwischen 1 und $\varkappa$ und Λ_s in der Nähe von 1,0 liegt, ist der erhaltene Wert m Λ_s annähernd richtig.

Der Druckverlauf im Spülbehälter ist mit einer Beziehung ähnlich (239) angenähert ermittelbar. Ist $\triangle\Lambda_s$ das von der Spülpumpe im Intervall $\triangle\,\alpha$ geförderte Volumen (Zustand Spülbehälter) in Bruchteilen des Hubraumes, so ist

$$\frac{\triangle p_s}{p_o} = \frac{-\,C\,.\,f\left(\frac{p_s'}{p_o}\right)\cdot\triangle f_1(\alpha) + \triangle\Lambda_s}{\frac{\varphi_s\,p_o}{m\,p_s'} + C\,.\,\triangle f_1(\alpha)\cdot\frac{b}{2}} \tag{252}$$

Für Pumpen, deren Förderung stark vom Druck abhängt, z. B. Schleudergebläsen, wird mit Q_s als sekundliche Fördermenge (Austrittsvolumen)

$$\frac{\triangle p_s}{p_o} = \frac{- C \cdot f\left(\frac{p_s'}{p_o}\right) \cdot \triangle f_1(\alpha) + \frac{Q_s'}{6 n V_h} \triangle \alpha}{\frac{\tau_s p_o}{m p_s'} + C \cdot \triangle f_1(\alpha) \cdot \frac{b}{2} - \frac{c}{12 n V_h} \triangle \alpha} \tag{253}$$

Darin ist Q_s' der p_s' (Anfang des Intervalls) zugeordnete Wert und c der Gradient der

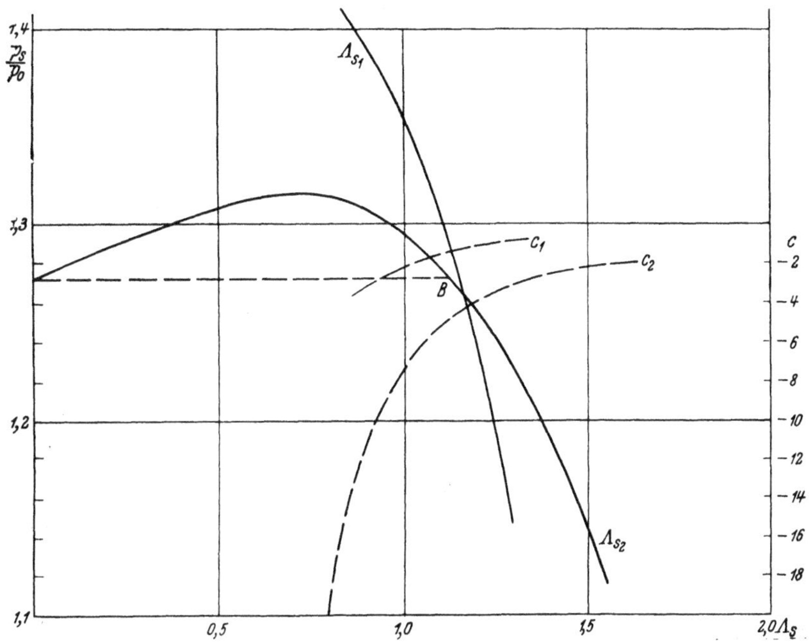

Abb. 257.

Druckabhängigkeit der Förderung. Erhöht man den Druck um $\frac{\triangle p_s}{p_o}$, so wird die Förderung um $c \cdot \frac{\triangle p_s}{p_o}$ größer. Mit ′ sind wieder die Werte zu Beginn des Intervalls bezeichnet, $f\left(\frac{p_s}{p_o}\right)$ und b ergeben sich für $\eta_{ad} = 0{,}7$ aus Abb. 248. Für davon abweichende Wirkungsgrade sind sie mittels des in Abb. 248 angegebenen Ausdruckes zu berechnen.

Die schrittweise Berechnung ist so lange fortzusetzen, bis nach $\frac{360^0 \text{ KW}}{i}$ bei gleichmäßigen, nach 360^0 KW bei ungleichmäßigen Zündfolgen hinreichend übereinstimmende Werte erhalten werden.

Für einen Zweizylindermotor wurde die schrittweise Berechnung durchgeführt, wobei dem Gebläse die Förderkennlinie ($\Lambda_{s\,1}, c_1$) in Abb. 257 zugeordnet wurde. Darin ist $\Lambda_s = \left(\frac{60\, Q_s}{2 V_h n}\right)$ und Q_s die sekundliche Fördermenge im Austrittszustand. Wenn man die Berechnung im unteren Totpunkt eines Zylinders mit $p_s = 1{,}270$ kg/cm² beginnt, erhält man die Kurve I in Abb. 258 und im weiteren Verlauf der Rechnung die Kurve II, die sich den wirklichen Werten schon weitgehend nähert, so daß sich eine weitere Fortsetzung der Rechnung erübrigt.

Der Luftaufwand Λ_o wird ermittelt, indem $f\left(\frac{p_s}{p_o}\right)$ aus Abb. 248 entsprechend dem mittleren Druck entnommen und die Summe

$$\Lambda_o = \sum C \cdot f\left(\frac{p_s}{p_o}\right) \cdot \triangle f_1\left(\frac{\alpha}{\alpha_e}\right) \tag{254}$$

gebildet wird. Im vorliegenden Fall ist $\Lambda_o = 1{,}29$ bei einem Ausgangswert von $\Lambda_o = 1{,}30$, welcher der Berechnung des mittleren Spüldruckes $\overline{p}_s = 1{,}270$ kg/cm² zugrunde gelegt wurde.

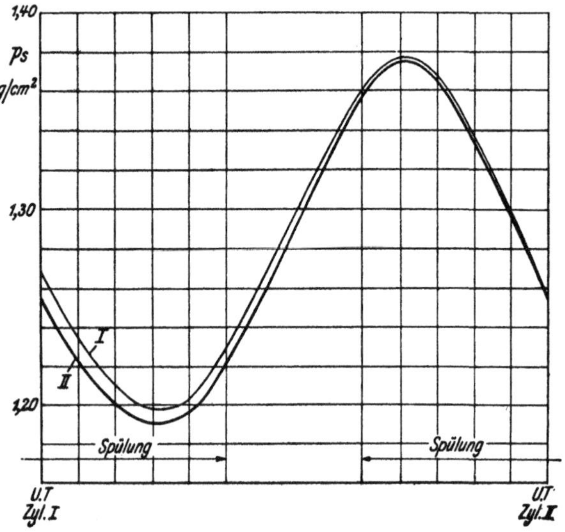

Abb. 258. Druckverlauf im Spülbehälter eines Zweizylindermotors mit einem Spülgebläse mit Förderkennlinien Λ_{s1}, c_1 in Abb. 257.

Wird der Motor mit einem Gebläse mit den Kennlinien (Λ_{s2}, c_2) in Abb. 257 betrieben, so wird die Pumpgrenze des Gebläses überschritten. Abb. 259 zeigt den Druckverlauf im Spülbehälter, der wieder mit Ausdruck (253) berechnet wurde. Dabei wurde von dem mittleren Spüldruck mit $\overline{p}_s = 1{,}270$ kg/cm² ausgegangen (Kurve I) und nach eineinhalbfacher Durchrechnung die endgültige Kurve II erhalten. Nach Abschluß der Spülung steigt der Druck und erreicht bei A die Pumpgrenze des Gebläses, womit die Förderung abreißt. Der Kurventeil A—B wurde unter der Annahme berechnet, daß keine Förderung, aber auch kein Rückströmen durch das Gebläse erfolgt. Die Förderung beginnt im Punkt B mit der in Abb. 257 dem Punkt B zugeordneten Menge. Infolge des zeitweisen Aussetzens der Förderung erreicht der Luftaufwand nur $\Lambda_o = 1{,}14$. Bei gleichbleibendem Spüldruck $p_s = 1{,}270$ kg/cm² würde das Gebläse den gleichen Luftaufwand ergeben, wie das Gebläse mit den Kennlinien (Λ_{s1}, c_1) in Abb. 257. Bei schwankendem Spüldruck sind die Fördermengen und damit auch die Motorleistungen wesentlich verschieden.

Um ein Überschreiten der Pumpgrenze zu vermeiden, muß der höchsterreichbare Förderdruck des Gebläses über $p_{s\,max}$ liegen.

Eine bessere Annäherung an den wirklichen Druckverlauf im Spülbehälter als mit dem vorbeschriebenen Verfahren erhält man durch schrittweise Berechnung nach Teil I.

Bei Spülpumpen, die mit Verdrängung arbeiten (Kolbenpumpen, Rootsgebläse), ist Fördermenge und Fördergesetz nur wenig vom Förderdruck abhängig. Es genügt daher im allgemeinen, das Fördergesetz für den konstanten Spüldruck zu bestimmen, bei dem mit dem wirklichen Luftaufwand gespült wird.

Für Kolbenspülpumpen rechnet man das Fördergesetz mit (98/I), wobei für das Ansaugen $B_{Pa} = 0$, für das Ausschieben $B_{Pe} = 0$ gesetzt wird. Die im Intervall ausströmende Menge ist nach (101 a/I):

$$\triangle V_a = \frac{2\,\tau''_{sp}}{\varkappa \cdot p''_{sp}} \cdot B_{pa} \cdot \sqrt{p_{sp} - p_s} \tag{255}$$

Mit „sp" sind die den Spülpumpen zugehörigen Größen gekennzeichnet. Es ist

$V_{sp} = \varphi_{sp} \cdot V_h$ (V_h Hubraum des Motors). Die in (106 c/I) aufscheinende Geschwindigkeit w_1 im Ausströmquerschnitt f_1 der Spülpumpe ist

$$w_1 = \frac{6\,n}{f_1} \cdot \frac{p''_{sp}}{p''_s} \cdot V_h \cdot \frac{\triangle V_a}{\triangle \alpha}$$

Bei Rootsgebläsen ist das Fördergesetz auch durch schrittweise Berechnung zu ermitteln. Bei Schleudergebläsen ist durch die Gebläsekennlinie jedem Druck eine bestimmte Fördermenge zugeordnet, die gleichmäßig einströmt.

Der Druckverlauf im Spülbehälter und im Zylinder wird mit (106 b/I) und (106 c/I) gerechnet.

Während des Rückschlagens von Abgasen in den Spülbehälter rechnet man mit Gleichungen, die man aus (232), (233) und (234) erhält, indem man den Index „k“ durch „s“ ersetzt und an Stelle von $p''_k \varkappa \frac{\triangle \varphi_k}{\varphi''_k}$ den Ausdruck $\frac{\varkappa}{\varphi_s} \cdot \frac{w_1}{180\, w_{me}} \cdot \triangle\alpha$ einführt.

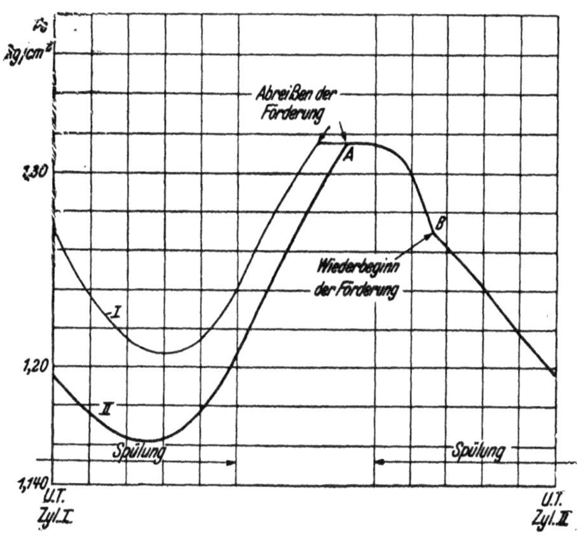

Abb. 259. Druckverlauf im Spülbehälter eines Zweizylindermotors mit einem Spülgebläse mit Förderkennlinie A_{s2}, c_2 in Abb. 257. Die Pumpgrenze wird bei A überschritten.

Wenn bei einem Mehrzylindermotor mit gemeinsamem Spülbehälter zwei Zylinder I und II gleichzeitig spülen, so gilt für die Druckänderung im Spülbehälter:

$$\triangle p_s = -\frac{2\,A_s}{1+A_s} \cdot p'_s + \frac{B_{ps\,I}}{\sqrt{\widetilde{\triangle}_{eI}}\,(1+A_s)} \cdot \left(p'_{zI} + \frac{1}{2}\triangle p_{zI} - \widetilde{\triangle}_{eI}\right) + \\ + \frac{B_{ps\,II}}{\sqrt{\widetilde{\triangle}_{eII}}\,(1+A_s)} \left(p'_{zII} + \frac{1}{2}\triangle p_{zII} - \triangle_{eII}\right) \qquad (256)$$

mit

$$A_s = \frac{\varkappa}{\varphi_s} \cdot \frac{w''_1}{180\, w_{m1}} \cdot \frac{\triangle\alpha}{2} + \frac{B_{ps\,I}}{2\sqrt{\widetilde{\triangle}_{eI}}} + \frac{B_{ps\,II}}{2\sqrt{\widetilde{\triangle}_{eII}}} \qquad (257)$$

Für die Druckänderung in jedem der Zylinder gilt Gleichung (106 b/I).

Wenn ein Zylinder zurückschlägt, während der andere spült, ist wie folgt vorzugehen:

Bei unterkritischem Rückschlagen ist für den rückschlagenden Zylinder das Vorzeichen von $\widetilde{\triangle}_e$ im Klammerglied zu ändern und sind in B_{ps} (106 c/I) die Drücke p_s und p_z zu vertauschen.

Für überkritisches Rückschlagen ist das dem rückschlagenden Zylinder entsprechende Glied in (256) wegzulassen und in A_s

$$B_{ps} \cdot \sqrt{p''_z} \cdot \sqrt{1 - \left(\frac{2}{\varkappa+1}\right)^{\frac{\varkappa}{\varkappa-1}}} \text{ statt } \frac{B_{ps}}{2\sqrt{\widetilde{\triangle}}}$$

für diesen Zylinder einzuführen. In die Gleichungen für den Zylinderdruck des rückschlagenden Zylinders ist ein geschätzter Wert für p_z'' einzusetzen und Δp_z mit (89 c/I) zu ermitteln; Δp_z des anderen Zylinders rechnet man nach (109 c/I).

4. Allgemeines über den Einfluß des Druckverlaufes im Auspuffsystem auf den Erfolg des Ladungswechsels.

Durch das Auspuffsystem soll der Ladungswechsel gegenüber einer Maschine mit Auspuff unmittelbar ins Freie möglichst verbessert, zumindest aber nicht wesentlich verschlechtert werden.

Infolge des Vorauspuffstoßes entstehen im Auspuffsystem im allgemeinen Druckschwankungen mit verhältnismäßig großer Amplitude, die erhebliche Wirkungen auf den Ladungswechsel haben können. Um Richtlinien für die Auslegung von Auspuffsystemen zu gewinnen, wird zunächst der Einfluß verschiedener Druckverläufe nach dem Zylinder auf den Erfolg des Ladungswechsels untersucht.

Der Innendruck von Motoren ist in erster und in den meisten Fällen ausreichender Annäherung dem Liefergrad λ_l verhältig. Im Ausdruck (92) für den Liefergrad hängen p_{zm}, p_{za}' und λ_s' über Λ_0 vom Druckverlauf ab.

Der Einfluß von p_{zm} tritt im allgemeinen zurück. Ausschlaggebend für λ_l ist im allgemeinen der Luftaufwand Λ_0 und der Schließdruck p_{za}' bzw. $p_{z\,ab}$. Es wird daher vor allem der Einfluß des Druckverlaufes nach dem Zylinder auf diese Größen zu untersuchen sein. Infolge des Charakters der Spülkurve wird der Einfluß einer Veränderung von Λ_0 mit zunehmendem Λ_0 immer kleiner, tritt daher gegenüber dem gleichbleibenden Einfluß einer Änderung des Schließdruckes p_{za}' bzw. $p_{z\,ab}$ zurück.

Der Nutzdruck ist
$$p_e = C_3 \,.\, \lambda_l - p_{La} - p_r$$
das zweite Glied nimmt mit dem Spüldruck und dem Luftaufwand zu und bewirkt, daß p_e über Λ_0 aufgetragen, ein meist auf flacher Kuppe liegendes Maximum hat. In der Nähe dieses Wertes tritt der Einfluß von Λ_0 gegenüber dem von p_{za}' ganz zurück.

Der Einfluß des Druckverlaufes vor und nach dem Zylinder auf den Verbrauch muß für Motoren mit innerer und äußerer Gemischbildung getrennt untersucht werden.

Für Motoren mit innerer Gemischbildung gilt bei $b_i \sim b_{i\ l}$, also Vernachlässigung der Ladungswechselarbeit:

$$b_e = b_{i-l} \cdot \frac{C_3\, \lambda_l}{C_3\, \lambda_l - p_{La} - p_r} \tag{258}$$

λ_l und p_{La} hängen vom Druckverlauf ab. Die Art der Zusammenhänge läßt allgemeine Aussagen über die Abhängigkeit des b_e vom Druckverlauf nicht zu.

Für Motoren mit äußerer Gemischbildung, also mit Gemischspülung, gilt nach (157) und (159) bei Vernachlässigung der Ladungswechselarbeit:

$$b_e = b_{i-l} \cdot \frac{C_3 \,.\, \Lambda_0}{C_3\, \lambda_l - p_{La} - p_r} \tag{259}$$

Aus dem Ausdruck (92) für den Liefergrad folgt, daß mit zunehmendem Λ_0 nach Überschreiten eines Minimums der Verbrauch stark ansteigt. Von wesentlichem Einfluß ist wieder der Schließdruck p_{za}', dessen möglichste Erhöhung im Interesse eines geringen Verbrauches angestrebt werden muß.

Von den beiden ausschlaggebenden Größen wird Λ_0 in gleicher Weise vom Druckverlauf vor und nach dem Zylinder, der Schließdruck p_{za}' hingegen vor allem von den Druckverhältnissen nach dem Zylinder beeinflußt.

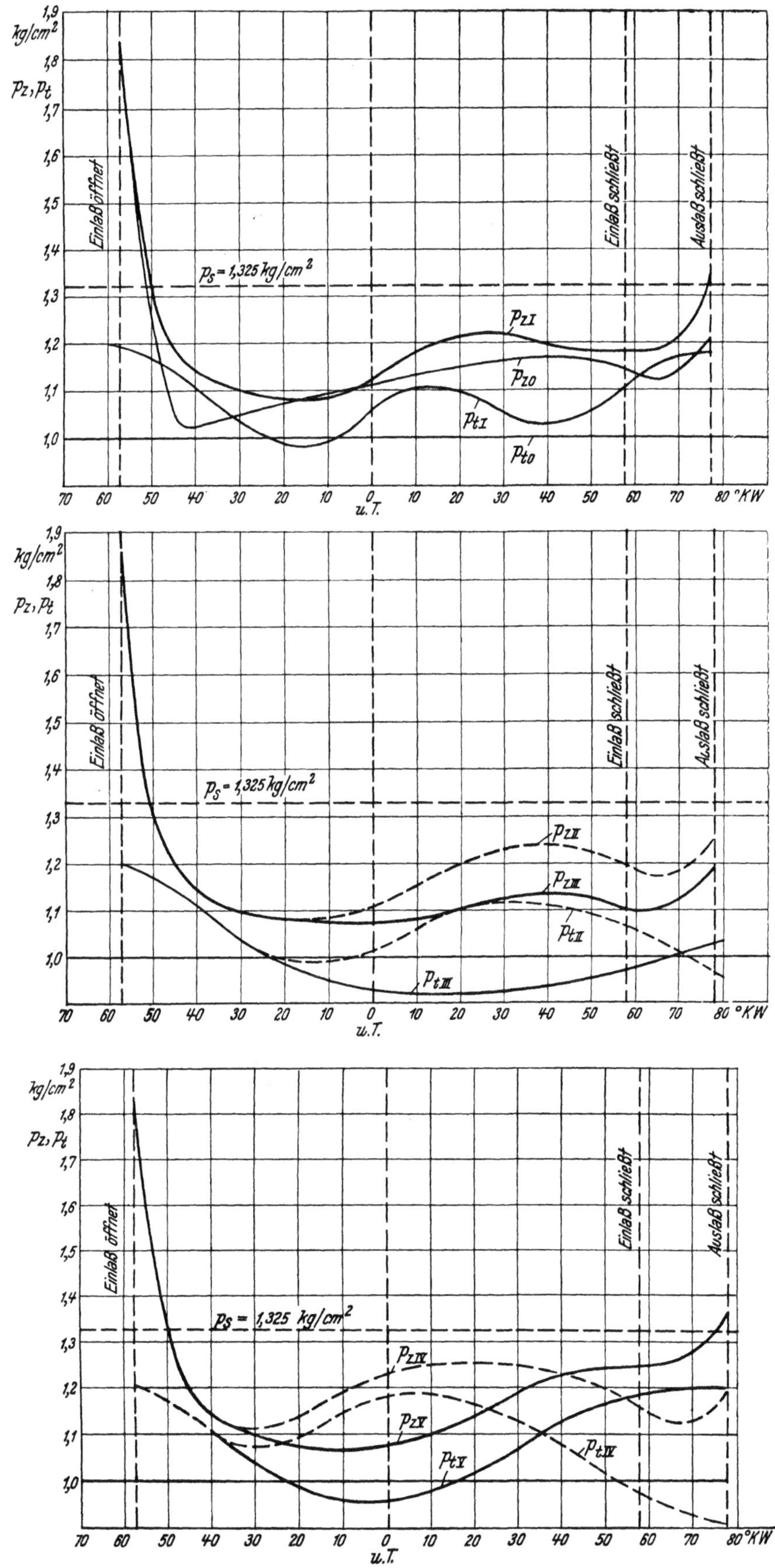

Abb. 260. Einfluß des Gegendruckverlaufs auf den Ladungswechsel. Druckverlauf im Zylinder bei den Gegendrücken p_{t0} bis p_{tV}. Zugehörige Kennwerte des Ladungswechsels und p_e, b_e in Zahlentafel 15.

Um die grundsätzlichen Zusammenhänge zwischen Druckverlauf nach dem Zylinder und Luftaufwand, Schließdruck, Liefergrad, Leistung und Verbrauch zu zeigen, wurden diese Größen mit mittleren Kennwerten der Energieumsetzung für die in Abb. 260 dargestellten Gegendrücke berechnet.

Aus (99/I) wurde der Druckverlauf im Zylinder bei vorgegebenem Gegendruckverlauf $p_t = f(\alpha)$ bestimmt und daraus Λ_o und p'_{za} ermittelt. Den Leistungs- und Verbrauchswerten wurde die Luftüberschußzahl $\lambda = 1{,}6$, $\eta_{i-l} = 0{,}45$, $H_u = 10.000$ kcal/kg, $L_o = 12{,}0$ m³/kg (Außenzustand 15° C, 1 at), ein Spülpumpenwirkungsgrad von $\eta_{ad} = 0{,}6$ und $p_r = 1{,}0$ kg/cm² zugrunde gelegt. Zahlentafel 15 enthält die Ergebnisse.

Zahlentafel 15.

Erfolgsgrößen des Ladungswechsels p_{i-l}, p_e und b_e bei verschiedenen Gegendruckverläufen nach Abb. 268 und konstantem Spüldruck $p_s = 1{,}325$ kg/cm². Kraftstoffeinspritzung in den Zylinder. (Dieselmotor.)

Gegendruck-verlauf	Λ_o	p'_{za} kg/cm²	λ_l	$p_{i\cdot l}$ kg/cm²	p_{La} kg/cm²	p_r kg/cm²	p_e kg/cm²	b_e kg/PS.h
$p_{to} = 1$ kg/cm²	1.37	1.210	0.605	6.05	0.68	1.0	4.37	0.194
Kurve I	1.14	1.335	0.600	6.00	0.57	1.0	4.43	0.190
„ II	1.24	1.251	0.595	5.95	0.62	1.0	4.33	0.192
„ III	1.42	1.195	0.608	6.08	0.71	1.0	4.37	1.195
„ IV	1.03	1.196	0.520	5.20	0.51	1.0	3.68	0.198
„ V	1.31	1.31	0.648	6.48	0.65	1.0	4.83	0.188

Nutzdruck und Verbrauch liegen bei konstantem Gegendruck $p_t = 1$ kg/cm² annähernd in der Mitte des Bereiches, der von den Werten gebildet wird, die den Kurven I bis V in Abb. 260 zugeordnet sind. Man erhält annähernd gleiche Ergebnisse wie für p_t = konst., wenn, wie bei Kurve I, einem kleinen Luftaufwand ein hoher Schließdruck zugeordnet ist oder, wie bei Kurve III, der Luftaufwand zwar hoch, der Schließdruck aber nieder ist. Durch Kurve II wird ein gleiches Gesamtergebnis durch einen mittleren Luftaufwand und einen mittleren Schließdruck erreicht. Hinsichtlich der Form der Kurven ergibt sich, daß der Luftaufwand vor allem durch den Gegendruckverlauf in der Nähe des unteren Totpunktes beeinflußt wird. Druckberge in der Nähe des Totpunktes (Kurve I) ergeben eine Verkleinerung, Drucktäler (Kurve III) eine Vergrößerung des Luftaufwandes. Der Schließdruck hängt hingegen vom Druckverlauf gegen Ende der Spülung ab. Druckberge am Ende der Spülung (I) bewirken hohen Schließdruck, niedere Drücke ($p_t = 1$ kg/cm², Kurven II und III) ergeben niedere Schließdrücke.

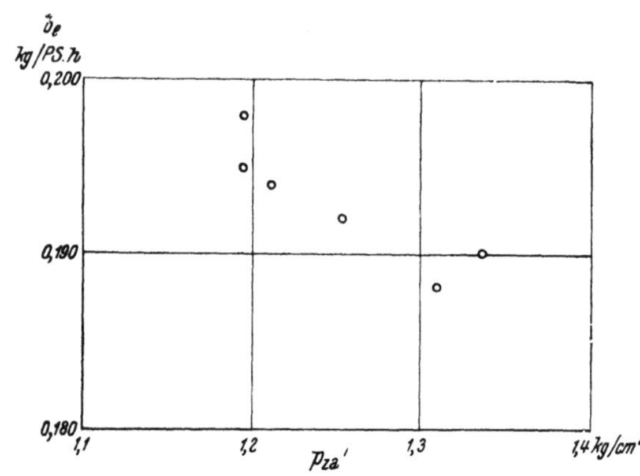

Abb. 261. Einfluß des Schließdruckes p_{za}' auf den Verbrauch b_e.

Aus diesen Zusammenhängen lassen sich die Bedingungen für günstigen Gegendruckverlauf leicht finden: Durch ein Drucktal im toten Punkt muß der Luftaufwand hoch gehalten, durch hohen Gegendruck beim Abschluß ein hoher Schließdruck erzielt werden. Kurve V in Abb. 260 zeigt einen solchen Verlauf, Zahlentafel 15 die entsprechenden Auswirkungen mit rund 10% Leistungssteigerung und 3% Verbrauchssenkung gegenüber p = konst.

Ein Verlauf mit Druckberg im Totpunkt und niederem Druck am Ende der Spülung nach Kurve IV ist dementsprechend besonders ungünstig. Im vorliegenden Fall ist die Leistungsabsenkung ~ 16% und die Verbrauchserhöhung ~ 2% gegenüber p_t = konst.

Trotz des verhältnismäßig hohen Spüldruckes ist der Einfluß der Druckschwankungen im Auspuffsystem im vorliegenden Fall vor allem auf die Motorleistung merkbar und zwingt zu sorgfältiger Auslegung des Auslaßsystems, wenn die durch die Steuerungsauslegung gegebenen Möglichkeiten des Motors gut ausgenützt werden sollen. Die Auswirkungen auf den Verbrauch sind etwas geringer. Maßgebend für den Verbrauch ist in erster Linie der Schließdruck p'_{za}. Mit zunehmendem Schließdruck sinkt nach Abb. 261 im allgemeinen der Verbrauch. Die Auswirkungen des Gegendruckverlaufes auf die Leistung erhöhen sich im allgemeinen mit abnehmendem Spüldruck und abnehmendem Luftaufwand. Daher sind z. B. Maschinen mit Kurbelkastenspülung in bezug auf die Gestaltung des Auspuffsystems empfindlicher als Maschinen mit Vollspülung.

Bei Vergasermotoren mit Kurbelkastenspülung tritt zu dem verstärkten Einfluß des Gegendruckverlaufes auf den Verbrauch infolge des niederen Spüldruckes die starke Auswirkung hinzu, welche der Kraftstoffverlust bei der Spülung auf den Verbrauch hat. Damit erhöht sich der Einfluß des Schließdruckes auf den Verbrauch wesentlich gegenüber dem an Einspritzmotoren.

Im folgenden wird der Einfluß des Gegendruckverlaufes auf Leistung und Verbrauch an einem Zweitaktvergasermotor mit Kurbelkastenspülung gezeigt. Dazu wurden die Drücke im Kurbelkasten und im Zylinder eines Motors mit 350 cm³ Hubraum für verschiedene angenommene Gegendruckverläufe mit dem im Teil I angegebenen Näherungsverfahren gerechnet und die zugehörigen Erfolgsgrößen des Ladungswechsels, Leistung und Verbrauch bestimmt.

Die Abb. 262 bis 265 zeigen, daß der Druckverlauf im Zylinder wesentlich vom Gegendruckverlauf beeinflußt wird. Der Druckverlauf für $p_t = p_o$ ist in Abb. 239 dargestellt. In groben Zügen folgt der Zylinderdruck dem Verlauf des Gegendruckes, wie sich das besonders deutlich z. B. in Abb. 264 ausprägt. Wesentlich geringer ist der Einfluß des Gegendruckes auf den Druckverlauf im Kurbelkasten, da seine Wirkung durch die zwei dazwischen wirksamen Drosselstellen (Ein- und Auslaßschlitze) und den Zylinderraum stark abgedämpft wird.

Ein Vergleich der verschiedenen Gegendruckkurven mit den Erfolgswerten des Ladungswechsels Λ_o, λ_l in Zahlentafel 16 zeigt, daß Druckberge in der Nähe des

Zahlentafel 16.

Einfluß des Gegendruckverlaufes auf den Erfolg des Ladungswechsels, Leistung und Verbrauch für Kurbelkastenspülung. (Vergasermotor.)

Gegendruck-verlauf	Λ_o	p'_{za} kg/cm²	λ_l	p_{i-l} kg/cm²	p_e kg/cm²	b_e kg/cm²
$p_t = p_o$	0.53	1.11	0.42	4.35	3.75	0.380
I	0.31	1.20	0.25	2.60	2.00	0.420
II	0.48	1.33	0.46	4.50	3.85	0.335
III	0.49	1.05	0.38	3.85	3.25	0.405
IV	0.41	1.25	0.35	3.60	3.00	0.365
V	0.45	1.06	0.33	3.40	2.70	0.450
VI	0.51	1.26	0.45	4.60	4.00	0.340
VII	0.55	1.00	0.39	4.00	3.40	0.435

unteren Totpunktes (IV, V) oder gehemmter Druckabfall im Auspuff (I) den Ladungsaufwand stark vermindern.

Der Schließdruck p'_{za} hängt wieder vor allem vom Druckverlauf unmittelbar vor

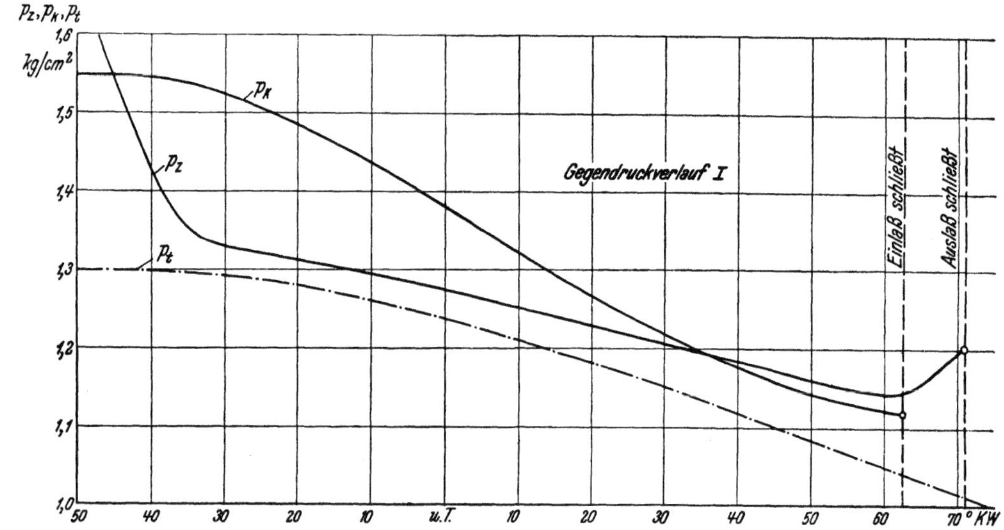

Abb. 262.

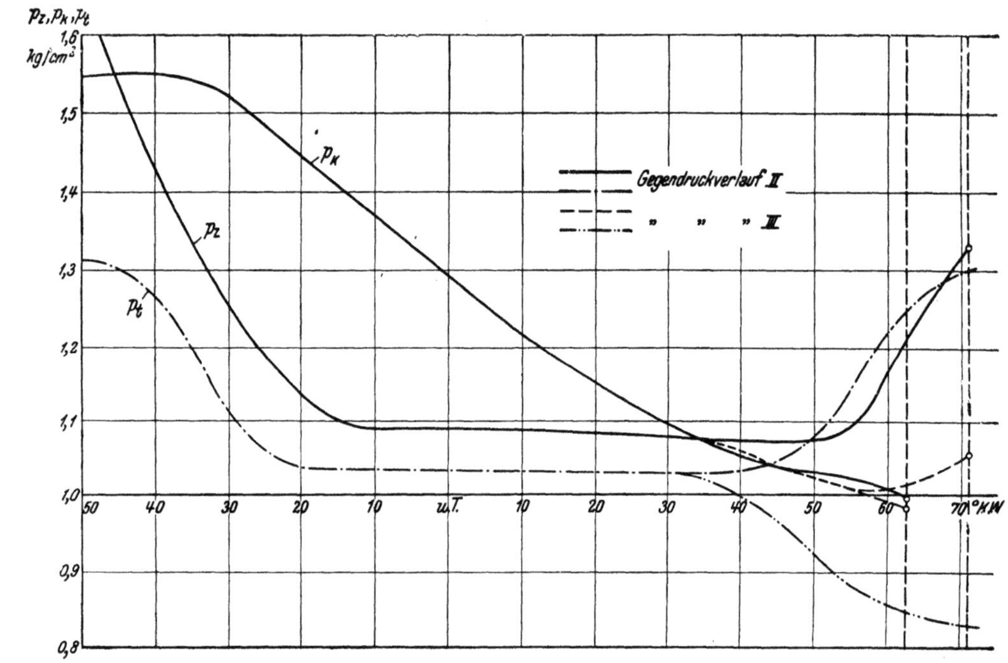

Abb. 263.

dem Abschluß der Schlitze ab, wie ein Vergleich der p_z-Kurven für die Gegendruckverläufe II und III, IV und V, VI und VII erkennen läßt.

Die Unterschiede an Leistung und Verbrauch bei verschiedenen Gegendruckverläufen sind nach Zahlentafel 16 bedeutend.

Die Einflüsse von Ladungsaufwand und Schließdruck lassen sich in der Darstellung trennen, wenn man nach Abb. 266 und 267 die Leistungskennzahlen p_e und p_i und die Verbrauchskennzahlen b_e und b_i in Abhängigkeit von Λ_0 aufträgt. Nach

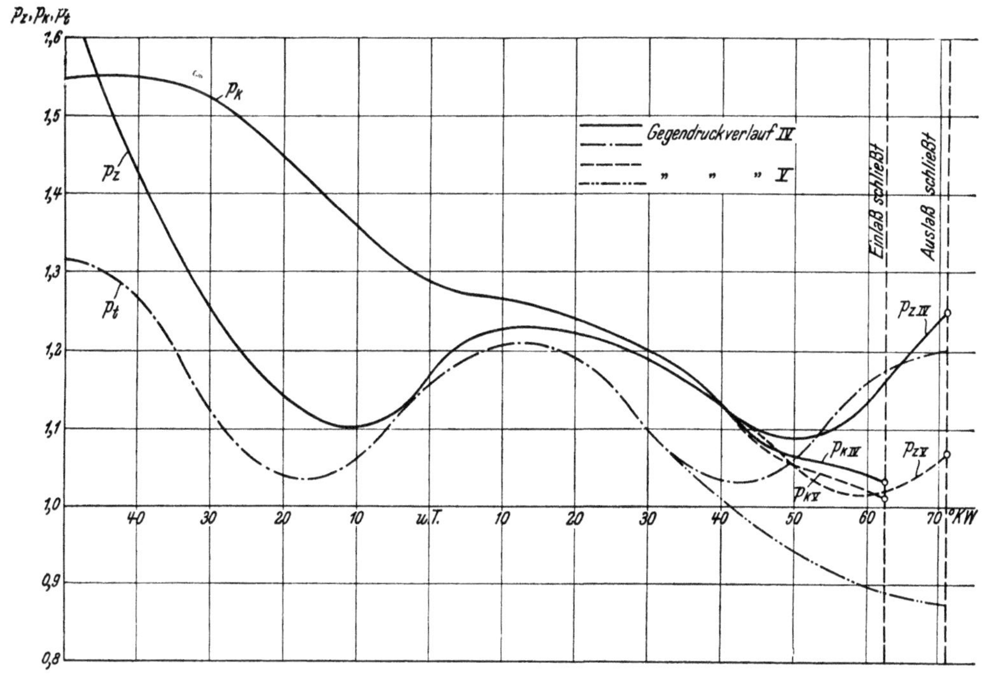

Abb. 264.

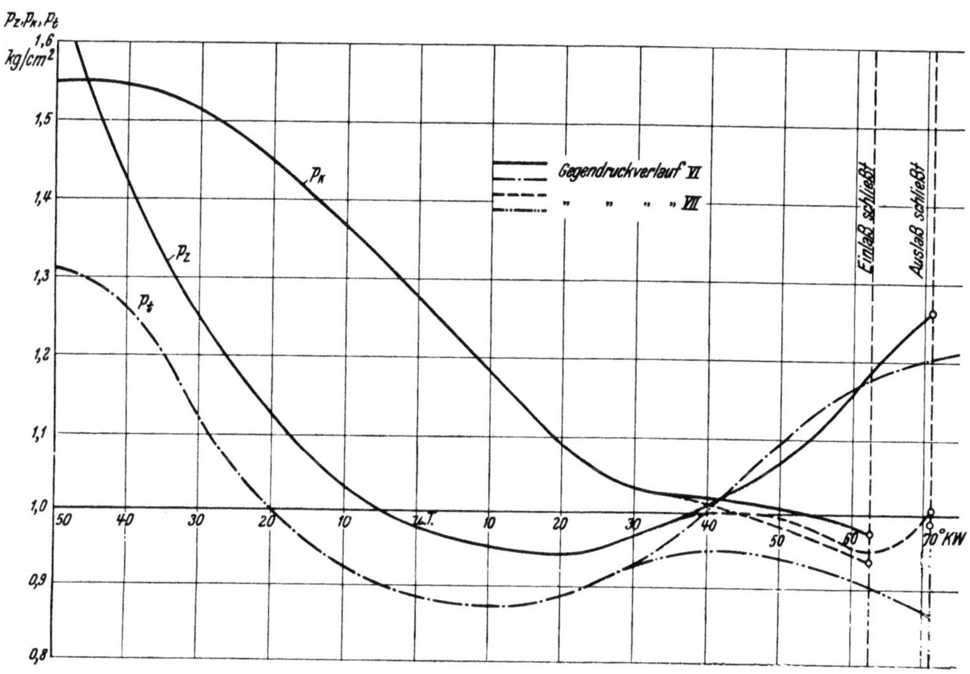

Abb. 265.

Abb. 262—265. Einfluß des Gegendruckverlaufs auf den Ladungswechsel bei dem 350 cm³ Zweitaktvergasermotor mit Kurbelkastenspülung nach Beispiel S. 245: Druckverlauf im Zylinder und im Kurbelkasten. Zugehörige Kennwerte des Ladungswechsels und p_e, b_e in Zahlentafel 16.

(165) gilt für konstanten Schließdruck der Ausdruck (166) für p_i. Für den Innenverbrauch erhält man

$$b_i = K_t \cdot \frac{\Lambda_0}{1 - e^{-a \cdot b \cdot \Lambda_0}} \tag{260}$$

Im vorliegenden Fall wurde a = 1,3 (Spülkurve nach Abb. 62) und b = 1,03 gesetzt und K bzw. K_1 so bestimmt, daß die strichlierte Kurve durch die Punkte geht, die $p_t = p_o$ zugeordnet sind. Eine Abweichung von der Kurve

$$p_{i-l} = 8{,}55\,(1 - e^{-1{,}34\,\Lambda_0})$$

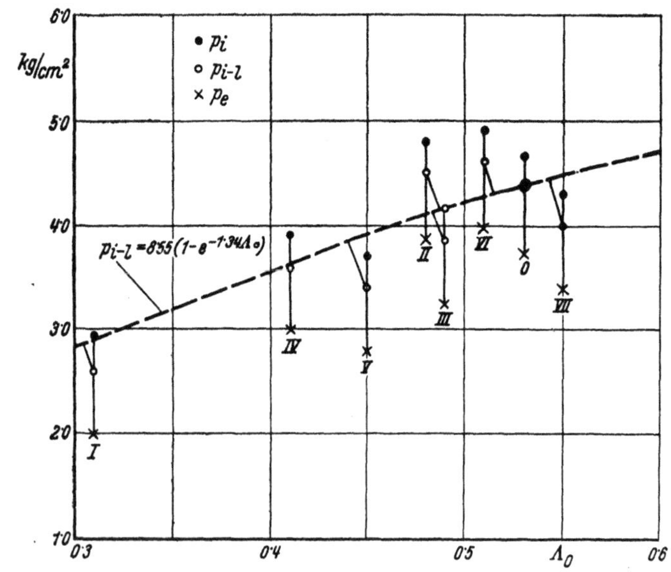

Abb. 266. 350 cm³ Zweitaktvergasermotor nach Beispiel S. 245: Werte von p_{i-l}, p_e in Abhängigkeit von Λ_0 bei den Gegendruckverläufen nach Abb. 262—265.

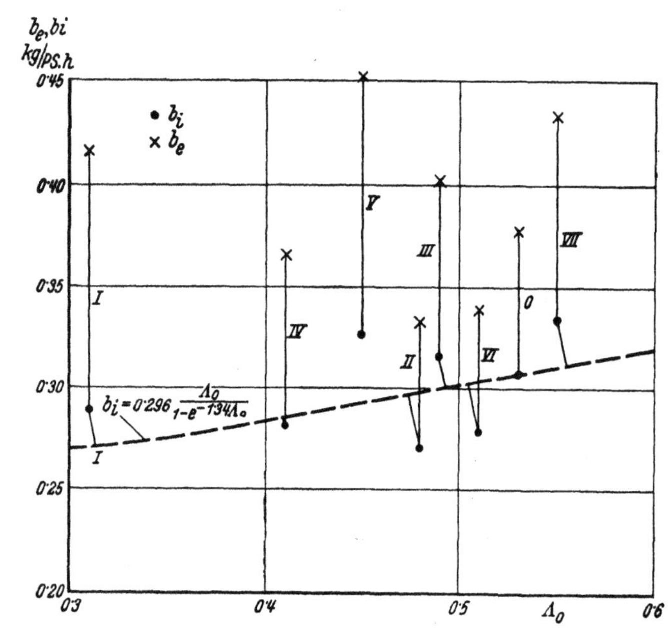

Abb. 267. 350 cm³ Zweitaktvergasermotor nach Beispiel S. 245: Werte von b_i und b_e in Abhängigkeit von Λ_0 bei den Gegendruckverläufen nach Abb. 262—265.

in Abb. 266 nach oben ist verursacht durch eine Erhöhung, eine Abweichung nach unten durch eine Verminderung des Schließdruckes gegenüber dem Schließdruck von $\sim$ 1,1 kg/cm², der $p_t = p_o$ entspricht. Die durch den Schließdruck bedingten Abweichungen liegen im vorliegenden Fall annähernd im Bereich $\pm$ 10%. Die Punkte, die Systemen mit niederem Schließdruck zugeordnet sind (III, V, VII), liegen unter der eingezeichneten Kurve, die Punkte von Systemen mit hohem Schließdruck (II, VI) darüber. Wesentlich größer sind die Veränderungen von p_i und p_e, die sich durch den Einfluß des Gegendruckverlaufes auf den Ladungsaufwand Λ_0 ergeben. Die Spülkurve steigt innerhalb des Bereiches des veränderten Ladungsaufwandes steil an, jede Beeinflußung von Λ_0 wirkt sich daher erheblich auf λ_s' und damit auch auf λ_l aus.

Die grundsätzlich gleichen Zusammenhänge zeigt Abb. 267 hinsichtlich des Verbrauches. Auch hier gibt die dem mittleren Schließdruck zugeordnete eingezeichnete Linie die mittlere Abhängigkeit des Verbrauches von Λ_0 gut wieder. Die Abweichungen im günstigen Sinne (nach unten) sind durch hohen Schließdruck (II, VI), die im ungünstigen Sinne durch niederen Schließdruck (III, V, VII) bedingt. Die Kurve des mittleren b_e ist den Kurven b_i, p_i und p_e zugeordnet.

Die dargestellten Zusammenhänge gelten quantitativ natürlich nur für die zugrunde gelegten Verhältnisse. Sie lassen sich aber qualitativ und der Größenordnung nach allgemein anwenden. Anzustreben ist ein Druckverlauf nach dem Motor ungefähr nach Kurve II, zu vermeiden sind Druckverläufe ähnlich I, III, V und VII.

5. Motoren mit verhältnismäßig kleinen Auspufftöpfen ohne Auspuffleitung.

Beim Betrieb der Motoren ist die Anordnung von Auspuffbehältern im allgemeinen zur Dämpfung des Auspuffgeräusches notwendig. Rücksichten auf Herstellungskosten und Raumbedarf verbieten es meist, diese Auspufftöpfe so groß zu machen, daß die Gegendruckschwankungen vernachlässigbar klein werden und der Auspuffbehälter gleich wie die freie Atmosphäre wirkt.

Im folgenden soll nun der Einfluß verhältnismäßig kleiner Behälter, in denen merkbare Druckschwankungen auftreten, auf den Ladungswechsel des Motors besprochen werden. Es wird dabei angenommen, daß an den Auspufftopf ein Rohrstutzen vernachlässigbarer Länge anschließt, wie dies bei im Freien aufgestellten kleinen Motoren oft zutrifft.

Zur überschlägigen Ermittlung der im Behälter auftretenden Druckschwankungen und ihres Einflusses auf den Erfolg des Ladungswechsels kann man ein ähnliches Näherungsverfahren benützen, wie bei der Bestimmung des Druckverlaufes in kleinen Spülbehältern.

Man bestimmt zuerst das Ausströmgesetz aus dem Zylinder, ohne den Einfluß des Auspufftopfes auf das Ausströmgesetz zu berücksichtigen und schließt vom Ausströmgesetz auf den Druckverlauf im Auspuffbehälter.

In vielen Fällen genügt für dieses Verfahren ein schematisches Ausströmgesetz, das wie folgt erhalten werden kann:

Der Ausströmvorgang zergliedert sich in zwei meist deutlich voneinander getrennte Teile: in das Ausströmen während des Vorauspuffs, bei dem erhebliche Gasmengen in verhältnismäßig kurzer Zeit abfließen, und in das Ausströmen während der Spülung und des Nachausströmens, bei dem die Abflußgeschwindigkeiten und damit die in der Zeiteinheit abfließenden Gasmengen wesentlich geringer sind.

Abb. 268 zeigt das Ausströmgesetz des Motors, Beispiel Seite 245. Die Voreröffnung der Auslaßschlitze ist knapp bemessen, der Druck im Zylinder beim Öffnen der Einlaßschlitze daher mit $p_z = 1{,}85$ kg/cm^2 erheblich größer als der Spüldruck. Der Vorauspuff erstreckt sich bis ungefähr 15^0 KW nach Öffnen der Einlaßschlitze. Die Spülung beginnt zunächst schwach und setzt erst stärker ein, nachdem der Druck im Zylinder durch den Vorauspuff bis auf einen kleinen Überdruck gegenüber der Atmosphäre abgebaut wurde.

Bei Spülsystemen mit reichlich bemessenem Voröffnen der Auslaßschlitze fällt die Einsattelung im Kurvenzug des Ausströmgesetzes mit dem Öffnen der Einlaßschlitze annähernd zusammen.

Das Ausströmgesetz läßt sich nach Abb. 269 annähernd durch zwei Parabeln darstellen. In vielen Fällen genügt es, entsprechend Kurve a die Dauer des Vorauspuffs $\alpha_a - \alpha_e$, die der Spülung und des Nachausströmens $\alpha_a + \alpha_e$ anzunehmen. Bei knapp bemessenem Vorauspuff erhält man die Basisbreite einer besser angenäherten Vorauspuffparabel, wenn unabhängig von der tatsächlichen Einlaßschlitzlänge mit Ausdruck (3) eine ideale Einlaßschlitzlänge (σ_e) so ermittelt wird, daß p_z an der oberen Grenze des Integrals knapp über dem Gegendruck im Auslaß liegt und α_e dieser Einlaßschlitzlänge zugeordnet wird.

Um die Parabeln zeichnen zu können, muß der Gesamtflächeninhalt des Ausströmgesetzes, d. i. das ausströmende Gesamtvolumen und seine Aufteilung in Vorauspuffvolumen und Spül- und Nachausströmvolumen bekannt sein.

Ausdrücke zur Berechnung der mittleren Abgastemperatur t_A enthält Teil I, Seite 53.

Wurde der Druck bei der Eröffnung der Auslaßschlitze p_{za} im Zuge der Auspuffschlitzberechnung ermittelt, so läßt sich daraus sehr einfach t_A bestimmen, wenn man den Wärmeübergang an die Wand während des Ladungswechsels vernachlässigt und einige weitere Vereinfachungen zuläßt.

Nach Teil I, Seite 52, ist unter den dort gemachten Vernachlässigungen die

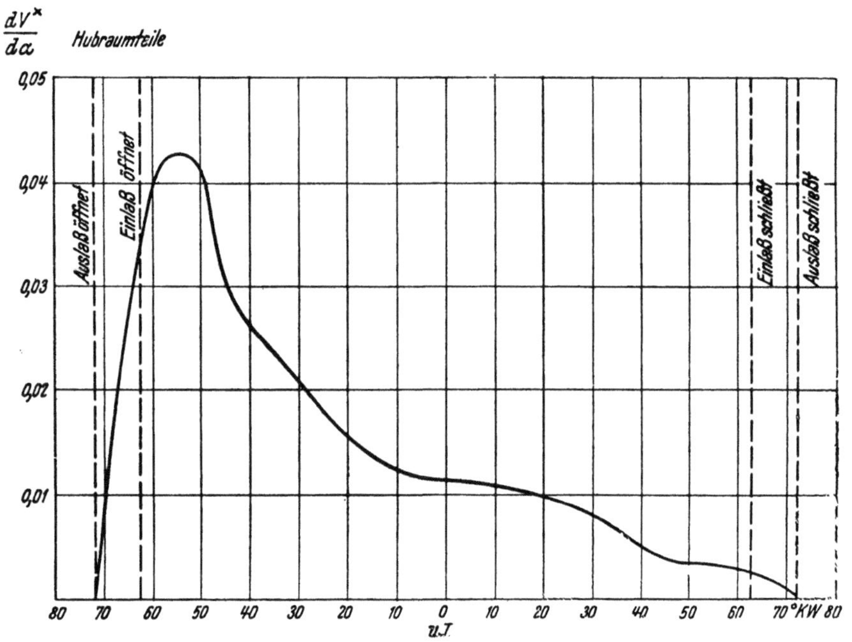

Abb. 268. Ausströmgesetz des Motors, Beispiel S. 116.

mittlere Temperatur der Abgase nach der Expansion auf den Gegendruck p_o und Verdrängung des Zylinderinhaltes durch die Spülluft

$$t_{am} = \left(\frac{C_v}{C_p}\right) t_{za} \tag{86/I}$$

Zu diesen Abgasen mischt sich der Spülluftverlust $\Lambda_o - \lambda_l$. Die mittlere Temperatur der Gase im Auspufftopf t_A ist, wenn der Unterschied der spezifischen Wärme vernachlässigt wird, annähernd

$$t_A = \frac{(\Lambda_o - \lambda_l)\, t_s + \delta\, \lambda_l\, t_{am}}{\Lambda_o + (\delta - 1)\, \lambda_l} \tag{261}$$

Beim Abströmen in einen Auspufftopf ist $t_A = t_t$.

Das gesamte abströmende Volumen V_a^* wird in Bruchteilen des Hubvolumens

$$V_a^* = [\Lambda_o + (\delta - 1)\, \lambda_l]\, \frac{T_t}{288} \cdot \frac{1{,}0}{\overline{p}_t} \tag{262}$$

wenn Λ_o, λ_l auf den normalen Außenzustand 1 at, 288° K bezogen wird und $\overline{p}_t$ der mittlere Druck im Auspufftopf ist. In den meisten Fällen wird $\overline{p}_t \sim p_o$ gesetzt werden können.

Auf Grund früher mitgeteilter Überlegungen (Seite 34) kann angenommen werden, daß während der Spülung und während des Nachausströmens angenähert das Volumen (Hubraumteile)

$$V_{sp}^* = \Lambda_o \cdot \frac{T_s}{T_o} \cdot \frac{p_o}{\bar{p}_t} \tag{263}$$

abfließt. Damit wird der während des Vorauspuffs abfließende Teil

$$V_v^* = [\Lambda_o + (\delta - 1)\lambda_l] \cdot \frac{T_t}{288} \cdot \frac{1{,}0}{\bar{p}_t} - \Lambda_o \cdot \frac{T_s}{288} \cdot \frac{1{,}0}{\bar{p}_t} \tag{264}$$

Das Ausströmgesetz läßt sich nun zeichnen. Die Ordinaten im Scheitel der Parabeln sind:

$$\left(\frac{d\,V_v^*}{d\,\alpha}\right)_{max} = \frac{1{,}5\,V_v^*}{\alpha_a - \alpha_e} \text{ und } \left(\frac{d\,V_{sp}^*}{d\,\alpha}\right)_{max} = \frac{1{,}5\,V_{sp}^*}{\alpha_a + \alpha_e} \tag{265}$$

$$\frac{\triangle p_t}{p_t} = \frac{\varkappa}{\varphi_t} \cdot \left[\Sigma\left(\frac{d\,V_v{}^*{}_{sp}}{d\,\alpha}\right)\triangle\alpha - \left(\frac{d\,V_{ab}^*}{d\,\alpha}\right)\triangle\alpha\right] \tag{266}$$

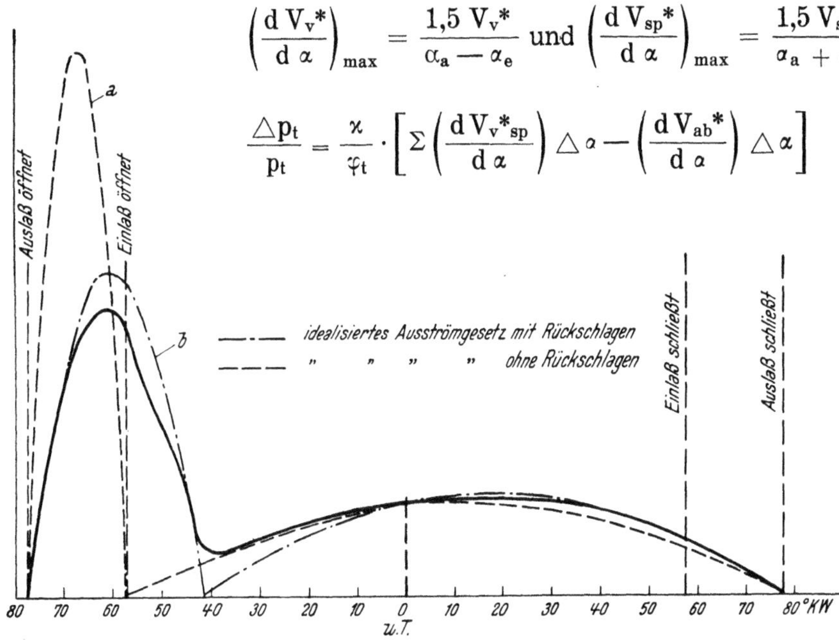

Abb. 269. Angenäherter Ersatz des Ausströmgesetzes durch zwei Parabeln.

darin ist φ_t das Volumen des Auspufftopfes in Bruchteilen des Hubraumes, V_{ab}^* das durch einen Drosselquerschnitt in die Atmosphäre abfließende Gasvolumen. Mit $w_{m\,ab}$ als ideller mittlerer Geschwindigkeit im Abflußquerschnitt

$$w_{m\,ab} = \frac{F}{f_{ab}} \cdot c_m \tag{267}$$

(F Kolbenfläche, f_{ab} Abflußquerschnitt, c_m mittlere Kolbengeschwindigkeit) wird

$$\frac{d\,V_{ab}^*}{d\,\alpha} = \frac{w_{ab}}{180 \,.\, w_{m\,ab}} \text{ und } w_{ab} = \sqrt{2\,g \,.\, v_m\,(p_t - p_o)} \tag{268}$$

Bei kleinen Druckunterschieden kann $v_m \sim \frac{R \,.\, T_t}{p_o}$ gesetzt werden.

Das erste Glied in der Klammer in (266) ist die Summe der gleichzeitig aus verschiedenen Zylindern in den Auspufftopf strömenden Gasmengen.

Mit Ausdruck (266) läßt sich schrittweise der Druckverlauf im Auspufftopf ermitteln. Man beginnt die Rechnung an einem beliebigen Punkt mit einem geschätzten Wert von p_t und setzt sie so lange fort, bis die Kurve einschwingt, d. h. nach $\frac{360}{i}$ °KW bei gleichmäßiger oder 360° KW bei ungleichmäßiger Zündfolge sich die Werte wiederholen.

Die Erhöhung des Gegendruckes von p_o auf p_t verkleinert den Luftaufwand Λ_o und erhöht den Schließdruck p'_{za} am Ende des Nachausströmens. Die Einwirkung auf Λ_o verkleinert, die Vergrößerung von p'_{za} erhöht den Nutzdruck p_e.

Merkbares Überwiegen eines vergrößernden Einflusses auf Λ_o ist vor allem dann zu erwarten, wenn der Druck p_t in der Nähe des unteren Totpunktes nieder ist, also in dem Zeitraum, in dem die Steuerquerschnitte weit geöffnet sind und das Druckgefälle $p_s - p_t$ zur Förderung der Spülluft am besten ausgenützt wird. Am Ende der Spülung soll p_t hingegen ansteigen und während des Nachausströmens hoch liegen, um das Abfließen von Ladung aus dem Zylinder einzudämmen. Es ist dann möglich,

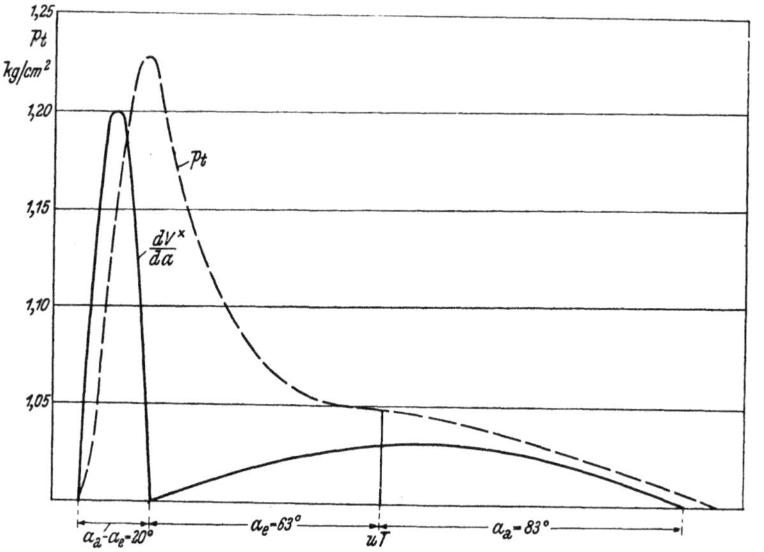

Abb. 270. Schematisiertes Ausströmgesetz des Motors, Beispiel S. 116, und berechneter Druck p_t im Auspufftopf (Inhalt $= 6 \times$ Hubraum).

eine Aufladewirkung im Zylinder zu erzielen, ohne daß ein mechanischer Abschluß des Auslasses vor dem Einlaß erforderlich wird, die Symmetrie der Steuerdaten und damit die einfache Schlitzsteuerung verlassen zu werden braucht.

Der Luftaufwand bei veränderlichem Auspuffgegendruck $(\Lambda_o)_{pt}$ kann aus dem Luftaufwand $(\Lambda_o)_{po}$ mit dem Gegendruck p_o bei kleinen Druckunterschieden, d. i. bei den praktisch vorkommenden Verhältnissen, durch

$$(\Lambda_o)_{pt} = (\Lambda_o)_{po} \cdot \Sigma \left(\frac{p_t}{p_o}\right)^{0,457} \cdot \frac{\sqrt{p_s - p_t}}{\sqrt{p_s - p_o}} \cdot \triangle f_1 \left(\frac{\alpha}{\alpha_e}\right) \qquad (269)$$

ermittelt werden. $\triangle f_1 \left(\frac{\alpha}{\alpha_e}\right)$ erhält man aus (241).

Der Einfluß des Gegendruckes auf den Schließdruck p'_{za} kann angenähert bestimmt werden, wenn man in der früher angegebenen Art (siehe z. B. auf Seite 81) den Zylinderdruck am Ende der Spülung schrittweise berechnet und dabei den näherungsweise bestimmten Druckverlauf im Auspufftopf zugrunde legt.

Beispiel I: Ein Zylinder des Motors, Beispiel Seite 116, wird mit einem Auspufftopf vom sechsfachen Hubvolumen $\varphi_t = 6,0$ betrieben. Die wirksame Ausströmöffnung aus diesem Auspufftopf entspricht $w_{m\,ab} = 50$ m/sek. Der Druckverlauf im Auspufftopf und der angenäherte Einfluß des Auspufftopfes auf den Luftaufwand Λ_o ist zu ermitteln.

Aus den Annahmen bzw. Ergebnissen der Berechnung auf Seite 116 u. f. ist zu entnehmen: Luftaufwand bei Freiauspuff $(\Lambda_o)_{po} = 1{,}30$, Zustand der Spülluft $p_s = 1{,}50$ kg/cm², $T_s = 340^0$ K, Liefergrad $\lambda_l = 0{,}58$, $\delta = 1{,}045$, Temperatur im Zylinder bei Beginn des Vorauspuffs $T_{za} = 1173^0$ K. Ferner ist $\alpha_a = 83^0$ KW, $\alpha_e = 63^0$ KW.

Mit $\frac{C_p}{C_v} = 1{,}35$ wird $t_{am} = 670^0$ C.

Die mittlere Temperatur im Auspufftopf ist nach Ausdruck (261)

$$t_A = 348^0 \text{ C}.$$

Mit $p_t \sim 1{,}0$ kg/cm² ist das gesamte einströmende Volumen nach Ausdruck (262)

$$V_a^* = [1{,}30 + (1{,}045 - 1) . 0{,}58] \cdot \frac{621}{288} = 2{,}86$$

und nach (263)

$$V_{sp}^* = 1{,}30 \cdot \frac{340}{288} = 1{,}53, \text{ daher } V_v^* = 1{,}33.$$

Nun ist aus (265)

$$\left(\frac{d\,V_v^*}{d\,\alpha}\right)_{max} = \frac{1{,}5\,.\,1{,}33}{20} = 0{,}10 \text{ und}$$

$$\left(\frac{d\,V_{sp}^*}{d\,\alpha}\right)_{max} = \frac{1{,}5\,.\,1{,}54}{146} = 0{,}0157$$

Mit diesen Parabelhöhen kann das schematisierte Ausströmgesetz Abb. 270 gezeichnet werden.

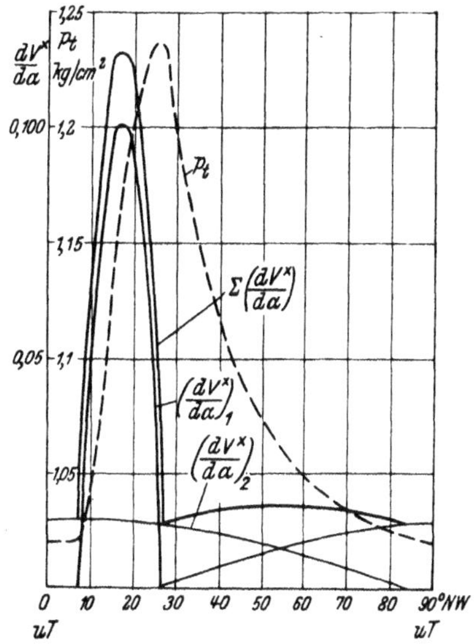

Abb. 271. Schematisiertes Ausströmgesetz eines Vierzylindermotors mit gleichen Zylinderabmessungen wie Motor, Beispiel S. 116, p_t = berechneter Druck im Auspufftopf.

Für das Ausströmen aus dem Auspufftopf gilt mit $v_m = 182$ m³/kg die Beziehung (268):

$$\frac{d\,V_{ab}^*}{d\,\alpha} \sim \frac{\sqrt{p_t - p_o}}{1500}$$

Durch schrittweise Berechnung mit (266) erhält man den in Abb. 270 dargestellten Druckverlauf. Nach Abschluß der Auslaßschlitze sinkt der Druck im Auspufftopf rasch auf p_o. Die Druckglieder in (269) sind aus dem Druckverlauf zu berechnen.

Man erhält im vorliegenden Fall für

$$(\Lambda_o)_{pt} = 1{,}26.$$

Beispiel II: Ein Vierzylindermotor habe die gleichen Zylinderabmessungen und das gleiche schematische Ausströmgesetz wie der Einzylindermotor des Beispiels I. Man erhält durch Addition der gleichzeitig in den Topf einströmenden Mengen das in Abb. 271 eingezeichnete Summengesetz des Ausströmens und kann nun wie bei Beispiel I den Druckverlauf ermitteln. Nach 90⁰ KW wiederholen sich die Vorgänge. Beginnt man mit einem angenommenen Wert $p_t = p_o$, so wird nach etwa zweimal 90⁰ KW genügende Annäherung an den endgültigen Druckverlauf erreicht. Dieser ist in Abb. 271 eingezeichnet. Zu Beginn der Spülung ist der Gegendruck p_t infolge des Vorauspuffs hoch, fällt dann rasch, um während der zweiten Hälfte der Spülung wegen des Vorauspuffs des in der Zündung folgenden Zylinders wieder anzusteigen und gegen Ende der Spülung neuerlich abzufallen.

Der hohe Gegendruck in der zweiten Hälfte der Spülung wirkt günstig, da er den Schließdruck erhöht.

Der Luftaufwand wird durch den höheren Gegendruck stärker herabgesetzt als beim Einzylindermotor. Man erhält nach dem gleichen Verfahren wie in Beispiel I

$$(\Lambda_o)_{pt} = 0{,}94\ (\Lambda_o)_{po} = 1{,}22$$

Die Berechnung des Schließdruckes gibt $p'_{za} = 1{,}39$ kg/cm²; mit $p_t = p_o = 1{,}0$ kg/cm² würde sich $p'_{za} = 1{,}33$ ergeben. Berücksichtigt man die Abnahme von λ_s und der Ladearbeit durch die Verkleinerung des Luftaufwandes, so wird

$$p_e = 4{,}70 \text{ kg/cm}^2.$$

Der Auspufftopf bewirkt also eine Leistungssteigerung von rund 5 Prozent gegenüber $p_e = 4{,}45$ kg/cm² bei konstantem Gegendruck p_o für den Auspuff ins Freie. Durch Variation von φ_t und $w_{m\,ab}$ müßte noch untersucht werden, ob sich die Leistungssteigerung nicht durch eine zweckmäßigere Wahl beider Größen noch weiter erhöhen ließe.

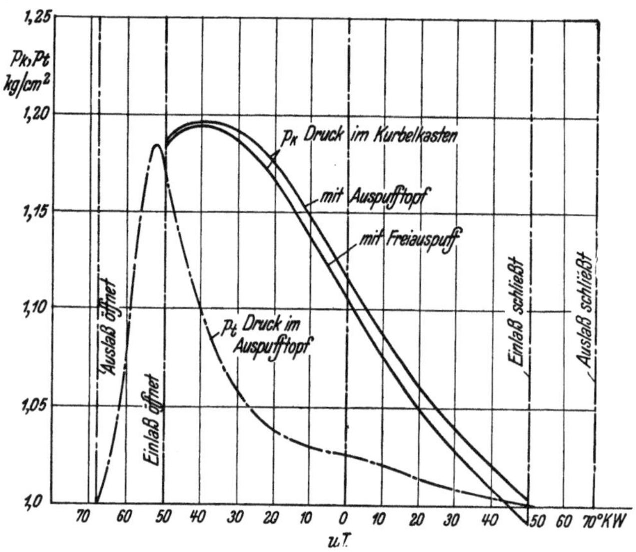

Abb. 272. Einfluß des Auspufftopfes auf den Druckverlauf im Kurbelkasten bei einem Motor mit Kurbelkastenspülung.

Die Leistungssteigerung wäre etwas größer, wenn unter sonst gleichen Umständen der Druckstoß in der zweiten Hälfte der Spülung mehr gegen das Ende der Spülung und in den Bereich des Nachausströmens verlegt werden könnte. Eine Verkleinerung der Schlitzlängen würde die Verhältnisse in dieser Hinsicht verbessern, es bleibt aber zu untersuchen, ob nicht andere Nachteile damit verbunden sind, wie z. B. eine Verkleinerung des Luftaufwandes und Vergrößerung der Spülpumpenarbeit bei erhöhtem Spüldruck, wodurch die durch einen günstigeren Gegendruckverlauf erzielten Vorteile aufgewogen werden.

Ein günstiger Gegendruckverlauf würde sich nach diesen Betrachtungen voraussichtlich bei einem Dreizylindermotor mit langen Schlitzen ergeben.

Der Einfluß des Auspuffgegendruckes und damit der Auslegung des Auspuffsystems auf den Luftaufwand ist um so kleiner, je höher der Spüldruck ist. Beim verhältnismäßig hohen Spüldruck von 1,5 kg/cm² des Beispiels I setzt z. B. die Anordnung eines Auspufftopfes von $\varphi_t = 6{,}0$ und $w_{m\,ab} = 50$ m/sek, den Luftaufwand von 1,3 auf 1,26 herab. Schaltet man den gleichen Auspufftopf an einen Zylinder mit verlängerten Einlaßschlitzen, jedoch sonst gleichen Verhältnissen, so wird bei einem Spüldruck von 1,3 kg/cm² der Luftaufwand von 1,3 bei Freiauspuff auf 1,21 bei dem System mit Auspufftopf vermindert.

Aus Ähnlichkeitsbeziehungen folgt, daß der Luftaufwand Λ_o dann annähernd gleich bleibt, wenn bei einer Veränderung des Spülüberdruckes von p_{s1} auf p_{s2} im Verhältnis

$$x = \frac{p_{s2} - p_o}{p_{s1} - p_o} \tag{269a}$$

das Volumen des Auspufftopfes auf das $\frac{1}{x}$ fache verkleinert und $w_{m\,ab}$ auf $w_{m\,ab}\sqrt{x}$ vergrößert wird.

Kleine Spüldrücke erfordern daher im allgemeinen große Auspufftöpfe und weite Ausströmquerschnitte, wenn stärkere Rückwirkungen auf die Spülung vermieden werden sollen.

Der Einfluß eines Auspufftopfes von $\varphi_t = 5$ und ein Ausflußquerschnitt mit $w_{m\,ab} = 50$ m/sek auf einen Motor mit Kurbelkastenspülung ist in Abb. 272 dargestellt. Der Luftaufwand wird von $\Lambda_0 = 0{,}68$ auf 0,64 gegenüber dem Freiauspuff verringert, die Leistung gegenüber diesem um $\sim 8\%$ kleiner. Infolge des kleinen mittleren Spüldruckes besteht daher eine merkliche Auswirkung des Auspufftopfes auf den Ladungswechsel. Durch Zuschalten einer Auspuffleitung ließe sich, wie später gezeigt wird, ein günstigerer Ablauf des Ladungswechsels erzielen.

Genauere Ergebnisse als das vorerwähnte Näherungsverfahren gibt die schrittweise Berechnung nach Teil I. Man verwendet bei konstantem Spüldruck die Ausdrücke (110 a/I), bei überkritischem Ausströmen (110/I). Für Rückschlagen der Abgase in den Spülbehälter ist der Ausdruck für den Zylinderdruck (243) nach Seite 230 und (234 a) sinngemäß abgeändert zu verwenden.

Wenn dem Zylinder ein kleiner Spülbehälter vorgeschaltet ist, so muß mit veränderlichem Spüldruck gerechnet werden. Man verwendet bei unterkritischem Ausströmen die Ausdrücke (111 a/I), bei überkritischem Ausströmen aus dem Zylinder gelten die Ausführungen auf Seite 72/I.

Rückschlagen der Abgase in den Spülbehälter ist sinngemäß nach Seite 206 zu behandeln.

IV. Spül- und auslaßseitiges Leitungssystem mit eingeschalteten Rohren.

1. Allgemeines.

In das spül- und auslaßseitige Leitungssystem von Zweitaktmotoren sind meist Rohre eingeschaltet. In den Rohren pflanzen sich die Veränderungen der instationären Strömung während des Ladungswechsels in Form von Druck- und Geschwindigkeitswellen mit Schallgeschwindigkeit fort. Drückt man die Laufdauer der Welle in einem Rohr von der Länge L durch das relative Zeitmaß des Motors, also in °KW, aus, so erhält man den Laufwinkel $\frac{6\,n\,L}{a}$ °KW der Welle durch das Rohr.

Ist $\frac{6\,n\,L}{a}$ für die Rohre eines Systems verhältnismäßig klein (im allgemeinen können Laufwinkel unter 10^0 in diesem Zusammenhang als klein bezeichnet werden), so kann der Laufwinkel bei der Untersuchung der Ladungswechselvorgänge vernachlässigt werden; es kann in solchen Fällen angenommen werden, daß die von einer Stelle ausgehende Einwirkung auf die Strömung gleichzeitig im ganzen System wirksam ist.

Ist bei kleinem Laufwinkel das Volumen des durchflossenen Kanalteiles im Verhältnis zum Hubraum verhältnismäßig groß, so sind die im Teil I für Behälter abgeleiteten Beziehungen anzuwenden.

Ist bei kleinem Laufwinkel das Volumen des durchflossenen Kanalteiles im Verhältnis zum Hubraum klein, so kann bei großer mittlerer Strömungsgeschwindigkeit $w_m = \frac{V_h\,n}{30\,.\,f}$, also bei kleinem Querschnitt des Kanalteiles, die Beschleunigungswirkung, d. i. der Druckunterschied an den Enden des Kanals bei Beschleunigung der darin befindlichen Gassäule, merkbar werden. Dieser Fall ist als „kurzes Rohr“ nach Teil I zu behandeln.

Die Gasbewegung im Leitungssystem mit nicht vernachlässigbarem Laufwinkel $\frac{6\,n\,L}{a}$ in den Rohren kann mit den im Teil I für Kanalsysteme mit eingeschalteten Rohrleitungen aufgestellten Beziehungen rechnerisch untersucht werden.

Im folgenden werden einige der wichtigsten Anordnungen von spül- und auslaßseitigen Leitungssystemen besprochen.

2. Kurbelkastenspülpumpe mit Saugrohr.

Die Massenwirkung der Gassäulen in Rohren läßt sich zur Vergrößerung der Ladung des Zylinders ausnützen. Eine Anwendung dieses Aufladeverfahrens ist die Anordnung von Saugrohren an Kurbelkastenspülpumpen.

Der Liefergrad der Kurbelkastenspülpumpe ändert sich, wie u. a. U. Schmidt [33] und der Verfasser [34] gezeigt haben, wesentlich, wenn der Einsaugöffnung des Kurbelkastens eine Rohrleitung vorgeschaltet wird. Das System des kompressiblen Kurbelkasteninhalts und der Masse der Gassäule im Rohr führt dann beim Einsaugen gedämpfte Schwingungen aus, die bei richtiger Abstimmung eine wesentliche Erhöhung des Liefergrades der Spülpumpe und damit des Luftaufwandes der Spülung bewirken können. Das schwingungsfähige System besteht aus dem elastisch kompressiblen Zylinderinhalt, dessen Massenwirkung meist vernachlässigt werden kann, und aus der Masse und Elastizität der Gassäule im Saugrohr.

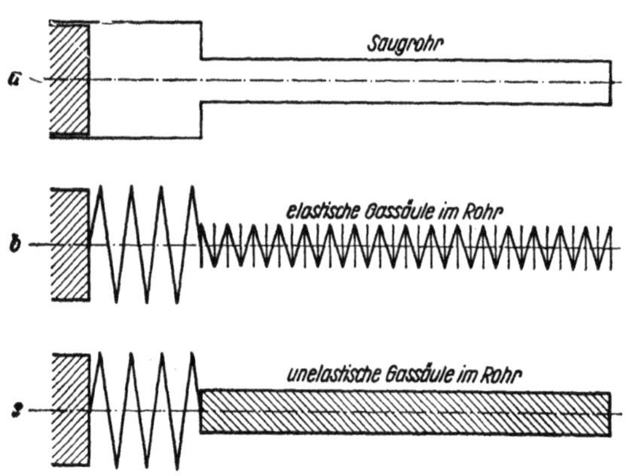

Abb. 273. a Schwingungssystem Zylinder-Saugrohr, b Ersatz durch zwei schwingungsfähige Systeme, c Ersatz durch ein schwingungsfähiges System.

Vereinfacht kann man das Schwingungssystem Zylinder-Saugrohr bzw. Kurbelkasten-Saugrohr nach Abb. 273 darstellen. Die Anordnung a kann in zwei schwingungsfähige Systeme zerlegt werden, von denen das eine aus dem elastischen Zylinderinhalt und der Masse der Gassäule im Saugrohr, das zweite aus Masse und Elastizität der Gassäule im Saugrohr besteht.

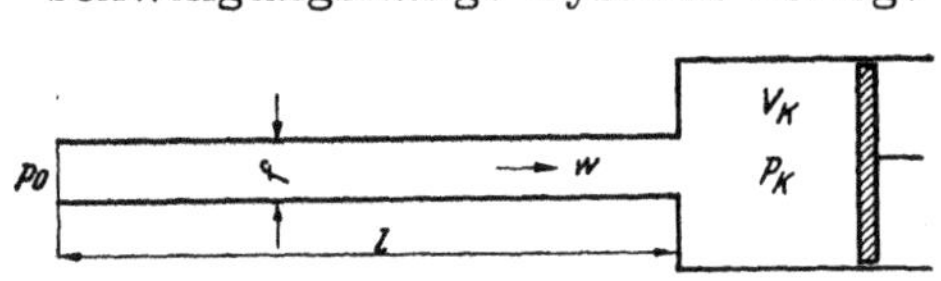

Abb. 274.

Bei kurzen Saugrohren entspricht das vereinfachte Schwingungssystem, Abbildung 273 c. Bei längeren Saugrohren muß die Theorie der „langen Rohre“ benützt werden. Die rechnerische Behandlung des Einsaugvorganges bei langen Saugrohren ist in Teil I, Seite 111, dargestellt. Bei der Untersuchung der Strömungsvorgänge in Saugrohren mit gegebenen Abmessungen ist es zweckmäßig, nach diesen Ausführungen vorzugehen.

Der für die erste Auslegung des Saugrohres erforderliche Überblick über die Zusammenhänge zwischen Saugrohrabmessungen und Aufladewirkung läßt sich mit der Theorie kurzer Rohre gewinnen. Wenn man nach der Theorie kurzer Rohre den Saugrohrinhalt unelastisch annimmt, so wird die Strömungsgleichung für das Saugrohr mit den Bezeichnungen nach Abb. 274

$$p_o - p_k = \frac{\gamma}{g} \cdot (0{,}5 + R) \cdot w^2 + \frac{\gamma}{g} \cdot l \cdot \frac{d\,w}{d\,t} + \triangle p_v \tag{270}$$

Darin berücksichtigt R die Reibung im Rohr und den von der Geschwindigkeit abhängigen, $\triangle p_v$ den von der Geschwindigkeit unabhängigen Teil des Druckabfalles im Einlaßorgan des Kurbelkastens.

Dazu kommt mit δ als Faktor für die Volumsvergrößerung durch Druckabfall $\triangle p_v$ und Erwärmung die Gleichung für die Druckänderung im Kurbelkasten

$$d\,p_k = \frac{\varkappa \cdot p_k}{\varphi_k} \left[\frac{\nu \cdot w \cdot f \cdot dt}{V_h} - d\,\varphi_k \right] \tag{271}$$

Führt man nun

$$d\,t = \frac{d\,\alpha}{6\,n} \qquad w \sim \frac{6 \cdot n\,V_h}{f} \cdot \frac{d\,\Lambda_o}{d\,\alpha} \tag{272}$$

in die Gleichungen ein und setzt weiter unter Beschränkung auf kleine Druckänderungen $\gamma = \frac{1}{v_o}$ und für φ_k den Mittelwert φ_{km}, so wird

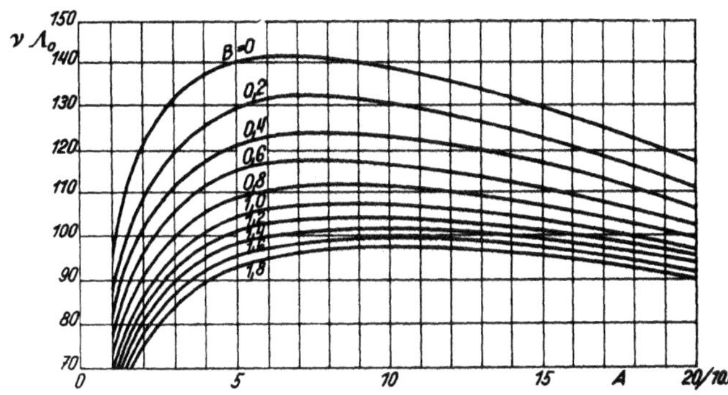

Abb. 275. Abhängigkeit des korrigierten Luftaufwandes $\nu\Lambda_o$ von den Kennwerten A und B an Kurbelkastenspülpumpen mit selbsttätigen Ventilen und vorgeschaltetem Saugrohr.

nach Integration der zweiten Gleichung und Eliminieren des Druckes aus beiden

$$\frac{d^2(\nu\,\Lambda_o)}{d\,\alpha^2} + B \cdot \left(\frac{d\,(\nu\,\Lambda_o)}{d\,\alpha}\right)^2 + A\,(\nu\Lambda_o - \varphi_k + \varphi_{kl}) = 0 \tag{273}$$

Die Gleichung ist dimensionslos und enthält die Größen

$$A = \frac{\nu\,\varkappa}{\varphi_{km}} \cdot \frac{R\,T_o \cdot g \cdot f}{36 \cdot n^2\,V_h \cdot l}, \quad B = (R + 0{,}5) \cdot \frac{V_h}{\nu \cdot f \cdot l} \tag{274}$$

Der Faktor ν, welcher Erwärmung und Ausdehnung durch die Druckabsenkung $\triangle p_v$ im Einlaßorgan berücksichtigt, ist mit τ als Erwärmungszahl

$$\nu \sim \tau \frac{p_o}{p_o - \triangle p_v} \tag{275}$$

Die Differentialgleichung (273) ist eine Schwingungsgleichung mit Störungsglied und quadratischer Dämpfung. Eine Lösung ist nur durch schrittweise Integration möglich. Die Gleichung läßt sich sowohl auf Einlaßsteuerung durch Saugklappen, wie auch auf Kurbelkastenspülpumpen mit vom Kolben gesteuertem Einlaß anwenden.

a) Einlaßsteuerung durch Saugklappen.

Die Saugklappen beginnen zu öffnen, wenn im Kurbelkasten der Unterdruck $\triangle p_v$ herrscht. Das entsprechende bezogene Volumen des Kurbelkastens ist

$$\varphi_{kl} = \frac{\triangle p_v}{p_o} \cdot \frac{\varphi_k}{\varkappa} + \sigma_e + \varphi_{ko} \tag{276}$$

wenn der Druck im Kurbelkasten bis Spülungsende auf p_o abgesunken ist. φ_{ko} ist der schädliche Raum der Kurbelkastenspülpumpe.

Schrittweise Integration von (273) gibt z. B. für $\varphi_{kl} - \varphi_{ko} = 0{,}25$, also Öffnen der selbsttätigen Saugklappen 25% nach dem unteren Totpunkt, die in Abb. 275 dargestellte Abhängigkeit des korrigierten Luftaufwandes $\nu\,\Lambda_o$ von den Größen A und B. Für Werte von $\varphi_{kl} - \varphi_{ko}$, die nicht sehr von 25% verschieden sind, läßt sich der Liefergrad schätzen, indem man zu den Diagrammwerten die Differenz zwischen $\varphi_{kl} - \varphi_{ko}$ und 0,25 addiert oder subtrahiert, je nachdem $\varphi_{kl} - \varphi_{ko}$ kleiner oder größer ist als 0,25. Durch entsprechende Annahme von $\varphi_{kl} - \varphi_{ko}$ kann auch eine unvollständige Entleerung des Kurbelkastens durch die Einlaßschlitze in den Zylinder berücksichtigt werden.

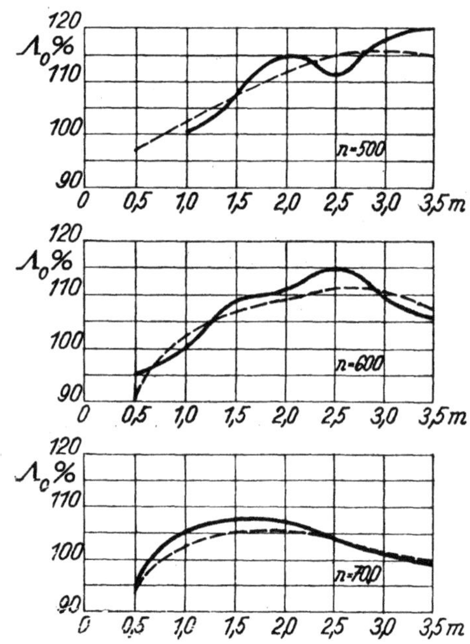

Abb. 276. Berechnete (— —) und gemessene (—) Luftaufwände eines Motors mit Kurbelkastenspülpumpe und selbsttätigen Ventilen mit vorgeschaltetem Saugrohr. Abhängigkeit von Drehzahl und Saugrohrlänge. Nach List.

Die Höchstwerte der Kurven in Abb. 275 liegen annähernd bei $A = 8 \cdot 10^{-4}$. Die Schwingungsdauer des ungedämpften Systems ohne Störungsglied wird:

$$\tau_o = 2\,r \cdot \sqrt{\frac{1}{A}}\;{}^0\mathrm{KW} \qquad (277)$$

Für die günstigste Abstimmung ist demnach nahezu unabhängig von der Dämpfung $\tau_o = 220^0$ KW, d. h. die Schwingungsdauer soll $\sim 0{,}6$ der Umdrehungsdauer, die Schwingungszahl demnach 1,67 n U/min sein.

Damit erhält man für die günstigste Saugrohrlänge die Beziehung (mit $\varkappa = 1{,}4$, $T_o = 288^0$ K)

$$\frac{f}{l} = 2{,}5 \cdot \frac{\varphi_{km}}{\gamma} \cdot n^2 \cdot V_h \cdot 10^{-7}\,\mathrm{m}. \qquad (278)$$

Wenn das Saugrohr aus Kanälen verschiedenen Querschnitts f_1, f_2, f_3, besteht und einen Mündungsradius r hat, so ist

$$l = f \cdot \left(\frac{l_1}{f_1} + \frac{l_2}{f_2} + \frac{l_3}{f_3} + \frac{1}{2\,r}\right) \qquad (279)$$

Die gute Übereinstimmung der Ergebnisse von Rechnung nach diesem Verfahren und Versuch zeigt Abb. 276 für einen Zweitakt-Dieselmotor mit 2 Liter Hubraum.

b) Vom Kolben gesteuerte Saugöffnung.

Die früher entwickelte Differentialgleichung (273) läßt sich ohne jede Veränderung auch auf Kurbelkastenspülpumpen mit vom Kolben gesteuerter Saugöffnung anwenden. Da die Druckschwankungen im Kurbelkasten bei dieser Einlaßsteuerung jedoch erheblich größer werden, wie bei den Steuerungen mit Saugklappen, werden die Fehler etwas größer, die durch die eingeführten Vereinfachungen entstehen. Trotzdem gibt die Auswertung der Differentialgleichung (273) einen guten Überblick über die Zusammenhänge und in den meisten Fällen auch quantitativ brauchbare Ergebnisse.

Bei kolbengesteuertem Einlaß ist $\varphi_{kl} - \varphi_{ko}$ der Kolbenhub, bei dem der Druck im Kurbelkasten beim Aufwärtsgang des Kolbens nach der Spülung den Wert p_o erreicht. $\varphi_{kl} - \varphi_{ko}$ ist demnach um so größer, je länger die Einlaßschlitze und je weniger vollständig die Entleerung des Kurbelkastens durch die Spülung ist. Mit den Bezeichnungen des Abschnittes III, 1, wird

$$\varphi_{kl} - \varphi_{ko} = \sigma_e + \frac{1}{\varkappa} \cdot \frac{(p_{k2} - p_o)}{p_o} \cdot x \qquad (280)$$

Der Dämpfungsbeiwert B ist hier von der Kolbenstellung abhängig und mit f_s als jeweils freigegebener Schlitzquerschnitt:

$$\begin{aligned} &\text{für } f_s > f \qquad B = \frac{V_h}{f} \cdot (R + 0{,}5) \\ &\text{für } f_s < f \qquad B = \frac{V_h}{f} \cdot \left[R + 0{,}5 \left(\frac{f}{f_s}\right)^2\right] \end{aligned} \tag{281}$$

Mit β_s als Schlitzbreite in Bruchteilen des Zylinderumfanges $D\,\pi$, σ_s als Schlitzlänge in Bruchteilen des Hubes s und μ_s als Durchflußzahl wird

$$f_s = \mu_s\,(\sigma_s + \varphi_k - \varphi_{ko})\,\beta_s\,D\,\pi\,.\,s \tag{282}$$

B ist demnach, solange die Schlitze drosseln, keine Konstante.

Punktweise Integration gibt für einen bestimmten Fall ($V_h = 2{,}0$ l, Saugrohr 50 mm ∅, $\beta_s = 0{,}215$, $\sigma_s = 23\,\%$) die in Abb. 277 dargestellten Kurven für $\Lambda_o\,\nu$.

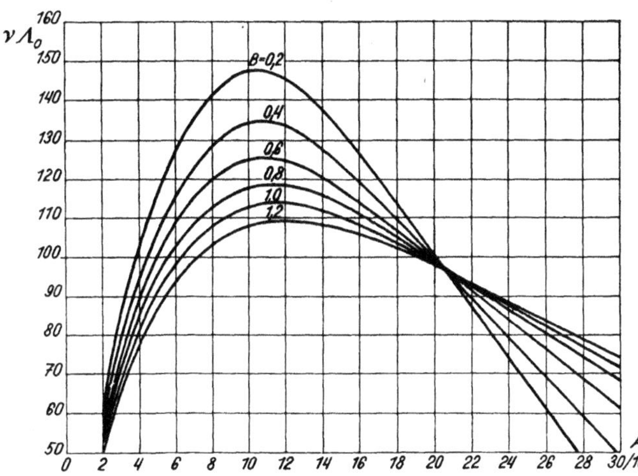

Abb. 277. Abhängigkeit des korrigierten Luftaufwandes $\nu\Lambda_o$ von den Kennwerten A und B bei Kurbelkastenspülpumpen mit Saugrohren an der vom Kolben gesteuerten Saugöffnung.

Der Wert $A = 11.10^{-4}$ entspricht dem Höchstwert des Liefergrades. Er ist wieder nahezu unabhängig von der Dämpfung. Die Schwingungsdauer des ungedämpften Systems ist für diesen Wert 190° KW. Die Öffnungsdauer der Schlitze ist 104° KW, sie ist demnach das 0,55fache oder rund die Hälfte der Schwingungsdauer des Systems mit richtig abgestimmtem Saugrohr. Die Berechnung des Liefergrades nach diesem Verfahren für verschiedene Öffnungszeiten ergab, daß diese Regel für alle Öffnungszeiten angenähert gilt. Aus Abb. 277 wird demnach für günstigste Abstimmung annähernd:

$$A = \left(\frac{\pi}{2\,\alpha_s}\right)^2 \qquad (2\,\alpha_s = \text{Öffnungszeit in °KW})$$

Man erhält für die günstigsten Saugrohrabmessungen bei $\varkappa = 1{,}4$, $T_0 = 288\,°K$ die Beziehung:

$$\frac{f}{l} = \frac{3{,}05\,.\,n^2\,V_h\,.\,\varphi_{km}}{4\,\alpha_s^{\,2}\,.\,\nu} \cdot 10^{-4}\ \text{m} \tag{283}$$

f und l sind so zu wählen, daß B einen Kleinstwert erreicht.

Die Gegenüberstellung von Rechnungs- und Versuchsergebnissen für den vorliegenden Fall zeigt Abb. 278.

Die stärkere Abweichung im Gebiet der großen Rohrlängen ist durch die Unzulässigkeit der Vereinfachungen in diesem Bereich begründet.

U. Schmidt [33] erhält durch etwas andere Überlegungen für gesteuerte Saugöffnungen das annähernd gleiche Ergebnis. Um eine geschlossene Lösung zu ermöglichen, vernachlässigt er die Kolbenbewegung während des Einsaugens und nimmt an, daß die Dämpfung linear von der Geschwindigkeit abhängt. Die Auswirkung der Veränderung der Einströmquerschnitte wird vernachlässigt.

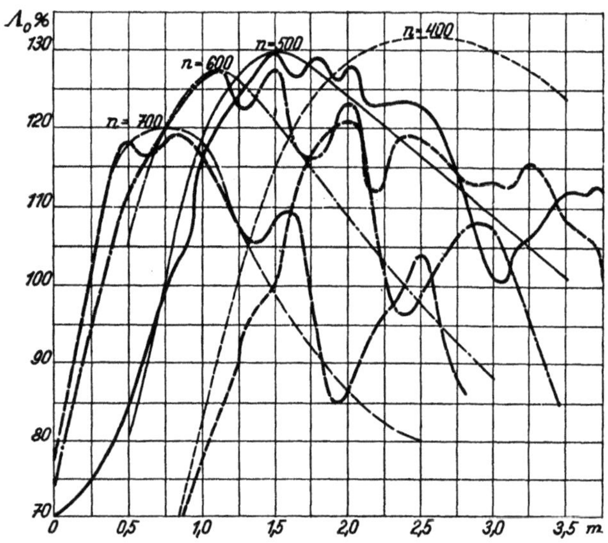

Abb. 278. Berechnete und gemessene Luftaufwände eines Motors mit Kurbelkastenspülpumpe mit vom Kolben gesteuerter Saugöffnung und vorgeschaltetem Saugrohr. Abhängigkeit von Drehzahl und Saugrohrlänge. Nach List.

Man erhält mit τ als Schwingungsdauer des gedämpften Systems nach Abb. 279 die höchste Aufladung des Kurbelkastens, wenn die Öffnungsdauer $\sim \frac{\tau}{2}$ ist. Da bei kleiner Dämpfung $\tau = \tau_0$ ist, stimmt dies mit der früher erhaltenen Beziehung nahezu überein.

Durch die Anordnung eines Saugrohres ist es demnach möglich, in einem bestimmten Drehzahlbereich den Liefergrad der Kurbelkastenpumpe und damit auch die Leistung des Motors wesentlich zu erhöhen. Für Motoren mit gleichbleibender Drehzahl bietet die Saugrohraufladung wesentliche Vorteile, die bisher nur wenig ausgenützt wurden. Wie weit die Saugrohraufladung bei Motoren mit veränderlicher Drehzahl, z. B. Fahrzeugmotoren, benutzt werden kann, hängt von dem Drehzahlbereich, in dem der Motor arbeiten soll, und von der angestrebten Drehmomentkennlinie ab.

3. Spül- und auslaßseitige Leitungssysteme mit Rohren.*

a) Allgemeines.

Wie früher dargelegt wurde, beeinflußt das beim Ladungswechsel durchflossene Leitungssystem den Ladungswechsel über den Luftaufwand Λ_0 und den Schließdruck p'_{za} bzw. $p_{z\,ab}$. Diese Größen sind daher zu bestimmen, wenn der Einfluß der spül- und auslaßseitigen Leitungssysteme auf den Erfolg des Ladungswechsels und die Leistung festgestellt werden soll. Dazu ist der Druckverlauf in den Leitungen vor und nach dem Zylinder zu ermitteln.

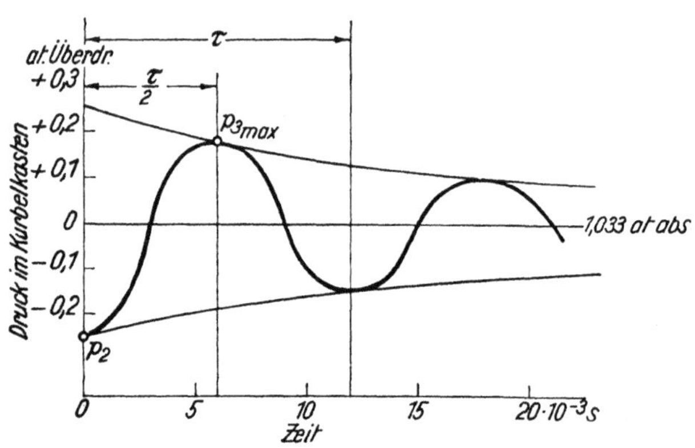

Abb. 279. Schwingungen des Systems: elastischer Kurbelkasteninhalt, Masse im Saugrohr. Nach U. Schmidt.

Bei ausgeführten Maschinen kann der Druckverlauf in den Rohrleitungen durch Indizieren bestimmt werden. Für die Planung neuer Anlagen bleibt nur der rechnerische Weg. Dazu können die im Teil I entwickelten Zusammenhänge zu Rechenvorschriften zusammengefaßt werden. Diese sind den besonderen Verhältnissen der Anlage, dem angestrebten Grad der Annäherung und dem als tragbar erachteten Rechenaufwand anzupassen. Für die am häufigsten vorkommenden Leitungssysteme werden einige dieser Verfahren im folgenden besprochen.

* Dieser Abschnitt wurde von Dr. Reyl verfaßt.

a) Überlagerungsverfahren ohne Berücksichtigung der Dämpfung am Zylinder.

Man ermittelt zunächst nach Teil I die Grundwerte des Ladungswechsels, d. i. den Druckverlauf im Zylinder und die übrigen Kenngrößen des Ladungswechsels für konstanten Druck vor und nach dem Zylinder.

Aus diesen Werten erhält man mit (191/I) die Grundwerte der in dem spül- und auslaßseitigen Leitungssystem erregten Druckwellen $\overline{p}_E$. Es ist mit Rücksicht auf die angegebenen Formeln (164a/I) bzw. (224/I) zweckmäßig, mit Wellen auch dann zu rechnen, wenn Behälter unmittelbar an den Zylinder anschließen. Man bezieht die Welle in solchen Fällen auf einen gedachten sehr kurzen Kanal zwischen Behälter und Zylinder mit beliebigem Querschnitt. Der Anteil der durch diese gedachte Leitung während eines halben Intervalls verursachten Behälterdruckänderung ist in Gl. (164/I) oder (223/I) durch $B''_w \equiv b\,\overline{p}_E$ zu ersetzen.

Vernachlässigt man die Veränderung (Dämpfung) dieser erregten Wellen durch den Einfluß der Druckschwankungen in den Rohrleitungen bzw. Behältern, so ist nach Teil I für Zylinder an einem Rohrende

$$p_{ab} = p_{zu} + \overline{p}_E \tag{284}$$

und daher bei gegebener Welle $\overline{p}_E$ das Rückwurfgesetz am Zylinder bestimmt. Bei Zylindern, die an einer Rohrverzweigung anschließen, ist $p = p_B + \overline{p}_E$, wobei für p_B (119/I) gilt und $\overline{p}_E$ auf die Summe der Querschnitte aller Rohrzweige zu beziehen ist. Mit diesem Rückwurfgesetz läßt sich nach den im Teil I angegebenen Verfahren der Druckverlauf in der Leitung am Zylinder ermitteln.

Man stellt dazu einen Wellenplan auf, wählt einen Anfangszeitpunkt und bestimmt, wie im Teil I ausgeführt, aus den Rückwurfgesetzen an den einzelnen Unstetigkeitsstellen des Leitungssystems die dem Zylinder zulaufenden Wellen und aus diesen mit obiger Beziehung die rückgeworfenen Wellen.

Man rechnet so lange, bis sich die Werte in den gleichen Kurbelstellungen nicht mehr ändern, der eingeschwungene Zustand erreicht ist.

Für die Spül- und Auslaßseite kann die Berechnung unabhängig durchgeführt werden, oder es kann z. B. der Druckverlauf in einem der Leitungssysteme zuerst ermittelt und der Berechnung des Druckverlaufes im anderen Leitungssystem zugrunde gelegt werden.

Man erhält auf diese Weise in erster Annäherung den Verlauf des Spüldruckes p_s und des Gegendruckes p_t vor und nach dem Zylinder und kann daraus mit (99/I) die Veränderung des Zylinderdruckes gegenüber dem Grundwert und damit Näherungswerte für den Schließdruck p'_{za} bzw. p_{zab} bestimmen.

Wie oben erwähnt, kann es manchmal bei stärkerer Rückwirkung eines der Systeme auf den Ladungswechsel zweckmäßig sein, zuerst den Druckverlauf in einem System, z. B. im Auslaßsystem, zu ermitteln, dann die korrigierten Werte für die Zylinderdrücke mit (99/I) zu bestimmen und mit diesen die im anderen Leitungssystem, z. B. auf der Spülseite, erregten Wellen zu berechnen. Nun kann man die Gasbewegung auf der Spülseite ermitteln und mit dem so erhaltenen Verlauf von p_s den Zylinderdruck mit (99/I) neuerdings korrigieren.

Da mit Überströmgesetzen gerechnet wird, die den Grundwerten zugeordnet sind, und ihre Veränderung durch die geänderten Druckverhältnisse nicht berücksichtigt wird, können bei der Anwendung dieses Verfahrens Fehler entstehen, wenn es sich um stärkere Abweichungen gegenüber den Grundwerten handelt.

Enthält das Leitungssystem Drosselstellen, so wird auch mit diesem Rechenverfahren ein eingeschwungener Zustand stets erreicht. Fehlen diese Dämpfungen, so nehmen in Resonanznähe die mit diesem Verfahren ermittelten Druckausschläge immer mehr zu. Es kann auch vorkommen, daß die Anfangsstörung, die dem eingeschwungenen Zustand überlagert ist, nicht genügend abklingt. Es muß in diesen Fällen sowie auch dann, wenn höhere Genauigkeitsansprüche gestellt werden, mit dem nachfolgend beschriebenen Verfahren mit Dämpfung gerechnet werden.

β) Überlagerungsverfahren mit Berücksichtigung der Dämpfung am Zylinder.

Die Rückwirkung der Druckänderungen im Leitungssystem auf das Überströmgesetz in den Steuerquerschnitten des Zylinders verringert die erregten Druckschwankungen und wird daher als Dämpfung am Zylinder bezeichnet. Die Dämpfung muß berücksichtigt werden, wenn stärkere Rückwirkungen des Leitungssystems auf den Ladungswechsel zu erwarten sind, vor allem auch dann, wenn die Schwingungen in den Leitungen in Resonanznähe liegen und festgestellt werden soll, ob die aufgeschaukelten Druckschwankungen zulässig bleiben.

Man ermittelt zuerst wieder nach Teil I die Grundwerte der erregten Wellen und stellt den Wellenplan auf.

Um die vom Zylinder abgehende Welle zu bestimmen, berechnet man den Brandungsdruck am Zylinder (Teil I)

$$p_B = \bar{p}_l + \frac{2 \Sigma p_{zu} . f}{\Sigma f} \tag{285}$$

und daraus mit (197/I) und (196/I) die Änderung des Zylinderdruckes und der erregten Druckwellen gegenüber dem Grundwert. Der Leitungsdruck ist dann $p_l = p_B + p_E$, die vom Zylinder im Leitungszweig n abgehende Welle allgemein $p_{ab\,n} = p_l - \bar{p} - p_{zu\,n}$, was z. B. für einen Zylinder am Leitungsende $p_{ab} = p_{zu} + p_E$ ergibt.

Da auf den Zylinderdruck das spül- und auslaßseitige Leitungssystem einwirkt, ist die Ermittlung gleichzeitig für die Spül- und Auslaßseite durchzuführen, das gesamte beim Ladungswechsel durchströmte Kanalsystem demnach in einem Zuge durchzurechnen.

Eine sehr weitgehende Annäherung läßt sich erreichen, wenn man nach erster Durchrechnung des Systems die Größen B_p, L_p (96/I), (190/I) und $\tilde{\Delta}$ mit den erhaltenen Werten für die Drücke neu berechnet und die Rechnung wiederholt. Es ist auch möglich, den Einfluß der Drücke auf diese Größen schon bei der ersten Rechnung schrittweise zu berücksichtigen. Man nähert sich dadurch dem Verfahren von Pischinger, wobei aber die Auflösung durch das Linearisieren der von Pischinger verwendeten quadratischen Gleichungen vereinfacht wird.

γ) Verfahren von Pischinger.

Die unter α) und β) angegebenen Verfahren wurden aus dem Verfahren von Pischinger abgeleitet. Dieses ist rechnerisch am exaktesten, erfordert jedoch im allgemeinen einen größeren Rechenaufwand als die Überlagerungsverfahren. Man geht bei der Rechnung nicht von den Grundwerten aus, sondern berücksichtigt von vornherein den gesamten Einfluß der spül- und auslaßseitigen Leitungssysteme. Man verwendet die im Teil I, Abschnitt B II, III, abgeleiteten Ausdrücke.

Die Anwendung dieses Verfahrens ist dann zu empfehlen, wenn Leitungssysteme nur einmal, ohne Variation einzelner Größen, durchgerechnet werden sollen oder wenn an sich sehr starke Leitungseinflüsse bestehen.

b) Berechnungsgang für die gebräuchlichsten spül- und auspuffseitigen Leitungssysteme.

a) Einzylindermotoren.

α, 1. Vollspülung.

Bei der gebräuchlichsten Anordnung fördert nach Schema Abb. 280 a und 280 b eine Kolbenspülpumpe oder ein Rootsgebläse Sp in einen am Motor angebrachten Spülbehälter S. Auslaßseitig schließt ein Auspuffbehälter T unmittelbar oder nach Zwischenschalten einer Rohrleitung an den Zylinder an. Der Auspuff wird von diesem Behälter durch ein Rohr ins Freie geführt. Bei langen Leitungen kann das Einschalten eines zweiten Behälters T_1 zweckmäßig sein.

Bei der Durchrechnung des Systems kann man in verschiedener Weise zu mehr oder minder angenäherten Ergebnissen gelangen. Einige dieser Lösungswege werden im folgenden beschrieben.

α, 1, 1. Verfahren mit Vernachlässigung der Dämpfung am Zylinder an der Auslaßseite. Man ermittelt zunächst für das System ohne Auspuffleitung die Grundwerte der an der Auslaßseite des Zylinders erregten Wellen nach einem der folgenden Lösungswege.

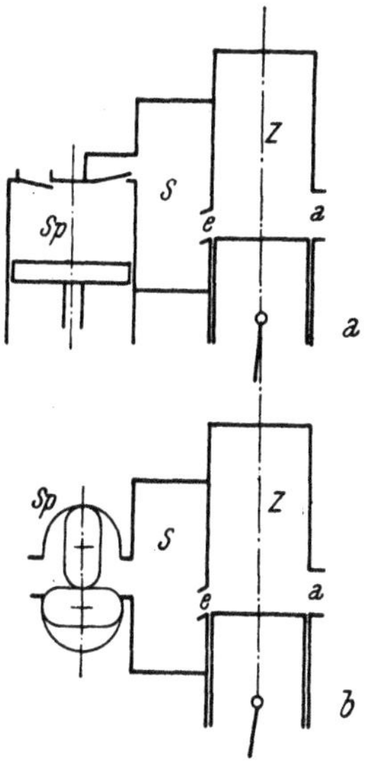

Abb. 280. a) Schema eines Motors mit Kolbenspülpumpe, b) Schema eines Motors mit Rootsspülgebläse. Z = Zylinder, e = Einlaßschlitze, a = Auslaßschlitze, S = Spülbehälter, Sp = Spülpumpe.

Lösung 1. Bei kleinem Spülbehälter und periodisch fördernder Spülpumpe, z. B. bei einem Kolbengebläse nach Abb. 280 a, erhält man für den Druck in Spülpumpe, Spülbehälter und Zylinder die folgenden drei in p_{sp}''', p_s''', p_z''' linearen Gleichungen, wobei

$$p'' = \frac{p' + p'''}{2}:$$

$$\left.\begin{aligned} p_{sp}''' &= (A_{sp}) \cdot p_{sp}' + (B_{sp}) \cdot (p_s'' - \tilde{\triangle}_{sp}) \\ p_s''' &= (A_s) \cdot p_s' + (B_{s1}) \cdot (p_{sp}'' + \tilde{\triangle}_{sp}) + (B_{s2}) \cdot (p_z'' - \tilde{\triangle}_e) \\ p_z''' &= (A) \cdot p_z' + (B_e) \cdot (p_s'' + \tilde{\triangle}_e) + (B_a)(p_o - \tilde{\triangle}_a) \end{aligned}\right\} \quad (286)$$

Damit können intervallweise die Druckverläufe berechnet werden.

(A_{sp}) und (B_{sp}) sind analog (97 a/I), (96 b/I) zu bilden, ebenso sinngemäß (B_{s1}) und (B_{s2}), wobei für (B_{s1}) die Verhältnisse beim Einströmen aus der Spülpumpe in den Spülbehälter, für (B_{s2}) die beim Ausströmen aus dem Spülbehälter in den Zylinder gelten. Man berechnet damit die Grundwerte der Drücke p_{sp}, p_s und p_z. Bei kleinen Druckunterschieden erhöht der Übergang von p auf $p - p_o$ entsprechend (100/I) die Genauigkeit der Zahlenrechnung. Es wird empfohlen, mit Intervallen von 10^0 KW, bei erhöhten Genauigkeitsansprüchen oder stärkeren Druckänderungen von 5^0 KW, zu rechnen. Die Rechnung ist so lange fortzusetzen, bis sich der stationäre Zustand einstellt. Rasches Einspielen wird erreicht, wenn der Druck p_s im Spülbehälter bei Rechnungsbeginn in der Nähe des wirklichen Wertes angenommen wird.

Sind nicht sehr große Druckschwankungen im Spülbehälter zu erwarten, so kann man den Rechnungsgang wesentlich vereinfachen, wenn man statt p_s'' in der ersten und dritten Gleichung von (286) entweder p_s' oder einen extrapolierten Wert $\tilde{p}_s''$ einsetzt und dadurch die Gleichungen trennt.

L ö s u n g 2. Kann das Fördergesetz der Spülpumpe mit genügender Annäherung als unabhängig vom Gegendruck angesehen werden, dann rechnet man mit (106 b/I) und (106 c/I) und erhält damit die Grundwerte.

L ö s u n g 3. Ist der Spülbehälter groß, so daß darin nur Druckschwankungen mit verhältnismäßig kleiner Amplitude zu erwarten sind, so kann zunächst mit einem konstanten Spüldruck $\bar{p}_s$ gerechnet werden, worauf man die Spüldruckschwankungen in derselben Weise bestimmt, wie anschließend für die Auslaßseite gezeigt wird.

Man ermittelt dann mit (98/I) den Druckverlauf im Zylinder und mit (191/I) die Grundwerte der in dem spül- und auslaßseitigen Leitungssystem erregten Wellen $\bar{p}_E$.

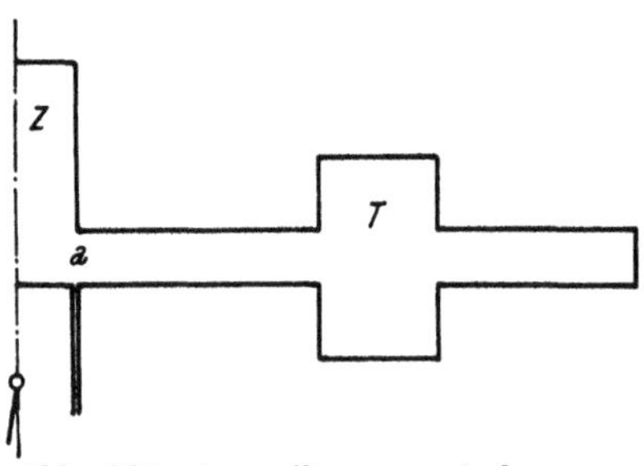

Abb. 281. Auspuffsystem mit langem Rohr zwischen Auspufftopf T und Zylinder Z.

Der weitere Gang der Rechnung ist nun zunächst für a l l e d r e i L ö s u n g e n gleich. Man bestimmt aus den Grundwerten der im Auslaßsystem erregten Wellen den Schwingungsverlauf in diesem.

Schließt nach Abb. 281 ein längeres Rohr an den Zylinder an, so ist aus (284) die dem Topf zulaufende Welle und damit der Behälterdruck im Auspufftopf nach (164 a/I) zu bestimmen. Man erhält damit die in die beiden Rohrstränge eintretende Welle. Am offenen Rohrende wird die Welle negativ reflektiert und läuft dem Auspufftopf wieder zu.. An einem zweiten Auspufftopf T_1 wird Druckänderung, Wellendurchgang und Wellenrückwurf gleich wie bei T ermittelt.

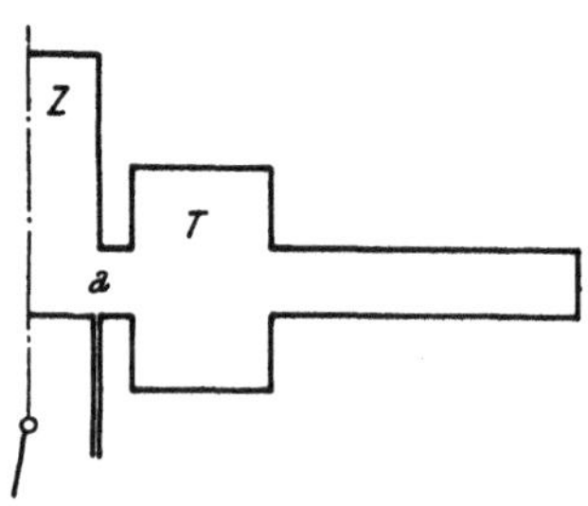

Abb. 282. Auspuffsystem mit Auspufftopf T unmittelbar am Zylinder Z.

Schließt nach Abb. 282 der Auspufftopf unmittelbar an den Zylinder an, so erhält man durch Einsetzen von $B_1 \cdot w_1'' = \bar{p}_E \cdot b_1$, Übergehen auf Überdrücke und auf Endwerte im Intervall, statt (164 a/I):

$$p_t''' - p_o = \frac{(1 - b_2)(p_t' - p_o) + 2\,\bar{p}_E \cdot b_1 + 4\,p_{zu2} \cdot b_2}{1 + b_2} \qquad (287)$$

wobei Zeiger 1 dem unendlich kurz angenommenen Verbindungsstück zum Zylinder, 2 der abgehenden Rohrleitung zugeordnet ist.

Bei sehr engen Auspuffleitungen ist es zweckmäßig, die Drosselung beim Übergang vom Behälter in die Leitung zu berücksichtigen, wobei $q = \mu f$ ist und μ die Einschnürung erfaßt. Es ist dann entsprechend (224/I) für das System nach Abb. 282

$$p_t''' - p_o = [A](p_t' - p_o) + [B_1]\,\bar{p}_E + [B_2]\,(p_{B2}'' - p_o - \tilde{\triangle}_2) \qquad (288)$$

mit

$$A = \frac{B_{p2}}{2\sqrt{\triangle_2} + L_{p2}}, \quad [A] = \frac{1 - A}{1 + A}, \quad [B_1] = \frac{2\,B_{p1}}{L_{p1}\,(1 + A)}$$

$$[B_2] = \frac{2\,B_{p2}}{\left(2\sqrt{\bar{\triangle}_2} + L_{p2}\right) \cdot (1 + A)} \qquad (289)$$

und für die in die Leitung 2 abgehende Welle nach (226/I)

$$p_{ab\,2}'' = \left(1 - 2\,\frac{L_{p2}}{2\sqrt{\bar{\triangle}_2} + L_{p2}}\right) \cdot p_{zu\,2}'' + \frac{L_{p2}}{2\sqrt{\bar{\triangle}_2} + L_{p2}} \cdot \left(p_t'' - p_o + \tilde{\triangle}_2\right) \qquad (290)$$

Man erhält damit den Druckverlauf nach dem Zylinder. Die Veränderung des Druckes p_{sp}, p_z, p_s läßt sich nun ermitteln, indem man (286) bzw. (106 b/I) analog (99/I) umformt. Dazu wird jede der Gleichungen (286) bzw. (106 b/I) einmal für den Druck mit Auspuffsystem, einmal für den Grundwert (Druck ohne Auspuffsystem) angeschrieben und durch Subtraktion $\tilde{\triangle}$ eliminiert. Dadurch erhält man die Einflußgleichungen für die Bestimmung der Änderungen $p_{sp} - \bar{p}_{sp}$, $p_z - \bar{p}_z$, $p_s - \bar{p}_s$ infolge der Druckschwankungen $p_t - p_o$ bzw. $p_{la} - p_o$.

Der Klammerfaktor von (B_a) im Ausdruck für $p_z''' - \bar{p}_z'''$ (Gl. 286), den man erhält, ist $p_t'' - p_0$ bzw. $p_{la}'' - p_0$. Da bei an den Zylinder anschließender Rohrleitung der Leitungsdruck p_{la}'', bei anschließendem Auspufftopf der Druck p_t'' in diesem gegeben ist, läßt sich aus den Einflußgleichungen der Verlauf von p_z, p_s, p_{sp} ermitteln.

Man erhält aus dem Druckverlauf im Zylinder den zeitlich mittleren Druck während der Spülung p_{zm} und p_{za}' bzw. $p_{z\,ab}$ beim Abschluß der Schlitze und nach (101 c/I) bzw. S. 181/I den Luftaufwand, demnach die Größen, die für den Erfolg des Ladungswechsels und damit für Leistung und Verbrauch maßgebend sind.

Bei sehr großem Spülbehälter kann der Druckverlauf mit den Grundwerten der erregten Wellen $\bar{p}_{Fe}$ und $\bar{p}_{Esp}$ berechnet werden.

Der Druckverlauf im Spülbehälter ist dann:

$$p_s''' - \bar{p}_s''' = p_s' - \bar{p}_s' + 2\,\bar{p}_{Esp} \,.\, b_{s1} + 2\,\bar{p}_{Ee} \,.\, b_{s2} \tag{291}$$

b_{s1} b_{s2} sind sinngemäß nach (165/I) zu ermitteln.

Weicht die von der Spülpumpe geförderte Menge $\Lambda_{o(sp)}$, die sich mit Rücksicht auf $\Lambda_o = G \cdot \frac{v_o}{V_h}$ aus p_{Esp} nach (202 a/I) berechnet, von der aus $\bar{p}_{Ee}$ berechneten Menge $\Lambda_{o(e)}$, die in den Zylinder einströmt, ab, so kann die Angleichung beider Mengen durch Korrektur des mittleren Behälterdruckes von $\bar{p}_s$ auf $\bar{p}_s{}^*$ nach der Beziehung

$$\frac{\Lambda_{o\,(sp)}}{\Lambda_{o\,(e)}} = \frac{\sqrt{\bar{p}_s{}^* - p_o}}{\sqrt{\bar{p}_s - p_o}} \tag{292}$$

angenähert vorgenommen werden, wenn $\Lambda_{o(sp)}$ mit $\bar{p}_s$ wenig veränderlich ist.

a, 1, 2. Verfahren mit Berücksichtigung der Dämpfung an der Auslaßseite des Zylinders. Die Berücksichtigung der Dämpfung am Zylinder erhöht die Genauigkeit der Rechnung in allen Fällen. Sie ist, wie schon früher erwähnt, unbedingt erforderlich, wenn das Auspuffsystem in Resonanznähe schwingt.

Schließt an den Zylinder ein Auspuffrohr an, so rechnet man zunächst nach einem der Lösungsverfahren 1, 2 oder 3 im vorigen Abschnitt die Grundwerte der nach dem Zylinder erregten Druckwelle.

Der Rückwurf und die Veränderung der erregten Welle werden für unmittelbar an den Zylinder anschließende Auspuffleitungen wie folgt ermittelt: In der Gleichung für $p_z''' - \bar{p}_z'''$ des Systems der Einflußgleichungen, die entsprechend den Lösungen 1 bis 3 des vorigen Abscnittes, z. B. aus (286), sinngemäß nach (99/I) gebildet werden, ersetzt man in den Ausdrücken für (A) und (B_a) nach (97/I) und (97 a/I)

$$\frac{B_{pa}}{2\sqrt{\tilde{\triangle}_a}} \quad \text{durch} \quad \frac{B_{pa}}{2\sqrt{\tilde{\triangle}_a} + L_{pa}}$$

Darin wird L_{Pa} nach (190a/I) gerechnet. An Stelle des Klammerausdruckes, mit dem (B_a) multipliziert wird, tritt $(p_{Ba}'' - p_o + p_{Ea}'')$. Dieses Vorgehen entspricht den Entwicklungen ab S. 129 im Teil I. Die abgehende Welle ist $p_{ab\,a} = p_{zu\,a} + \bar{p}_E + (p_E - \bar{p}_E)$, wobei $p_E - \bar{p}_E$ nach (196/I) gerechnet wird.

Durch das System der Einflußgleichungen, die, wie eben gezeigt, entsprechend einer der Lösungen 1 bis 3 des vorigen Abschnittes sinngemäß nach (99/I) gebildet werden, erhält man die korrigierten Werte von p_z, p_s, p_{sp} und damit den Einfluß des Auslaßsystems auf den Ladungswechsel.

Bei einem System mit Auspufftopf unmittelbar am Zylinder ist bei vorgegebenem Fördergesetz der Spülpumpe entsprechend Lösung 2 des vorigen Abschnittes zunächst mit (111 a/I) der Grundwert der Drücke und daraus der der vom Auspufftopf abgehenden erregten Welle zu ermitteln, worauf analog (99/I) bzw. (197/I) die Einflußgleichungen für das System aufzustellen sind. Dabei ist (B_{ta}) und (A_t), wie obenstehend für (A) und (B_a) angegeben, umzuändern und auch der Klammerausdruck, mit dem $[B_{ta}]$ multipliziert wird, durch $(p''_{Ba} - p_o + \bar{p}''_{Ea})$ zu ersetzen. Der Wellenrückwurf am Auspufftopf ist durch den Behälterdruck bestimmt. Da beim Austritt aus dem Auspufftopf durch das Zuschalten von Rohrleitungen stärkere Änderungen des Überströmgesetzes entstehen können, ist es zweckmäßig, entsprechend den Entwicklungen in Teil I (Seite 139), $[B_{ta}]$ mit einem gleichbleibenden $\tilde{\triangle}$ zu rechnen, weil ohnedies keine individuelle Übereinstimmung zwischen den einzelnen Intervallen im Grundfall und im Überlagerungsfall gewährleistet ist.

Bezieht man, entsprechend Lösung 1, in den dort angegebenen Fällen den Druckverlauf in der Spülpumpe in die Berechnung ein, so sind die ersten beiden Gleichungen aus (286) und die letzten beiden aus (111 a/I) zu einem System zu verbinden, im übrigen ist wie vorher besprochen vorzugehen.

Bei sehr großem Spülbehälter kann wieder entsprechend Lösung 3 des vorigen Abschnittes vorgegangen werden.

Man benützt die beiden letzten Gleichungen in (111 a) und setzt p_s = konst. Der Wellenrückwurf am Auspufftopf wird sinngemäß nach den früher ermittelten Beziehungen behandelt. Durch die Einflußgleichungen für $p'''_z - \bar{p}'''_z$ und $p'''_t - \bar{p}'''_t$, die aus den oben angeführten Gleichungen gebildet werden, erhält man die Änderungen von p_z und p_t mit Berücksichtigung der Dämpfung an der Auslaßseite.

Nun läßt sich mit diesen Zylinderdrücken der Grundwert $\bar{p}_{Ee}$ der erregten Welle auf der Spülseite ermitteln und, wie auf Seite 264 in Lösung 3 angegeben, der Druckverlauf im Spülbehälter bestimmen.

α, 1, 3. Verfahren von Pischinger. Das Verfahren von Pischinger führt zwangläufig und ohne Schätzungen, jedoch auf meist etwas umständlicherem Wege, zu Ergebnissen. Der Rechnungsgang wird im folgenden für ein System nach Abb. 283 beschrieben. Dem Zylinder sind die Behälter V_e, V_a unmittelbar vor- bzw. nachgeschaltet. Die Rohrleitungen schließen an diese Behälter an. Dem Spülbehälter S wird die Luft durch eine Spülpumpe zugeführt. Es sei entweder das Fördergesetz der Pumpe oder der Druckverlauf im Spülbehälter gegeben. In das Auspuffrohr ist der Auspufftopf T eingeschaltet.

Man beginnt die Rechnung mit dem Öffnen des Vorauspuffs und nimmt an, daß die Gassäulen in den Rohrleitungen am Anfang in Ruhe sind und Ruhedruck herrscht.

Es gelten die im Teil I, Abschnitt B II und Abschnitt B III, entwickelten Beziehungen, aus denen die Druckänderungen im Zylinder, im Behälter und die in das Rohr laufende Druckwelle bestimmt werden können.

Wenn nach Öffnen der Einlaßschlitze die Abgase in den Spülbehälter rückschlagen, rechnet man mit den im Abschnitt B III 2 b β 3/I entwickelten Ausdrücken, wobei die für die Einlaßseite entwickelten Beziehungen für Ausströmen sinngemäß umzuformen sind.

Das Einströmen in den Zylinder beginnt, wenn der Zylinderdruck gleich dem Druck im einlaßseitigen Behälter wird. Der Vorgang ist zunächst nach Seite 176/I zu behandeln. Es gelten die in den Abschnitten B III 2 b β 2 und 3/I entwickelten Beziehungen, womit die Drücke im Zylinder, in den anschließenden Behältern und die in die Rohre abgehenden Wellen ermittelt werden können.

Die Spülung endet mit dem Abschluß der Einlaßschlitze. Die Rechnung wird bis zum Auslaßschluß durchgeführt.

Während des Zeitabschnittes zwischen zwei Ladungswechseln schwingt das ein- und auslaßseitige System getrennt. In diesem Abschnitt benützt man die Beziehungen (164 a/I), wobei jeweils der zylinderseitige Steuerquerschnitt 0 gesetzt wird.

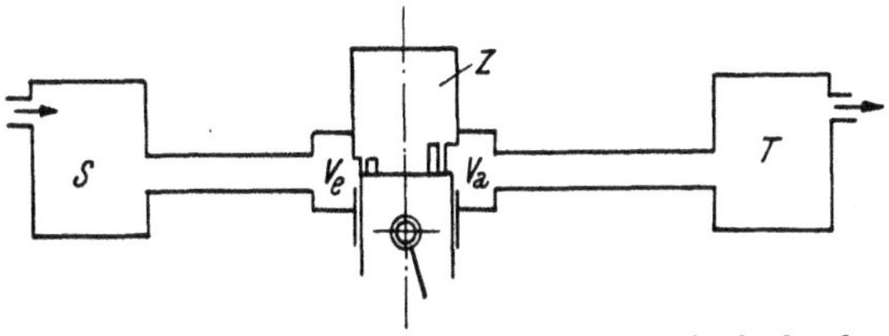

Abb. 283. Schema des beim Ladungswechsel durchflossenen Kanalsystems der Versuchsmaschine der Technischen Hochschule Graz. S = Spülbehälter, Ve, Va dem Zylinder vor- und nachgeschaltete Räume, T Auspufftopf. Nach Pischinger.

Die Rechnung ist fortzusetzen, bis der Zyklus der Ergebnisse eingeschwungen ist.

Druckveränderung und Wellenrückwurf bei Behältern, die in die Leitung eingeschaltet sind, werden bei drosselfreiem Ein- und Austritt durch (164 a/I) und (164 b/I) ermittelt.

In die Rohrleitungen eingeschaltete Blenden sind nach (134/I), (135/I), (136/I) zu behandeln.

Für Erweiterungen oder Verengungen von Rohren gelten die Beziehungen (142/I) bzw. (142 a/I), (141/I).

α, 2. Kurbelkastenspülung, Hubtaktspülpumpe.

Bei Motoren mit Kurbelkastenspülung rechnet man zunächst die Grundwerte des Druckes im Kurbelkasten und im Zylinder mit den Ausdrücken (109 b und c/I). Man erhält damit den Grundwert der im Auspuffsystem erregten Welle aus (191 a/I).

Rechnet man ohne Berücksichtigung der Dämpfung, so ist entsprechend Abschnitt α, 1, 1. vorzugehen und der Schwingungszustand im Aufpuffsystem aus den Grundwerten der Erregung zu ermitteln.

Der Einfluß des veränderten Gegendruckes auf p_k und p_z kann durch ein System von Einflußgleichungen ähnlich (99/I) bestimmt werden, die man erhält, indem man wieder die Gleichungen (109 c) für die Werte p_k, p_z mit Auspuffsystem und für die Grundwerte $\overline{p}_k$, $\overline{p}_z$ anschreibt und durch Subtraktion ein Gleichungssystem mit den Variablen $p_k - \overline{p}_k$, $p_z - \overline{p}_z$ bildet.

Die Dämpfung auf der Auslaßseite kann beim Anschluß eines Rohres auf der Auspuffseite durch die Gleichungen (218/I), (219/I) und (220/I) berücksichtigt werden.

Bei Systemen mit einem Auspufftopf unmittelbar nach dem Zylinder ist durch sinngemäße Verbindung der Gleichungssysteme von (109 b/I), (109 c/I) und (111 a/I) ein neues System aufzustellen. Dazu ist (109 b/I) unverändert zu übernehmen und sind die ersten beiden Glieder aus (109 c) und das dritte Glied der Gleichung für p_z''' in (111 a/I) zu einer neuen Gleichung für p_z''' zusammenzufassen; für die Berechnung der Grundwerte ist die Gleichung für p_t''' aus (111 a) wieder unverändert zu übernehmen.

Das System der Einflußgleichungen für die zusätzlichen Druckänderungen bildet man aus diesen Gleichungen in der früher angegebenen Art.

Die gleichen Beziehungen mit sinngemäß geänderten Bezeichnungen gelten auch für Motoren mit Hubtaktspülpumpe entsprechend Abschnitt III, 2.

α, 3. Beispiele

1. An einem Einzylindermotor mit sehr großem Spülbehälter (p_s = konst.) ist ein Auspuffsystem nach Abb. 284 angeschlossen. Abmessungen des Zylinders, Drehzahl und Grundwerte des Zylinderdruckes entsprechen dem im Teil I auf Seite 172 behandelten 8-Zylindermotor und sind dort angegeben.

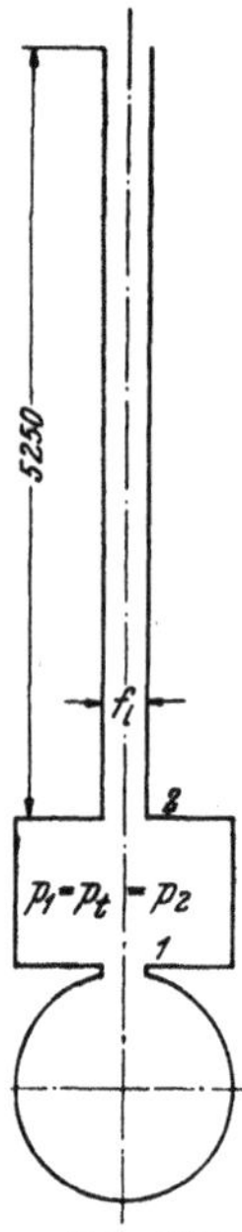

Abb. 284. Auspuffsystem, Beispiel 1 auf S. 268.

Die vom Auspuffvorgang des unmittelbar anschließenden Zylinders im Behälter erzeugte Druckschwankung wird so aufgefaßt, als ob sie, ebenso wie beim Behälteraustritt, auch am Behältereintritt durch eine aus einer Rohrleitung kommende Druckwelle hervorgerufen würde. Der Querschnitt dieser gedachten Einströmleitung werde der Einfachheit wegen willkürlich dem Querschnitt der an den Auspufftopf anschließenden Auspuffleitung von $f_l = 57\ \text{cm}^2$ gleichgesetzt.

Die Rückwirkung der Behälterdruckschwankungen auf das Ausströmgesetz werde zunächst vernachlässigt und man rechnet daher mit dem Grundwert $\overline{p}_{Ea}$ der erregten Druckwelle für konstanten Gegendruck. Werte von $\overline{p}_{Ea}$ sind für den vorausgesetzten Motor und einen Leitungsquerschnitt von $2.255\ \text{cm}^2$ in Zahlentafel 2, Seite 177, Teil I, angegeben. Diese Werte wurden im Verhältnis

$$\frac{1}{2} \cdot \frac{2.255}{57} = 4{,}47$$

auf die halbe beim angenommenen Querschnitt $f_2 = 57\ \text{cm}^2$ erregte Grundwelle umgerechnet und in Abb. 285 als in der gedachten Einströmleitung zu berücksichtigende ankommende Welle $\overline{p}_{zu\,1}$ eingezeichnet.

Ist $p_{zu\,A}$ die an der Rohrmündung A zurückgeworfene Welle, so erhält man, entsprechend Gl. (287), mit $b_1 = b_2 = b$ den Behälterüberdruck:

$$p_t''' - p_o = \frac{1-b}{1+b} \cdot (p_t' - p_o) + \frac{4\,b}{1+b} \cdot (\overline{p}''_{zu\,1} + p''_{zu\,A})$$

Nach (165/I) ist, mit $w_m = c_m \cdot \frac{F_k}{f_l} = 35{,}8$ m/sek, $a = 450$ m/sek (entsprechend $t_a = 240^\circ$ C), $\varphi_t = 9{,}2$ und $\Delta\alpha = 10^\circ$ KW,

$$b = \frac{a}{\varphi_t \,.\, 180\, w_m} \cdot \frac{\Delta\alpha}{2} = 0{,}038$$

Die Laufzeit der Wellen in der Rohrleitung ist $\alpha_{2-A} = \frac{6\,n\,L}{a} = 105^\circ$ KW. Für den Rückwurf an der offenen Rohrmündung gilt $p_{ab} = -p_{zu}$. An der Stelle 2 ist bei drosselfreiem Eintritt (Geschwindigkeitshöhe wird vernachlässigt) $p_2 = p_t$, daher $p_{ab\,2} = p_t - p_o - p_{zu\,A}$. Mit diesen Beziehungen wurden die Schwingungen in dem Auspuffsystem berechnet. Nach Erreichen des eingeschwungenen Zustandes wurde der Zylinderdruck nach (99/I)

$$p_z''' - \bar{p}_z''' = (A) \cdot (p_z' - \bar{p}_z') + (B_a) \cdot (p_t'' - p_o)$$

korrigiert. (A), (B_a) sind entsprechend (97 a/I) zu bilden, wobei B_{Pe}, B_{Pa} und die Grundwerte $\bar{p}_z$ der Zahlentafel 2/I zu entnehmen sind.

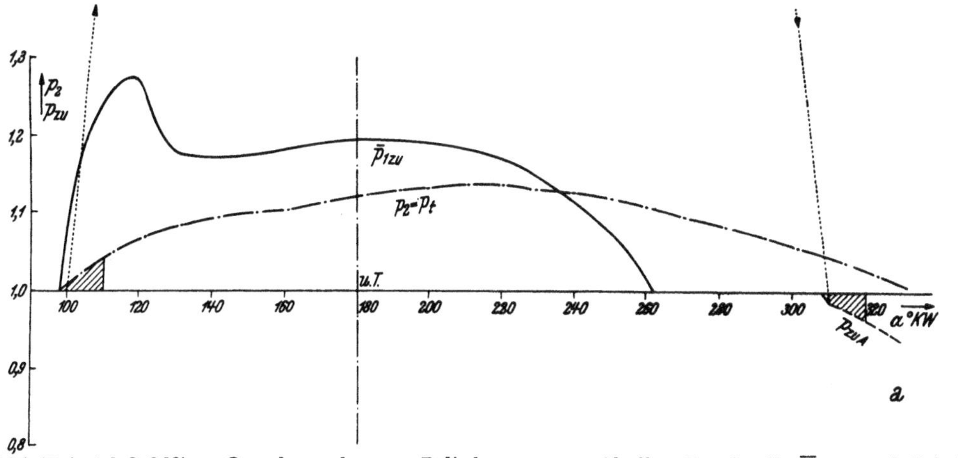

Abb. 285 (Beispiel S. 268) a. Grundwert der vom Zylinder erregten ideellen Druckwelle $\bar{p}_{1zu}$ und Behälterdruck p_t beim Anfahrhub. Die vom Behälter in die Leitung laufende Welle kehrt 210 °KW später nach ihrem negativen Rückwurf an der offenen Rohrmündung als p_{zuA} zum Zylinder zurück.

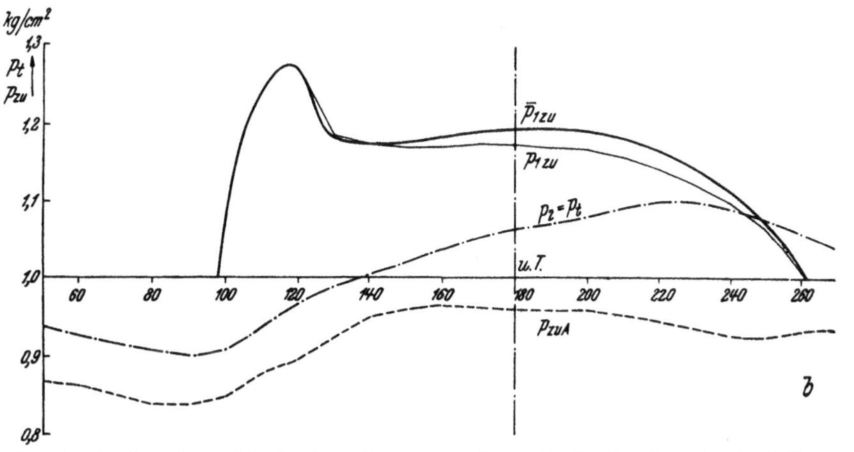

Abb. 285 b. Druckverlauf im Auspufftopf; eingeschwungener Zustand. Der Druck p_t ist durch die vom Zylinder erregte ideelle Welle p_{1zu} und die aus der Leitung kommende Welle p_{zuA} bestimmt. Die Druckschwankungen $p_z - p_o$ verändern die erregte ideelle Welle von $\bar{p}_{1zu}$ in p_{1zu}

Die Veränderung der erregten Welle ist nach (192/I)

$$p_E'' - \bar{p}_E'' = \frac{L_{pa}}{2\sqrt{\tilde{\triangle}_a''}} \cdot [(p_z'' - \bar{p}_z'') - (p_t'' - p_o)]$$

Sie ist nach Abb. 285 b so gering, daß eine Berücksichtigung dieser Veränderungen (Dämpfung) bei der Ermittlung des Schwingungszustandes im Auspuffsystem unterbleiben kann.

Abb. 286 zeigt die Änderung des Zylinderdruckes durch das Auspuffsystem, mit dem der Schließdruck $p_{za}' = 1{,}53 + 0{,}04 = 1{,}57$ kg/cm² ermittelt werden kann. Die Änderung des Luftaufwandes bei gleichbleibendem Spüldruck ist nach Seite 181/I* schrittweise zu berechnen. Man erhält

$$\triangle \Lambda_o = -0{,}14, \text{ demnach } \Lambda_o = 1{,}53 - 0{,}14 = 1{,}39.$$

Damit ist der Einfluß des Auspuffsystems auf den Erfolg des Ladungswechsels erfaßt.

* $(\bar{p}_z'' - p_z'')$ statt $(p_z'' - \bar{p}_z'')$ in Formel S. 181/I.

Setzt man $\lambda_s' = (1 - e^{-a.b.\Lambda_0})$, so ist mit $a = 1{,}3$ (Schnürle-Spülung), $b \sim 1{,}0$ der Liefergrad nach (92) [$z_a = 0{,}662$, $T_s = 331^0$ K, $p_{zm} = 1{,}24$ kg/cm²] $\lambda_l = 0{,}70$. Mit

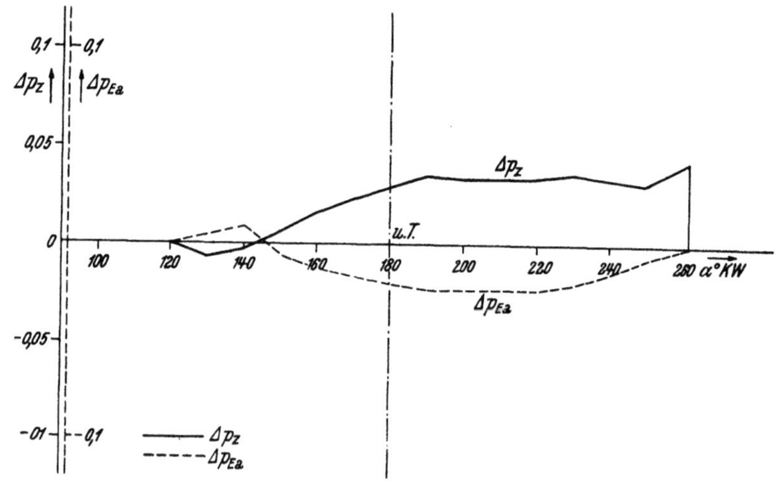

Abb. 286. Beispiel S. 268. Durch die Behälterdruckschwankung $p_t - p_0$ verursachte Änderungen des Zylinderdruckes Δp_z und der erregten ideellen Welle Δp_{Ea} gegenüber den Grundwerten, über dem Kurbelwinkel aufgetragen.

$H_u = 10.000$ kcal/kg, $L_0 = 12{,}0$ m³/kg, $\lambda = 1{,}8$, $b_{i-1} = 0{,}135$ kg/PS h wird der Innendruck des Motors ohne Ladungswechselarbeit $p_{i-1} = 6{,}45$ kg/cm².

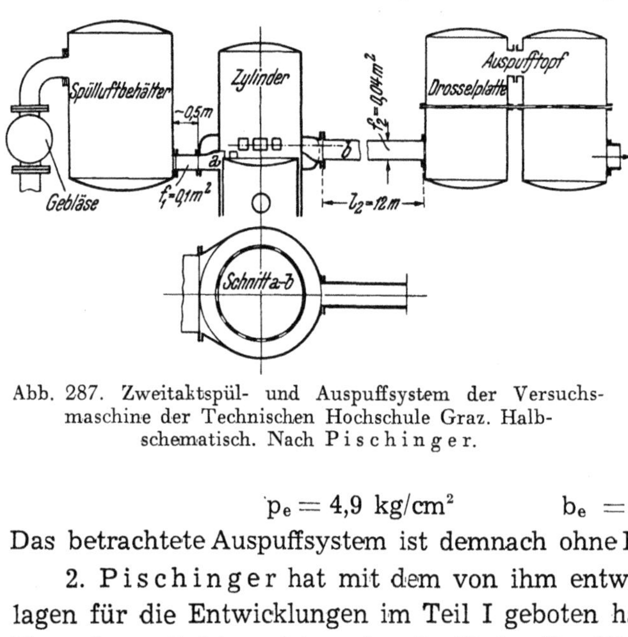

Abb. 287. Zweitaktspül- und Auspuffsystem der Versuchsmaschine der Technischen Hochschule Graz. Halbschematisch. Nach Pischinger.

Das Ladungswechseldiagramm gibt einen Mitteldruck der Ladungswechselarbeit $p_l = 0{,}3$ kg/cm². Daher wird der Innendruck $p_i = 6{,}75$ kg/cm² und, mit $p_r = 1{,}2$ kg/cm² (Einzylinder) und $p_{La} = 0{,}7$ kg/cm² ($\eta_{ad} = 0{,}6$ Rootsgebläse), Nutzleistung und Nutzverbrauch

$$p_e = 4{,}85 \text{ kg/cm}^2$$
$$b_e = 0{,}180 \text{ kg/PS h}.$$

Die den Grundwerten (also dem Motor ohne Auspuffsystem) zugeordneten Leistungs- und Verbrauchswerte sind

$$p_e = 4{,}9 \text{ kg/cm}^2 \qquad b_e = 0{,}180 \text{ kg/PS h}.$$

Das betrachtete Auspuffsystem ist demnach ohne Einfluß auf Leistung und Verbrauch.

2. Pischinger hat mit dem von ihm entwickelten Verfahren, das die Grundlagen für die Entwicklungen im Teil I geboten hat, den Ladungswechsel der großen Versuchszweitaktmaschine des Instituts für Thermodynamik und Verbrennungskraftmaschinen der Technischen Hochschule Graz durchgerechnet. Durch umfangreiche Indizierungen und Luftmessungen wurde die Wirklichkeitstreue des Verfahrens geprüft.

Abb. 287 zeigt ein Schema des beim Ladungswechsel durchflossenen Kanalsystems, Abb. 288 die wirksamen Querschnitte der Schlitze, welche durch Messungen bei stationärem Durchfluß ermittelt wurden.

Der von Pischinger eingeschlagene Rechnungsvorgang entspricht im wesentlichen den Darstellungen im Abschnitt B II/I und B III/I. Die Überströmvorgänge in den Schlitzen wurden mit Beziehungen analog (71 a/I) gerechnet. Wie schon

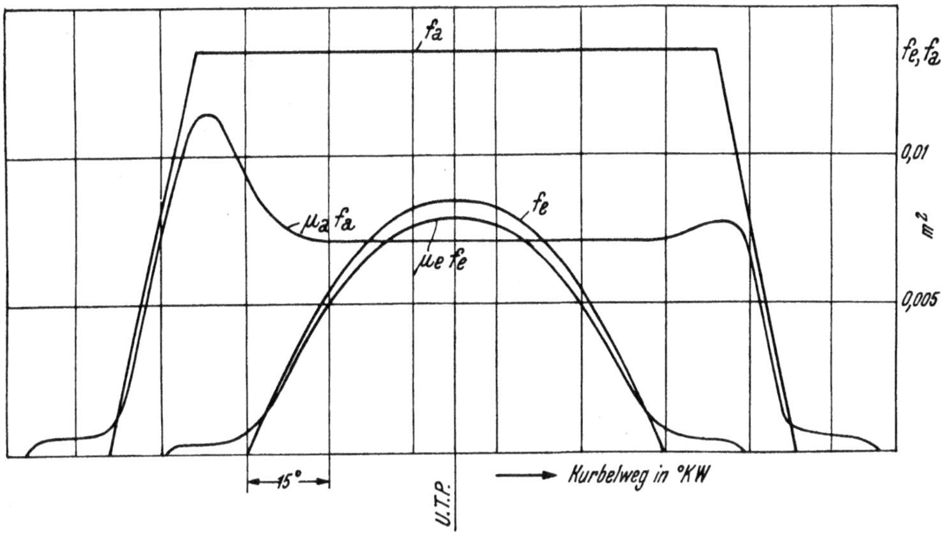

Abb. 288. Wirksame Ein- und Auslaßschlitzquerschnitte der Versuchsmaschine der Technischen Hochschule Graz. Nach Pischinger.

erwähnt, sind diese Ansätze etwas genauer als die Ansätze von Reyl, allerdings wird die Rechnung durch sie umständlicher, so daß im weiteren Verlauf der Entwicklung des Verfahrens in nahezu allen Fällen die meist ausreichend genauen Ansätze von Reyl benützt wurden.

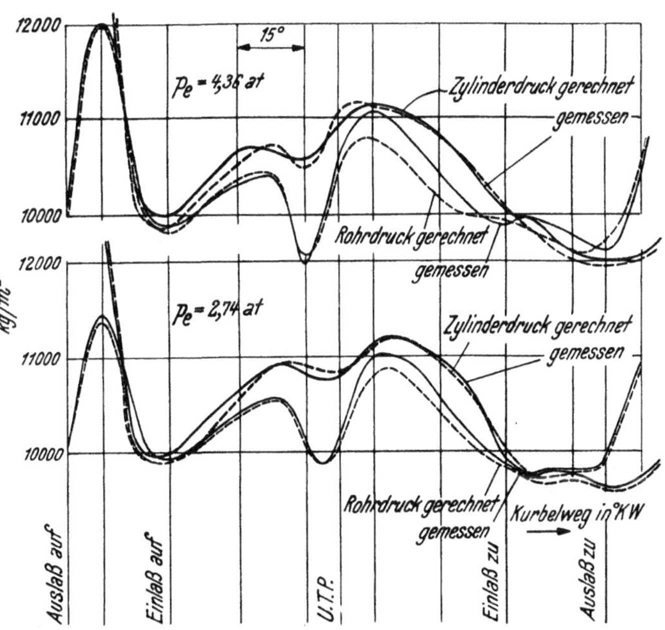

Abb. 289. Gerechneter und gemessener Druckverlauf im Zylinder und in der Auspuffleitung des Zweitaktmotors nach Abb. 287 für zwei verschiedene Belastungen und n = 120 U/min, Λ_o = 1,5. Nach Pischinger.

Hinsichtlich des Rechnungsganges wird auf die ausführliche Veröffentlichung [35] hingewiesen und im folgenden nur eine Gegenüberstellung von Rechen- und Versuchsergebnissen gebracht.

Abb. 289 zeigt den gerechneten und gemessenen Zylinder- und Rohrdruck am Zylinder für zwei Nutzdrücke bei $\Lambda_o = 1{,}5$, n = 120 U/min. Die berechneten und gemessenen Spülluftmengen in kg/Hub betrugen:

p_e =	2,74	4,36 kg/cm²
Berechnet	0,0756 kg/Hub	0,0766 kg/Hub
Gemessen	0,0758 kg/Hub	0,0772 kg/Hub

Auch bei n = 145 U/min ergab sich nach Abb. 290 gute Übereinstimmung der gerechneten und gemessenen Druckverläufe. Durch die lange Auspuffleitung entstehen nach dem Zylinder Schwingungen mit erheblicher Amplitude, die abgeschwächt auch in diesen hineinfluten.

Beurteilt man die Druckverläufe im Zylinder nach den Ausführungen in Abschnitt III, 4, so findet man, daß sie ungünstig sind.

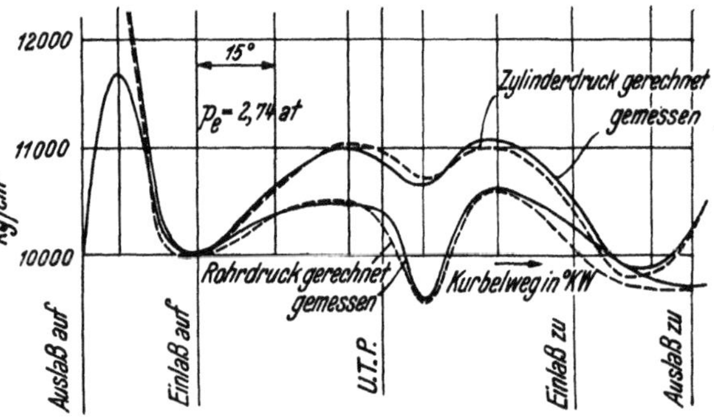

Abb. 290. Gerechneter und gemessener Druckverlauf im Zylinder und in der Auspuffleitung des Zweitaktmotors nach Abb. 187 für n = 145 U/min. Nach Pischinger.

Die Druckberge im Zylinder in der Mitte der Spülung hemmen den Luftdurchgang, die Drucksenkung in der Auslaßkammer nach dem Zylinder vom Ende der Spülung bis zum Abschluß der Auslaßschlitze verstärkt das Nachausströmen und vermindert dadurch die Ladungsmenge im Zylinder.

Bei n = 200 U/min liegen nach Abb. 291 die Verhältnisse wesentlich günstiger. Die aus dem Rohr ankommenden Druckwellen bewirken eine Steigerung des Zylinderdruckes am Ende der Spülung und damit Aufladung des Zylinders.

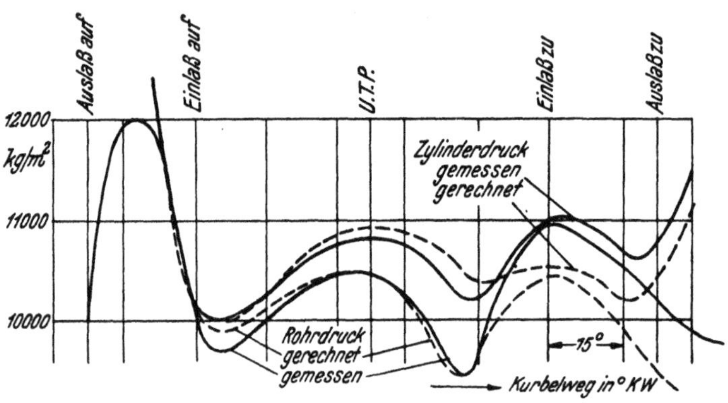

Abb. 291. Gemessener und mit Ersatzblende statt des Auspufftopfes gerechneter Druckverlauf im Zylinder und in der Auspuffleitung des Zweitaktmotors für n = 200 U/min. Durch Berücksichtigung der Behälterwirkung des Auspufftopfes läßt sich die Übereinstimmung zwischen Rechnung und Versuch verbessern. Nach Pischinger.

Die gute, quantitative Erfassung der Vorgänge durch das Rechenverfahren, die bei dieser Untersuchung erstmalig nachgewiesen wurde, hat die weitere Ausgestaltung des Verfahrens veranlaßt.

3. Ein Kraftradmotor mit Kurbelkastenspülung hat das in Abb. 292 dargestellte Auspuffsystem; dessen Einfluß auf den Ladungswechsel ist festzustellen.

Nach Teil I wurden die Grundwerte des Zylinder- und Kurbelkastendruckes (Auspuff unmittelbar ins Freie) ermittelt. Mit (191 a/I) und (190 a/I) erhält man den Grundwert der in der Leitung erregten Welle $\overline{p}_{Ea}$, Abb. 292. Damit wird die Gasbewegung im Auspuffsystem berechnet.

Die abgehende Welle in I ist $p_{ab\,I} = p_{zu\,II} + p_{Ea}$ und erreicht ($a = 490$ m/sek entsprechend $T_A = 600\,^0$K) in $\triangle\alpha_{I-II} = 37{,}5^0$ KW die Blende II.

Rückwurf und Durchgang erhält man aus (233/I) und (234/I).* L_{p1} und L_{p2} wird nach (190/I) berechnet und mit angenommenem $\tilde{\triangle}$ die beiderseits der Blende erregte Welle p_{E1} und p_{E2} ermittelt. Daraus rechnet man anschließend die von der Blende beiderseits abgehenden Wellen. Die nach A weiterlaufende Welle kommt als $p_{zu\,II}$ dort an.

* Druckfehler, p_{E1} und p_{E2} haben verschiedene Vorzeichen!

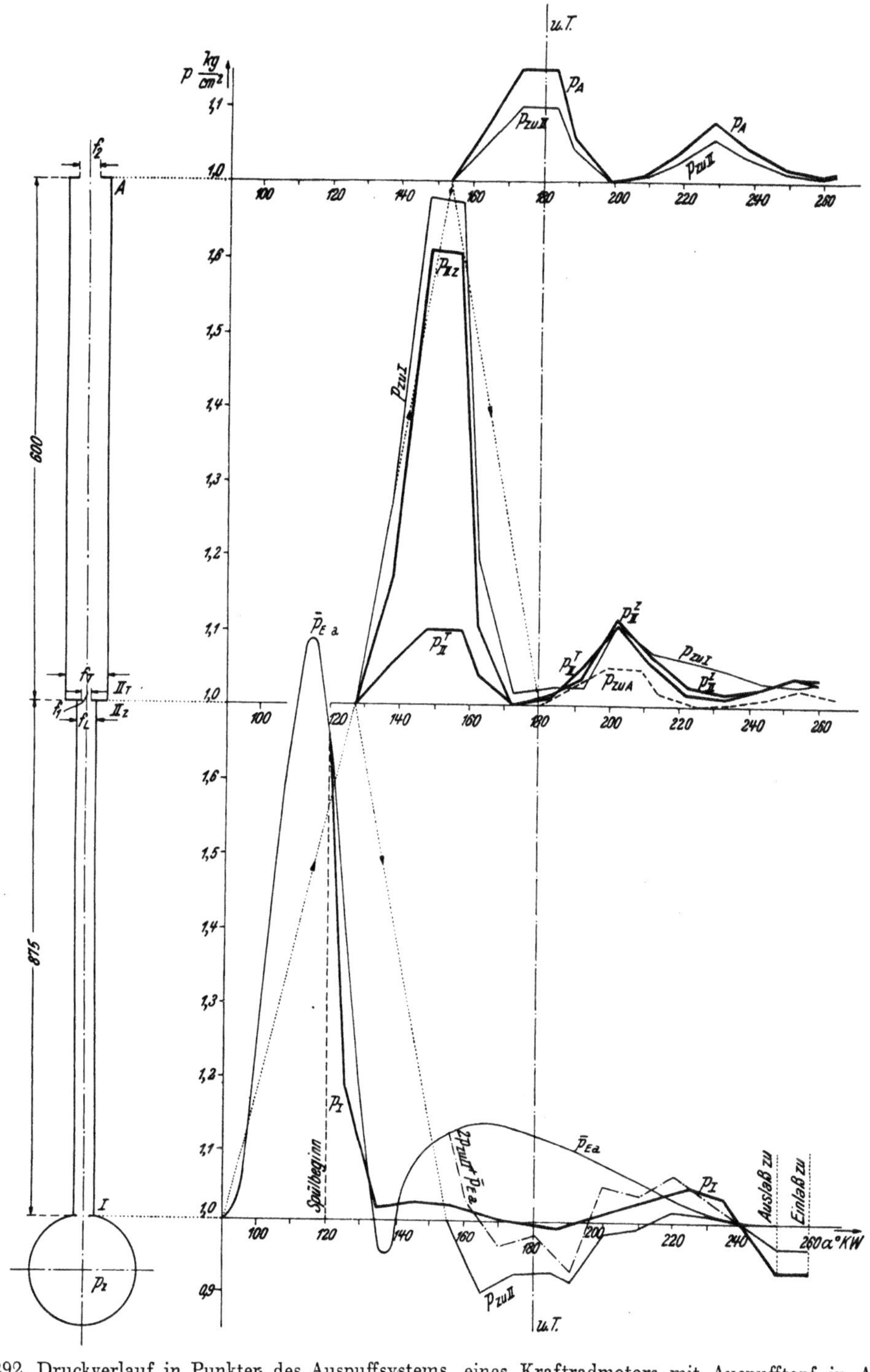

Abb. 292. Druckverlauf in Punkten des Auspuffsystems eines Kraftradmotors mit Auspufftopf in Abhängigkeit vom Kurbelwinkel; Anfahrhub. Bis zum Eintreffen der an der Blende II zurückgeworfenen Welle $p_{zu\,II}$ ist der Leitungsüberdruck $p_I - p_o$ am Zylinder gleich der erregten Welle p_{Ea}. Durch den zeitweilig auftretenden hohen Gegendruck wird die Ausströmgeschwindigkeit und damit die erregte Welle im unterkritischen Bereich zunächst gegenüber dem Grundwert $\bar{p}_{Ea}$ verkleinert, hierauf, wegen der dadurch behinderten Entspannung des Zylinderinhaltes, anschließend im Bereich 130—140 °KW etwas vergrößert und schließlich wieder durch den Gegendruck verkleinert. Die entlastende Unterdruckwelle $p_{zu\,II}$ vermindert den Gegendruck und erhöht die erregte Welle durch Nachexpansion aus Kurbelkammer und Zylinder, so daß zwischen 160 und 195 °KW der Leitungsdruck p_I höher liegt als $p_0 + 2\,p_{zu\,II} + \bar{p}_{Ea}$, wie es dem Grundwert des Ausströmgesetzes entsprechen würde. Die von I ausgesandte Welle wird an der Blende einerseits stark gedämpft zurückgeworfen und läuft andererseits, durch Drosselung und Querschnittserweiterung sehr verkleinert, zur Rohrmündung A weiter. Nach R e y l.

Nun behandelt man den Rückwurf an der Blende in A gleich wie bei II, hat jedoch $L_{p2} = 0$, $p_{zu\,2} = 0$ zu setzen.

Die Dämpfung am Zylinder, d. i. die Rückwirkung des Druckverlaufes in der Auspuffleitung auf das Überströmgesetz im Auspuff, wird dadurch berücksichtigt, daß man mit (218/I) und (219/I) aus der in I ankommenden Welle (in den Formeln mit p_{zu} bezeichnet) die Druckänderung im Zylinder und Kurbelkasten ermittelt, daraus mit (220/I) die Änderung der erregten Welle p_E gegenüber dem Grundwert $\bar{p}_E$ bestimmt und damit die von I abgehende Welle aus (221/I) berechnet. Wegen der Kleinheit der beim Abschluß der Auslaßschlitze in der Leitung laufenden Wellen wurde die Rechnung schon mit dem Abschluß des Auslasses abgebrochen. Die Fortsetzung hätte nur unwesentliche Abweichungen von dem ermittelten Schwingungszustand gebracht.

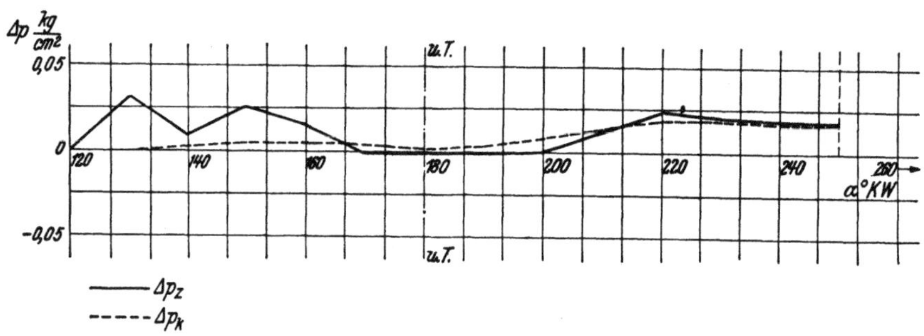

Abb. 293. Änderung des Zylinderdruckes $\Delta\ p_z$ und des Druckes im Kurbelkasten $\Delta\ p_k$ durch den Einfluß des Auspuffsystems im Beispiel S. 272. Nach R e y l.

In dem in Abb. 292 dargestellten Wellenplan ist der Druckverlauf am Zylinder und an anderen markanten Punkten des Systems eingetragen.

Die Änderung des Schließdruckes p'_{za} durch das Auspuffsystem wird aus Abb. 293 unmittelbar erhalten.

Der Luftaufwand für den Grundwert wird aus (101 c/I) ermittelt.

Die Änderung des Luftaufwandes gegenüber den Grundwerten kann für jedes Intervall aus

$$\triangle \Lambda_o - \triangle \bar{\Lambda}_o = \frac{T_o}{T_{red}} \cdot \left(\frac{p_o}{p_k}\right)^{\frac{\varkappa - 1}{\varkappa}} \cdot \frac{z''}{\varkappa \cdot p_o} \cdot \frac{B_{pe}}{\sqrt{\bar{\triangle}_e}} \cdot (p''_k - \bar{p}''_k - p''_z + \bar{p}''_z) \qquad (293)$$

berechnet werden.

Im vorliegenden Fall wurden mit Freiauspuff $\Lambda_o = 0{,}658$, mit Auspuffsystem $\Lambda_o = 0{,}606$ erhalten. Messungen ergaben $\Lambda_0 = 0{,}65$ ohne, $\Lambda_0 = 0{,}60$ mit dem dargestellten Auspuffsystem.

a, 4. **Richtlinien für die erste Auslegung der spül- und auspuffseitigen Leitungssysteme.**

Die Anwendung der vorstehend besprochenen Verfahren setzt festgelegte Abmessungen des spül- und auspuffseitigen Leitungssystems voraus. Die Zweckmäßigkeit eines Entwurfes kann durch die Rechnung geprüft werden. Diese Prüfung wird sich fast stets lohnen, da die damit verbundenen Rechnungen nach Einarbeitung in das Verfahren nicht sehr umfangreich sind und eine etwaige ungünstige Beeinflussung des Motors durch die angeschlossenen Leitungssysteme durch die rechnerische Untersuchung nahezu mit Sicherheit aufgedeckt wird.

Spülseite:

Die erforderliche Größe des Spülbehälters läßt sich auf Grund von Annahmen über die zulässige Spüldruckschwankung δ_s berechnen. Aus (251) erhält man

$$\varphi_s = m \cdot \frac{\Lambda_s}{\delta_s} \cdot \left(\frac{\Lambda_{ü}}{\Lambda_s}\right) \tag{294}$$

worin m ungefähr zwischen 1,2 und 1,4 liegt und $\left(\frac{\Lambda_{ü}}{\Lambda_s}\right)$ aus Abb. 255 zu entnehmen ist ($i = 1$, α_e = halber Öffnungswinkel der Einlaßschlitze).

Für δ_s kann 0,1 oder ein etwas darüber liegender Wert angenommen werden. Starke Druckschwankungen (großes δ_s) erhöhen bei Einzylindermotoren die Spülpumpenarbeit, für die Spülwirkung sind sie, wie z. B. die Spülkurve der Kurbelkastenspülung zeigt, ohne Nachteile, wohl aber liegt bei stark abfallendem Spüldruck im allgemeinen der Schließdruck niederer als bei gleichbleibendem Spüldruck, was sich ungünstig auf den Liefergrad auswirkt.

Auspuffseite:

Den wünschenswerten Druckverlauf nach dem Zylinder zeigt Abb. 263 (Kurve II). Das Auspuffsystem ist so abzustimmen, daß dieser Druckverlauf möglichst angenähert wird. Dazu muß die Gassäule im Auspuffsystem während der Eröffnungszeit der Auslaßschlitze angenähert eine volle Schwingung machen. Die dazu erforderliche Frequenzzahl der Gasschwingung im Auspuffsystem (α_a halber Öffnungswinkel der Auslaßschlitze) ist

$$\nu = \frac{6\,n}{2\,\alpha_a}$$

Die Gassäulen in einfachen Rohren mit Öffnung ins Freie, die an einem Ende geschlossen sind, haben eine Frequenzzahl

$$\nu = \frac{a}{4\,l},$$

daher $n\,l = 37{,}5 \cdot \alpha_a$ mit $a = 450$ m/sek, entsprechend mittleren Gaszuständen ($t_A = 240^0$ C).

Ist das Rohr durch eine Blende abgeschlossen, als welche in seiner Auswirkung meist z. B. ein Schalldämpfer gelten kann, dann verändern sich die Verhältnisse. Je kleiner der Blendenquerschnitt ist, desto mehr wirkt das Rohr dann als Rohr mit geschlossenen Enden.

Dieses hat eine Schwingungsfrequenz von $\nu = \frac{a}{2\,l}$, woraus mit den obigen Bedingungen $n\,l = 75\ \alpha_a$ wird. Für Maschinen, die mit verschiedenen Drehzahlen fahren, z. B. für Motorradmotoren, empfiehlt es sich, eine Blende dem Rohrende vorzusetzen, bei der nur ein geringer Rückwurf der dominierenden Vorauspuffwelle erfolgt. Die entsprechenden Maße der Blende lassen sich aus Abb. 80 bzw. Abb. 143 des Teiles I abschätzen, wenn die Vorauspuffwelle bekannt ist. Dadurch wird ein ausgeprägter Resonanzzustand bei einer bestimmten Drehzahl vermieden.

Sitzt unmittelbar am Zylinder nach Abb. 225 ein Auspufftopf, so ist nach Th. Schmidt [36] und Zeman [37]

$$\operatorname{tg}\left(180 \cdot \frac{6\,n\,l}{a\,\alpha_a}\right)^0 = \frac{a\,\alpha_a}{\pi \,.\, 180 w_m\, \varphi_t} \tag{295}$$

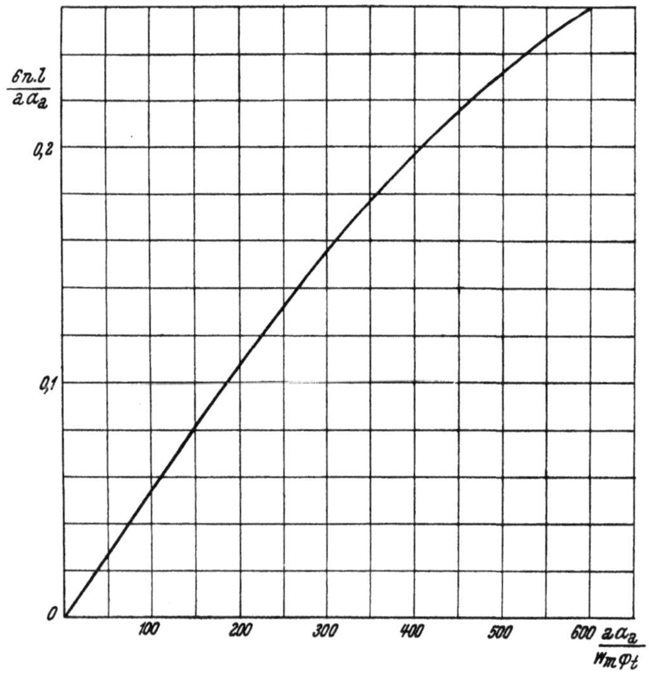

Abb. 294. Beziehungen für günstige Auspuffverhältnisse bei Einzylindermotoren mit Auspufftopf am Zylinder. Nach Th. Schmidt.

Darin ist $\varphi_t = \frac{V_t}{V_h}$ das auf den Hubraum bezogene Volumen des Auspufftopfes und $w_m = \frac{F_n}{f_t} \cdot c_m$. Abb. 294 zeigt die Zusammenhänge. Die mittlere Gasgeschwindigkeit w_m ist so zu wählen, daß die Drosselung des Auspuffs in der Rohrleitung in zulässigen Grenzen bleibt. Meist rechnet man mit $w_m = 20 \div 30$ m/sek. φ_t wird mit Rücksicht auf Auspuffgeräusche bemessen. Es werden Werte $\varphi_t = 6$ bis 8 empfohlen. Aus Abb. 294 folgt, daß die günstigste Rohrlänge um so kürzer ist, je größer der am Motor angebrachte Auspufftopf und je kleiner der Querschnitt der Abgasleitung gemacht werden.

Genügt die Rohrlänge, die sich aus diesen Zusammenhängen ergibt, nicht, um den Auspuff ins Freie zu leiten, so ist ein zweiter Behälter vorzusehen. Im allgemeinen wird man diesen so groß machen, daß die nach ihm kommende Rohrleitung nahezu gleichmäßig durchströmt wird, daher keinen Einfluß auf die Schwingungen des Auspuffsystems am Zylinder hat. Der zweite Behälter soll also annähernd die Wirkung der Atmosphäre haben.

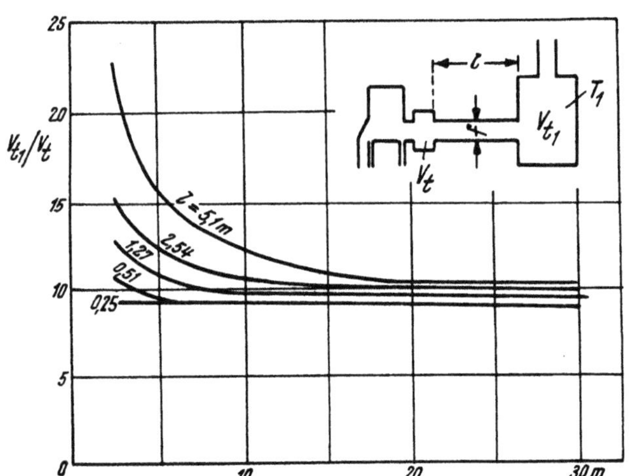

Abb. 295. Beziehungen für günstige Auspuffverhältnisse bei Einzylindermotoren mit zwei Auspufftöpfen. Nach Schweitzer.

Man erhält für die Eigenschwingung des aus den beiden Behältern und der zwischengeschalteten Rohrleitung entstehenden Systems die Beziehung

$$\operatorname{tg}\left(180\,\frac{6\,n\,l}{a\,\alpha_a}\right)^0 = \tag{296}$$

$$= \frac{f/V_t + f/V_{t1}}{1 - \frac{f^2}{V_t \cdot V_{t1}} \cdot \frac{a^2\,\alpha_a^2}{36\,n^2\,\pi^2}} \cdot \frac{a\,\alpha_a}{6\,n\,\pi}$$

Man wird annehmen können, daß der zweite Behälter annähernd wie die Atmosphäre wirkt, wenn durch sein Anschalten gegenüber dem System nach Abb. 295 nur eine unwesentliche Veränderung der Schwingungsanlage entsteht. Abbildung 295 zeigt von Schweitzer ermittelte Beziehungen, welchen die Annahme zugrunde liegt, daß die Verstimmung des Systems durch das Anschalten von T_1 5 % nicht überschreiten soll. Nach Abb. 295 ist der Topf T_1 ungefähr zehnmal so groß wie der Topf T zu machen, damit diese Bedingung erfüllt ist.

Die vorstehend angegebenen Beziehungen ermöglichen nur eine ungefähre erste Auslegung der spül- und auspuffseitigen Leitungssysteme. Eine Abstimmung des Systems, die in die Nähe optimaler Betriebszahlen führt, ist nur durch den Versuch oder, im allgemeinen billiger, durch die im Teil I angegebene schrittweise Rechnung möglich. In Anbetracht des großen Einflusses, den vor allem die Auspuffleitung auf den Ladungswechsel hat, sollte vor endgültiger Festlegung der Abmessungen für die Ausführung der Einfluß der Leitung auf den Ladungswechsel stets rechnerisch überprüft werden.

β) Mehrzylindermotoren.

β, 1. Allgemeines.

Das wesentliche Problem bei der Auslegung von Leitungssystemen für Mehrzylindermotoren ist die Erzielung einer gleichmäßigen Verteilung der Spülluft auf die einzelnen Zylinder. Durch die Rechnung ist demnach zu prüfen, ob die Liefergrade und damit die Belastungsfähigkeit der einzelnen Zylinder innerhalb eines als zulässig erachteten Streubereiches liegen. Liefergradstreuungen in einem Bereich von 5% um den mittleren Liefergrad werden in den meisten Fällen zulässig sein.

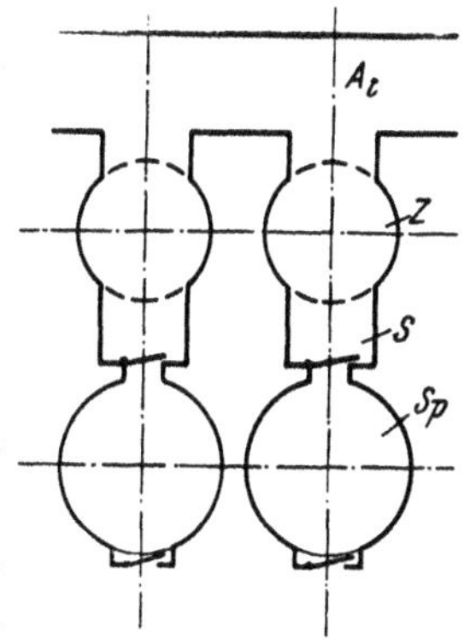

Abb. 296. Schema eines Mehrzylindermotors mit Einzelkolbenspülpumpen.

β, 2. Einzelspülpumpen nach dem Verdrängerprinzip, Einzelspülbehälter, gemeinsame Auspuffleitung.

Abb. 296 zeigt ein Schema dieser Anordnung, die z. B. bei Sulzermotoren neuester Bauart ausgeführt wird. Die bei diesen Motoren verwendeten Kolbenpumpen fördern nahezu druckunabhängig. Der durch die Zylinder gehende Luftaufwand ist daher praktisch unabhängig von dem Druckverlauf auf der Auspuffseite, demnach nahezu unabhängig von der Ausbildung des Auspuffrohres.

Bei Motoren mit symmetrischem Steuerdiagramm können Unterschiede im Liefergrad trotzdem durch ungleichmäßigen Schließdruck entstehen. Schließt jedoch, wie bei den oben erwähnten Sulzermotoren, der Auspuff vor dem Einlaß, dann werden auch von der Auspuffseite in den Zylinder hineinflutende Druckunterschiede bis zum Abschluß des Zylinders weitgehend ausgeglichen und damit nahezu gleichmäßige Liefergrade erreicht.

Die Gasbewegung in dieser Anordnung ist analog der von Einzylindermotoren zu rechnen. Man ermittelt nach Lösungsweg 1 oder 2 den Grundwert der erregten Wellen auf der Auslaßseite. Mit diesem Grundwert kann ohne Berücksichtigung der Dämpfung sehr einfach der Druckverlauf im Auspuffsystem sinngemäß nach *α*, 1, 1 ermittelt werden. Nun korrigiert man den Zylinder- und Spülbehälterdruck nach Seite 265 und erhält damit die zur Berechnung der Größen Λ_o, p'_{za}, $(p_{z\,ab})$, erforderlichen Grundlagen.

Muß infolge starker Druckschwankungen auf der Auspuffseite die Dämpfung berücksichtigt werden, so wird sinngemäß nach Abschnitt *α*, 1, 2 vorgegangen.

β, 3. Gemeinsame Spülpumpe für alle Zylinder, gemeinsamer Spülbehälter, gemeinsame Auspuffleitung.

Mit Rücksicht auf die Forderung nach gleichmäßiger Luftverteilung auf die einzelnen Zylinder wird der Spülbehälter einer Anordnung nach Abb. 297 stets so bemessen werden müssen, daß die Druckschwankungen in ihm klein bleiben. Das gleiche gilt für die Ausbildung des auslaßseitigen Leitungssystems.

Man beginnt die Rechnung der Ladungswechselvorgänge in einem solchen System mit der Ermittlung der Grundwerte für gleichbleibenden Gegendruck vor und nach dem Zylinder. Damit sind die auspuff- und einlaßseitig erregten Wellen $\overline{p}_{Ee}$ und $\overline{p}_{Ea}$ nach (191/I) gegeben.

Unter Vernachlässigung der Dämpfung rechnet man, ausgehend von einem mittleren Spüldruck $\overline{p}_s$ sinngemäß nach (291) den Druckverlauf im Spülbehälter und entsprechend den Ausführungen in α, 1, 1 auch den Druckverlauf im Auspuffsystem.

Nun wird mit (99/I) aus den nun gegebenen Druckverläufen vor und nach dem Zylinder der Druckverlauf im Zylinder und damit (293) der Luftaufwand ermittelt.

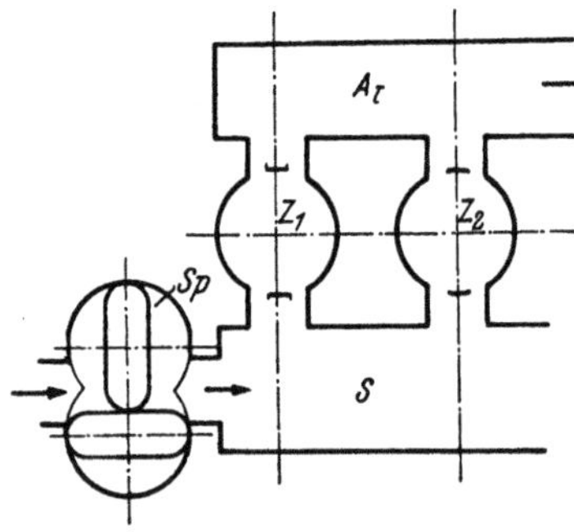

Abb. 297. Schema eines Mehrzylindermotors mit für alle Zylinder gemeinsamer Spülpumpe mit Verdrängerwirkung.

Um festzustellen, ob der mittlere Spüldruck im Spülbehälter richtig gewählt wurde, demnach bei diesem Spüldruck die von der Spülpumpe geförderte Menge auch durch die Zylinder abfließt, ermittelt man die Summen der während einer Umdrehung von der Spülpumpe beim mittleren Spüldruck geförderten und der durch die Zylinder abfließenden Mengen. Stimmen beide nicht überein, so ist bei Spülpumpen mit nahezu druckunabhängiger Förderung der mittlere Spüldruck entsprechend (292) zu korrigieren. Die Spüldrücke werden dann um die Differenz der zeitlich mittleren Spüldrücke im Spülbehälter verändert. Mit diesen endgültigen Werten von p_s werden die Zylinderdrücke mit (99/I) neu berechnet und der Luftaufwand und der Schließdruck der einzelnen Zylinder ermittelt. Dabei wird die Übereinstimmung von Zu- und Abflußmenge des Spülbehälters abschließend geprüft.

Bei Spülpumpen mit stark druckabhängiger Förderung trägt man die zum zeitlich mittleren Spüldruck gehörige Spülpumpenförderung und den in erster Annäherung berechneten Luftaufwand über diesem Spüldruck auf. Zieht man durch den Punkt, welcher der Spülpumpenförderung entspricht, die Förderkennlinie der Spülpumpe, durch den Punkt, welcher dem berechneten Luftaufwand entspricht, die Schlucklinie des Motors, so erhält man mit dem Schnittpunkt beider Kurven annähernd die wirkliche Spülluftförderung und den zugehörigen, zeitlich mittleren Spülpumpenüberdruck. Man verändert den Spüldruck wieder um die Differenz der mittleren Spüldrucke, die sich aus dieser Korrektur ergibt, und geht im übrigen, wie früher angegeben, vor.

Bei stärkeren Druckschwankungen in den Leitungssystemen darf die Dämpfung nicht vernachlässigt werden.

In vielen Fällen wird es genügen, die Dämpfung nur auf der Auslaßseite zu berücksichtigen. Man geht dabei nach den Ausführungen in Abschnitt α, 1, 2 vor. Man beginnt die Rechnung mit der Ermittlung des Druckverlaufes auf der Spülseite aus den Grundwerten der erregten Wellen. Mit diesem nun vorgegebenen Druckverlauf auf der Spülseite werden die Gasbewegungen auf der Auspuffseite mit den in Abschnitt B III 2 c/I angegebenen Beziehungen verfolgt. Die Durchführung einer solchen Untersuchung ist im Teil I, Abschnitt B IV, 3, b, ausführlich beschrieben.

Um die Dämpfungen auf der Einlaß- und Auslaßseite zu berücksichtigen, geht man wie folgt vor:

Wenn die Spülperioden zweier Zylinder sich übergreifen, gilt bei gegebenem Fördergesetz der Spülpumpe analog (106 b/I) die Gleichung (256) mit A_s nach (257).

Für jeden Zylinder gilt für den Grundwert jeweils die mittlere der Gleichungen (111 a/I). Um die Einflußgleichungen nach α, 1, 1 zu erhalten, eliminiert man in der Gleichung für $\widetilde{p_s'''}$ das $\triangle$ und schreibt für jeden Zylinder die Gleichung (218/I) an, wobei p_k durch p_s zu ersetzen ist.

β, 4. Gemeinsame Spülpumpe für alle Zylinder, gemeinsame Auspuffleitung.

Bei kleinen Druckschwankungen, die mit Rücksicht auf die Spülluftverteilung ohnedies angestrebt werden müssen, genügt es in vielen Fällen des in Abb. 298 schematisch dargestellten Leitungssystems, die Gasbewegung mit den Grundwerten der erregten Wellen im spül- und auslaßseitigen Leitungssystem, also unabhängig voneinander, zu ermitteln.

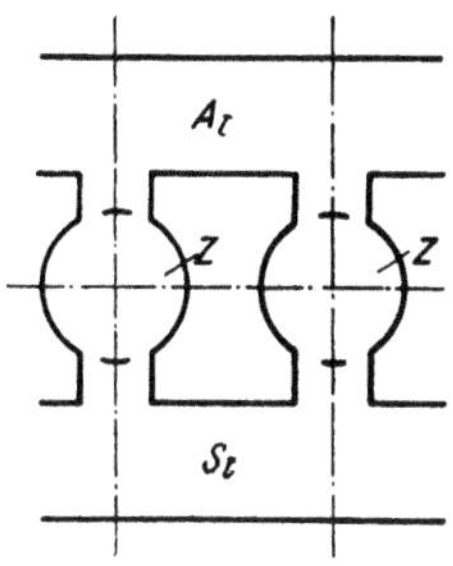

Abb. 298. Schema des Kanalsystems eines Mehrzylindermotors mit gemeinsamer Spül- und Auspuffleitung.

Man erhält auf diese Weise die Druckverläufe vor und nach dem Zylinder und durch Korrektur mit (99/I) die angenäherten Zylinderdrücke. Man kontrolliert wieder auf der Spülseite die Übereinstimmung von zu- und abfließenden Mengen und verändert den mittleren Spüldruck entsprechend den Ausführungen in Abschnitt β, 3. Aus den Druckverläufen vor und hinter den einzelnen Zylindern sind die Luftaufwände der Zylinder und die Schließdrücke p'_{za} bzw. $(p_{z\,ab})$ einfach zu ermitteln.

Die Rechnung mit Berücksichtigung der Dämpfung ist nur wenig umständlicher. Man rechnet gleichzeitig spül- und auspuffseitig nach B III c β/I und berücksichtigt spülseitig die Förderkennlinie (Druckabhängigkeit der Fördermenge) der Spülpumpe.

β, 5. Mehrzylindermaschine mit getrennter Spül- und Aufladeleitung.

Bei dieser Anordnung, die z. B. bei einigen Motoren der Sulzer-A.-G. verwirklicht ist, genügt es im allgemeinen, den Druckverlauf in den verschiedenen Leitungssystemen aus den Grundwerten zu bestimmen. Durch Einflußgleichungen analog (99/I) lassen sich die Druckänderungen im Zylinder und damit der Einfluß des Leitungssystems auf die Luftverteilung annähernd erfassen.

β, 6. Beispiel.

Anschließend an die im Teil I durchgeführte Berechnung des Druckverlaufes im Auspuffsystem eines 8-Zylinder-V-Zweitaktmotors wird hier gezeigt, wie die dort erhaltenen Ergebnisse zur Ermittlung der Motorleistung und des Verbrauches benützt werden können. Außer der im Teil I angegebenen Wirkung des Auspuffsystems auf die Ladungsverteilung ist eine weitere gegenseitige Beeinflussung der Zylinder dadurch möglich, daß beim Rückschlagen von Abgasen in den Spülbehälter mit Abgasen vermischte Spülluft während der Spülung in den benachbarten Zylinder tritt. Bei der in den Abb. 134 bis 137/I angegebenen Zündfolge ist eine solche Störung der Spülung bei den Zylindern III und II möglich, da diese noch gespült werden, während bei den benachbarten Zylindern IV und I Abgase in den Spülbehälter zurückschlagen. Das Rückschlagen des Zylinders IV beginnt bei der Kurbelstellung 40° n. u. T. des Zylinders III. Bis zum Einlaßschluß strömen noch $\sim$ 0,16 Hubraumteile Spülluft vom Außenzustand in diesen Zylinder ein. Da eine Vermischung mit Abgasen nur einseitig vom Zylinder IV her erfolgt und angenommen werden kann, daß nicht mehr als die Hälfte des einseitig ausgeblasenen Abgases, also $\sim$ ein Viertel der Gesamtmenge desselben in den benachbarten Zylinder gelangt, so kann eine Verschlechterung des Liefergrades von $\frac{9,2}{4}$ % ~ 2% angenommen werden, so daß ungünstigstenfalls mit Liefergraden

Zylinder	I	II	III	IV
λ_l	0,71	0,665	0,68	0,71

gerechnet werden kann.

Setzt man in (52a/I) folgende Kenngrößen der Energieumsetzung des Motors ein:

$$\lambda = 1{,}8 \text{ (Rauchgrenze)}$$
$$b_{i-l} = 0{,}135 \text{ kg/PS.h}$$
$$L_o = 12{,}0 \text{ m}^3\text{/kg (1 at, 288}^0\text{)},$$

so wird

$$p_{i-l} = 9{,}25\ \lambda_l \text{ kg/cm}^2.$$

Würden die Brennstoffpumpen der einzelnen Zylinder auf gleichen Luftüberschuß eingestellt werden, so würden die einzelnen Zylinder folgende Innendrücke haben:

Zylinder	I	II	III	IV
p_{i-l}	6,55	6,15	6,30	6,55 kg/cm²

Der mittlere Innendruck ist $p_{i-l} = 6{,}40$ kg/cm². Wie aus (87b/I) nach einigen Vereinfachungen folgt, hängt die Abgastemperatur t_A bei gleichem Luftüberschuß im wesentlichen nur vom Ladegrad $\frac{\lambda_l}{\Lambda_o} = \lambda_z$ ab.

Der Ladegrad ist

Zylinder	I	II	III	IV
	0,47	0,46	0,46	0,475

daher ist bei gleicher Auspufftemperatur t_A auch annähernd gleicher Luftüberschuß vorhanden, wenn die Verbrennung im Motor unter sonst gleichen Bedingungen verläuft. Bei im Block zusammengefaßten Einspritzpumpen ist es gebräuchlich, die Pumpenelemente aller Zylinder auf gleiche Füllung einzustellen. In diesem Fall ist der Zylinder mit kleinstem Liefergrad für die Bemessung der größtzulässigen Füllung maßgebend. Dies ist im vorliegenden Fall der Zylinder II. Es kann daher mit $p_{i-l} = 6{,}15$ kg/cm² bei allen Zylindern gerechnet werden, wenn angenommen wird, daß sich b_{i-l} in dem kleinen Bereich der Abweichungen, der hier in Betracht kommt, mit λ nur wenig verändert.

Trägt man p_z in Abhängigkeit vom Kolbenweg während des Ladungswechsels auf, so erhält man eine Fläche der Ladungswechselarbeit, welche einem Mitteldruck $p_l = 0{,}3$ kg/cm² entspricht. Diese ist nahezu unabhängig von den Schwingungen im Auspuffsystem, kann daher für alle Zylinder gleich angenommen werden.

Man erhält

$$p_i = 6{,}15 + 0{,}3 = 6{,}45 \text{ kg/cm}^2.$$

Mit $\eta_{ad} = 0{,}6$ als Spülpumpenwirkungsgrad und den Angaben im Teil I für den Motor wird mit $\Lambda_o = 1{,}48$ als Mittel für alle Zylinder

$$p_{La} = 0{,}54 \,.\, 1{,}48 = 0{,}8 \text{ kg/cm}^2.$$

Der Reibungsdruck kann $p_r \sim 1{,}0$ kg/cm² geschätzt werden. Der Nutzdruck ist daher

$$p_e = 4{,}65 \text{ kg/cm}^2.$$

Der zugehörige Verbrauch wird

$$b_e = 0{,}135 \,.\, \frac{6{,}15}{4{,}65} = 0{,}179 \text{ kg/PS.h}.$$

Ohne Auspuffsystem und ohne gegenseitige Beeinflussung der Zylinder durch das Rückschlagen ist mit $\lambda_l = 0{,}715$ nach Teil I

$$p_e = 5{,}10 \text{ kg/cm}^2 \qquad b_e = 0{,}175 \text{ kg/PS.h}$$

Die entsprechenden Werte bei Einregelung auf gleiche Auspufftemperaturen sind

$$p_e = 4{,}90 \text{ kg/cm}^2 \qquad b_e = 0{,}179 \text{ kg/PS.h.}$$

Das Auspuffsystem und die gegenseitige Beeinflussung der Zylinder infolge des Rückschlagens vermindert demnach die erreichbare Leistung des betrachteten 8-Zylinder-Motors wegen der ungleichmäßigen Ladungsverteilung bei gleicher Förderung aller Brennstoffpumpen um $\sim 10\%$, der Verbrauch wird dadurch um $\sim 2\%$ erhöht.

β, 7. Richtlinien für die erste Auslegung des spül- und auspuffseitigen Leitungssystems.

Spülseite:

Der Spülbehälter wird im ersten Entwurf wieder mit Rücksicht auf die als zulässig erachtete Spüldruckschwankung δ_s bemessen. Man kann im allgemeinen mit $\delta_s = 0{,}1$ rechnen und die Größe des Spülbehälters aus (294) und Abb. 225 ermitteln.

Die Querschnitte der Spülleitungen werden reichlich bemessen, damit die am Einlaß der Zylinder erregten Wellen geringe Amplitude haben und daher nur kleine Druckschwankungen vor dem Zylinder entstehen.

Bei Zweitaktmotoren mittlerer und größerer Leistung findet man Spülleitungen mit einem Querschnitt vom 1,10- bis 3,5fachen der Kolbenfläche und mittlere Gasgeschwindigkeiten $w_m = \frac{F_k \cdot c_m}{f_l}$ (F_k Kolbenfläche, c_m mittlere Kolbengeschwindigkeit, f_l Leitungsquerschnitt) von 1,5 bis 4,5 m/sek.

Auslaßseite:

Allgemeine Angaben über die günstigste Abstimmung von Mehrzylinder-Auspuffleitungen lassen sich nicht machen. Eine Abstimmung der Leitung mit Rücksicht auf günstigsten Ladungswechsel wäre möglich, wenn man die Auspuffleitung jedes Zylinders in abgestimmten Längen zu einem gemeinsamen Sammelbehälter führen würde. Das ist jedoch im allgemeinen nicht gebräuchlich, da ein solches Leitungssystem sehr viel Platz benötigen würde.

Hinsichtlich der Auslegung gemeinsamer Auspuffleitungen für mehrere Zylinder gelten nur wenige allgemeine Richtlinien.

Die Vorauspuffwelle eines Zylinders soll im allgemeinen nicht in der Mitte der Spüldauer eines anderen Zylinders dort eintreffen. Wie auf Seite 254 angegeben, lassen sich günstige Wirkungen erzielen, wenn die Zylinder auspuffseitig so zusammenarbeiten, daß die Vorauspuffwelle des einen Zylinders in die Zeit des Endes der Spülung und des Nachausströmens des anderen Zylinders fällt. Wie auf Seite 254 ausgeführt, lassen sich diese Wirkungen nur bei bestimmten Schlitzlängen und Zylinderzahlen erreichen.

Bei gleichmäßiger Zündfolge kann auch die Vereinigung der Leitungen einer größeren Zahl von Zylindern einen günstigen Druckverlauf nach den Zylindern geben, wenn die Vorauspuffwellen durch die Unterdruckwellen vom Rohrende teilweise ausgeglichen werden.

In vielen Fällen wird es demnach möglich sein, durch eine zweckmäßige Auslegung der Auspuffleitung den Ladungswechsel günstig zu beeinflussen.

Mangels genauer Kenntnisse der Zusammenhänge wird meist der Weg vorgezogen, eine ungünstige Auswirkung der Auspuffleitung dadurch zu vermeiden oder

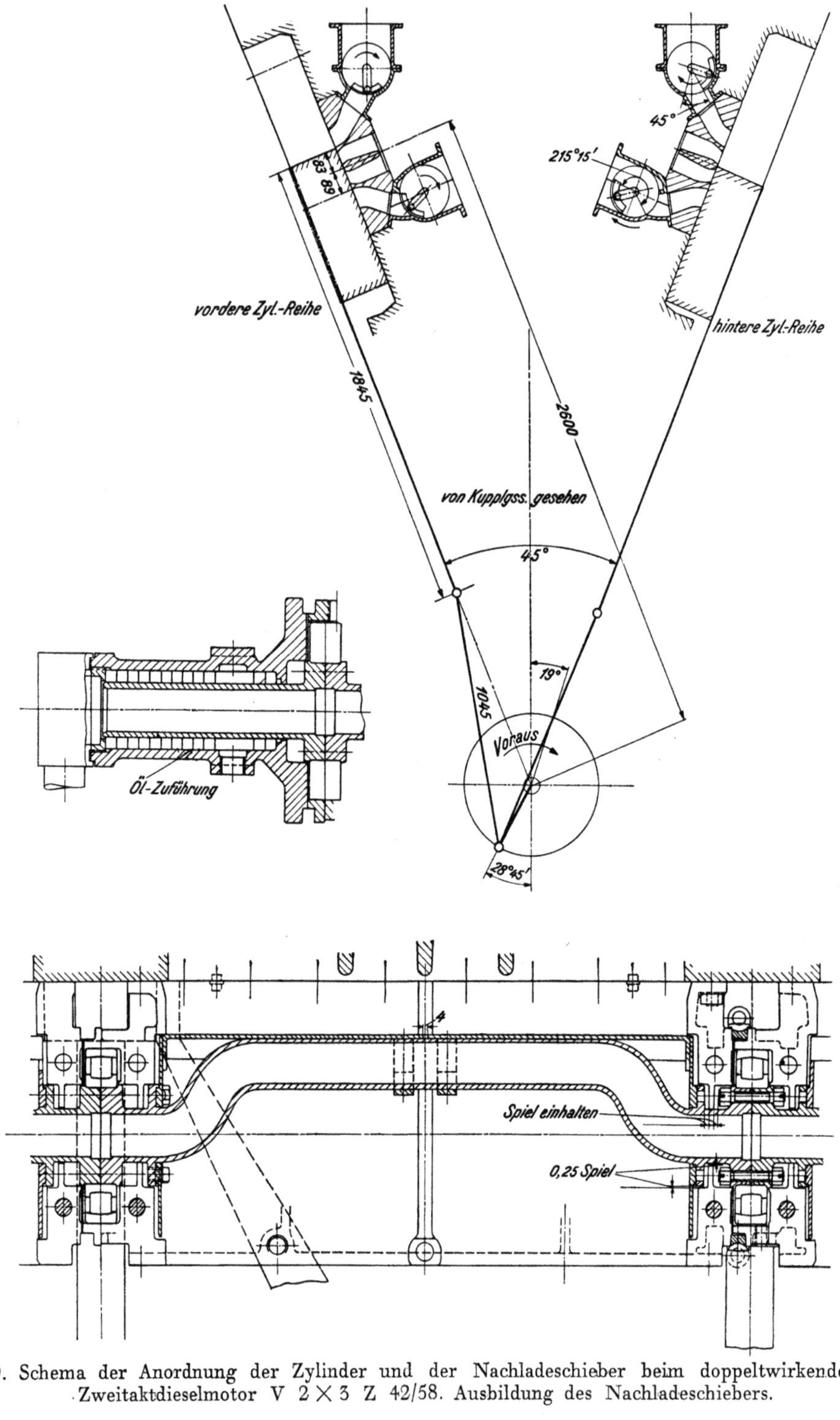

Abb. 299. Schema der Anordnung der Zylinder und der Nachladeschieber beim doppeltwirkenden MAN-Zweitaktdieselmotor V 2 × 3 Z 42/58. Ausbildung des Nachladeschiebers.

zumindest zu verringern, daß man die Auspuffleitungen mit sehr großem Querschnitt ausführt, wodurch die Druckamplituden herabgesetzt werden. Nach (190/I) ist die Druckamplitude der erregten Welle dem Leitungsquerschnitt umgekehrt verhältig.

Man findet bei mittleren und größeren Motoren Leitungsquerschnitte von 1,0 bis 2,5 . F_k, entsprechend mittleren Gasgeschwindigkeiten in der Leitung von 2,0 bis 6,0 m/sek (bezogen auf den Einzylinder). In die Auspuffleitung ist meist ein Auspuffbehälter zur Geräuschdämpfung eingeschaltet.

Da selbst bei reichlich bemessenen Leitungen ungünstige, wenn auch nicht sehr erhebliche Rückwirkungen auf den Ladungswechsel auftreten können, empfiehlt es sich auf jeden Fall, die Gasbewegung in der Leitung nach den hier angegebenen Verfahren zu untersuchen und die Größe der Druckschwankungen und ihre Auswirkungen auf die Luftverteilung zu ermitteln.

In vielen Fällen wird es auf Grund solcher Untersuchungen möglich sein, das Leitungssystem so auszulegen bzw. zu korrigieren, daß ein günstiger Ladungswechsel erzielt und trotzdem Querschnitt und damit Materialaufwand eingespart werden kann.

B. Untersuchungen am Ladungswechsel von ausgeführten Motoren.

Im folgenden werden Versuchsergebnisse, die dem Verfasser von Motorenfirmen zur Verfügung gestellt wurden, mit den abgeleiteten Beziehungen ausgewertet und daneben einige Konstruktionsbeispiele von Zweitaktsteuerungen gebracht.

Es kann dabei gezeigt werden, daß es möglich ist, auch mit den üblichen Messungen an Motoren ohne Sondereinrichtungen und durch einfache Rechnungen weitgehende Einblicke in die Zusammenhänge zwischen Steuerungsausführung, Leistung und Verbrauch zu erhalten und Erfahrungswerte für die Auslegung von Steuerungen zu sammeln.

In die hier behandelten Untersuchungen werden auch solche älteren Datums einbezogen, da sich aus diesen durch die neue Methode der Auswertung heute noch brauchbare Erkenntnisse ableiten lassen.

Hinsichtlich der dargestellten Konstruktionen waren Einschränkungen erforderlich, einerseits um den Umfang des Bandes nicht übermäßig zu erweitern, anderseits, da aus zeitbedingten Gründen von Seite des internationalen Motorenbaues derzeit eine gewisse Zurückhaltung in der Veröffentlichung neuester Konstruktionen geübt wird.

I. Großmotoren.

1. Untersuchung der Spülung eines doppeltwirkenden Zweitaktmotors. Bauart V 2 x 3 Z 42/58 der Maschinenfabrik Augsburg-Nürnberg AG.

An einem 6-Zylinder-V-Motor der MAN wurden von Hold Untersuchungen ausgeführt, um die Auswirkungen von Ladungswechsel und Energieumsetzung während der Arbeitsvorgänge auf Leistung und Verbrauch zu trennen und dadurch festzustellen, nach welcher der beiden Richtungen: Spülung, oder Gemischbildung und Verbrennung, Fortschritte bei der Weiterentwicklung der Maschine vor allem anzustreben sind.

Der Motor hatte 420 mm Zylinderdurchmesser, 580 mm Hub und MAN-Umkehrspülung nach Abb. 104. Er lief bei den Versuchen mit n = 435 U/min. Durch einen

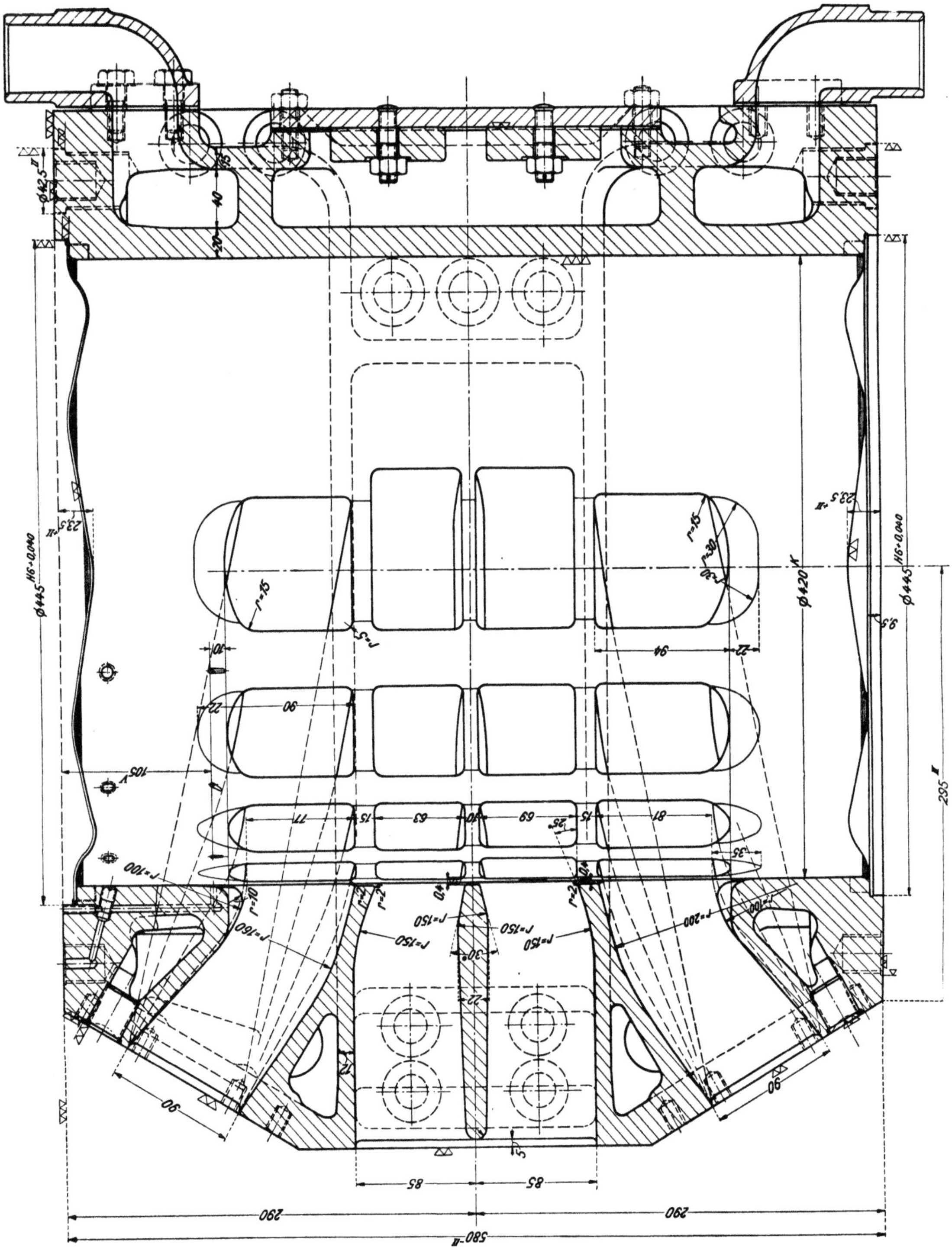

Abb. 300. Zylindermittelstück mit den Schlitzen. Doppeltwirkender MAN-Zweitaktdieselmotor V 2 × 3 Z 42/58.

den Auslaßschlitzen nachgeschalteten Drehschieber (Nachladeschieber) wird ein unsymmetrisches Steuerdiagramm nach Abb. 149, also Aufladewirkung, erzeugt.

Abb. 299 zeigt ein Schema des Zylinders mit der Anordnung der Nachladeschieber. Die Ausbildung der Schlitze im Zylindermittelstück ist in Abb. 300 und 301

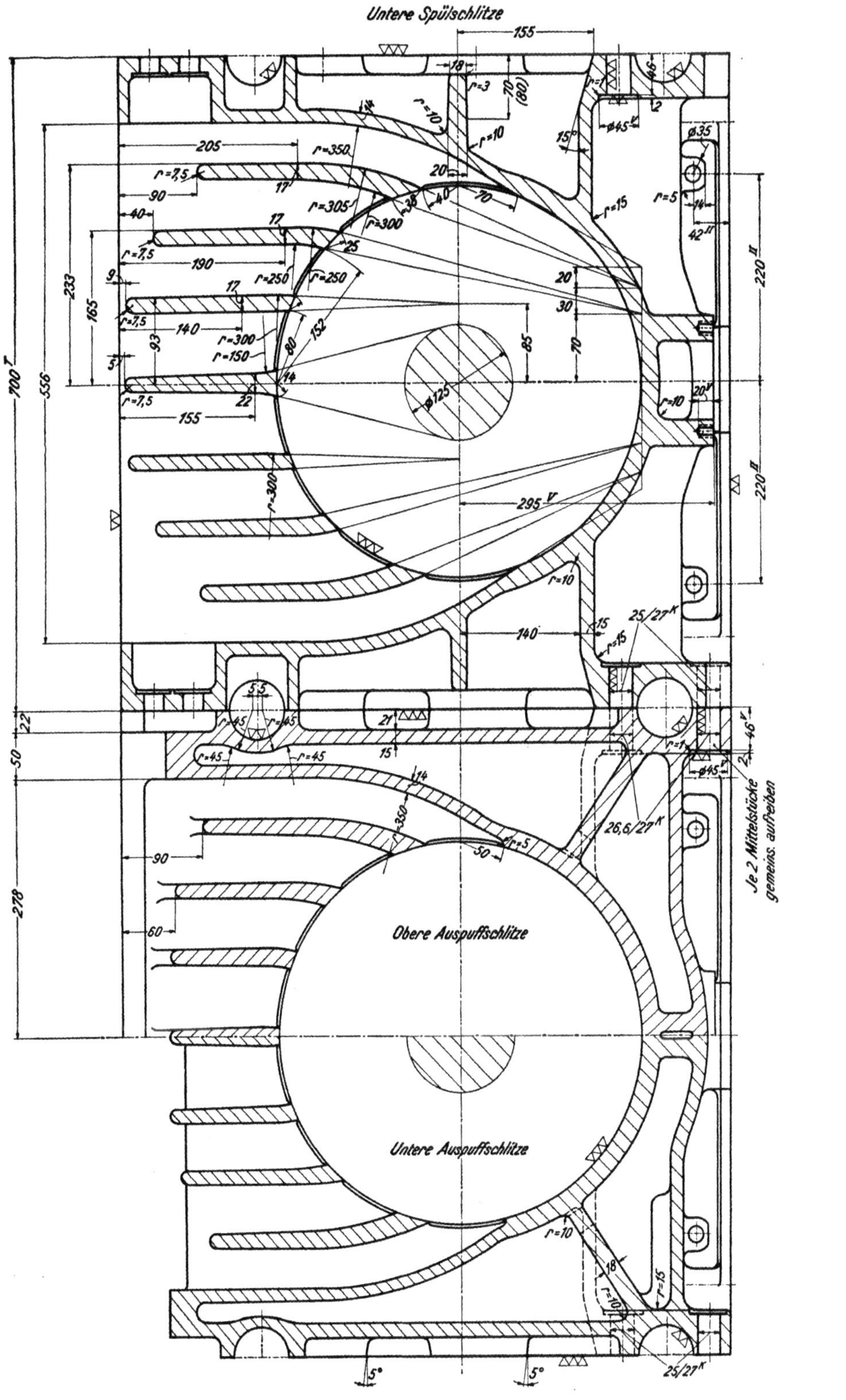

Abb. 301. Schnitt durch die Einlaß- und Auslaßschlitze. MAN-Motor V 2 × 3 Z 42/58. Man beachte die gute Luftführung in den Einlaßschlitzkanälen.

ersichtlich. Durch die langen, eingegossenen Stege werden die Spülluftströme vor den Einlaßschlitzen gut geführt und gelangen gut gerichtet in den Zylinder. Die gute Führung in den Schlitzkanälen wirkt sich sowohl auf die Durchflußzahl wie auch auf den Spüleffekt günstig aus. Ein- und Auslaßschlitze haben gleiche Unterteilung und auch gleiche Ausbildung der Stege.

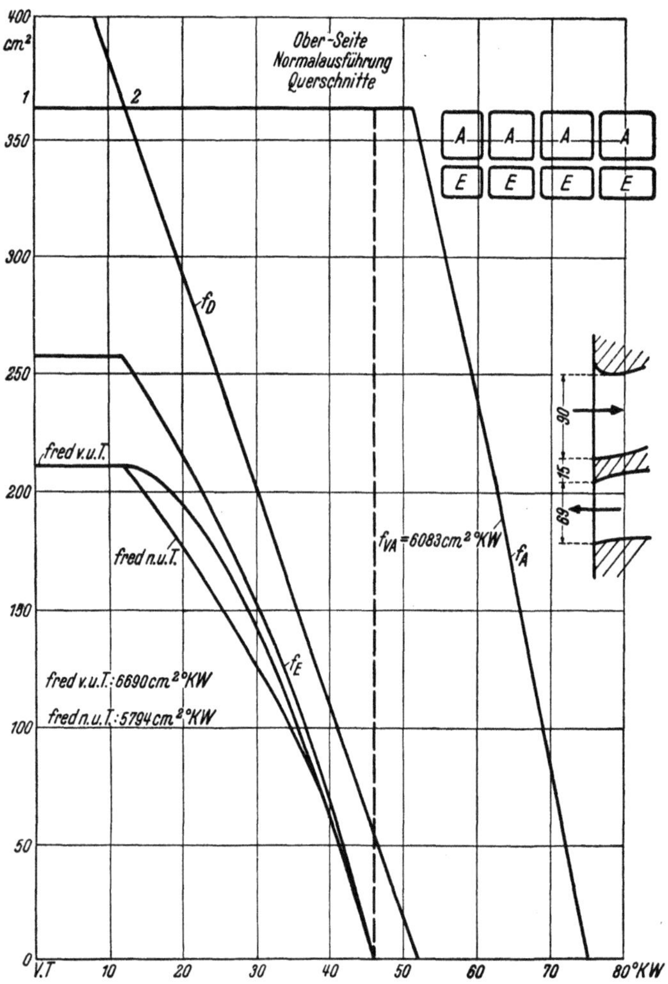

Abb. 302. Winkelquerschnitte der Ein- und Auslaßschlitze und des Drehschiebers der Oberseite. MAN-Motor V 2 × 3 Z 42/58.

Damit sich die Kolbenringe in den Schlitzöffnungen nicht fangen, sind die oberhalb bzw. unterhalb liegenden Teile der Zylinderwand angesenkt. Alle Schlitzkanten sind leicht abgerundet.

Zwischen Mittelstück, oberer und unterer Laufbüchse liegen Trennungsfugen, die wegen des Übergleitens der Kolbenringe wellenförmig ausgebildet sind.

Abb. 302 und 303 zeigen die Winkelquerschnitte von Einlaß-, Auslaßschlitzen für Drehschieber, ferner den nach (22) berechneten reduzierten Winkelquerschnitt für die Zylinderober- und -unterseite. Bei der Berechnung des reduzierten Querschnittes wurde an Stelle von f_a der Drehschieberquerschnitt f_D dann eingesetzt, wenn dieser kleiner als der Auslaßschlitzquerschnitt wird.

Zur Ermittlung des Erfolges der Ladungswechselvorgänge muß der Liefergrad λ_l und der Spülgrad λ_s durch Messungen an der Maschine bestimmt werden. Nach den Ausführungen im Abschnitt A, II, 5, ist dazu dem Zylinder während eines Verdichtungshubes eine Großprobe zu entnehmen und die Luftüberschußzahl durch die Analyse des Zylinderinhaltes nach der Verbrennung zu bestimmen. Zu diesem Zweck zweigt man Gasproben vom Auspuffstrom in den Auspuffschlitzen oder im Zylinder durch ein gesteuertes Ventil ab. Bei der beschriebenen Untersuchung hat man sich unter Verzicht auf größere Genauigkeit mit der Entnahme kleiner Gasproben aus dem Zylinder begnügt.

Aus dem Ergebnis der Gasanalyse der nach der Verbrennung entnommenen Probe erhält man mit (181) den Luftüberschuß und mit dem gemessenen stündlichen Kraftstoffverbrauch B aus (180) den Liefergrad λ_l. Größere Genauigkeit ist nur bei Großprobenentnahmen, sorgfältiger Analyse und kleinen Werten von λ, daher nur im oberen Leistungsbereich des Motors zu erwarten.

Der Spülgrad λ_s kann aus (63) ermittelt werden. Die kleinen CO_2-Gehalte der Gasprobe vor der Verbrennung machen das Ergebnis unsicher, wenn nicht mit sehr feinfühligen Verfahren bei der Gasanalyse gearbeitet wird.

Durch Auswertung entsprechender Messungen erhielt Hold für Zylinderober- und -unterseite die in Abb. 304 dargestellten Erfolgswerte des Ladungswechsels.

Zur Beurteilung der Spülung an beiden Zylinderseiten sind Punkte der Spülkurve zu bestimmen. Man kann daraus die Güte der Spülungen ermitteln und feststellen, ob die Punkte für Ober- und Unterseite gleichen oder unterschiedlichen Spülkurven zugeordnet sind.

Der Außenzustand war bei den Versuchen 0,98 ata, 30° C, der Spüldruck $p_s = 1{,}28$ ata, die Temperatur der Spülluft vor den Schlitzen $T_s = 343°$ K. Der mittlere Zylinderraum während der Spülung ist für Ober- und Unterseite $z_m \sim 1{,}0$. Der Druckverlauf im Zylinder während der Spülung wurde durch ein Punktindizierventil ermittelt und für Ober- und Unterseite die in Abb. 305 und 306 dargestellten Diagramme erhalten. Der mittlere Druck p_{zm} im Zylinder und der Schließdruck $p_{z\,ab}$ sind daraus zu entnehmen.

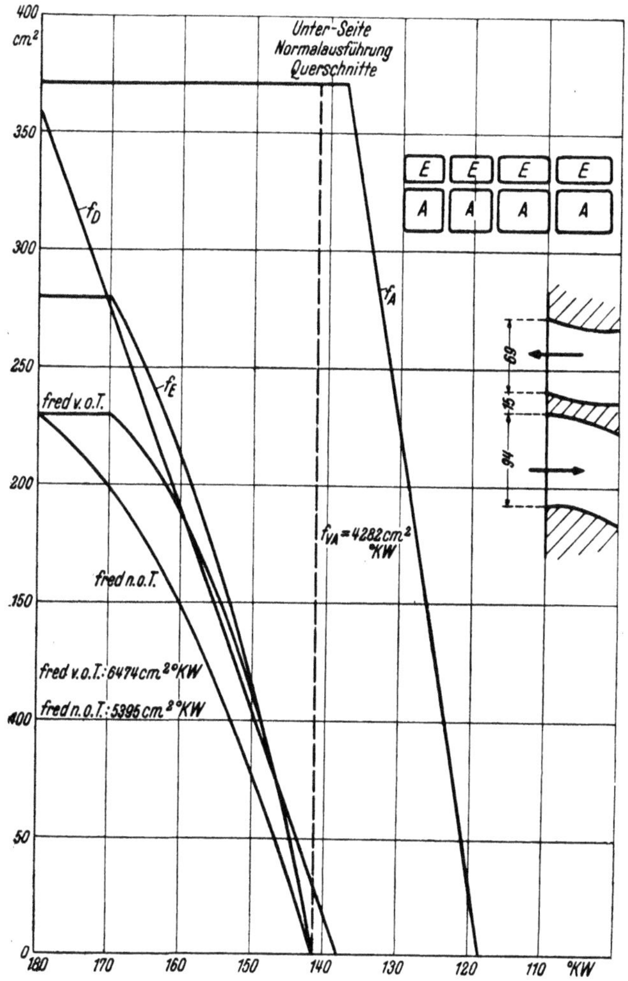

Abb. 303. Winkelquerschnitte der Ein- und Auslaßschlitze und des Drehschiebers der Unterseite.

Nach (72) ist der wirksame Luftaufwand für die Oberseite mit $p_{zm} = 1{,}12$ kg/cm²

$$\Lambda_z' = \frac{0{,}98}{1{,}12} \cdot \frac{343}{303} \cdot \frac{1}{1{,}0} \cdot 1{,}49 = 1{,}48$$

Aus dem Liefergrad läßt sich nach (92) auf λ_s' schließen. Mit $p_{z\,ab} = p_{za}' = 1{,}14$ und $z_{ab} = 0{,}93$ wird

$$\lambda_l = \lambda_s' \cdot 0{,}93 \cdot \frac{303}{343} \cdot \frac{1{,}12}{0{,}98} \cdot \left(\frac{1{,}14}{1{,}12}\right)^{\frac{1}{1{,}4}} = 0{,}95\ \lambda_s'$$

Die Versuche am Motor ergaben $\lambda_l = 0{,}78$, also $\lambda_s' = 0{,}82$. Durch die Koordinaten 1,48 und 0,82 ist ein Punkt der Spülkurve der Zylinderoberseite gegeben. Er paßt gut in die für die MAN-Spülung vom Verfasser ermittelten Kurven in Abb. 46. Man hätte demnach im vorliegenden Fall bei Vorausberechnungen durch Benützung dieser Kurven den richtigen Wert des Liefergrades mit guter Annäherung ermitteln können.

Für die Unterseite erhält man

$$\Lambda_z' = 1{,}22 \cdot \frac{0{,}98}{1{,}15} \cdot \frac{343}{303} \cdot \frac{1}{1{,}0} = 1{,}18$$

$$\lambda_l = \lambda_s' \cdot 0{,}94 \cdot \frac{303}{343} \cdot \frac{1.15}{0{,}98} \cdot \left(\frac{1{,}19}{1{,}15}\right)^{\frac{1}{1{,}4}} = 1{,}0\ \lambda_s'$$

Die Versuche am Motor ergaben $\lambda_l = 0{,}68$, also $\lambda_s' = 0{,}68$. Setzt man für die Spülkurve wieder $\lambda_s' = 1 - e^{-a\,\Lambda_z'}$, so wird $a \sim 1{,}16$ für die Zylinderoberseite, $a \sim 0{,}97$ für die Zylinderunterseite. Abb. 307 zeigt die Spülkurven.

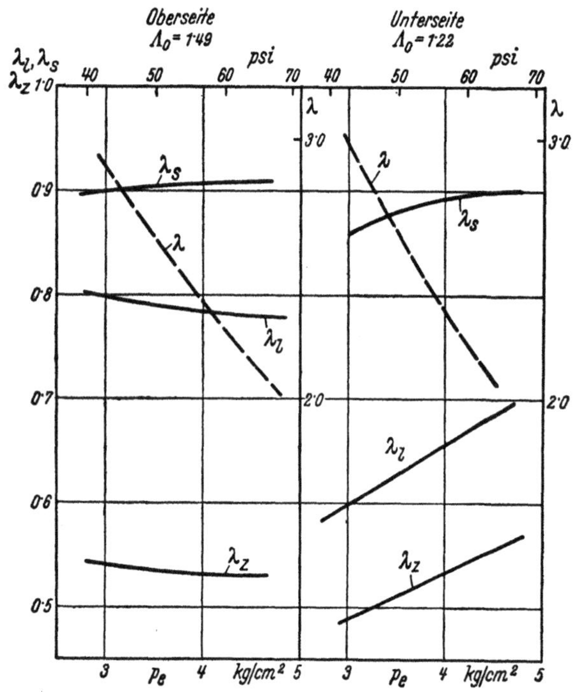

Abb. 304. Erfolgswerte des Ladungswechsels. MAN-Motor V 2 × 3 Z 42/58. Nach Messungen von Hold.

Die in Abb. 304 für die Kolbenunterseite angegebenen Werte von λ_s, die aus Gasanalysen berechnet wurden, sind voraussichtlich zu hoch. Auch der starke Abfall des Liefergrades mit der Belastung ist nicht wahrscheinlich und läßt auf Mängel in der Probenentnahme (keine Durchschnittswerte) schließen, die sich besonders bei kleinen Belastungen auf die Genauigkeit der Rechnung stark auswirken.

Die Spülung der Unterseite ist wesentlich ungünstiger als die der Oberseite, da die Kolbenstange die Spülströmung stört. Der auf die Kolbenstange auftreffende Spülluftstrom wird nach beiden Seiten abgelenkt und beeinträchtigt den glatten Strömungsverlauf in den seitlich liegenden Teilen des Zylinders. Außerdem wird der im Stromschatten der Kolbenstange liegende Raum nur sehr mangelhaft gespült.

Versuche von Hold, nach Abb. 308, die Strömung durch Stegbleche beiderseits neben der Kolbenstange vorbeizuführen, brachten Verbesserungen des Liefergrades.

Infolge der Form des auszuspülenden Raumes ist es nicht zu erwarten, daß mit einer Umkehrspülung an der Unterseite gleich gute Ergebnisse wie bei der Spülung der Kolbenoberseite erzielt werden können. Wesentlich günstiger liegen in dieser Hinsicht die Verhältnisse bei einer Gleichstromspülung. Diese kann ohne Schwierigkeit so ausgebildet werden, daß sie oben und unten den gleichen guten Spülerfolg gibt. Den gleichmäßigeren Spülverhältnissen steht allerdings der wesentlich höhere Bauaufwand für die Gleichstromspülung gegenüber.

Im vorliegenden Fall läßt sich ein gewisser Ausgleich in den Spülergebnissen nur dadurch erzielen, daß man den Luftaufwand der Zylinderunterseite größer als den der Oberseite macht. Die an der Maschine festgestellte Aufteilung der Spülluft auf die beiden Arbeitsräume ist ungünstig, da die Unterseite mit einem geringeren Luftaufwand arbeitet als die Oberseite. Auch Hold kommt bei der Besprechung der Versuche zum Ergebnis, die Luftaufteilung im angegebenen Sinn zu ändern. Aus Abb. 307 läßt sich beurteilen, bei welcher Luftaufteilung gleiche Werte λ_s und damit bei gleichen Druckverhältnissen auch gleiche Liefergrade λ_l erreicht werden. Ein vollständiger Ausgleich dürfte nicht zweckmäßig sein, da die Luft an der Oberseite infolge des größeren Wirkungsgrades η_{i-l} besser ausgenützt wird.

Für die Kolbenoberseite wurde von Hold beim Öffnen der Auslaßschlitze ein Druck $p_{za} = 3{,}35$* kg/cm² bei $p_e = 4{,}7$ kg/cm² gemessen.

Aus (86) und $\delta' = 1{,}03 \cdot \frac{0{,}93}{0{,}77}$ nach (76) wird

$$\lambda_s = 1 - 0{,}18 \cdot \left(\frac{1{,}14}{3{,}35}\right)^{\frac{1}{1.4}} \cdot 1{,}24 = = 0{,}895.$$

Der aus den Versuchen ermittelte Wert $\lambda_s = 0{,}91$ liegt nahe daran.

Die Ladungstemperatur erhält man aus Ladungsmenge, Zylindervolumen und Druck beim Beginn der Verdichtung. Es ist

$$\frac{\lambda_l}{\lambda_s} = \lambda_g = 0{,}93 \cdot \frac{303}{T_{z\,ab}} \cdot \frac{1{,}14}{0.98}.$$

Die Gesamtladung ist $\lambda_g = 0{,}87$ und daraus $T_{z\,ab} = 376^0$ (103° C). Hold ermittelt aus den Meßwerten indirekt 87° C.

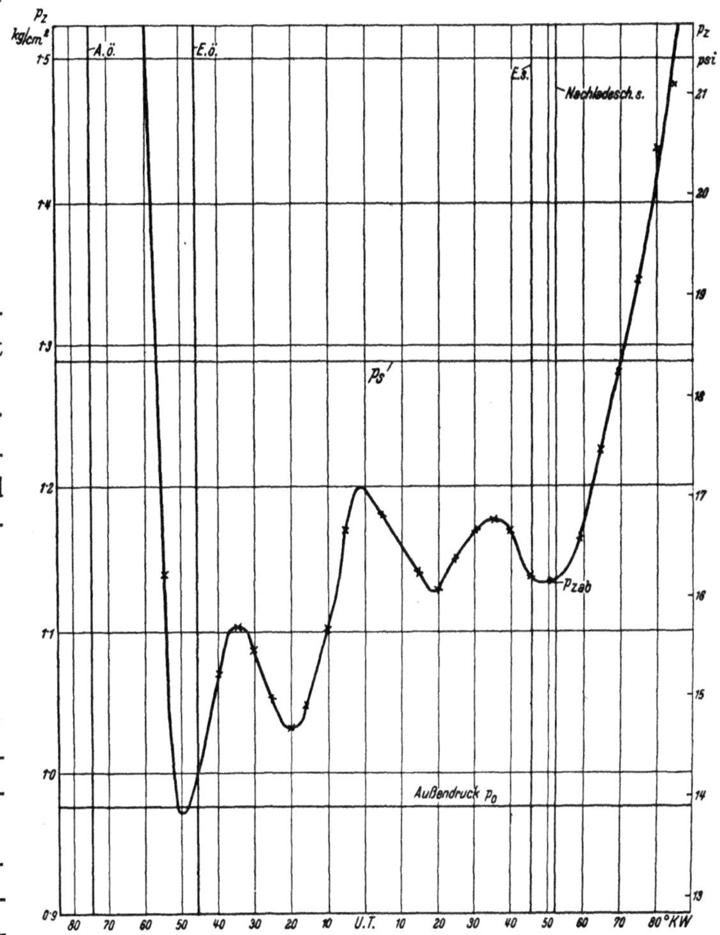

Abb. 305. Druckverlauf während des Ladungswechsels. Zylinderoberseite MAN-Motor V 2 × 3 Z 42/58. Nach Messungen von Hold.

Wesentlich für den Liefergrad ist auch der Schließdruck $p_{z\,ab}$. An der Zylinderoberseite schließt nach Abb. 305 der Nachladeschieber so spät, daß $p_{z\,ab}$ viel niederer als der Spüldruck wird und die durch den Nachladeschieber gegebene Möglichkeit der Aufladung nur unvollkommen ausgenützt wird. Günstiger liegen die Verhältnisse auf der Unterseite. $p_{z\,ab}$ ist hier wesentlich höher, erreicht aber auch hier den Spüldruck nicht.

Die Zusammenhänge zwischen Schieberabschluß und den für den Erfolg des Ladungswechsels maßgebenden Größen λ_l und λ_s sind aus dem Beispiel auf Seite 150 ersichtlich. λ_l erreicht bei einem bestimmten Zeitpunkt des Schieberabschlusses einen Höchstwert, während der Luftaufwand Λ_o und daher λ_s um so größer wird, je später der Schieber schließt. Wenn η_{i-l} vom Spülgrad λ_s unabhängig wäre, so würde die hinsichtlich Leistung optimale Schiebereinstellung ungefähr mit dem Höchstwert von λ_l zusammenfallen. Infolge der Abhängigkeit des η_{i-l} von λ_s liegt sie im allgemeinen

* Der Druck scheint zu nieder zu sein. Der Einfluß von p_{za} auf λ_s ist jedoch nicht sehr groß, so würde z. B. für $p_{za} = 4{,}35$ kg/cm² der Spülgrad $\lambda_s \sim 0.91$.

bei einem etwas späteren Schieberabschluß. Da der Einfluß von λ_s auf η_{l-l} im allgemeinen nicht sehr ausgeprägt ist, wird eine Einstellung des Schiebers nach dem Höchstwert von λ_l, also z. B. auf Grund einer Untersuchung, wie sie im Beispiel auf Seite 150 durchgeführt wurde, meist in unmittelbare Nähe der günstigsten Werte führen.

Von besonderem Interesse sind auch die Durchflußzahlen der Steuerung. Rechnet man mit (21) nach Einführen des reduzierten Querschnittes (22) mittels (23) die Durchflußzahl μ_r, so erhält man für beide Zylinderseiten im Mittel $\mu_r = 1{,}03$. Die Ausgangswerte für diese Berechnung können unmittelbar gemessen werden. Unsicherer ist die Aufteilung der Spülluft auf beide Zylinderseiten zu bestimmen. Nach einem in den zur Verfügung stehenden Unterlagen nicht angegebenen Verfahren wurden die in Abb. 304 angegebenen Luftaufwände für beide Zylinderseiten ermittelt, aus denen $\mu_r = 1{,}15$ für die Oberseite, $\mu_r = 0{,}90$ für die Unterseite folgt. Da bei anderen Maschinen gleiche Durchflußzahlen für Ober- und Unterseite festgestellt wurden, liegt die Ursache der Verschiedenheit nicht in der Versperrung der Strömungsquerschnitte der Zylinderunterseite durch die Kolbenstange, wie man zunächst vermuten könnte, sondern voraussichtlich in den verschiedenen dynamischen Wirkungen der Gassäulen in den Abgassystemen.

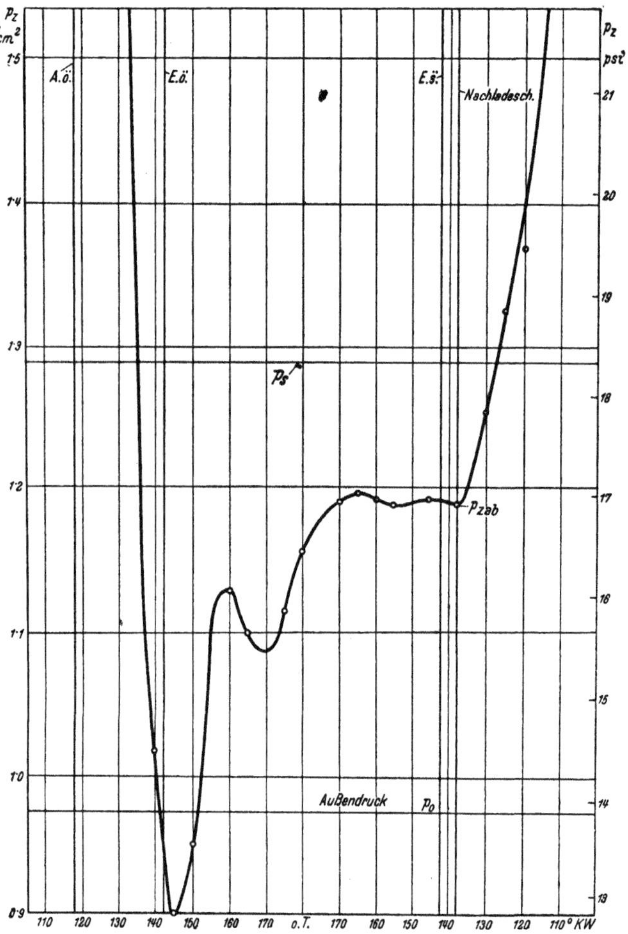

Abb. 306. Wie Abb. 305, jedoch Zylinderunterseite.

Die Durchflußzahlen liegen sehr hoch, was mit Erfahrungen an anderen großen Maschinen übereinstimmt. Durchflußzahlen μ_r über 1 sind dann möglich, wenn die im Einlaß erzeugte kinetische Energie durch die Reibung im Zylinder nicht vollständig aufgezehrt wird, was gute Führung der Strömung im Zylinder voraussetzt.

Zusammenfassend ist festzustellen, daß bei der untersuchten Maschine die Winkelquerschnitte der Oberseite verkleinert, die der Unterseite vergrößert werden müssen und daß der Abschluß des Schiebers an der Oberseite vorzuverlegen ist, um die Verteilung der Luft auf Ober- und Unterseite zu verbessern und die Aufladesteuerung voll auszunützen.

Wie die Untersuchungen zeigten, liegt die Rauchgrenze auf der Unterseite bei größeren Werten von λ als auf der Oberseite. Die Verbrennungsluft wird daher durch die beiden außer der Mitte liegenden Einspritzdüsen weniger gut erfaßt als durch die zentral gelegene Düse der oberen Zylinderseite. Auch der Wirkungsgrad der Arbeitsvorgänge ist in der unteren Zylinderseite schlechter als in der oberen Zylinderseite. Das ist wahrscheinlich sowohl auf den kleineren Gütegrad des Brenngesetzes (Gleichraumgrad), als auch auf den größeren Verlust durch den Wärmeübergang an die Wände infolge der durch die Kolbenstange vergrößerten Wandoberfläche zurückzuführen. Zahlenwerte für das η_{i-l} beider Zylinderseiten konnten aus dem zur Verfügung stehenden Versuchsmaterial nicht abgeleitet werden. Sie wären durch Indizieren der Zylinderseiten verhältnismäßig einfach zu bestimmen.

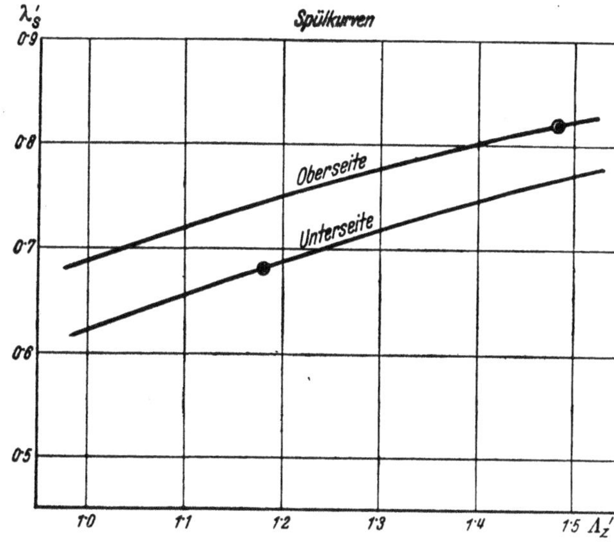

Abb. 307. Aus den Versuchsergebnissen am MAN-Motor-V 2 × 3 Z 42/58 gefolgerte Spülkurven für Zylinderober- und Unterseite.

Kennt man die Durchflußzahlen der Schlitze, die Spülkurven und $\eta_{i-l} = f(n, \lambda, \lambda_s)$ für beide Zylinderseiten, so sind die optimale Steuerungsauslegung und die zugehörigen Leistungs- und Verbrauchswerte im wesentlichen rechnerisch ermittelbar.

2. Doppeltwirkender Zweitakt-Dieselmotor Bauart 55 WF-120/40 der Aktieselskabet Burmeister & Wain

Bei der doppeltwirkenden Bauart mit Gleichstromspülung von Burmeister & Wain wird der Auslaß beider Zylinderseiten durch gleichphasig bewegte Hilfskolben gesteuert. Diese tragen nach Abb. 309 Querhäupter, die durch vier Zugstangen verbunden sind. Der Antrieb erfolgt wie bei der einfach wirkenden Maschine vom unteren Querhaupt über zwei Kolbenstangen auf zwei symmetrisch zur Kurbel angebrachte Exzentertriebe. Die Kolbenstange des Hauptkolbens wird in einer Stopfbüchse durch den unteren Hilfskolben geführt.

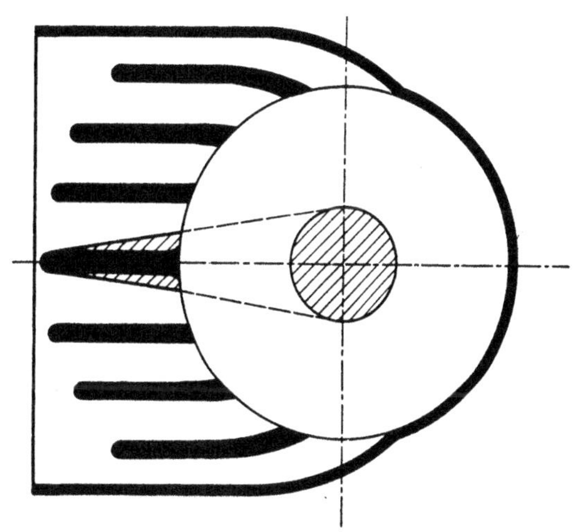
Abb. 308.

Die Hauptabmessungen des Motors sind:

Zylinderdurchmesser		550 mm
Hub	Hauptkolben	1200 mm
	Auspuffkolben	400 mm
Durchmesser der Kolbenstange		220 mm
Hubraum:	Oberseite	383 l
	Unterseite	321 l

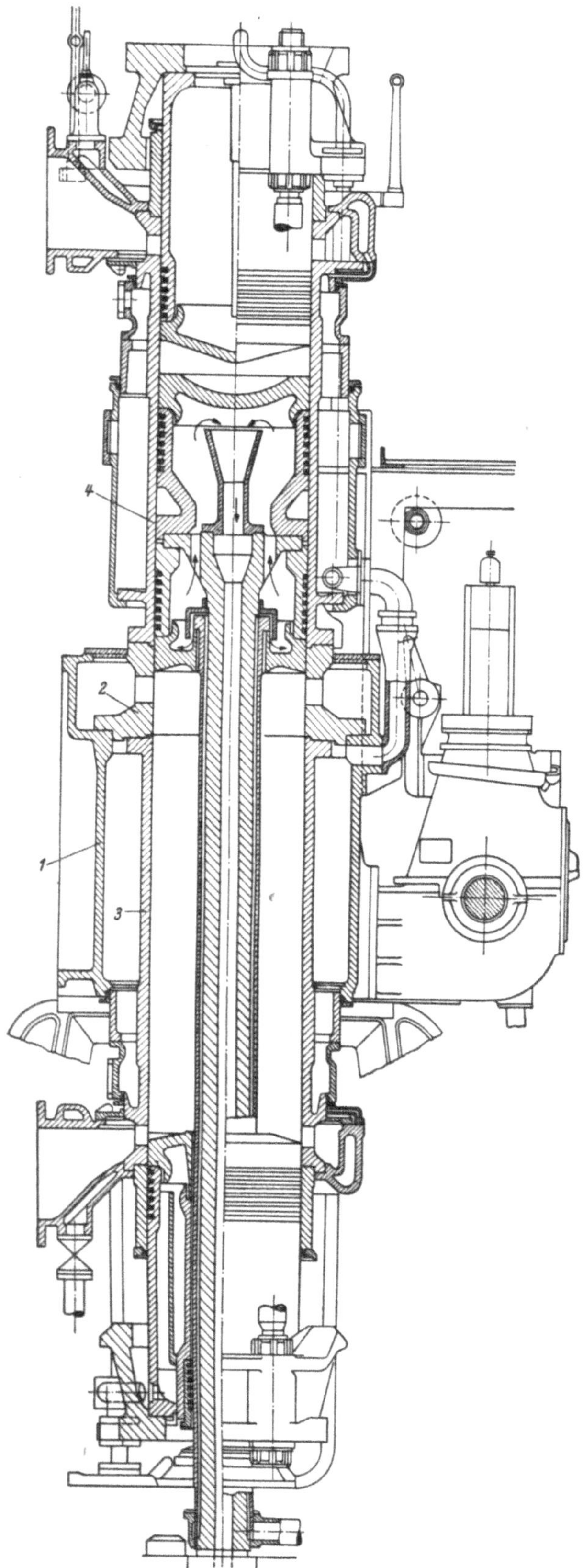

Höchstdrehzahl	140 U/min
Gesamthubraum	704 l
Leistung	1150 PS/Zyl.
$p_e = 5{,}25$ kg/cm²	$p_i = 6{,}5$ kg/cm²

Band 12 enthält eine Beschreibung des Aufbaues der Maschine und einen Querschnitt. Abb. 309 zeigt Einzelheiten der Ausführung des Zylinders und seiner Verbindung mit dem Gestell.

Auf dem Querträger 1 ist das Mittelstück des Zylinders 2 angeflanscht. An diesem sitzen die beiden Laufbüchsen 3 und 4. In der Höhe der Verbrennungsräume ist an der Laufbüchse ein kurzer, ringartiger Doppelmantel angegossen, der mit der Laufbüchse durch die Kanonen für die Einspritzventile verbunden ist. Im übrigen sind die Laufbüchsen von einfachen, rohrartigen Kühlmänteln umgeben, die an einem Ende befestigt sind, am anderen durch Stopfbüchsen dichten und sich daher frei ausdehnen können.

Die Auflösung der verwickelten Konstruktion in einfach herzustellende Einzelteile ist sehr geschickt durchgeführt.

Die Spülung arbeitet mit einem Luftaufwand von $\Lambda_0 = 1{,}17$. Hinsichtlich der oberen Zylinderseite gelten die Ausführungen für die einfach wirkende Maschine auf Seite 316. An der unteren Zylinderseite kann infolge der Gleichstromspülung ein annähernd gleicher Spülerfolg wie an der Oberseite erwartet werden, da bei der Gleichstromspülung die Kolbenstange den längsgerichteten Spülstrom nicht stört.

Die Ausnützung der Verbrennungsluft und der Wirkungsgrad η_{i-l} der Arbeitsvorgänge in der Zylinderunterseite sind jedoch auch bei dieser

Abb. 309. Schnitt durch den Zylinder eines doppeltwirkenden Zweitaktdieselmotors. Bauart 55 WF 120/40 der Aktieselskabet Burmeister & Wain.

Maschine schlechter als in der Zylinderoberseite, da die Kolbenstange nicht nur die Gemischbildung beeinträchtigt, sondern auch die Wandoberfläche gegenüber der Zylinderoberseite vergrößert und dadurch den Wärmeverlust während der Arbeitsvorgänge erhöht.

3. Untersuchungen an Großmotoren der Gebr. Sulzer AG., Winterthur.

Die Gebrüder Sulzer AG. haben in langjähriger Arbeit ein Spülverfahren entwickelt, das heute in vier Varianten ausgeführt wird.

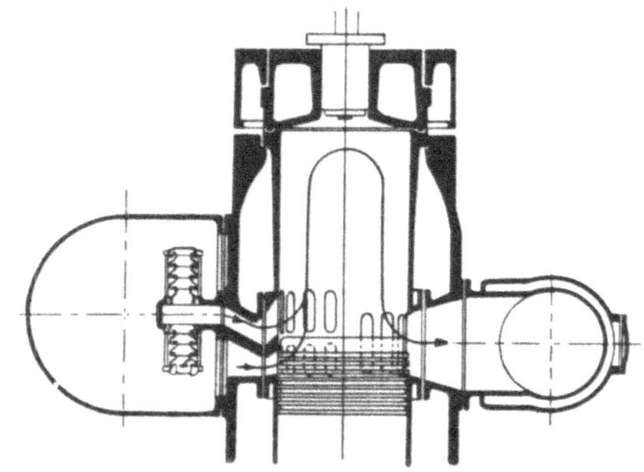

Abb. 310. Steuerung der Gebr. Sulzer AG. für einfachwirkende Zweitaktdieselmotoren.

Das Verfahren gehörte in seiner ersten Ausführung in die Gruppe der Querspülungen. Durch Neigung der Einlaßschlitze nach oben und düsenförmige Ausbildung der Schlitzkanäle wird nach Seite 61 im allgemeinen Hochspülung erreicht. Bei den neuesten Ausführungen wurden die seitlich liegenden Einlaßschlitze nach Abb. 107 von der Auslaßseite weggerichtet und dadurch der Spülstrom gegen die einlaßseitige Zylinderwand gedrängt. Die Stabilität der Hochspülung wird durch diese Anordnung verbessert. Die reine Querspülung der älteren Sulzer-Spülungen ist bei dieser Ausführung durch eine Kombination von Umkehr- und Querspülung ersetzt. Die so erreichte Verbesserung im Spüleffekt hat es ermöglicht, bei Motoren mit mäßiger Hubraumausnützung die früher allgemein ausgeführte Aufladesteuerung durch eine einfache Schlitzsteuerung mit symmetrischen Steuerzeiten zu ersetzen.

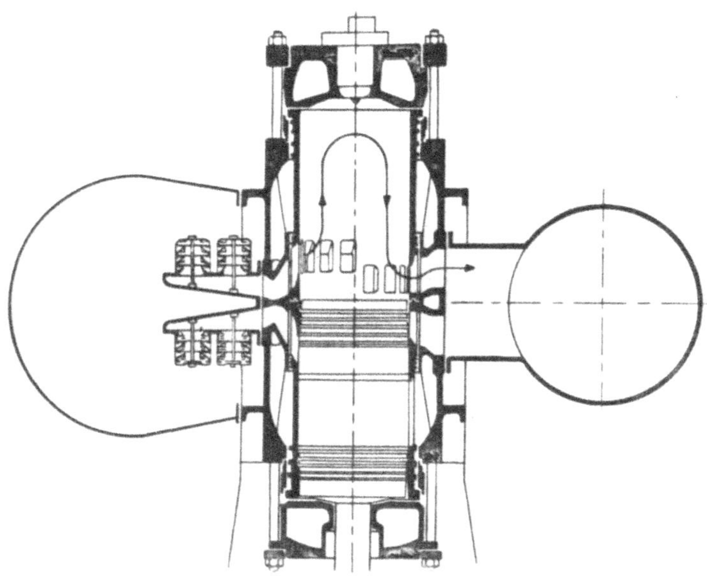

Abb. 311. Steuerung der Gebr. Sulzer AG. für doppeltwirkende Zweitaktdieselmotoren.

Abb. 310 zeigt die gebräuchliche Ausführung der Sulzer-Steuerung. Die Einlaßschlitze sind in zwei übereinanderliegenden Reihen gegenüber den Auslaßschlitzen angeordnet. Die Schlitze der unteren Reihe sind unmittelbar mit dem Spülbehälter verbunden. Zwischen diesem und den Einlaßschlitzen der oberen Reihe (Nachladeschlitze) sind selbsttätige Ventile eingeschaltet, die eine Strömung nur in Richtung zum Zylinder zulassen. Die Einlaßschlitze der oberen Reihe öffnen beim Abwärtsgang des Kolbens vor den Auslaßschlitzen. Durch die Ventile wird ein Rückschlagen von Abgasen in den Spülbehälter verhindert. Beim Aufwärtsgang des Kolbens wird der Zylinder durch den Abschluß des Auslasses vor dem Einlaß in bekannter Weise

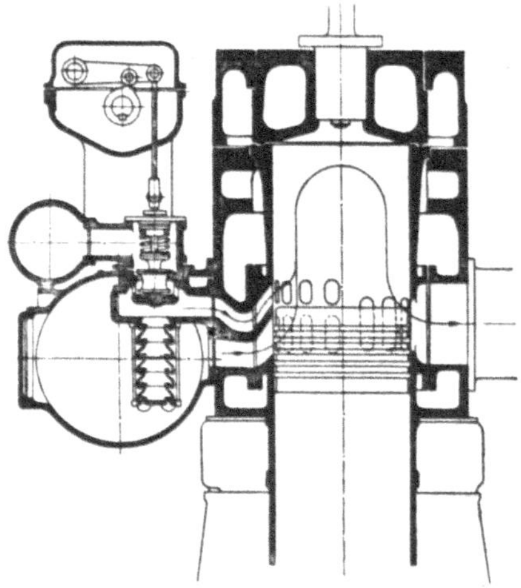

Abb. 312. Steuerung der Gebr. Sulzer AG. mit Nachladeventil.

aufgeladen. Diese Wirkung wird hier mit selbsttätigen Ventilen, also ohne zusätzlichen Bauaufwand für einen zwangsläufigen Steuerungsantrieb, erreicht.

Bei einer zweiten Ausführung der Schlitzsteuerung wird nach Abb. 311 die untere Reihe der Einlaßschlitze weggelassen und nur eine hoch hinaufgezogene Einlaßschlitzreihe ausgeführt. Dem Nachteil der größeren erforderlichen Ventilquerschnitte, die hier von der gesamten Spülluft durchströmt werden, stehen bei dieser Ausführung fallweise Vorteile gegenüber.

Bei einer dritten Ausführung nach Abb. 312 wird Spül- und Aufladeluft getrennt verdichtet und dem Zylinder getrennt zugeführt.

Die Aufladeluft tritt durch ein zusätzlich an-

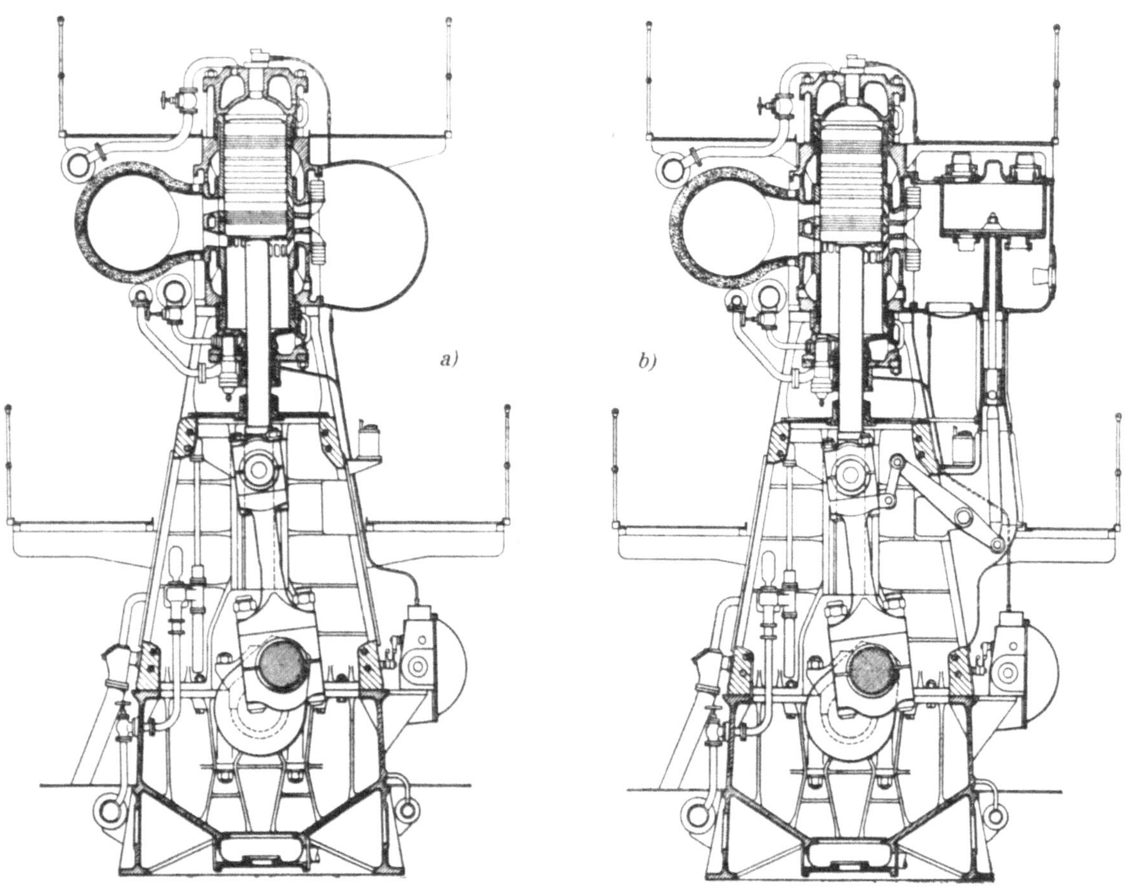

Abb. 313. Zweitaktdieselmotoren der Gebr. Sulzer AG. a) Ältere Ausführung mit gemeinsamer Spülpumpe und Spülluftleitung. b) Neueste Ausführung mit Einzelkolbenspülpumpen.

gebrachtes, mechanisch betätigtes Aufladeventil in den Raum zwischen den selbsttätigen Spülventilen und den Nachladeschlitzen. Der Bauaufwand wird durch dieses Ventil und durch die getrennte Verdichtung von Spül- und Ladeluft erhöht, diese bringt jedoch Gewinne an Leistung und Wirtschaftlichkeit.

Bis in die letzte Zeit wurde die Spülluft bei Motoren größerer Leistung in für alle Zylinder gemeinsamen Zentrifugal- oder Kolbengebläsen verdichtet und den

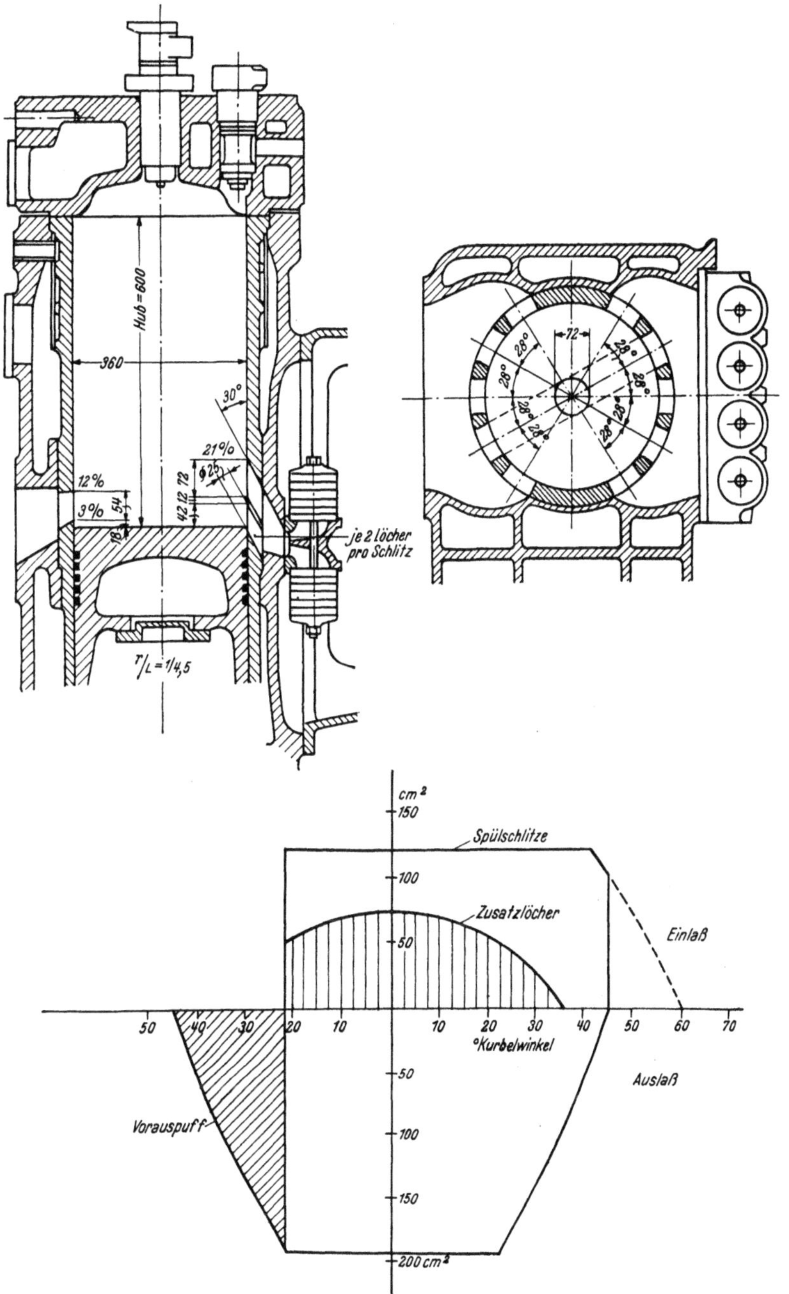

Abb. 314. Schlitzanordnung und Steuerdiagramm des Motors 6 TS 36 der Gebr. Sulzer AG.

Zylindern durch eine Spülluftleitung mit großem Querschnitt, Abb. 313 a, zugeführt. Bei den neuesten Bauarten ist man bei Maschinen aller Größen durchwegs auf Einzelkolbenspülpumpen, Abb. 313 b, übergegangen. Man erreicht dadurch eine, von Schwingungen im Auspuffsystem nahezu unabhängige, daher gesichert gleichmäßige Verteilung der Spülluft auf die einzelnen Zylinder. Der Raumbedarf des Motors wird gegenüber den am Motorende angebrachten Kolbenspülpumpen vermindert, da nach Abb. 313 die Einzelspülpumpen seitlich nicht wesentlich mehr Raum benötigen als der Spülluftbehälter.

Abb. 314 zeigt die Schlitzanordnung und das Steuerdiagramm eines Motors, Bauart 6 TS 36. Die Ventile werden hier von der gesamten Spülluft durchströmt. Die

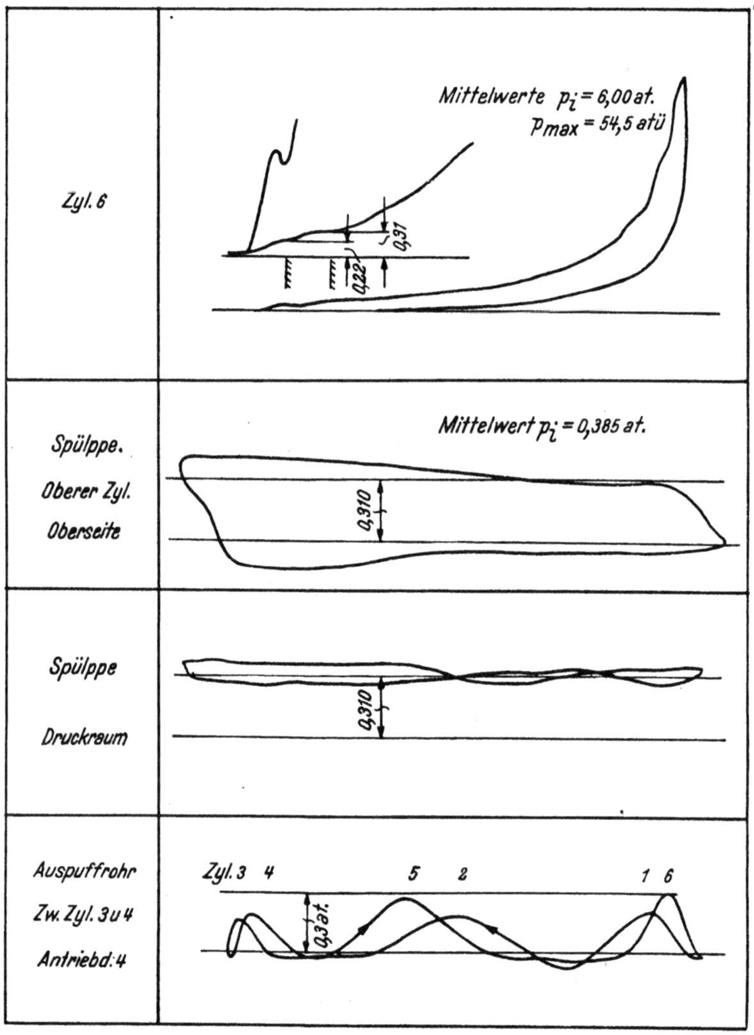

Abb. 315. Indikatordiagramm des Zylinders, der Spülpumpe, der Spülleitung und der Auspuffleitung eines 6-Zylinder-Zweitaktdieselmotors mit gemeinsamer Kolbenspülpumpe. Gebr. Sulzer AG.

Spülluft wird durch Kolbenpumpen verdichtet. Die Druckschwankungen im Druckraum nach den Spülpumpen sind nach Abb. 315 verhältnismäßig klein. Wesentlich stärker sind die Amplituden der Druckschwankungen im Auspuffrohr. Sie erreichen bis zu 0,3 at.

Durch Indizierung des Druckverlaufes am Auspuffrohr nach jedem Zylinder können Grundlagen zur Berechnung des Luftaufwandes der einzelnen Zylinder, damit der Luftverteilung, gewonnen werden. Abb. 316 zeigt den Druckverlauf zwischen den Zylindern 3 und 4 der Sechszylindermaschine, also in ihrer Mitte. Die Schwingungen liegen bei allen Zylindern annähernd gleichphasig zum Ladungswechsel (die verschiedenen Abstände der Zylinder von der Meßstelle verändern bei der niederen

Motordrehzahl die Phasenlage nur unbedeutend), ihre Amplituden sind jedoch verschieden, so daß mit Unterschieden in der Luftverteilung auf die einzelnen Zylinder gerechnet werden muß.

Von Eichelberg (38) wurden an einem Sulzer-Schiffsmotor von 5500 PS Normalleistung Versuche durchgeführt. Der Motor hatte folgende Hauptdaten:

Zylinderzahl 8
Zylinderdurchmesser 720 mm
Hub 1250 mm
Normaldrehzahl 126 U/min

Die Spülluft wird durch zwei doppeltwirkende Spülpumpen in Tandemanordnung erzeugt. Bei einem Durchmesser von 1660 mm und einem Hub von 750 mm haben sie

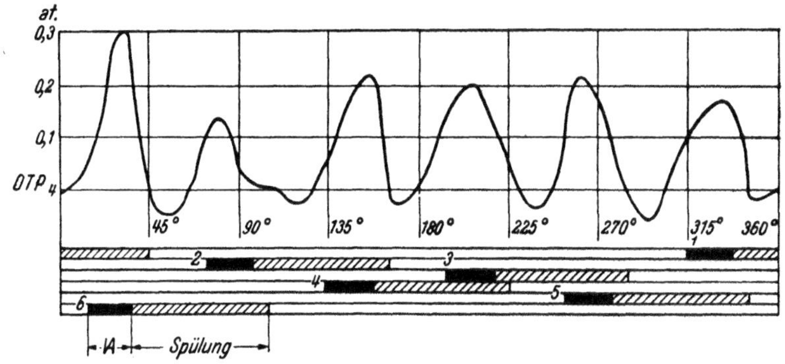

Abb. 316. Druckverlauf in der Auspuffleitung zwischen Zylinder 3 und 4 eines 6-Zylinder-Zweitaktdieselmotors. Gebr. Sulzer AG.

1,59faches Gesamtvolumen der Arbeitszylinder und einen volumetrischen Wirkungsgrad von 0,85. Zahlentafel 17 enthält die wichtigsten Meßergebnisse, aus denen die für den Ladungswechsel wesentlichen Daten entnommen werden können.

Der Spüldruckverlauf läßt auf eine im unteren Drehzahlbereich etwas ansteigende, von n = 116 U/min an annähernd konstante Durchflußzahl schließen.

Bei den Versuchen wurde eine Reihe von Diagrammen aufgenommen, von denen in diesem Zusammenhang der Druckverlauf im Spülbehälter und im Raum zwischen Nachladeschlitzen und Ventilen, Abb. 317, interessiert.

Die Druckschwankungen im Spülbehälter bestehen aus einer Grundschwingung, hervorgerufen durch die Spülpumpen, der sich Oberschwingungen durch die periodischen Entnahmen und die Massenträgheit der Gassäule im Spülbehälter überlagern.

Nach dem Überschleifen des Nachladeschlitzes durch den ersten Kolbenring schlagen die Abgase in den Raum zwischen den Nachladeschlitzen und den Ventilen. Der Druck in diesem steigt bis auf annähernd 2,5 ata (infolge Hubbegrenzung des Indikators im Diagramm nicht sichtbar). Am Ende des Vorauspuffs sinkt der Druck und stellt sich nach einigen Schwankungen infolge Gasschwingungen während der Spülung auf einen Wert zwischen Spüldruck und Außendruck ein. Nach Abschluß der Auslaßschlitze steigt der Druck infolge Massenwirkung und Kolbenbewegung bis über den Spüldruck an.

Mit den im I. Teil entwickelten Beziehungen lassen sich auch die Ladungswechselvorgänge bei Sulzer-Steuerungen rechnerisch erfassen. Dazu müssen die im Teil I angegebene Ausdrücke den besonderen Verhältnissen der Steuerung angepaßt werden.

Im folgenden wird der allgemeinste Fall, die Sulzer-Steuerung mit Aufladeventil Schema Abb. 312 behandelt. Die Verfahren zur rechnerischen Untersuchung der anderen Varianten der Steuerung können daraus leicht abgeleitet werden.

Der Raum zwischen Nachlade- und Aufladeventil ist im weiteren mit E bezeichnet. Beim Öffnen der Nachladeschlitze durch den nach abwärts gehenden

Zahlentafel 17.

Versuchsergebnisse an einem Sulzer-Schiffsmotor 5500 PS Normalleistung. Nach Eichelberg (38)

Last	1/4	1/2	3/4	4/4	112 %	125 %	135 %
Drehzahl U/min	80,8	102,0	116,1	126,6	131,6	135,9	139
Nutzleistung N_e PS	1400	2810	4195	5510	6170	6880	7420
Innenleistung N_i PS	—	3400	4950	6440	7100	7940	—
Nutzdruck p_e kg/cm²	1,92	3,05	4,00	4,82	5,20	5,61	5,9
Innendruck p_i kg/cm²	—	3,69	4,72	5,64	5,98	6,48	—
mechan. Wirkungsgrad %	—	82,5	84,7	85,5	86,8	86,2	—
max. Zylinderdruck kg/cm²	40,0	50,1	56,3	60,8	61,9	64,3	—
Spüldruck mm WS	550	970	1330	1665	1770	1940	2030
indiz. Spülpumpenleistung $N_{i\,La}$ PS	76	157	226	342	380	420	—
$p_{i\,La}$ bezogen auf Arb.-Zyl. at	0,104	0,170	0.215	0,30	0,32	0,34	—
$p_r = p_i - p_e - p_{La}$	—	0,47	0,505	0,52	0,46	0,53	—
Innenverbrauch gr/PS$_i$h	—	125,0	126,8	129,3	131,0	133,6	—
Nutzverbr. gr/PS$_e$h	165,4	151,1	149,3	151,4	150,6	154,2	—
Nutzwirkungsgrad, bezog. auf Bremslstg. (H_u = 10,135 Rcal/kg)	37,7	41,2	41,7	41,2	41,4	40,4	—
Auspuffgegendr. mm WS	50	95	145	173	189	210	230
Abgastemperatur t_A °C	—	186	234	290	318	356	398
Abgaswärme in % d. zugef. Wärme q_A	—	35,0	35,2	36,4	37,8	38,7	—

Kolben hat der Raum E bei Steuerungen mit Aufladeventil den Druck p_L (soferne von dem Druckverlust durch den nicht vollständig abdichtenden Kolben zunächst abgesehen wird). Bei Steuerungen ohne Aufladeventil ist der Druck p_s. Durch die sich öffnenden Nachladeschlitze wird der Raum E vom Zylinder her mit Abgasen so lange aufgefüllt, bis der Zylinderdruck erreicht ist. Dieses Rückschlagen läßt sich mit Ausdruck (243) und (244) rechnerisch verfolgen, wenn $\triangle\varphi_k = 0$ und $\varphi_k'' = \varphi_E$ gesetzt wird, wobei $\varphi_E \,.\, V_h = V_E$ das Volumen des Raumes E bedeutet. An Stelle von $\mu_e f_e$ wird entsprechend Abb. 319 $\mu_n f_n$ gesetzt.

Die in den Raum E eingedrungene Abgasmenge ist aus (10) zu ermitteln.

Der Raum E ist im allgemeinen verhältnismäßig klein, es wird daher nach kurzer Zeit Druckgleichheit erreicht sein. Dann strömen entsprechend dem fallenden Zylinderdruck die Abgase aus E wieder in den Zylinder zurück, der Druck in E fällt. Bei $p_E < p_s$ öffnen die Spülventile SV, die Spülung beginnt. Etwas vorher wird die untere Einlaßschlitzreihe in Abb. 318 vom Kolben freigegeben. Die Spülung dauert bis zum Abschluß der Auslaßschlitze. Der Zylinder wird dann durch die oberen Einlaßschlitze (Nachladeschlitze) bis zum Spüldruck aufgeladen. Bei Steuerungen mit Aufladeventil AV wird dieses nun geöffnet und durch Einblasen verhältnismäßig kleiner Mengen von Aufladeluft der Druck im Zylinder bis zum Abschluß der Nachladeschlitze auf annähernd den Aufladedruck p_L erhöht.

Die Vorgänge vom Beginn des Rückströmens aus dem Raum E in den Zylinder lassen sich durch die folgenden, sinngemäß nach Teil I abgeleiteten Beziehungen rechnerisch erfassen:

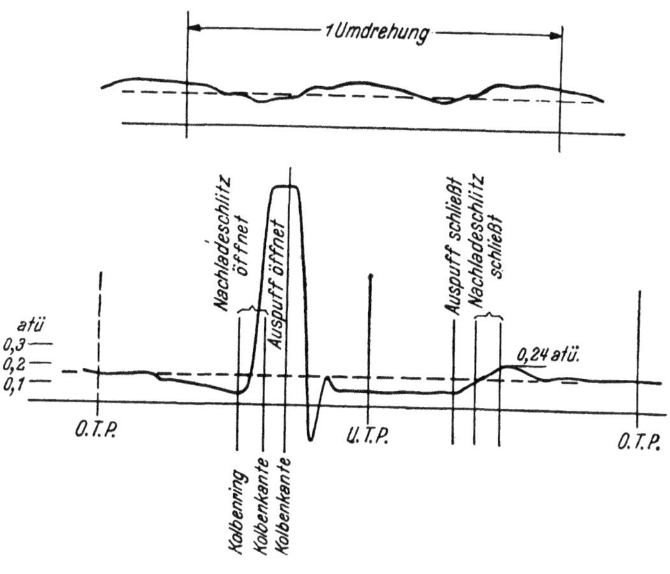

Abb. 317. Druckverlauf im Raum zwischen Einlaßschlitzen und Nachladeventil an einem Motor mit Steuerung nach Abb. 313. Gebr. Sulzer AG.

Nach Schema Abb. 318 wird der Raum E durch das selbsttätige Spülventil SV mit dem Spülraum S verbunden, in dem konstanter Druck p_s vorausgesetzt wird. Bei Steuerungen mit Aufladeventil AV besteht zeitweise eine weitere Verbindung mit dem Raum L, in dem konstanter Druck p_L angenommen wird.

Der Raum E ist durch die vom Kolben gesteuerten Nachladequerschnitte f_n mit dem Zylinder verbunden, in den Spülluft auch durch die untere Schlitzreihe durch die Querschnitte f_e einströmt. Mit f_a werden wieder die Auslaßquerschnitte bezeichnet. Die Änderung des Druckes im Raum E wird sinngemäß mit (96 a, b/I), (89 c/I), (97/I)

$$\left.\begin{aligned}\triangle p_E = {} & \frac{B_{PES}}{\sqrt{\tilde{\triangle}_{ES}}\,(1+A_E)}\cdot\left(p_s - p_E' + \tilde{\triangle}_{ES}\right) - \\ & + \frac{B_{PEL}}{\sqrt{\tilde{\triangle}_{EL}}\,(1+A_E)}\cdot\left(p_L - p_E' + \tilde{\triangle}_{EL}\right) - \\ & - \frac{B_{PEn}}{\sqrt{\tilde{\triangle}_{En}}\,(1+A_E)}\cdot\left(p_E' - p_z' - \frac{1}{2}\triangle p_z' + \tilde{\triangle}_{En}\right)\end{aligned}\right\}\quad(297)$$

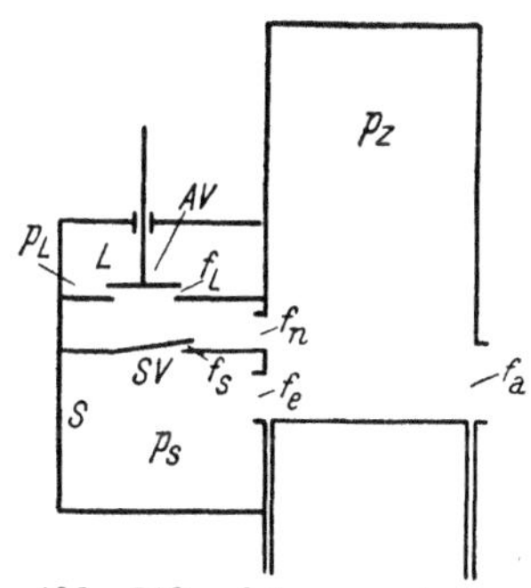

Abb. 318. Schema einer Steuerung mit Nachladeventil nach Abb. 313.

Darin ist:

$$B_{PES} = \frac{\varkappa\,.\,\tau_e}{6 V_h n}\cdot\frac{\triangle\alpha}{2}\cdot\frac{(\mu f)_s}{\varphi_E}\sqrt{2 g\,.\,RT_s\,.\,p_s}^{\frac{\varkappa+\nu-2}{2}}\,.\,\tilde{p}_E''^{\frac{2-\nu}{2\varkappa}} \quad (297\,a)$$

$$B_{pEL} = \frac{\varkappa\,.\,\tau_e}{6 V_h n}\cdot\frac{\triangle\alpha}{2}\cdot\frac{(\mu f)_L}{\varphi_E}\cdot\sqrt{2 g\,.\,RT_L\,.\,p_L}^{\frac{\varkappa+\nu-2}{2\varkappa}}\,.\,\tilde{p}_E''^{\frac{2-\nu}{2\varkappa}} \quad (297\,b)$$

$$B_{pEn} = \frac{\varkappa}{6 V_h n}\cdot\frac{\triangle\alpha}{2}\cdot\frac{(\mu f)_n}{\varphi_E}\cdot\sqrt{2 g\,.\,RT_E\,.\,\tilde{p}_E''}^{\frac{\varkappa+\nu-2}{2\varkappa}}\,.\,\tilde{p}_z''^{\frac{2-\nu}{2\varkappa}} \quad (297\,c)$$

$$2 A_E = \frac{B_{PES}}{\sqrt{\tilde{\triangle}_{ES}}} + \frac{B_{PEL}}{\sqrt{\tilde{\triangle}_{EL}}} + \frac{B_{PEn}}{\sqrt{\tilde{\triangle}_{En}}} \quad (297\,d)$$

$(\mu f)_s$, $(\mu f)_L$ und $(\mu f)_n$ sind die wirksamen Querschnitte der Spül-, Aufladeventile und der Nachladeschlitze. $(\mu f)_s$ ist bei Teileröffnungen von der Druckdifferenz $p_s - p_E$ abhängig.

Für das Ausströmen vor dem Beginn der Spülung ist $(\mu f)_s = 0$ und $(\mu f)_L = 0$. Daher entfallen dafür in (297) das erste und zweite Glied. In (297 c) ist T_E für das Rückschieben der in den Raum E eingedrungenen Abgase mit einer mittleren Abgastemperatur einzusetzen. Während der Spülung kann $T_s = T_E$ angenommen werden, soferne nicht Temperaturmessungen im Raum E einen anderen Wert ergeben haben.

Die Änderung des Zylinderdruckes ist sinngemäß nach (89 d/I)

$$\triangle p_z = \frac{-2A}{1+A} p_z' + \frac{B_{PE}}{\sqrt{\tilde{\triangle}_{En}}\,(1+A)} \cdot (p_E' + 0{,}5\,\triangle p_E + \tilde{\triangle}_{En}) +$$

$$+ \frac{B_{pe}}{\sqrt{\tilde{\triangle}_e}\,(1+A)} (p_s + \tilde{\triangle}_e) + \frac{B_{pa}}{\sqrt{\tilde{\triangle}_a}\,(1+A)} \cdot (p_o - \tilde{\triangle}_a); \qquad (298)$$

darin ist

$$B_{PE} = \frac{\varkappa \tau_e}{6 V_h n} \cdot \frac{\triangle \alpha}{2} \cdot \frac{(\mu f)_n}{z''} \cdot \sqrt{2 g R T_E'} \cdot \tilde{p}_E''^{\frac{\varkappa + \nu - 2}{2\varkappa}} \cdot \tilde{p}_z''^{\frac{2-\nu}{2\varkappa}} \qquad (298\,a)$$

Für B_{Pe} und B_{Pa} sind (96 a/I) und (96 b/I) einzusetzen und A aus

$$2A = \frac{B_{PE}}{\sqrt{\tilde{\triangle}_{En}}} + \frac{B_{Pe}}{\sqrt{\tilde{\triangle}_e}} + \frac{B_{Pa}}{\sqrt{\tilde{\triangle}_a}} + \varkappa \frac{\triangle z}{z''} \qquad (298\,b)$$

zu rechnen.

Wie in Teil I ausgeführt, schätzt man die Druckdifferenzen durch Extrapolation der entsprechenden Druckkurven und kann dann $\triangle p_E$ und $\triangle p_z$ aus den linearen Gleichungen ermitteln.

Die schrittweise Nachrechnung einer gegebenen Sulzer-Steuerung mit Aufladeventil wird am folgenden Beispiel gezeigt:

Ein Motor mit $D = 360$ mm, $s = 600$ mm, $n = 250$ U/min, $\varepsilon = 14$ (bezogen auf den Zylinderabschluß), einem Schubstangenverhältnis $r/l = 1/4$ hat eine Aufladesteuerung nach Abb. 312 mit den in Abb. 319 und 320 dargestellten Querschnittsverhältnissen und Schlitzlängen. Der Inhalt des Raumes E zwischen den Ventilen und den Nachladeschlitzen ist $0{,}2\ V_h$, daher $\varphi_E = 0{,}2$.

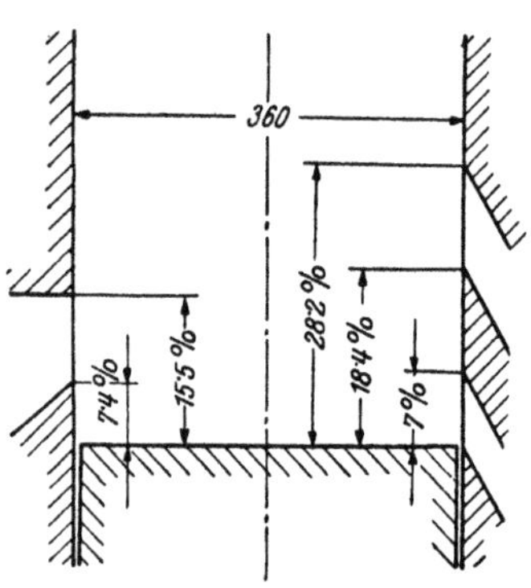

Abb. 319. Schlitzlängen der Steuerung in Beispiel S. 300.

Zunächst wird $p_i = 8{,}7$ kg/cm², $b_i = 0{,}132$ kg/PS.h auf Grund von Meßwerten an ähnlichen Motoren angenommen. Der Zustand der Aufladeluft ist $p_L = 1{,}75$ kg/cm², $T_L = 345^0$ K, der Zustand der Spülluft $p_s = 1{,}29$ kg/cm², $T_s = 318^0$ K.

Die Berechnung beginnt mit der Ermittlung des Winkelquerschnittes für den Vorauspuff, also des Winkelquerschnittes, der bis zum selbsttätigen Öffnen der Spülventile wirksam ist. Dazu ist mit (7) der Druck im Zylinder beim Öffnen der Auslaßschlitze zu bestimmen.

Für das Diagramm nach Abb. 321 mit dem Anfangspunkt 1 und dem Expansionsendpunkt 5 und einem zunächst geschätzten $p_1 \sim 0{,}5$ kg/cm², entsprechend der schraffierten Fläche in Abb. 321, wird mit $p_l = 1{,}75$ kg/cm² (gleich dem Aufladedruck), $\delta' = 1{,}04$ (entsprechend $\lambda = 1{,}65$), $\varphi_w = 0{,}1$ und $\eta_{i-l} = 0{,}45$ (entsprechend einem Verbrauch $b_{i-l} = 0{,}132 \cdot \frac{8{,}70}{8{,}20} = 0{,}140$ kg/PS . h)

$$p_5 = 1{,}04 \cdot 1{,}75 + \frac{1{,}986}{6{,}00} \cdot \frac{13}{14} \cdot \frac{1}{0{,}718} \cdot \frac{1 - 0{,}45 - 0{,}10}{0{,}45} \cdot 8{,}20 = 5{,}33 \text{ kg/cm}^2.$$

Die Auslaßschlitze öffnen im Punkt z_a des Diagramms, Abb. 321. Bei der Ermittlung

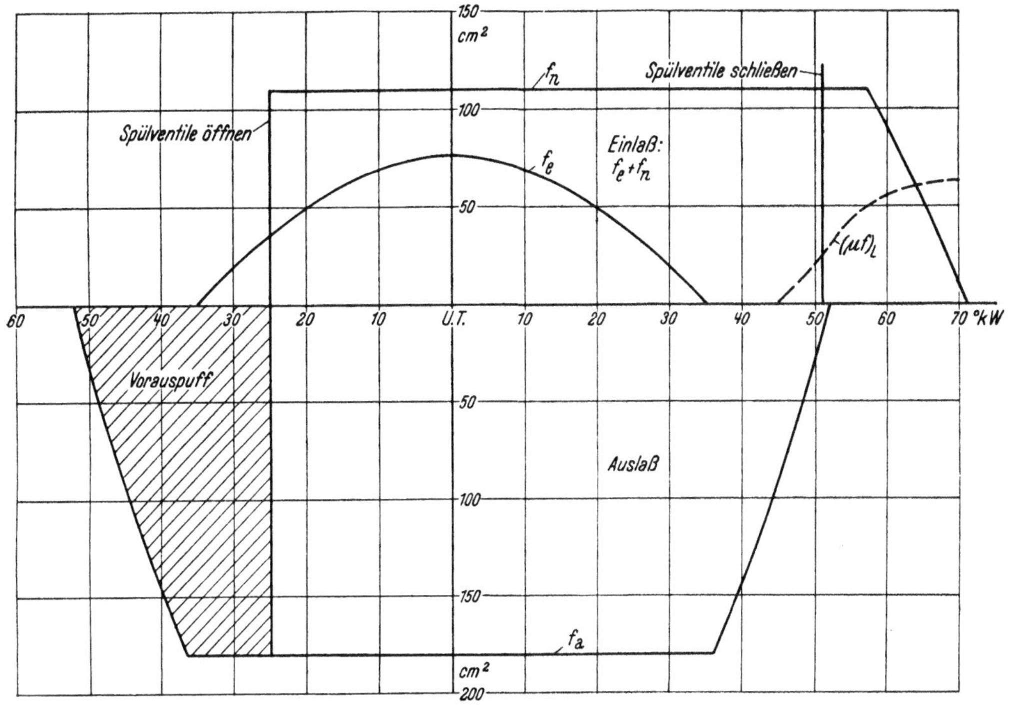

Abb. 320. Geometrische Querschnitte der Steuerung in Beispiel S. 300.

der Beziehungen zwischen p_5 und p_{za} ist das Rückschlagen der Abgase in den Raum E und die Kolbenbewegung zu berücksichtigen. Die Zustandsänderung im Zylinder und in E ist exakt mit den Ausdrücken nach (232) bis (234) unter Beachtung der Ausführungen auf Seite 207 zu berechnen. Um die zeitraubende schrittweise Berechnung zu vermeiden, kann sehr rascher Druckausgleich zwischen Zylinder und Raum E und dann bis zum Einsetzen der Strömung gleicher Druck in E und im Zylinder angenommen werden.

Unter Vernachlässigung der Verschiedenheit der spezifischen Wärmen der Gasinhalte im Raum E und im Zylinder erhält man für den Druckausgleich (zunächst ohne Kolbenbewegung) aus der Bedingung, daß die Summe der inneren Energie der Gasinhalte durch den Druckausgleich nicht verändert wird,

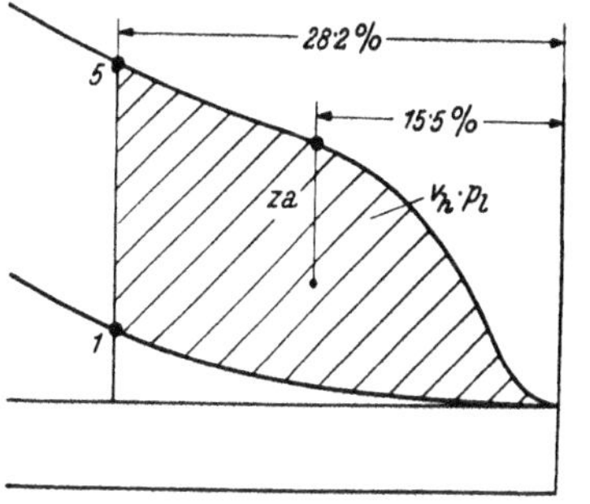

Abb. 321. Skizze des Diagramms während des Ladungswechsels, Beispiel S. 300.

$$z_5\, p_5 + \varphi_E \cdot p_L = (z_5 + \varphi_E)\,(p_5).$$

Darin ist (p_5) der Druck im Zylinder und im Raum E nach dem Druckausgleich,

$z_5 = z_{ab}$ das verhältige Zylindervolumen beim Öffnen der Nachladeschlitze (=Volumen beim Abschluß des Zylinders). Es ist $z_5 = 0{,}718 \cdot \frac{14}{13} = 0{,}775$ und

$$(p_5) = \frac{0{,}775 \cdot 5{,}33 + 0{,}2 \cdot 1{,}75}{0{,}975} = 4{,}60 \text{ kg/cm}^2.$$

Durch die Kolbenbewegung wird der Druck bis zum Öffnen der Auslaßschlitze auf

$$p_{za} = \left(\frac{0{,}975}{1{,}102}\right)^{1,4} \cdot 4{,}60 = 3{,}88 \text{ kg/cm}^2$$

herabgemindert.

Es wird angenommen, daß die Nachladeventile bei 0,02 kg/cm² Druckdifferenz öffnen, daher beginnt die Spülung erst beim Erreichen eines Druckes 1,29 — 0,02 = = 1,27 kg/cm² im Zylinder und im Raum E. Der bis zur Drucksenkung auf 1,27 kg/cm² freizugebende Winkelquerschnitt wird mit (3) berechnet. Da die Durchflußzahlen im vorliegenden Fall nicht gemessen wurden, werden die Werte von Nusselt für Blenden nach Abb. 20 bei der Rechnung benützt. Mit $\mu_a = 0{,}72$ als Mittelwert, $\beta_a = 0{,}318$ (Schlitzbreite 360 mm) wird

$$A_a = \frac{0{,}36 \cdot 250}{0{,}318 \cdot 0{,}72} = 393 \text{ m/min.}$$

Mit vorläufig geschätzten $z_m + \varphi_E = 1{,}125$ und $T_{za} = 1100^0$ K wird nach (3)

$$C = 1{,}5 \cdot 393 \cdot \frac{1{,}125}{1{,}42 \cdot 29 \cdot 1100} \cdot \left(\frac{3{,}88}{1{,}03}\right)^{0,148} = 3{,}12,$$

$$B = 1{,}5 \cdot 393 \cdot \frac{1}{2{,}12 \cdot 29 \cdot 1100} = 1{,}55$$

m wurde nach S 18 ermittelt, der verhältnismäßige Wärmeübergang während des Vorauspuffs $\varphi_{wv} = 0{,}03$ geschätzt. Man erhält mit $\lambda = 1{,}65$, $\lambda_l = 0{,}83$, $L_o = 12$ m³/kg (Außenzustand)

$$Q_{wv} = \frac{10.000}{1{,}65 \cdot 12{,}0} \cdot 0{,}83 \cdot 0{,}03 = 12{,}6 \text{ k/cal.}$$

und aus (18), wobei an Stelle von $(1 - \sigma_a)\frac{\varepsilon}{\varepsilon - 1}$ das um φ_E vergrößerte mittlere Zylindervolumen einzusetzen ist,

$$A = \frac{0{,}0427 \cdot 12{,}6}{3{,}88 \cdot 1{,}125} = 0{,}123$$

und mit $\frac{p_{za}}{p_s} = \frac{3{,}88}{1{,}29} = 3{,}0$, das an Stelle von $\varkappa$ in (3 a) einzusetzende $m = 1{,}42$.

Mit den Grenzen $\frac{3{,}88}{1{,}03}$ und $\frac{1{,}27}{1{,}03}$ für das Integral auf der rechten Seite von (3) wird aus Abb. 11 $\sigma_a - \sigma_e \sim 11{,}0\%$ oder für $p_z = 1{,}27$ kg/cm² (Öffnen der Spülventile) 15,5 — 11,0 = 4,5% Kolbenabstand v. u. T. Da die Auslaßschlitze nach Abb. 319 nur bis ~ 8% Abstand v. u. T. heruntergezogen sind, fällt eine annähernd dreieckförmige Winkelquerschnittfläche gegenüber den der Abb. 11 zugrunde liegenden Werten weg. Das wird annähernd dadurch berücksichtigt, daß man annimmt, daß $p_z = 1{,}27$ kg/cm² nicht bei 27,5° KW, sondern erst bei 25° KW v. u. T. erreicht wird.

Da sich in dem Raum E vor dem Ladungswechsel Luft mit dem Druck 1,75 kg/cm² befand, ist bei der Expansion auf $p_s = 1{,}27$ kg/cm² die Luftmenge

$$\triangle \Lambda_o = 0{,}2 \cdot \frac{288}{345} \cdot \frac{1{,}75}{1{,}0} \left[1 - \left(\frac{1{,}27}{1{,}75} \right)^{\frac{1}{1,4}} \right] = 0{,}06$$

aus dem Raum E in den Zylinder eingeströmt.

Der Spülvorgang beginnt demnach schon vor dem Eröffnen der selbsttätigen Ventile.

Mangels genauerer Unterlagen wird der Berechnung die Spülkurve der Ver-

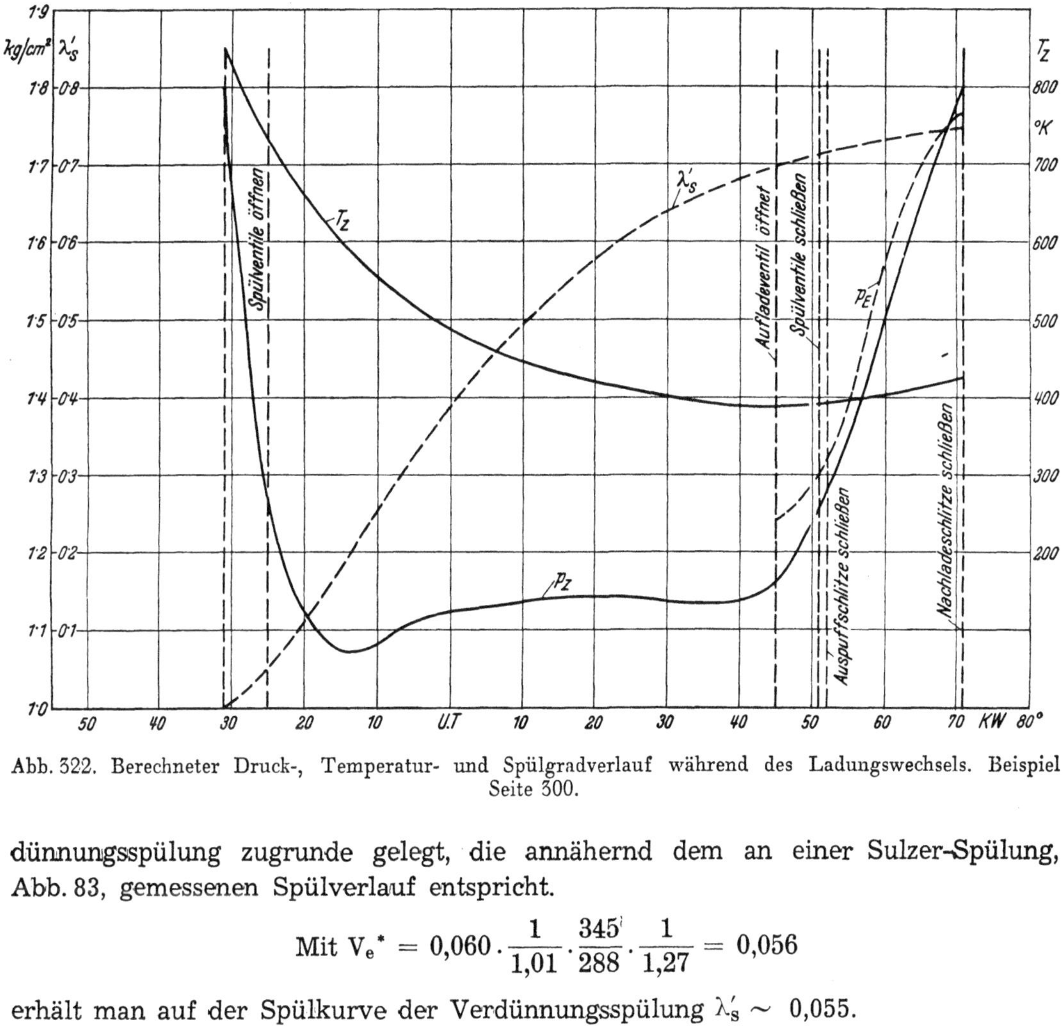

Abb. 322. Berechneter Druck-, Temperatur- und Spülgradverlauf während des Ladungswechsels. Beispiel Seite 300.

dünnungsspülung zugrunde gelegt, die annähernd dem an einer Sulzer-Spülung, Abb. 83, gemessenen Spülverlauf entspricht.

$$\text{Mit } V_e^* = 0{,}060 \cdot \frac{1}{1{,}01} \cdot \frac{345}{288} \cdot \frac{1}{1{,}27} = 0{,}056$$

erhält man auf der Spülkurve der Verdünnungsspülung $\lambda_s' \sim 0{,}055$.

Bei 25,0° KW v. u. T. setzt nun die eigentliche Spülung ein. Das selbsttätige Ventil öffnet und der Raum E wird von einem Spülluftstrom durchflossen.

Die Spülung verläuft bei annähernd gleichbleibendem Druck im Zylinder. Erst in der Nähe des Abschlusses der Auslaßschlitze steigt der Druck infolge der Drosselung des austretenden Stromes. Bei der Rechnung mit (297 a—d) und (298 a—c) wird die Speicherfähigkeit des Raumes E berücksichtigt. Da der Raum E verhältnismäßig klein ist und sich der Druck darin nicht wesentlich ändert, macht man keinen großen Fehler, wenn man die Speicherfähigkeit E zunächst vernachlässigt. Man kann dann die Drosselung im Ventil und in den Schlitzen durch eine summarische Durchflußzahl erfassen und diese auch bei geöffneter unterer Schlitzreihe so bemessen, daß ihr Produkt mit dem gesamten Querschnitt den wirksamen Querschnitt gibt. Die Rechnung läßt sich dann mit (97 a/I) und (98/I) für die einfache Schlitzsteuerung durchführen. Die Durchflußzahlen können durch Messungen bei stationärem Durchfluß unschwer bestimmt werden.

Im vorliegenden Fall wurden mangels gemessener Werte die Durchflußzahlen für die beiden Reihen der Einlaßschlitze (einschließlich Drosselung im Ventil) und für die Auslaßschlitze, entsprechend Abb. 20, $\mu = 0{,}63$ gesetzt (Wert für kleine Druckverhältnisse) und im ganzen Verlauf der Spülung unverändert angenommen. Spülgrad λ_s' und Temperaturverlauf wurden nach Abschnitt II, 2, b, schrittweise berechnet.

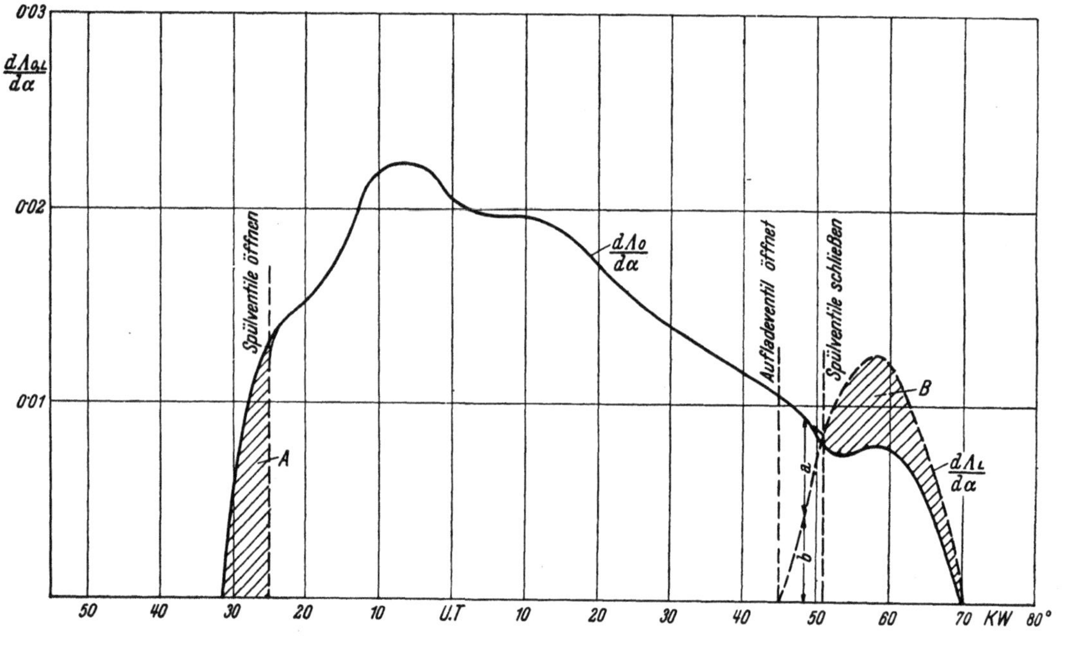

Abb. 323. Einströmgesetz in den Zylinder und durch das Nachladeventil. Beispiel S. 300.

Abb. 322 zeigt als Ergebnis den Verlauf von p_z, T_z (Temperatur des gemischten Zylinderinhaltes) und λ_s'. Annähernd mit dem Abschluß der Auslaßventile schließen auch die Spülventile der oberen Zylinderseite, da der Druck im Raum E dann den Spüldruck p_s übersteigt. Da vorher bei 45° KW n. u. T. das Aufladeventil geöffnet wurde, steigt nun der Druck im Zylinder stark an. Wenn die Steuerung, wie im vorliegenden Fall, richtig bemessen ist, erreicht der Druck im Zylinder den Aufladedruck p_L ungefähr beim Abschluß der Nachladeschlitze. Nach dem Öffnen des Nachladeventils, also ab 45° KW n. u. T., verändert sich der Druck im Zylinder und im Raum E stärker, die Speicherwirkung der beiden Räume sollte daher berücksichtigt werden.

Um an die Rechnung ohne Berücksichtigung der Speicherwirkung anschließen zu können, muß der Druck im Raum E im Anschlußpunkt 45° KW n. u. T. bekannt sein. Dazu kann man p_E für diesen Zeitpunkt für stationären Durchfluß durch die Kontinuitätsbeziehungen ermitteln.

Es gilt angenähert

$$(\mu f)_s \cdot \sqrt{p_s - p_E} = (\mu f)_n \cdot \sqrt{p_E - p_z}.$$

Daraus kann p_E ermittelt werden. Man rechnet nun mit diesem Wert, als Anfangswert p_E' vom Anschlußpunkt (45° KW n. u. T.) aus mit den Ausdrücken (297 a—d) bis (298 a—c) weiter.

Um die Veränderung von λ_s' in diesem Rechenabschnitt zu bestimmen, wird sinngemäß nach (101 b/I)

$$\triangle V_e^* = \frac{2}{\varkappa \cdot p_z''} \left[B_{pE} \sqrt{p_E'' - p_z''} + B_{pe} \cdot \sqrt{p_s - p_z''} \right]$$

und $\triangle V_a^*$, wie in Teil I angegeben, ermittelt und $\triangle \lambda_s'$ nach Abschnitt A, II, 2, b, mit der Spülkurve bestimmt. Die Temperatur des gemischt gedachten Zylinderinhaltes während der Spülung wird nach (130, 131) berechnet.

Die Spülventile SV schließen bei annähernd 50^0 KW n. u. T. Die Rechnung wird nun mit $(\mu f)_s = 0$ bis zum Abschluß der Nachladeschlitze fortgesetzt und gibt dann den Zustand zu Beginn der Verdichtung. Es ist $z_{ab} = 0{,}775$, $p_{z\,ab} = 1{,}80$ kg/cm², $\lambda_s' = 0{,}74$ und $T_{sz\,ab} = 360^0$ K.

Summiert man die in den einzelnen Intervallen eingeströmten Spül- und Ladeluftmengen sinngemäß nach (101 c/I), so erhält man

Spülluftaufwand	$\Lambda_{os} = 1{,}25$
Aufladeluftaufwand	$\Lambda_{oL} = 0{,}19$
Gesamtluftaufwand	$\Lambda_o = 1{,}44$

Einen interessanten Einblick in die Gasbewegung liefert das Einströmgesetz der Spül- und Ladeluft in den Zylinder und der Ladeluft in den Raum E nach Abb. 323. $\frac{d\,\Lambda_o}{d\,\alpha}$ ist das Einströmgesetz der Spülluft und Aufladeluft in den Zylinder. Die Fläche A entspricht der Luftmenge, die aus dem vom vorhergegangenen Ladungswechsel aufgeladenen Raum E in den Zylinder strömt, bis sich bei 25^0 KW v. u. T. die Spülventile öffnen. Die strichlierte Kurve ist das Einströmgesetz der Aufladeluft in den Raum E. Die Luftmenge, entsprechend Fläche B, ist die Differenz zwischen der in den Raum E einströmenden und ausströmenden Aufladeluft, die zur Aufladung von E dient. Die Flächen A und B sind gleich. In Abbildung 323 bedeutet a die in der Zeiteinheit eintretende Spülluft, b die in der Zeiteinheit eintretende Aufladeluft.

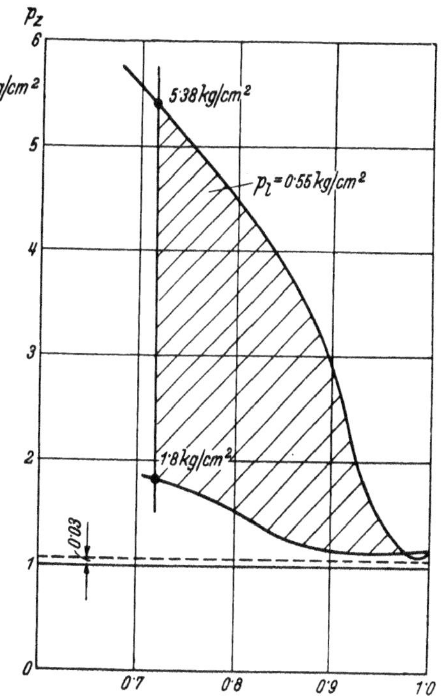

Abb. 324. Berechnetes Ladungswechseldiagramm. Beispiel S. 300.

Aus dem Zustand der Frischluft im Zylinder beim Abschluß desselben erhält man den Liefergrad λ_l aus (132).

$$\lambda_l = 0{,}74 \cdot 0{,}775 \cdot \frac{1{,}80}{1{,}00} \cdot \frac{288}{360} = 0{,}83$$

Der Innendruck p_{i-l} wird aus (52/I)

$$p_{i-l} = 0{,}0427 \cdot \frac{10.000 \cdot 0{,}45}{12{,}0 \cdot 1{,}65} \cdot 0{,}83 = 8{,}0 \text{ kg/cm}^2.$$

Der Druckverlauf p_z während des Ladungswechsels, über dem Kolbenweg aufgetragen, gibt nach Abb. 324 die Ladungswechselarbeit $p_l = 0{,}55$ kg/cm². Der Innendruck p_i ist daher

$$p_i = p_{i-l} + p_l = 8{,}6 \text{ kg/cm}^2$$

Mit $\eta_{ad} = 0{,}7$ für die Verdichtung der Spül- und Ladeluft wird

$$p_{La} = 1{,}25 \,.\, 0{,}38 + 0{,}19 \,.\, 0{,}86 \sim 0{,}6 \text{ kg/cm}^2$$

und mit $p_r = 0{,}6$ kg/cm² der Nutzdruck

$$p_e = 7{,}4 \text{ kg/cm}^2.$$

Der Nutzverbrauch wird

$$b_e = 0{,}132 \,.\, \frac{8{,}6}{7{,}4} = 0{,}153 \text{ kg/PS} \,.\, \text{h}.$$

An einem Einzylindermotor, Bauart 1 SD 72, mit gleichem Steuerungssystem (aber verschiedenen Abmessungen) wurden bei Sulzer Aufladeversuche ausgeführt, die folgendes Ergebnis hatten:

$p_e = 7{,}45$ kg/cm², $b_e = 0{,}154$ kg/PS . h, $p_i = 8{,}70$ kg/cm². Es war weiter $\Lambda_o = 1{,}40$, der Spülüberdruck $p_{sü} = 0{,}247$ kg/cm², der Aufladeüberdruck $p_{Lü} = 0{,}68$ kg/cm² und der Auspuffgegendruck $p_{tü} = 0{,}063$ kg/cm². Die Auspufftemperatur war $t_A = 407^0$ C. Abb. 325 zeigt das dabei erhaltene Schwachfederdiagramm. Steuerungsabmessungen und Verdichtungsverhältnis wurden in dem übermittelten Bericht nicht angegeben. Die Ergebnisse sind ähnlich den im Beispiel errechneten.

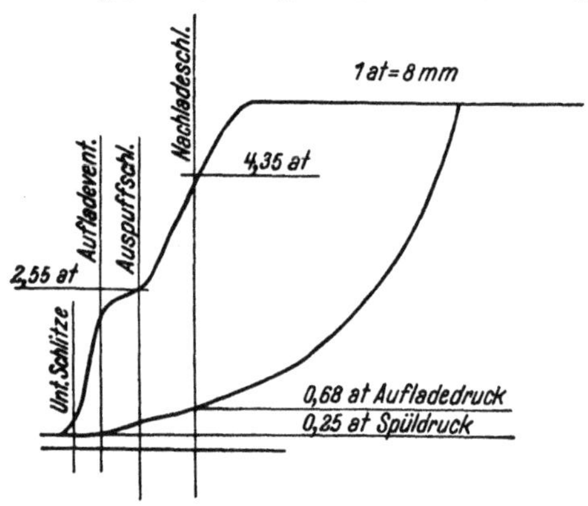

Abb. 325. Gemessenes Ladungswechseldiagramm einer Maschine mit einer Steuerung ähnlich im Beispiel S. 300.

Die Ergebnisse der Berechnung lassen sich noch weiter auswerten und dadurch der Einblick in die Vorgänge vertiefen.

Die Ladungstemperatur am Anfang der Verdichtung kann angenähert aus (81) berechnet werden. Darin ist p_5 an Stelle von p_{za} (Abb. 322) und $p_{zm} = 1{,}14$ kg/cm² einzusetzen. Mit $T_s = 318^0$ K (entsprechend Außenzustand und $\eta_{ad} = 0{,}7$ der Spülpumpe) wird

$$T_{z\,ab} = 318 \,.\, \frac{1 - (1 - 0{,}74) \,.\, \left(\frac{1{,}8}{5{,}33}\right)^{\frac{1}{1{,}42}} \,.\, 1{,}04}{0{,}74} \left(\frac{1{,}8}{1{,}14}\right)^{0{,}286} = 428^0 \text{ K}.$$

Nun ist $T_{sz\,ab} = 362^0$ K und

$$\lambda_s = \lambda_s' \,.\, \frac{T_{sz\,ab}}{T_{z\,ab}} = 0{,}88.$$

Die Gesamtladung $\lambda_g = 0{,}95$.

Es ist weiter die Temperatur im Punkt 5

$$T_5 = 428 \,.\, \frac{5{,}33}{1{,}80} \,.\, \frac{1}{1{,}04} = 1220^0 \text{ K}$$

und die Temperatur beim Öffnen der Auslaßschlitze

$$T_{za} = 1220 \,.\, \left(\frac{3{,}88}{5{,}33}\right)^{\frac{1{,}42-1}{1{,}42}} = 1110^0 \text{ K}.$$

Die für die Berechnung des Vorauspuffzeitquerschnittes früher eingesetzte geschätzte Temperatur war 1100° K, daher erübrigt sich eine Korrektur der Rechnung.

4. Untersuchungen an Großdieselmotoren der Friedrich-Krupp-Germaniawerft AG.

Die langsam laufenden großen Schiffsmotoren der Germaniawerft wurden in der ersten Zeit der Entwicklung mit Ventilspülung ausgeführt.

Die damit erreichbare Belastungsfähigkeit der Maschine konnte jedoch nicht voll ausgenützt werden, da der Zylinderdeckel infolge des Einbaues der Spülventile durch Wärmespannungen zu stark belastet wurde. Man ging aus diesen Gründen daher bald von der Ventilspülung auf die reine Schlitzspülung über. Die ersten Ausführungen derselben waren einfache Querspülungen, die nur bei kurzhubigen Maschinen ausreichende Spülwirkung ergaben. Da Maschinen für verhältnismäßig langsam laufende Frachtschiffe zur Erzielung guter Propellerwirkungsgrade niedere Drehzahlen haben müssen, daher langhubig gebaut werden sollen, stellte sich die Forderung nach Entwicklung von Spülsystemen, die gute Spülwirkung auch bei großen Hubverhältnissen ergeben.

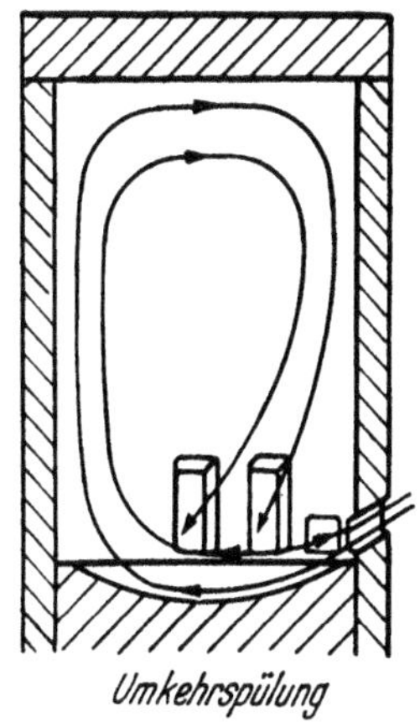

Abb. 326. Umkehrspülung der Friedr.-Krupp-Germaniawerft AG.

Dazu wurde zunächst die in Abb. 326 dargestellte Umkehrspülung entwickelt. Mit Rücksicht auf Patentschwierigkeiten wurde auf eine verbesserte Querspülung, Abb. 95, übergegangen. Die erste Ausbildung dieses Spülsystems hat einige Nachteile. Infolge des von den seitlichen Hilfseinlaßschlitzen benötigten Raumes ist der Zylinderumfang hinsichtlich der Unterbringung von Durchströmquerschnitten nicht sehr gut ausgenützt. Durch die Absaugöffnungen über den Einlaßschlitzen strömt ein Teil der Spülluft ab, welcher für die Spülung verlorengeht. Es wurden daher bei späteren Ausführungen die Hilfseinlaßschlitze weggelassen und der Raum zur Verbreiterung der Einlaßschlitzreihe ausgenützt. Weiters erhielten bei den neuen Ausführungen nur die seitlich liegenden Schlitze Absaugöffnungen, da nur bei diesen infolge der Nähe der Auslaßschlitze unmittelbares Abströmen zum Auslaß vermieden werden muß. Die Hochspülung wird vor allem durch sehr starke Neigung der Schlitzkanäle zur Zylinderachse erreicht. Dadurch wird allerdings der Einlaßquerschnitt erheblich verkleinert.

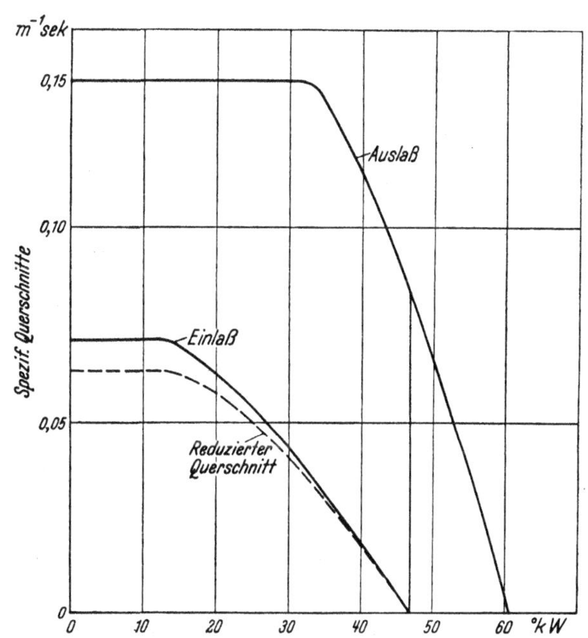

Abb. 327. Spezifische Zeitquerschnitte der Type X 60/115 der Friedrich-Krupp-Germaniawerft AG.

Den verfügbaren Unterlagen konnten die in Zahlentafel 18 dargestellten Werte für die Spülung einiger älterer Motoren entnommen werden. Die Maschinen arbeiten noch mit Lufteinblasung, haben daher Verbräuche, die über den Werten neuzeitlicher Motoren liegen. Die Angaben über den Ladungswechsel sind jedoch auch noch heute von Interesse. Die Spülluft wird durch doppeltwirkende Kolbenpumpen gefördert.

Die spezifischen Zeitquerschnitte für Vorauspuff und Einlaß sind ungefähr gleich groß. Die Durchflußzahlen μ_m sind bei Quer- und Umkehrspülung nahezu gleich und verhältnismäßig hoch.

Zahlentafel 18.

Kennwerte der Spülung von Schiffsmotoren der Friedrich-Krupp-Germaniawerft AG.

Type	X 60/115	13 ezs	y 68/130
Zylinderzahl	6	4	4
Zylinderdurchmesser mm	600	680	680
Hub mm	1150	1300	1300
Nennleistung PS	2170	1600	1800
Drehzahl U/min.	110	90	95
Mittlere Kolbengeschwindigkeit m/sek.	4,22	3,9	4,12
Schubstangenverhältnis	1/4,27	1/4,31	1/4,31
p_e km/cm²	4,55	4,2	4,5
p_i km/cm²	5,9	5,6	5,9
b_e kg/PS h	0,181	0,184	0,181
b_i kg/PS h	0,141	0,139	0,138
Spülsystem	Umkehrspülung Abb. 333	Umkehrspülung ähnlich Abb. 333	Querspülung Abb. 334
Spüldruck $p_{sü}$ kg/cm²	0.129	0,110	0,116
Auspuffgegendruck $p_{tü}$	0,029		0,025
μ_m	0,75		0,73
μ_r	0,82		
Luftaufwand (λ_l = 0.97 der Spülpumpe) Λ_0	1,28	1,41	1,33
A_e' m/min.	480		545
$\frac{\text{Hubvolumen Spülpumpe}}{\text{Hubvolumen Motor}}$	1,32	1,453	1,38

Abb. 327 zeigt ein Diagramm der spezifischen Zeitquerschnitte der Type X 60/115, Abb. 328 die mit einer konstanten Durchflußzahl gerechneten und für verschiedene Drehzahlen gemessenen Zusammenhänge zwischen Spüldruck und Drehzahl bei annähernd konstantem Luftaufwand. Die Meßpunkte zeigen, daß die Durchflußzahl, wie im Abschnitt A, II, 1, b, α, 1, ausgeführt, mit abnehmender Drehzahl etwas kleiner wird.

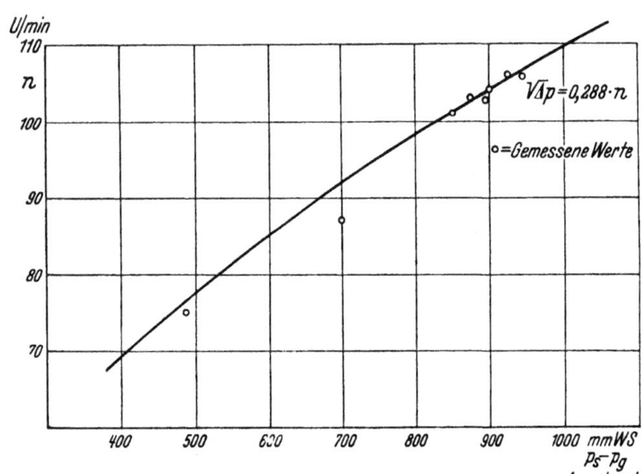

Abb. 328. Gerechnete und gemessene Zusammenhänge zwischen Spüldruckgefälle $p_s - p_g$ und Drehzahl der Maschine X 60/115 der Friedrich-Krupp-Germaniawerft AG.

Starke Druckschwankungen in der Auspuffleitung einer Maschine, 13 ezs (4 Zyl.), mit einem Durchmesser von nur d = 0,88 Zylinderdurchmesser sind aus Abb. 329 zu ersehen. Die Amplitude der Vorauspuffwelle des Zylinders I, hinter dem die Meßstelle angebracht war, liegt über 0,3 kg/cm². Der Druckverlauf erfüllt die in Abschnitt III, 4, gestellten Anforderungen, wirkt daher günstig auf den Ladungswechsel. Die Spülung wird nur im Anfang durch die Vorauspuffwelle etwas beeinträchtigt, vollzieht sich im weiteren Verlauf nach Abbildung 329 bei niedrigem Gegendruck. Gegen Ende bewirkt die Vorauspuffwelle des

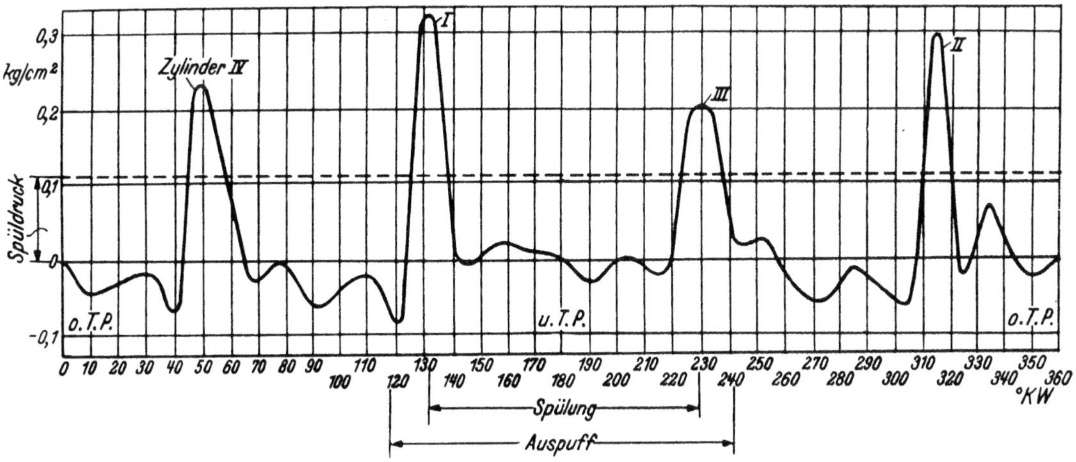

Abb. 329. Druckverlauf in der Auspuffleitung einer Vierzylindermaschine 13 ezs der Friedrich-Krupp-Germaniawerft AG.

nachfolgenden Zylinders eine erhebliche Drucksteigerung, die nach Abb. 330a eine Aufladung beim Abschluß des Zylinders bis auf ~ 0,33 kg/cm², also über den Spüldruck, bewirkt. Schaltet man den nachfolgenden Zylinder aus, so ist der Druck zu Beginn der Verdichtung nach Abb. 330b wesentlich niederer, immerhin aber wegen Drosselung und Kolbenbewegung noch 0,13 kg/cm². Das Verhältnis der Abszissen der Verdichtungslinie bei gleichem Druck wie Abb. 330 mit 39 : 46 gibt in grober Annäherung das Verhältnis der Ladungsmengen im Zylinder. Durch die Druckschwingung im Auspuffrohr wird demnach eine ~ 18%ige Erhöhung der Ladung im Zylinder erzielt. Die Ladungsmengen der einzelnen Zylinder sind nicht gleich, sondern stehen ungefähr in dem in folgender Zusammenstellung angegebenen Verhältnis zueinander. Bei gleichen Brennstoffmengen muß nach Teil I, S. 53, die Auspufftemperatur die entgegengesetzte Reihung zeigen, was zutrifft.

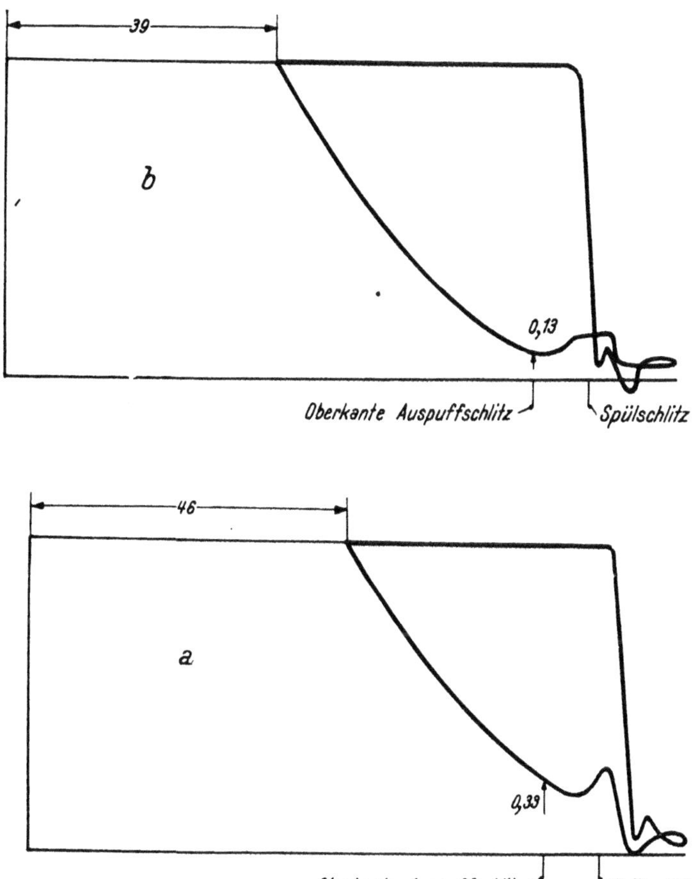

Abb. 330. Schwachfederdiagramme einer Vierzylindermaschine 13 ezs der Friedrich-Krupp-Germaniawerft AG. Einfluß der Vorauspuffwelle des in der Zündung folgenden Zylinders bewirkt Druckerhöhung von 0,13 atü (b) auf 0,33 atü (a) zu Beginn der Verdichtung.

Zylinder	I	II	III	IV
Verhältniszahl für die Gesamtladung	46	46	45	44,5
Auspufftemperatur	240	238	258	262° C

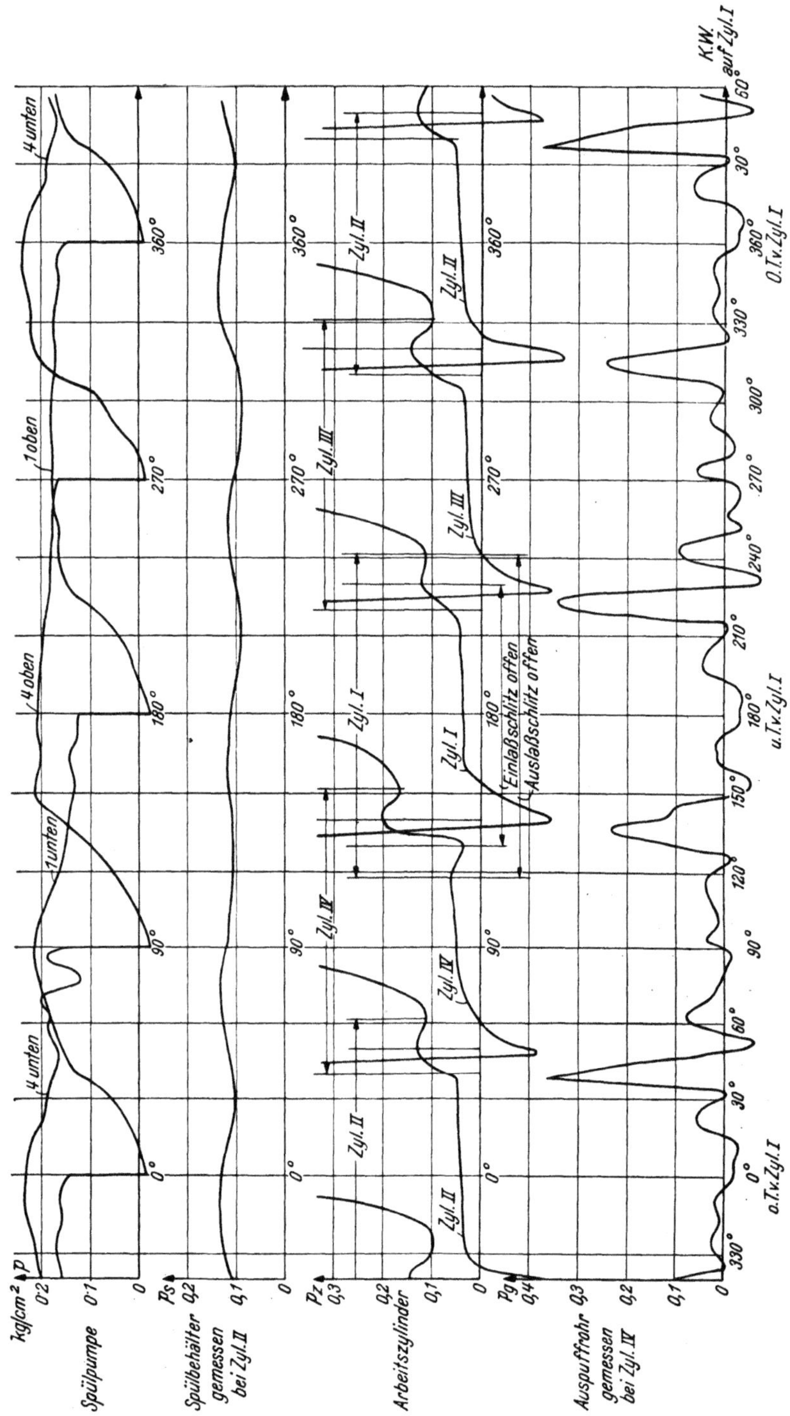

Abb. 331. Druckverlauf in den Kolbenspülpumpen, dem Spülbehälter, in den Zylindern während des Ladungswechsels und im Auspuffrohr einer Vierzylindermaschine. Bauart y 68/130 der Friedrich-Krupp-Germaniawerft AG.

Durch Vergleich der Auspufftemperaturen der einzelnen Zylinder einer Mehrzylindermaschine kann unter der Voraussetzung genau auf gleiche Mengen eingestellter Einspritzpumpen auf die Gleichmäßigkeit der Ladungsverteilung geschlossen werden.

Abb. 331 zeigt den Druckverlauf in den Spülpumpen, im Spülbehälter, in den

Zylindern während des Ladungswechsels und im Auspuffrohr der 4-Zylinder-Maschine, Bauart y 68/130. Auch hier ist die Aufladung durch die Vorauspuffwelle des nachfolgenden Zylinders ausgeprägt, jedoch etwas kleiner wie bei der Maschine Bauart 13 ezs, da die Auspuffleitung einen etwas größeren relativen Durchmesser (1,0 Zylinderdurchmesser) hat. Die Aufladung ist im Zylinder IV wesentlich höher als bei I, II und III.

Bei der 6-Zylinder-Maschine (Auspuffrohrdurchmesser = 1,05 Zylinderdurchmesser) arbeiten je drei Zylinder mit dem Druckverlauf nach Abb. 332 um 120° versetzt auf ein gesondertes Auspuffrohr. Nach Abb. 332 werden die Zylinder nicht auf-

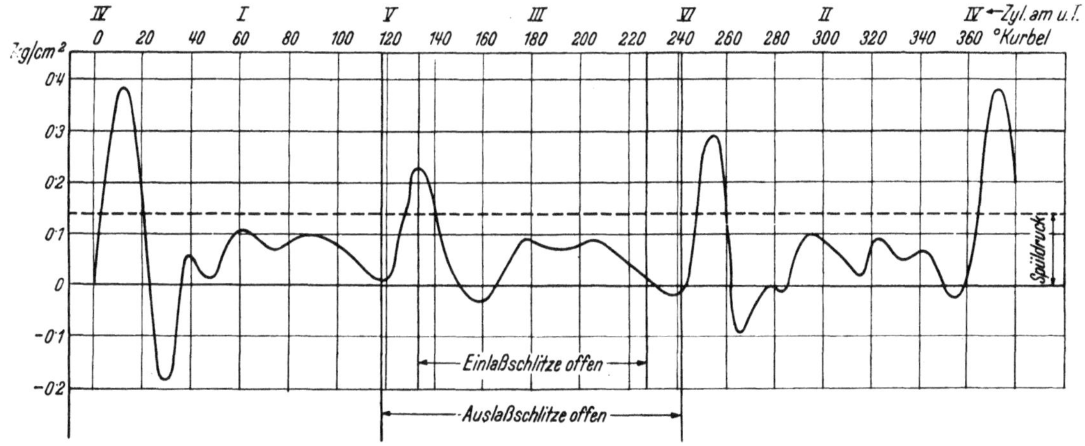

Abb. 332. Druckverlauf im Auspuffrohr einer Sechszylindermaschine mit getrennten Auspuffrohren für je drei Zylinder.

geladen, da die Vorauspuffwelle des jeweils folgenden Zylinders erst nach Abschluß der Auslaßschlitze des vorangehenden einsetzt. Ein Ausblasen von zwei um 60° versetzten Zylindern in ein Auspuffrohr würde ungünstigere Spülverhältnisse geben, da die Spülung durch den Vorauspuff des jeweils folgenden Zylinder stark gestört würde.

Bei der Laufbüchse, Abb. 333, des Zylinders der Maschine X 60/115 mit Umkehrspülung haben die Schlitze schräge Seitenkanten, um eine Gratbildung an den Kolbenringen zu vermeiden. Ein Fangen der Kolbenringe in den Schlitzen wird durch Ausschleifen der in Abb. 334 schraffierten Flächen oberhalb und unterhalb der Schlitze vermieden. Der Schlitzteil ist doppelwandig ausgeführt und mit Gummiringen im Gestell gedichtet. Zum Schutz gegen die heißen Abgase sind den Gummiringen eingestemmte Weicheisenringe auf der Gasseite vorgelagert. Dadurch ist eine gute Kühlung des Schlitzteiles der Laufbüchse, welcher während des Vorauspuffs und des ersten Teiles der Spülung erhebliche Wärmemengen aufnimmt, erzielt und eine einfache Verbindung der unterhalb und oberhalb der Schlitze liegenden Kühlwassermäntel ermöglicht. Der Schlitzteil der Laufbüchse Abb. 334 für die Maschine ez 68/130 mit Querspülung ist in einem rohrartigen Teil des Gestells abgedichtet und nicht unmittelbar wasserberührt. Dadurch wird die Kühlung des Schlitzteils der Laufbüchse weniger wirksam wie bei Abb. 333, bleibt jedoch für die nicht sehr hoch belastete, langsam laufende Maschine ausreichend. Die Ausbildung einer neuzeitlich einfach wirkenden Kreuzkopfmaschine der Germaniawerft zeigt Abb. 335. Die Absaugschlitze bedingen die Anordnung gußtechnisch verwickelter Kanäle im Gestell. Der Kolben ist mit einem dünnwandigen leichten Mantel ausgeführt, welcher die Abdichtung der Schlitze während der oberen Hublagen gegen den unteren Zylinderraum bewirkt.

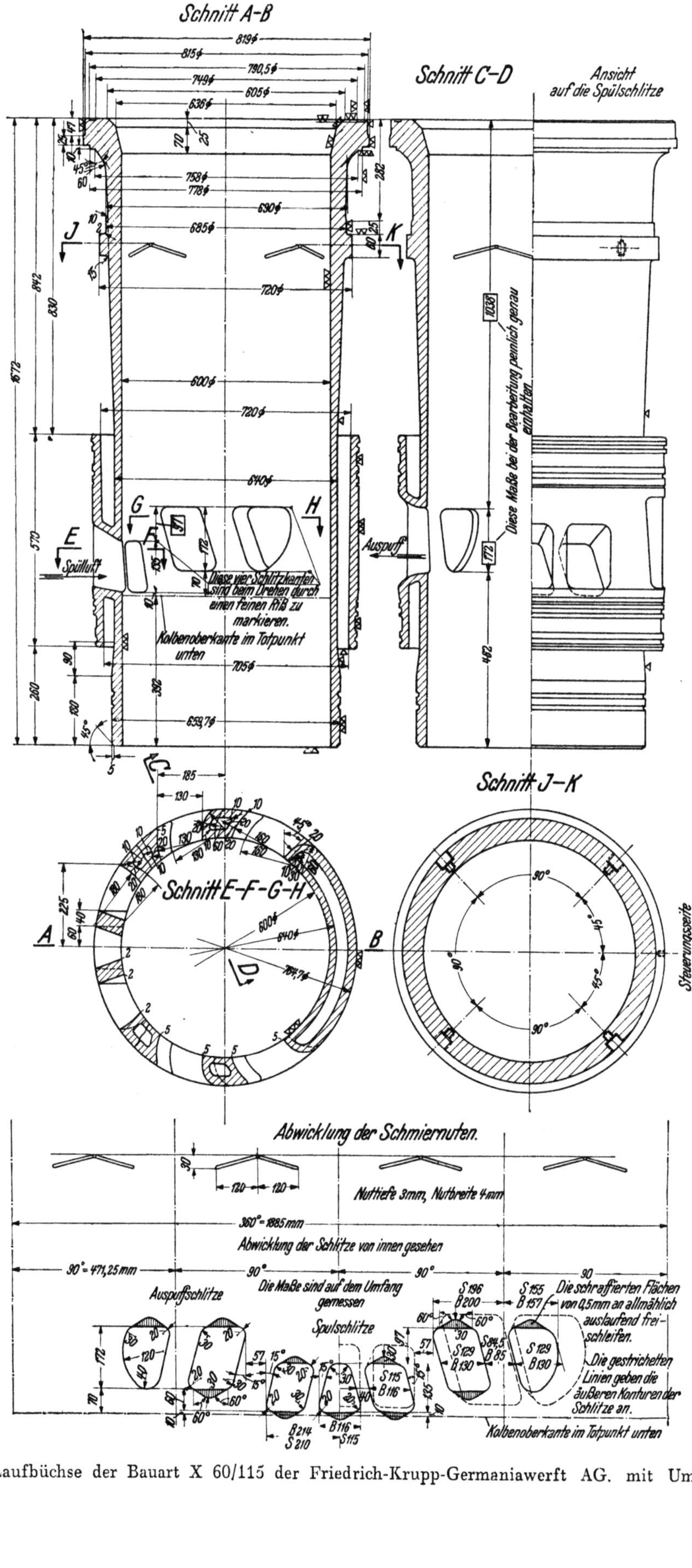

Abb. 333. Laufbüchse der Bauart X 60/115 der Friedrich-Krupp-Germaniawerft AG. mit Umkehrspülung.

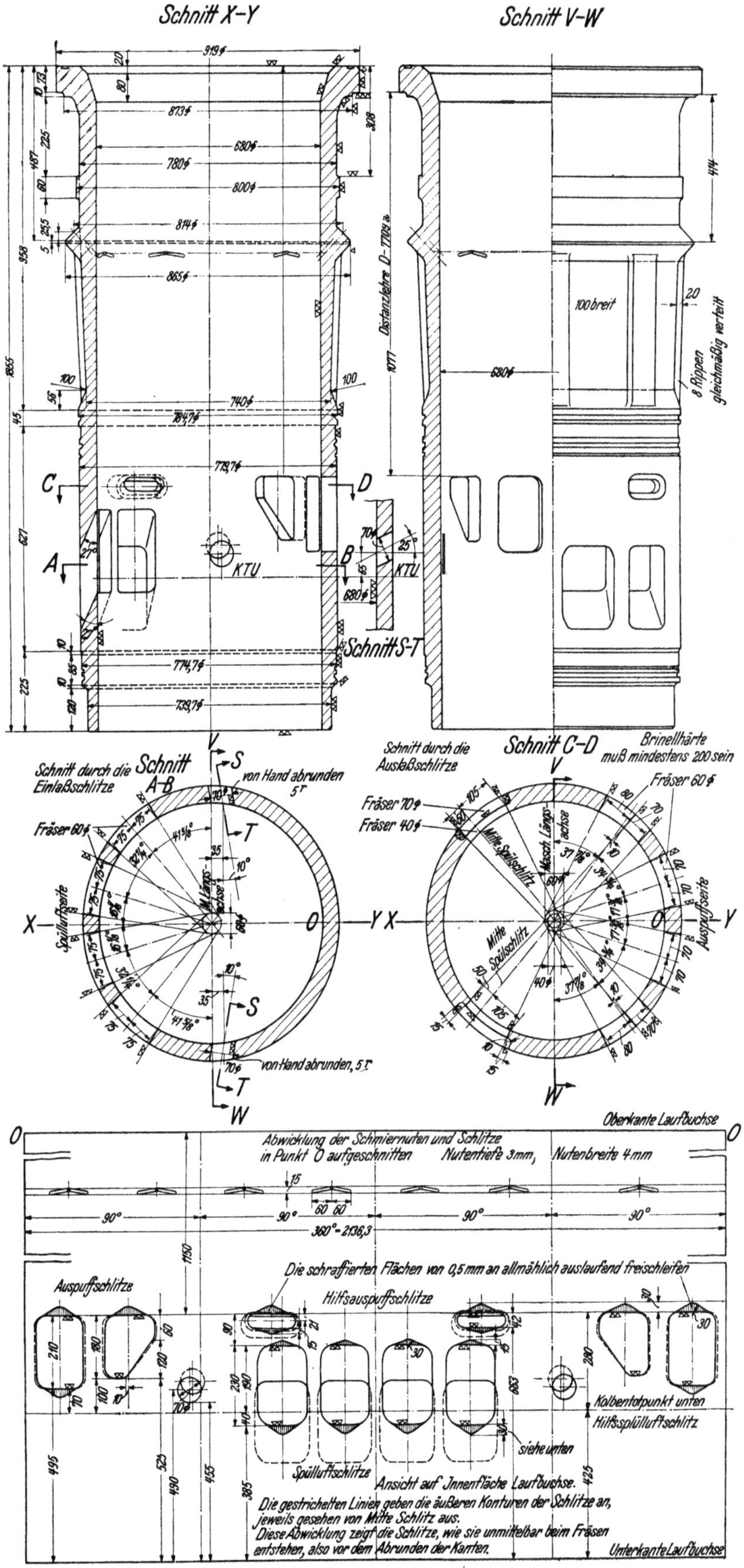

Abb. 334. Schnitt durch einen Zylinder einer Maschine Bauart Y 68/130 der Friedrich-Krupp-Germaniawerft AG.

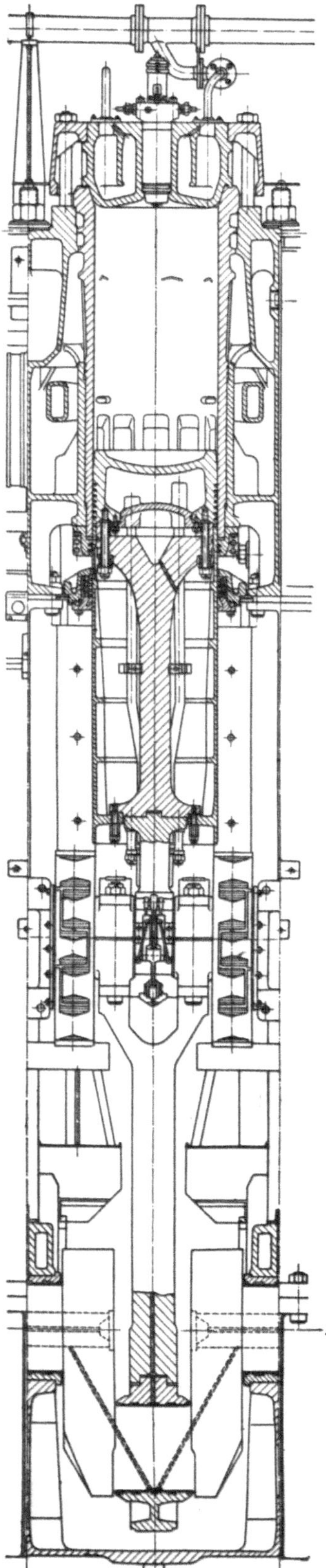

Abb. 335. Schnitt durch einen Zylinder einer Maschine, Bauart Z 115 B 6 u, der Friedrich-Krupp-Germaniawerft AG.

5. Zweitakt-Dieselmotor, Bauart 75 VTF-150/50, der Aktieselskabet Burmeister & Wain mit Steuerung des Auslasses durch einen zweiten Kolben.

Infolge der großen Vorteile der Gleichstromspülung ist auch bei Motoren größerer Leistung der dazu erforderliche konstruktive Mehraufwand tragbar. Beim Motor Bauart 75 VTF-150/50 von Burmeister & Wain, Abb. 336, wird der Auslaß durch einen Hilfskolben, der Einlaß vom Hauptkolben gesteuert. Beide Kolben haben gleiche Durchmesser. Der Hub des Hilfskolbens beträgt ein Drittel des Hubes des Hauptkolbens.

Die Maschine hat folgende Hauptabmessungen:

Zylinderdurchmesser	750 mm
Hub: Hauptkolben	1500 mm
Hub: Auspuffkolben	500 mm
Höchstdrehzahl	120 U/min
Hubraum	890 l/Zyl.
Leistung	$N_e = 1240$ PS/Zyl.
	$p_e = 5{,}25$ kg/cm²
	$p_i = 6{,}5$ kg/cm²
Pleuelstangenverhältnis	1 : 4

Der Hauptkolben arbeitet über einen Kurbeltrieb mit Kreuzkopf auf die Kurbelwelle. Am Hilfskolben sitzt ein Querhaupt, an dem 4 Zugstangen angreifen, diese führen die Kolbenkraft zwei Kreuzköpfen zu. Die beiden Kreuzköpfe wirken über je einen Exzentertrieb auf die Kurbelwelle. Die Exzenter sind an der Kurbelwelle beiderseitig der Kröpfung angeordnet. Der Exzentertrieb ist durch den kleinen Hub des Hilfskolbens möglich und hat gegenüber den von Junkers bei ortsfesten und Fahrzeugmotoren für den oberen Kolben verwendeten Kurbeltrieb den großen Vorteil, daß die Welle weder geschwächt, noch ihre Eigenschwingungszahl durch den Antrieb des Hilfskolbens wesentlich herabgesetzt wird.

Abb. 336 zeigt den Aufbau der Maschine. Das Zylinderrohr sitzt in einem Querträger und kann sich nach oben und unten frei dehnen. Der Flansch, mit dem es befestigt ist, hat nur im Fall des Kolbenfressens größere Kräfte zu übertragen. Im übrigen ersetzen die Zugstangen des Hilfskolbens die Zuganker von Maschinen mit Zylinderdeckel und leiten die Kräfte unmittelbar zur Kurbelwelle, in welcher der Kraftschluß der Gaskräfte erfolgt. Die Hauptlager des Motors sind daher weitgehend entlastet.

Die beiden Kolben sind mit Öl gekühlt, das durch Posaunenrohre zu- und abgeführt wird. Die Kühlung des Zylinderrohres erfolgt durch Wasser. Die Kühlmäntel für den Mittelteil und für das ringförmige Auspuffsammelrohr

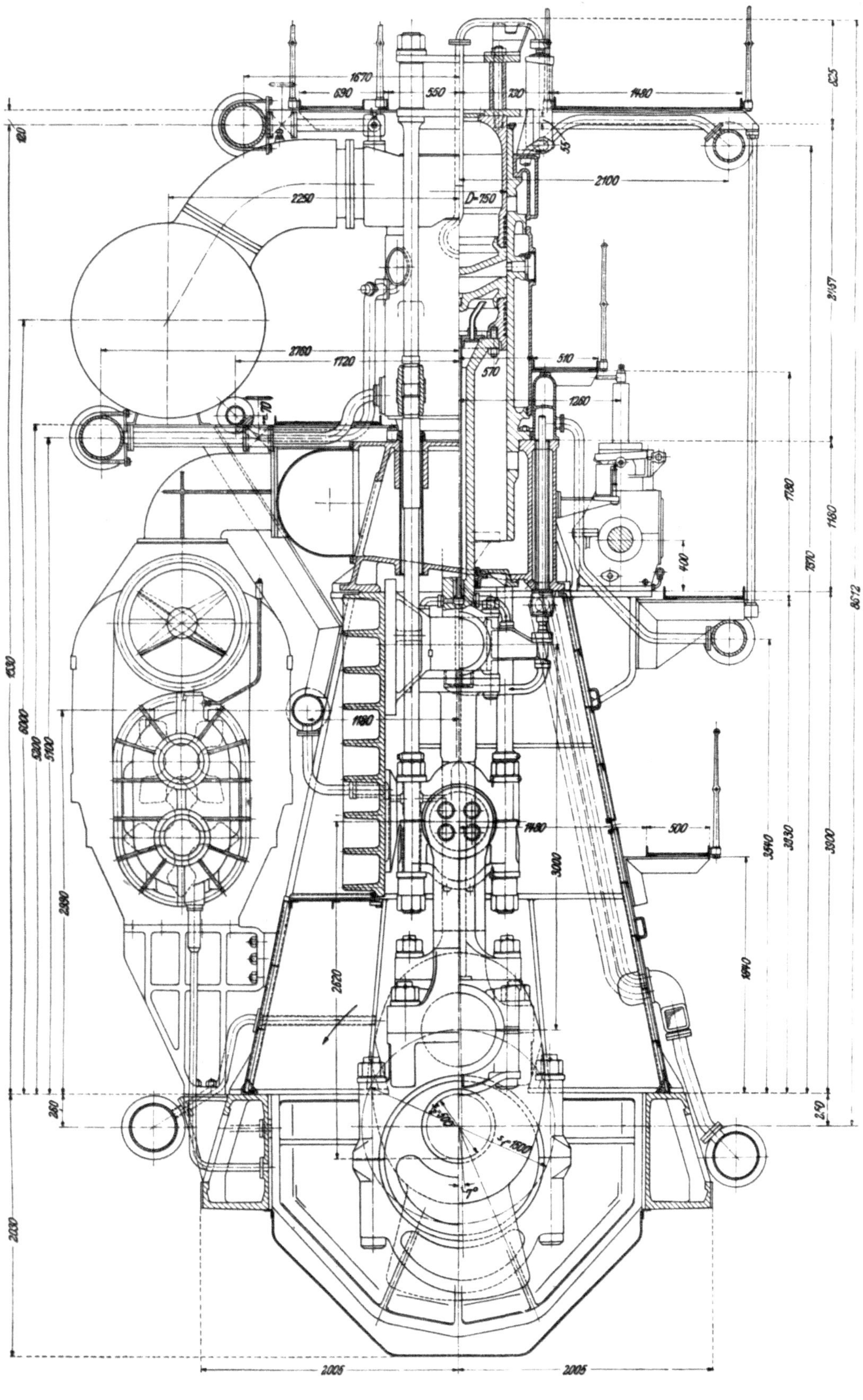

Abb. 336. Dieselmotor Bauart 75 VTF 150/50 von Burmeister & Wain.

werden über das Zylinderrohr gezogen und können sich in Gummiringdichtungen frei ausdehnen.

Die Spülluft wird durch ein vierflügeliges Rootsgebläse gefördert. Eine Drehklappe besorgt beim Umsteuern die erforderliche Umschaltung zwischen Gebläse, Einsaug- und Spülluftleitung. Die Spülluft wird durch eine Leitung mit halbkreisförmigem Querschnitt, die am Querträger sitzt, längs der Maschine verteilt, der Innenraum des Querträgers und die Kolbenunterseite dienen als Spülbehälter.

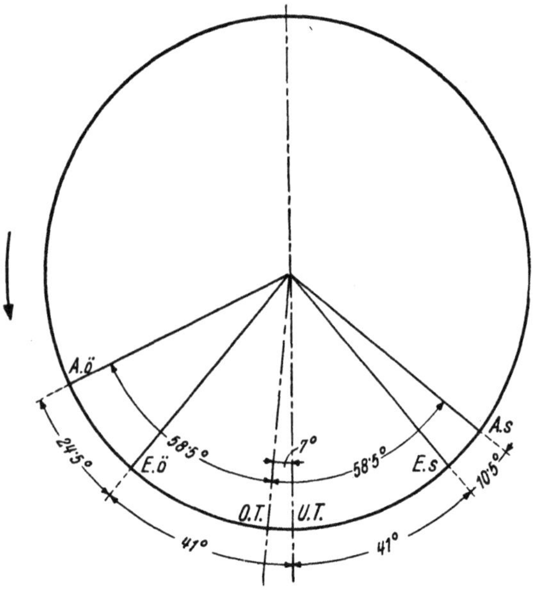

Abb. 337. Steuerdiagramm der Maschine nach Abb. 336 (angenähert).

Mit den aus Abb. 336 entnommenen Abmessungen wurde ein angenähertes Steuerungsdiagramm, Abb. 337, gezeichnet. Für die Vorwärtsfahrt wirkt die Steuerung als Aufladesteuerung und hat reichlich bemessenen Vorauspuff-Zeitquerschnitt. Die Auslaßschlitze schließen knapp nach den Einlaßschlitzen. Bei Rückwärtsfahrt ist der Zeitquerschnitt für den Vorauspuff so klein, daß starkes Rückschlagen auftritt. Da bei Rückwärtsfahrt jedoch nur kleine Leistungen benötigt werden, ist dieser Mangel und das starke Nachausströmen infolge des späteren Abschlusses der Auslaßschlitze von geringer Bedeutung. Das Spülluftgebläse fördert 120 m³/Zyl. min. Das entspricht einem Luftaufwand von $\Lambda_0 = 1{,}125$. Bei 120 U/min. ist der Überdruck der Spülluft 0,18 kg/m², ihre Temperatur 34° C.

Mit den vorhandenen Unterlagen (die Schlitzabmessungen sind der Abb. 337 nicht zu entnehmen) ist nur eine überschlägige Nachrechnung der Maschine möglich. Der verdrängende Luftaufwand ist nach (72) angenähert:

$$\Lambda_z' = 1{,}125 \cdot \frac{1}{1{,}0} \cdot \frac{1{,}03}{1{,}12} \cdot \frac{307}{288} = 1{,}10$$

wenn während der Spülung mit einem mittleren Zylindervolumen 1,0 V_h gerechnet und der mittlere Druck $p_{zm} = \frac{p_s + p_o}{2} = \frac{1{,}21 + 1{,}03}{2}$ angenommen wird.

Wird in Ermanglung anderer Unterlagen die Gültigkeit der an einem kleinen Modell ermittelten Spülkurven für Gleichstromspülung in Abb. 72 auch für die große Maschine vorausgesetzt, so kann der $\Lambda_z' = 1{,}10$ zugehörige Wert $\lambda_s' = 0{,}88$ der Abb. 72 entnommen werden. Beim Abschluß des Zylinders ist das Volumen $\sim 0{,}89\ V_h$. Wird weiter angenommen, daß der Zylinder beim Abschluß auf annähernd den Spüldruck aufgeladen ist, so ergibt sich der Liefergrad:

$$\lambda_l = 0{,}89 \cdot \frac{1{,}12}{1{,}03} \cdot \left(\frac{1{,}21}{1{,}12}\right)^{\frac{1}{1{,}4}} \cdot \frac{288}{307} \cdot 0{,}88 = 0{,}84$$

Bei einem Brennstoffverbrauch von $b_i \sim 0{,}132$ kg/PS . h, wie er an einer anderen Maschine mit Gleichstromspülung der gleichen Herstellerfirma gemessen wurde, $H_u =$ $= 10.000$ kcal/kg, $L_o = 11{,}4$ m³/kg (760 mm/kg, 15° C), wird $\eta_i = 0{,}48$ und aus (52/I) der $p_i = 6{,}5$ kg/cm² zugehörige Luftüberschuß

$$\lambda = 0{,}0427 \cdot \frac{10.000 \cdot 0{,}48}{11{,}4 \cdot 6{,}5} \cdot 0{,}84 = 2{,}32$$

Dieses λ liegt an der oberen Grenze des Bereiches der Erfahrungswerte für die Vollast großer Maschinen. Es zeigt, daß die Maschine sehr vorsichtig bemessen wurde und daß von der Verbrennungsseite her noch eine erhebliche Überlastung des Motors möglich ist. Trotz des verhältnismäßig kleinen Luftaufwandes wird infolge des sehr guten Spülgrades der Gleichstromspülung ein großer Liefergrad, damit eine reichliche Frischluftladung des Motors erzielt.

Spülluftmenge, Druck und Temperatur geben einen Gebläseaufwand, der einem Mitteldruck von $p_{La} = 0{,}3$ kg/cm² entspricht. Der Reibungsdruck wird daher $p_r = 0{,}95$ kg/cm², da $p_i = p_e + p_{La} + p_r$ ist. Auch der Wert für p_r liegt im Bereich der Erfahrungswerte ähnlicher Maschinen.

6. Zweitakt-Dieselmotor, Bauart 62 VF 115, der Aktieselskabet Burmeister & Wain mit Auslaßventil.

Bei Motoren mittlerer Leistung wird von Burmeister & Wain eine Gleichstromspülung mit Steuerung des Auslasses durch ein zentral angeordnetes Ventil angewendet. Abb. 338 zeigt einen solchen Motor mit Tauchkolben.

Die Hauptabmessungen des Motors sind:

Zylinderdurchmesser	620 mm
Hub	1150 mm
Höchstdrehzahl	150 U/min
Hubraum	350 l/Zyl.
Leistung	$N_e = 600$ PS/Zyl.
	$p_e = 5{,}25$ kg/cm²
	$p_i = 6{,}5$ kg/cm²
Pleuelstangenverhältnis	1 : 4,75

Das Rootsgebläse fördert 63 m³/Zyl. min. entsprechend einem Luftaufwand von $\Lambda_o = 1{,}18$. Der Spülluftüberdruck beträgt bei der Höchstdrehzahl ~ 1900 mm H_2O, die Spüllufttemperatur 35° C. Aus Abb. 341 ist eine Einlaßschlitzlänge von $\sim 8\%$, ein Verdichtungsverhältnis $\varepsilon = 13$ zu entnehmen. Damit wird das mittlere Zylindervolumen während der Spülung $\sim 1{,}04\ V_h$, das Volumen beim Abschluß $\sim 1{,}00\ V_h$.

Der verdrängende Luftaufwand wird nach (72) mit $p_{zm} = \frac{1{,}22 + 1{,}03}{2} = 1{,}125$:

$$\Lambda'_z = 1{,}18 \cdot \frac{1}{1{,}04} \cdot \frac{1{,}03}{1{,}125} \cdot \frac{308}{288} = 1{,}11$$

Legt man in Ermanglung von an gleichen Spülsystemen gemessenen Spülkurven die Kurven der Abb. 72 auch dieser Gleichstromspülung zugrunde, so wird $\lambda'_s \sim 0{,}86$ und, wenn angenommen wird, daß beim Zylinderabschluß der Spüldruck p_s im Zylinder gerade erreicht ist:

$$\lambda_l = 1{,}0 \cdot \frac{288}{308} \cdot \frac{1{,}125}{1{,}03} \cdot \left(\frac{1{,}22}{1{,}125}\right)^{\frac{1}{1{,}4}} \cdot 0{,}86 = 0{,}93$$

Der Innenverbrauch ist nach den Meßergebnissen in Abb. 339 für Vollast $b_i = 0{,}132$ kg/PS . h. Daher ist mit $H_u = 10.000$ kcal/kg und mit $p_l \sim 0$ der Innenwirkungsgrad $\eta_{i-l} = 0{,}48$. Aus (52/I), angewandt auf den Innendruck p_i wird mit $L_o = 11{,}4$ m³/kg (760 cm kg, 15° C)

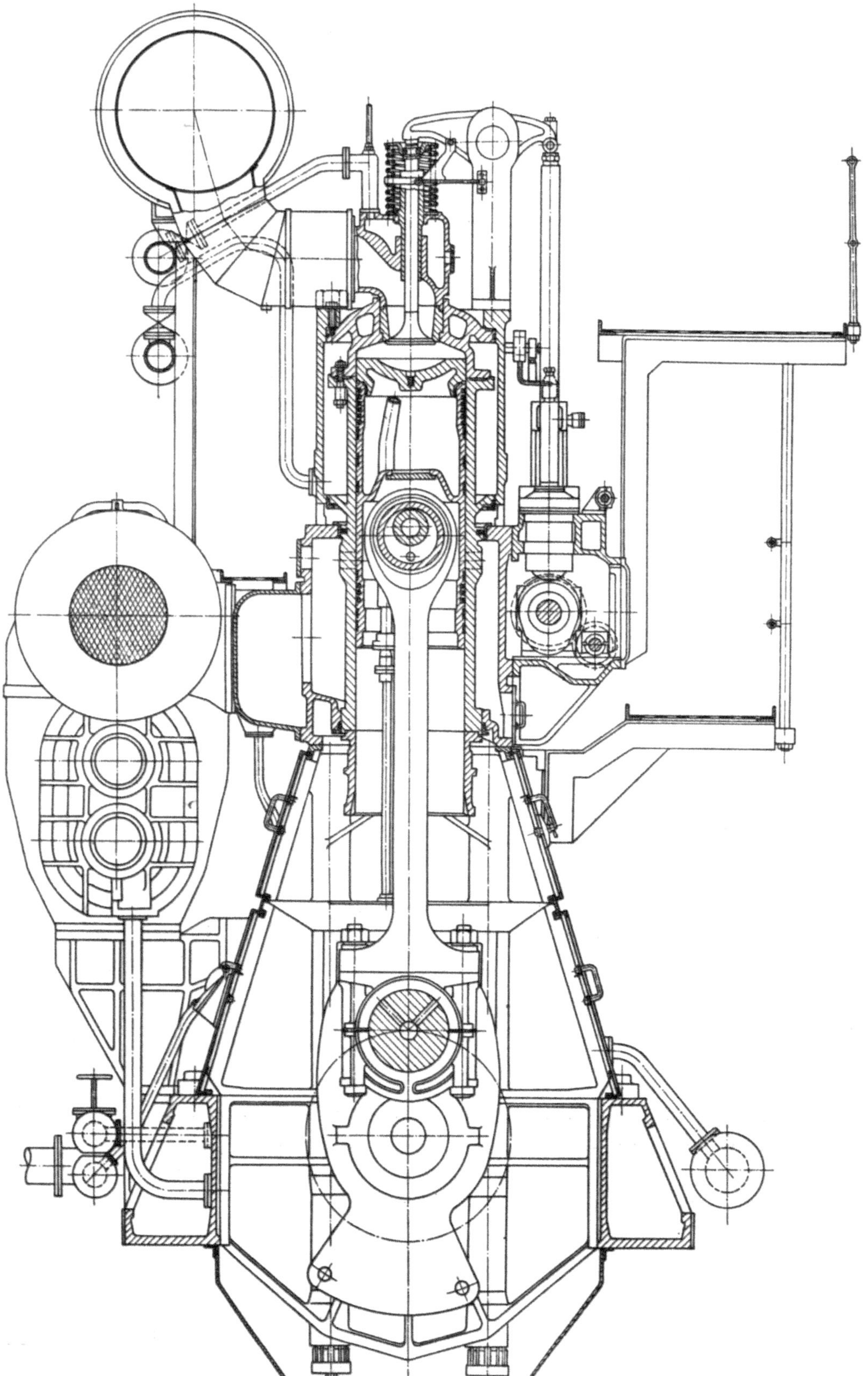

Abb. 338. Dieselmotor Bauart 62 VTF 115 von Burmeister & Wain.

$$p_{i-l} = 0{,}0427 \cdot \frac{10.000 \cdot 0{,}48}{11{,}4\,\lambda} \cdot 0{,}93 = \frac{16{,}7}{\lambda}.$$

Für Vollast ist $p_i \sim p_{i-l} = 6{,}5$ kg/cm² und daher $\lambda = 2{,}57$. Dieser Wert zeigt, daß die Vollast vorsichtig bemessen wurde und die Maschine für Überlast größere Luftreserven enthält.

Aus Band 2 wird für $\varepsilon = 13$, $\lambda = 2{,}57$ der Wirkungsgrad der vollkommenen Maschine $\eta_v = 0{,}57$. Damit wird der Gütegrad der Arbeitsvorgänge $\eta_g = 0{,}84$, ein Wert, der nach Band 2 (II. Auflage) Durchschnittswerten von Motoren mit günstigem Ablauf der Arbeitsvorgänge entspricht.

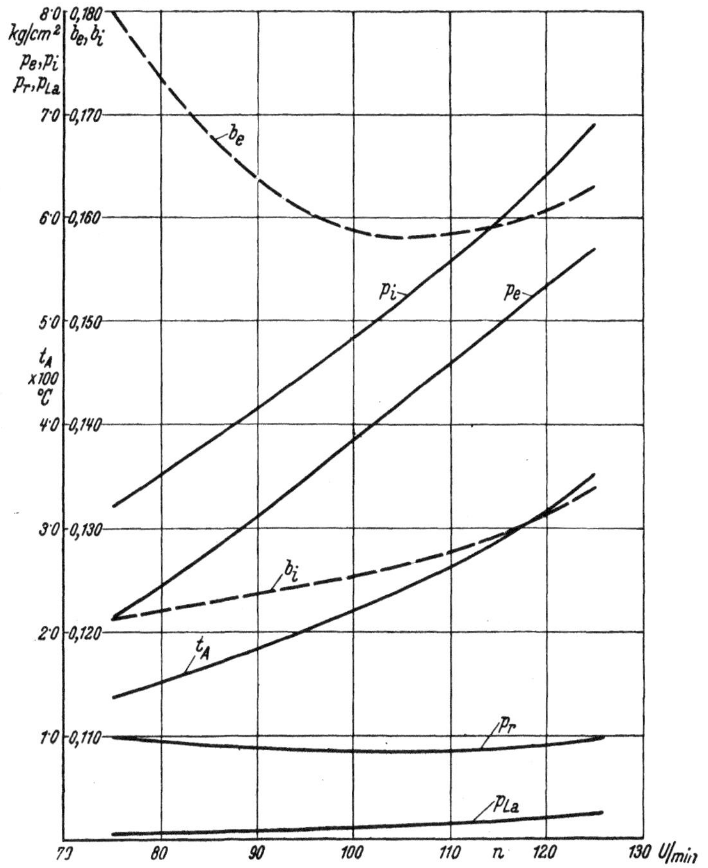

Abb. 339. Meßergebnisse an der Maschine nach Abb. 339.

Zu den thermisch am höchsten beanspruchten Teilen gehört bei der vorliegenden Konstruktion das ungekühlte Auslaßventil. Die Wärmebeaufschlagung des Ventils wird neben dem Wärmeübergang während der Arbeitsvorgänge, vor allem auch vom Wärmeübergang während des Vorauspuffs bestimmt, hängt daher wesentlich von der Temperatur der Auspuffgase ab. Nach (88/I) kann diese aus dem Erfahrungswert für den Bruchteil der Verbrennungswärme q_a berechnet werden, der durch die Abgase abgeführt wird.

In (88/I) ist $c = 1 + (1{,}026 - 1)\,\frac{0{,}94}{1{,}18} = 1{,}02$, δ ist der dem Luftüberschuß $\lambda = 2{,}57$ zugeordnete Wert für das Molverhältnis der Gase nach und vor der Verbrennung. Aus Abb. 339 ist für Vollast $t_a = 315°$ C. Mit $t_o = 15°$ C und $C_{pa}\Big|_0^{t_a} = 7{,}20$ kcal/Mol. (für den Luftüberschuß der Abgase $\lambda = 2{,}65 \cdot \frac{1{,}18}{0{,}94} = 3{,}33$ zwischen 215 und 0° C). Entsprechend dem Außenzustand 760 mm Hg, 15° C ist in (88/I) an Stelle von 24,4 das Molvolumen 23,6 m³/Mol. einzusetzen. Damit wird $q_a = 0{,}352$. Auch dieser Wert entspricht mittleren Erfahrungswerten an größeren Maschinen. Da dem Nutzverbrauch von $b_e = 0{,}161$ kg/PS.h nach Abb. 339 ein Bruchteil $q_e = 0{,}392$ der Verbrennungswärme entspricht, wird der Wärmeverlust durch Kühlwasser, Kühlöl für die Kolbenkühlung, Leitung und Strahlung $q_{w+l+St} = 0{,}256$.

Die Bedingungen für niedere Auspufftemperatur bei gegebener Leistung oder für hohes p_e bei gegebenem Grenzwert der Auspufftemperatur ergeben sich aus den auf S. 51—54/I entwickelten Zusammenhängen. Je niederer der Kraftstoffverbrauch ist, desto kleiner wird die von den Abgasen abzuführende Wärme. Möglichste Senkung des spezifischen Verbrauches bei großem Λ_o ist daher bei Maschinen, bei welchen die Belastung thermisch gefährdeter Teile im besonderen Maß auch von der Auspufftemperatur abhängt, anzustreben.

Abb. 339 zeigt, daß man bei der beschriebenen Maschine 350° C Auspufftemperatur für die Überlast, 315° C für die Normallast als zulässig erachtet hat. Der oben ermittelte Wert für q_{a+l+st} kann als Grundlage für die Vorausberechnung der Auspufftemperatur bei ähnlichen Maschinen verwendet werden.

Durch die konische Erweiterung des Auspuffrohres, das an das Ventil anschließt und zum Auspuffsammelrohr führt, entsteht eine Saugwirkung der Abgassäule während des Spülens, welche den Durchfluß der Spülluft unterstützt und daher den erforderlichen Spüldruck herabsetzt.

II. Motoren mittlerer Leistung.

1. Untersuchungen an Motoren der Klöckner-Humboldt-Deutz-AG.

Die Motoren der Baureihe TM arbeiten nach Abb. 340 mit Umkehrspülung und direkter Einspritzung. Die Spülluft wird durch ein Rootsgebläse verdichtet. Die Motoren sind für ortsfeste und Schiffsanlagen geeignet.

Abb. 341 zeigt die Ausführung einer Zylinderbüchse. Die gezeigte Schlitzanordnung entspricht nicht den neuesten Ausführungen, liegt aber schon in der Nähe der Schnürle-Spülung nach Abb. 61. Die Einlaßschlitze sind um 50° nach oben geneigt. In der Projektion auf eine Ebene senkrecht zur Zylinderachse sind die Einlaßschlitze gegeneinander gerichtet. Dadurch ist der Spülgrad bei dieser Schlitzanordnung voraussichtlich ungünstiger als bei einer ausgeprägten Schnürle-Spülung mit Einlaßschlitzen, die gegen die den Auslaßschlitzen gegenüberliegende Zylinderwand gerichtet sind. An einem größeren Zylinder vorgenommene Spülversuche bei stationärer Strömung zeigen auch bei dieser Schlitzanordnung nach Abb. 342 den Strömungsverlauf einer Umkehrspülung nach Abb. 61.

Die Laufbüchse wird nach Abb. 340 nur oberhalb der Schlitze gekühlt. Die Kühlung des Kolbens ist daher nicht sehr wirksam. Das ist im vorliegenden Fall zulässig, da die Kolbengeschwindigkeit nicht sehr groß, die thermische Belastung der Maschine daher verhältnismäßig nieder ist. Bei schnellaufenden Zweitaktmotoren genügt diese Ausführung nicht, denn die Kühlung des Schlitzteiles der Laufbüchse und des darunter liegenden Laufbüchsenteiles trägt zur Wärmeableitung aus dem Kolben wesentlich bei, da der Kolben sich während eines großen Bruchteiles der Zeit in dem unteren Teil der Laufbüchse bewegt.

Abb. 343 zeigt Betriebsergebnisse des Motors Abb. 340, mit der Laufbüchse, Abb. 341 bei Versuchsläufen mit verschiedenen Schlitzlängen.

Die Auswertung der Ergebnisse nach der Durchflußzahl ergab die in Zahlentafel 19 dargestellten Werte.

Die Durchflußzahl nimmt mit zunehmender Drehzahl bei gleichbleibendem Luftaufwand zu. Die sinngemäß gleiche Abhängigkeit gibt Ausdruck (49).

Abb. 344 enthält Betriebsergebnisse des Motors TM 436 dieser Baureihe. Von diesem Diagramm ausgehend, wurden die Kennwerte des Verbrennungssystems ermittelt und im weiteren als Grundlage für eine Untersuchung des Ladungswechselvorganges benützt. Da die vorliegenden Messungen für diesen Zweck ungenügend sind, mußten einige Werte auf Grund von Erfahrungszahlen an anderen Maschinen ergänzt werden.

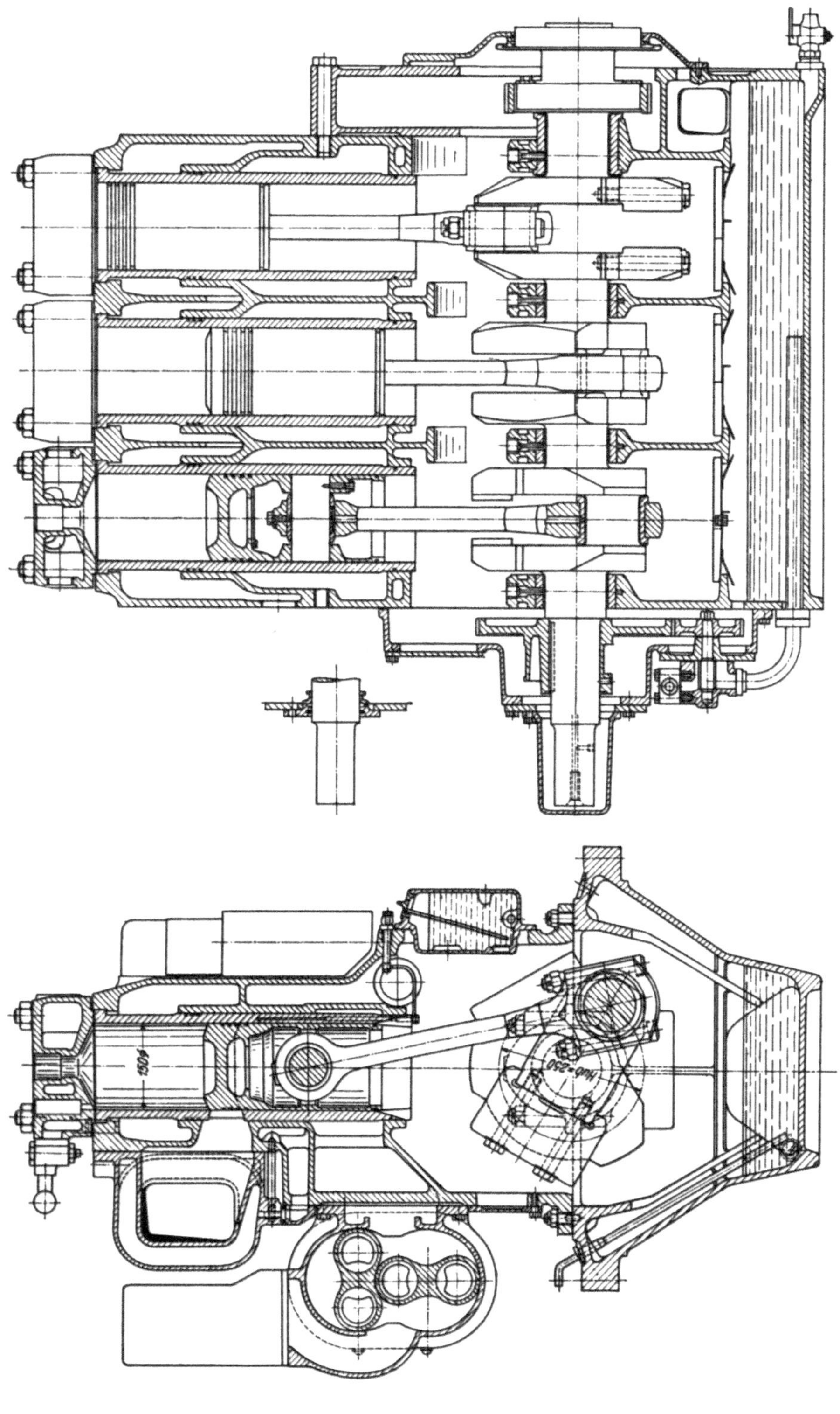

Abb. 340. Dieselmotor, Bauart TM 325, der Klöckner-Humboldt-Deutz AG. Ne = 75 PS, 3 Zyl., D = 150 mm, s = 250 mm, n = 500 U/min.

Setzt man $p_r = 0{,}7$ kg/cm²* und für das Rootsgebläse $\eta_{ad} \sim 0{,}6$, so lassen sich aus Abb. 344 die in Abb. 345 dargestellten Kurven des Innenverbrauches b_i ableiten.

* Die Ladungswechselarbeit mit $p = 0{,}3$ kg/cm² wird durch Verminderung des p_r von 1,0 auf 0,7 kg/cm² berücksichtigt und im weiteren mit b_i, p an Stelle von b_{i-1} und p_{i-1} gerechnet.

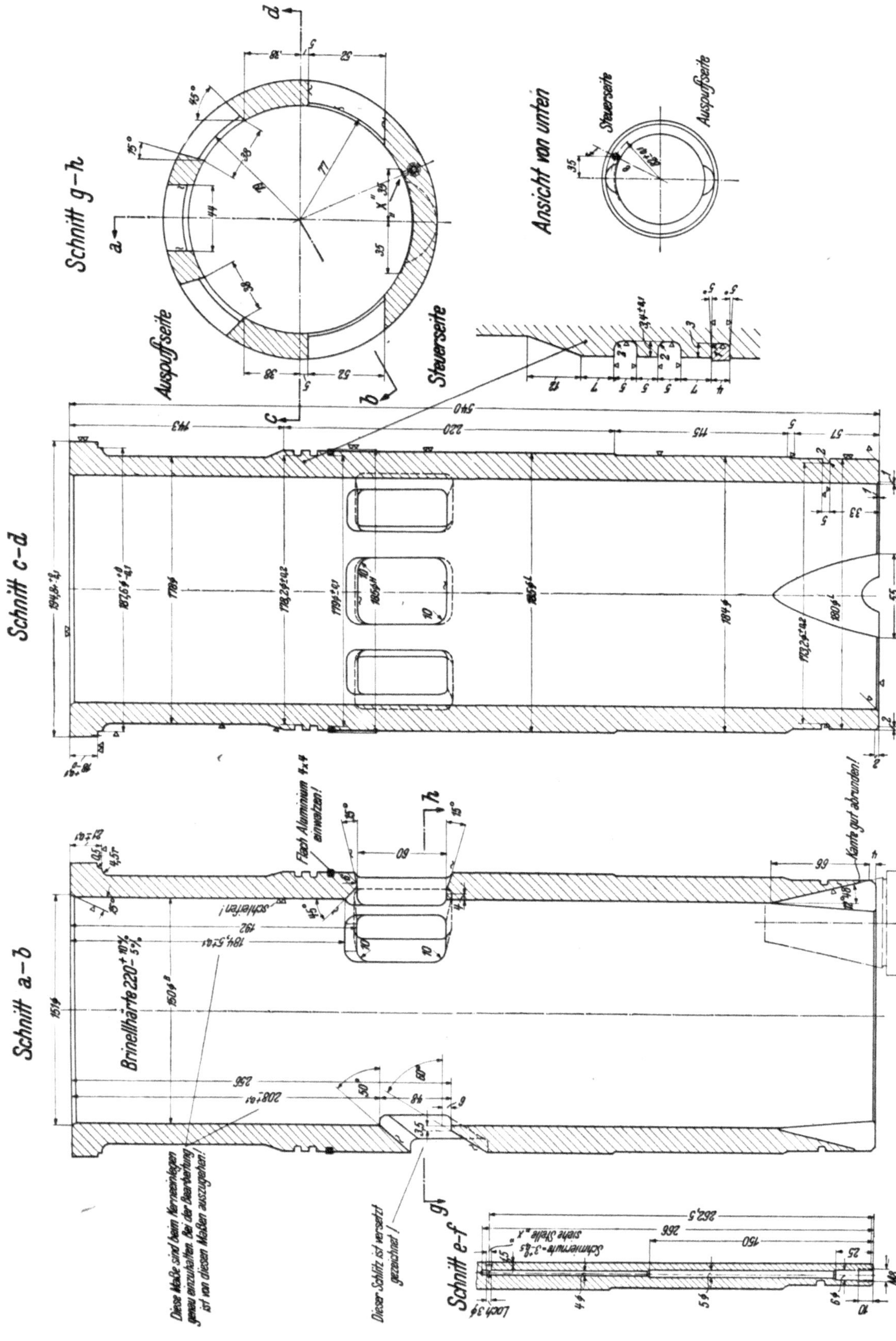

Abb. 341. Zylinderbüchse eines Motors nach Abb. 340.

Zahlentafel 19.

Durchflußzahlen eines Motors TM 325 mit verschiedenen Einlaß- und Auspuffschlitzlängen.

$\sigma_a = 28$	26,5	25	23 %
$\sigma_e = 18$	18,5	15	13 %
$\Lambda_0 = 1{,}41$	1,40	1,38	1,34
Drehzahl 400 U/min:			
$\mu_m = 0.37$	0.39	0.40	0.42
Drehzahl 500 U/min:			
$\mu_m = 0.42$	0.44	0.44	0.44
Drehzahl 600 U/min:			
$\mu_m = 0.46$	0.47	0.46	0.45

Gröbere Fehler in den Annahmen oder Messungen sind aus Verlauf und relativer Lage der Kurven zu erkennen. Im vorliegenden Fall ist die relative Lage der Kurven richtig, denn mit zunehmender Drehzahl sinken die Wärmeübergangsverluste und demnach auch die Innenverbräuche. Das Ansteigen des Verbrauches mit der Belastung im Gebiet des höheren Innendruckes ist verursacht durch den Grundverlauf des Wirkungsgrades der vollkommenen Maschine, in der Nähe der Höchstlast auch durch die beginnende Verschleppung der Verbrennung und die einsetzende Unvollkommenheit der Umsetzung ($\eta_u < 1$). Bei kleinen Belastungen bewirkt der mit abnehmender Belastung ansteigende relative Wärmeübergangsverlust wieder ein Ansteigen der Kurve.

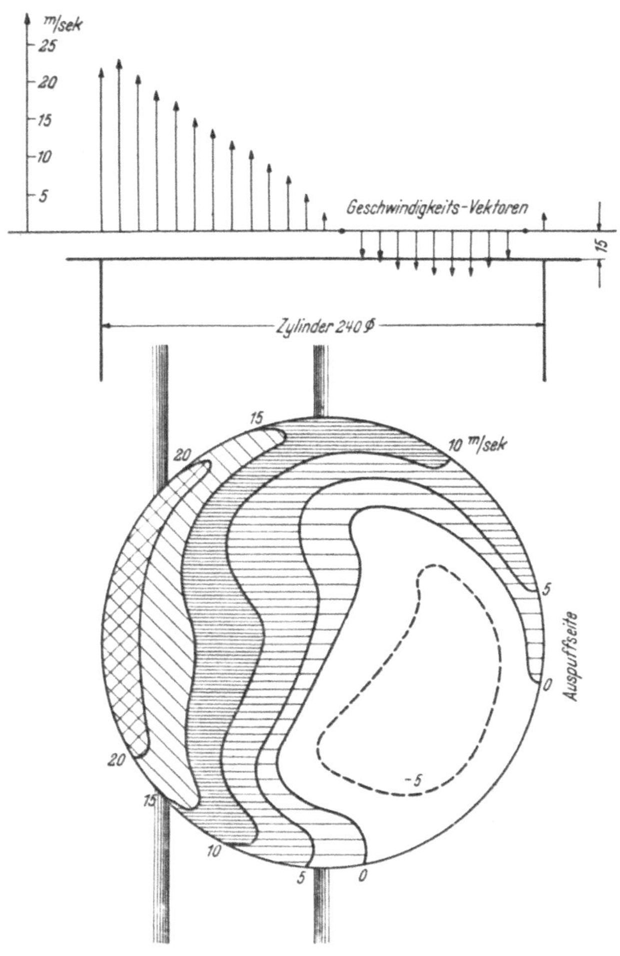

Abb. 342. Strömungsverlauf einer Umkehrspülung mit Schlitzen nach Abb. 341.

Es soll nun gezeigt werden, wie die Meßergebnisse zu einer Untersuchung des Ladungswechsels benützt und dabei Grundlagen zur Vorausberechnung ähnlicher Motoren ermittelt werden können.

Zur Ermittlung der Zusammenhänge zwischen Ladungswechsel und Leistung muß nach den früheren Ausführungen der Innenverbrauch b_i in Abhängigkeit von der Luftüberschußzahl λ bekannt sein.

b_i in Abhängigkeit von p_i ist durch Abb. 344 gegeben. Eine Beziehung zwischen p_i und b_i erhält man aus (102). Darin ist C entsprechend (101) einzuführen. Für Schlitzsteuerungen mit symmetrischen Steuerzeiten kann

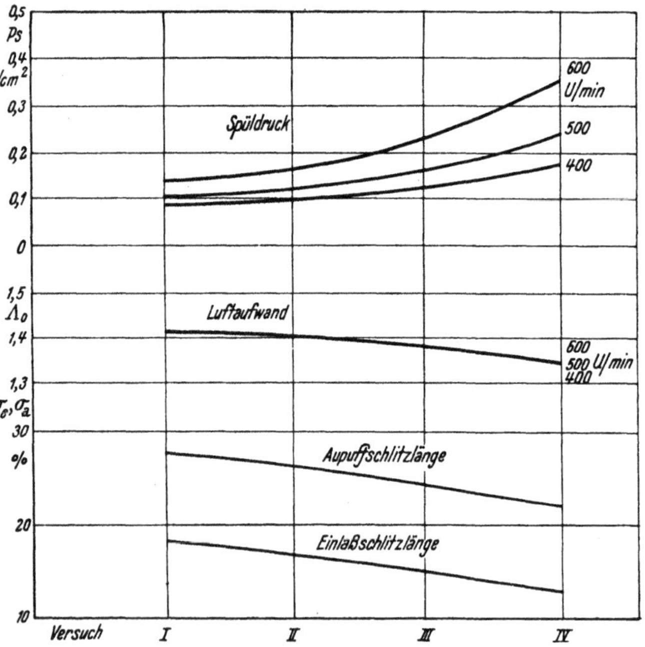

Abb. 343. Luftaufwand und Spüldruck im Motor TM 325 in Abhängigkeit von der Schlitzlänge.

$$p_{zm} = \frac{p_o + p_s}{2}$$

und $p_{zm} \sim p'_{za}$ gesetzt werden.

Mit $\eta_{iad} \sim 0{,}6$ wird $C \sim 1$ (Zahlentafel 8). Aus den Schlitzabmessungen des Motors $\sigma_a = 0{,}25$, $\sigma_e = 0{,}15$ und dem Verdichtungsverhältnis $\varepsilon = 18$ erhält man nach (64) $b \sim 1{,}0$, λ'_s in (100) ist der $b\Lambda_o$ zugeordnete Punkt der Spülkurve.

Die weitere Ermittlung wird für die Nenndrehzahl $n = 410$ U/min gezeigt.

Legt man der Spülung schätzungsweise eine Spülkurve zugrunde, die zwischen der Kurve der Schnürle-Spülung Abb. 62 (Kurve $s/D = 1{,}47$) und jener der Verdünnungsspülung liegt, so wird für $\Lambda_o = 1{,}40 : \lambda'_s = = 0{,}78$. Dieser Spülkurve entspricht nach (100) $a' = 1{,}08$, damit erhält man ($L_o = 11{,}7$ m³/kg bei 1,033 kg/cm², 288° K)

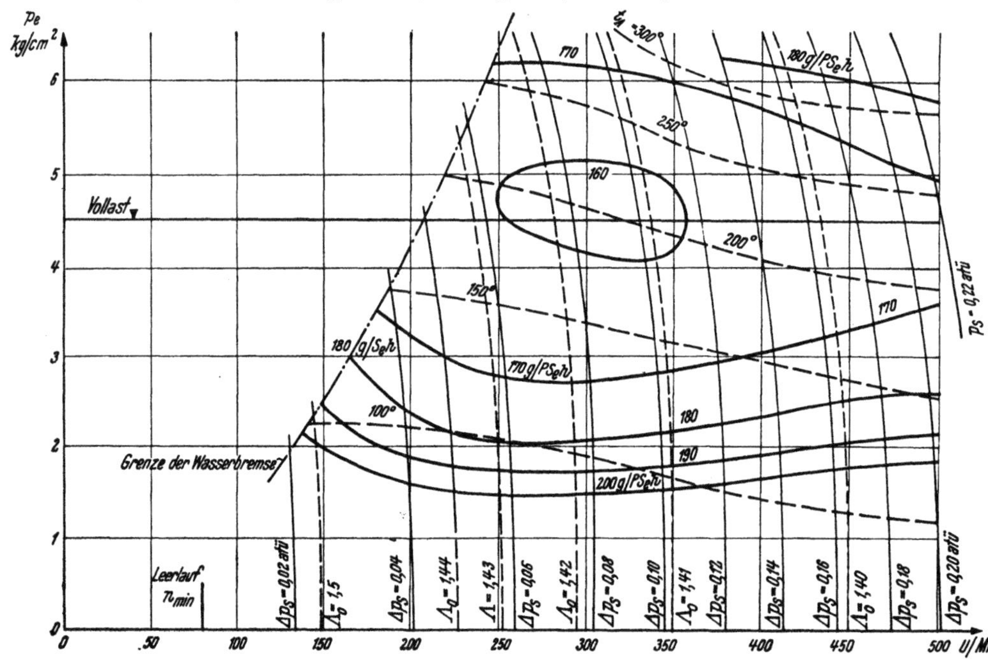

Abb. 344. Betriebsergebnisse des Motors TM 436 der Klöckner-Humboldt-Deutz AG. (Ne = 400 PS, 4 Zyl., D = 240 mm, s = 360 mm, n = 410 U/min.)

$$\lambda = \frac{1{,}43}{b_i \cdot p_i}$$

und kann nun aus Abb. 345 die in Abb. 346 dargestellte Kennlinie der Arbeitsvorgänge $b_i = f(\lambda)$ ableiten. Ermittelt man aus dem Wirkungsgrad der vollkommenen Maschine η_v (siehe Band 2) den Gütegrad η_g, so ist eine überschlägige Überprüfung der Richtigkeit des Verlaufes von $b_i = f(\lambda)$ durch Vergleich von $\eta_g = f(\lambda)$ mit Erfahrungswerten möglich. Die in Abb. 346 erhaltene Kurve entspricht im Verlauf und

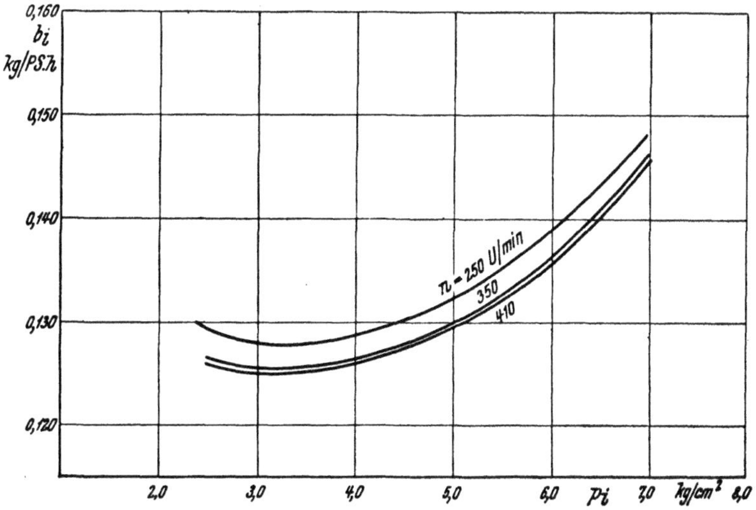

Abb. 345. Aus Abb. 344 abgeleiteter Innenverbrauch b_i des Motors TM 436.

Höhenlage etwa den bekannten veröffentlichten Erfahrungswerten. (Siehe Band 2.)

Um die Steuerungsauslegung für größten Nutzdruck zu finden, ist A_e' zu er-

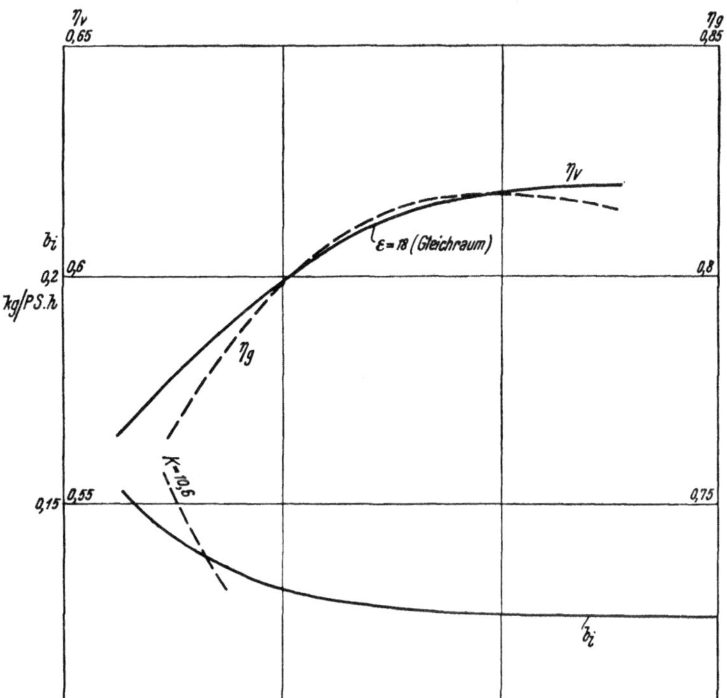

Abb. 346. b_i, Gütegrad η_g und Wirkungsgrad der vollkommenen Maschine η_v in Abhängigkeit von der Luftüberschußzahl λ. Motor TM 436.

mitteln. Man entnimmt Abb. 344 für große Belastungen ($p_e = 6$ kg/cm²) $p_s = 1{,}16$ kg/cm² und erhält mit $p_o = 1{,}033$ kg/cm² $T_o = 288°$ K aus (33), entsprechend $\frac{p_s}{p_o} = 1{,}155$ und Abb. 27

$$A'_e = \frac{4632}{1{,}40} \cdot \sqrt{288} \cdot 0{,}200 \cdot (0{,}15)^{\frac{3}{2}} = 650 \text{ m/min.}$$

Läßt man mit Rücksicht auf günstigste Leistung Rückschlagen zu, so ist nach Seite 103 A'_e um 10% größer anzunehmen, demnach $A'_e = 715$ m/min.

Die Rauchgrenze des Verbrennungssystems liegt bei direkter Einspritzung voraussichtlich bei $\lambda = 1{,}8$. Damit wird K nach (103)

$$K = \frac{27}{0{,}135 \cdot 11{,}7 \cdot 1{,}8} \cdot 1{,}0 \cdot 1{,}0 \cdot \frac{18}{17} = 10{,}0 \text{ kg/cm}^2.$$

Nach Seite 102 wird $B = \sqrt[4]{10 \,.\, 0{,}6 \,.\, 1{,}08^3} = 1{,}66$.

Nun wird aus den Abb. 124 bis 128

$\Lambda_o = 2{,}08$, $\sigma_e = 0{,}197$, $\sigma_a = 0{,}267$, $p_e + p_r = 6{,}0$ kg/cm², $p_{La} = 0{,}1\,(p_e + p_r)$, daher $p_i = 6{,}6$ kg/cm² und $p_s = 1{,}20$ kg/cm². Damit wird

$$p_e = 5{,}3 \text{ kg/cm}^2 \text{ und } b_e = 0{,}168 \text{ kg/PS.h.}$$

Diese Steuerungsauslegung arbeitet mit sehr großem Luftaufwand. Mit Rücksicht auf den Bauaufwand für die Spülpumpe und den Verbrauch bleibt man im allgemeinen bei kleineren Werten.

Mit $\Lambda_o = 1{,}40$ erhält man aus (111, 118)

$$\sigma_e \sim 0{,}15, \quad \sigma_a = 0{,}22.$$

Damit ist aus (105) $p_i = 6{,}1$ kg/cm². Den Spüldruck erhält man aus (33): $p_s = 1{,}18$ kg/cm² und weiter aus Abb. 118: $p_{La} \sim 0{,}4$ kg/cm². Mit diesen Werten wird:

$$p_e = 5{,}0 \text{ kg/cm}^2, \; b_e = 0{,}165 \text{ kg/cm}^2.$$

Die Maschine wurde angenähert mit den hier ermittelten Steuerdaten ausgeführt. Die Auslaßschlitze wurden etwas reichlicher bemessen, als es diese Rechnung gibt, das Rückschlagen dadurch verringert.

Man erkennt, daß man ohne Versuche, allein mit den Annahmen $b_i = f(\lambda)$, a der Spülkurve und λ für die Rauchgrenze, also von Grundlagen, die erfahrungsgemäß innerhalb enger Grenzen liegen, zu einer Auslegung der Steuerung gekommen wäre, die der versuchsmäßig erhaltenen Steuerung nahezu gleich ist.

Wird vorausgesetzt, daß die am Motor TM 436 ermittelte Kurve $b_i = f(\lambda)$ auch für den Motor TM 325 gilt, so lassen sich die verschiedenen Schlitzlängen zugeordneten Verbräuche rechnen. Die Berechnung wird für Vollast entsprechend $p_e = 5{,}1$ kg/cm², $n = 500$ U/min durchgeführt und für die Schlitzlängen entsprechend Punkt II in Abb. 343 gezeigt. Es wird wieder $p_r = 0{,}7$, $a' = 1{,}08$ und $\eta_{ad} = 0{,}6$ vorausgesetzt. Man erhält

$$p_i = 5{,}1 + 0{,}7 + 0{,}3 = 6{,}1 \text{ kg/cm}^2$$

und aus (105)

$$6{,}1 = K \,.\, (1 - \sigma_a)\,(1 - e^{-1{,}08 \,.\, 1{,}4}).$$

Mit $\sigma_a = 26{,}5\%$ ist

$$K = \frac{6{,}1}{0{,}735 \,.\, 0{,}78} = 10{,}6 \text{ kg/cm}^2.$$

Nun ist mit $\varepsilon = 18$, $C = 1{,}0$ und $\frac{p'_{za}}{p_{zm}} = 1$ aus (103)

$$b_i\,\lambda = \frac{27}{10{,}6 \,.\, 11{,}7} \cdot \frac{18}{17} = 0{,}23 \text{ kg/PS.h.}$$

Trägt man die entsprechende Kurve in Abb. 346 ein, so schneidet diese die Linie $b_i = f(\lambda)$ in $b_i = 0{,}139$ kg/PS . h und $\lambda = 1{,}64$. Man erhält nun

$$b_e = 0{,}139 \cdot \frac{6{,}1}{5{,}1} = 0{,}166 \text{ kg/PS . h}$$

In gleicher Art wurde für die anderen Schlitzlängen in Abb. 343 der zugehörige Verbrauch ermittelt und in Zahlentafel 20 gemessenen Werten gegenübergestellt.

Zahlentafel 20.

Berechneter und gemessener Verbrauch bei $p_e = 5{,}1$ kg/cm² und verschiedenen Schlitzlängen.

	σ_e %	σ_a %	p_i kg/cm²	p_e kg/cm²	b_i kg/PS. h.	b_e kg/PS . h gemessen	gerechnet
I	18.0	28.0	6.0	5.1	0.139	0.169	0.164
II	16.5	26.5	6.1	5.1	0.139	0.164	0.166
III	15.0	25.0	6.2	5.1	0.139	0.168	0.169
IV	13.0	23.0	6.3	5.1	0.139	0.176	0.172

Die berechneten und gemessenen Werte zeigen dem Sinn nach die gleiche Abhängigkeit. Die Zusammenhänge werden durch die Rechnung auch hier mit guter Annäherung erfaßt.

Abb. 347 zeigt den Luftaufwand einer Maschine der TM-Baureihe in Abhängigkeit vom p_e. Mit dem Innendruck p_i nimmt nach (7) der Druck beim Öffnen der Auslaßschlitze p_{za} zu. Das Rückschlagen der Abgase in den Spülbehälter, das aus den auf Seite 120 dargelegten Gründen fast stets zugelassen wird, verstärkt sich dann und damit nimmt der für die Spülung zur Verfügung stehende Zeitquerschnitt und daher auch Λ_0 ab.

Eine Nachrechnung der Auspufftemperatur ergibt für den Motor TM 436 bei $p_e = 6{,}0$ kg/cm² und $n = 410$ mit Ausdruck (87 a/I) und den früher ermittelten Zahlenwerten, ferner $\varphi_w = 0{,}15$ und $\varphi_{wl} = 0{,}05$,

$$t_A = \frac{\frac{1{,}4}{0{,}62} \cdot 6{,}94 \cdot 36 + \frac{23{,}7 \cdot 10.000}{1{,}39 \cdot 11{,}7}[(1 - 0{,}15 - 0{,}05) - 0{,}43]}{7{,}26\,(2{,}26 + 0{,}04)} = 325^0\,\text{C}.$$

Gemessen wurde 310° C. Da die Messung wegen der Temperaturschichtung im Auspuffstrom im allgemeinen nicht den wirklichen kalorimetrischen Mittelwert, sondern einen zu tiefen Wert gibt, dürften die Werte für den Wärmeübergang, welche der Rechnung zugrunde gelegt wurden, dem wirklichen Wert gut angenähert sein.

Der Motor Bauart T 12 M 133 ist einer der neuesten von Deutz entwickelten Zweitaktmotoren. Die 12 Zylinder liegen in zwei gegeneinander um 36° geneigten Reihen. Die Hauptdaten des Motors sind:

Zylinderdurchmesser	220	mm
Hub	330	mm
Gesamthubraum	150,52	l
Drehzahl	700	U/min
Leistung	1200	PS

Die Zylinder sind einfachwirkend und haben Schnürle-Umkehrspülung. Ein auf der Kupplungsseite angeordnetes Schleudergebläse verdichtet die Spülluft. Es wird von der Kurbelwelle über Zahnräder, Rutschkupplung und Torsionsfeder angetrieben. Der Raum innerhalb der Zylinderreihen dient als Spülluftbehälter. Die Abgase werden durch zwei an der Außenseite angebrachte Rohre mit einem Durchmesser von $\sim$ 1,1 Zylinderdurchmesser abgeführt.

Das Schleudergebläse hat 7500 U/min bei einer Motordrehzahl von 700 U/min und verdichtet eine Luftmenge, die einem Luftaufwand $\Lambda_o = 1{,}4$ entspricht, auf $p_{sü} = 0{,}218$ kg/cm^2.

Angaben über die Schlitzabmessungen des Motors standen dem Verfasser nicht zur Verfügung. Nimmt man $\mu_m = 0{,}45$, $\sigma_e \cdot \sin\gamma_e = 0{,}22$ an, so wird $A'_e = 1350$ m/min. Man wird wegen der bei größerer Schnelläufigkeit auch bei symmetrischen Steuerzeiten entstehenden Aufladewirkung (s. Beispiel I. Teil, S. 172) mit $K \sim 11{,}0$ kg/cm^2 rechnen können. Die Spülkurve der Schnürle-Spülung hat eine Kennzahl von $a \sim 1{,}3$. Bei angenommenem $\Lambda_o = 1{,}4$ erhält man $\sigma_e = 0.20$, $\sigma_a = 0{,}29$ bei einem Spüldruck von $p_s = 1{,}31$ kg/cm^2. Zur Herabsetzung der Drehzahl des Spülgebläses ist es zweckmäßig, die Maschine für etwas niederen Spüldruck auszulegen. Setzt man annähernd $p_s = 1{,}22$ kg/cm^2, so wird $\sigma_e = 0{,}22$, $\sigma_a = 0{,}31$. Diesen Werten entspricht nach (105) und (96) bei $\eta_{ad} = 0{,}7$ ein Nutzdruck $p_e = 5{,}2$ kg/cm^2. Der ausgeführte Motor arbeitet bei Vollast mit $p_e = 5{,}1$ kg/cm^2.

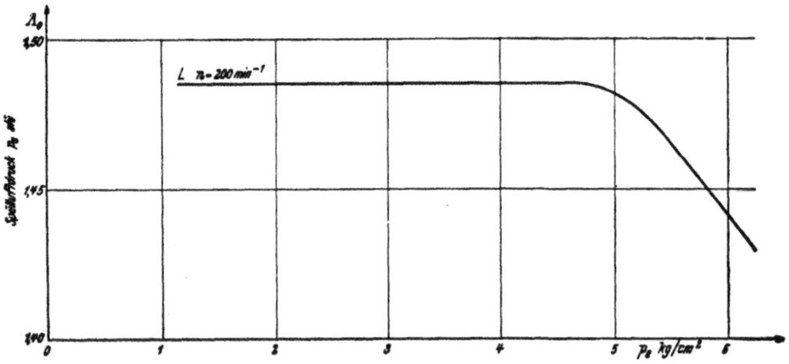

Abb. 347. Luftaufwand einer Maschine der Bauart TM in Abhängigkeit vom p_e.

In konstruktiver Hinsicht ist im Zusammenhang mit der Ausbildung der Schlitzsteuerung vor allem die gute Kühlung des unteren Teiles der Zylinderbüchse bemerkenswert.

2. Untersuchungen an einem Motor der Maschinenfabrik Augsburg-Nürnberg AG.

An einem Motor der Bauart G 2 16/26 wurden von Hold [39] Untersuchungen über den Einfluß verschiedener Spülsysteme auf Leistung und Verbrauch gemacht. Die Meßwerte im zur Verfügung gestellten Versuchsbericht werden im folgenden zu einer vergleichenden Untersuchung der Spülsysteme mit den früher abgeleiteten Beziehungen benützt.

Die Versuchsmaschine, Abb. 348, hatte 160 mm Zylinderdurchmesser, 260 mm Hub und eine Drehzahl n = 500 U/min. Mit verschiedenen Zylindereinsätzen konnten die in Abb. 349 mit B, A und F bezeichneten Spülsysteme eingebaut werden. Von diesen entspricht B einer normalen MAN-Spülung, A angenähert einer Schnürle-Spülung. Bei der Spülung F wurde der Auslaß gegenüber der normalen MAN-Spülung durch Herunterziehen des in der Mitte liegenden Schlitzes vergrößert.

Die gesamte geförderte Spülluftmenge wurde durch eine Meßblende bestimmt. Zur Kontrolle wurde die Luftmenge auch aus der eingespritzten Brennstoffmenge und der Analyse (CO_2-Bestimmung) der gut vermischten Abgase berechnet.

Die Luftüberschußzahl λ der Verbrennung im Zylinder läßt sich nach (188) durch Analyse von Gasproben nach der Verbrennung bestimmen. Da die Ladung nach der

Verbrennung jedoch stark geschichtet ist, wurden die Proben, wie bei den früher beschriebenen Versuchen von Niedermayer, dem Auspuffstrom durch ein ge-

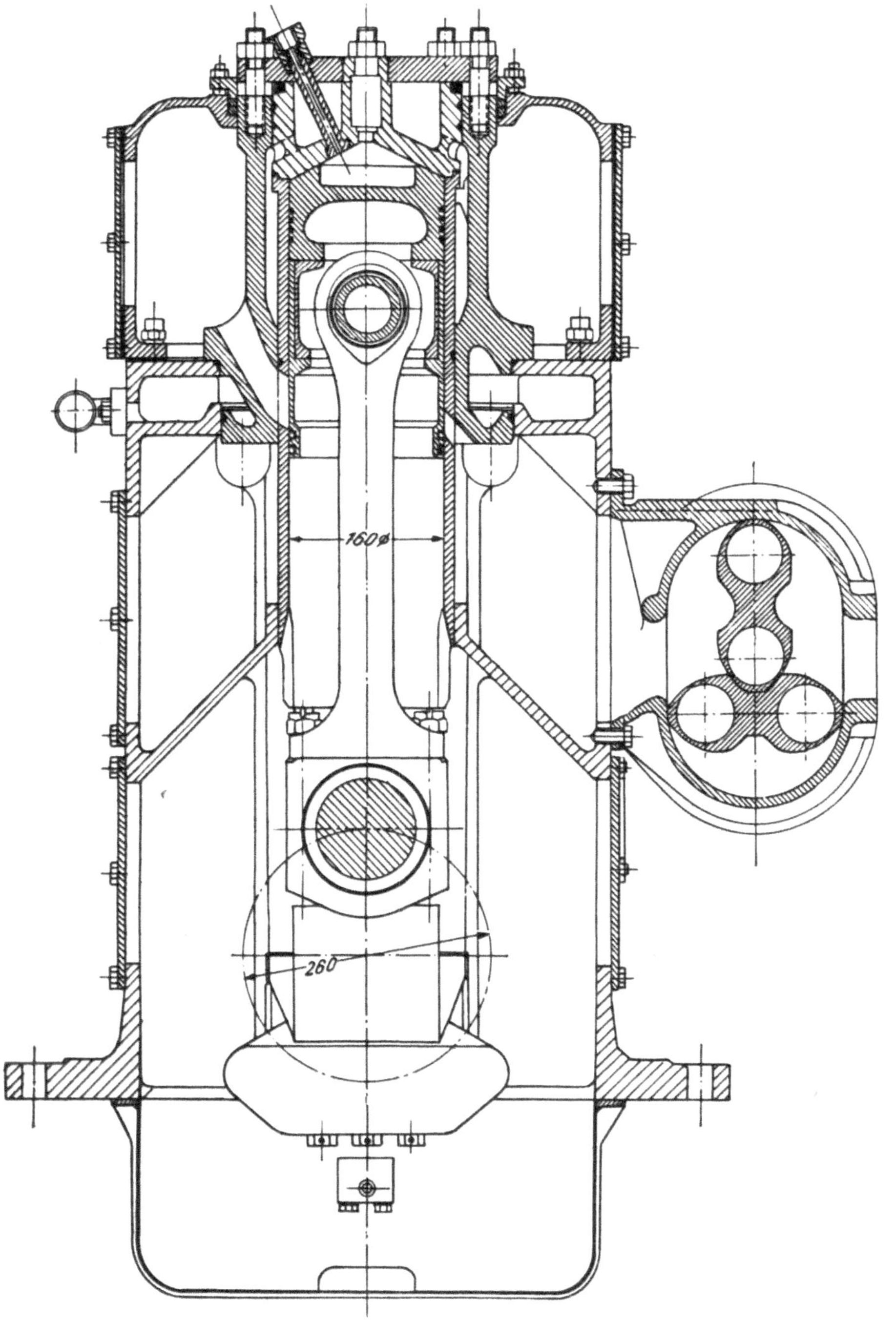

Abb. 348. Dieselmotor, Bauart G 2 16/22, der Maschinenfabrik Augsburg-Nürnberg AG. (MAN).

steuertes Ventil entnommen. Das Ventil wurde in den Auspuffsammler so eingesetzt, daß seine Mündung vom Auspuffstrom umspült wird. Abb. 350 zeigt ein so erhaltenes Diagramm. Es kann angenommen werden, daß der maximale CO_2-Gehalt dem mittleren CO_2-Gehalt im Zylinder nach der Verbrennung entspricht.

Durch ein gesteuertes Entnahmeventil wurden auch dem Zylinder vor der Verbrennung Gasproben entnommen. Aus den früher angeführten Gründen hält der Verfasser jedoch die Bestimmungen des Spülgrades aus Kleinproben für unsicher. Die entsprechenden Analysen werden daher für die folgenden Auswertungen nicht benützt.

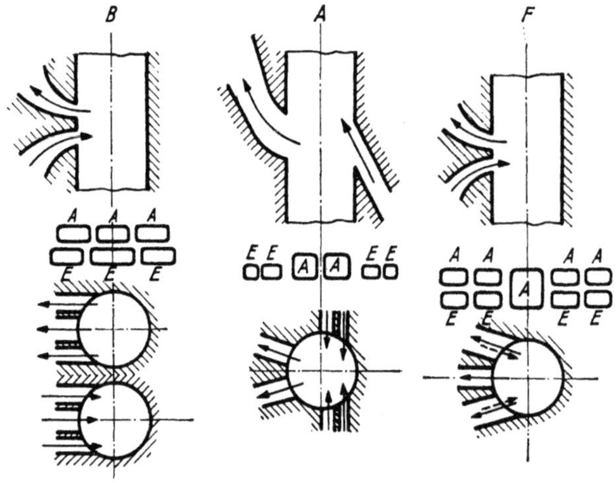

Abb. 349. Spülsysteme der Versuchsmaschine nach Abb. 348.

Abb. 351 zeigt den gemessenen Brennstoffverbrauch, Zahlentafel 21 enthält die Luftaufwände, die auf den reduzierten Zeitquerschnitt nach Abb. 352 bezogenen Durchflußzahlen μ_r, den Spülüberdruck $p_{sü}$ und den Mitteldruck der Spülpumpenarbeit p_{La}.

Aus der Auspuffanalyse wurde λ in Abhängigkeit von p_e bestimmt und in Abb. 353 über $p_e + p_{La}$ aufgetragen. Der mittlere Reibungsdruck wurde $p_r = 0,7$ kg/cm² angenommen* und damit aus Abb. 351 der Innenverbrauch b_i in Abhängigkeit von p_i ermittelt und abhängig von λ in Abb. 354 aufgetragen. Man erhält damit eine Kennlinie der Arbeitsvorgänge. Die den Spülsystemen A, B und F zugeordneten Kennlinien liegen nahe einander, fallen aber nicht zusammen. Da das Verbrennungssystem bei allen Versuchen gleich war, sind Abweichungen nur durch verschiedenen Einfluß der Wirbelung, verschiedenen Spülgrad, aber

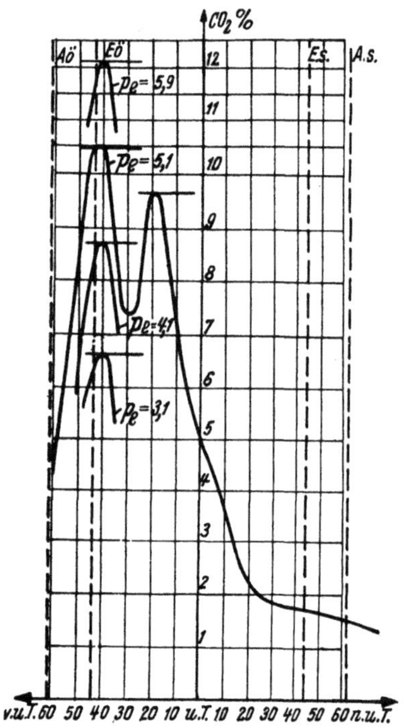

Abb. 350. CO_2-Gehalt der mit einem gesteuerten Ventil dem Auspuffstrom entnommenen Gasproben. Maschine Abb. 348. Nach H o l d.

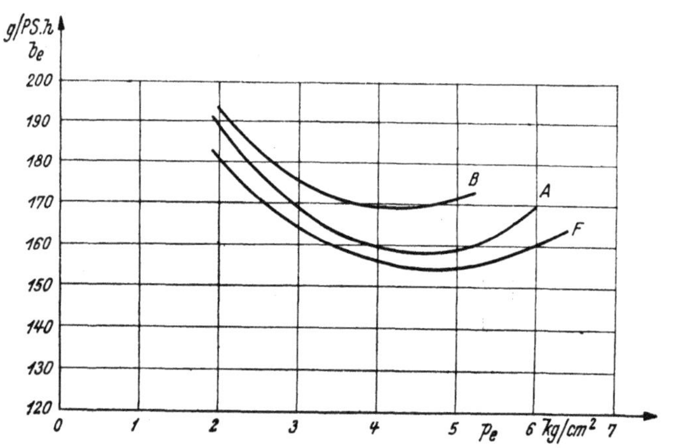

Abb. 351. Brennstoffverbrauch der Maschine nach Abb. 348.

auch durch Fehler in der Messung oder in der Annahme über p_r zu erklären. Welche dieser Möglichkeiten zutrifft, kann hier nicht festgestellt werden.

* Die Ladungswechselarbeit mit $p_i \sim 0,3$ kg/cm² wurde durch Verminderung des p_r auf 0,7 kg/cm² berücksichtigt.

Als Grenze für kurzzeitige Belastbarkeit wurde $\lambda = 1{,}3$ angenommen. Ein Vergleich der drei Spülsysteme soll im folgenden für diesen Belastungspunkt vorgenommen werden.

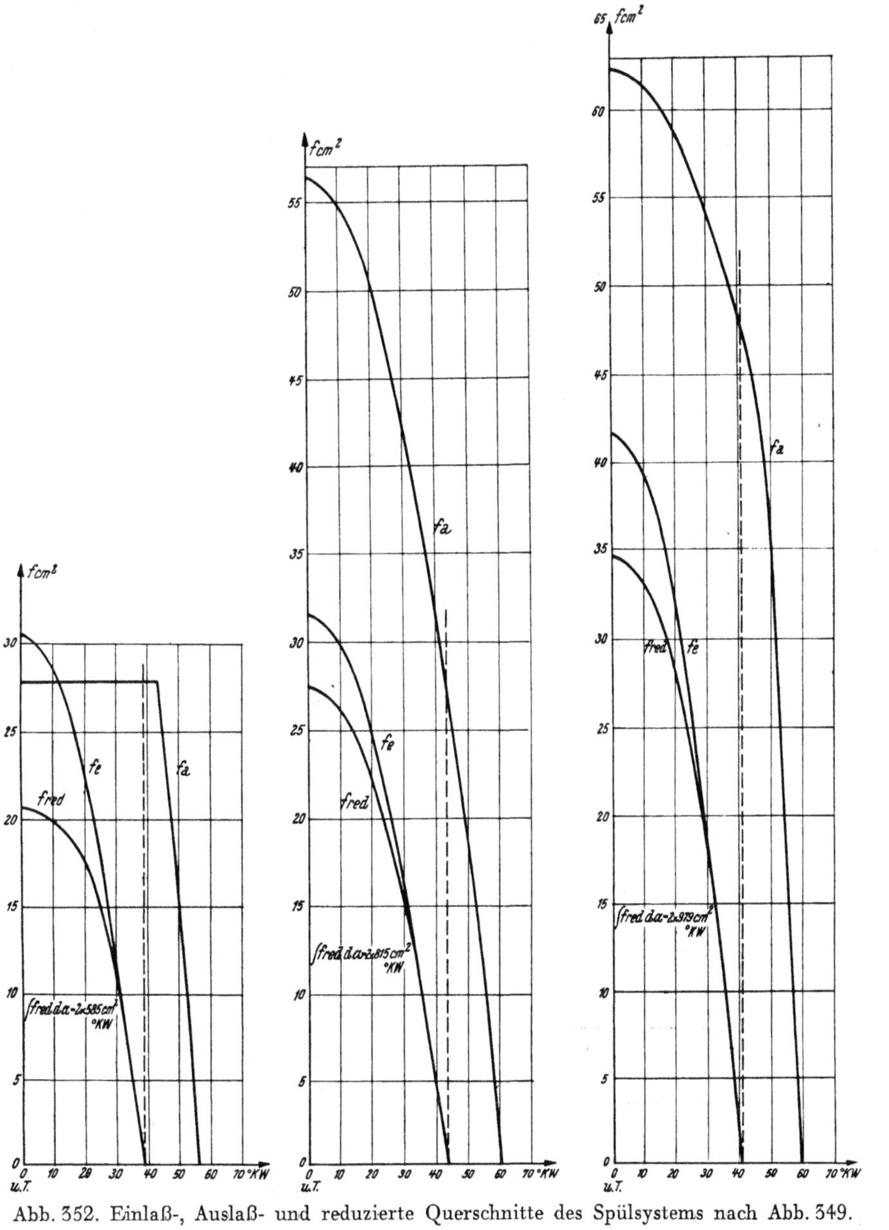

Abb. 352. Einlaß-, Auslaß- und reduzierte Querschnitte des Spülsystems nach Abb. 349.

Zahlentafel 21.

Durchflußzahlen an der MAN-Versuchsmaschine.

Spülung	B	A	F
Luftaufwand Λ_0	0.945	1.043	1.123
Spülüberdruck $p_{sü}$	0.241	0.180	0.092 kg/cm²
Durchflußzahl μ_r	0.59	0.54	0.69
Durchflußzahl μ_m	0.48	0.45	0.61
Spülpumpenaufwand p_{La}	0.40	0.33	0.17 kg/cm²

Entsprechend Abb. 353, $p_r = 0{,}7$ kg/cm² und Abb. 354 ist für $\lambda = 1{,}3$

Spülung B:	$p_i = 6{,}3$ kg/cm²	$b_i = 143$ g/PS . h	$\eta_i = 0{,}44$
A:	$p_i = 6{,}7$ kg/cm²	$b_i = 140$ g/PS . h	$\eta_i = 0{,}45$
F:	$p_i = 7{,}3$ kg/cm²	$b_i = 144$ g/PS . h	$\eta_i = 0{,}44$

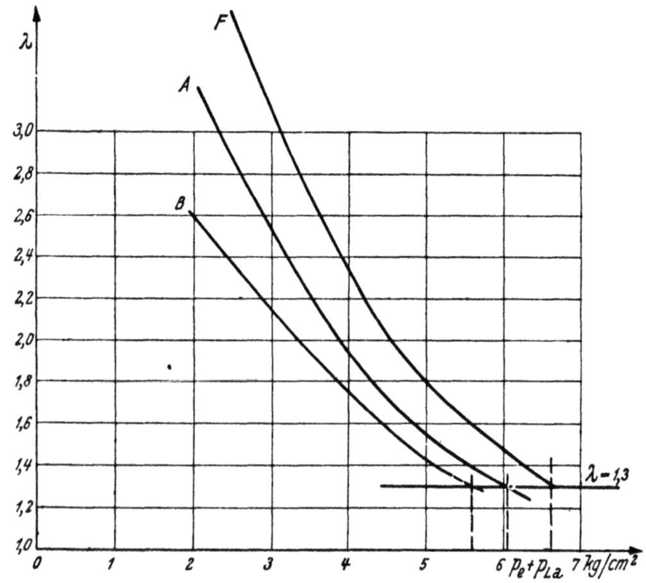

Abb. 353. Luftüberschußzahl λ in Abhängigkeit von $p_e + p_{La}$ Maschine Abb. 348. Nach Hold.

Nun ist nach (52/I) mit $H_u = 10.000$ kcal/kg, $L_o = 12{,}1$ m³/kg (760 mm Hg, 288° K)

$$p_i = 0{,}0427 \cdot \frac{10.000\,\eta_i}{12{,}1 \, . \, 1{,}3} \cdot \lambda_l$$

Damit wird:

Spülung B:	$\lambda_l = 0{,}525$
A:	$\lambda_l = 0{,}545$
F:	$\lambda_l = 0{,}61$

Während der Spülung wurde der in Abb. 355 dargestellte Druckverlauf gemessen. Daraus läßt sich p_{zm} als zeitlich mittlerer Druck während der Spülung und p'_{za} als Schließdruck bestimmen.

Wenn man annimmt, daß das Wärmeäquivalent der Spülpumpenleistung durch die Spülluft abgeführt wird, so ist

$$t_s - t_o = \frac{p_{La} \, . \, v_o \, . \, 10.000}{427 \, . \, \Lambda_o \, . \, c_p}.$$

Man erhält nun:

	$p_{sü}$	T_s	p_{zm}	p'_{za}
B	0,24 kg/cm²	323° K	1,10 kg/cm²	1,05 kg/cm²
A	0,18 kg/cm²	314° K	1,03 kg/cm²	1,09 kg/cm²
F	0,09 kg/cm²	301° K	1,01 kg/cm²	1,01 kg/cm²

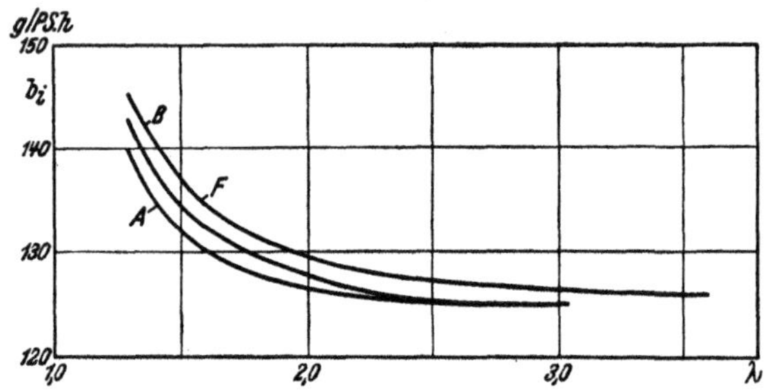

Abb. 354. Kennlinie $b_i = f(\lambda)$. Maschine Abb. 348.

Aus Brennraumskizzen konnte $\varepsilon \sim 18$ festgestellt werden. Damit und mit den Schlitzabmessungen ergibt sich das relative Zylindervolumen bei Schlitzabschluß $z_a = 0{,}86$ für die Spülung B und $z_a = 0{,}84$ für die Spülungen A und F.

Nun läßt sich aus (92) der Spülgrad λ'_s ermitteln. Es ist z. B. für B

$$\lambda_l = 0{,}525 = 0{,}86 \cdot \frac{288}{323} \cdot \frac{1{,}10}{0{,}98} \cdot \left(\frac{1{,}05}{1{,}10}\right)^{\frac{1}{1{,}4}} \cdot \lambda'_s.$$

Man erhält für

B	$\lambda'_s = 0{,}63$
A	$\lambda'_s = 0{,}65$
F	$\lambda'_s = 0{,}73$

Die entsprechenden verdrängenden Luftaufwände sind mit dem mittleren relativen Zylindervolumen während der Spülung $z_m = 1{,}0$ nach (72)

$$\text{B} \quad \Lambda'_z = 0{,}945 \cdot \frac{1}{1{,}0} \cdot \frac{0{,}98}{1{,}10} \cdot \frac{323}{288} = 0{,}945$$

$$\text{A} \quad \Lambda'_z = 1{,}09$$

$$\text{F} \quad \Lambda'_z = 1{,}14$$

Man erhält dadurch Punkte der Spülkurve $\lambda'_s = f\,(\Lambda'_z)$ jedes Systems und damit die Möglichkeit, die Güte der Spülwirkung der Systeme zu vergleichen. Die Punkte für B und F liegen auf bzw. in unmittelbarer Nähe der Kurve für $\frac{s}{D} = 1{,}5$ und niederen Spüldruck der Abb. 59, der Punkt für A etwas darunter. Zur zahlenmäßigen Wertung der Spülkurven ersetzt man sie nach Seite 98 in dem in Betracht kommenden Bereich durch eine Kurve nach (100) und erhält folgende Kennzahlen a für die Spülsysteme:

$$\text{B} \quad a = 1{,}05$$

$$\text{A} \quad a = 0{,}96$$

$$\text{F} \quad a = 1{,}14$$

Demnach hat das Spülsystem F die günstigste, das Spülsystem A die ungünstigste Spülwirkung. Ein exakterer Vergleich müßte natürlich auf die Ermittlung mehrerer Punkte der Spülkurve aufgebaut werden.

Die weiteren Kennwerte des Ladungswechsels, der Spülgrad λ_s und die Gesamtladung λ_g lassen sich nun wie folgt ermitteln:

Wenn der Expansionsenddruck p_{za} (Druck im Zylinder) beim Öffnen der Auslaßschlitze gemessen wurde, so kann λ_s aus λ'_s mit (85) berechnet werden.

Der Expansionsdruck läßt sich rechnerisch auch mit (7) ermitteln. Mit $C_{vm} = 5{,}95$ kcal/Mol°C, $z_a = 0{,}86$, $\delta = 1{,}054$ ($\lambda = 1{,}3$) und dem geschätzten Wärmeübergangsverlust $\varphi_w = 0{,}15$ erhält man mit $p'_{za} = p_1$ für das Spülsystem B

$$\frac{p_{za}}{p'_{za}} = \delta' + 0{,}36\,\frac{p_i}{p'_{za}}.$$

Aus (84) und (85) sind λ_s und $\frac{T'_{ze}}{T_s}$ und mit (75) T'_{za} zu ermitteln. Zahlentafel 22 enthält diese Größen sowie λ_g.

Zahlentafel 22.

Erfolgswerte des Ladungswechsels.

Spülsystem	$\frac{p_{za}}{p'_{za}}$	T_{za}	λ_s	λ_g	λ_1
B	3.21	422	0.83	0.63	0.525
A	3.23	411	0.84	0.84	0.545
F	3.71	370	0.90	0.90	0.61

Eine vergleichende Beurteilung der Steuerungen B, A und F ergibt folgendes:

Hinsichtlich der volumetrischen Spülwirkung ist die Spülung F am besten, dann folgt B und weiter A. Die Spülgrade liegen bei B und F in unmittelbarer Nähe der vom Verfasser für die MAN-Spülung ermittelten Spülkurven. Die Spülgrade der Spülung A entsprechen annähernd einer Verdünnungsspülung.

Die gute Gesamtladung λ_g der Spülung F ist gegenüber B ausschließlich auf den größeren Luftaufwand nach Zahlentafel 21 und die dadurch erzielte bessere Spül-

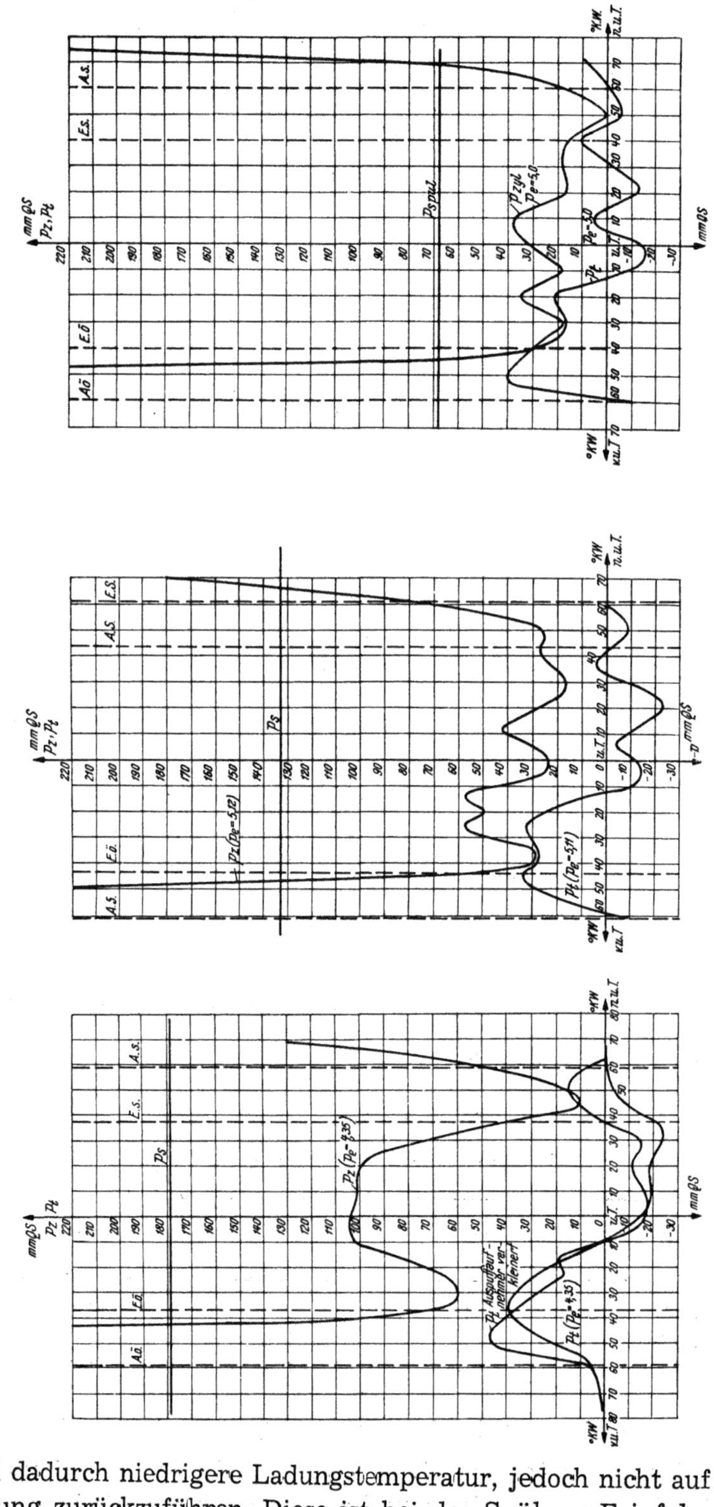

Abb. 355. Druckverlauf während der Spülung im Zylinder (p_z) und im Auspufftopf (p_t). Spülsystem nach Abb. 349. Maschine Abb. 348.

wirkung und dadurch niedrigere Ladungstemperatur, jedoch nicht auf eine verstärkte Aufladewirkung zurückzuführen. Diese ist bei der Spülung F infolge ihres größeren Vorauspuffs und damit auch Nachausström-Zeitquerschnittes geringer als bei B.

Der größere Luftaufwand der Spülung F kann infolge der günstigeren Durchflußzahlen und der größeren Zeitquerschnitte gegenüber der Spülung B mit einem kleineren Aufwand an Spülpumpenarbeit gefördert werden.

Die Spülung F ist daher der Spülung B überlegen, da sie bei etwas besserer Spülwirkung und gleicher Schlitzlänge, daher gleichem wirksamem Hubraum, größere wirksame Durchflußquerschnitte hat.

Hinsichtlich der Spülung A ist festzustellen, daß die Möglichkeiten der zugrunde liegenden Schlitzanordnung in bezug auf die volumetrische Spülwirkung bei der vorliegenden Ausführung nicht ausgeschöpft sind. Auch eine Verbesserung der Durchflußverhältnisse bei gleichem wirksamem Hubraum (gleichen Schlitzlängen) erscheint

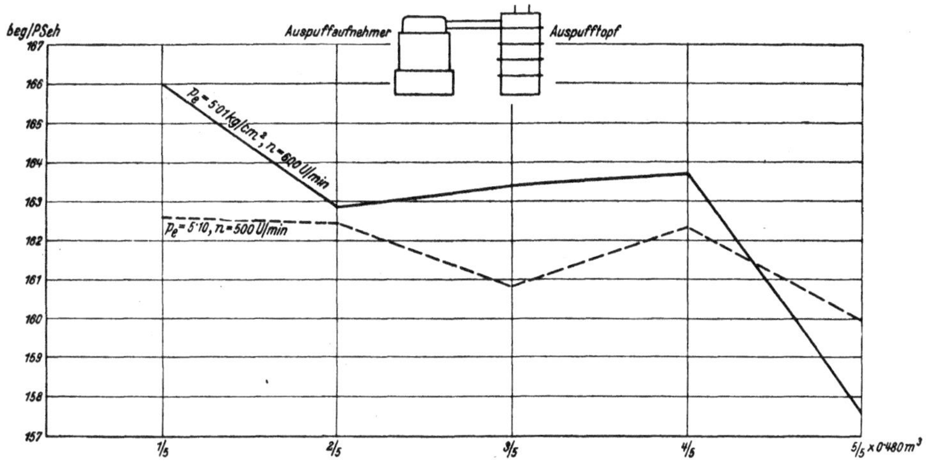

Abb. 356. Abhängigkeit des Kraftstoffverbrauches b_e von der Größe eines zweiten Auspuffbehälters. Maschine Abb. 348.

möglich. Die volumetrische Spülwirkung der vorliegenden Ausführung ist ungünstiger als die von B und F, die wirksamen Zeitquerschnitte sind nur wenig größer als von B.

Nach Abb. 348 münden die Auspuffschlitze unmittelbar in einen größeren Auspuffaufnehmer (55 l = 10,5 V_h). Bei der Versuchsanordnung war dieser durch ein Auspuffrohr mit einem Auspufftopf von 0,5 m³ Inhalt verbunden. Der Druckanstieg während des Vorauspuffs löst eine Druckwelle im Auspuffrohr aus, die am Auspufftopf negativ reflektiert und als Unterdruckwelle zum Aufnehmer zurückläuft. Dort bewirkt sie einen Druckabfall unter den Außendruck, der die Spülluftförderung unterstützt. Der Druck steigt gegen Ende der Spülung wieder annähernd auf Außendruck an.

Eine Verkleinerung des Auspuffaufnehmers um ~ 18 l brachte bei gleichbleibenden sonstigen Verhältnissen eine geringfügige Erhöhung des Verbrauches um ~ 4 g. Eine Verkleinerung des zweiten Auspufftopfes verschlechtert nach Abb. 356 den Verbrauch, da die Unterdruckwelle abnimmt und der mittlere Gegendruck im Auspuffaufnehmer während der Spülung ansteigt, der Arbeitsaufwand für die Spülung daher größer wird.

Infolge des großen Auspuffaufnehmers unmittelbar nach den Schlitzen wird Leistung und Verbrauch von der Gestaltung des an den Aufnehmer anschließenden Auspuffsystems nur wenig beeinflußt, ein wesentlicher Vorteil dieser Anordnung.

3. Polardieselmotoren der Aktiebolaget Atlas Diesel, Stockholm.

Die Motoren, Bauart Polar KE und KM, Abb. 357 und 358, der Aktiebolaget Atlas Diesel haben Schlitzsteuerungen, bei denen ein unsymmetrisches Steuerdiagramm durch Rückschlagklappen vor den Spülschlitzen erzielt wird. Aus- und Einlaßschlitze

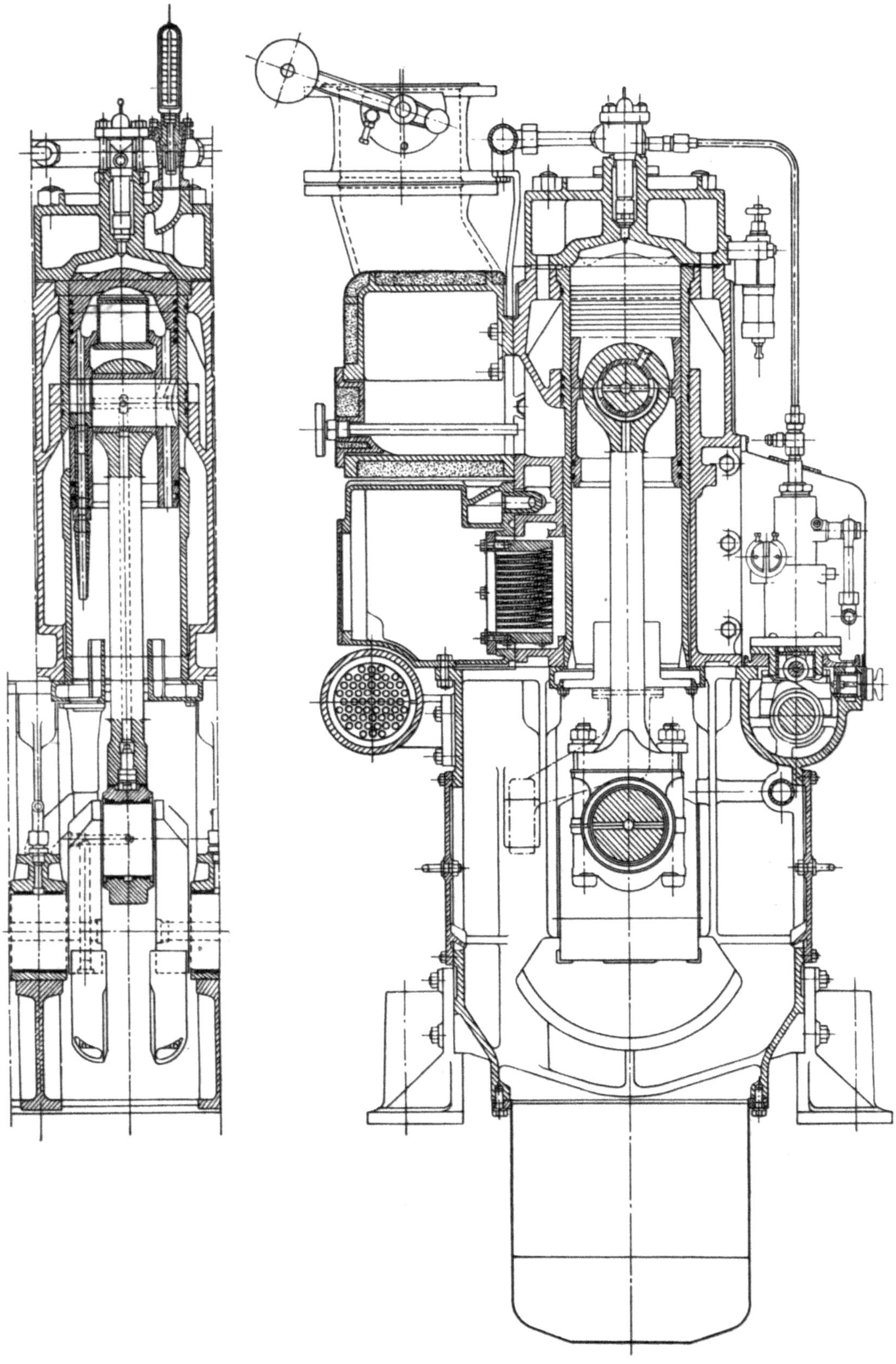

Abb. 357. Dieselmotor, Bauart Polar KE der Aktiebolaget Atlas Diesel, Stockholm. Ne/Zyl. = 57 PS, D = 180 mm, s = 300 mm, n = 600 U/min.

sind gleich lang ausgeführt. Die Rückschlagklappen haben zu Beginn des Vorauspuffs gegen einen Druck von 3 bis 4 kg/cm² abzudichten und öffnen, wenn der Druck im Zylinder unter den Spüldruck abgesunken ist.

Bei dieser Ausführung entfällt das Nachausströmen und es läßt sich je nach absoluter Größe und dem Verhältnis der Querschnitte von Ein- und Auslaßschlitzen eine mehr oder minder ausgeprägte Aufladewirkung erzielen.

Für die Ausbildung der Rückschlagklappen war das Streben nach geringem Durchflußwiderstand maßgebend. Bei der in Abb. 359 dargestellten Ausführung wird durch Abstützung der federnden Klappen durch die zwischen den Nuten liegenden Stege erreicht, daß auch bei dünnen, leicht öffnenden Stahlblechklappen deren Beanspruchung während des Vorauspuffs in zulässigen Grenzen bleibt. Die geringe Richtungsänderung des Luftstromes beim Durchtritt durch das Klappenpaket ist eine Voraussetzung für geringen Strömungswiderstand.

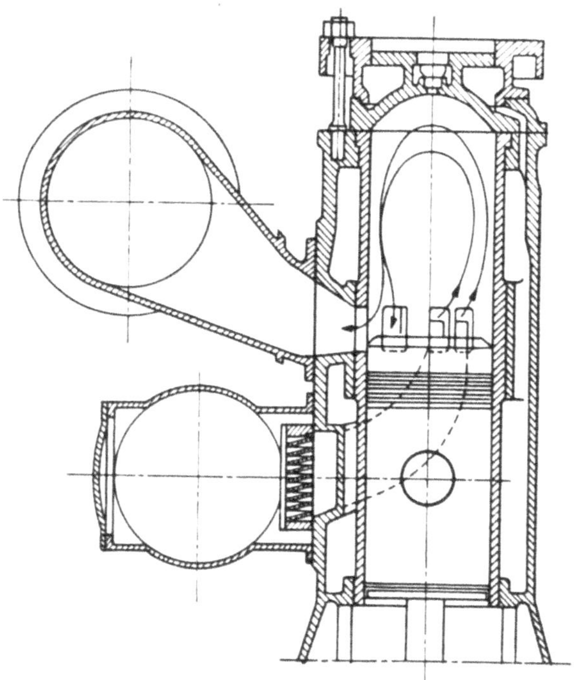

Abb. 358. Dieselmotor Bauart Polar KM der Aktiebolaget Atlas Diesel, Stockholm. Ne/Zyl. = 210, D = 340 mm, s = 570 mm, n = 300 U/min.

Die Einlaßschlitze sind nach Abb. 357 und 358 beiderseits der Auslaßschlitze angeordnet und blasen schräg nach oben gegen den Zylinderdeckel. Gute Luftführung im Kanal zu den Einlaßschlitzen läßt große Durchflußzahlen der Steuerung erwarten.

Die Spülluft wird durch ein Zentrifugalgebläse gefördert.

Der Kolben ist ölgekühlt. Das Öl fließt vom Kurbellager durch die hohle Pleuelstange und den Kolbenbolzen dem Kolbenoberteil zu und spritzt beim Austritt aus den

Zahlentafel 23.

Allgemeine Daten der Motoren, Bauart KE und KM.

Bauart	KE	KM
Zylinderdurchmesser mm	180	340
Hub mm	300	570
Hubvolumen l	7,65	51,6
Drehzahl U/min	600	300
Nutzleistung PS/Zyl.	57	210
Zylinderzahl	2—8	4—8
Schubstangenverhältnis	4,73	4,74
Nutzdruck p_e kg/cm²	5,6	6,1
Luftmenge des Gebläses m³/min Zyl.	6,9	23
Luftaufwand Λ_0	1,50	1,49
Verdichtungsverhältnis	17,4	14,1
Kraftstoffverbrauch b_e kg/PS. h.	0,16	0,16
Auspufftemperatur t_A °C	290—300	290—300

Kolben in der Bauart KE durch einen Rohransatz im Unterteil des Kolbens in eine Fangschale am unteren Ende der Laufbüchse. In Bauart KM wird das Öl in Teleskopröhren vom Kolben abgeführt. Durch einen Ölkühler wird das Öl rückgekühlt.

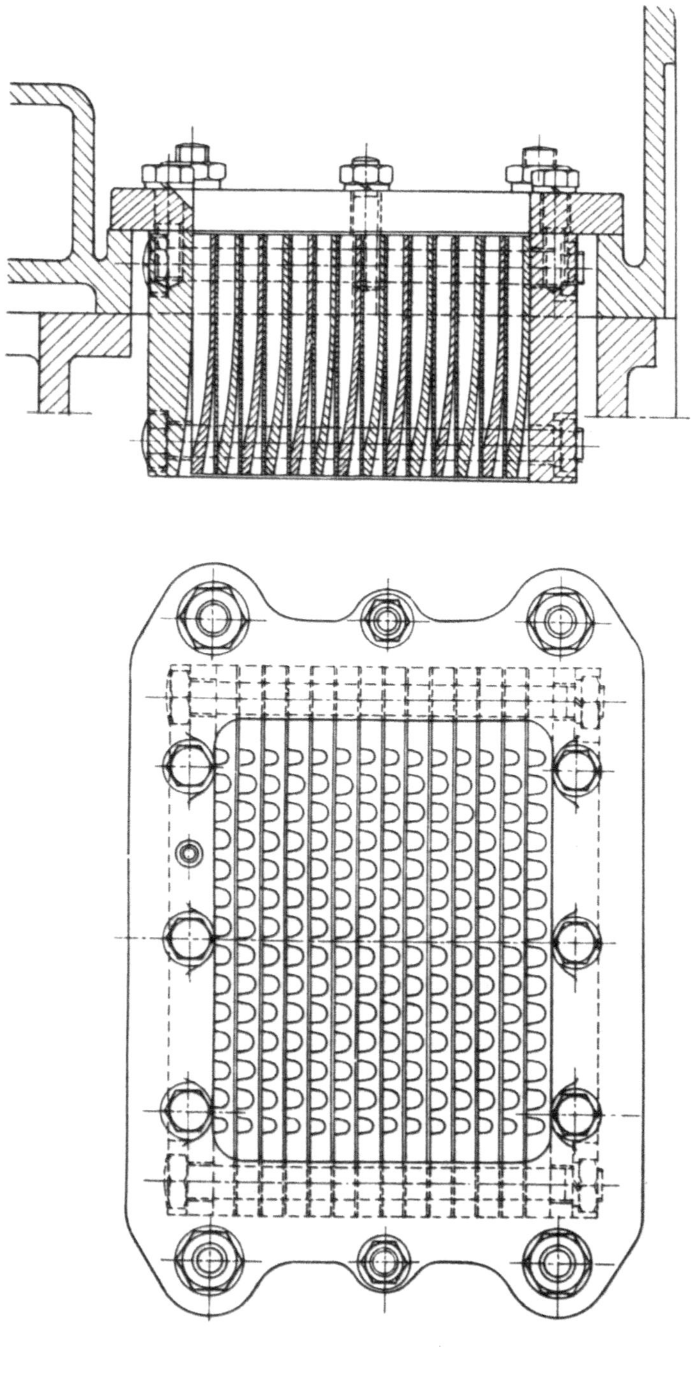

Abb. 359. Rückschlagklappe im Spülkanal des Motors Bauart Polar KE.

Zahlentafel 23 enthält allgemeine Angaben, Zahlentafel 24 Angaben über die Steuerung beider Motortypen.

Der Spüldruck des Motors KE wurde von der Herstellerfirma $p_s = 1{,}23$ kg/cm² angegeben. Mit den in den Zahlentafeln 23 und 24 angegebenen Abmessungen kann aus (33) der zum Luftaufwand $\Lambda_0 = 1{,}5$ und

$$\frac{p_s}{p_o} = \frac{1,23}{1,03} \sim 1,20$$

gehörige Kennwert A'_e ermittelt werden.

Zahlentafel 24.
Steuerungsabmessungen der Motoren Bauart KE und KM.

Bauart	KE	KM
Einlaß- und Auslaßschlitzlänge σ_e σ_a	0,233	0,237
Einlaßschlitze:		
Schlitzbreite (gesamt) mm	100	223
Verhältnismäßige Schlitzbreite β_e	0,177	0,208
Einströmwinkel γ_e	27,5⁰	30⁰
Auslaßschlitze:		
Schlitzbreite (gesamt) mm	166	330
Verhältnismäßige Schlitzbreite β_a	0,294	0,309
Winkel γ_a des austretenden Stromes	58,5⁰	63⁰

Man erhält, wenn der Gebläsewirkungsgrad $\eta_{ad} = 0,7$ geschätzt wird, eine Durchflußzahl

$$\mu_m = 0,86.$$

Dieser sehr hohe Wert, bei dessen Berechnung zudem nicht berücksichtigt wurde, daß ein Teil des Zeitquerschnittes für die Spülung durch den Vorauspuff wegfällt, läßt auf gute Durchflußzahlen der Schlitze und auf Mitwirkung des Auspuffsystems bei der Spülluftförderung schließen.

4. Motor 31 A 6¼ M von Fairbanks, Morse & Co.

Der Schiffsdieselmotor 31 A 6 1/4 M von Fairbanks, Morse & Co. hat nach Abb. 360 eine Spülung nach Abb. 106, deren Einlaßschlitze länger als die Auslaßschlitze sind. Durch Rückschlagklappen wird ein Eindringen der Abgase in den Spülbehälter verhindert. Die Steuerung hat demnach ein unsymmetrisches Öffnungsdiagramm und daher Aufladewirkung.

Die Laufbüchsen haben angegossene Kühlmäntel und sind in das Motorgestell eingesetzt. Die Kanäle zu den Schlitzen liegen zum Teil in der Laufbüchse, zum Teil im Motorgestell. Die relativ große Länge der Spülkanäle gibt gute Luftführung, daher große Durchflußzahlen.

Der Kolben wird durch Schmieröl gekühlt, das nach Abb. 360 durch Pleuelstange und Kolbenbolzen zufließt und durch eine düsenförmige Mündung im unteren Teil des Kolbens frei in den Triebwerkraum austritt. Der Kolbenbolzen sitzt in einem Träger, der in den Kolben eingesetzt und mit ihm verschraubt ist. Der Kolbenmantel kann dadurch glatt ohne Durchbrechung ausgeführt werden. Der Raum zwischen Kolbenmantel und Bolzenträger wird vom Schmieröl durchflossen, der Kolben daher nicht nur am Kolbenboden, sondern auch längs des Mantels durch das Schmieröl gekühlt.

Mit den Zylinderzahlen 5, 6, 7 und 8 überdeckt das Modell 31 A 6 1/4 M einen Leistungsbereich von 177 bis 284 PS.

Motordaten:

Bohrung	$6^1/_4'' = 159$ mm
Hub	$9'' = 228$ mm
n	720 U/min
p_e	4,9 kg/cm²,

Abb. 361 zeigt die Schwingkolbenspülpumpe, die am Ende des Motors angeordnet ist.

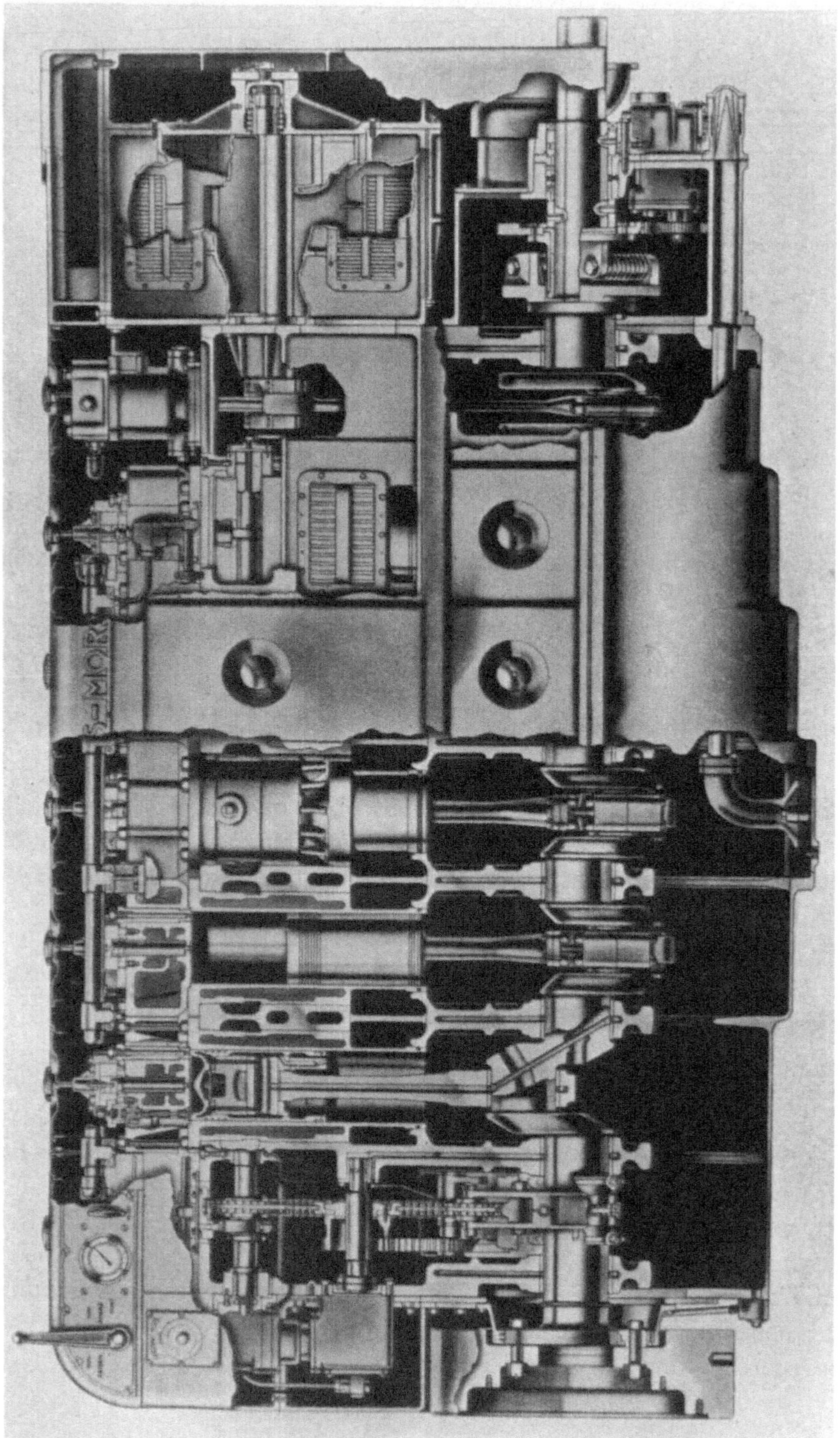

Abb. 360 a und b. Motor 31 A 6 1/4 M der Fairbanks, Morse & Co. D = 159 mm, s = 228 mm, n = 720 U/min. Ne = 177 PS.

III. Motoren kleiner Leistung.

1. Untersuchungen an Motoren der Motorenfabrik Darmstadt AG.

Die Motorenfabrik Darmstadt AG. baut Zweitaktmotoren kleiner und mittlerer Leistung mit Kapselspülgebläse.

Abb. 362 zeigt Etappen bei der Entwicklung des Spülverfahrens. Mit dem

Abb. 360 b.

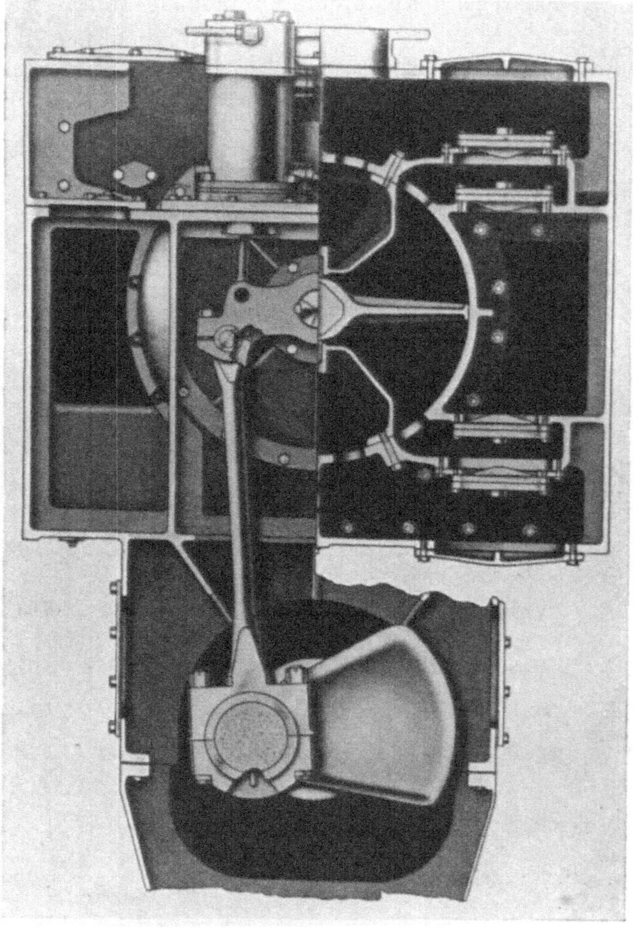

Abb. 361. Spülpumpe zum Motor Abb. 362.

Querspülverfahren nach Abb. 362 a wurden infolge der gegeneinander gestellten seitlichen Einlaßschlitze gute Leistungen ($p_e = 4{,}5$ kg/cm²) erzielt. Die Spülung nach Abb. 362 b wurde trotz sehr guter Ergebnisse nicht ausgeführt, da sie in den Schutzbereich der Schnürle-Spülung fällt. Die Wahl fiel schließlich auf das in Abb. 367 c dargestellte Spülsystem, das leistungsmäßig voll befriedigt. ($p_e = 4{,}75$ kg/cm².) In Abb. 363 ist der Strömungsverlauf in dem ausgeführten Spülverfahren nach einer Untersuchung von Spannhake und Kluge dargestellt. Infolge der guten Führung des Spülstromes in den Einlaßschlitzen und deren starker Neigung wird eine stabile Hochspülung erzielt.

Die Schlitzabmessungen und die Konstruktion der Zylinderbüchse eines Modaag-Motors sind Abb. 364 zu entnehmen. Der kleine Schlitzwinkel von $\gamma_e = 27^0$ bedingt relativ kleinen Strömungsquerschnitt. Man erhält $\beta_e \,.\, \sin \gamma_e = 0{,}11$, also einen Wert, der dieses Spülverfahren für Schnellauf ausschließt. Die Auslaßschlitze haben eine relative Umfangsbreite von $\beta_a = 0{,}23$.

Zahlentafel 25 zeigt das Ergebnis von Messungen an einer 5-Zylinder-Maschine. Luftmessungen wurden nicht ausgeführt. Aus den Ergebnissen von Abgasanalysen kann jedoch annähernd auf den Luftaufwand geschlossen werden.

Zahlentafel 25

Versuchsergebnisse an einem Modaag-Motor, Bauart RK 25 (5 Zyl., D = 200 mm, s = 330 mm, Leichtmetallkolben, $\varepsilon = 14$)

Nr.	Drehzahl je Min.	Leistung PSe	Mittlerer effekt. Druck kg/cm² p_e	Brennstoffverbrauch g/PS St. b_e	Spülluftüberdruck im Verteiler kg/cm² $p_{sü}$	Abgase Überdruck p_t	Abgas Temp. °C t_r	Abgas Analyse CO_2 %	O_2 %	Sichtbarkeit des Auspuffs
1	501,3	251,2	4,35	179,1	0,297	—	260 255*			nicht sichtbar
2	500,1	275,3	4,78	176,1	0,301	0,086	274 283*	4,4		nicht sichtbar
3	503,5	188,8	3,26	181,7	0,280	0,079	210 213*			nicht sichtbar
4	508,3	127,3	2,17	199,7	0,268	0,073	162 168*			nicht sichtbar
5	510,3	0	0	—	0,241	0,073	83 92*			nicht sichtbar
6	503,3	302,0	5,21	177,1	0,308	0,090	301 305*			nicht sichtbar
7	504,6	302,3	5,20	177,0	0,296	0,074	304 305*	5,0	14,5	schwach sichtbar
8	502,8	313,0	5,40	175,7	—	—	—			schwach sichtbar
9	502,9	331,9	5,73	178,3	0,301	0,072	330 333*	5,3	13,2	leicht grau sichtbar, leicht grau
10	502,2	339	5,86	178,5	—	—	—			sichtbar, leicht grau

* berechnete Werte.

Mit v (CO_2) = 0,044 (Versuch 2, Zahlentafel 25), v (O_2) = 0,148 und v (N_2) = 0,808 (die beiden letzten Werte sind dem Wert von v (CO_2) für rauchfreie Verbrennung zugeordnet), wird nach (181) die Luftüberschußzahl, bezogen auf den Luftaufwand, $\lambda = 3{,}2$.

Damit wird bei 48,48 kg/h Brennstoffverbrauch, 51,8 l Gesamthubraum und $L_o = 11{,}7\ m^3/kg$

$$\Lambda_o = \frac{11{,}7 \,.\, 48{,}48 \,.\, 3{,}2}{51{,}8 \,.\, 500 \,.\, 60} = 1{,}17.$$

Berechnet man zur Kontrolle den Liefergrad der Kapselspülpumpe aus ihren Abmessungen, so erhält man 0,82, eine Zahl, die den bei solchen Gebläsen gemessenen Werten ungefähr entspricht. Die Berechnung des Luftaufwandes aus der Gasanalyse ist ungenau. Wenn irgend möglich, sollte der Luftaufwand durch Messung der angesaugten Luft bestimmt werden.

Aus der Zahlentafel 25, Versuch 1, und $\sigma_e = 0{,}17$, $\eta_{ad} = 0{,}6$, $T_o = 288^0$ K, $p_o = 1{,}02$ kg/cm^2, erhält man mit Ausdruck (33) und Abb. 27 mit $\Lambda_o = 1{,}17$ die Kennzahl $A'_e = 1070$ m/min. Aus dieser folgt $\mu_m = 0{,}74$.

Die relativ große Durchflußzahl ist auf die lange Führung des Luftstromes in den Einlaßschlitzen und auf das relativ große Verhältnis Auslaßquerschnitt/Einlaßquerschnitt zurückzuführen.

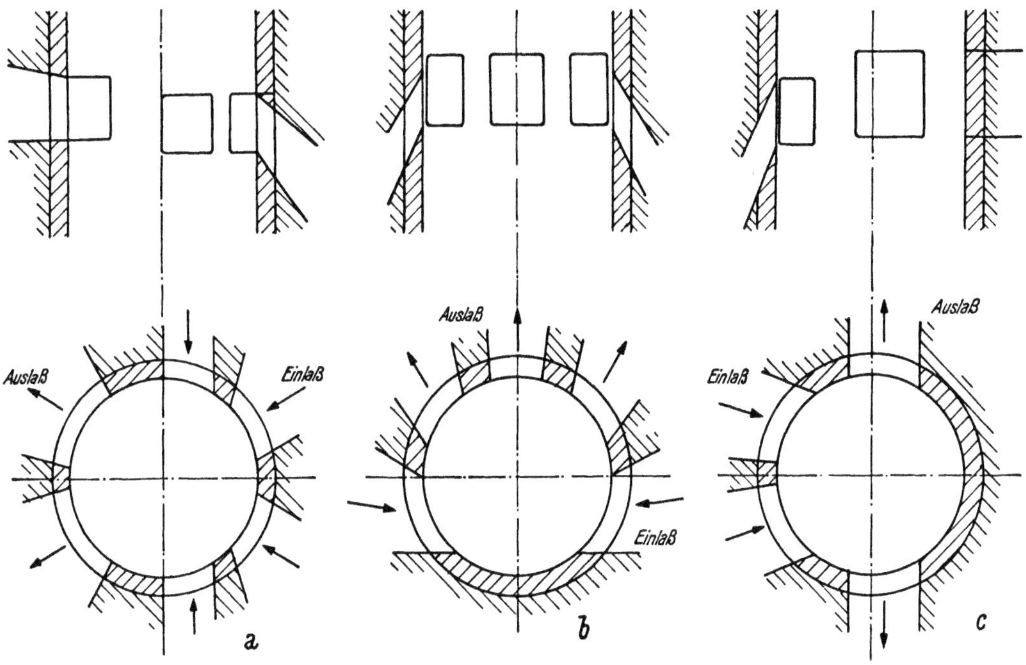

Abb. 362. Verschiedene Entwicklungsstufen des Spülverfahrens der Motorenfabrik Darmstadt AG.

Zur Beurteilung der Güte der Steuerungsauslegung werden nun die Schlitzlängen für größte Leistung rechnerisch ermittelt und mit denen der ausgeführten Maschine verglichen.

Für Vollast kann die Luftüberschußzahl (bezogen auf die Verbrennungsluft im Zylinder) $\lambda = 1{,}85$ angenommen werden. Weiters kann mit einem Gütegrad $\eta_g = 0{,}8$ gerechnet werden. Nach Band 2 entspricht $\varepsilon = 14$, $\lambda = 1{,}85$ ein Wirkungsgrad der vollkommenen Maschine $\eta_v = 0{,}56$. Daher wird $\eta_i = 0{,}45$ und mit einem Heizwert $H_u = 10.000$ kcal/kg des Brennstoffes $b_i = 0{,}140$ kg/PS . h.

Nach früheren Ausführungen (Seite 99) kann für einfache Schlitzsteuerungen bei mäßiger Drehzahl in erster Annäherung

$$p'_{za} = p_{zm} = \frac{p_s + p_t}{2}$$

gesetzt werden. Nach Zahlentafel 8 ist $C = 1{,}02$ für $\eta_{ad} = 0{,}6$, $\frac{p_s}{p_o} = 1{,}3$. Damit wird nach (103)

$$K = 9{,}7 \text{ kg/cm}^2$$

und nach (104), wenn für das Spülsystem $a = 1{,}1$ geschätzt wird, mit $z_m = 0{,}95$

$$a' = 1{,}13.$$

Für einen gegebenen Luftaufwand $\Lambda_o = 1{,}17$ gilt nach Abschnitt A, II, 1, g, α für größten Nutzdruck

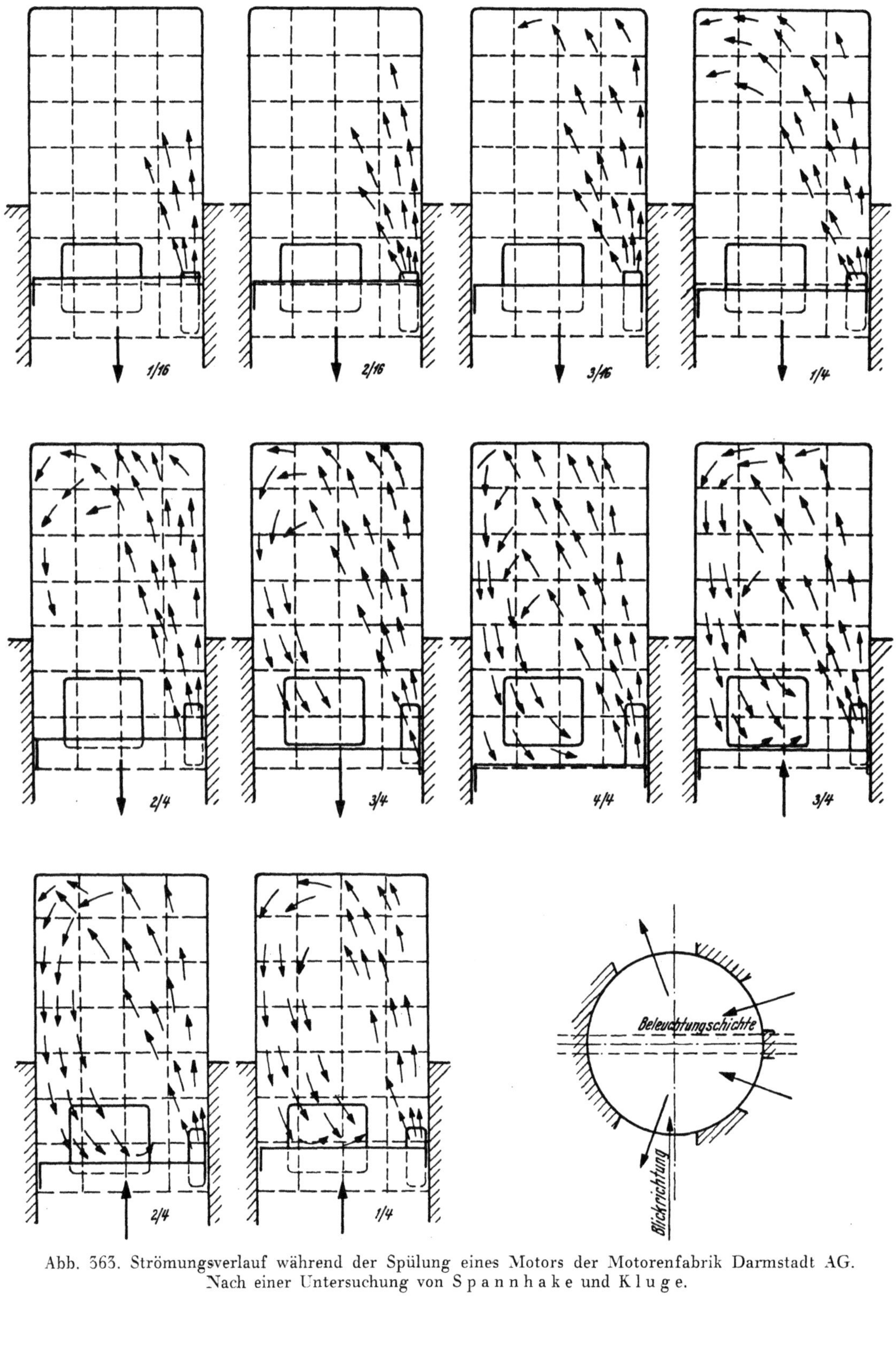

Abb. 363. Strömungsverlauf während der Spülung eines Motors der Motorenfabrik Darmstadt AG. Nach einer Untersuchung von Spannhake und Kluge.

$$\sigma_e = \frac{1}{156} \cdot \sqrt[4]{\frac{(1{,}13 \,.\, 1{,}17)^3}{1 - e^{-1{,}13 \,.\, 1{,}17}}} \cdot$$

$$\cdot \frac{1}{\sqrt[4]{9{,}7 \,.\, 0{,}6 \,.\, 1{,}13^3}} \cdot \sqrt{1070} = 0{,}163.$$

Nun ist mit $\mu_a = 0{,}75$

$$A_a = \frac{0{,}200 \,.\, 500}{0{,}23 \,.\, 0{,}75} = 580 \text{ m/min}$$

und nach (108) für Betrieb mit optimalem Rückschlagen

$$\sigma_a - \sigma_e = 0{,}06, \text{ daher } \sigma_a = 0{,}22.$$

Ausgeführt wurde $\sigma_e = 0{,}17$, $\sigma_a = 0{,}233$, demnach nahezu die berechneten Werte.

Mit diesen Schlitzlängen wird die Leistung

$$p_i = 9{,}7 \,.\, 0{,}77 \,.\, 0{,}74 = 5{,}5 \text{ kg/cm}^2.$$

Mit der Ladearbeit $p_{La} = 0{,}44 \,.\, 1{,}17 = 0{,}5$ kg/cm², $p_r = 0{,}6$ kg/cm²* wird $p_e = 5{,}5 - 1{,}1 = 4{,}4$ kg/cm². Der Nutzdruck für die Nennleistung $p_e = 4{,}35$ kg/cm² entspricht diesem Wert.

Der Verbrauch bei Nennleistung wird

$$b_e = 0{,}140 \cdot \frac{5{,}5}{4{,}4} = 0{,}176 \text{ kg/PS.h}$$

nach Zahlentafel 25, Versuch 1, in guter Übereinstimmung mit dem gemessenen Wert.

Die durch Versuche erhaltenen Schlitzlängen entsprechen daher der rechnerisch ermittelten Auslegung der Steuerung.

Es kann infolge der verhält-

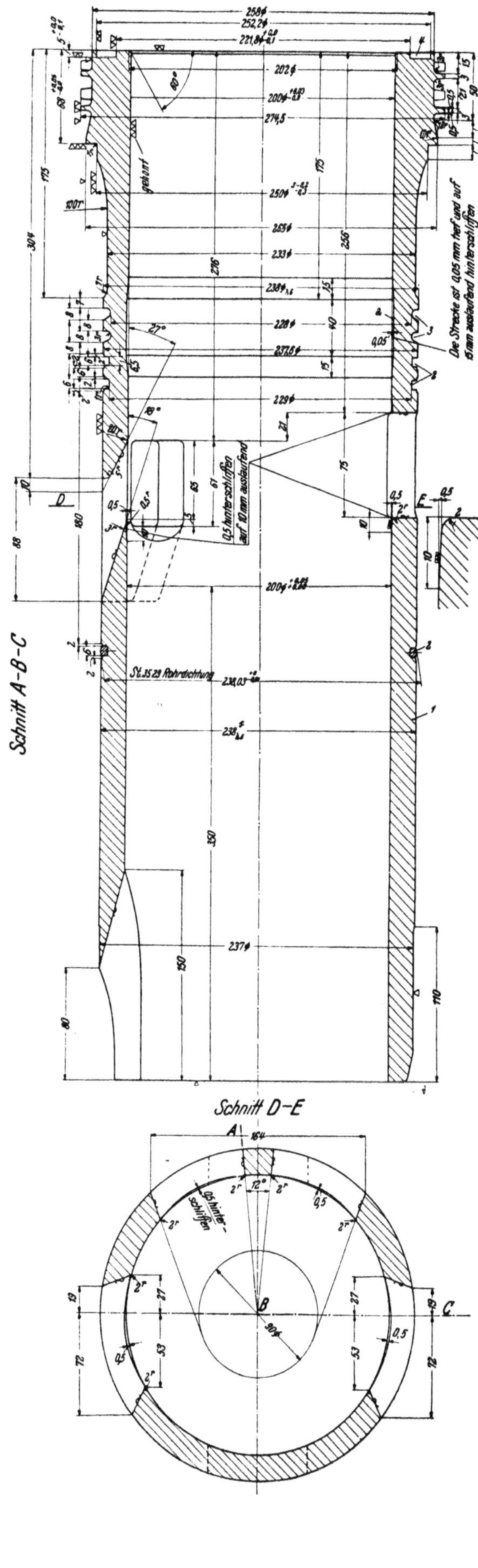

* Bei der Schätzung von p_r wurde die bisher vernachlässigte Ladungswechselarbeit berücksichtigt, die ~ 0,3 kg/cm² angenommen werden kann. Der wirkliche Reibungsdruck p_r ist daher ~ 0,9 kg/cm².

Abb. 364. Zylinderbüchse eines Motors der Motorenfabrik Darmstadt AG.

nismäßig geringen Druckabhängigkeit der Fördermenge vom Förderdruck des Kapselgebläses angenommen werden, daß der Luftaufwand nahezu unabhängig von der Belastung ist. Damit wird aus (102) und (104)

$$p_i = \frac{1,45}{b_i \cdot \lambda}.$$

Mit den Werten der Zahlentafel 24 und $p_r + p_{La} = 1,1$ kg/cm² kann die Kennlinie der Arbeitsvorgänge Abb. 365 erhalten werden. Damit ist die Grundlage für die Berechnung von Motoren mit ähnlichen Verbrennungsverfahren gegeben.

Die Berechnung der Auspufftemperatur nach 87 a/I ergibt mit der Messung gut übereinstimmende Werte, wenn $\varphi_w = 0,15$, $\varphi_{wl} = 0,05$ und $\varphi_{wt} = 0,075$ für Vollast eingesetzt wird.

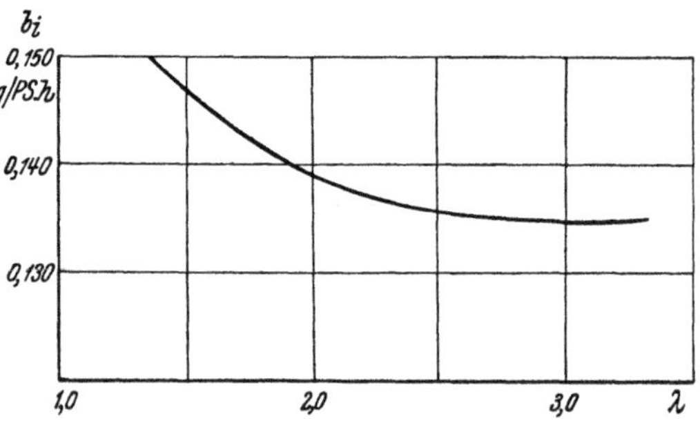

Abb. 365. Kennlinie $b_i = f(\lambda)$ eines Motors der Motorenfabrik Darmstadt AG.

Aus Wärmebilanzen ergibt sich, daß vielfach in erster Annäherung der Wärmeanteil der Abgase über der Belastung annähernd konstant bleibt. Man erhält dann

$$t_A = 47 + 280\, p_i\, b_i.$$

In Zahlentafel 25 sind die mit diesem Ausdruck berechneten Auspufftemperaturen eingetragen. Die Übereinstimmung zwischen Messung und Rechnung ist gut. Der verhältnismäßig hohe Verlust $\varphi_{wt} = 0,075$ dürfte durch den Wärmeübergang in den gekühlten Auslaßkanälen verursacht sein, die sich an die Schlitze anschließen, und durch die Wärmeabstrahlung aus dem Auspufftopf, hinter dem die Temperatur (dem Versuchsbericht nach) gemessen wurde.

IV. Dieselmotoren mit Kurbelkastenspülung.

1. Untersuchungen an Motoren mit Stufenkolben der Arn. Jung G. m. b. H.

Die Motoren (D = 130 mm, s = 190 mm) nach Abb. 366 werden als 1- bis 6-Zylinder-Motoren mit einem Drehzahlbereich von 650 bis 800 U/min (Einzylinder) bzw. 650 bis 1000 U/min (Mehrzylinder) ausgeführt und leisten 13 PS/Zyl. bei 650 U/min, 16 PS bei 800 U/min und 20 PS bei 1000 U/min. Der entsprechende Nutzdruck ist 3,57 kg/cm² bei allen Drehzahlen. Bei 10% Überlast erreicht der Nutzdruck 3,92 kg/cm², bei 20% Überlast 4,28 kg/cm².

Zur Vergrößerung des Luftaufwandes gegenüber der üblichen Kurbelkastenspülung hat der Kolben eine Stufe und verdrängt auf der Kurbelkastenseite das 1,7fache Hubvolumen des Zylinders. Die Steuerung des Einlasses in den Kurbelkasten erfolgt durch Saugschlitze, die den oberen Ringraum dauernd mit der Außenluft verbinden. Die Querspülung hat schräg nach oben gerichtete Einlaßschlitze. Die Schlitzabmessungen sind für den Einlaß $\sigma_e = 0,18$, $\beta_e = 0,27$, $\gamma_e = 31^0$ und für den Auslaß $\sigma_a = 0,245$, $\beta_a = 0,27$. Die Saugschlitze der Kurbelkastenspülpumpe haben eine auf den Umfang der unteren Kolbenstufe bezogene Breite von $\beta_s = 0,62$ und eine Länge von $\sigma_s = 0,125$.

Diese Abmessungen wurden aus den zur Verfügung stehenden Zeichnungen ermittelt, aus ihnen ergibt sich ferner $V_s \sim 4{,}5 \,.\, V'_h$ (V'_h = Hubvolumen der Spülpumpe) und $\varepsilon \sim 16$.

Das auf S. 199 angegebene Berechnungsverfahren für den Luftaufwand läßt sich ohne Änderung anwenden, wenn an Stelle von V_h mit V'_h (Spülpumpenvolumen) gerechnet und daher die Einlaßschlitzbreite β_e auf den Umfang des Spülpumpenzylinders bezogen wird.

Der Durchmesser des Spülpumpenkolbens ist $D' = 170$ mm, der Hubraum $V'_h = 4{,}28$ l.

Mit $\tau = 1{,}1$, $m = 1{,}4$, $\frac{r}{l} = \frac{1}{4{,}2}$ und $\mu_s = 0{,}65$ (geschätzt) erhält man aus (222) bis (224) für $n = 800$ U/min

$$y = 5{,}44; \quad A'_s = \frac{800 \,.\, 0{,}170}{0{,}62 \,.\, 0{,}65} \cdot \left(1 + \frac{1}{2 \,.\, 4{,}2}\right) = 377 \text{ m/min}$$

$$\int \frac{d \frac{p}{p_o}}{\psi} = 0{,}125^{\frac{3}{2}} \cdot \frac{1{,}4}{0{,}00179} \cdot \frac{1{,}1 \,.\, \sqrt{288}}{5{,}44} \cdot \frac{1}{377} = 0{,}315.$$

Infolge der reichlichen Bemessung der Saugschlitze kann zunächst angenommen werden, daß der Druck $p_{k2} = p_o = 1$ kg/cm² wird. Mit

$$x = 4{,}5 + 0{,}09 = 4{,}59$$

wird

$$p_{k3} = 1{,}0 \cdot \left(\frac{5{,}44}{4{,}59}\right)^{1{,}4} = 1{,}27 \text{ kg/cm}^2.$$

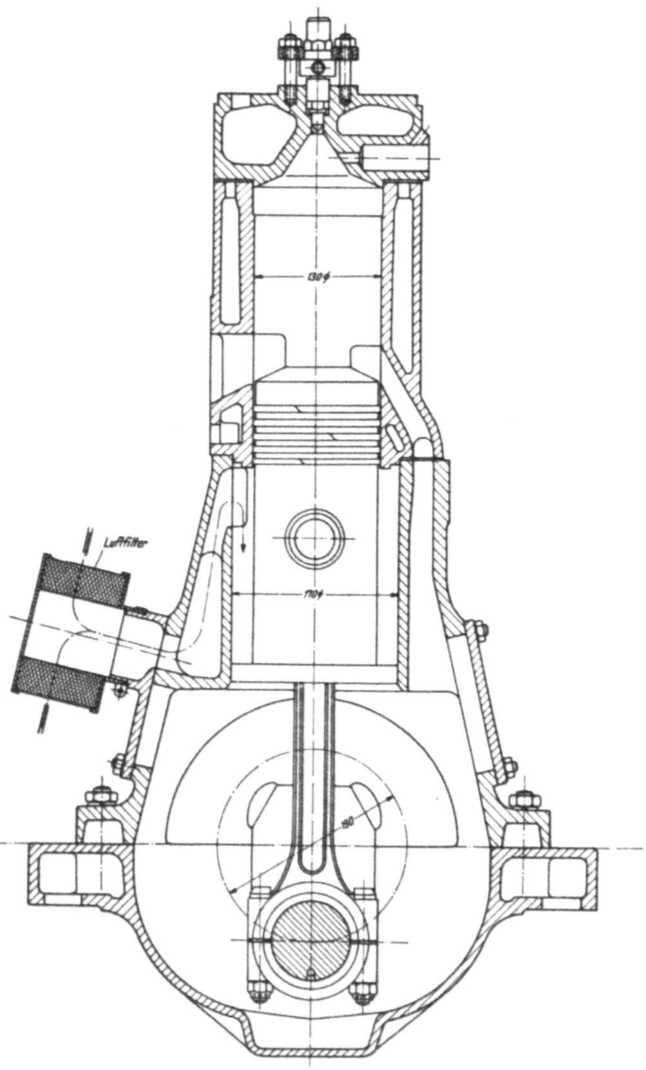

Abb. 366. Motor mit Stufenkolben der Arn. Jung G.m.b.H.

Setzt man zunächst in Abb. 224 auch $p_{k4} = 1{,}0$ kg/cm², so wird

$$\frac{1}{1{,}27} = \frac{p_{k4}}{p_{k3}}; \quad T_{k2} = 288 \,.\, 1{,}4 \,.\, 1{,}1 \,.\, 0{,}73 = 324^0 \text{ K}$$

und damit

$$T_{k3} = 324 \,.\, 1{,}27^{0{,}286} = 346^0 \text{ K}.$$

Nun läßt sich für den Einlaß in den Zylinder die Beziehung (227) aufstellen. ($\mu_m = 0{,}65$ geschätzt.) Es ist

$$A'_e = \frac{0{,}170 \,.\, 800}{0{,}206 \,.\, 0{,}515 \,.\, 0{,}65} \cdot 0{,}881 = 1740 \text{ m/min}$$

(bezogen auf Zylinderdurchmesser der Spülpumpe) und

$$Z_{k3} - Z_{k4} = 0{,}18^{\frac{3}{2}} \cdot \frac{1{,}4 \sqrt{335}}{0{,}00179 \,.\, 4{,}59 \,.\, 1740} = 0{,}136.$$

Aus Abb. 220 erhält man für $p_{k4} = 1{,}06$ kg/cm², wenn zunächst $p_{k3} = 1{,}27$ angenommen wird. Damit wird $p_{k1} = 0{,}835$ kg/cm².

Der Druck $p_{k2} = 1{,}0$ kg/cm² wird also noch vor Saugschlitzabschluß erreicht.

Der auf Spülpumpenhubraum bezogene Luftaufwand wird aus (221) nun

$$\Lambda_o = \frac{1}{1{,}4} \cdot \frac{1}{1{,}1} \cdot 5{,}44\ (1{,}0 - 0{,}835) = 0{,}58$$

und, bezogen auf den Zylinderhubraum, $\Lambda_o = 0{,}99$.

Der Spülung kann eine Spülkurve nach Abb. 57 zugrunde gelegt werden.

Setzt man $p_{zm} = p'_{za} = 1{,}1$ kg/cm², so wird mit $z_m = 0{,}96$ nach (72)

$$\Lambda'_z = \frac{1{,}0}{1{,}1} \cdot \frac{335}{288} \cdot \frac{1}{0{,}96} \cdot 0{,}99 = 1{,}09$$

und aus der Spülkurve $\lambda'_s = 0{,}61$.

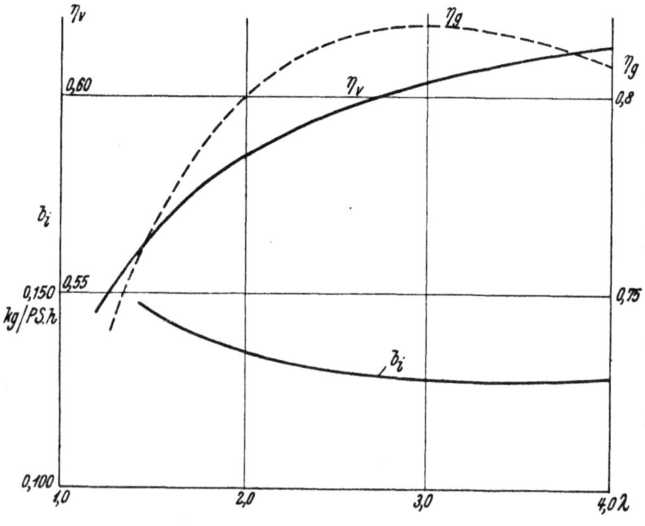

Abb. 367. Kennlinie $b_i = f(\lambda)$, Gütegrad η_g und Wirkungsgrad der vollkommenen Maschine η_v eines Motors der Arn. Jung G.m.b.H.

Das Verbrennungssystem ist ähnlich dem des Deutz-Motors TM 436. Es kann daher grundsätzlich der gleiche Verlauf des Gütegrades der Leistungsberechnung zugrunde gelegt werden. Man erhält aus Band 2 den Wirkungsgrad der vollkommenen Maschine nach Abb. 367 und mit η_g nach Abb. 346 die in Abb. 367 dargestellte Abhängigkeit b_i von λ. Dabei wurde wieder $b_i \sim b_{i-l}$ gesetzt und die Ladungswechselarbeit durch Verkleinerung von p_r berücksichtigt.

Die Kurven in Abb. 346 gelten für eine gut gespülte Maschine mit $\lambda_s \sim 0{,}9$, beim vorliegenden Motor ist jedoch wegen des verhältnismäßig kleinen Luftaufwandes und des schlechteren Spülsystems mit einem erheblich kleineren Spülgrad $\lambda_s \sim 0{,}82$ zu rechnen. Nach Band 2 und Teil I, Seite 28, verändert sich der Brennstoffverbrauch nur geringfügig, wenn an Stelle der Überschußluft Abgase treten. Daher gehört der λ zugeordnete Wert des mit $\lambda_s = 0{,}90$ gespülten Motors zu einem Luftüberschuß

$$\lambda \cdot \frac{0{,}90}{0{,}82} = 1{,}1\,\lambda$$

wenn nur ein Spülgrad $\lambda_s = 0{,}82$ erreicht wurde.

Hinsichtlich der Rauchgrenze gilt nach Teil I folgender Zusammenhang: Nach P i s c h i n g e r (Band 7) liegt die Rauchgrenze von Viertaktmotoren mit direkter Einspritzung bei $\lambda = 1{,}8$. Nach Teil I ist für die Rauchgrenze die Luftüberschußzahl, bezogen auf die gesamte Luftmenge λ', maßgebend. Man erhält aus (53 b/I)

$$(\lambda' - 1) \,.\, \lambda_s = \lambda - 1, \quad \text{also } \lambda = C\,\lambda_s + 1.$$

Bei nicht gespülten Viertaktmotoren kann mit $\lambda_s \sim 0{,}95$ gerechnet werden. Mit $\lambda = 1{,}8$ wird dann $\lambda' = 1{,}85$ und $C = 0{,}85$. Daher liegt im vorliegenden Fall die Rauchgrenze annähernd bei $\lambda = 1{,}7$.

Rechnet man mit Rücksicht auf die Überlastbarkeit bei Vollast mit $\lambda = 1{,}85$, so ist der Verbrauch aus Abb. 367 für $\lambda = 2{,}05$ zu nehmen. Man erhält $b_i = 0{,}134$ kg/PS . h.

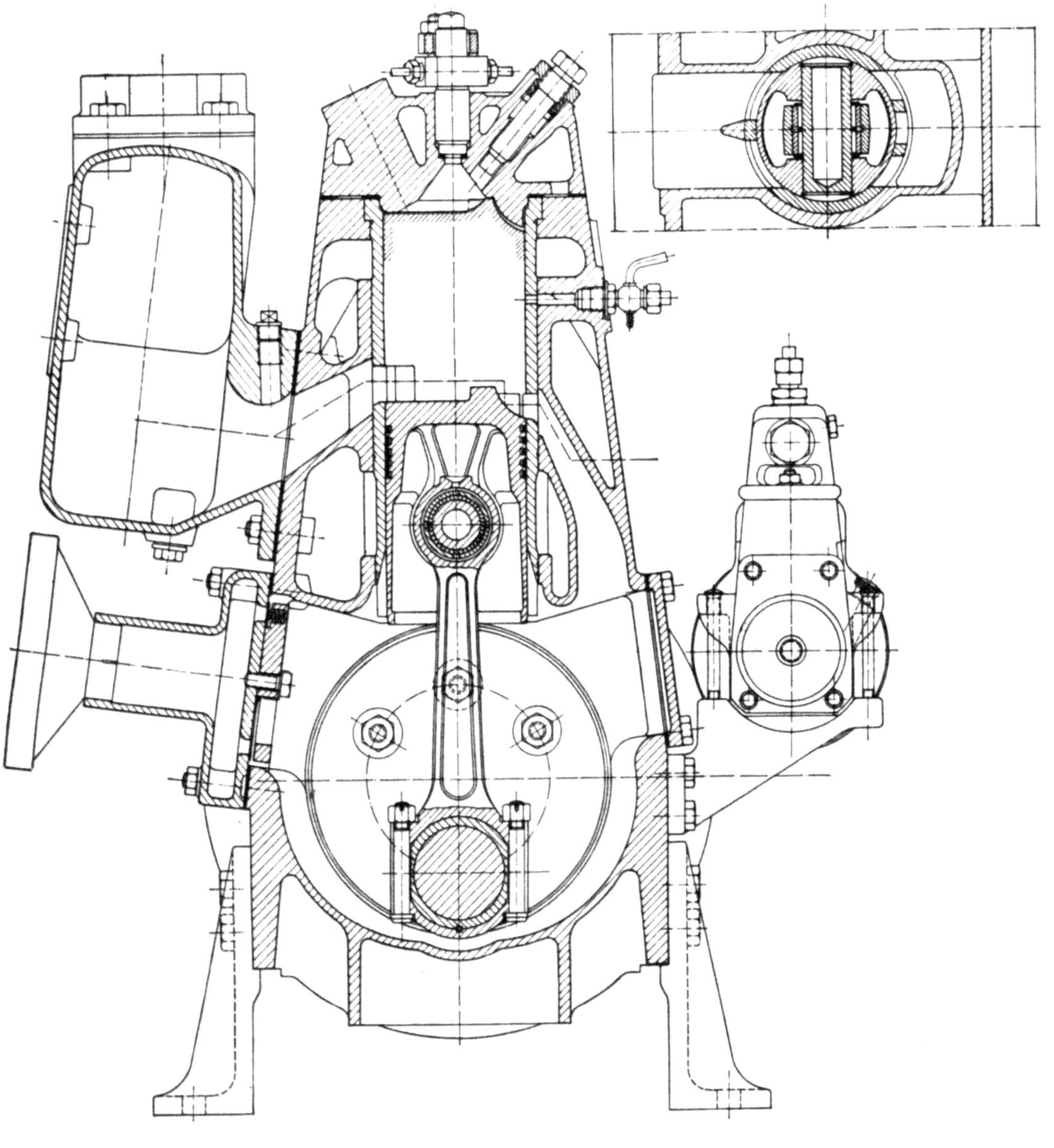

Abb. 368. Motor mit Kurbelkastenspülung der Maschinenfabrik Hatz. Querschnitt $D = 100$ mm, $s = 150$ mm, $n = 1500$ U/min. $N_e = 22$ PS.

Der Innendruck ist aus (99) ($L_o = 11{,}7$ m³/kg):

$$p_i = \frac{27}{0{,}134 \cdot 11{,}7 \cdot 1{,}85} \cdot \frac{16}{15} \cdot 0{,}755 \cdot 1{,}10 \cdot \frac{288}{335} \cdot 0{,}61 = 4{,}35 \text{ kg/cm}^2.$$

Der Arbeitsaufwand für die Spülpumpe ist $p_{La} \sim 0{,}20$ kg/cm². Für die Reibung kann unter Abzug der Ladungswechselarbeit $p_r \sim 0{,}8 - 0{,}2 = 0{,}6$ kg/cm² angenommen werden.

Damit wird

$$p_e = 3{,}55 \text{ kg/cm}^2 \qquad b_e = 0{,}164 \text{ kg/PS . h}$$

Gemessen wurde

$$p_e = 3{,}56 \text{ kg/cm}^2 \qquad b_e = 0{,}162 \text{ kg/PS.h.}$$

Für verschiedene Belastungen ergeben sich, wenn $p_{La} + p_r$ über die Belastung konstant angenommen wird:

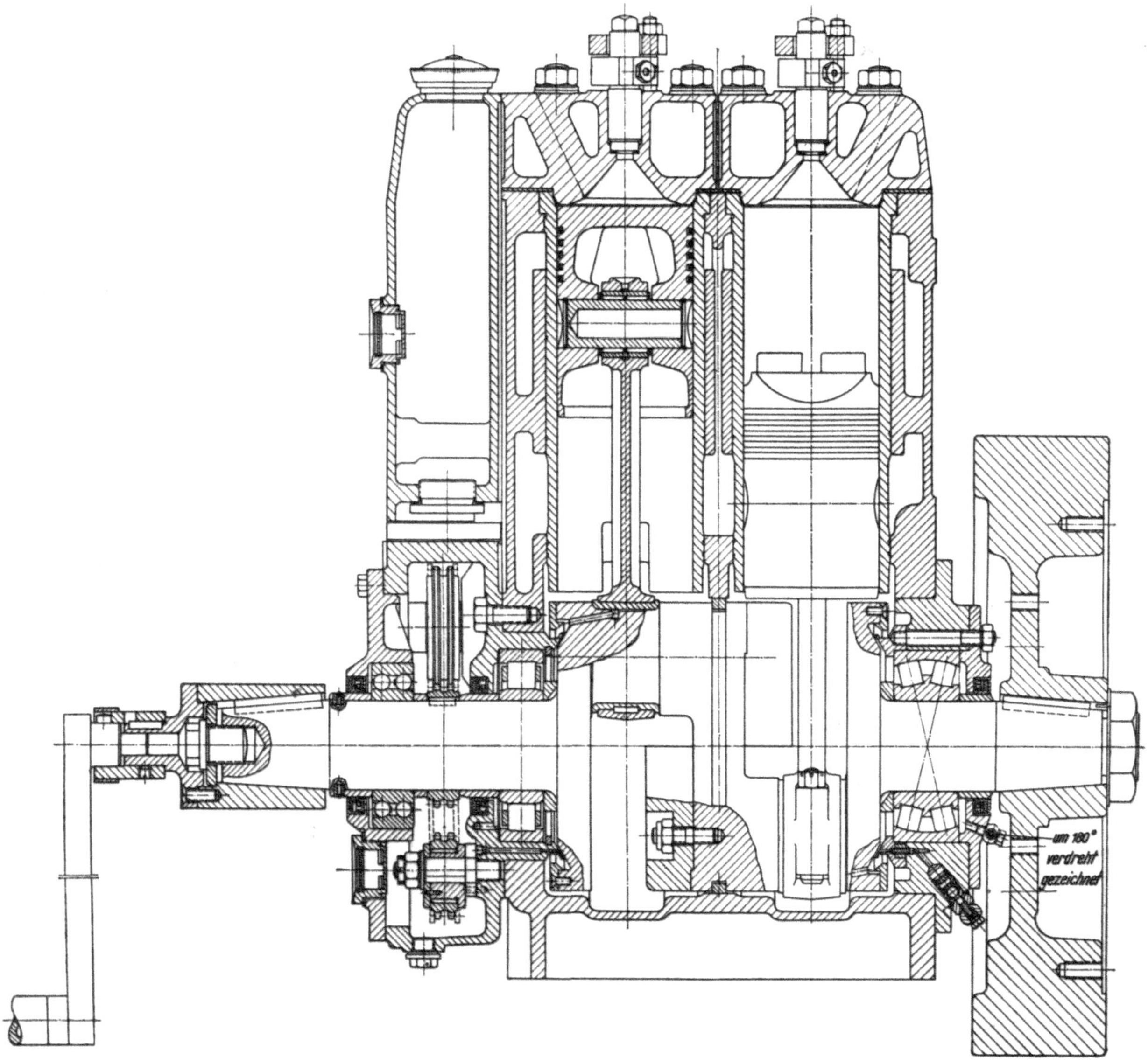

Abb. 369. Motor nach Abb. 368. Längsschnitt.

Belastung (Bruchteil Vollast):	1,20	1,10	1,0	0,75	0,50
gemessen kg/PS.h:	0,168	0,163	0,162	0,166	0,181
gerechnet:	0,168	0,165	0,164	0,169	0,186

Dem durch den Stufenkolben gegenüber der einfachen Kurbelkastenspülung bedingten konstruktiven Mehraufwand steht im vorliegenden Fall nur ein verhältnismäßig kleiner Leistungsgewinn gegenüber.

2. Untersuchung eines Dieselmotors mit Kurbelkastenspülung der Motorenfabrik Hatz.

Abb. 368 und 369 zeigen Schnittbilder des Motors. Die Kurbelkastenspülpumpe hat ein ringförmiges Saugventil. Der Nasenkolben lenkt den Spülstrom der Querspülung nach oben ab. Der Motor hat direkte Einspritzung in einen kegelförmigen Verdichtungsraum, der durch die Kolbennase etwas zerklüftet wird.

Abb. 370 zeigt den Verbrauch, Abb. 371 den Nutzdruck in Abhängigkeit von der Drehzahl.

Die Schlitzabmessungen $\sigma_e = 0{,}145$, $\beta_e = 0{,}204$, $\gamma_e = 90^0$ und $\sigma_a = 0{,}193$, $\beta_a = 0{,}210$ wurden Abb. 368 entnommen.

Die Berechnung des Luftaufwandes nach Abschnitt III, 1, a beginnt mit der Ermittlung des volumetrischen Wirkungsgrades der Kurbelkastenspülpumpe. Schätzt man den Klappenwiderstand $\triangle p_v \sim 400$ mm H_2O, so wird nach (220) $\lambda_v = 0{,}93$.

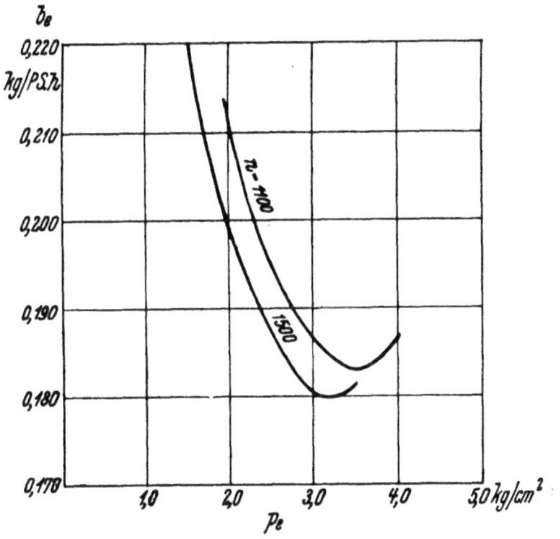

Abb. 370. Kraftstoffverbrauch des Motors Abb. 368.

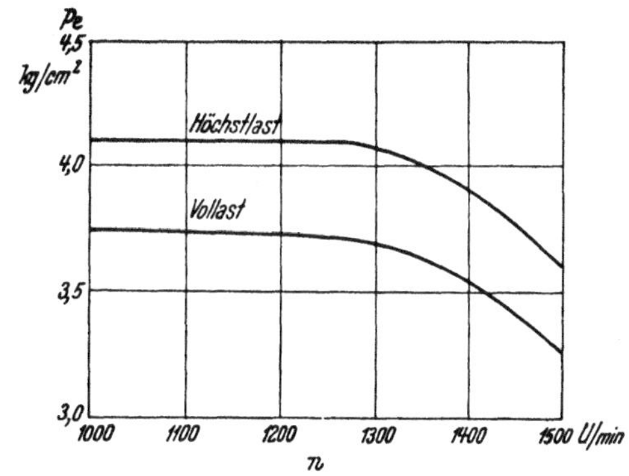

Abb. 371. Nutzdruck p_e in Abhängigkeit von der Drehzahl. Motor Abb. 368.

Die Temperatur im Kurbelkasten kann $\sim 323^0$ K angenommen werden. Die Durchflußzahl des Spülsystems wurde $\mu_m = 0{,}65$ geschätzt. Mit $\frac{r}{l} = \frac{1}{3{,}7}$ wird für

$$n = 1500 \text{ U/min}, \quad A_e' = 975 \text{ m/min}.$$

Mit dem schädlichen Raum der Kurbelkastenspülpumpe $V_s \sim 4{,}5\, V_h$ erhält man nach (218) $x = 5{,}3$. Es ist ferner in Abb. 221 die rechte Ordinate

$$\frac{\sqrt{323}}{975 \,.\, 0{,}93} = 0{,}02$$

und damit $\Lambda_o = 0{,}715$.

Der spülende Luftaufwand wird nach (72) mit $z_m = 1{,}0$ und $p_{zm} \sim 1{,}05$ kg/cm²

$$\Lambda_z' = 0{,}765.$$

Die Spülkurve dürfte wegen des Ablenkers für eine Querspülung verhältnismäßig hoch liegen. Rechnet man mit reiner Verdünnungsspülung, so wird $\lambda_s' = 0{,}54$.

Schätzt man $\lambda_s = 0{,}78$, so liegt nach den gleichen Überlegungen wie im vorhergehenden Abschnitt die Rauchgrenze bei $\lambda \sim 1{,}65$. Man kann daher für Vollast $\lambda = 1{,}70$ annehmen. Der entsprechende Punkt der η_g-Kurve in Abb. 346 wäre

$$\lambda = 1{,}70 \cdot \frac{0{,}90}{0{,}78} \sim 2{,}0$$

zugeordnet, daher $\eta_g = 0{,}8$. Mit Rücksicht auf die Zerklüftung des Brennraumes wird mit $\eta_g = 0{,}77$ gerechnet. Aus Band 2 erhält man den Wirkungsgrad der vollkommenen Maschine $\eta_v = 0{,}575$, daher $b_i = 0{,}142$.

Nun wird aus (99)

$$p_i = \frac{27}{0.142 \cdot 11{,}7 \cdot 1{,}70} \cdot \frac{15{,}2}{14{,}2} \cdot \frac{288}{323} \cdot 0{,}807 \cdot 1{,}05 \cdot 0{,}54 = 4{,}15 \text{ kg/cm}^2.$$

Mit $p_r = 0{,}7$ kg/cm² (Ladungswechselarbeit wie früher berücksichtigt) und $p_{La} \sim$ $\sim 0{,}15$ kg/cm² wird

$p_e = 3{,}30$ kg/cm² $\quad b_e = 0{,}179$ kg/cm²

Gemessen wurde

$p_e = 3{,}25$ kg/cm² $\quad b_e = 0{,}180$ kg/cm²

V. Ottomotoren mit Kurbelkastenspülung.

1. Untersuchungen an einem Kraftradmotor DKW NZ 350.

Der in Abb. 372 dargestellte Kraftradmotor DKW NZ 350 hat folgende Daten: D = 72 mm, s = 85 mm, Verdichtungsverhältnis $\varepsilon = 4{,}67$ (bezogen auf den wirksamen Hub), Schubstangenverhältnis $r/l = 0{,}265$ und einen schädlichen Raum der Kurbelkastenspülpumpe von 2,37 V_h. Der Zylinder ist in Drehrichtung um 5 mm desaxiiert.

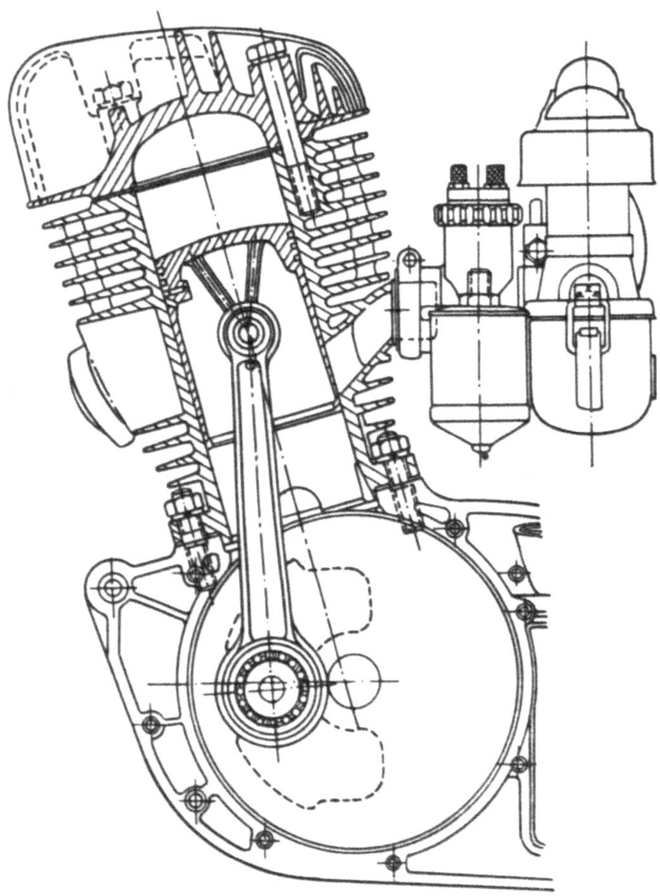

Abb. 372. Kraftradmotor DKW NZ 350. D = 72 mm, s = 85 mm.

Die Schnürle-Umkehrspülung hat den in Abb. 373 dargestellten Schlitzquerschnitt. Einlaß-, Auslaß- und Saugschlitze haben folgende Abmessungen:

$\sigma_e = 0{,}153$, $\sigma_a = 0{,}256$, $\sigma_s = 0{,}27$ (mittlerer Wert, Voreinlaß berücksichtigt), $\beta_e = 0{,}159$, $\beta_a = 0{,}257$, $\beta_s = 0{,}248$.

Der Brennraum hat die Form einer Kugelkalotte. Der Leichtmetallzylinderkopf und der Graugußzylinder sind über Kühlrippen durch den Fahrtwind gekühlt.

Der Amalvergaser hat 24 mm Durchgang. Das Auspuffsystem besteht aus je einem Auslaßkanal von 75 mm Länge im Zylinder für jeden der beiden Schlitze, an den sich je ein Rohr von 42 mm l. W. und 850 mm Länge anschließt, an dessen Ende Auspufftöpfe (Bauart Eberspach) sitzen. Der untersuchte Motor hatte serienmäßige Ausführung.

Im folgenden werden Versuchsergebnisse, welche von Oswald gemessen wurden, mit dem Ergebnis einer Berechnung von Luftaufwand, Nutzdruck und Verbrauch nach dem Näherungsverfahren Seite 199 verglichen.

Die Durchflußzahlen des Spülsystems wurden mangels Messungen wie folgt bestimmt:

Mit $T_s = 333^0$ K, $p_s = 1{,}24$, $T_{zm} = 700^0$ K, $p_{zm} = 1{,}025$ kg/cm² und $\mu_e = 0{,}64$ aus Abb. 20 erhält man aus (23) $\mu_m = 0{,}63$.

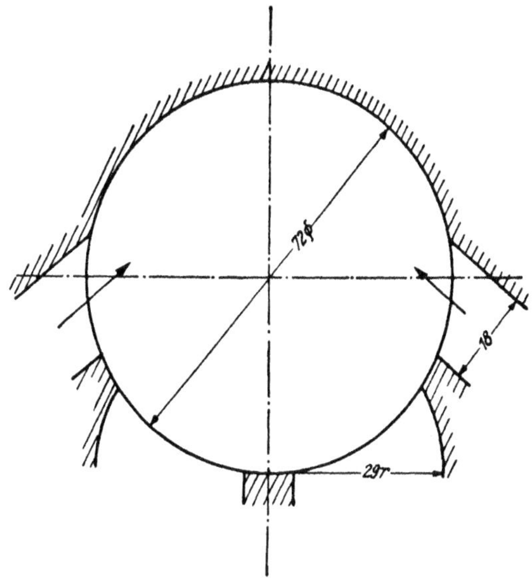

Abb. 373. Schlitzanordnung (Schnürle-Spülung) zum Motor Abb. 372.

Die erstangegebenen Werte wurden nach Rechen- und Meßergebnissen an ähnlichen Motoren angenommen, Fehlschätzungen in mäßigen Grenzen wirken sich auf μ_m kaum merkbar aus.

Um vergleichbare Rechenergebnisse zu erhalten, muß das an den Motor angeschaltete Auspuffsystem berücksichtigt werden. Da Messungen der stationären Durchflußzahl fehlten, konnte der Widerstand des Auspuffsystems mit Dämpfer nur durch eine geschätzte Verminderung von μ_m berücksichtigt werden. Im vorliegenden Fall wurden durch eine Herabsetzung der Durchflußzahl auf $\mu_m = 0{,}61$ Rechnung und Messung in gute Übereinstimmung gebracht.

Der Verkleinerungsfaktor für μ_m infolge des Rückschlagens wurde nach Seite 212 bestimmt. Damit wird:

n	μ_m
2000 U/min	0,61
2500	0,60
3000	0,59
3500	0,57
4000	0,56

Die Durchflußzahl $\mu_{\cdot m} = 0{,}44$ des Einlasses in den Kurbelkasten wurde nach Seite 200 ermittelt und dabei entsprechend Seite 210 $\mu_s = 1{,}0$; $\mu_d = 1{,}0$ gesetzt. Entsprechend dem auf Seite 205 angegebenen Verfahren wird der Ladungsaufwand Λ_o' und mit $\Lambda_{oL} \sim 0{,}97\ \Lambda_o$ der Luftaufwand bestimmt. Abb. 374 zeigt den gemessenen und gerechneten Verlauf des Ladungsaufwandes.

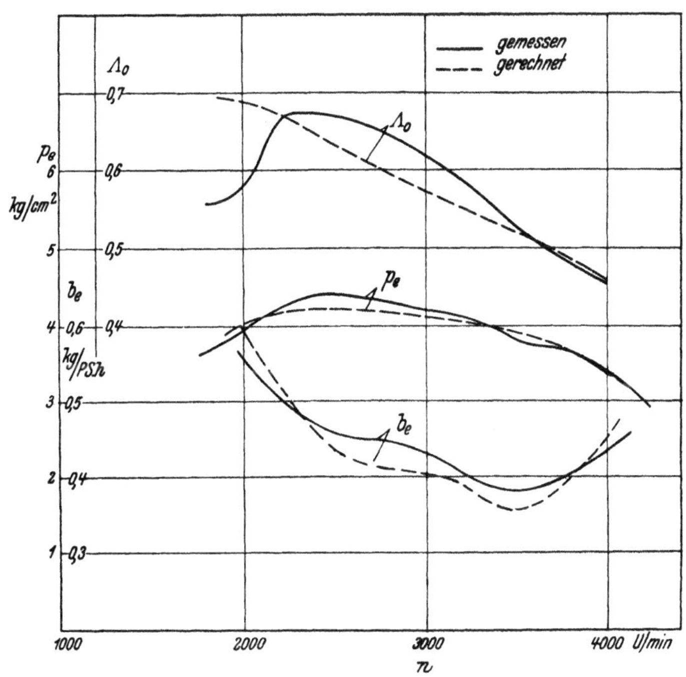

Abb. 374. Ladungsaufwand Λ_0, Nutzdruck p_e und Kraftstoffverbrauch b_e in Abhängigkeit von der Drehzahl. Kraftradmotor DKW NZ 350.

Für die Leistungsberechnung werden $H_u = 10.425$ kcal/kg, $L_0 = 12{,}6\ m^3/kg$ (21° C, 733 mm Hg) angenommen. Die Luftüberschußzahlen wurden aus Kraftstoff- und Luftverbrauch ermittelt. η_{v-l} wurde dem wirksamen Verdichtungsverhältnis $\varepsilon = 4{,}67$ und λ entsprechend dem 2. Band, η_{g-l} der Abb. 186 entnommen:

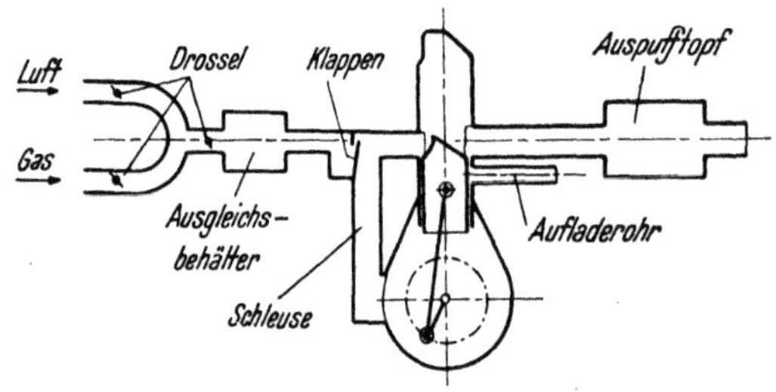

Abb. 375. Schema des beim Ladungswechsel durchflossenen Kanalsystems. Lanz-HNO-Schleppermotor. D = 210 mm, s = 210 mm, n = 850 U/min.

U/min	λ	η_{v-l}	η_{g-l}	η_{i-l}
2000	0,59	0,185	0,85	0,152
2500	0,73	0,236	0,86	0,204
3000	0,74	0,242	0,88	0,212
3500	0,80	0,263	0,89	0,234
4000	0,635	0,260	0,89	0,178

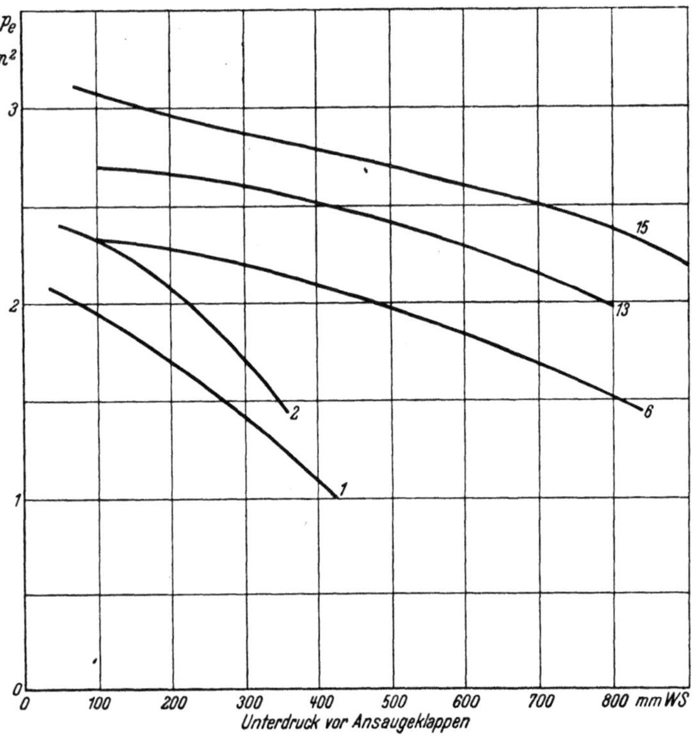

Abb. 376. Nutzdruck p_e in Abhängigkeit vom Unterdruck vor den Ansaugklappen (Unterdruck des Gasgenerators) Lanz-HNO-Schleppermotor.

1. Anlage in der ersten Ausführung: 1,1 m Auspuffrohr.
2. Anlage in der ersten Ausführung, jedoch 2 m Auspuffrohr.
6. Anlage mit eingeschaltetem Ausgleichsbehälter (Abb. 375) und 2 m Auspuffrohr.
13. Anlage mit vergrößertem Schleusendurchmesser, eingeschaltetem Ausgleichsbehälter und 2 m Auspuffrohr.
15. Anlage wie 13, jedoch mit Aufladedrehschieber am Kurbelkasten.

Mit einer Spültemperatur von 333° K (60° C), $z_m = 1{,}13$, $p_{zm} = 1{,}03$ und einem Schließdruck $p'_{za} = 1{,}12$ kg/cm² wird

$$\Lambda'_z = 0{,}98 \,.\, \Lambda_0 \text{ und } \Lambda_l = 0{,}93\,\lambda'_s.$$

Es kann angenommen werden, daß für die Spülsysteme des DKW 125 cm³ und des NZ 350 cm³ die gleichen Spülkurven gelten. Man erhält damit aus den Erfolgsgrößen des Ladungswechsels

$$p_{i-l} = 446 \; \frac{\eta_{i-l} \cdot \lambda_l}{0{,}24 + \lambda \cdot L_0}$$

$p_l = 0{,}3$ kg/cm², $p_{La} = 0{,}4$ kg/cm² und $p_r = 0{,}5$ kg/cm² wurden nach Erfahrungswerten angenommen und damit die in Abb. 374 dargestellten Nutzdrücke und Verbräuche erhalten.

Die Rechenergebnisse lassen erkennen, daß die Einlaßschlitze des Zylinders sehr knapp bemessen sind. Der starke Abfall des Ladungsaufwandes mit der Drehzahl ist vor allem der Drosselung in den Einlaßquerschnitten des Zylinders zuzuschreiben. Die Spülwirkung ist gut, das Spülsystem in dieser Hinsicht ohne Übergang auf Gleichstromspülung kaum verbesserungsfähig. Die verhältnismäßig hohen Verbräuche bei niederen und hohen Drehzahlen sind ausschließlich den kleinen Werten von λ, also der starken Überfettung des Gemisches in diesen Bereichen zuzuschreiben und nur durch eine Verbesserung der Vergasereinstellung zu beheben. Die Auswirkungen entsprechender Gegenmaßnahmen lassen sich rechnerisch abschätzen, wobei die verwendeten Erfahrungswerte (Spülkurve, Gütegrad der Arbeitsvorgänge) benützt werden können. Eine vollständige Untersuchung des Motors hätte sich auch auf das Teillastgebiet zu erstrecken.

2. Versuche an einem Generatorgasmotor mit Kurbelkastenspülung der Heinrich Lanz AG.

Der Lanz-HNO-Schleppermotor wird mit Generatorgas betrieben. Da die Leistung anfänglich nicht befriedigte, wurden von Stier im Institut des Verfassers Untersuchungen zur Leistungssteigerung und Verbrauchssenkung ausgeführt, deren wesentlichste Ergebnisse im folgenden besprochen werden.

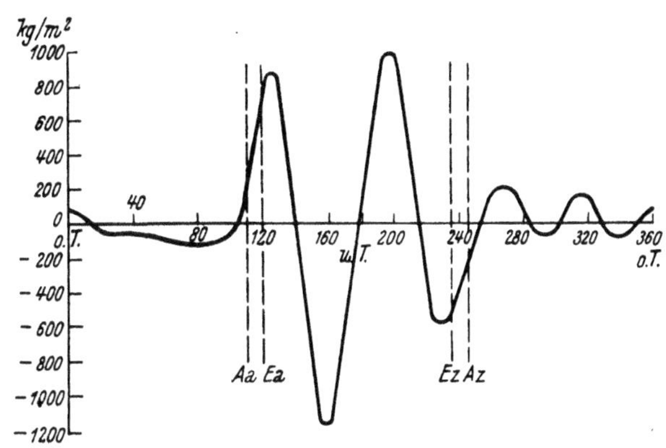

Abb. 377. Druckverlauf nach den Auslaßschlitzen entsprechend Abb. 376, Kurve 1.

Der Motor hat 210 mm Zylinderdurchmesser, 210 mm Hub und eine Drehzahl von 850 U/min.

Die Ladung wird durch eine Kurbelkastenspülpumpe mit $V_s \sim 5\,V_h$ verdichtet. Der Einlaß der Spülpumpe wird durch Stahlblechklappen gesteuert. Der Motor hat Querspülung mit Nasenkolben. Die wesentlichsten Daten des Spülsystems sind:

$\beta_e = \beta_a = 0{,}21$, $\sigma_e = 0{,}185$, $\sigma_a = 0{,}245$

Um das Eindringen der unvollständig gereinigten Generatorgase in den Kurbelkasten zu verhindern, wird nach Abb. 375 eine Schleuse ausgeführt, welche die Frischladung eines Arbeitsspieles aufnehmen kann und ihr Eindringen in den Kurbelkasten verhindert. An dem Motor wurden ausführliche Untersuchungen über den Ladungswechsel durchgeführt, die zwar nicht völlig abgeschlossen werden konnten, aber trotzdem aufschlußreiche Teilergebnisse brachten.

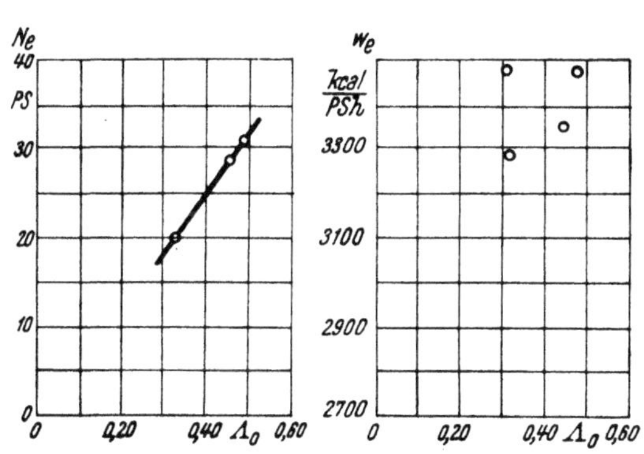

Abb. 378. Leistung und spezifischer Wärmeverbrauch entsprechend Abb. 376, Kurve 1.

Ein wesentliches Ziel der Untersuchungen war, die starke Empfindlichkeit der Kurbelkastenspülung gegen Unterdruck im Ansaugsystem zu beseitigen und dadurch die Eignung der Maschine für den Generatorbetrieb zu verbessern.

Kurve 1 in Abb. 376 zeigt die Abhängigkeit des p_e vom Unterdruck der Anlage in der ersten Ausführung. Durch schrittweise Verbesserungen konnte schließlich Kurve 15 erreicht und damit sowohl die Leistung im allgemeinen wesentlich erhöht, wie auch die Unterdruckabhängigkeit wesentlich verringert werden.

Nach den Ausführungen in den einschlägigen Abschnitten hängt die Leistung bei gegebenem Spül- und Verbrennungssystem im wesentlichen nur vom Ladungsaufwand und Schließdruck (Druck beim Abschluß des Zylinders) ab. Je größer der Ladungsaufwand und je höher der Schließdruck ist, desto größer ist die Leistung. Der Verbrauch nimmt bei gespülten Motoren mit dem Ladungsaufwand zu und mit zunehmendem Schließdruck ab.

Beeinflußt werden Ladungsaufwand und Schließdruck durch die Abmessungen vor allem der Steuerquerschnitte des Spülsystems und durch Schwingungen in den Rohrleitungen.

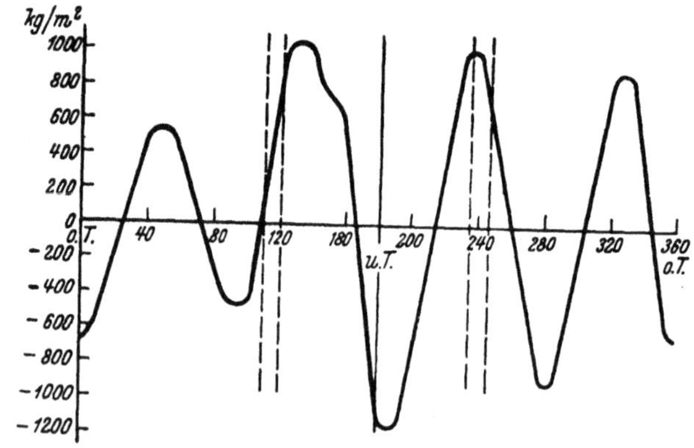

Abb. 379. Druckverlauf nach den Auslaßschlitzen entsprechend Abb. 376, Kurve 2.

Zunächst wurde der Einfluß des Auspuffsystems auf den Ladungswechsel untersucht. Dem in Abb. 377 dargestellten Druckverlauf ist Leistung und Wärmeverbrauch nach Abb. 378 zugeordnet. Der Druckverlauf ist nach den Ausführungen in Abschnitt A, III, 4, sehr ungünstig, die Überdruckwelle verhindert während der Spülung ein vollständiges Entleeren des Kurbelkastens, die Unterdruckwelle vor Zylinderabschluß senkt den Schließdruck. Durch Verlängerung des Auspuffrohres auf 2 m wurde der Druckverlauf, Abb. 379, und Leistung und Wärmeverbrauch nach Abb. 380 erhalten. Der Druckverlauf gibt infolge des Druckanstieges vor Abschluß des Zylinders einen hohen Schließdruck, daher verkleinern sich die Verluste gegenüber dem Auspuffrohr von 1,1 m Länge und der Verbrauch wird wesentlich niederer als mit diesen. Die Abhängigkeit vom Unterdruck vor den Schlitzen zeigt Abb. 376, Kurve 2. Eine weitere Verlängerung des Auspuffrohres auf 2,5 m brachte keine Verbesserung. Die weiteren Untersuchungen befaßten sich mit der Einlaßseite.

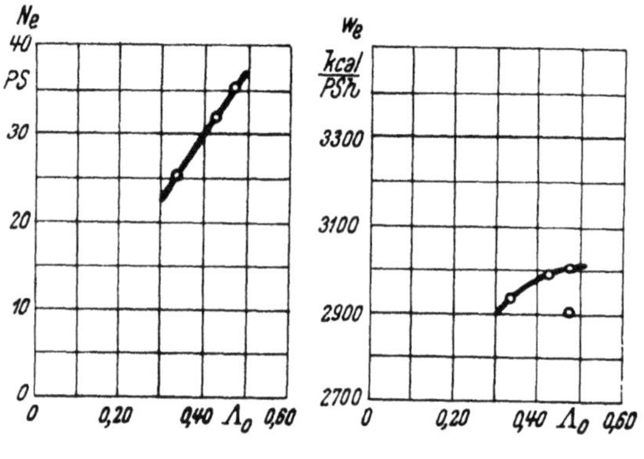

Abb. 380. Leistung und spezifischer Wärmeverbrauch entsprechend Abb. 376, Kurve 2.

Durch Vorschaltung eines Ausgleichsbehälters nach Abb. 375 wurden ungünstige Schwingungen in der Ansaugleitung beseitigt und dadurch nach Abb. 376, Kurve 6, eine wesentliche Erhöhung des p_e erzielt.

Messungen des Druckverlaufes im Kurbelkasten und in der Gasschleuse unmittelbar vor den Einlaßschlitzen nach Abb. 381 ergaben, daß bei der ursprünglichen Ausführung infolge der Beschleunigungen der Gassäule in der Schleuse erhebliche Druckunterschiede zwischen den beiden Enden der Schleuse (Kurbelkasten, Einlaßschlitze) entstehen.

Eine Nachrechnung des Druckverlaufes zeigte, daß der Querschnitt des Verbindungsrohres zwischen Kurbelkasten und Einlaßschlitzen (Schleuse) von wesentlichem Einfluß auf den Ladungsaufwand ist. Es wurde festgestellt, daß der Schleusendurchmesser von 80 mm bei der ursprünglichen Ausführung auf 120 mm zu vergrößern ist,

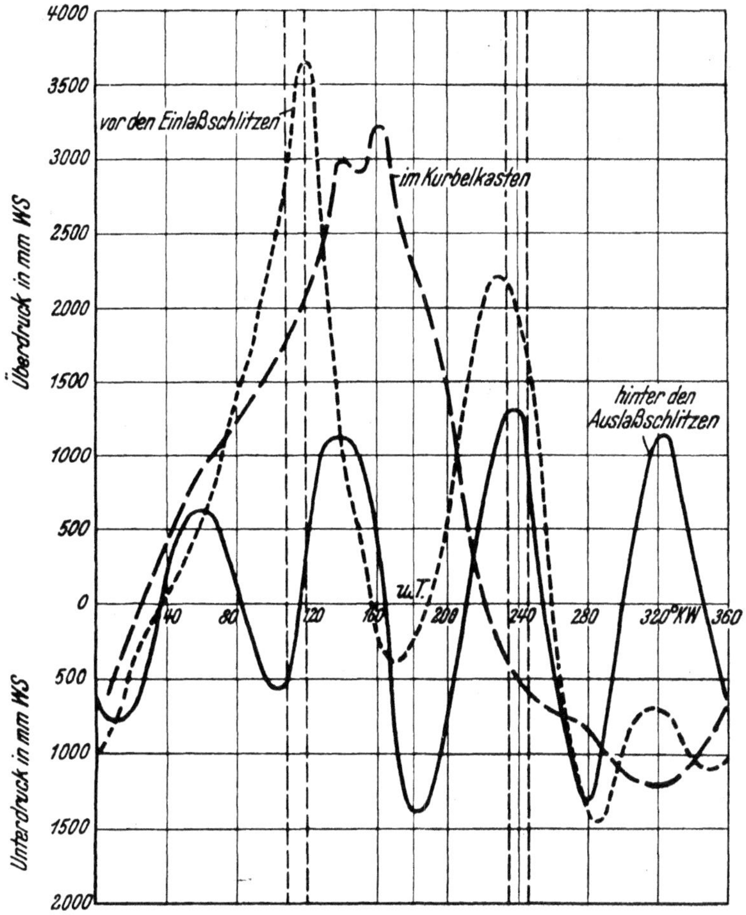

Abb. 381. Gemessener Druckverlauf im Kurbelkasten, vor den Einlaßschlitzen und nach den Auslaßschlitzen. Ursprüngliche Ausführung.

um in die Nähe optimaler Verhältnisse zu kommen. Diese Veränderung brachte in Verbindung mit einer Vergrößerung des Saugklappenquerschnittes von 22,6 auf 59 cm² nach Abb. 376, Kurve 13, eine weitere erhebliche Verbesserung der Motorleistung.

Schließlich wurde an dem Kurbelkasten ein Aufladeschlitz angebracht, durch den der Kurbelkasten mit Luft auf annähernd Außendruck aufgeladen werden kann. Durch die dynamische Wirkung der Gassäule in einem vorgeschalteten Aufladerohr

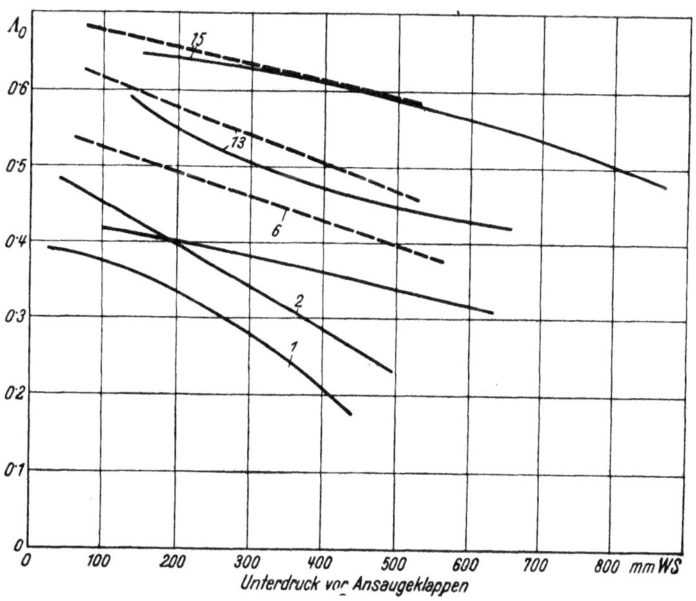

Abb. 382. Ladungsaufwände in Abhängigkeit vom Unterdruck vor den Ansaugklappen. Kurvenzuordnung wie bei Abb. 376.

konnte die in den Kurbelkasten eingebrachte Ladung weiter vergrößert werden. Durch die Saugschlitze wird bei dieser Anordnung ein reiches Gasgemisch angesaugt und dieses durch die Aufladeluft auf die erforderliche Zusammensetzung verdünnt.

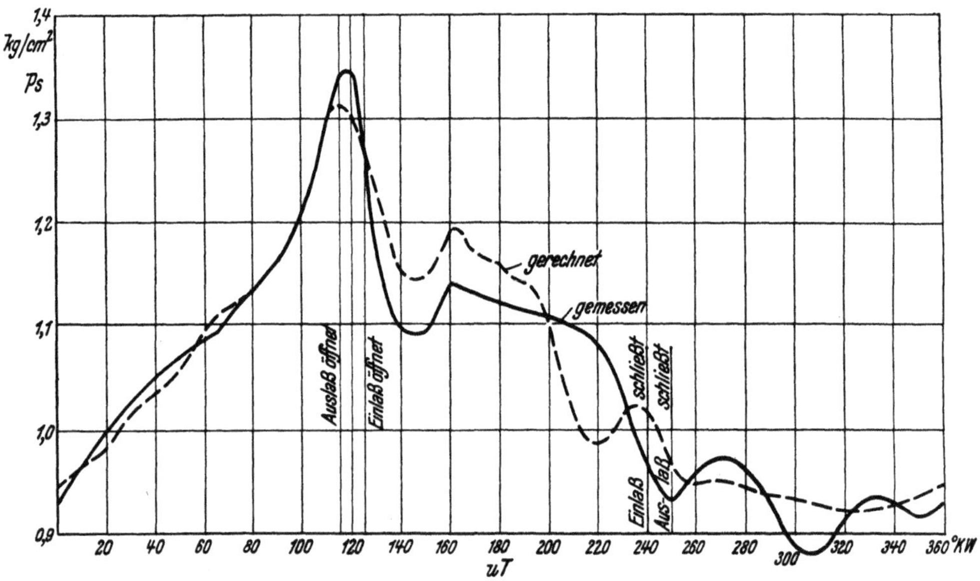

Abb. 383. Gemessener und gerechneter Druckverlauf in der Gasschleuse vor den Einlaßschlitzen.

Die damit endgültig erreichte Kurve 15 in Abb. 376 kennzeichnet das Ende der Entwicklung, die aus zeitbedingten Gründen abgebrochen werden mußte.

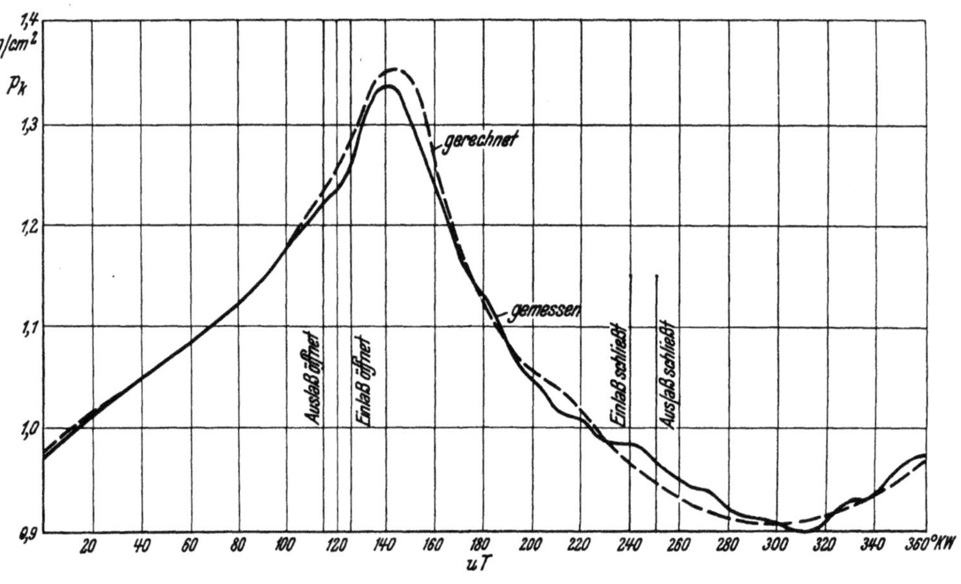

Abb. 384. Gemessener und gerechneter Druckverlauf im Kurbelkasten.

Abb. 382 zeigt die in den einzelnen Stufen der Verbesserung des Motors gemessenen Ladungsaufwände. Ein Vergleich der zusammengehörigen (gleich bezeichneten) Kurven in Abb. 376 und Abb. 382 zeigt, daß die Leistungssteigerung im Zuge der Verbesserung im wesentlichen durch die Vergrößerung des Ladungsaufwandes erzielt wurde.

Der gesamte Ladungswechselvorgang wurde von Stier nach einer früheren Form des im Teil I angegebenen Verfahrens lückenlos durchgerechnet. Abb. 383 und 384 zeigen gemessene und gerechnete Druckverläufe im System. Die eingezeichneten strichlierten Kurven in Abb. 382 zeigen durch Berechnung erhaltene Verläufe des Ladungsaufwandes.

Der Einblick in die Ladungswechselvorgänge, welchen die Berechnung gab, hat wesentlich zum Erfolg der Arbeiten beigetragen.

Schrifttum.

Im Text angeführt:

1. *List H. und Pachernegg S.:* Thermodynamische Untersuchungen an schnellaufenden Dieselmotoren. Deutsche Kraftfahrtforsch., H. 79, Berlin 1944.
2. *Nusselt W. und Jürges W.:* Die Kühlung einer ebenen Wand durch einen Luftstrom. Gesundh.-Ing.-Wes., Bd. 45 (1922), S. 641.
3. *Niedermayer E.:* Untersuchung des Spülvorganges an Zweitaktdieselmaschinen. Forsch. Ing.-Wes., Bd. 7 (1936), S. 227/39.
4. *Schultz-Grunow F. und Wieghardt K.:* Der Spülvorgang auf Grund einer neuen Auffassung der Expansionsströmung. Deutsche Kraftfahrtforsch., H. 6, Berlin 1941.
5. *Nusselt W.:* Die Strömung von Gasen durch Blenden. Forsch. Ing.-Wes. (1932), S. 11.
6. *Rammler E. und Breitling K.:* Über die Zähigkeit von Gasen und Gasgemischen sowie ihre Abhängigkeit von der Temperatur. Bericht E 6 des Reichskohlenrates, Berlin 1937.
7. *Zeman J.:* Grundlagen für die Berechnung von Zweitaktmaschinen. MTZ 1941, S. 285.
8. *Hold P.:* Reduzierter Zeitquerschnitt und Durchflußzahl bei Spülsystemen von Zweitaktmaschinen. MTZ 1941, S. 83.
9. *Föppl O.:* Berechnung der Kanallängen von Zweitaktölmaschinen mit Schlitzsteuerungen. Z. VDI 1913, S. 1939.
10. *Lutz O.:* Untersuchungen über die Spülung von Zweitaktmotoren. Berichte aus d. Labor. f. Verbrennungsmaschinen d. T. H. Stuttgart, Heft 1.
11. *Lutz O. und Maier W.:* Untersuchungen über die Spülung von Zweitaktmotoren. Berichte aus d. Labor. f. Verbrennungsmaschinen d. T. H. Stuttgart, Heft 2.
12. S. z. B. *Prandtl L.:* Führer durch die Strömungslehre. Braunschweig 1949, S. 121, 154.
13. *Lindner W.:* Untersuchung über den Spülvorgang an Zweitaktmaschinen. Forsch. Ing.-Wes. 1933, S. 363.
14. *Wintterlin K.:* Beiträge zur Erforschung der Ausspülung des Zylinders von Zweitaktmotoren mit Schlitzspülung. Diss. T. H. Stuttgart, 1926.
15. *Lutz O. und Noeggerath W.:* Spülvorgang bei Zweitaktmaschinen. Deutsche Kraftfahrtforsch. H. 23, Berlin 1939.
16. *List H.:* Spüluntersuchungen an einem kleinen Zweitaktzylindermodell. Mitt. techn. Inst. Woosung (China), Heft 6, 1932.
17. *Lee D. W.:* A Study of Air-Flow in an Engine Cylinder. NACA Techn. Report. 653, 1939.
18. *Wille R.:* Neuere Untersuchungen über die Spülströmung bei schlitzgesteuerten Zweitaktverbrennungskraftmaschinen. ATZ 1941, S. 112/21; s. a. Schnürle-Umkehrspülung, Hochschulfilm Nr. C. 190 der Reichsstelle für den Unterrichtsfilm, Berlin 1938.
19. *Kluge H., v. Sanden K., Spannhake W.:* Einrichtung für die Untersuchung des Spülvorganges bei kleinen Zweitakt-Schnelläuferzylindern. Kraftfahrtechn. Forschungsarbeiten, H. 7, Berlin 1937.
20. *Ullmann K.:* Die mechanischen Verluste des schnellaufenden Dieselmotors. Deutsche Kraftfahrtforsch., H. 34, Berlin 1939.
21. *List H. und Niedermayer E.:* Versuche an der Zweitaktdieselmaschine. Forsch. Ing.-Wes. 1937, S. 265.
22. *Zeman J.:* Zweitaktmaschinen mit unsymmetrischen Steuerdiagrammen. ATZ 1938, S. 420.
23. *Schmidt U.:* Untersuchungen an einem Zweitaktmotor mit Vierkanalspülung. Deutsche Kraftfahrtforsch., Techn. Zwischenbericht 59, 1939.
24. *Schmidt U.:* Untersuchungen an einem Zweitaktmotor mit drei Spülströmen. Deutsche Kraftfahrtforsch., Techn. Zwischenbericht 15.
25. *Zeman J.:* Die Zweitaktwertungsgrößen und die Grundlagen ihrer Bestimmung. Deutsche Kraftfahrtforsch., H. 81, Berlin 1944.

26. *Lebedew X. und Chowach X.:* Untersuchung der Spülung von Zweitaktmotoren durch Gasanalysen. MTZ 1942, S. 180/86.

27. *Schweitzer P. H. und De Luca Frank:* The Tracer Gas Method of Determining the Charging Efficiency of Two-Stroke Cycle Diesel Engines. Technical Note NACA 838, 1942.

28. *Jante A.:* Die Zusammenarbeit von Spül- und Ladegebläsen mit Dieselmotoren. MTZ 1941, S. 356.

29. *Schüle W.:* Technische Thermodynamik. Bd. 2, 2. Auflage, Berlin, J. Springer.

30. *Venediger H. J.:* Stand und Entwicklung der Zweitaktmotoren für Kraftwagen. Z. VDI 1937, S. 187.

31. *Schmidt U.:* Die 2. Tagung des Arbeitskreises für Zweitaktmotoren. MTZ 1941, S. 291.

32. *Venediger H. J.:* Zweitaktmotoren. Automobiltechnisches Handbuch. 14. Auflage, Berlin 1941, S. 990.

33. *Schmidt U.:* Schwingungen auf der Ansaugseite von Zweitaktmotoren mit Kurbelkastenpumpe. Deutsche Kraftfahrtforsch., H. 19, Berlin 1938.

34. *List H.:* Die Erhöhung des Liefergrades durch Saugrohre bei Dieselmotoren. Mitt. techn. Inst. Woosung (China), H. 4, 1932.

35. *Pischinger A.* Bewegungsvorgänge in Gassäulen, insbesondere beim Auspuff- und Spülvorgang von Zweitaktmaschinen. Forsch. Ing.-Wes. 1935, S. 245/57.

36. *Schmidt Th.:* Schwingungen in Auspuffleitungen von Verbrennungsmotoren. Forsch. Ing.-Wes. 1936, S. 226.

37. *Zeman J.:* Zweitakt-Dieselmaschinen kleiner und mittlerer Leistung. Wien, J. Springer, 1935.

38. *Eichelberg G.:* Abnahmeversuche an einem Sulzer-Schiffsmotor von 5500 PS. Werksbericht.

39. *Hold P.:* Untersuchungen von Spülsystemen an der zündenden Zweitaktmaschine. MTZ 1940. S. 347.

Im Text nicht angeführt:

40. *Ackeret J.:* Grenzschichtabsaugung, Z. VDI Bd. 70 (1926), S. 1153.

41. *Aschenbrenner J.:* Nichtstationäre Gasströmungen in Leitungen mit veränderlichem Querschnitt. Forsch. Ing.-Wes., Bd. 8 (1937), S. 118/33.

42. *Aschenbrenner J.:* Einfluß der Gasträgheit auf den Liefergrad. Forsch. Ing.-Wes., Bd. 8 (1937), S. 285/94.

43. *Balmer R.:* Z. The Motor Ship (1933), S. 172.

44. *Becker H.:* Die doppeltwirkende Zweitakt-MAN-Dieselmaschine für Schiffsantrieb, Z. Schiffbau und Schiffahrt, Bd. 30 (1929), S. 361 u. 388.

45. *Becker H.:* Die schnellen japanischen Frachtmotorschiffe „Kwanto Maru" u. „Kwansei Maru". Z. VDI, Bd. 75 (1931), S. 353.

46. *Belilove S.:* Improving Two-Stroke Cycle Engine Performance by Exhaust Pipe Tuning. Diesel Power, 21 (July 1943), S. 608/13.

47. *Bianchi L.:* Arbeiten an Zweitaktmotoren, Deutsche Luftfahrtforschung, Zwischenbericht 4.

48. *Borth W.:* Schwingungs- und Resonanzerscheinungen in den Rohrleitungen von Kolbengebläsen, Z. VDI, Bd. 60 (1916), S. 565.

49. *Buchholz F., Hoffmann L. und Joachimsohn K.:* Untersuchungen über den volumetrischen Wirkungsgrad an einem Zweizylinder-Zweitaktmotor mit Kurbelkammergemischpumpe. ATZ, Bd. 33 (1930), S. 505.

50. *Buschmann H.:* Taschenbuch für den Auto-Ingenieur, 2. Aufl. (1941), S. 224/232, Franckh'sche Verlagsbuchhandlung, Stuttgart.

51. *Capetti A.:* Effect of Intake Pipe on the Volumetric Efficiency of an Internal Combustion Engine, NACA Techn. Mem., No. 501. (February 1939).

52. *Carter H. D.:* The Loop Scavenged Diesel Engine, Inst. of Mech. Engineers Proceedings, 154, Nr. 4 (1946), S. 386.

53. *Caunter C. F.:* The Two-Cycle Engine, London, Sir Isaac Pitman and Sons, Ltd., 1932.

54. *Clerk Dugald:* The Gas, Petrol and Oil Engine, London, Longmans, Green and Co. 1909.

55. *Curtis C. G.:* Improvement in the Scavenging and Supercharging Two-Cycle Diesel Engines. Diesel Power, 11, Nr. 9 (September 1933), S. 545/49.

56. *Curtis C. G.:* Two-Cycle vs. Supercharged Four-Cycle, Diesel Power, 19 (Febr. 1941), S. 134/36.

57. *Dale C. B. M.:* Recent Development in Medium-Speed Two-Cycle Oil Engines, (British) Motor Ship, 25, No. 300 (January 1945), S. 346/48.

58. *Danckwortt T. B.:* Engine Data on Small Two-Cycle Diesel Engines up to 1938, Mimeographed Communication, 1939.

59. *De Juhasz K. J.:* Measuring the Scavenging Efficiency of Two-Stroke Diesel Engines, Autom. Ind., 73, No. 26 (December 1935).

60. *Drabert F.:* Untersuchung eines obengesteuerten Zweitakters mit Gleichstromspülung. Diss. T. H. München (1939).

61. *Düll R. und Zahren Fr.:* Versuche an einem Mitteldruck-Zweitakt-Einspritzmotor. ATZ Bd. 42 (1939), S. 482/84.

62. *Earle S. L. and F. J. Dutee:* Performance of a Two-Cycle Compression-Ignition Engine NACA Tech. Note, 610 (1937).

63. *Ehmsen E.:* Zweitakt-Krupp-Kreuzkopf-Dieselmotoren für den Schiffsantrieb, MTZ, Bd. 1 (1939), S. 9 u. 56.

64. *Ehmsen E.:* Maschinenanlage des Motortankschiffes „Esso Bolivar". MTZ Bd. 2 (1940), S. 197.

65. *Eichelberg G.:* Zweitakt-Schiffsdieselmotor von 5500 PSe, Z. VDI, Bd. 79 (1935), S. 130.

66. *Eicke S. und Wille R.:* Sichtbarmachung von Strömungen in Luft. Forsch. Ing.-Wes., Bd. 8 (1937), S. 10.

67. *Eiermann:* Der neue Hatz-Zweitakt-Einbaudieselmotor. MTZ Bd. 3 (1941), S. 242/44.

68. *Farmer H. O.:* Exhaust Systems of Two-Stroke Engines, Inst. of Mech. Engineers Proceedings, 143 (1938), S. 396.

69. *Fezer E.:* Der Entspannungsvorgang bei Zweitaktmotoren. MTZ Bd. 3 (1941), S. 399.

70. *Fischer J.:* Gestaltungsmerkmale deutscher Krafträder. Z. VDI, Bd. 83 (1939), S. 173/81.

71. *Föppl O., Strombeck H. und Ebermann L.:* Schnellaufende Dieselmaschinen, 4. Aufl. (1929), Springer, Berlin.

72. *Föttinger H.:* Über einige Forschungsarbeiten auf dem Gebiete der Strömungslehre, Jahrbuch der Schiffbautechn. Ges., Bd. 39 (1938), S. 240.

73. *Föttinger H. und Wille R.:* Beitrag zur Klärung des Spülvorganges der Zweitaktmaschinen, Deutsche Kraftfahrtforsch., Zwischenbericht 86 (1940).

74. *Föttinger H. und Wille R.:* DRP. Nr. 715.734.

75 *Frey K.:* Verminderung des Strömungsverlustes in Kanälen durch Leitflächen. Forsch. Ing.-Wes., Bd. 5 (1934), S. 105.

76. *Froede W.:* Zweitaktmotoren ohne Spülgebläse. Z. VDI, Bd. 82 (1938), S. 119/21.

77. *Gaesterstadt J.:* Junkers Heavy Oil Aero Engine, The Engine, 163 (February 5, 1937). S. 167/70.

78. *Gauß F.:* Massenausgleich und Kinematik eines Vierzylinder-U-Motors. Kraftfahrtechn. Forsch.-Arb. Heft 10, S. 21/26. Berlin 1937.

79. *Gebhardt W.:* Das Festwerden von Kolbenringen in einem luftgekühlten Zweitaktmotor und seine Beeinflussung durch verschiedene Maßnahmen. ATZ Bd. 42 (1939), S. 502/05.

80. *Gercke M.:* Einfach und doppeltwirkende Viertakt- und Zweitakt-Dieselmotoren als Groß-kraftmaschinen, Z. VDI Bd. 70 (1926), S. 1062.

81. *Gercke M.:* Spitzendeckung mit Großdieselmotoren, ETZ Bd. 48 (1927), S. 929.

82. *Goßlau F.:* Entwicklung von Kolben für höhere Dauerleistungen auf Grund neuerer Untersuchungen über den Wärmefluß. ATZ Bd. 44 (1941), S. 613/17.

83. *Grantz S.:* Fortschritte und Aufgaben bei der Entwicklung von Zweitaktdieselmaschinen. In „Motor und Kraftstoff", Wiss. Herbsttagung 1938 des VDI, Berlin 1939, S. 80/87.

84. *Gutmann:* Untersuchungen zur rechnerischen Bestimmung der Lufteinlaßschlitze bei Zweitakt-Verbrennungskraftmaschinen, Z. VDI Bd. 48 (1914), S. 785.

85. *Heise M.:* Entwicklung eines Gegenkolben-Zweitakters, Z. Motor-Kritik Bd. 22 (1942), S. 117.

86. *Herold R.:* Automotive Diesels of the Two-Stroke Horizontal-Opposed Piston Design, Autom. Ind. (July 1, 1945).

87. *Holfelder O.:* Zweitaktdieselmotoren mit neuartiger Steuerung, Dieselmaschinen V (1932), S. 8, VDI-Verlag.

88. *Holm O.:* Untersuchungen über den Einfluß der Spül- und Auspuffschlitzabmessungen auf den Spülvorgang an einem 15-PS-Glühkopf-Motor, Diss. T. H. Danzig (1926).

89. *Holm O.:* Entwicklungsmöglichkeiten der Kurbelkastenspülung von Zweitaktmotoren, ATZ Bd. 36 (1933), S. 507.

90. *Hopkinson B.:* Trans. N. E. Coast Inst. Engrs., XXX (1914).

91. *Huber E. W.:* Arbeiten an Zweitaktmotoren, Deutsche Luftfahrtforschung, Forschungsarbeit Nr. 1526/3 (Jänner 1942).

92. *Jalbert J.:* Two-Stroke Cycle Engines for Airplanes, NACA Techn. Mem. 347 (1925).

93. *Kaiser E. R.:* Pressure Waves in the Exhaust Pipes of Two-Stroke Cycle Internal Combustion Engines, Thesis, University of Wisconsin (1935).

94. *Karde K.:* Die Verbesserung des Arbeitsverfahrens der einfachen, raschlaufenden Zweitakt-Vergasermaschine durch Einführung neuer Spülverfahren. ATZ Bd. 38 (1935), S. 421; Z. VDI Bd. 80 (1936), S. 428.

95. *Kastner L. J.:* Exhaust Pipe Pressure Waves, Engineering, 149 (October 18, 1940), S. 301.

96. *Kluge H. und Spannhake W.:* Einrichtung für die Untersuchung des Spülvorganges in kleinen Zweitakt-Schnelläufern und damit erhaltene Ergebnisse. Deutsche Kraftfahrtforschung, Zwischenbericht, Nr. 86 (1940).

97. *Klüsener O.:* Das Arbeitsverfahren raschlaufender Zweitaktvergasermaschinen, VDI Forsch., Heft 334 (1930).

98. *Klüsener O.:* Versuche über den Einfluß von Saug- und Auspuffrohrlänge auf den Liefergrad, ATZ Bd. 35 (1932), S. 299.

99. *Klüsener O.:* Saugrohr und Liefergrad, Dieselmaschinen V. (1932), VDI-Verlag, S. 107.

100. *Kreglewski A.:* Die Spül- und Auspuffvorgänge bei Zweitakt-Verbrennungskraftmaschinen, Diss. TH. Danzig (1913), Verlag für Fachliteratur, Berlin.

101. *Kreglewski A.:* Die Spül- und Auspuffvorgänge bei Zweitakt-Verbrennungskraftmaschinen mit besonderer Berücksichtigung der schnellaufenden Ölmotoren. Ölmotor Heft 2, (1913/14), S. 553.

102. *Kröner R.:* Versuche über Strömungsvorgänge in erweiterten Kanälen, VDI Forsch. Heft 222 (1922), S. 62.

103. *Künzel K.:* Entwicklung des Bulldog-Schleppermotors mit Holzgas. ATZ Bd. 44 (1941), S. 149/55.

104. *Lanzinger W.:* Über thermisch und mechanisch höchstbeanspruchte Bauteile moderner Hochleistungs-Ottomotoren. ATZ Bd. 43 (1940), S. 327/31.

105. *Laudahn W.:* Die Nürnberger Großölmaschine, Z. VDI Bd. 67 (1923), S. 1093, Bd. 68, S. 1171.

106. *Laudahn W.:* Die Entwicklung der Germania-Großölmaschine, Z. VDI Bd. 68 (1924), S. 1202.

107. *Laudahn W.:* Der 15.000-PS-Dieselmotor, Bauart MAN. Z. VDI Bd. 70 (1926), S. 818.

108. *Laudahn W.:* Der neue doppeltwirkende Zweitakt-Schiffsdieselmotor der MAN. Z. Schiffbau und Schifffahrt, Bd. 27 (1926), S. 147.

109. *Laudahn W.:* Die Abnahmeprüfung des 15.000-PSe-Dieselmotors, Bauart MAN. Z. VDI Bd. 70 (1926), S. 1409.

110. *Laudahn W.:* Kompressorlose doppeltwirkende Zweitaktdieselmotoren von 12.000 PSe, Z. VDI Bd. 74 (1930), S. 489 u. 570.

111. *Laudahn W.:* Die Entwicklung der doppeltwirkenden Zweitaktmaschine bei der Maschinenfabrik Augsburg-Nürnberg A. G., Z. Schiffbau und Schiffahrt Bd. 31 (1930), S. 184 u. 210.

112. *Laudahn W.:* Ergebnisse von Versuchen an den Dieselmotoren des Spitzenkraftwerkes Hennigsdorf, Dieselmaschinen V, (1932), VDI-Verlag, S. 17.

113. *Laudahn W.:* Die doppeltwirkenden Zweitaktdieselmotoren der Reichsmarine, Dieselmaschinen V, (1932), VDI-Verlag, S. 134.

114. *Laudahn W.:* Die Nachkriegsentwicklung des dieselmotorischen Schiffsantriebs in der deutschen Marine, Jahrb. d. Schiffbautechn. Ges. Bd. 33 (1932), S. 110.

115. *Lawrenz P.:* Die Zweitaktmaschinen des Motortankschiffes „Phoebus", Z. Werft, Reederei, Hafen Bd. 5 (1924), S. 277.

116. *Leadbetter R. L.:* Exhaust and Intake Systems for Best Performance and Quiet Operation, Proc. Nat. Conference Oil and Gas Power Div., ASME, Tulsa (1944).

117. *Ledertheil H.:* Die Zweitaktmotoren und ihr Anwendungsgebiet, 3. Auflage (1925), Rich. Carl Schmidt & Co., Berlin.

118. *Leonhardt R.:* Scavenging Air Flow in Two-Cycle Diesels, Diesel Power, 11, No. 7 (July 1933), S. 442.

119. *Lehner F. und Ritz G.:* Ein neuer Zweitaktdieselmotor, Z. Werft, Reederei, Hafen Bd. 21 (1940), S. 181.

120. *Lehner:* Der neue Deutz-Zweitaktdiesel, Bauart TM., MTZ. Bd. 3 (1941), S. 23.

121. *List H.:* Die Kurbelkastenspülung bei Zweitaktmotoren, Z. VDI Bd. 73 (1929), S. 226.

122. *List H.:* Der Spül- und Ladevorgang bei Zweitaktmaschinen, Z. VDI Bd. 74 (1930), S. 1274.

123. *List H.*: Untersuchungen an Zweitaktmotoren, Mitt. techn. Inst. Univ. Woosung, China, Heft No. 1 (1931).
124. *List H.*: Leistungsgrenzen von Zweitaktdieselmotoren, Forsch. Ing.-Wes. Bd. 8 (1937), S. 57.
125. *Loschge A.*: Kleindieselmotoren, Z. VDI Bd. 79 (1935), S. 317.
126. *Lovett P. B.*: Engine Performance with Different Exhaust Systems on a GM 3—71 Two Stroke Cycle Diesel Engine, Thesis, The Pennsylvania State College, September 1946.
127. *Lutz O.*: Grundsätzliche Betrachtungen über den Spülvorgang bei Zweitaktmaschinen, Forsch. Ing.-Wes. Bd. 5 (1934), S. 275.
128. *Lutz O.*: Einfluß von Schwingungen auf den Spülvorgang, Deutsche Kraftfahrtforschung, Zwischenbericht, Nr. 86 (1940).
129. *Lutz O.*: Die graphische Ermittlung von Ausströmvorgängen, Luftfahrtforschung, 17 (8), (1940), S. 332.
130. *Lysholm A., Smith B. and Wilson W. A.*: The Elliott-Lysholm Supercharger, SAE Journal (June 1943).
131. *Magg J.*: Dieselmaschinen (1928), Springer, Berlin.
132. *Maier W. und Lutz O.*: Resonanzschwingungen in den Rohrleitungen von Kolbenmaschinen, Berichte aus d. Labor. f. Verbrennungsmaschinen d. T. H. Stuttgart, Heft 3 (1934).
133. *Marx G.*: Integration der Ausflußgleichung, Z. f. a. M. u. M. Heft 2 (1931), S. 155.
134. *Mayer F.*: Angebaute Turbogebläse bei Zweitaktdieselmotoren für Schiffsbetrieb. Mitt. techn. Forsch.-Anstalt GHH-Konz. Bd. 8 (1941), S. 44/78.
135. *Mehlig H.*: Ermittlung von Zeitquerschnitten für Zweitakt-Verbrennungskraftmaschinen, ATZ Bd. 36 (1933), S. 610.
136. *Mellgren St.*: DKW-Wagen mit Sauggasbetrieb in Schweden. ATZ Bd. 44 (1941), S. 450/51.
137. *Mentz F.*: Deutsche Handelsschiffs-Ölmotoren, Z. Werft, Reederei, Hafen Bd. 4 (1923), S. 209.
138. *Mertz R.*: Probleme des Zweitaktmotors, ATZ Bd. 45 (1942), S. 149.
139. *Meyer-Delft P.*: Grundlagen für die Untersuchung von Zweitaktmaschinen, Z. VDI Bd. 56 (1912), S. 1615.
140. *Mohr K.*: Entwicklung der Spülung für Zweitaktdieselmaschinen, Z. Kruppsche Monatshefte, Bd. 12 (1931), S. 230.
141. *Mucklow G. F.*: Exhaust Pipe Phenomena, The Manchester Association of Engineers, 21 (1942), Abstract in The (British) Motorship (January 1943).
142. *Nägel A.*: Die Dieselmaschine der Gegenwart, Z. VDI Bd. 67 (1923), S. 733.
143. *Nägel A.*: Dieselmaschinen in Amerika, Dieselmaschinen I (1923), VDI-Verlag, Berlin.
144. *Neumann K.*: Die dynamische Wirkung der Abgassäule in den Auspuffleitungen von Kolbenmaschinen, Z. VDI Bd. 63 (1919), S. 89.
145. *Neumann K.*: Untersuchungen an der Dieselmaschine. Der Spül- und Ladevorgang bei Zweitaktmaschinen. VDI-Forsch. Heft 334 (1930).
146. *Neumann K.*: Die thermodynamischen Grundlagen des Spül- und Ladevorganges bei Zweitaktmaschinen, Forsch. Ing.-Wes. Bd. 2 (1931), S. 273; Z. VDI Bd. 76 (1932), S. 468.
147. *Neumann K.*: Junkers-Freikolben-Verdichter, Z. VDI Bd. 79 (1935), S. 155.
148. *Niedermayer E.*: Zusammenhang zwischen Ladungswechsel und Leistung, Deutsche Kraftfahrtforschung, Zwischenbericht 103 (1941).
149. *Niedermayer E.*: Strömungstechnische Grundlagen zur Bemessung von Zweitakt-Spülsystemen. Maschinenbau- und Wärmewirtschaft 1949.
150. *Nippert H.*: Über den Strömungsverlust in gekrümmten Kanälen, VDI-Forsch. Heft 320.
151. *Nothin E.*: Generatorgasbetrieb bei den Schienenfahrzeugen der schwedischen Staatsbahnen, MTZ Bd. 3 (1941), S. 370/72.
152. *Oederlin F.*: Die Aufladung des Zweitaktdieselmotors, Schweiz, Bauztg. Bd. 119 (1942), S. 145/52 u. 166/70.
153. *Oppitz A.*: Schwingungserscheinungen in Auspuffleitungen der Dieselmotoren. Z. Werft, Reederei, Hafen Bd. 11 (1930), S. 27.
154. *Ostwald W.*: Achtzylinder-Zweitakt-Diesel-Lkw-Motor. ATZ Bd. 34 (1940), S. 304/06.
155. *Paton C. R. and Kemper C.*: Power Output and Air Requirements of a Two-Stroke Cycle Engine for Aeronautical Use, NACA Tech. Report, 239 (1926).
156. *Pescara R.*: Les machines a pistons libres, J. Soc. Ing. Automot., 10 (1937), S. 423.
157. *Pescara R.*: La combustion dans les chambres à volume variable, Chal. et ind., 20 (1939) S. 143.
158. *Pescara R.*: Generateur à piston libres et turbine à gaz, Chal. et ind., 20 (1939), S. 211.

159. *Petersen H.*: Zweitakt-Gegenkolbendieselmotor. Z. VDI Bd. 84 (1940), S. 275/76.
160. *Petter H.*: The Escape of Exhaust Gas in Two-Stroke Engines, Engineering (January 4, 1918).
161. *Petter B. W.*: Induced Air Scavenge for Two-Stroke Engines, The Engineer, Bd. 158 (1934), S. 157.
162. *Pflaum W.*: Das Dieselgasverfahren bei ortsfesten Motoren. Z. VDI Bd. 85 (1941), S. 57/63.
163. *Pigott R. T. S.*: Analysis of Positive Supercharger Losses, SAE Annual Meeting Paper (January 1947).
164. *Pinkel B.*: NACA Study of Utilization of Exhaust Gas of Aircraft Engines, SAE Trans., 54 (1946), S. 714.
165. *Prettenhofer H.*: Neuer Zwölfzylinder-Zweitaktmotor der Klöckner-Humboldt-Deutz-A.-G. MTZ Bd. 4 (1942), S. 21/24.
166. *Pyk H.*: Some Developments in Diesel Engine Design: Especially Referring to Scavenging Problems. Trans. N. E. Coast Inst. Engineers and Shipbuilders, 64 (1948), S. 71.
167. *Regenbogen C.*: Der Dieselmotorenbau auf der Germaniawerft, Jahrb. d. Schiffbautechn. Ges. Bd. 14 (1913), S. 254.
168. *Reinsch A. und Schmidt U.*: Untersuchungen an Zweitaktmotoren. 1. Ber., Untersuchung der Spülung eines Zweitaktmotors mit Umkehrspülung. Kraftfahrtechn. Forsch.-Arb. Heft 5, Berlin 1936, S. 6/17.
169. *Reinsch A. und Schmidt U.*: Untersuchungen an Zweitaktmotoren, 2. Ber., Spülung und Brennstoffverbrauch. Kraftfahrtechn. Forsch.-Arb. Heft 5, Berlin 1936, S. 18/21.
170. *Reschek O.*: Wirtschaftlichkeit und Leistung raschlaufender Kurbelkammer-Zweitakter, ATZ Bd. 45 (1942), S. 86.
171. *Reynolds B., Schecter H. and Taylor E. S.*: The Charging Process in a High-Speed Single-Cylinder Two-Stroke Engine, NACA Techn. Note, 675 (1938).
172. *Ride J. L.*: The Positive Displacement Supercharger, SAE Journal (July 1942).
173. *Riedel W.*: Arbeiten an Zweitaktmotoren. Deutsche Luftfahrtforschung, Zwischenber. 1 (1942).
174. *Riehm W.*: Die doppeltwirkende Zweitakt-Schlitzspülmaschine der MAN, Z. Werft, Reederei, Hafen (1924), S. 272.
175. *Ringwald M.*: Der Auspuff- und Spülvorgang bei Zweitaktmaschinen, Z. VDI Bd. 67 (1912), S. 1057 und 1079.
176. *Rogowski A. R. and Bouchard C. L.*: Scavenging a Piston-Ported Two-Stroke Cylinder, NACA Tech. Note 674 (November 1938).
177. *Rogowski A. R., Bouchard C. L. and Taylor C. F.*: The Effect of Piston Head Shape and Exhaust Restrictions on the Performance of a Piston-Ported Two-Stroke Cylinder, NACA Tech. Note 756 (March 1940).
178. *Saß F.*: Doppeltwirkende kompressorlose Zweitaktdieselmotoren für Schiffsantrieb, Jahrbuch der Schiffsbautechn. Ges., Bd. 29 (1928), S. 292.
179. *Säuberlich F.*: Neuer Fahrzeug-Zweitakt-Dieselmotor. Z. VDI Bd. 83 (1939), S. 1128/29.
180. *Schmidt E.*: Schwingungen großer Amplitude von Gassäulen in Rohrleitungen, Z. VDI Bd. 79 (1935), S. 671.
181. *Schmidt F. A. F.*: Verbrennungsmotoren, Berlin, J. Springer, 1939.
182. *Schmidt U.*: Untersuchungen an Zweitaktmotoren, 3. Ber. Zusammenhang zwischen Spülung und Leistung bei dem gemischgespülten Zweitaktmotor. Kraftfahrtechn. Forsch.-Arb. Heft 7, Berlin 1937, S. 14/25.
183. *Schmidt U.*: Untersuchungen an Zweitaktmotoren, Kraftfahrtechn. Forsch.-Arb., 4. Bericht (1937), VDI-Verlag, Berlin.
184. *Schmidt U.*: Leistung und Wirtschaftlichkeit des gemischgespülten Zweitaktmotors, ATZ Bd. 40 (1937), S. 605.
185. *Schmidt U.*: Die Änderung des Spülerfolges bei erhöhtem Spülmittelaufwand bei Zweitaktmotoren, Deutsche Kraftfahrtforsch., Zwischenbericht 86 (1940).
186. *Schmidt U.*: Der Betrieb gemischgespülter Zweitaktmotoren mit Flüssiggas. Deutsche Kraftfahrtforschung Heft 60. Berlin 1941.
187. *Schmidt U.*: Die äußere Beeinflussung des Spülverlaufes bei gemischgespülten Zweitaktmotoren, ATZ Bd. 44 (1941), S. 120.
188. *Schneider H.*: Einige neue ausländische Dieselmotoren. ATZ Bd. 41 (1938), S. 523/26.
189. *Schultz-Grunow F.*: Modellversuche über den instationären, ebenen Spülvorgang im Zweitaktmotor, Forsch. Ing.-Wes. Bd. 9 (1938), S. 235.

190. *Schütte A.*: Schwingungen in Auspuff- und Spülluftleitungen von Zweitaktmotoren, Z. Werft, Reederei, Hafen, Bd. 12 (1931), S. 322.

191. *Schütte A.*: Untersuchung der Spülung einer doppeltwirkenden Zweitaktmaschine, Dieselmaschinen V, VDI-Verlag (1932), S. 141.

192. *Schütte A.*: Der Druckverlauf im Zylinder eines Zweitaktdieselmotors während der Spülperiode, ATZ 1935.

193. *Schütte A.*: Die Spülung bei Auflademaschinen, Mitt. Forsch.-Anst. Gutehoffnungshütte, 6 (1938), S. 65.

194. *Schweitzer P. H.*: Is the High Speed Two Cycle Diesel Possible, Power (June 19, 1928).

195. *Schweitzer P. H.*: The Limits of Performance of Automotive Diesel Engines, Autom. Ind. (December 6, 1939).

196. *Schweitzer P. H.*: Excess Air and Brake Mean Effective Pressure, ASME Trans., 63, Ng. 3 (Aprile 1943).

197. *Schweitzer P. H.*: Porting of Two-Stroke Cycle Diesel Engines, Diesel Power and Diesel Transportation (May, June, July, August, September, October, November, Decemb. 1942; January, February, March, December 1943).

198. *Schweitzer P. H.*: Improving Engine Performance by Exhaust Pipe Tuning, Journal Am. Soc. Naval Engineers, 56, No. 2 (May 1944), S. 185.

199. *Schweitzer P. H.*: Scavenging of Two-Stroke Cycle Diesel Engines. The Macmillan Co. New York 1949.

200. *Seifert G.*: Untersuchung einer Doppelkolben-Zweitakt-Maschine mit Überladung. Diss. TH München (1936), Verlag Konrad Triltsch, Würzburg.

201. *Seyerle W.*: Die Strömung in Kanälen mit seitlichem Einlaß, Verlag K. Wittwer, Stuttgart. Diss. TH Stuttgart (1928).

202. *Shepherd F. H.*: Correct Exhaust Piping Improves Engine Performance, Power, 75 (1932), S. 401.

203. *Shoemaker F. G.*: Automotive Two-Cycle Diesel Engines, SAE Journal, 43 (December 1938), S. 485/95.

204. *Sörensen E.*: Strömungsfragen am Dieselmotor, Z. VDI Bd. 84 (1940), S. 877.

205. *Spalding W.*: Versuche über den Strömungsverlust in gekrümmten Leitungen, Z. VDI Bd. 77 (1933), S. 143.

206. *Spanogle J. A. and Whitney E. G.*: A Description and Test Results of a Spark-Ignition and Compression-Ignition Two-Stroke Cycle Engine, NACA Tech. Report 495 (1934).

207. *Stier E.*: Spülung und Aufladung bei Zweitaktmotoren, Z. VDI Bd. 73 (1929), S. 1389.

208. *Spisstunoff J. W. und Kuritz A. A.*: Konstruktive Entwicklung eines Zweitaktdieselmotors für Verkehrszwecke, Z. Dieselestrojenije (1939) Nr. 4; MTZ Bd. 3 (1941), S. 47/53, übersetzt von Garve A.

209. *Tänzler H. U.*: Spülgebläse für Zweitaktmotoren. Z. VDI Bd. 82 (1938), S. 1153/60.

210. *Tänzler H. U.*: Spül- und Aufladegebläse für Schiffsdieselmotoren. Z. VDI Bd. 83 (1939), S. 818.

211. *Tänzler H. U.*: Triebwerke für Zweitaktmotoren mit Gleichstromspülung und ihre Eignung für schnellaufende Höchstleistungsmotoren, ATZ Bd. 47 (1944), S. 47.

212. *Taylor C. F. and Taylor E. S.*: The International Combustion Engines, International Textbook Company, 1938.

213. *Taylor C. F.*: An Analysis of the Charging Process in the Two-Stroke Engine, Paper presented at SAE Summer Meeting at White Sulphur Springs, W. Va., June 9—14, 1940.

214. *Taylor C. F.*: Effect of Engine Exhaust Pressure on Performance of Compressor-Engine-Turbine Units, SAE Journal, 54 (1946).

215. *Thiemann A. E.*: Der gegenwärtige Stand der Leichtgewichtsdieselmotoren, ATZ Bd. 37 (1934), S. 53/61.

216. *Thiemann A. E.*: Die Leistungssteigerung des Fahrzeugdieselmotors durch Druckladen und Zweitakt, ATZ Bd. 37 (1934), S. 591.

217. *Thieman A. E.*: Zweitaktschmierung. ATZ Bd. 40 (1937), S. 189.

218. *Thiemann A. E.*: Der gegenwärtige Stand der Dieselflugmotoren, ATZ Bd. 41 (1938), Seite 547/53.

219. *Thiemann A. E.*: Versuche der NACA für die Entwicklung eines Dieselflugmotors. ATZ Bd. 42 (1939), S. 229/33.

220. *Venediger H. J.:* Steigerung der Leistung und Wirtschaftlichkeit bei Zweitakt-Vergaser-Fahrzeugmotoren, Diss. TH München (1931), Forsch. H. z. Autotechnik Bd. 7 (1931), Verlag Klasing & Co., Berlin.
221. *Venediger H. J.:* Wertung der Spülung von Zweitaktmotoren, ATZ Bd. 36 (1933), S. 301.
222 *Venediger H. J.:* Planung und Aufbau schnellaufender Zweitaktmotoren, ATZ Bd. 37 (1934), S. 495 u. 529.
223. *Venediger H. J.:* Grundsätzliche Betrachtungen zum Zweitaktverfahren, ATZ Bd. 39 (1936), Seite 273.
224. *Venediger H. J.:* Untersuchungen an schnellaufenden Auflade-Drehkolbenverdichtern, ATZ Bd. 36 (1933), S. 579 u. 619, Bd. 41 (1938), S. 334.
225. *Venediger H. J.:* Betrachtungen über das Verdichtungsverhältnis. ATZ Bd. 42 (1939), S. 27/37.
226. *Wagener A.:* Über die Vorgänge des Ausspülens und Ladens bei Zweitaktgasmotoren, Z. Gasmotorentechnik (1905).
227. *Ware M. and Wilson E. E.:* The Comperative Performance of Roots Type Aircraft Engine Supercharger, NACA Tech. Report 284 (1928).
228. *Warrelmann G.:* Das Dieselkraftwerk Hennigsdorf, ETZ Bd. 52 (1931), S. 369.
229. *Whitefield K. C.:* Improving Diesel Engine Operation by the Selection of Proper Exhaust Pipe Length, Thesis, University of Wisconsin (1933); Abstract, Power, 77 (December 1933), S. 695.
230. *Whitfield J. E.:* Hamilton-Whitfield Blower, SAE Journal (1943).
231. *Wieberdink G.:* Stork-Dieselmotoren. MTZ Bd. 3 (1941), S. 232/40.
232. *Wille R.:* Über quantitative Auswertung von Zeitlupenaufnahmen des Spülströmungsvorganges, Deutsche Kraftfahrtforschung, Zwischenbericht 102 (1941).
233. *Wilson W. A. and Crocker J.:* Fundamentals of the Elliott Lysholm Compressor, ASME Paper 45-A-45, Annual Meeting (November 1945).
234. *Wintterlin K.:* Spülung und Leistung bei Zweitaktmotoren, Z. VDI Bd. 75 (1931), S. 165.
235 *Wisner R.:* High Speed Two-Stroke Compression-Ignition Engines, The Institution of Automob. Eng. (June 1944).
236. *Woydt E.:* Der Zweitaktmotor mit hoher Aufladung. MTZ Bd. 2 (1940), S. 313/15.
237. *Zinner K.:* Schiffsdieselmotor höherer Drehzahl in Tauchkolbenbauart. Z. VDI Bd. 81 (1937), S. 148.
238. *Züblin C.:* 23.000-PS-Zweitakt-Dieselmotorenanlage in Bukarest. MTZ Bd. 2 (1940), S. 272/73.

Ohne Verfasserangabe.

239. Neuerungen in der Spülung von Zweitaktdieselmaschinen, ATZ Bd. 36 (1933), S. 20.
240. The Scavenging of Two-Cycle Engines, Sulzer Tech. Review, 4 (1933).
241. 1200-PS-Zweitakt-Diesel-Flugmotor, ATZ Bd. 37 (1934), S. 460.
242. Die Motorräder auf der Berliner Ausstellung, ATZ Bd. 37 (1934), S. 169.
243. Ein italienischer Zweitakt-Fahrzeug-Dieselmotor. ATZ Bd. 38 (1935), S. 489.
244. Die Petter-„Harmonic“-Induction-Dieselmaschine. ATZ Bd. 40 (1937), S. 207/10.
245. Zweitaktdieselmotor von Motosacoche. ATZ Bd. 40 (1937), S. 518/19.
246. Neuer Alfa-Romeo-Zweitaktdiesel. ATZ Bd. 41 (1938), S. 414.
247. Petter New Diesel Embodying a Uniflow Scavenging-System, Automob. Eng., 28 (August 1938), S. 279/81.
248. Zweitakt-Schiffsdieselmotor Bauart Tosi. MTZ Bd. 1 (1939), S. 98/99.
249. 3000-PS-Nordberg-Motoren. MTZ Bd. 1 (1939), S. 170/71.
250. 2225-PS-Busch-Sulzer-Zweitaktmotor. MTZ Bd. 1 (1939), S. 204.
251. Der General-Motors-Zweitaktdiesel. MTZ Bd. 1 (1939), S. 66/67.
252. Neuere Zweitaktdieselmotoren. ATZ Bd. 42 (1939), S. 222/25.
253. Neuer Fairbanks-Morse-Doppelkolben-Dieselmotor. MTZ Bd. 1 (1939), S. 204.
254. Die Auspuffanlage bei Zweitaktdieselmotoren mit Kurbelkammerspülpumpe. ATZ Bd. 42 (1939), S. 553/54.
255. Entwicklung und Herstellung des Schweröl-Flugmotors. MTZ Bd. 1 (1939), S. 173.
256. Der neueste Schiffsmotor von Burmeister und Wain. MTZ Bd. 1 (1939), S. 63.
257. Ein neuer französischer Motor mit gegenläufigen Kolben. MTZ Bd. 1 (1939), S. 30.
258. Sulzer-Zweitakt-Zweikolben-Dieselmotor. MTZ Bd. 1 (1939), S. 168.

259. USA-Doxford-Maschinen. MTZ Bd. 1 (1939), S. 205.
260. Kurbelloser Kolbenmotor Bauart Bréguet für Luftverdichtung. MTZ Bd. 1 (1939), S. 97.
261. Die größte Motorleistung in einem Handelsschiff. MTZ Bd. 1 (1939), S. 64.
262. General-Motors-Zweitaktdieselmotor. MTZ Bd. 1 (1939), S. 128.
263. Hochleistungsdieselmotoren in Leichtbauweise. ATZ Bd. 42 (1939), S. 542/47.
264. Modaag-Zweitaktdiesel mit Spülluftgebläse. MTZ Bd. 1 (1939), S. 132/33.
265. Neuer doppeltwirkender Burmeister & Wain-Zweitaktmotor. MTZ Bd. 2 (1940), S. 331/32.
266. Zweitakt-Flugmotor „Ava". MTZ Bd. 2 (1940), S. 405.
267. Achtzylinder-Zweitakt-Diesel-Lkw-Motor. ATZ Bd. 43 (1940), S. 304; Z. VDI Bd. 84 (1940), S. 810; Z. Motor-Kritik Bd. 20 (1940), S. 263.
268. Zweitaktdieselmotor für Lastwagen. Z. VDI Bd. 84 (1940), S. 810.
269. Neuer Krupp-Zweitakt-Dieselmotor. MTZ Bd. 2 (1940), S. 244/45.
270. Gegenkolbenmotor mit Taumelscheiben. ATZ Bd. 43 (1940), S. 96.
271. Standard-Doxford-Maschine für Frachtschiffe. MTZ Bd. 2 (1940), S. 58/59.
272. Zweitakt-Diesel-Flugmotoren zum Einbau in den Flügel. MTZ Bd. 2 (1940), S. 222/23.
273. Neue 10.000-PSe-Fiat-Schiffsmaschine. MTZ Bd. 2 (1940), S. 332.
274. Französischer Kleinstmotor. MTZ Bd. 3 (1941), S. 340.
275. DKW-Zweitakt-Rennmotor URe 250. MTZ Bd. 3 (1941), S. 200/02.
276. Mechanischer Wirkungsgrad des G. M. C.-Zweitaktdiesels. ATZ Bd. 44 (1941), S. 497.
277. The Supercharging of Two-Stroke Cycle Diesel Engines, Sulzer Tech. Review, Spec. No. (December 1941).
278. Zweitaktschiffsdieselmotor Nohab. MTZ Bd. 3 (1941), S. 302.
279. Zweitakt-Ottomotoren-Forschung, Z. VDI Bd. 85 (1941), S. 643.
280. 3200-PS-Nordberg-Dieselgasmotor. MTZ Bd. 3 (1941), S. 301/02.
281. Unterseebootmotoren der USA. MTZ Bd. 3 (1941), S. 215.
282. GMC-Zweitakt-Leichtdieselmotoren. ATZ Bd. 41 (1938), S. 213; Z. VDI Bd. 83 (1939), S. 1128; ATZ Bd. 44 (1941), S. 497.
283. Ein neuer schwedischer Zweitaktmotor. ATZ Bd. 45 (1942), S. 251.

Übersicht der öfter verwendeten Formelzeichen.

(Ergänzung zu Teil 1)

Zeichen:	Dimension:	Bedeutung:	Seite:*
D	m	Zylinderdurchmesser	
s	m	Hub	
λ		Schubstangenverhältnis	7
V_h	m^3, l	Hubraum	
α	^{0}KW	Kurbelwinkel	
ε		Verdichtungsverhältnis	
σ_e		Einlaßschlitzlänge in Hubteilen	
σ_a		Auslaßschlitzlänge in Hubteilen	
σ'		Freie Schlitzlänge in Hubteilen	
$\mathfrak{z}_e$		Einlaßschlitzbreite in Bruchteilen des Zylinderumfanges	
$\mathfrak{z}_a$		Auslaßschlitzbreite in Bruchteilen des Zylinderumfanges	
γ		Neigung der Strömung gegen die Zylinderachse	4
μ_e		Durchflußzahl der Einlaßschlitze	
μ_a		Durchflußzahl der Auslaßschlitze	
μ_m		Durchflußzahl des Spülsystems, bezogen auf den Zeitquerschnitt des Einlasses	23
μ_r		Durchflußzahl des Spülsystems, bezogen auf den reduzierten Zeitquerschnitt	22
μ_d		Durchflußzahl durch den Vergaser (Kurbelkastenspülung)	200
λ_s		Spülgrad nach Temperaturausgleich zwischen Abgasrest und Spülluft	2
λ_s'		Spülgrad vor Temperaturausgleich zwischen Abgas und Spülluft	77
λ_g		Gesamtladung	2/I
λ_l		Liefergrad	2/1
λ		Luftüberschußzahl der Verbrennung	27/I
λ_o		Luftüberschußzahl der zugeführten Ladung	169
λ_z		Ladungsgrad	156
Λ_o		Luft- bzw. Ladungsaufwand (Außenzustand)	22
Λ_z		Luft- bzw. Ladungsaufwand (Zustand im Zylinder nach Temperaturausgleich, bezogen auf mittleres Zylindervolumen während der Spülung)	79
Λ_z'		Luft- bzw. Ladungsaufwand (Zustand im Zylinder vor Temperaturausgleich, bezogen auf mittleres Zylindervolumen während der Spülung)	77
Λ_r		In den Spülbehälter rückschlagendes Abgasvolumen, Bruchteil des Hubraumes, Außenzustand	81
η_u		Umsetzungswirkungsgrad. Entwickelte Wärme/Heizwert	

* Die Seitenzahl gibt die Stelle an, wo die Größe definiert oder eingeführt wird.

Zeichen:	Dimension:	Bedeutung:	Seite:
η_{i-l}		Innenwirkungsgrad ohne Ladungswechsel	6/I
φ_w		An die Wände übergehende Bruchteile der entwickelten Wärme	
A_a	m/min	Kennzahl für den Vorauspuff	7
A_e	m/min	Kennzahl für die Spülung ($\lambda = \infty$)	23
A'_e	m/min	Kennzahl für die Spülung (λ endlich)	24
A'_s	m/min	Kennzahl für das Einströmen in den Kurbelkasten	200
Z_a	m^{-1} sek	Spez. Zeitquerschnitt, Vorauspuff	12
Z_e	m^{-1} sek	Spez. Zeitquerschnitt, Einlaß, Zylinder	12
Z_s	m^{-1} sek	Spez. Zeitquerschnitt, Einlaß, Kurbelkasten	203
φ_s		Inhalt des Spülbehälters, bezogen auf den Hubraum	229
φ_t		Inhalt des Auspufftopfes, bezogen auf den Hubraum	251
p_r	kg/cm^2	Reibungsdruck	96
p_{La}	kg/cm^2	Mitteldruck der Lader(Spülpumpen)arbeit	96
p_l	kg/cm^2	Mitteldruck der Ladungswechselarbeit im Zylinder	97
K	kg/cm^2	Arbeitsfaktor	99
τ_e		Erwärmungsfaktor beim Einströmen	126
α_{wv}	$kcal/^0C\,m^2\,h$	Wärmeübergangszahl, Vorauspuff	
α_{wsp}	$kcal/^0C\,m^2\,h$	Wärmeübergangszahl, Spülung	
T_w	^0K	Mittlere Wandtemperatur im Zylinder	
t_A	^0C	Mittlere Temperatur der Abgase im Auspuff	250
a'		Kennzahl der Spülung	99
H_{ad}	m	Adiabatische Förderhöhe des Spülgebläses	181
V_{sek}	m^3/sek	Sekundliche Fördermenge des Spülgebläses (Außenzustand)	182
η_{ad}		Adiabatischer Wirkungsgrad des Spülgebläses	96

Sonstige Zeiger.

Zeichen:	Bedeutung:	Seite:
z	Zustand im Zylinder	
zm	Mittlerer Zustand im Zylinder	
ze	Zustand im Zylinder beim Öffnen der Einlaßschlitze	
ze′	Zustand im Zylinder beim Schließen der Einlaßschlitze	
za	Zustand im Zylinder beim Öffnen der Auslaßschlitze	
za′	Zustand im Zylinder beim Schließen der Auslaßschlitze	
zab	Zustand im Zylinder beim Abschluß der Aufladesteuerung	
sz	Zustand der Spülluft im Zylinder vor Temperaturausgleich	
szab	Zustand der Spülluft im Zylinder vor Temperaturausgleich beim Abschluß der Aufladesteuerung	
e	Zustand im Einlaßquerschnitt	
a	Zustand im Auslaßquerschnitt	
s	Zustand im Spülbehälter	
k	Zustand im Kurbelkasten	
t	Zustand im Auspufftopf	
0	Außenzustand in normaler Bezugshöhe	
H	Außenzustand in Hkm Höhe	
g	Gegendruck nach Auslaßquerschnitt	

GPSR Compliance

The European Union's (EU) General Product Safety Regulation (GPSR) is a set of rules that requires consumer products to be safe and our obligations to ensure this.

If you have any concerns about our products, you can contact us on ProductSafety@springernature.com

In case Publisher is established outside the EU, the EU authorized representative is:

Springer Nature Customer Service Center GmbH
Europaplatz 3
69115 Heidelberg, Germany

Batch number: 10578435

Printed by Printforce, the Netherlands